Godement · Analyse Mathématique II

Springer
Berlin
Heidelberg
New York
Hong Kong
Londres
Milan
Paris
Tokyo

Roger Godement

Analyse mathématique II

Calcul différentiel et intégral,
séries de Fourier,
fonctions holomorphes

2ème édition corrigée

 Springer

Roger Godement
Université Paris VII
Département de Mathématiques
2, place Jussieu
75251 Paris Cedex 05
France

Information bibliographique de Die Deutsche Bibliothek

Die Deutsche Bibliothek a répertorié cette publication dans la Deutsche Nationalbibliografie;
les données bibliographiques détaillées peuvent être consultées sur Internet à l'adresse
http://dnb.ddb.de.

Mathematics Subject Classification (2000): 26-01, 26A03, 26A06, 26A09, 26A12, 26A15, 26A24,
26A42, 26B05, 28-XX, 30-XX, 30-01, 31-XX, 32-XX, 41-XX, 42-XX, 42-01, 43-XX, 44-XX, 54-XX

ISBN 3-540-00655-9 Springer-Verlag Berlin Heidelberg New York
ISBN 3-540-63414-2 1ère éd. Springer-Verlag Berlin Heidelberg New York

Maquette de couverture: *design & production* GmbH, Heidelberg

Printed on acid-free paper   41/3111 – 5 4 3 2 1   SPIN 11309253

Table des matières du volume II

V – Calcul Différentiel et Intégral

§1. L'intégrale de Riemann

La théorie de l'intégration exposée dans ce chapitre date du XIXe siècle;
elle a été et reste d'une utilité certaine dans la plus grande partie des
mathématiques classiques, et sa simplicité lui vaut les faveurs de tous les auteurs qui écrivent pour des lecteurs abordant le sujet. Pour les mathématiciens professionnels, elle a été détrônée par la théorie beaucoup plus puissante et,
à certains égards, plus simple inventée par Henri Lebesgue aux environs de
1900 et perfectionnée au cours de la première moitié du XXe siècle par des
dizaines d'autres auteurs; on en exposera une petite partie dans l'Appendice
à ce chapitre. La théorie "de Riemann" exposée dans ce chapitre n'a donc,
tout au plus, qu'un intérêt pédagogique.

1 – Intégrales supérieure et inférieure d'une fonction bornée

Rappelons d'abord les définitions du Chap. II, n° 11.

Une fonction numérique φ définie sur un intervalle compact ou plus
généralement borné I est dite *étagée* si l'on peut trouver une partition (Chap.
I) de I en un nombre fini d'intervalles I_k tels que φ soit constante sur chaque
I_k; on n'impose aucune condition aux I_k. Une telle partition sera dite *adaptée*
à φ.

Il reviendrait au même, si $I = (a, b)$, d'exiger qu'il existe une suite finie
de points de I vérifiant

$$(1.1) \qquad a = x_1 \leq x_2 \leq \ldots \leq x_{n+1} = b$$

et telle que φ soit constante dans chaque intervalle *ouvert* $]x_k, x_{k+1}[$, la valeur qu'elle prend en un point x_k pouvant n'avoir aucun rapport avec celles qu'elle prend à droite ou à gauche de ce point et n'ayant aucune importance dans le calcul des intégrales traditionnelles[1].

Une suite de points vérifiant (1) s'appelle une *subdivision* de l'intervalle I. Une subdivision par des points y_h est dite *plus fine* que la subdivision (1) lorsque les x_k figurent parmi les y_h, autrement dit lorsque la seconde subdivision s'obtient en subdivisant chacun des intervalles partiels de (1). Définition analogue pour deux partitions (I_k) et (J_h) de I : la seconde est dite plus fine que la première si tout J_h est contenu dans l'un des I_k, autrement dit si la seconde partition de I s'obtient en effectuant une partition de chaque I_k en intervalles (à savoir, les J_h contenus dans I_k).

Si $\varphi(x) = a_k$ pour tout $x \in I_k$, on appelle *intégrale de φ étendue à I* le nombre

$$(1.2) \qquad m(\varphi) = \sum a_k m(I_k) = \sum \varphi(\xi_k) m(I_k)$$

où, pour tout intervalle $J = (u, v)$, $m(J) = v - u$ désigne la longueur ou *mesure* de J et où ξ_k est un point quelconque de I_k. Comme les I_k de mesure nulle n'interviennent pas, on peut remplacer la partition par une subdivision (1) et écrire

$$(1.3) \qquad m(\varphi) = \sum \varphi(\xi_k)(x_{k+1} - x_k) \qquad \text{avec } x_k < \xi_k < x_{k+1}$$

puisque φ est constante, donc égale à $\varphi(\xi_k)$, dans $]x_k, x_{k+1}[$.

Comme il y a une infinité de façons possibles de choisir les I_k – toute partition plus fine, par exemple, serait également adaptée au calcul de l'intégrale –, il faut montrer que la somme (2) ne dépend pas du choix des I_k. Mais soit (J_h) une autre partition de I en intervalles tels que $\varphi(x) = b_h$ pour tout $x \in J_h$. Comme chaque I_k est réunion des intervalles deux à deux disjoints $I_k \cap J_h$ en vertu de la relation

$$X = X \cap I = X \cap \bigcup J_h = \bigcup X \cap J_h$$

valable pour toute partie X de I, on a

$$m(I_k) = \sum_h m(I_k \cap J_h)$$

et de même

$$m(J_h) = \sum_k m(I_k \cap J_h)$$

en convenant que $m(\emptyset) = 0$. On a donc

---

[1] Il n'en est pas de même dans les généralisations de la théorie classique. Voir le n° 30.

$$(1.4) \qquad \sum a_k m(I_k) = \sum a_k m(I_k \cap J_h),$$

$$(1.5) \qquad \sum b_h m(J_h) = \sum b_h m(I_k \cap J_h),$$

où, aux seconds membres, on somme sur tous les couples (k, h). Les intervalles de longueur nulle n'intervenant pas, tout revient à montrer que

$$m(I_k \cap J_h) \neq 0 \ \text{ implique } \ a_k = b_h,$$

ce qui est clair car dans $I_k \cap J_h$, qui est non vide puisque de longueur non nulle, la fonction φ est égale à la fois à a_k et à b_h.

Ce raisonnement montre immédiatement que l'on a

$$(1.6) \qquad m(\lambda\varphi + \mu\psi) = \lambda m(\varphi) + \mu m(\psi)$$

quelles que soient les fonctions étagées φ et ψ et les constantes λ et μ : considérer des partitions (I_k) et (J_h) de I adaptées à φ et ψ, noter a_k la valeur de φ dans I_k et b_h celle de ψ dans J_h et calculer les intégrales de φ, ψ et $\lambda\varphi + \mu\psi$ à l'aide des intervalles $I_k \cap J_h$ sur lesquels φ, ψ et $\lambda\varphi + \mu\psi$ sont égales respectivement à a_k, b_h et $\lambda a_k + \mu b_h$; cela revient à additionner membre à membre les relations (4) et (5) multipliées respectivement par λ et μ.

Comme il est clair que l'intégrale d'une fonction positive (i.e. dont toutes les valeurs sont positives) est positive, on voit que, pour φ et ψ à valeurs réelles, la relation

$$(1.7) \qquad \varphi \leq \psi \qquad \text{implique} \qquad m(\varphi) \leq m(\psi),$$

car $m(\psi) - m(\varphi) = m(\psi - \varphi) \geq 0$ d'après (6) et la positivité de $\psi - \varphi$.

Enfin, l'inégalité du triangle appliquée à (2) montre que l'on a toujours

$$|m(\varphi)| \leq \sum |\varphi(\xi_k)| m(I_k) = m(|\varphi|) \leq \sum \|\varphi\|_I m(I_k)$$

où, comme au Chap. III, n° 7, on pose d'une manière générale

$$\|f\|_I = \sup_{x \in I} |f(x)|.$$

Comme $\sum m(I_k) = m(I)$, on obtient finalement les inégalités

$$(1.8) \qquad |m(\varphi)| \leq m(|\varphi|) \leq m(I)\|\varphi\|_I.$$

Ceci termine la "théorie" de l'intégration en ce qui concerne les fonctions étagées. Elle repose sur deux propriétés des longueurs qui sont à l'origine de toutes les généralisations ultérieures :

(M 1) : la mesure d'un intervalle est positive;

(M 2) : la mesure est additive, i.e. si un intervalle J est réunion d'intervalles J_k deux à deux disjoints en nombre fini, on a $m(J) = \sum m(J_k)$.

Il y a beaucoup d'autres fonctions d'un intervalle qui possèdent ces propriétés. On peut par exemple choisir dans I une fonction $\mu(x)$ continue et croissante au sens large et poser[2]

$$\mu(J) = \mu(v) - \mu(u) \quad \text{si } J = (u, v).$$

On peut aussi se donner un ensemble $D \subset I$ fini ou dénombrable, attribuer à chaque $\xi \in D$ une "masse" $c(\xi) > 0$ de telle sorte que $\sum c(\xi) < +\infty$ et poser

$$\mu(J) = \sum_{\xi \in J} c(\xi)$$

pour tout intervalle J, de sorte que la mesure d'un intervalle réduit à un point peut fort bien être > 0; la propriété (M 2) se réduit dans cet exemple à la formule d'associativité pour les séries absolument convergentes. On obtient ainsi les *mesures discrètes*.

Pour une "mesure" μ vérifiant (M 1) et (M 2), l'intégrale d'une fonction étagée est, par définition, le nombre $\mu(\varphi)$ donné par la formule (2) où l'on remplace la lettre m par la lettre μ. Pour une mesure discrète, on trouve évidemment $\mu(\varphi) = \sum c(\xi)\varphi(\xi)$ où l'on somme sur tous les $\xi \in D$. Ces généralisations seront étudiées à la fin de ce chapitre, mais le lecteur aura intérêt, toutes les fois que l'on utilisera l'intégrale traditionnelle, à noter les résultats qui ne dépendent que des propriétés (M 1) et (M 2) de la mesure "euclidienne" ou "archimédienne" ou, comme on l'appelle maintenant, de la "mesure de Lebesgue" (parce que c'est pour elle que Lebesgue a construit la grande théorie de l'intégration) puisque ces propriétés s'étendent au cas général. Certains résultats qui, au contraire, utilisent la construction explicite à partir de la mesure usuelle concernent principalement les relations entre intégrales et dérivées, les séries et intégrales de Fourier, les équations aux dérivées partielles, presque toutes les applications aux sciences physiques, etc. Ils reposent sur une propriété évidente mais fondamentale de la mesure usuelle : son invariance par les translations; voir plus bas, (2.20).

Passons maintenant aux fonctions réelles *bornées* quelconques sur un intervalle I borné (en général compact).

Pour une fonction f bornée et à valeurs réelles sur I, il existe des fonctions étagées et même constantes φ et ψ telles que l'on ait $\varphi \leq f \leq \psi$, i.e. $\varphi(x) \leq f(x) \leq \psi(x)$ pour tout $x \in I$. D'après (7), on a nécessairement $m(\varphi) \leq m(\psi)$, et toute définition raisonnable de $m(f)$ doit vérifier $m(\varphi) \leq m(f) \leq m(\psi)$. On doit donc considérer les *intégrales inférieure* et *supérieure* de f dans I définies par les formules

(1.9) $$m_*(f) = \sup_{\varphi \leq f} m(\varphi), \qquad m^*(f) = \inf_{\psi \geq f} m(\psi)$$

---

[2] Pour une fonction croissante quelconque, il faut tenir compte des discontinuités et modifier la formule pour obtenir une théorie raisonnable. Voir le n° 32 sur les mesures de Stieltjes.

où φ et ψ varient dans l'ensemble des fonctions étagées telles que $\varphi \leq f \leq \psi$.

Comme on l'a vu au Chap. II, n° 11, on a $m_*(f) \leq m^*(f)$ car tout nombre $m(\varphi)$ minore les $m(\psi)$, donc minore leur borne inférieure $m^*(f)$, laquelle, majorant tous les $m(\varphi)$, majore aussi leur borne supérieure $m_*(f)$. Comme parmi les fonctions φ et ψ qui interviennent figurent les fonctions constantes égales à $-\|f\|_I$ et $+\|f\|_I$ respectivement, on a même

$$(1.10) \qquad -m(I)\|f\|_I \leq m_*(f) \leq m^*(f) \leq m(I)\|f\|_I.$$

La relation (6) ne s'étend pas aux intégrales inférieure et supérieure de fonctions quelconques; si c'était le cas, la théorie de l'intégration se terminerait avec le n° 2 de ce chapitre. On a toutefois les inégalités

$$(1.11) \quad m_*(f+g) \geq m_*(f) + m_*(g), \qquad m^*(f+g) \leq m^*(f) + m^*(g).$$

Parmi les fonctions étagées qui minorent $f+g$ figurent en effet les sommes $\varphi + \psi$, où φ minore f et où ψ minore g; par suite, $m_*(f+g)$ majore tous les nombres de la forme $m(\varphi + \psi) = m(\varphi) + m(\psi)$. Il reste alors à observer que, si A et B sont deux ensembles de nombres réels et si l'on désigne par $A+B$ l'ensemble des nombres $x+y$ où $x \in A$ et $y \in B$, alors on a

$$\sup(A+B) = \sup(A) + \sup(B)$$

et une relation analogue pour les bornes inférieures (exercice!), de sorte que tout nombre majorant les $x+y$ majore $\sup(A) + \sup(B)$. D'où la première relation (11). La seconde se démontre de la même façon en renversant le sens des inégalités.

Il est encore plus facile de montrer que l'on a

$$(1.12) \quad m_*(cf) = cm_*(f), \qquad m^*(cf) = cm^*(f) \qquad \text{pour tout } c \geq 0$$

et

$$(1.13) \qquad m_*(-f) = -m^*(f);$$

il suffit d'observer qu'une multiplication par -1 transforme les fonctions étagées qui minorent f en celles qui majorent $-f$.

2 – Propriétés élementaires des intégrales

La définition la plus naturelle des fonctions intégrables à valeurs réelles consiste à leur imposer la condition

$$m^*(f) = m_*(f),$$

la valeur commune des deux membres étant alors l'intégrale $m(f)$ de f; on étend la définition aux fonctions $f = g + ih$ à valeurs complexes en exigeant que g et h soient intégrables et en posant

$$m(f) = m(g) + i.m(h).$$

Cette définition, adoptée dans la première édition pour des raisons de simplicité, présente quelques inconvénients; en particulier, il n'est pas évident – quoique exact, bien sûr – que la valeur absolue $|f| = [\mathrm{Re}(f)^2 + \mathrm{Im}(f)^2]^{1/2}$ d'une fonction intégrable à valeurs complexes soit encore intégrable, comme un lecteur de la première édition, Michel Ollitrault, me l'a fort justement fait observer. Nous allons donc l'abandonner provisoirement pour la retrouver plus loin, et adopter une méthode qui intervient aussi dans la théorie moderne. Nous la développerons pour des fonctions à valeurs complexes, mais elle s'appliquerait aussi bien à des fonctions à valeurs dans un espace vectoriel de dimension finie ou même de Banach, ce qui n'est pas le cas de la simpliste définition initiale.

Nous dirons donc qu'une fonction f est *intégrable* si, quel que soit $r > 0$, il existe une fonction *étagée* φ (à valeurs dans le même espace que f si l'on intègre des fonctions à valeurs vectorielles) telle que l'on ait

$$(2.1) \qquad\qquad m^*(|f - \varphi|) < r.$$

Si f est à valeurs réelles, cela signifie intuitivement que la mesure arithmétique (et non pas algébrique) de l'aire du plan délimitée par les graphes de f et φ est $< r$; il est inutile de supposer φ "au-dessus" ou "au-dessous" de f. Il reviendrait au même d'exiger l'existence d'une suite de fonctions étagées φ_n telles que

$$(2.1') \qquad\qquad \lim m^*(|f - \varphi_n|) = 0$$

ou, comme l'on dit, qui *converge en moyenne* vers f. On dit "en moyenne" car le fait que l'intégrale supérieure d'une fonction positive soit très petite n'interdit pas à la différence $|f(x) - \varphi_n(x)|$ de prendre de très grandes valeurs sur des intervalles très petits : $10^{100}.10^{-200} = 10^{-100}$.

Pour définir l'intégrale d'une fonction intégrable f, on utilise la relation (1'). D'après l'inégalité du triangle, on a

$$|\varphi_p - \varphi_q| \leq |\varphi_p - f| + |f - \varphi_q|$$

et donc

$$|m(\varphi_p) - m(\varphi_q)| = |m(\varphi_p - \varphi_q)| \leq m^*(|\varphi_p - f|) + m^*(|f - \varphi_q|)$$

d'après (1.11). La suite de terme général $m(\varphi_n)$ vérifie donc le critère de convergence de Cauchy (Chap. III, n° 10, théorème 13). Sa limite ne dépend que de f. Si en effet une autre suite de fonctions étagées ψ_n vérifie (1'), la relation

$$|\varphi_n - \psi_n| \leq |f - \varphi_n| + |f - \psi_n|$$

montre, par un raisonnement analogue, que $m(\varphi_n) - m(\psi_n)$ tend vers 0.

Il est alors naturel d'appeler intégrale de f, et de désigner par $m(f)$, la limite de $m(\varphi_n)$ pour toutes les suites de fonctions étagées qui convergent en moyenne vers f. Ce type de raisonnement, utilisé dans beaucoup d'autres circonstances, est analogue à celui qui, pour définir a^x pour $a > 0$ et $x \in \mathbb{R}$, consisterait à approcher x par une suite de nombres rationnels x_n et à montrer que la suite des a^{x_n} converge vers une limite ne dépendant que de x (Chapitre IV, §1, fin du n° 2).

Si une fonction intégrable f est à valeurs réelles (resp. positives), son intégrale est réelle (resp. positive). Si f est réelle et si, dans (1'), on remplace φ_n par $\text{Re}(\varphi_n)$, on diminue la fonction $|f - \varphi_n|$ et donc son intégrale supérieure, de sorte que la suite de fonctions réelles $\text{Re}(\varphi_n)$ converge encore en moyenne vers f, d'où le premier résultat. Si f est au surplus positive, auquel cas on peut supposer les φ_n réelles, on raisonne de même en remplaçant $\varphi_n(x)$ par 0 dans les intervalles où $\varphi_n(x) < 0$: cette opération ne peut que diminuer la valeur de $|f(x) - \varphi_n(x)|$, donc de son intégrale supérieure.

Si f et g sont intégrables, $f + g$ est intégrable et l'on a

$$m(f + g) = m(f) + m(g).$$

Utiliser des fonctions étagées φ_n et ψ_n qui convergent en moyenne vers f et g, écrire que

$$|(f + g) - (\varphi_n + \psi_n)| \leq |f - \varphi_n| + |g - \psi_n|$$

pour montrer que $\varphi_n + \psi_n$ converge en moyenne vers $f + g$, et tenir compte de (1.6).

Si f est intégrable, il en est de même de αf quel que soit $\alpha \in \mathbb{C}$ et l'on a $m(\alpha f) = \alpha m(f)$. Evident : multiplier f et φ par α dans (1) et appliquer (1.12).

Ces premiers résultats montrent déjà que, pour f et g intégrables réelles, la relation

$$f \leq g \text{ implique } m(f) \leq m(g),$$

car $0 \leq m(g - f) = m(g) + m(-f) = m(g) - m(f)$.

Si f est intégrable, il en est de même de $|f|$ et l'on a

$$(2.2) \qquad |m(f)| \leq m(|f|) \leq m(I)\|f\|_I$$

où, rappelons-le, $\|f\|_I = \sup |f(x)|$ est la norme de la convergence uniforme dans I (Chap. III, n° 7). Quels que soient les nombres complexes a et b, on a en effet $\big||a| - |b|\big| \leq |a - b|$, d'où, dans les notations de (1'),

$$\Big||f(x)| - |\varphi_n(x)|\Big| \leq |f(x) - \varphi_n(x)|$$

pour tout $x \in I$ et donc $m^*(||f| - |\varphi_n||) \leq m^*(|f - \varphi_n|)$; ceci prouve que $|f|$ est intégrable comme f puisque les fonctions $|\varphi_n|$ sont encore étagées. Comme les intégrales de φ_n et $|\varphi_n|$ convergent vers celles de f et $|f|$ par définition de celles-ci, et comme (2) s'applique aux φ_n, on obtient à la limite la première inégalité (2). La seconde provient du fait que, dans I, on a partout $|f(x)| \leq \|f\|_I$, de sorte que $m(|f|)$ est inférieur à l'intégrale de la fonction constante $x \mapsto \|f\|_I$.

Pour qu'une fonction f à valeurs complexes soit intégrable, il faut et il suffit que les fonctions $\mathrm{Re}(f)$ et $\mathrm{Im}(f)$ le soient. On a alors

$$m(f) = m[\mathrm{Re}(f)] + i.m[\mathrm{Im}(f)].$$

Comme $|\mathrm{Re}(f) - \mathrm{Re}(\varphi_n)| \leq |f - \varphi_n|$ avec une relation analogue pour les parties imaginaires, il est clair que $\mathrm{Re}(f)$ et $\mathrm{Im}(f)$ sont intégrables si f l'est; la relation à démontrer résulte alors des propriétés de linéarité déjà obtenues; celles-ci montrent non moins trivialement que f est intégrable si $\mathrm{Re}(f)$ et $\mathrm{Im}(f)$ le sont.

Pour qu'une fonction f à valeurs réelles soit intégrable, il faut et il suffit que $m^*(f) = m_*(f)$. On a alors $m(f) = m^*(f)$.

Supposons d'abord $m_*(f) = m^*(f)$. Il existe alors, pour tout $r > 0$, des fonctions étagées φ et ψ encadrant f et dont les intégrales sont égales à r près. Comme $|f - \psi| = f - \psi \leq \varphi - \psi$, il s'ensuit que $m^*(|f - \varphi|) \leq m(\varphi - \psi) \leq r$, d'où l'intégrabilité de f.

Supposons inversement f intégrable et considérons une fonction étagée φ telle que $m^*(|f - \varphi|) < r$; on peut supposer φ réelle comme plus haut. Comme $m^*(|f - \varphi|)$ est, par définition, la borne inférieure des nombres $m(\psi)$ pour toutes les fonctions étagées $\psi \geq |f - \varphi|$, l'inégalité stricte prouve l'existence d'une fonction étagée ψ telle que l'on ait

$$|f - \varphi| \leq \psi \quad \& \quad m(\psi) < r.$$

Comme $\varphi - \psi \leq f \leq \varphi + \psi$, on a ainsi encadré f entre deux fonctions étagées dont la différence est d'intégrale $\leq 2r$ près; d'où $m^*(f) = m_*(f)$. On a de plus

$$m(\varphi - \psi) \leq m^*(f) \leq m(\varphi + \psi);$$

f étant intégrable, on sait déjà que cette relation subsiste si l'on y remplace $m^*(f)$ par $m(f)$, d'où $m(f) = m^*(f)$ puisque les termes extrêmes de la relation précédente sont égaux à $2r$ près.

La définition des fonctions intégrables montre immédiatement que, sur un intervalle compact, *toute fonction réglée est intégrable*; pour tout $r > 0$, il existe en effet alors par définition (Chap. III, n° 12) une fonction étagée φ telle que l'on ait $|f(x) - \varphi(x)| < r$ quel que soit x; d'après (1.10), on a alors $m^*(|f - \varphi|) < m(I)r$, d'où le résultat. Nous montrerons plus loin (n° 7) que, sur un intervalle compact, toute fonction continue est réglée, donc intégrable.

En résumé :

Théorème 1. – *Soit I un intervalle borné.* (i) *Si des fonctions bornées f et g sont intégrables sur I, il en est de même de $\alpha f + \beta g$ quelles que soient les constantes α et β et l'on a*

(2.3) $$m(\alpha f + \beta g) = \alpha m(f) + \beta m(g).$$

(ii) *Si f est définie, bornée et intégrable sur I, la fonction $|f|$ est intégrable et l'on a*

(2.4) $$|m(f)| \leq m(|f|) \leq m(I)\|f\|_I = m(I).\sup|f(x)|.$$

(iii) *L'intégrale d'une fonction positive est positive.*
(iv) *Toute fonction réglée est intégrable.*

On n'a guère besoin de résultats plus subtils en analyse élémentaire.

Il n'est cependant pas difficile de construire des fonctions non intégrables : il suffit de prendre sur I la fonction de Dirichlet $f(x)$ égale à 0 si $x \in \mathbb{Q}$ et à 1 si $x \notin \mathbb{Q}$. Si en effet une fonction étagée $\varphi \leq f$ est constante sur les intervalles I_k d'une partition de I, elle est nécessairement ≤ 0 dans tout I_k non réduit à un point puisqu'un tel intervalle contient des nombres rationnels où $f(x) = 0$; de même, toute fonction étagée $\psi \geq f$ est nécessairement "presque" partout ≥ 1. On a donc $m_*(f) = 0$ et $m^*(f) = m(I)$. La théorie de Lebesgue permet d'intégrer la fonction f, avec le même résultat que si l'on avait $f(x) = 1$ partout, ceci parce que $\mathbb{Q}$ est dénombrable. Il peut paraître bizarre de considérer de telles fonctions – Newton aurait dit qu'on ne les rencontre pas dans la Nature[3] –, mais c'est l'une de celles qui ont conduit Cantor vers la grande théorie des ensembles, à ne pas confondre avec les trivialités du Chap. I. Si étrange en effet que soit la fonction en question, on ne peut lui refuser le mérite de la simplicité; si l'analyse n'est pas capable d'intégrer de telles fonctions, on commence à soupçonner que c'est la faute à l'analyse et non pas à la fonction ...

On a dit plus haut que l'intégrale d'une fonction positive est positive; peut-elle être nulle ? C'est l'une des questions fondamentales que, seule, la théorie complète de Lebesgue permet de résoudre. Bornons-nous pour le moment à deux remarques élémentaires.

Si l'intégrale d'une fonction f continue et positive est nulle, alors $f = 0$. Si en effet l'on a $f(a) = r > 0$ pour un $a \in I$, la continuité de f montre que l'on a $f(x) > r/2$ dans un intervalle $J \subset I$ de longueur > 0; si φ est la fonction étagée égale à 1 sur J et à 0 ailleurs, on a donc $m(f) \geq m(\varphi) = m(J)r/2 > 0$.

Ce résultat (qui suppose prouvée l'intégrabilité des fonctions continues et utilise le fait que, dans la théorie traditionnelle, la mesure d'un intervalle ouvert non vide est > 0) ne s'étend pas aux fonctions non continues. Pour une fonction étagée positive par exemple, il est clair que l'intégrale est nulle si et seulement les points où la fonction n'est pas nulle sont en nombre fini. Dans le cas beaucoup plus général d'une fonction réglée, la condition cherchée est que l'ensemble défini par la relation $f(x) \neq 0$ soit *dénombrable* (n° 7).

---

[3] On les rencontrera en informatique lorsqu'il existera des machines capables de distinguer automatiquement les nombres rationnels des autres.

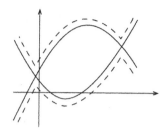

fig. 1.

Avant d'énoncer le théorème suivant, notons que si l'on a des fonctions réelles f et g définies sur un ensemble X quelconque, on peut leur associer les fonctions

$$\sup(f,g) \quad : \quad x \mapsto \max[f(x), g(x)],$$
$$\inf(f,g) \quad : \quad x \mapsto \min[f(x), g(x)];$$

ces définitions se généralisent de façon évidente à des fonctions en nombre fini (et même infini en remplaçant max et min par sup et inf) et conduisent aux *enveloppes supérieure* et *inférieure* des fonctions données. On peut en particulier, pour toute fonction réelle f, définir les fonctions

$$f^+ = \sup(f, 0) \quad : \quad x \mapsto f(x)^+,$$
$$f^- = \sup(-f, 0) \quad : \quad x \mapsto f(x)^-,$$
$$|f| \quad : \quad x \mapsto |f(x)|$$

où, pour tout nombre réel, on pose (Chap. II, n° 14)

$$x^+ = \max(x, 0), \qquad x^- = \max(-x, 0);$$

on vérifie trivialement que, pour tout $x \in \mathbb{R}$, on a

$$x = x^+ - x^-, \qquad |x| = x^+ + x^-$$

avec des relations analogues pour les fonctions à valeurs réelles. Un raisonnement élémentaire, que la figure 1 rend évident, montre que

$$\sup(f,g) = f + (g - f)^+, \qquad \inf(f,g) = g - (g - f)^+;$$

il s'agit du reste d'une relation entre nombres réels puisque ces opérations ne font intervenir que les valeurs prises en $x \in X$ par f et g. Voir le Chap. II, n° 14 où ces notations sont déjà intervenues.

Théorème 2. *Si des fonctions f et g réelles sont intégrables sur I, il en est de même des fonctions* $\sup(f,g)$ *et* $\inf(f,g)$.

D'après le théorème 1 et la formule ci-dessus, il suffit de montrer que si f est intégrable, il en est de même de f^+; cela résulte immédiatement de la définition (1) ou (1') et de l'inégalité $|f^+ - \varphi^+| \leq |f - \varphi|$.

Le "théorème" précédent montre plus généralement que les enveloppes supérieure et inférieure d'un nombre *fini* de fonctions intégrables réelles sont encore intégrables. Si l'on cherche à étendre ce résultat à une famille dénombrable de fonctions, on entre dans la vraie théorie de l'intégration.

Théorème 3. *Soient f et g deux fonctions bornées intégrables dans un intervalle compact I. Alors la fonction $f\bar{g}$ est intégrable et l'on a (inégalité de Cauchy-Schwarz*[4]*)*

$$(2.5) \qquad |m(f\bar{g})|^2 \leq m(|f|^2)m(|g|^2).$$

Pour vérifier que $f\bar{g}$ est intégrable, on peut supposer f et g réelles et même positives puisque toute fonction intégrable réelle f est différence des fonctions intégrables f^+ et f^-. Pour $r > 0$ donné, choisissons des fonctions étagées positives φ' et φ'' encadrant f, ψ' et ψ'' encadrant g et inférieures à une constante fixe M majorant à la fois f et g. Le produit fg est encadré par $\varphi'\psi'$ et $\varphi''\psi''$, de sorte que tout revient à évaluer l'intégrale de la différence

$$\begin{aligned}
\varphi''\psi'' - \varphi'\psi' &= \psi''(\varphi'' - \varphi') + \varphi'(\psi'' - \psi') \\
&\leq M(\varphi'' - \varphi') + M(\psi'' - \psi').
\end{aligned}$$

Les intégrales de $\varphi'' - \varphi'$ et $\psi'' - \psi'$ pouvant être choisies $< r/2M$, celle de $\varphi''\psi'' - \varphi'\psi'$ peut être rendue $< r$ par un choix convenable de ces fonctions, d'où l'intégrabilité du produit.

Une conséquence immédiate de ce résultat est que si f est intégrable sur I et si $J \subset I$ est un intervalle, la fonction

$$(2.6) \qquad \chi_J(x)f(x) = f(x) \ \text{ dans } J, \qquad = 0 \ \text{ dans } I - J$$

est encore intégrable. En multipliant par la fonction caractéristique χ_J de J (Chap. I) des fonctions étagées qui convergent en moyenne vers f dans I, on trouve évidemment des fonctions étagées qui convergent en moyenne vers f (plus précisément, vers la restriction de f à J) dans J, et il est alors clair que

$$(2.7) \qquad \int_J f(x)dx = \int_I \chi_J(x)f(x)dx.$$

On déduit là que

---

[4] Hermann Amandus Schwarz, mathématicien allemand de la fin du XIXe siècle. Les mathématiciens soviétiques ont observé il y a quelques décennies qu'on devrait parler de l'inégalité de Cauchy-Buniakowsky-Schwarz, mais leur ancêtre étant, contrairement aux deux autres inventeurs, peu ou pas connu, le "Matthew effect" auquel nous avons fait allusion au Chap. III, n° 10 s'est appliqué à son cas. Au reste, il me semble que, dans ma jeunesse, on parlait seulement de l'inégalité de Schwarz en dépit du fait que Cauchy avait déjà une certaine réputation ...

(2.8)
$$\int_J f(x)dx = \sum \int_{J_p} f(x)dx$$

si les intervalles J_p forment une partition[5] de J : la fonction χ_J est en effet alors la somme des fonctions caractéristiques des J_p. C'est l'additivité (il vaudrait mieux dire : l'associativité) de l'intégrale considérée comme fonction de l'intervalle d'intégration, et non plus de la fonction qu'on intègre. Cela confirme en passant l'existence de beaucoup de fonctions d'un intervalle jouissant des propriétés (M 1) et (M 2) du n° 1 : choisir une fonction f intégrable et positive et poser

$$\mu(J) = \int_J f(x)dx;$$

physiquement, cela revient à considérer une "distribution de masses" possédant en chaque point $x \in I$ une "densité" $f(x)$ et à noter $\mu(J)$ la masse totale de l'intervalle J; l'intégrale traditionnelle s'obtient pour $f(x) = 1$, distribution de masses "homogène".

La démonstration de (5) est un exercice d'algèbre (Appendice au Chap. III) sans rapport avec la théorie de l'intégration, plus exactement résulte uniquement des propriétés formelles (i) et (iii) du théorème 1 et non de la définition explicite d'une intégrale. Appelons *produit scalaire* des fonctions f et g sur l'intervalle I le nombre

(2.9)
$$(f \mid g) = m(f\bar{g}).$$

L'inégalité à établir s'écrit alors

(2.10)
$$|(f \mid g)|^2 \leq (f \mid f)(g \mid g).$$

Il est manifeste que $(f \mid g)$ est une fonction linéaire de f pour g donné, que $(f \mid g) = \overline{(g \mid f)}$ et que $(f \mid f) \geq 0$ quelle que soit f. Pour toute constante $z \in \mathbb{C}$, on a alors

$$\begin{aligned}(2.11)\,(f + zg \mid f + zg) &= (f \mid f) + (f \mid zg) + (zg \mid f) + (zg \mid zg) = \\ &= c + b\bar{z} + \bar{b}z + az\bar{z} > 0 \quad \text{pour tout } z \in \mathbb{C},\end{aligned}$$

avec $c = (f \mid f)$, $b = (f \mid g)$ et $a = (g \mid g)$, notations choisies pour évoquer les trinômes du second degré bien connus, à ceci près que la variable est ici complexe; on sait d'avance que a et c sont ≥ 0.

---

[5] Cette hypothèse n'est pas nécessaire dans le cas de la mesure usuelle – il suffit que les intersections $J_p \cap J_q$ contiennent au plus un point – car l'intégrale sur un intervalle $J \subset I$ ne change évidemment pas si l'on adjoint à J ses extrémités. Mais elle est essentielle dans le cas d'une mesure qui comporterait des masses discrètes. Cela explique la nécessité d'intégrer sur des intervalles bornés plutôt que compacts : il est impossible de construire une partition finie non triviale d'un intervalle en intervalles *compacts*.

Si $a \neq 0$, on peut faire $z = -b/a$, valeur pour laquelle le second membre de (11) s'écrit $c - b\bar{b}/a - b\bar{b}/a + ab\bar{b}/a^2 = (ac - b\bar{b})/a$; comme le premier membre de (11) est ≥ 0 ainsi que a, le numérateur du résultat est ≥ 0, d'où (10) dans ce cas.

Si $a = 0$, l'expression (11) ne peut être ≥ 0 quel que soit z que si $b = 0$, auquel cas (10) ne nécessite aucune démonstration. Si en effet on remplace z par tz avec $t \in \mathbb{R}$, on doit alors avoir $(b\bar{z} + \bar{b}z)t \geq -c$ quel que soit t, ce qui exige $b\bar{z} + \bar{b}z = 0$, d'où $b = 0$ puisque $z \in \mathbb{C}$ est arbitraire.

L'inégalité de Cauchy-Schwarz montre que

$$(f + g \mid f + g) = (f \mid f) + (f \mid g) + (g \mid f) + (g \mid g) =$$
$$= (f \mid f) + 2\mathrm{Re}(f \mid g) + (g \mid g) \leq (f \mid f) + 2|(f \mid g)| + (g \mid g) \leq$$
$$\leq (f \mid f) + 2(f \mid f)^{1/2}(g \mid g)^{1/2} + (g \mid g),$$

d'où, en extrayant les racines carrées des deux membres,

$$(2.12) \qquad (f + g \mid f + g)^{1/2} \leq (f \mid f)^{1/2} + (g \mid g)^{1/2}.$$

L'expression

$$(2.13) \qquad \|f\|_2 = (f \mid f)^{1/2} = m\left(|f|^2\right)^{1/2} = \left(\int |f(x)|^2 dx\right)^{1/2}$$

s'appelle la *norme* L^2 de la fonction f sur I; l'inégalité (12) montre que l'on a

$$(2.14) \qquad \|f + g\|_2 \leq \|f\|_2 + \|g\|_2$$

et évidemment $\|\lambda f\|_2 = |\lambda|.\|f\|_2$ pour toute constante $\lambda \in \mathbb{C}$, ce qui justifie le mot "norme", mis à part le fait que la norme peut être nulle pour des fonctions non identiquement nulles. Le calcul précédant la formule (12) montre aussi que

$$(2.15) \qquad (f \mid g) = 0 \implies \|f + g\|_2^2 = \|f\|_2^2 + \|g\|_2^2,$$

version intégrale du théorème de Pythagore; on dit alors que f et g sont *orthogonales*.

On définit aussi une *norme* L^1 par

$$(2.16) \qquad \|f\|_1 = m(|f|);$$

on a encore (14) dans ce cas, et beaucoup plus facilement puisque $|f + g| \leq |f| + |g|$.

Pour tout nombre réel $p > 1$, on définit plus généralement la *norme* L^p par

$$(2.17) \qquad N_p(f) = m\left(|f|^p\right)^{1/p} = \|f\|_p;$$

le n° 14 sur les fonctions convexes montrera que l'on a encore dans ce cas

(2.18) $$\|f + g\|_p \le \|f\|_p + \|g\|_p$$

et que

(2.19) $\qquad |(f, g)| \le \|f\|_p . \|g\|_q \qquad$ si $1/p + 1/q = 1;$

ce sont les célèbres (mais, à notre niveau, largement inutiles) inégalités de Minkowski et de Hölder.

Quant au L^2, au L^1 ou au L^p, il fait allusion à la "grande" théorie de l'intégration. Ces calculs jouent un rôle fondamental dans la théorie des séries de Fourier comme on le verra un peu plus bas.

On a dit plus haut à différentes reprises que la construction explicite de l'intégrale n'intervient pas pour établir les théorèmes 2 et 3 ni, on le verra, dans beaucoup d'autres cas. Elle intervient ailleurs en raison de l'*invariance par translation* de la mesure euclidienne des longueurs. Pour la traduire en langage d'intégration, on écrit la formule

(2.20) $$\int_{a+c}^{b+c} f(x)dx = \int_a^b f(x + c)dx$$

qu'il faut interpréter comme suit : si $x \mapsto f(x)$ est intégrable sur $[a + c, b + c]$, alors $x \mapsto f(x + c)$ est intégrable sur $[a, b]$ et l'on a (20). Autrement dit, si l'on a une fonction f intégrable sur un intervalle I et si l'on fait subir à I et au graphe de f une même translation horizontale, rien ne change. La chose étant assez évidente pour les fonctions étagées, on peut sûrement charger le lecteur d'assurer l'epsilontique.

Ce résultat peut paraître (et est) trivial. Outre qu'il sert constamment, il caractérise à un facteur constant la mesure euclidienne parmi toutes celles qui vérifient les conditions (M 1) et (M 2) du n° 1. C'est aussi la clé des généralisations de l'analyse de Fourier à la théorie des groupes, domaine en plein essor depuis plus de cinquante ans.

Pour en donner une application qui nous servira au n° 5, considérons sur $\mathbb{R}$ une fonction $f(x)$ de période 1 et montrons que l'on a

(2.21) $$\int_a^{a+1} f(x)dx = \int_0^1 f(x)dx,$$

autrement dit que le premier membre est indépendant de a. Considérons pour cela l'entier n tel que $a \le n < a + 1$. D'après la formule d'additivité (8), l'intégrale sur $[n, n+1]$ est somme des intégrales sur $[n, a+1]$ et $[a+1, n+1]$. D'après (20), la seconde est aussi l'intégrale sur $[a, n]$ de la fonction $x \mapsto f(x + 1) = f(x)$. L'intégrale sur $[n, n + 1]$, égale pour la même raison de périodicité à l'intégrale sur $[0, 1]$, est donc somme des intégrales de f sur $[a, n]$ et $[n, a + 1]$, i.e. à l'intégrale sur $[a, a + 1]$, cqfd.

3 – Sommes de Riemann. La notation intégrale

La relation (1.2) ou (1.3) permet de montrer comment on peut calculer approximativement l'intégrale d'une fonction f à l'aide de *sommes de Riemann* (ou Cauchy, pour ne pas remonter à Fermat ou même à Archimède ...). Supposons f *réglée*, cas bien suffisant pour la pratique élémentaire, et, un nombre $r > 0$ étant donné, soit (I_k) une partition de I en intervalles sur chacun desquels f est constante à r près. Choisissons au hasard un $\xi_k \in I_k$ dans chaque I_k et considérons la fonction étagée φ prenant dans chaque I_k la valeur $c_k = f(\xi_k)$; on a $|f(x) - \varphi(x)| < r$ pour tout $x \in I$, donc $\|f - \varphi\|_I < r$, d'où, d'après (2.4),

$$(3.1) \qquad |m(f) - \sum m(I_k) f(\xi_k)| \leq m(I) r.$$

En remplaçant la partition considérée par une subdivision

$$(3.2) \qquad a = x_1 \leq x_2 \leq \cdots \leq x_{n+1} = b$$

de I comme au n° 1 et en choisissant au hasard un point ξ_k dans l'intervalle *ouvert* $]x_k, x_{k+1}[$, on obtient

$$(3.3) \qquad |m(f) - \sum f(\xi_k)(x_{k+1} - x_k)| \leq m(I) r;$$

le fait qu'un intervalle réduit à un point soit de mesure nulle, donc n'intervient pas pour obtenir (1), justifie (3) dans le cas de la mesure usuelle. On notera que ce raisonnement s'applique verbatim aux fonctions à valeurs vectorielles.

En outre, ces inégalités restent valables pour toute partition plus fine que (I_k); elles reposent en effet uniquement sur l'hypothèse que f est constante à r près sur les intervalles de la partitition considérée, hypothèse qui subsiste pour toute partition plus fine que (I_k).

La relation (3) explique les notations

$$m(f) = \int_I f(x) dx = \int_a^b f(x) dx$$

utilisées pour désigner une intégrale. Avec cette notation, on a

$$(f, g) = \int_I f(x) \overline{g(x)} dx, \quad \|f\|_2 = \left(\int_I |f(x)|^2 dx \right)^{1/2}, \quad \|f\|_1 = \int_I |f(x)| dx.$$

L'analogie avec la notation des séries serait complète si l'on écrivait

$$\int_{x=a}^{x=b} f(x) dx \quad \text{ou} \quad \int_{a \leq x \leq b} f(x) dx \quad \text{ou} \quad \int_{x \in I} f(x) dx.$$

Il est d'ailleurs curieux que le signe $\int$, inventé par Leibniz en 1675, soit apparu largement 150 ans avant le signe $\sum$ dont on ne trouve encore pas trace dans Fourier ni dans le *Cours d'analyse* de Cauchy de 1821. D'un autre côté,

Leibniz et ses successeurs du XVIIIe siècle n'écrivent jamais explicitement les limites d'intégration, ce qui peut être pour le moins ennuyeux; la notation moderne apparaît dans la *Théorie analytique de la chaleur* de Fourier en 1822; mais en 1807, lorsqu'il rédige son mémoire fondamental, refusé par l'Académie des sciences, Fourier écrit encore par exemple $S(\sin.x\varphi x dx)$ ce que nous écririons

$$\int_0^{2\pi} \varphi(x) \sin x dx.$$

La notation de Leibniz s'explique par sa conception de l'intégrale, héritée de certains de ses prédécesseurs et notamment de l'Italien Cavalieri. Il s'agit pour eux de calculer l'aire limitée par l'axe Ox, le graphe de f et les verticales des extrémités de I. Ils imaginent que I est composé d'intervalles "infiniment petits" ou "indivisibles", que Leibniz pourrait noter $(x, x + dx)$ et, corrélativement, que l'aire à calculer se compose de tranches verticales infiniment minces ayant pour bases ces intervalles et pour hauteurs les nombres $f(x)$. L'aire d'une telle tranche est "évidemment" $f(x)dx$, de sorte que l'aire à calculer est la "somme continue" (par opposition à la "somme discrète", i.e. à la série) de ces aires infinitésimales; d'où la notation, dans laquelle le signe $\int$ est une abbréviation du mot "somme" ou de son équivalent latin. Tout cela est de la métaphysique. Mais puisque, trois siècles après Leibniz, l'humanité n'éprouve pas le besoin de changer sa notation, qu'il s'agisse d'intégrales pour néophytes ou de leurs généralisations les plus abstraites, on peut en déduire qu'on ne saurait faire mieux.

Avant Leibniz, Cavalieri utilise, au lieu du signe $\int$, le mot "omnia", tout, ou "omn."; comme, après avoir lu Cavalieri, Leibniz l'écrit en 1675 dans un latin que l'on peut comprendre sans l'avoir appris, «Utile erit scribi $\int$ pro omn. ut $\int l$ pro omn. l id est summa ipsorum l» (Cantor, III, p. 166; chez Cavalieri, on additionne des longueurs, notées l). D'autres, comme Wallis et Newton, écrivent un carré devant la fonction à intégrer[6], comme dans la formule

$$\Box x^2 = b^3/3 - a^3/3,$$

le carré évoquant le mot "quadrature" qui, à l'époque, signifie précisément : construire un carré dont l'aire est égale à celle limitée par une courbe, comme dans le problème de la "quadrature du cercle". On voit bien, ici encore, à quel point le choix de bonnes notations peut contribuer à l'avancement et à la compréhension des mathématiques.

Au surplus, la notation de Leibniz conduit directement à la définition de l'intégrale donnée par Cauchy. Au lieu de considérer des expressions $f(x)dx$

---

[6] Lors de ses controverses avec Leibniz au début du XVIIIe siècle, Newton prétendra être le premier à avoir inventé un symbole désignant une intégrale. Fort possible en effet, mais il était parfaitement inutilisable en raison notamment de son encombrement typographique. La notation de Leibniz est au surplus exactement adaptée à la formule du changement de variable, aux intégrales multiples, etc.

infinitésimales, Cauchy utilise une subdivision de I comme plus haut et considère la somme

$$\sum f(x_k)(x_{k+1} - x_k),$$

que l'on noterait traditionnellement $\sum f(x_k)\Delta x_k$ en vertu du fait que la lettre Δ est l'initiale du mot "différence". L'intégrale de f est, pour lui, la limite de ces sommes lorsque la subdivision devient de plus en plus fine – ce qui est en effet le cas, on le verra, pour les fonctions continues.

4 – Limites uniformes de fonctions intégrables

La relation

(4.1) $$|m(f)| \leq m(|f|) \leq m(I)\|f\|_I,$$

valable pour toute fonction f bornée et intégrable dans un intervalle compact (ou plus généralement borné) I, est fondamentale; elle permet, dans d'innombrables situations, de raisonner sans tenir compte de la construction explicite de l'intégrale exposée aux n° 1 et 2. Voici la plus immédiate de ses conséquences :

Théorème 4. *Soit (f_n) une suite uniformément convergente de fonctions intégrables dans un intervalle borné I. Alors la fonction $f(x) = \lim f_n(x)$ est intégrable et l'on a*

(4.2) $$m(f) = \int_I f(x)dx = \lim \int_I f_n(x)dx = \lim m(f_n).$$

Pour $r > 0$ donné et pour tout n, choisissons une fonction étagée φ_n telle que $m^*(|f_n - \varphi_n|) < r$ et soit N un entier tel que

$$n > N \implies \|f - f_n\|_I < r,$$

ce qui est la définition de la convergence uniforme. Pour $n > N$, on a alors

$$m^*(|f - \varphi_n|) \leq m^*(|f - f_n|) + m^*(|f_n - \varphi_n|) \leq r + m(I)r.$$

La fonction f est donc intégrable. La relation (4.2) résulte alors du fait que, pour $n > N$, on a

$$|m(f) - m(f_n)| \leq m(|f - f_n|) \leq m(I)\|f - f_n\|_I \leq m(I)r,$$

cqfd.

La vraie théorie de l'intégration permettrait de démontrer un résultat beaucoup plus fort que le précédent : on peut remplacer la convergence uniforme par la convergence simple (et même beaucoup moins) à condition de supposer qu'il existe une fonction *intégrable* $g \geq 0$ telle que l'on ait

$$|f_n(x)| \leq g(x)$$

pour tout n et tout x. La fonction limite f, si elle est intégrable au sens moderne du terme, ne l'est pas nécessairement au sens archaïque exposé ici même si les f_n et g le sont. Il peut quand même se faire qu'elle le soit, auquel cas on aboutit à un résultat relatif aux intégrales de Riemann :

(Convergence dominée). *Soit (f_n) une suite de fonctions définies et intégrables sur un intervalle I; supposons que (i) les f_n convergent simplement vers une fonction intégrable f; (ii) il existe une fonction intégrable g telle que l'on ait*

$$|f_n(x)| \leq |g(x)| \quad \text{pour tout } n \text{ et tout } x \in I.$$

On a alors

$$m(f) = \lim m(f_n).$$

Comme nous ne pouvons pas, jusqu'à nouvel ordre, démontrer ce très commode résultat d'apparence pourtant simple – c'est l'analogue pour les "sommes continues" des théorèmes de passage à la limite dans les suites de séries normalement convergentes, Chap. III, n° 13 et Chap. IV, n° 12 – , nous ne l'utiliserons pas sauf, parfois, pour montrer comment il pourrait grandement simplifier des démonstrations "élémentaires" exigeant le recours à la convergence uniforme. La nécessité d'une hypothèse telle que (ii) est visible sur la figure 2 : les fonctions f_n convergent simplement vers 0 mais leurs intégrales valent toutes 1.

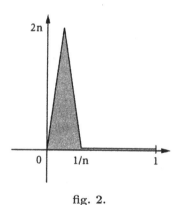

fig. 2.

Le théorème 4 n'en est pas moins prodigieusement utile comme on va le voir immédiatement et au n° suivant. En particulier, il s'applique aux séries $\sum u_n(x)$ uniformément convergentes, ou a fortiori normalement convergentes, de fonctions intégrables : la somme d'une telle série est encore intégrable et l'on a

(4.3) $$m(\sum u_n) = \sum m(u_n),$$

i.e.

$$(4.3') \qquad \int_I \left[\sum u_n(x) \right] dx = \sum \int_I u_n(x) dx,$$

la série du second membre étant convergente et même, dans le cas de la convergence normale, absolument convergente puisque l'on a

$$|m(u_n)| \leq m(I) \|u_n\|_I$$

avec $\sum \|u_n\|_I < +\infty$ par hypothèse.

Exemple 1. Considérons une série entière

$$(4.4) \qquad f(z) = \sum c_n z^n / n! = \sum c_n z^{[n]}$$

qui converge dans un disque $|z| < R$ de rayon non nul, et calculons l'intégrale de $f(x)$ sur un intervalle $[a, b]$ avec $-R < a < b < R$. Nous savons que la série converge normalement dans tout disque $|z| \leq r < R$, donc dans l'intervalle $[a, b]$, de sorte qu'on peut l'intégrer terme à terme. Mais nous savons aussi (Chap. II, n° 11) que

$$(4.5) \qquad \int_a^b x^n dx = b^{n+1}/(n+1) - a^{n+1}/(n+1)$$

ou, ce qui revient au même, que

$$(4.5') \qquad \int_a^b x^{[n]} dx = b^{[n+1]} - a^{[n+1]}.$$

On trouve donc

$$(4.6) \qquad \int_a^b f(x) dx = F(b) - F(a)$$

où

$$F(z) = \sum c_n z^{[n+1]} = \sum c_{n-1} z^{[n]}$$

est la série entière *primitive* de f au sens du Chap. II, n° 19. Comme nous savons aussi que la fonction F est dérivable (au sens complexe dans $\mathbb{C}$ et à fortiori au sens réel dans $\mathbb{R}$) et que f est sa dérivée, (6) n'est autre qu'un cas particulier du "théorème fondamental" que nous établirons plus loin :

$$F' = f \implies \int_a^b f(x) dx = F(b) - F(a).$$

C'est ce type de calcul qui a conduit Newton et Mercator à la série

$$(4.7) \qquad \log(1+x) = x - x^2/2 + x^3/3 - \dots$$

Ils savaient en effet que le premier membre est l'intégrale de la fonction $t \mapsto 1/(1+t)$ dans l'intervalle $[0, x]$ et ils connaissaient (5). Le calcul est alors évident, particulièrement si l'on ne se préoccupe pas davantage qu'eux du théorème 4. Inversement, si l'on connaît d'avance la formule (7), on en déduit que l'intégrale de la fonction $1/(1+x)$ entre $x = a$ et $x = b$ est égale à $\log(1 + b) - \log(1 + a)$, mais cela suppose a et b dans l'intervalle de convergence de (7) alors qu'un calcul direct nous a fourni, au Chap. II, n° 11, un résultat libéré de cette restriction. Le lecteur peut de même se distraire en appliquant (6) aux séries, partout convergentes, représentant e^x, $\sin x$, $\cos x$, etc. puisque leurs séries primitives se calculent immédiatement; on obtient ainsi les formules

$$\int_a^b \cos x.dx = \sin b - \sin a, \qquad \int_a^b \sin x.dx = \cos a - \cos b,$$

(4.8) $$\int_a^b e^{tx}dx = (e^{tb} - e^{ta})/t \qquad (t \in \mathbb{C}, \ t \neq 0),$$

$$\int_a^b dx/(1 + x^2) = \arctan b - \arctan a,$$

etc.

Pour conclure ces trivialités sur les limites uniformes, notons enfin que la relation

(4.9) $$\lim f_n = f \Longrightarrow \lim m(f_n) = m(f),$$

valable dans le cadre de la convergence uniforme, le reste dans des hypothèses beaucoup moins restrictives (convergence dominée).

Si en effet l'on remplace g par 1 dans l'inégalité de Cauchy-Schwarz, on obtient la relation

(4.10) $$|m(f)| \leq m(I)^{1/2}\|f\|_2.$$

On en déduit que

(4.11) $$\lim \|f_n - f\|_2 = 0 \Longrightarrow \lim m(f_n) = m(f);$$

même résultat pour les normes L^p, $p > 1$, et pour la norme $\|f\|_1$ puisque

$$|m(f_n) - m(f)| \leq \|f_n - f\|_1$$

dans ce cas. Autrement dit, pour obtenir (9), il suffit de supposer qu'il existe un nombre réel $p \geq 1$ tel que l'intégrale de la fonction $|f_n(x) - f(x)|^p$ tende vers 0.

Lorsque $\lim \|f_n - f\|_p = 0$, on dit que f_n converge vers f *en moyenne d'ordre p* ("en moyenne" tout court si $p = 1$, "en moyenne quadratique" si $p = 2$). C'est évidemment le cas s'il y a convergence uniforme, mais la réciproque est inexacte parce que la valeur d'une intégrale n'a aucun lien direct avec celle de la fonction en un point donné ou même au voisinage d'un point. Si par exemple on prend dans $I = [0,1]$ les fonctions $f_n(x) = n$ pour $0 \leq x \leq 1/n^2$, $= 0$ sinon, on a $m(f_n) = 1/n$ et convergence vers 0. L'essentiel pour assurer la convergence en moyenne est que, pour n grand, la différence $|f_n(x) - f(x)|$ ne soit $> 10^{100}$ que sur des intervalles de longueur totale beaucoup plus petite que 10^{-100}. Tous les électriciens savent cela, particulièrement dans le cas $p = 2$ puisque, pour calculer par exemple la puissance dissipée par un courant électrique d'intensité variable $I(t)$ passant à travers une résistance pendant un intervalle de temps $[a, b]$, on intègre sur celui-ci la fonction $I(t)^2$; les "sautes de courant" n'ont aucune influence sur le résultat si elles sont concentrées sur des intervalles de temps suffisamment petits.

5 – Application aux séries de Fourier et aux séries entières

On a cru pendant longtemps, et les débutants croient encore parfois s'ils se fient aux manuels de bas niveau, que les intégrales servent à calculer des aires, des volumes, des centres de gravité, des flux magnétiques, etc. Ce n'est pas faux, c'était même positivement vrai au XVIIe siècle, mais il y a belle lurette qu'elles servent à tout autre chose, à savoir : faire des mathématiques, autrement dit, démontrer des théorèmes. Au point où nous en sommes dans l'exposé de la théorie, nous ne savons encore presque rien. Et pourtant ...

Considérons une *série de Fourier absolument convergente* de période 1, i.e. de la forme

$$(5.1) \qquad f(x) = \sum a_n e^{2\pi i n x} \qquad \text{avec} \quad \sum |a_n| < +\infty,$$

où l'on somme sur tous les $n \in \mathbb{Z}$ et où l'on a introduit le facteur 2π dans les exposants de façon à simplifier quelque peu les formules. Remarquer en passant que la relation d'Euler $e^{ix} = \cos x + i.\sin x$ permettrait d'écrire (1) sous la forme plus traditionnelle

$$f(x) = a_0 + \sum_{n=1}^{\infty} b_n \cos 2\pi n x + c_n \sin 2\pi n x$$

mais moins commode à manipuler.

Le premier problème de la théorie est de calculer à l'aide de f les coefficients de (1). On remarque pour cela que, quels que soient $p, q \in \mathbb{Z}$ et $a \in \mathbb{R}$, on a[7]

$$(5.2) \qquad \int_a^{a+1} e^{2\pi i p x} \overline{e^{2\pi i q x}} dx = \int_a^{a+1} e^{2\pi i (p-q) x} dx = \begin{cases} 1 & \text{si} \quad p = q \\ 0 & \text{si} \quad p \neq q \end{cases}.$$

Si $p = q$, on intègre en effet la fonction constante 1. Si $p \neq q$, on peut poser $t = 2\pi i (p - q)$ et appliquer (4.8); on trouve la variation entre $x = a$

---

[7] L'intégrale sur un intervalle $[a, a+1]$ ne dépend pas de la fonction qu'on intègre si celle-ci est de période 1 comme on l'a vu à la fin du n° 2.

et $x = a + 1$ de la fonction e^{tx}/t; comme t est un multiple de $2\pi i$, cette fonction est de période 1, donc prend les mêmes valeurs en a et $a + 1$ – il est parfaitement inutile de les calculer explicitement, sauf pour augmenter les chances d'erreurs – de sorte que l'intégrale cherchée est nulle. Si, pour simplifier les notation, on pose

$$(5.3) \qquad \mathbf{e}_n(x) = e^{2\pi i n x} = \exp(2\pi i n x)$$

et si l'on utilise la notation

$$(5.4) \qquad (f \mid g) = \int_a^{a+1} f(x)\overline{g(x)}dx = m(f\bar{g})$$

de la fin du n° 2 pour désigner le *produit scalaire* de deux fonctions f et g de période 1, les formules précédentes s'écrivent

$$(5.2') \qquad (\mathbf{e}_p \mid \mathbf{e}_q) = \begin{cases} 1 & \text{si} \quad p = q. \\ 0 & \text{si} \quad p \neq q. \end{cases}$$

Avec ces notations, la série (1) s'écrit

$$f(x) = \sum a_n \mathbf{e}_n(x).$$

Pour $p \in \mathbb{Z}$ donné, considérons alors le produit scalaire

$$(f \mid \mathbf{e}_p) = m(f\overline{\mathbf{e}_p}) = m(f\mathbf{e}_{-p}).$$

Comme $\sum |a_n| < +\infty$ et comme les exponentielles sont toutes de module 1 puisque les exposants sont imaginaires purs, la série

$$f(x)\overline{\mathbf{e}_p(x)} = \sum a_n \mathbf{e}_n(x)\overline{\mathbf{e}_p(x)}$$

converge normalement, donc s'intègre terme à terme; compte-tenu de (2'), le seul terme qui, dans l'intégration, fournit un résultat non nul correspond à $n = p$, et l'on trouve finalement la relation

$$(5.5) \qquad a_p = (f \mid \mathbf{e}_p) = \int_a^{a+1} f(x)e^{-2\pi i p x}dx.$$

C'est la formule qui est à la base de la théorie des séries de Fourier : on part d'une fonction périodique donnée $f(x)$, on utilise (5) pour *définir* les coefficients a_n et l'on espère que la fonction f est représentée par la série (1). Cette vision paradisiaque de la théorie ne correspond hélas pas à la réalité dès que l'on sort du domaine des fonctions périodiques de classe C^1. Pour commencer, la série $\sum a_n$ peut fort bien ne pas être absolument convergente : cas des signaux carrés du Chap. III, n° 2.

Considérons maintenant deux séries de Fourier absolument convergentes

$$f(x) = \sum a_n \mathbf{e}_n(x), \qquad g(x) = \sum b_n \mathbf{e}_n(x)$$

et calculons leur produit scalaire. Le théorème de multiplication des séries absolument convergentes montre que

$$f(x)\overline{g(x)} = \sum a_p\overline{b_q}\mathbf{e}_p(x)\overline{\mathbf{e}_q(x)} = \sum a_p\overline{b_q}\mathbf{e}_{p-q}(x)$$

en vertu des relations

$$\mathbf{e}_p(x)\mathbf{e}_q(x) = \mathbf{e}_{p+q}(x), \qquad \overline{\mathbf{e}_n(x)} = \mathbf{e}_{-n}(x) = \mathbf{e}_n(-x).$$

La série double converge en vrac et normalement puisque par hypothèse les séries $\sum a_n$ et $\sum b_n$ convergent absolument. On peut donc l'intégrer terme à terme sur $[0,1]$, d'où

$$(f \mid g) = \sum a_p\overline{b_q}(\mathbf{e}_p, \mathbf{e}_q);$$

les termes pour lesquels $p \neq q$ disparaissent et il reste la *formule de Parseval-Bessel*

$$(5.6) \qquad (f \mid g) = \int_a^{a+1} f(x)\overline{g(x)}dx = \sum a_n\overline{b_n}.$$

En particulier, on a, quel que soit $a \in \mathbb{R}$,

$$(5.7) \qquad \|f\|_2^2 = (f \mid f) = \int_a^{a+1} |f(x)|^2 dx = \sum |a_n|^2.$$

Ces démonstrations ne s'appliquent pas à la série des signaux carrés du Chap. III, n° 2, mais l'on peut toujours examiner ce que signifieraient les résultats dans ce cas. Pour se ramener à une série de Fourier de période 1, il faut remplacer x par $2\pi x$ dans la série $\cos x - \cos 3x/3 + \cos 5x/5 - \ldots$, i.e. considérer la série

$$
\begin{aligned}
f(x) \quad &= \quad \cos 2\pi x - \cos(6\pi x)/3 + \cos(10\pi x)/5 - \ldots \\
(5.8) \qquad &= \quad [\mathbf{e}_1(x) + \mathbf{e}_{-1}(x)]/2 - [\mathbf{e}_3(x)/3 + \mathbf{e}_{-3}(x)/3]/2 + \ldots
\end{aligned}
$$

dont la somme[8], si l'on en croit Fourier, est donnée par

$$(5.9) \quad f(x) = \pi/4 \text{ pour } |x| < 1/4, \; = -\pi/4 \text{ pour } 1/4 < |x| < 3/4,$$

les autres valeurs de x s'y ramenant par périodicité. Si l'on accepte (9), la formule (5) avec $a = -1/4$ donne ici, au facteur $\pi/4$ près et en utilisant (4.8),

$$
\begin{aligned}
a_p \quad &= \quad \int_{-1/4}^{1/4} e^{-2\pi i p x}dx - \int_{1/4}^{3/4} e^{-2\pi i p x}dx = \\
&= \quad \frac{e^{-\pi i p/2} - e^{\pi i p/2}}{-2\pi i p} - \frac{e^{-3\pi i p/2} - e^{-\pi i p/2}}{-2\pi i p} = \\
&= \quad \left(e^{\pi i p/2} - e^{-\pi i p/2}\right)/2\pi i p - e^{-\pi i p}\left(e^{\pi i p/2} - e^{-\pi i p/2}\right)/2\pi i p = \\
&= \quad [1 - (-1)^p]\sin(p\pi/2)/\pi p,
\end{aligned}
$$

[8] On peut être tenté d'écrire cette série sous la forme $\sum(-1)^{(n-1)/2}\mathbf{e}_n(x)/2n$ où l'on somme sur tous les $n \in \mathbb{Z}$ impairs, mais cette somme en vrac n'est pas plus convergente que la série harmonique; c'est en groupant les termes symétriques que l'on obtient la série convergente de Fourier.

résultat nul si p est pair et égal à $2(-1)^{(p-1)/2}/\pi p$ si p est impair; comme nous avons omis un facteur $\pi/4$, il vient finalement

$$a_p = 0 \ (p \text{ pair}) \qquad \text{ou} \qquad (-1)^{(p-1)/2}/2p \ (p \text{ impair}),$$

ce qui est en accord avec (8). On a donc ici

$$\sum |a_n|^2 = \frac{1}{2}\left(1 + 1/3^2 + 1/5^2 + \ldots\right)$$

puisque chaque terme est répété deux fois. Pour appliquer (7), il faut encore calculer l'intégrale, ce qui est immédiat car $|f(x)|^2 = \pi^2/16$ pour tout x. D'où la formule

(5.10) $$1 + 1/3^2 + 1/5^2 + \ldots = \pi^2/8.$$

Comme on sait que

$$\pi^2/6 = \sum 1/n^2 = \sum 1/(2n)^2 + \sum 1/(2n-1)^2 = \pi^2/24 + \sum 1/(2n-1)^2,$$

il reste à observer que $1/6 - 1/24 = 1/8$ pour constater que si le raisonnement est pour le moment illégitime, le résultat est néanmoins exact, ce qui indique que, dans (5), (6) ou (7), l'hypothèse de convergence absolue est probablement trop restrictive. C'est ce que montrera la théorie des séries de Fourier.

Soit maintenant

(5.11) $$f(z) = \sum a_n z^n$$

une série entière qui converge dans un disque $|z| < R$ et donc normalement dans tout disque $|z| \leq r < R$. Considérons la fonction f sur le cercle de rayon r; posant $e^{2\pi i t} = \mathbf{e}(t)$ avec t réel, on trouve

(5.12) $$f[r\mathbf{e}(t)] = \sum a_n r^n \mathbf{e}_n(t),$$

série de Fourier absolument convergente ne faisant intervenir que des exponentielles d'indice $n \geq 0$. On a donc d'après (5)

(5.13) $$\int_0^1 f[re(t)]\overline{\mathbf{e}_n(t)}dt = \begin{cases} a_n r^n & \text{si} \quad n \geq 0, \\ 0 & \text{si} \quad n < 0. \end{cases}$$

En particulier, pour $n = 0$,

(5.14) $$\int_0^1 f\left(re^{2\pi i t}\right)dt = a_0 = f(0),$$

ce qui signifie que la "valeur moyenne" de f sur le cercle $|z| = r$ est égale à sa valeur au centre du cercle, propriété étrange des fonctions analytiques. Mais il y a mieux car si (13) permet de calculer les coefficients a_n à l'aide des valeurs de f sur le cercle de rayon r, il doit être possible de calculer de la même façon $f(z)$ et non pas seulement $f(0)$.

En calculant formellement pour le moment, i.e. en permutant les signes $\int$ et $\sum$, en appliquant (13) pour un $r < R$ donné et en substituant dans (11) pour un z tel que $|z| < r$, il vient, puisque z et r ne dépendent pas de la variable d'intégration t,

$$f(z) = \sum_0^\infty a_n z^n = \sum (z/r)^n a_n r^n = \sum_0^\infty \int_0^1 f[re(t)][z/re(t)]^n dt =$$

$$(5.15) = \int_0^1 f[re(t)] \left(\sum [z/re(t)]^n \right) dt =$$

$$= \int_0^1 \frac{re(t)}{re(t) - z} f[re(t)] dt \qquad \text{pour } |z| < r.$$

Pour justifier ce calcul, i.e. la *formule intégrale de Cauchy* que nous écrirons autrement plus bas, il suffit, voir (4.3), de montrer que l'on intègre une série normalement convergente sur $[0,1]$. Le facteur $f[re(t)]$, borné en tant que fonction continue de t, n'a pas d'importance. La série géométrique $\sum(z/re(t))^n$ doit converger, ce qui exige $|z| < r$. Si tel est le cas, la formule $|[z/re(t)]^n| = (|z|/r)^n = q^n$ avec $q = |z|/r < 1$ montre la convergence normale de la série que l'on intègre, cqfd.

La formule (15) montre que, dans le disque $|z| < r < R$, *on peut calculer f à l'aide de ses valeurs sur la circonférence $|z| = r$* grâce à une formule explicite des plus simples. On l'écrit généralement en posant $re(t) = \zeta$, fonction de t dont la différentielle est

$$d\zeta = 2\pi i re(t) dt;$$

la formule de Cauchy s'écrit alors, à la Leibniz, sous la forme

$$(5.16) \qquad f(z) = \frac{1}{2\pi i} \int \frac{f(\zeta) d\zeta}{\zeta - z}$$

où l'intégration s'effectue le long de la circonférence $|\zeta| = r$ et où $|z| < r$. Il s'agit là, comme on le verra plus tard, d'une "intégrale curviligne".

§2. Conditions d'intégrabilité

6 – Le théorème de Borel-Lebesgue

Comme on l'a observé au Chap. II, n° 11, une condition suffisante très simple d'intégrabilité, pour une fonction f réelle, est l'existence pour tout $r > 0$ d'une fonction étagée φ telle que l'on ait

$$(6.1) \qquad |f(x) - \varphi(x)| \leq r \qquad \text{pour tout } x \in I;$$

on a en effet alors $\varphi - r \leq f \leq \varphi + r$ et comme les intégrales de $\varphi - r$ et $\varphi + r$ sont égales à $2rm(I)$ près, la relation $m_*(f) = m^*(f)$ s'ensuit.

La propriété précédente signifie que f est limite uniforme de fonctions étagées, de sorte qu'en fait l'intégrabilité de f résulterait aussi du théorème 4. Les fonctions possédant cette propriété, i.e. les *fonctions réglées* du Chap. II, n° 11, possèdent (Chap. III, n° 12) des valeurs limites à gauche et à droite en chaque point de I. Dans ce n° et le suivant, nous allons montrer que cette propriété les caractérise si I est *compact*.

L'idée de la démonstration est très simple : tout le problème est de montrer que, pour tout $r > 0$, *on peut décomposer I en un nombre* fini *d'intervalles partiels I_k tels que la fonction donnée f soit constante à r près dans chaque I_k.* Cette condition est évidemment nécessaire si l'on veut réaliser la condition (1); si inversement elle est remplie et si l'on suppose, ce qui est permis, les I_k deux à deux disjoints, on obtient (1) en imposant à φ d'être égale dans I_k à $f(\xi_k)$, où ξ_k est un point de I_k arbitrairement choisi.

Or, pour une fonction f possédant des limites à droite et à gauche en tout $x \in I$, il est très facile de construire de tels intervalles. Puisque, pour tout $a \in I$, les limites $f(a+)$ et $f(a-)$ existent, il y a un intervalle *ouvert* $]a, a + r'[$ d'origine a et un intervalle ouvert $]a - r'', a[$ d'extrémité a dans lesquels la fonction est constante à r près[9]. Elle n'a pas non plus de mérite à être constante à r près dans l'intervalle $[a, a]$. Si donc l'on considère l'intervalle ouvert $U(a) =]a - r'', a + r'[$, on obtient les résultats suivants : (i) chaque $U(a)$ est réunion de trois intervalles au plus dans chacun desquels f est constante à r près; (ii) $U(a)$ contient a pour tout $a \in I$. Le théorème que nous avons en vue serait donc établi si nous pouvions trouver des points a_k en nombre *fini* tels que l'on ait

$$I \subset \bigcup U(a_k)$$

puisqu'alors I serait réunion de ses intersections avec les $U(a_k)$, lesquelles se composent d'au plus trois intervalles sur lesquels f est constante à r près.

---

[9] Si a est l'extrémité droite (resp. gauche) de I, on rend pour r' (resp. r'') n'importe quel nombre > 0. Si la fonction f est continue, on peut même trouver un intervalle ouvert de centre a dans lequel f est constante à r près, mais ce détail ne simplifie pas la démonstration qui suit.

Ce genre de question a passablement fait réfléchir les mathématiciens à partir de 1850 environ, du moins ceux qui se préoccupaient des fondements de l'analyse et, en particulier, des propriétés des fonctions continues. Dans leurs recherches sur la "grande" théorie de l'intégration, Emile Borel et Henri Lebesgue ont fini par isoler le point crucial dont leurs prédécesseurs avaient plus ou moins fait usage sans apercevoir la généralité de l'énoncé; on l'a par la suite, comme le théorème de Bolzano-Weierstrass, étendu à des espaces beaucoup plus généraux que $\mathbb{R}$ ou $\mathbb{C}$ où la notion d'ensemble compact a un sens (voir par exemple Dieudonné, vol. I, Chap. III, n° 16).

Théorème 5 (Borel-Lebesgue). *Soient K une partie compacte de $\mathbb{R}$ (resp. $\mathbb{C}$) et $(U_i)_{i \in I}$ une famille d'ensembles ouverts dans $\mathbb{R}$ (resp. $\mathbb{C}$). Supposons K contenu dans la réunion des U_i. Alors il existe une partie finie F de l'ensemble d'indices I telle que K soit contenu dans la réunion des U_i, $i \in F$. Cette propriété caractérise les parties compactes de $\mathbb{R}$ (resp. $\mathbb{C}$).*

Montrons d'abord que, si K est borné, on peut, pour tout $r > 0$, trouver des points x_k de K en nombre *fini* tels que K soit contenu dans la réunion des boules ouvertes $B(x_k, r)$. Comme en effet K est contenu dans un intervalle ou carré compact, il est clair que l'on peut trouver des boules ouvertes de rayon $r/2$ en nombre fini qui *recouvrent* K, i.e. dont la réunion contient K. Dans chacune de celles de ces boules B_k qui rencontrent effectivement K, choisissons un $x_k \in K$. Comme B_k est de rayon $r/2$, donc de diamètre r, on a $B_k \subset B(x_k, r)$, de sorte que les $B(x_k, r)$ recouvrent K comme on le désirait.

Pour prouver l'existence de F, il suffit alors de montrer qu'il existe un nombre $r > 0$ possédant la propriété suivante :

(∗) pour tout $x \in K$, la boule ouverte $B(x, r)$ est contenue dans l'un des U_i.

S'il en est ainsi, il suffit de choisir pour chaque k un U_i contenant $B(x_k, r)$ pour obtenir la première assertion de l'énoncé.

Supposons donc qu'aucun $r > 0$ ne possède la propriété annoncée. Pour tout $n \in \mathbb{N}$, il existe alors un $x(n) \in K$ tel que la boule $B(x(n), 1/n)$ ne soit contenue dans aucun des U_i. D'après BW et puisque K est *compact*, on peut extraire de la suite des $x(n)$ une suite partielle $x(p_n)$ qui converge vers un $a \in K$ (Chap. III, n° 9). Comme l'un des U_i contient a et est *ouvert*, il contient une boule $B(a, r)$ de rayon $r > 0$. Pour n grand, on a à la fois $|a - x(p_n)| < r/2$ et $1/p_n < r/2$. Il s'ensuit que la boule $B(x(p_n), 1/p_n)$ est contenue dans $B(a, r)$ et a fortiori dans un U_i, contradiction qui prouve (∗) et donc la première assertion du théorème.

Reste à montrer que les ensembles compacts sont les seuls à posséder la propriété de BL. Tout d'abord, un ensemble K qui la possède est borné; en effet, K est recouvert par la famille des boules ouvertes $B(x, 1)$, $x \in K$, puisqu'une boule contient son centre; il y a donc des $x_k \in K$ en nombre fini tels que les $B(x_k, 1)$ recouvrent K, d'où la propriété annoncée.

D'autre part, K est fermé, i.e. contient tout point a qui lui est adhérent. Supposons le contraire et soit $a \notin K$ un point adhérent à K. Pour tout $n \in \mathbb{N}$, désignons par U_n l'ensemble des $x \in \mathbb{R}$ (ou $\mathbb{C}$) tels que $d(x, a) > 1/n$, i.e. l'extérieur de la boule $B(a, 1/n)$. Les U_n sont ouverts et recouvrent K : pour tout $x \in K$, on a en effet $d(x, a) > 0$ puisque $a \notin K$, d'où, pour n grand, $d(x, a) > 1/n$, i.e. $x \in U_n$. Si donc K possède la propriété de Borel-Lebesgue, on peut le recouvrir à l'aide d'un nombre fini d'ensembles U_n; mais comme ceux-ci forment une suite croissante, cela signifie que l'on a $K \subset U_n$ pour n grand, autrement dit que la boule fermé $B(a, 1/n)$ complémentaire de U_n dans $\mathbb{R}$ (ou $\mathbb{C}$) ne rencontre pas K. Contradiction puisque a est adhérent à K, cqfd.

Par une curieuse coïncidence, l'outil essentiel dans la démonstration est le théorème de Bolzano-Weierstrass dont nous savons (Chap. III, n° 9) qu'il caractérise, lui aussi, les parties compactes de $\mathbb{R}$ ou $\mathbb{C}$. On peut donc présumer qu'il est inversement possible de déduire BW de BL, ce qui permettrait au lecteur d'ajouter BL à la liste des énoncés équivalents à l'axiome (IV) de $\mathbb{R}$ (Chap. III, fin du n° 10). Pour une démonstration, voir Dieudonné, *Eléments d'analyse*, vol. I, Chap. III, n° 16.

Corollaire 1. *Soit $(K_i)_{i \in I}$ une famille d'ensembles compacts non vides dans $\mathbb{R}$ ou $\mathbb{C}$. Supposons que l'intersection des K_i soit vide. Alors il existe une partie* finie *F de I telle que l'intersection des K_i, $i \in F$, soit vide.*

Choisissons un indice j quelconque et remplaçons chaque K_i par $K_i \cap K_j$. Si l'une de ces intersections est vide, le corollaire est démontré. Supposons-les donc non vides. Cela revient à supposer que tous les K_i sont contenus dans un même ensemble compact K, à savoir K_j.

Soit U_i le complémentaire de K_i dans $\mathbb{R}$ (ou $\mathbb{C}$). Il est ouvert puisque K_i est fermé. La réunion des U_i est le complémentaire de l'intersection des K_i. Si celle-ci est vide, les U_i recouvrent $\mathbb{R}$ (ou $\mathbb{C}$) et donc K. D'après BL, il existe donc un ensemble fini $F \subset I$ tel que les U_i, $i \in F$, recouvrent K. La réunion de ces U_i a pour complémentaire l'intersection des K_i, $i \in F$. Celle-ci ne peut donc pas rencontrer K; comme elle est contenue dans K, elle est vide, cqfd.

Si l'on pose

$$K_F = \bigcap_{i \in F} K_i$$

pour toute partie finie F de I, on peut encore formuler comme suit le corollaire précédent : pour que les K_i aient un point commun, il faut et il suffit que K_F soit non vide quelle que soit F. Le cas où les K_i sont des intervalles dans $\mathbb{R}$ a déjà été traité au Chap. III, n° 9.

Le lecteur se demandera peut-être pour quelle raison il est nécessaire, dans le théorème de BL, de supposer les U_i ouverts. Un contre-exemple trivial s'obtient en recouvrant K par les ensembles fermés $\{x\}$, $x \in K$; si K est infini, il est évidemment impossible de le recouvrir à l'aide d'un nombre fini de tels ensembles. On préférera peut-être un contre-exemple un peu moins grossier. Vous prenez $K = [-1, 1]$ et vous le recouvrez à l'aide des intervalles $]1/2, 1],]1/3, 1/2], \ldots$ et $[-2, 0]$. Tout $x > 0$ dans K appartient à un et un seul intervalle $]1/n, 1/(n+1)]$, et tout $x < 0$ à l'intervalle $[-2, 0]$; l'obstacle tomberait si l'on avait choisi $[-2, r]$ avec un $r > 0$.

Une autre conséquence importante de BL est le caractère *local* de la convergence uniforme sur un compact :

Corollaire 2. *Soient X une partie de $\mathbb{C}$ et (f_n) une suite de fonctions numériques définies sur X et convergeant simplement vers une limite f. Supposons que, pour tout $a \in X$, il existe une boule $B(a)$ de centre a telle que les f_n convergent vers f uniformément dans $B(a) \cap X$. Alors les f_n convergent uniformément sur tout compact $K \subset X$.*

On peut supposer les $B(a)$ ouvertes. D'après BL, on peut recouvrir K à l'aide d'un nombre fini de boules $B(a_i)$. Pour $r > 0$ donné, l'assertion

$$(6.2) \qquad |f_n(x) - f(x)| < r \qquad \text{pour tout } x \in B(a_i) \cap K$$

est, pour chaque i, vraie pour n grand. Puisque, pour r donné, ces relations sont en nombre fini, elles sont donc *simultanément* vraies pour n grand (Chap. II, n° 3), et comme la réunion des $B(a_i) \cap K$ est K, il s'ensuit que, pour n grand, l'inégalité (2) est vraie pour tous les $x \in K$ à la fois, cqfd.

Le corollaire 2 est particulièrement utile en théorie des fonctions analytiques; X est alors un ouvert de $\mathbb{C}$ et il est souvent facile de montrer que, pour tout $a \in X$, la convergence des f_n est uniforme dans un disque assez petit de centre a, d'où alors la convergence compacte dans X.

7 – Intégrabilité des fonctions réglées ou continues

Les raisonnements qui, au début du n° précédent, nous ont conduit à énoncer le théorème de BL conduisent au résultat suivant :

Théorème 6. *Soit f une fonction numérique définie dans un intervalle I de $\mathbb{R}$. Les deux propriétés suivantes sont équivalentes : (i) f possède des valeurs limites à gauche et à droite en tout point de I; (ii) il existe une suite de fonctions étagées dans I qui converge vers f uniformément sur tout compact de I. La fonction f est alors continue en dehors d'un partie dénombrable de I.*

L'implication (ii) $\Longrightarrow$ (i) a été établie à l'aide du critère de Cauchy au Chap. III, n° 12 (corollaire du théorème 16). L'implication (i) $\Longrightarrow$ (ii) s'obtient, lorsque I est compact, en observant, comme au début du n° précédent, que pour tout $r > 0$, il existe pour tout $x \in I$ un intervalle ouvert $U(x) =]x - r'', x + r'[$ tel que f soit constante à r près dans chacun des trois intervalles $]x - r'', x[$, $[x, x]$ et $]x, x + r'[$; il reste alors à appliquer

BL aux $U(x)$ pour obtenir un nombre fini d'intervalles recouvrant I et dans chacun desquels f est constante à r près; ce raisonnement montre aussi que f est *bornée sur tout compact* $K \subset I$.

Dans le cas d'un intervalle I non nécessairement compact, il faut évidemment se placer dans un intervalle compact quelconque K contenu dans I. On voit alors que, pour une fonction numérique f définie dans I, les deux propriétés suivantes sont équivalentes :

(i) f possède des valeurs limites à droite et à gauche en tout point de I, autrement dit est, par définition, *réglée dans I*;

(ii) pour tout intervalle compact $K \subset I$, il existe dans K une suite de fonctions étagées qui converge vers f uniformément sur K.

On peut alors trouver une suite (φ_n) de fonctions étagées dans I (i.e. telles que l'on puisse partager I en un nombre fini d'intervalles sur chacun desquels la fonction est constante) qui, pour tout compact $K \subset I$, converge vers f uniformément sur K : choisir une suite croissante d'intervalles compacts K_n de réunion I et, pour chaque n, une fonction étagée φ_n dans K_n vérifiant $|f(x) - \varphi_n(x)| < 1/n$ pour tout $x \in K_n$, enfin définir φ_n dans tout I en convenant que $\varphi_n(x) = 0$ pour tout $x \in I - K_n$. On a encore $\lim \varphi_n(x) = f(x)$ pour tout $x \in I$ car $x \in K_p$ pour p grand, d'où $|f(x) - \varphi_n(x)| < 1/n$ pour tout $x \in K_p$ et tout $n \geq p$ puisqu'alors $K_p \subset K_n$.

Reste à prouver la continuité de f. Pour tout n, soit D_n l'ensemble fini des points de I où φ_n est discontinue. La réunion D des D_n est dénombrable (Chap. I) et les φ_n sont toutes continues en tout $x \in I - D$. Il en est donc de même de[10] f, cqfd.

On notera que le théorème s'applique en particulier aux fonctions monotones.

Corollaire. *Toute fonction f bornée et réglée dans un intervalle borné $I = (a, b)$ est intégrable dans I et l'on a*

$$(7.1) \qquad \int_a^b f(x)dx = \lim_{u \to a+, v \to b-} \int_u^v f(x)dx.$$

Choisissons un $r > 0$ et un intervalle compact $K = [u, v]$ contenu dans I et tel que $m(I) - m(K) < r$. D'après le théorème 6, la fonction f est intégrable sur K. Il y a donc dans K une fonction étagée φ telle que $m_K(|f - \varphi|) < r$, où m_K est l'intégrale sur K. Définissons dans I une fonction étagée φ' en lui imposant d'être égale à φ dans K et à 0 en dehors de K. Comme on a $|f(x) - \varphi'(x)| \leq \|f\|_I$ en dehors de K, on voit en séparant les contributions de K et $I - K$ que

$$\int |f(x) - \varphi'(x)|dx \leq r + [m(I) - m(K)]\|f\|_I \leq (1 + \|f\|_I)r,$$

---

[10] Pour éviter toute confusion, précisons qu'il s'agit de la continuité de f en tant que fonction sur I et non pas seulement sur $I - D$. Revoir le n° 5 du Chap. III.

d'où l'intégrabilité de f dans I. La relation (1) s'obtient en observant que la différence entre les intégrales sur I et $[u, v]$ est la somme des intégrales sur $]a, u]$ et $[v, b[$, intervalles dont la longueur tend vers 0 lorsque u et v tendent vers a et b.

On retrouvera cela au §7 à propos de l'intégration de fonctions non nécessairement bornées sur des intervalles quelconques. Pour ce dont nous avons besoin jusqu'alors, les intégrales sur un intervalle compact seront presque toujours suffisantes, mais il n'est pas inutile de savoir qu'en dépit de son comportement peu catholique au voisinage de 0, la fonction $\sin(1/x)$ est intégrable sur $]0, 1]$ au sens du n° 2, le plus élémentaire qui soit.

Les raisonnements montrant que (i) $\Longrightarrow$ (ii) peuvent aussi servir à établir le résultat suivant, déjà évoqué au n° 3 :

Théorème 7. *Pour que l'intégrale d'une fonction réglée (resp. continue) positive f soit nulle, il faut et il suffit que l'ensemble $D = \{f(x) \neq 0\}$ soit dénombrable (resp. vide).*

La condition est suffisante. Considérons en effet une fonction étagée $\varphi \leq f$. On ne peut avoir $\varphi(x) > 0$ que si $x \in D$. Comme l'ensemble des points d'un intervalle non réduit à un seul point est non dénombrable (Chap. I), la fonction φ est nécessairement négative dans tous les intervalles de longueur non nulle où elle est constante. On a donc $m(\varphi) \leq 0$ et comme $m(f)$ est la borne supérieure de ces $m(\varphi)$, on a aussi $m(f) \leq 0$, d'où $m(f) = 0$ puisque f est positive.

Pour montrer qu'elle est nécessaire, supposons d'abord I compact et construisons dans I une suite (φ_n) de fonctions étagées telles que $\|f - \varphi_n\|_I \leq 1/n$. En remplaçant φ_n par $\varphi_n - 1/n$, on peut supposer $\|f - \varphi_n\|_I \leq 2/n$ et $\varphi_n \leq f$. Comme $f \geq 0$, on peut même supposer les $\varphi_n \geq 0$ (les remplacer par les φ_n^+). On a alors $m(\varphi_n) = 0$ puisque $m(f) = 0$. Chaque φ_n est donc nulle en dehors d'un ensemble fini D_n. La réunion D des D_n est dénombrable (Chap. I) et comme $f(x) = \lim \varphi_n(x)$ pour tout $x \in I$, il est clair que l'on a $f(x) = 0$ pour tout $x \notin D$.

Si maintenant I n'est pas compact, c'est la réunion d'une suite de compacts K_n. L'intégrale de f sur chaque K_n est évidemment nulle; les $D \cap K_n$ sont donc dénombrables, donc aussi $D = \bigcup D \cap K_n$ (Ch. I).

Si f est continue, D est ouvert et donc, s'il n'était pas vide, contiendrait un intervalle de longueur > 0, lequel devrait être dénombrable comme D contrairement au plus célèbre théorème de Cantor, cqfd.

Un corollaire du théorème 7 est que si deux fonctions réglées f et g sont égales en dehors d'un ensemble dénombrable D, alors $m(f) = m(g)$. En effet, la fonction $|f - g|$ est encore réglée[11] et elle est positive; le théorème 7 montre alors que $m(|f - g|) = 0$, d'où $m(f) = m(g)$.

---

[11] Evident. Noter, dans cet ordre d'idées, que si f est réglée et si g est *continue*, la fonction composée $g \circ f$ est encore réglée, car si x tend vers $c+$ ou $c-$, $f(x)$ tend vers $f(c+)$ ou $f(c-)$, de sorte que $g[f(x)]$ tend vers une limite, à savoir $g[f(c+)]$ ou $g[f(c-)]$, cqfd. Ce résultat ne subsiste pas si g est seulement réglée.

On peut être tenté de croire qu'inversement, si l'on modifie les valeurs d'une fonction réglée f sur un ensemble dénombrable D de points, on trouve encore une fonction intégrable ou même réglée. Faux : la fonction constante égale à 1 est aussi réglée qu'il est possible de l'être, mais si vous lui attribuez la valeur 0 aux points rationnels, vous obtenez la fonction de Dirichlet qui n'est ni réglée ni intégrable au sens de Riemann.

8 – La continuité uniforme et ses conséquences

Le principal intérêt du théorème 6 est de montrer que toute fonction réglée est intégrable. C'est donc en particulier le cas des fonctions continues. La démonstration de l'implication (i) $\Longrightarrow$ (ii) du théorème 6 permet d'isoler une propriété importante de celles-ci, la *continuité uniforme*.

Considérons d'une manière générale une fonction numérique f définie et continue dans une partie X de $\mathbb{R}$ ou $\mathbb{C}$. Pour tout $r > 0$ et tout $x \in X$, il existe un nombre $r' > 0$ tel que, pour $y \in X$,

$$(8.1) \qquad d(x,y) \le r' \Longrightarrow d[f(x), f(y)] \le r.$$

Le nombre r' dépend a priori des choix de r *et de* x. On dit que f est uniformément continue dans X si, pour tout $r > 0$, il existe un $r' > 0$ *ne dépendant que de r* et convenant à *tous* les $x \in X$, autrement dit, tel que

$$(8.2) \qquad \{(x \in X) \ \& \ (y \in X) \ \& \ (d(x,y) \le r')\} \Longrightarrow d[f(x), f(y)] \le r.$$

Supposons par exemple que $X = \mathbb{R}$ et posons $y = x - h$. Alors (2) signifie que

$$(8.3) \qquad |h| \le r' \Longrightarrow |f(x-h) - f(x)| \le r \quad \text{pour tout } x \in \mathbb{R}.$$

Introduisons alors les fonctions *translatées*

$$(8.4) \qquad f_h(x) = f(x - h)$$

de f dont les graphes se déduisent du graphe de f par des translations horizontales. Cela dit, le fait que l'on a $d[f_h(x), f(x)] \le r$ *pour tout* x signifie simplement, dans les notations du Chap. III, n° 7, que

$$(8.5) \qquad d_{\mathbb{R}}(f, f_h) = \|f - f_h\|_{\mathbb{R}} \le r.$$

L'existence, pour tout $r > 0$, d'un $r' > 0$ vérifiant (3) signifie donc que, lorsque h tend vers 0, la fonction $f_h(x)$ converge vers $f(x)$ *uniformément sur* $\mathbb{R}$. On aimerait bien pouvoir formuler de la même façon la continuité uniforme sur un ensemble X quelconque, mais dans ce cas la fonction $f_h(x)$ n'est définie que sur l'ensemble $\ne X$ déduit de X par la translation horizontale d'amplitude h et la convergence, uniforme ou non, n'a plus de sens.

La continuité uniforme est fort loin d'être une propriété universelle des fonctions continues. Si vous prenez sur $\mathbb{R}$ la fonction $f(x) = e^x$ par exemple, d'où $f_h(x) = e^{-h}f(x)$, il est clair que, lorsque h tend vers 0, f_h converge simplement vers f – c'est la continuité –, mais pour h donné, la différence $|f(x) - f_h(x)| = |e^{-h} - 1|e^x$ n'est pas même bornée dans $\mathbb{R}$, ce qui interdit la convergence uniforme : on a dans ce cas $\|f - f_h\|_R = +\infty$ quel que soit $h \neq 0$.

Toutefois :

Théorème 8 (Heine[12]). *Toute fonction numérique définie et continue dans un ensemble* compact $K \subset \mathbb{C}$ *est uniformément continue dans* K.

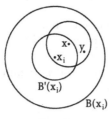

fig. 3.

Pour $r > 0$ donné, choisissons pour chaque $x \in K$ une boule ouverte $B(x)$ de centre x telle que f soit constante à r près dans $B(x) \cap K$. Soit $B'(x)$ la boule ouverte de centre x et de rayon moitié de celui de $B(x)$. Comme les $B'(x)$ recouvrent K, on peut d'après BL trouver des points $x_1, \ldots, x_n$ de K tels que les boules $B'(x_i)$ recouvrent K. Soit $r' > 0$ le plus petit de leurs rayons et soient x, y deux points de K tels que $d(x, y) < r'$. Le point x appartient à l'une des boules $B'(x_i)$. Comme le rayon de $B(x_i)$ est deux fois celui de $B'(x_i)$, lui-même $\geq r'$, $B(x_i)$ contient aussi y d'après l'inégalité du triangle. Comme f est constante à r près dans $B(x_i)$, on a $|f(x) - f(y)| \leq r$, cqfd.

Corollaire 1. *Soit f une fonction numérique définie et continue dans $\mathbb{R}$ (resp. $\mathbb{C}$) et nulle pour $|x|$ grand. Alors f est uniformément continue dans $\mathbb{R}$ (resp. $\mathbb{C}$).*

Il suffit de traiter le cas de $\mathbb{C}$. Soient K un compact en dehors duquel $f = 0$ et H l'ensemble des $x \in \mathbb{C}$ tels que $d(x, K) \leq 1$. Puisque $d(x, K)$ est une fonction continue de x (Chap. III, n° 10), l'ensemble H est fermé. Il est évidemment borné comme K, donc compact. Pour tout $r > 0$, il y a donc un $r' > 0$ tel que, pour $x, y \in H$, la relation $d(x, y) \leq r'$ implique $d[f(x), f(y)] \leq r$. On peut supposer $r' < 1$. Soient alors x, y deux points de

---

[12] Heine publie en 1872, mais Dugac nous dit que Weierstrass enseignait déjà le théorème vers 1865, que Riemann et Dirichlet s'en servaient sans peut-être le démontrer vraiment vers 1854, enfin qu'il est implicitement utilisé par Cauchy, lequel n'avait pas vu le problème (Chap. III, n° 6).

$\mathbb{C}$ tels que $d(x, y) < r'$. S'ils sont tous deux dans H, la question est réglée. Si $x \notin H$, on a $d(x, K) > d(x, y)$, donc $y \notin K$, d'où $f(x) = f(y) = 0$, cqfd.

Il est facile de comprendre pourquoi le théorème 8 ne s'applique pas aux ensembles non compacts. Considérons en effet sur un tel ensemble X une fonction f uniformément continue et soit a un point adhérent à X; alors f *tend vers une limite lorsque $x \in X$ tend vers a.* Donnons-nous en effet un $r > 0$; grâce au critère de Cauchy (Chap. III, n° 10, théorème 13'), tout revient à prouver l'existence d'un $r' > 0$ tel que, pour $x, y \in X$,

$$\{(|x - a| < r') \ \& \ (|y - a| < r')\} \Longrightarrow |f(x) - f(y)| < r.$$

Mais comme f est uniformément continue, il y a un $r'' > 0$ tel que l'inégalité du second membre soit vérifié pour $|x - y| < r''$; il suffit alors de prendre $r' = r''/2$.

Dans ces conditions, il est naturel de définir une fonction F sur l'adhérence[13] $\overline{X}$ de X en posant

$$F(a) = \lim_{x \to a, x \in X} f(x)$$

pour tout $a \in \overline{X}$; on a $F(a) = f(a)$ si $a \in X$. Montrons que *la fonction F est continue sur X.* Pour tout $r > 0$, choisissons un $r' > 0$ tel que, pour $x, y \in X$,

$$|x - y| < r' \Longrightarrow |f(x) - f(y)| < r$$

et considérons deux points a, b de $\overline{X}$ tels que $|a - b| < r'$ (inégalité stricte). Si $x, y \in X$ sont suffisamment voisins de a et b respectivement, on a encore $|x - y| < r'$ et donc $|f(x) - f(y)| < r$; comme $f(x)$ et $f(y)$ tendent vers $f(a)$ et $f(b)$, on trouve à la limite $|f(a) - f(b)| \leq r$, d'où le résultat.

Celui-ci montre que la notion de convergence uniforme ne concerne vraiment que les fonctions continues sur un ensemble *fermé* ou, ce qui revient au même, qui peuvent se prolonger à un ensemble fermé tout en restant continues (et même uniformément continues). En particulier :

Corollaire 2. *Soit f une fonction définie et continue sur un ensemble* borné $X \subset \mathbb{C}$. *Les deux propriétés suivantes sont équivalentes : (i) f est uniformément continue dans X; (ii) f est la restriction à X d'une fonction continue sur l'ensemble compact $\overline{X}$.*

Nous venons de voir que (i) implique (ii). L'implication inverse résulte du théorème 8 puisque $\overline{X}$ est compact.

Si par exemple $X =]0, 1]$, la fonction $f(x) = \sin(1/x)$ n'a manifestement pas de limite lorsque x tend vers 0; cela ne l'empêche pas d'être intégrable puisqu'elle est continue et bornée (corollaire du théorème 6), mais cela lui

---

[13] Rappelons que c'est l'ensemble des points que l'on peut approcher par des $x \in X$ ou encore, le plus petit ensemble fermé contenant X.

interdit d'être uniformément continue dans X. Le vérifier par un calcul d'inégalités subtiles est un exercice traditionnel de gymnastique à la Weierstrass; le corollaire 2 le rend parfaitement inutile : on a suffisamment d'occasions sérieuses de manipuler des inégalités pour s'en dispenser lorsqu'on peut les obtenir gratuitement. On pourrait, autrement, conseiller aux amateurs d'examiner "à la main" des fonctions telles que

$$\sin(\sin(1/x)), \quad \sin(\exp(\sin(1/x))), \quad \text{etc.}$$

Le corollaire 2 permet de répondre à un problème d'approximation : peut-on approcher par des polynômes, uniformément sur X, une fonction continue donnée sur X? Nous montrerons au n° 28 que c'est le cas si X est un intervalle *compact* de $\mathbb{R}$ (ou de $\mathbb{C}$ à condition d'utiliser des polynômes en x et y, et non pas en $z = x + iy$). Mais si X est borné sans être compact?

Soit p un polynôme vérifiant $|f(x) - p(x)| \leq r$ pour tout $x \in X$. Comme la fonction p est continue dans $\mathbb{R}$ et donc dans l'adhérence compacte de X, elle est uniformément continue dans X. Il y a donc un $r' > 0$ tel que, pour $x, y \in X$, la relation $|x - y| < r'$ implique $|p(x) - p(y)| < r$ et par conséquent $|f(x) - f(y)| < 3r$. Autrement dit, si f est limite uniforme de polynômes (ou, plus généralement, de fonctions uniformément continues dans X), f est uniformément continue dans X. Réciproquement, f peut alors se prolonger en une fonction continue sur le compact $\overline{X}$ et le théorème de Weierstrass fournit l'approximation cherchée dans $\overline{X}$, à plus forte raison dans X. La question n'a donc pas d'intérêt : lorsque la réponse est affirmative, elle résulte du théorème de Weierstrass pour un compact. Nous avons d'autre part montré au Chap. III, n° 5 que si X est un intervalle non borné dans $\mathbb{R}$, les seules limites uniformes de polynômes dans X sont les polynômes eux-mêmes. Moralité : ne pas tenter de "compléter" le théorème de Weierstrass ...

Une autre conséquence du théorème de Heine est la possibilité de définir l'intégrale d'une fonction continue f sur un intervalle *compact* I à l'aide de sommes de Riemann standard.

On peut par exemple, comme Cauchy, considérer des subdivisions arbitraires de I et les sommes $\sum f(x_k)(x_{k+1} - x_k)$ qui évoquent irrésistiblement la notation $\int f(x)dx$ de Leibniz (l'évocation, en ce qui concerne Cauchy, allait plutôt en sens inverse ...) ou même les sommes plus générales $\sum f(\xi_k)(x_{k+1} - x_k)$ avec des points ξ_k arbitrairement choisis dans les intervalles *fermés*[14] $[x_k, x_{k+1}]$. Si, dans chacun de ces intervalles, la fonction est constante à r près, la fonction f est partout égale à r près à la fonction étagée égale à $f(\xi_k)$ dans $[x_k, x_{k+1}[$, de sorte que l'intégrale de f est égale à $m(I)r$ près à la somme considérée. Mais comme f est uniformément continue, cette condition

---

[14] Pour une fonction réglée générale, on a vu plus haut que les ξ_k doivent être *intérieurs* aux intervalles de la subdivision en raison du fait que la fonction f peut être discontinue aux points x_k.

sera remplie dès que l'on a $|x_{k+1} - x_k| < r'$ pour un $r' > 0$ convenablement choisi. Autrement dit :

Corollaire 3. *Soit f une fonction numérique définie et continue sur un intervalle compact I. Pour tout $r > 0$, il existe un $r' > 0$ tel que l'on ait*

$$(8.6) \qquad \left| \int_I f(x)dx - \sum f(\xi_k)(x_{k+1} - x_k) \right| < r$$

quels que soient les points $\xi_k \in [x_k, x_{k+1}]$ dès que la subdivision (x_k) de I vérifie $|x_{k+1} - x_k| < r'$ pour tout k.

On peut par exemple décomposer I en n intervalles égaux $I_1, \ldots, I_n$ et choisir au hasard un $\xi_k \in I_k$ pour chaque k. La somme de Riemann correspondante n'est autre que

$$m(I) \frac{f(\xi_1) + \ldots + f(\xi_n)}{n} .$$

Elle tend vers l'intégrale de f lorsque n augmente indéfiniment. Cette remarque explique pourquoi l'on appelle *valeur moyenne* de la fonction f sur I le rapport $m(f)/m(I)$ entre son intégrale et la mesure de I.

9 – Dérivation et intégration sous le signe $\int$

Continuons à exposer quelques conséquences importantes de la continuité uniforme. Nous l'avons établie non seulement dans $\mathbb{R}$, mais aussi dans $\mathbb{C}$, i.e. pour les fonctions de deux variables réelles.

Considérons alors une fonction $f(x, y)$ définie et continue dans un rectangle $K \times J$ de $\mathbb{C}$, où K et J sont des intervalles dans $\mathbb{R}$, K étant supposé compact comme son nom l'indique. On peut intégrer $f(x, y)$ par rapport à x pour y donné et plus généralement considérer la fonction

$$(9.1) \qquad \varphi(y) = \int_K f(x, y)\mu(x)dx$$

où μ est une fonction intégrable quelconque dans K (à défaut d'une mesure de Radon ...).

Théorème 9. *Soient K un intervalle compact, J un intervalle quelconque de $\mathbb{R}$ et $f(x, y)$ une fonction continue sur $K \times J$.*

(i) la fonction (1) est continue dans J;
(ii) si f possède dans $K \times J$ une dérivée partielle $D_2 f(x, y)$ continue, φ est de classe C^1 dans J et l'on a

$$(9.2) \qquad \varphi'(y) = \int_K D_2 f(x, y)\mu(x)dx.$$

La continuité et la dérivabilité en un point y étant des propriétés locales, nous pouvons dans ce qui suit remplacer J par un intervalle compact $H \subset J$ contenant tous les points de J assez voisins de y.

Posons d'une manière générale $\mu(f) = \int f(x)\mu(x)dx$ pour toute fonction f continue dans K, d'où, en omettant d'écrire K sous le signe $\int$,

$$|\mu(f)| \leq \int |f(x)|.|\mu(x)|dx \leq M(\mu)\|f\|_K$$

où $M(\mu) = \int |\mu(x)|dx$. On a alors $\varphi(y) = \mu(f_y)$ où $f_y(x) = f(x, y)$.

Comme f est continue et donc uniformément continue sur le compact $K \times H$, on peut associer à tout $r > 0$ un $r' > 0$ tel que, dans $K \times H$,

$$(9.3) \ (|x' - x''| < r') \quad \& \quad (|y' - y''| < r') \Longrightarrow |f(x', y') - f(x'', y'')| < r.$$

Pour $|y' - y''| < r'$, on a alors $|f(x, y') - f(x, y'')| < r$, i.e. $|f_{y'}(x) - f_{y''}(x)| < r$, pour tout $x \in K$; par suite,

$$(9.4) \qquad\qquad |y' - y''| < r' \Longrightarrow \|f_{y'} - f_{y''}\|_K \leq r.$$

Cela signifie que, lorsque y'' tend vers y', la fonction $f_{y''}$ converge vers $f_{y'}$ *uniformément dans K*. La continuité de φ résulte de là puisque

$$|\varphi(y') - \varphi(y'')| = |\mu(f_{y'}) - \mu(f_{y''})| \leq M(\mu)\|f_{y'} - f_{y''}\|_K \leq M(\mu)r$$

pour $|y' - y''| < r'$.

Pour la dérivabilité, posons $D_2 f = g$, $g_y(x) = g(x, y)$ et désignons par $\psi(y) = \mu(g_y)$ le second membre de (2), fonction continue de y d'après (i) appliqué à g. On a

$$(9.5) \quad \frac{\varphi(y + h) - \varphi(y)}{h} - \psi(y) \quad = \quad \frac{\mu(f_{y+h}) - \mu(f_y)}{h} - \mu(g_y) =$$
$$= \quad \mu\left[(f_{y+h} - f_y)/h - g_y\right]$$

en vertu de la linéarité de $f \mapsto \mu(f)$. Pour montrer que le premier membre tend vers 0 avec h, il suffit de montrer que, lorsque h tend vers 0, la fonction de x que l'on intègre au troisième membre tend vers 0 *uniformément sur K* pour y donné.

Or nous avons démontré au Chap. III, n° 16 (corollaire 4 du théorème des accroissements finis) que pour toute fonction p dérivable sur un intervalle compact $[a, b]$, on a

$$|p(b) - p(a) - p'(c)(b - a)| \leq |b - a|.\sup |p'(x) - p'(c)|$$

pour tout $c \in [a, b]$, le sup étant étendu aux $x \in [a, b]$. Appliquons ce résultat à la fonction $y \mapsto f(x, y)$ pour x donné; il vient

$$|f(x, y + h) - f(x, y) - D_2 f(x, y)h| \leq |h|.\sup |D_2 f(x, y + k) - D_2 f(x, y)|,$$

le sup étant étendu aux k compris entre 0 et h. La fonction $D_2 f$ étant continue et donc uniformément continue sur le compact $K \times H$, il existe pour tout $r > 0$ un $r' > 0$ tel que

$$|k| \leq r' \Longrightarrow |D_2 f(x, y + k) - D_2 f(x, y)| \leq r$$

quels que soient $x \in K$ et $y \in H$. On en déduit que

$$|h| \leq r' \Longrightarrow |f(x, y + h) - f(x, y) - D_2 f(x, y)h| \leq r|h|,$$

i.e. que

$$|h| \leq r' \Longrightarrow |f_{y+h}(x) - f_y(x) - hg_y(x)| \leq r|h|,$$

quel que soit $x \in K$. En prenant le sup pour $x \in K$ et en divisant par $|h|$, on en déduit que

$$(9.6) \qquad |h| \leq r' \Longrightarrow \|(f_{y+h} - f_y)/h - g_y\|_K \leq r,$$

ce qui fournit la convergence uniforme annoncée ou, si l'on préfère, montre que le premier membre de (5) est $\leq M(\mu)r$, cqfd.

Soient maintenant K et H deux intervalles compacts, μ et ν deux fonctions intégrables dans K et H et f une fonction continue dans $K \times H$. On peut alors considérer l'*intégrale superposée* que nous noterons

$$\int_H \nu(y)dy \int_K f(x, y)\mu(x)dx \ \text{ plutôt que } \ \int_H \left(\int_K f(x, y)\mu(x)dx \right) \nu(y)dy$$

comme, en principe, on devrait le faire. On peut aussi effectuer les opérations dans l'ordre inverse.

Théorème 10. *Soient K et H deux intervalles compacts de $\mathbb{R}$ et f une fonction continue sur $K \times H$. Alors on a*

$$(9.7) \qquad \int_H \nu(y)dy \int_K f(x, y)\mu(x)dx = \int_K \mu(x)dx \int_H f(x, y)\nu(y)dy.$$

quelles que soient les fonctions intégrables μ et ν dans K et H.

C'est l'analogue du théorème relatif aux séries doubles absolument convergentes (Chap. II, n° 18).

Pour démontrer l'égalité des deux membres de (7), observons que, d'après (3), il existe des partitions finies de K et H en intervalles K_p et H_q tels que f soit constante à r près dans chaque rectangle $K_p \times H_q$. On a

$$\int_H f(x, y)\nu(y)dy = \sum \int_{H_q} f(x, y)\nu(y)dy$$

et donc

$$(9.8) \quad \int_K \mu(x)dx \int_H f(x,y)\nu(y)dy = \sum \int_{K_p} \mu(x)dx \int_{H_q} f(x,y)\nu(y)dy.$$

Choisissons alors des points $\xi_p \in K_p$ et $\eta_q \in H_q$. Si l'on remplace $f(x,y)$ par $f(\xi_p, \eta_q)$ dans le terme général, l'erreur commise est visiblement majorée par

$$(9.9) \qquad r \int_{K_p} |\mu(x)|dx \int_{H_q} |\nu(y)|dy$$

Le premier membre de (8) est donc égal à la "somme de Riemann double"

$$(9.10) \quad \sum f(\xi_p, \eta_q) \int_{K_p} \mu(x)dx \int_{H_q} \nu(y)dy = \sum f(\xi_p, \eta_q)\mu(K_p)\nu(H_q)$$

(notation évidente !), avec une erreur inférieure à la somme des expressions (9), donc à

$$r \int |\mu(x)|dx \int |\nu(y)|dy = M(\mu)M(\nu)r,$$

produit des intégrales de $|\mu|$ et $|\nu|$ sur K et H. On trouverait le même résultat en calculant de la même façon le second membre de (2). Comme $r > 0$ est arbitraire, ils sont donc égaux, cqfd.

Le théorème précédent justifie la définition

$$(9.11) \quad \iint_{K \times H} f(x,y)\mu(x)\nu(y)dxdy = \int \mu(x)dx \int f(x,y)\nu(y)dy =$$
$$= \int \nu(y)dy \int f(x,y)\mu(x)dx$$

des *intégrales doubles* étendues à un rectangle compact $K \times H$ par rapport à la "mesure produit" $\mu(x)\nu(y)dxdy$. On peut les définir dans un cadre plus général en remplaçant $K \times H$ par une partie bornée de $\mathbb{C}$ pas trop barbare ou, ce qui revient au même, étendre le théorème à des fonctions non continues, mais on se heurte rapidement à de grosses difficultés si l'on reste dans le cadre de l'intégrale de Riemann.

Considérons par exemple le très anodin problème que voici : on se donne dans K une fonction continue positive $\varphi(x)$ à valeurs dans H et l'on cherche à calculer l'aire A comprise entre l'axe des x et la courbe $y = \varphi(x)$ à l'aide d'une intégrale double plutôt que par l'intégrale simple usuelle. Notant $E \subset \mathbb{R}^2$ l'ensemble des (x,y) tels que $x \in K$ et $0 \le y \le \varphi(x)$ et χ_E sa fonction caractéristique, égale à 1 sur E et à 0 ailleurs, il est "géométriquement évident" que

$$(9.12) \qquad A = \iint_{K \times H} \chi_E(x,y)dxdy;$$

au reste, si l'on calcule l'intégrale double par $\int dx \int dy$, l'intégrale par rapport à y, pour x donné, porte sur la fonction égale à 1 entre 0 et $\varphi(x)$ et nulle

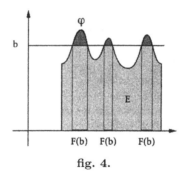

fig. 4.

ailleurs, d'où $\int dy = \varphi(x)$, de sorte qu'en intégrant par rapport à x on trouve l'intégrale de la fonction φ, qui est bien l'aire cherchée. Mais intégrons d'abord par rapport à x. Pour $y = b \in H$ donné, on a $\chi_E(x, b) = 1$ si $\varphi(x) \geq b$ et $= 0$ sinon; si donc on considère l'ensemble $F(b) \subset K$ des $x \in K$ tels que $\varphi(x) \geq b$, on doit intégrer par rapport à x la fonction caractéristique de $F(b)$, ensemble compact puisque φ est continue et K compact. Or cette fonction n'a aucune raison d'être intégrable au sens de Riemann. En fait, pour *tout* ensemble compact $F \subset K$, il existe une fonction φ telle que $F = F(1)$; il suffit pour cela que l'on ait $\varphi(x) = 1$ sur F et $\varphi(x) < 1$ pour $x \notin F$. Or la fonction

$$d(x, F) = \inf_{u \in F} |x - u|$$

est continue, nulle sur F et *strictement* positive en dehors de F (Chap. III, n° 10, exemple 1). Soit alors M le maximum de $d(x, F)$ pour $x \in K$; dans K, la fonction

$$\varphi(x) = 1 - d(x, F)/M$$

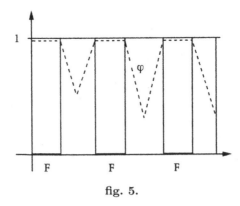

fig. 5.

est continue, positive, égale à 1 sur F et < 1 ailleurs. Pour ce choix de φ, l'ensemble $\{\varphi \geq 1\}$ est donc bien F. La figure 5 ne donne aucune idée de la complexité de φ dans le cas général.

On voit donc que, pour qu'il soit possible de permuter l'ordre des intégrations en théorie de Riemann dans une intégrale double telle que

$$\iint\limits_{E} f(x,y)dxdy = \iint\limits_{K \times H} \chi_E(x,y)f(x,y)dxdy$$

pour toute partie E "raisonnable", par exemple compacte ou ouverte, du rectangle compact $K \times H$, comme les "utilisateurs" le font sans se poser de questions, il faudrait, pour commencer, que la fonction caractéristique de toute partie compacte ou ouverte de $\mathbb{R}$ soit intégrable au sens de ce chapitre. Si tel était le cas, personne n'aurait jamais inventé l'intégrale de Lebesgue, et surtout pas son inventeur puisque c'est exactement ce problème qui l'a conduit à sa théorie.

Bien sûr, l'objection ne se présente pas pour les fonctions "habituelles" : vous pouvez calculer l'aire d'un demi cercle centré sur l'axe des x en intégrant d'abord par rapport à x puis par rapport à y, parce que dans ce cas les ensembles $F(b)$ sont d'inoffensifs intervalles; pour des courbes un peu moins convexes ou concaves, les $F(b)$ peuvent être des réunions finies d'intervalles fermés, ce qui ne pose pas davantage de problème, encore qu'il faudrait le justifier. Mais le cas général est hors de portée de la théorie élémentaire; nous l'aborderons au n° 33.

Notons enfin que tous les résultats de ce n° restent valables, avec les mêmes démonstrations (n° 30), lorsqu'on intègre par rapport à une "mesure de Radon" générale, i.e. lorsqu'on remplace l'intégrale $f \mapsto m(f)$ par une fonction $f \mapsto \mu(f)$ vérifiant les propriétés de *linéarité* et *continuité* du théorème 1 qui, seules, interviennent dans tout ce que l'on vient de faire (sauf dans le calcul des "sommes de Riemann doubles" que nous devrons un peu modifier pour en éliminer les fonctions discontinues). Autrement dit, ce n'est pas la construction explicite de l'intégrale qui compte dans ces problèmes, ce sont ses *propriétés formelles*. Il a fallu deux cent cinquante ans pour le comprendre, mais nous avons maintenant un siècle d'expérience.

10 – Fonctions semi-continues[15]

Savoir que les fonctions réglées sont intégrables suffit presque toujours dans la pratique élémentaire, mais il n'est pas difficile, au point où nous en sommes, d'entrevoir la "grande" théorie de l'intégration. L'outil essentiel est un théorème célèbre qui aurait rendu grand service à Cauchy :

---

[15] Le contenu des n° 10 et 11, préparation à la théorie de Lebesgue, sera repris dans un cadre plus général au §9; on n'utilisera ni les résultats de ces deux n° ni ceux du §9 avant le chapitre XI consacré à celle-ci. Notre but ici est de montrer au lecteur qu'il n'est pas difficile d'aller sensiblement plus loin que la théorie traditionnelle, l'essentiel étant de savoir jusqu'où l'on peut ne pas aller trop loin

...

Théorème de Dini. [16] *Soit* (f_n) *une suite* monotone *de fonctions continues à valeurs réelles définies sur un ensemble* compact $K \subset \mathbb{C}$ *et convergeant simplement vers une fonction limite* f. *Pour que* f *soit continue,* il faut *et* il suffit *que les* f_n *convergent uniformément sur* K.

On peut supposer la suite donnée croissante, d'où $f(x) = \sup f_n(x)$ pour tout $x \in K$. Pour tout $r > 0$ et tout $a \in K$, on a donc

$$f(a) \geq f_n(a) > f(a) - r \quad \text{pour } n \text{ grand.}$$

Si f est continue, cette relation est, pour n donné, encore vraie au voisinage de a. D'après BL, on peut donc trouver un nombre fini de points $a_p \in K$ et des boules ouvertes $B(a_p)$ recouvrant K tels que chaque relation

(10.1) $$x \in K \cap B(a_p) \Longrightarrow f(x) \geq f_n(x) > f(x) - r$$

soit *séparément* vraie pour n grand. Ces relations étant en nombre fini, elles sont *simultanément* vérifiées pour n grand – inutile d'avoir recours à des N_p et à leur maximum ... – et puisque les $B(a_p)$ recouvrent K, cela signifie que, pour n grand, on a

$$f(x) \geq f_n(x) > f(x) - r$$

pour tout $x \in K$, donc $\|f - f_n\|_K \leq r$, cqfd.

Exercice. Démontrer le théorème en utilisant BW.

Considérons par exemple pour $x > 0$ la suite $f_n(x) = n(x^{1/n} - 1)$ du Chap. II, n° 10; pour $x \geq 1$, elle est décroissante et tend vers $\log x$; la convergence est donc uniforme sur $[1, b]$ quel que soit $b > 1$. Le cas d'un intervalle $[a, 1]$ $(a > 0)$ se ramène au précédent en posant $x = 1/y$. Il y a donc convergence uniforme sur tout compact $K \subset \mathbb{R}_+^*$. Même conclusion pour la suite $(1 + x/n)^n$ pour $x \geq 0$.

Le théorème de Dini vaut non seulement pour les *suites* croissantes mais aussi pour ce que nous appellerons les *philtres croissants* de fonctions continues; cette terminologie[17] désigne toute famille $(f_i)_{i \in I}$ (non nécessairement

---

[16] Après avoir suivi à Paris en 1866 les cours d'analyse de Joseph Bertrand et J.A. Serret, nous dit Dugac p. 106 de sa thèse, et avoir conçu de sérieux doutes quant à la rigueur de leurs idées, doutes que sa jeunesse le dissuade de rendre publics, Ulisse Dini, professeur à Pise (où se trouve une Ecole normale supérieure qui a produit nombre d'excellents scientifiques italiens), lit les Allemands, se renseigne sur les cours de Weierstrass et, en 1878, publie en italien le premier exposé de l'analyse conforme aux idées de celui-ci et de ses nombreux disciples, suivi en 1880 d'un livre sur les séries de Fourier. Son livre fut d'autant plus lu que ni Weierstrass ni ses élèves ne publiaient autre chose que des cours polycopiés écrits à la main et de diffusion fort limitée.

[17] Un peu moins barbare que les "ensembles filtrants croissants" de N. Bourbaki; j'utilise l'orthographe "philtre" parce que le mot "filtre" est, en topologie générale, employé dans un sens différent. J'ai suffisamment connu le milieu Bourbaki et suffisamment absorbé moi-même de philtres bourbachiques à la grande époque des filtres pour penser que mon orthographe correspond mieux aux arrière-plans psychologiques du sujet ...

dénombrable) ou ensemble Φ de fonctions réelles (définies sur un ensemble quelconque) possédant la propriété suivante : quelles que soient les fonctions f et g dans la famille ou l'ensemble, il existe dans la famille ou l'ensemble une fonction h majorant à la fois f et g. Le cas le plus fréquent est celui où

$$(f \in \Phi) \ \& \ (g \in \Phi) \Longrightarrow \sup(f,g) \in \Phi.$$

La définition s'applique à des fonctions définies sur n'importe quoi : ce sont les valeurs de la fonction, non de la variable, qui doivent être réelles. C'est trivialement le cas d'une suite croissante. C'est aussi le cas, sur un intervalle de $\mathbb{R}$ (ou, plus généralement, dans un espace métrique), de l'ensemble des fonctions continues qui sont inférieures à une fonction donnée. On définirait de même les *philtres décroissants* en renversant le sens des inégalités.

Pour étendre le théorème de Dini aux philtres croissants, considérons sur le compact $K \subset \mathbb{C}$ un tel philtre Φ de fonctions continues réelles et supposons que la fonction

$$\varphi(x) = \sup_{f \in \Phi} f(x),$$

enveloppe supérieure de Φ (i.e., dans le cas d'une suite croissante, limite de celle-ci), soit partout finie et continue. Pour tout $r > 0$ et tout $a \in K$, il existe une $f \in \Phi$ telle que l'on ait $\varphi(a) - r < f(a)$; comme f et φ sont continues, cette inégalité est encore valable au voisinage de a dans K. Par BL, on peut donc trouver des $a_p \in K$ en nombre fini, des $f_p \in \Phi$ et des boules $B(a_p)$ recouvrant K, de telle sorte que l'on ait

$$\varphi(x) - r < f_p(x) \qquad \text{dans } K \cap B(a_p)$$

pour tout p. Comme Φ est un philtre croissant et comme les f_p sont en nombre fini, il existe une $f \in \Phi$ qui majore toutes[18] les f_p. On a alors à plus forte raison $\varphi(x) - r < f(x)$ dans $K \cap B(a_p)$ quel que soit p, donc dans K tout entier. Comme on a de toute façon $f(x) \leq \varphi(x)$, on trouve finalement que $\|\varphi - f\|_K \leq r$ et, trivialement, que $\|\varphi - g\|_K \leq r$ pour toute $g \in \Phi$ majorant f. C'est le théorème de Dini dans ce cadre plus général.

Puisque, sur un intervalle compact K de $\mathbb{R}$, les fonctions continues sont intégrables, le résultat que l'on vient d'obtenir montre que, dans ce cas, on a

$$m(\varphi) = \sup m(f),$$

où l'on revient à la notation $m(f) = \int f(x)dx$ du n° 2 pour l'intégration sur K. Le premier membre est en effet supérieur au second puisque φ majore toutes les $f \in \Phi$; mais l'existence d'une f telle que $\|\varphi - f\|_K \leq r$, donc telle que les intégrales de φ et f soient égales à $m(K)r$ près, montre qu'en fait les deux membres sont égaux. Il n'y a rien d'autre dans ce raisonnement que le

---

[18] Si par exemple on a dans Φ trois fonctions f, g, h, il existe une $k \in \Phi$ qui majore f et g puis une $p \in \Phi$ qui majore k et h, donc majore f, g et h.

théorème 1; la construction explicite de l'intégrale n'intervient pas davantage ici qu'au n° précédent.

Le théorème de Dini sert, dans la version Bourbaki que nous suivons approximativement, de point de départ vers la "grande" théorie de l'intégration en raison du résultat suivant, à propos duquel le lecteur est invité à revoir les généralités du Chap. II, n° 17 sur les limites infinies :

Corollaire 1. *Soient K un intervalle compact et (f_n), (g_n) des suites toutes deux croissantes ou toutes deux décroissantes de fonctions réelles continues sur K. Supposons que $\lim f_n(x) = \lim g_n(x)$ pour tout $x \in K$. On a alors*

$$\lim m(f_n) = \lim m(g_n)$$

ou, en écriture traditionnelle,

$$\lim \int_K f_n(x)dx = \lim \int_K g_n(x)dx.$$

Considérons par exemple le cas de suites croissantes, posons

$$\varphi(x) = \sup f_n(x) \le +\infty$$

et considérons l'ensemble $C_{\inf}(\varphi)$ de toutes les fonctions réelles h définies et continues sur K telles que $h(x) \le \varphi(x)$ pour tout x; nous allons montrer que

$$(10.2) \qquad \sup m(f_n) = \sup_{h \in C_{\inf}(\varphi)} m(h),$$

ce qui établira le corollaire puisque le résultat ne fait plus intervenir la suite particulière (f_n).

Posons

$$M = \sup m(f_n) = \lim m(f_n) \le +\infty$$

et $h_n = \inf(h, f_n)$ pour toute fonction continue $h \le \varphi$. Les h_n sont $\le h$ et forment une suite croissante de fonctions continues comme les f_n. Pour tout $x \in K$ et tout $r > 0$, on a $h(x) - r < f_n(x)$ pour n grand puisque $h(x) \le \varphi(x) = \sup f_n(x)$: c'est la condition (SUP 2') dans la définition d'une borne supérieure (Chap. II, n° 9). On a donc $h(x) - r \le h_n(x)$ pour n grand et comme $h_n(x) \le h(x)$, on en conclut que $h(x) = \sup h_n(x)$ pour tout x.

D'après le théorème de Dini, les h_n convergent uniformément vers h, d'où $m(h) = \lim m(h_n) \le \lim m(f_n) = M$. Cette inégalité étant vérifiée pour toute h continue $\le \varphi$, on en déduit que le second membre de (2) est $\le M$. Mais parmi les $h \in C_{\inf}(\varphi)$ figurent les f_n elles-mêmes, de sorte que le second membre de (2) majore $m(f_n)$ pour tout n; il est donc $\ge M$. D'où (2) et le corollaire, avec en outre le résultat (2), encore plus précis, cqfd.

Il est à peu près évident que le corollaire précédent subsiste si l'on y substitue des philtres croissants Φ et Ψ de fonctions continues aux suites f_n et g_n :

$$\varphi(x) = \sup_{f \in \Phi} f(x) = \sup_{g \in \Psi} g(x) \Longrightarrow \sup_{f \in \Phi} m(f) = \sup_{g \in \Psi} m(g).$$

Pour le voir, on considère d'abord une $h \in C_{\inf}(\varphi)$ et les fonctions $\inf(f, h)$ où $f \in \Phi$; si $f', f'' \in \Phi$ et si $f \in \Phi$ majore f' et f'', il est évident (dessin!) que $\inf(f, h)$ majore $\inf(f', h)$ et $\inf(f'', h)$; les fonctions $\inf(f, h)$ forment donc, pour h donnée, un philtre croissant de fonctions continues dont l'enveloppe supérieure est, comme plus haut, la fonction h elle-même. D'après le théorème de Dini pour les philtres, $m(h)$ est donc la borne supérieure des intégrales des $\inf(f, h)$, elles-mêmes majorées par les intégrales des $f \in \Phi$; on en conclut que $\sup m(h) \leq \sup m(f)$; mais comme $\Phi \subset C_{\inf}(\varphi)$, la relation opposée est évidente, d'où $\sup m(f) = \sup m(h)$ et, de même, $= \sup m(g)$.

Le corollaire précédent conduit à une démonstration simple d'un résultat que la théorie de Lebesgue permet d'étendre à des séries de fonctions intégrables quelconques, mais avec évidemment davantage de travail :

Corollaire 2. *Soit $\sum u_n(x)$ une série de fonctions continues sur un intervalle compact K. Supposons que la série converge simplement vers une fonction continue $s(x)$ et que*

$$(10.3) \qquad \sum \int_K |u_n(x)| dx < +\infty.$$

On a alors

$$(10.4) \qquad \int_K s(x) dx = \sum \int_K u_n(x) dx.$$

Pour démontrer (4), on peut supposer $s = 0$ en remplaçant u_1 par $u_1 - s$, qui est encore continue. On peut aussi supposer les u_n réelles puis utiliser la décomposition $u_n = u_n^+ - u_n^-$ du n° 2. Ces fonctions positives vérifient encore l'hypothèse (3) puisque $|u_n^+| \leq |u_n|$; comme $s(x) = 0$, on a maintenant $\sum u_n^+(x) = \sum u_n^-(x) \leq +\infty$ pour tout x. Une série à termes positifs se ramenant à une suite croissante en considérant ses sommes partielles, le corollaire 1 montre que l'on a

$$\sum m(u_n^+) = \sum m(u_n^-).$$

Comme les deux membres sont *finis* en raison de (3) et de l'inégalité $m(u_n^+) \leq m(|u_n|)$, on a $\sum m(u_n) = 0$ par différence, cqfd.

Une fois de plus, ce sont uniquement les propriétés formelles du théorème 1 qui interviennent dans la démonstration.

La condition (3) est remplie si la série donnée est normalement convergente sur K, mais l'hypothèse (3) est plus faible bien que, dans la pratique *élémentaire*, on vérifie presque toujours (3) par la convergence normale.

Le corollaire 1 pour les suites croissantes ou sa version philtrologique, et plus précisément la relation (2), conduisent à poser

$$(10.5) \qquad m^*(\varphi) = \sup_{f \in C_{\mathrm{inf}}(\varphi)} m(f)$$

pour toute fonction φ *qui accepte d'être* la limite d'une suite croissante de fonctions continues ou, plus généralement (?), pour laquelle on a

$$(10.6) \qquad \varphi(x) = \sup_{f \in C_{\mathrm{inf}}(\varphi)} f(x)$$

pour tout $x \in K$; une telle fonction prend ses valeurs dans $]-\infty, +\infty]$. Comme on l'a vu à l'occasion du Corollaire 1, on pourrait définir $m^*(\varphi)$ en remplaçant $C_{\mathrm{inf}}(\varphi)$ par tout autre philtre croissant φ de fonctions continues ayant φ pour enveloppe supérieure. Si $m^*(\varphi) < +\infty$, on dira que φ est *intégrable* et on posera $m(\varphi) = m^*(\varphi)$, *intégrale* de φ. Comme on le verra au n° suivant, cette généralisation[19] de l'intégrale de Riemann possède des propriétés bien plus simples que celle-ci en dépit du fait qu'elle ne s'applique encore qu'à des fonctions trop particulières; mais toutes ces propriétés seront plus tard étendues aux fonctions intégrables générales.

Auparavant, élucidons un point crucial : comment caractériser par des propriétés de nature "interne" les fonctions φ vérifiant (6)? Ce sont les fonctions *semi-continues inférieurement* ou, en abrégé, *sci* de Baire.

Plaçons-nous dans un intervalle X de $\mathbb{R}$, non nécessairement compact, et considérons dans X une fonction φ à valeurs dans $]-\infty, +\infty]$ et vérifiant (6), par exemple la fonction $1/x^2(x-1)^2$ sur $\mathbb{R}$, i.e. qui est l'enveloppe supérieure d'une famille de fonctions continues réelles (ce qui exclut évidemment la valeur $-\infty$). Pour tout $a \in X$ et tout $M < \varphi(a)$, il y a, par définition d'une borne supérieure, une fonction continue f dans X vérifiant

$$f(x) \leq \varphi(x) \text{ pour tout } x, \qquad f(a) > M.$$

Comme f est continue, on a encore $f(x) > M$ au voisinage de a et comme φ majore f, il s'ensuit que

$$(10.7) \qquad \varphi(a) > M \implies \varphi(x) > M \text{ pour tout } x \in X \text{ voisin de } a.$$

C'est la propriété qui *définit* les fonctions sci; il reviendrait au même d'exiger que, pour tout M fini, l'ensemble $\{\varphi > M\}$ des $x \in X$ où $\varphi(x) > M$ soit *ouvert dans* X puisque, s'il contient a, il doit contenir aussi tous les points de X assez voisins de a. D'où l'on déduit que les ensembles $\{\varphi \leq M\}$ sont fermés[20] dans X.

Si $\varphi(a)$ est fini, on peut, dans (7), choisir $M = \varphi(a) - r$ avec un $r > 0$ arbitraire, d'où

$$(10.8) \qquad \varphi(x) > \varphi(a) - r \qquad \text{au voisinage de } a,$$

---

[19] Généralisation car si φ est continue, la "nouvelle" définition de $m(\varphi)$ se réduit à l'ancienne puisqu'alors $\varphi \in C_{\mathrm{inf}}(\varphi)$.

[20] Distinguer les inégalités larges des inégalités strictes est aussi crucial dans toutes ces questions que de distinguer les ensembles ouverts des ensembles fermés.

i.e. pour tout $x \in X$ tel que $|x - a| < r'$, avec nos notations habituelles. La continuité exigerait que l'on ait aussi $\varphi(x) < \varphi(a) + r$, mais c'est justement ce qu'on n'exige pas pour les fonctions sci, d'où la terminologie. Les fonctions continues sont caractérisées par le fait que f et $-f$ sont sci. Pour une fonction réglée φ, la condition (8) revient à dire que les valeurs limites à droite et à gauche de φ en tout $a \in X$ sont $\geq \varphi(a)$.

Le lecteur vérifiera facilement que

(i) la somme d'un nombre fini de fonctions sci est sci,

(ii) si φ et ψ sont sci, il en est de même des fonctions $\sup(\varphi, \psi)$ et $\inf(\varphi, \psi)$,

(iii) l'enveloppe *supérieure* $\sup \varphi_i(x)$ d'une famille (φ_i), finie ou infinie, de fonctions sci est encore sci,

(iv) la somme, finie ou non, d'une série de fonctions sci *positives* est encore sci.

Les propriétés (i) et (ii) se démontrent en imitant ce qu'on a établi pour les fonctions continues. (iii) est une application directe de la définition des bornes supérieures – on ne dira jamais assez souvent que la seule "propriété" utile des bornes supérieures, c'est leur définition; (iv) se déduit de (i) et (iii) puisque les sommes partielles de la série forment une suite croissante. La propriété (ii) montre en particulier que si φ est sci, les fonctions $\inf[\varphi(x), n]$ obtenues en "tronquant" le graphe de φ au-dessus de l'horizontale n sont encore sci; la réciproque est exacte d'après (iii).

(v) *la fonction caractéristique χ_U d'une partie U de X, égale à 1 sur U et à 0 ailleurs, est sci si et seulement si U est ouvert dans X.*

L'ensemble $\{\chi_U > M\}$ est en effet X si $M < 0$, U si $0 \leq M < 1$ et vide[21] si $M \geq 1$. On fera attention au fait que «ouvert dans X» ne signifie pas «ouvert dans $\mathbb{R}$», sauf si X lui-même est ouvert.

Puisque les fonctions sci sont "à moitié continues", on peut présumer qu'elles vérifient "à moitié" les théorèmes applicables aux fonctions continues. C'est parfois justifié :

(vi) *soient φ une fonction sci dans un intervalle X et K une partie compacte de X; alors φ est bornée inférieurement dans K et il existe un point de K où φ est minimum.*

Pour tout $n \in \mathbb{N}$, l'ensemble $A_n = \{\varphi \leq -n\}$ est fermé dans X, de sorte que $A_n \cap K$ est compact; ces intersections formant une suite décroissante, elles ont un point commun a si elles sont toutes non vides (Corollaire 1 de

---

[21] L'ensemble vide est ouvert car, ne contenant aucun point, il n'a aucun mal à satisfaire à la définition des ouverts (tous les hommes vivant au moins 500 ans finissent par mourir dans un accident d'automobile). Comme d'ailleurs le complémentaire de l'ensemble vide est l'espace tout entier, fermé, il faut bien qu'il soit ouvert. Ce raisonnement montre aussi que l'ensemble vide est fermé.

BL). Absurde puisqu'on aurait alors $\varphi(a) = -\infty$, éventualité exclue par la définition des fonctions sci.

Soit alors m la borne inférieure des $\varphi(x)$, $x \in K$. Pour tout $n \in \mathbb{N}$, l'ensemble K_n des $x \in K$ où l'on a $\varphi(x) \le m + 1/n$ est non vide (définition des bornes inférieures) et fermé (définition des fonctions sci); comme les K_n décroissent, ils ont, eux, un point commun $c \in K$, avec évidemment $\varphi(c) = m$, cqfd.

On a vu plus haut que toute fonction φ vérifiant (6) dans un intervalle X est sci; la réciproque est exacte si l'on suppose qu'il existe dans X une fonction continue $f \le \varphi$ et donc si X est compact d'après (vi). Comme $\varphi - f = \varphi + (-f)$ est sci, il suffit de traiter le cas d'une fonction positive. Pour $a \in X$ et $M < \varphi(a)$ donnés, tout revient alors à construire une fonction continue $f \le \varphi$ vérifiant $f(a) > M$. Or il existe un $r > 0$ tel que l'on ait encore $\varphi(x) > M$ pour les $x \in X$ tels que $|x - a| < r$. La figure 6 montre la construction de f sans qu'il soit nécessaire de la commenter. On pourrait en fait construire une suite croissante de fonctions continues convergeant vers φ [Dieudonné, vol. 2, (12.7.8)], mais c'est parfaitement inutile pour les besoins de la théorie de l'intégration en raison de la relation (2).

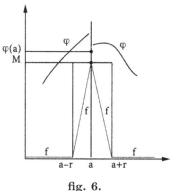

fig. 6.

Dans tout ce qui précède, on s'est intéressé aux enveloppes supérieures de fonctions continues, mais il va de soi que les enveloppes inférieures de telles fonctions, les fonctions *semi-continues supérieurement* ou *scs*, ne sont pas moins importantes. Elles sont, cette fois, à valeurs dans $[-\infty, +\infty[$. On passe trivialement des sci aux scs en observant que

$$\varphi \text{ est sci} \iff -\varphi \text{ est scs.}$$

Vous pouvez donc, si cela vous passionne, traduire toutes les propriétés des fonctions sci en propriétés des fonctions scs : il suffit de renverser le sens de toutes les inégalités et de remplacer partout le mot "croissant" par le mot "décroissant". Il y a un théorème du maximum, et non du minimum, pour les fonctions scs sur un compact. Toute fonction scs majorée par une fonction continue est l'enveloppe inférieure des fonctions continues qui la majorent; c'est toujours le cas d'une fonction scs sur un intervalle compact d'après le théorème du maximum. De même, pour que la fonction caractéristique d'un ensemble soit scs, il faut et il suffit qu'il soit *fermé*.

Il est clair enfin que les seules fonctions à la fois sci et scs sont les fonctions continues.

Pour une fonction scs ψ sur un intervalle *compact* K, soit $C_{\sup}(\psi)$ l'ensemble des fonctions continues $f \geq \psi$; on pose alors

$$(10.9) \qquad m^*(\psi) = \inf_{f \in C_{\sup}(\psi)} m(f) \geq -\infty,$$

de sorte que $m^*(\psi) = -m^*(-\psi)$ où le second membre est l'intégrale d'une fonction sci.

11 – Intégration des fonctions semi-continues

Revenons maintenant aux intégrales de fonctions sci sur un intervalle compact K; ces fonctions sont bornées inférieurement mais non supérieurement, de sorte que leurs intégrales, définies par (10.5), sont $> -\infty$ mais $\leq +\infty$. Le point essentiel dans les démonstrations est que, dans (10.5), on peut remplacer $C_{\inf}(\varphi)$ par n'importe quel philtre croissant de fonctions continues ayant φ pour enveloppe supérieure.

(i) *Additivité*

$$(11.1) \qquad m^*(\varphi + \psi) = m^*(\varphi) + m^*(\psi)$$

de *l'intégrale*.

Soit Φ l'ensemble des fonctions de la forme $f + g$ avec $f \in C_{\inf}(\varphi)$ et $g \in C_{\inf}(\psi)$. Il est évident que Φ est un philtre croissant de fonctions continues – appliquer les définitions – dont l'enveloppe supérieure est[22] $\varphi + \psi$. Par suite,

$$m^*(\varphi + \psi) = \sup m(f + g) = \sup m(f) + \sup m(g) = m^*(\varphi) + m^*(\psi).$$

On montrerait de même que $m^*(\lambda\varphi) = \lambda m^*(\varphi)$ pour toute constante $\lambda > 0$. (Multiplier une fonction sci par -1 la rend scs).

(ii) *Passage à la limite sous le signe $\int$ dans une suite croissante* :

$$(11.2) \qquad m^*(\sup \varphi_n) = \sup m^*(\varphi_n) \leq +\infty.$$

---

[22] On a déjà dit quelque part que si A et B sont deux parties de $\mathbb{R}$ et $A + B$ l'ensemble des $u + v$, avec $u \in A$ et $v \in B$, on a $\sup(A + B) = \sup A + \sup B$.

Soit $\varphi(x) = \sup \varphi_n(x)$. Posons $\Phi_n = C_{\inf}(\varphi_n)$ pour tout n et soit Φ la réunion des Φ_n, i.e. l'ensemble des fonctions f continues vérifiant $f \leq \varphi_n$ pour un n au moins. C'est un philtre croissant : si en effet l'on a $f \leq \varphi_p$ et $g \leq \varphi_q$, on a $\sup(f, g) = h \leq \varphi_r$ pour $r \geq \max(p, q)$ et par suite $h \in \Phi$. Enfin, φ est l'enveloppe supérieure des $f \in \Phi$, car

$$\varphi(x) = \sup_n \varphi_n(x) = \sup_n \sup_{f \in \Phi_n} f(x) = \sup_{f \in \bigcup \Phi_n} f(x)$$

d'après l'associativité des bornes supérieures (Chap. II, fin du n° 9). On en conclut que

$$m^*(\varphi) = \sup_{f \in \Phi} m(f) = \sup_n \sup_{f \in \Phi_n} m(f) = \sup_n m^*(\varphi_n)$$

par définition des $m^*(\varphi_n)$, cqfd.

(iii) *Intégration terme à terme*

(11.3) $$m^* \left(\sum \varphi_n \right) = \sum m^*(\varphi_n) \leq +\infty$$

de toute série de fonctions sci positives. Notons s et s_n la somme totale et les sommes partielles de la série des φ_n. Puisque les φ_n sont positives, ces sommes partielles formant une suite *croissante* de fonctions sci dont s est la limite. L'intégrale du premier membre est donc la limite des intégrales des s_n d'après (ii), i.e., d'après (i), des sommes partielles de la série des intégrales, cqfd. On notera que si les φ_n ne sont pas positives, la somme de la série n'est pas nécessairement sci.

Si, en particulier, les fonctions φ_n vérifient $m^*(\varphi_n) < +\infty$, i.e. sont intégrables pour m, et si $\sum m^*(\varphi_n) < +\infty$, la somme de la série est encore intégrable et on peut l'intégrer terme à terme. En particulier, pour des fonctions sci *positives*,

(11.4) $$m^*(\varphi_n) = 0 \text{ pour tout } n \Longrightarrow m^* \left(\sum \varphi_n \right) = 0.$$

Comme la fonction caractéristique d'un ensemble U ouvert dans K est sci, on peut définir la *mesure d'un ouvert* en posant

(11.5) $$m(U) = m^*(\chi_U),$$

nombre évidemment compris entre 0 et $m(K)$; il est clair plus généralement que

(11.6) $$U \subset V \Longrightarrow m(U) \leq m(V)$$

puisqu'alors $\chi_U \leq \chi_V$. Il est facile de voir que, lorsque U est un intervalle, $m(U)$ se réduit à sa longueur usuelle; celle-ci, en effet, majore visiblement $m(f)$ pour toute fonction continue $f \leq \chi_U$ (i.e. ≤ 1 dans U et ≤ 0 ailleurs), mais en remplaçant les discontinuités du graphe de la fonction caractéristique aux extrémités de U par des segments de droite presque verticaux reliant 0 à 1, on construit des fonctions f dont l'intégrale est arbitrairement voisine de la longueur de U.

Les propriétés (i), (ii) et (iii) ci-dessus se traduisent immédiatement :

(i') *si U et V sont ouverts dans K, on a $m(U \cup V) \leq m(U) + m(V)$ et*

(11.7) $m(U \cup V) = m(U) + m(V)$ *si U et V sont disjoints.*

Evident puisque, dans le dernier cas, on a $\chi_{U \cup V} = \chi_U + \chi_V$.

(ii') *si (U_n) est une suite croissante d'ouverts, on a*

(11.8) $$m(\bigcup U_n) = \lim m(U_n) = \sup m(U_n).$$

Evident puisque la fonction caractéristique de la réunion est la limite de la suite, croissante, de celles des U_n.

(iii') *si (U_n) est une suite quelconque d'ouverts, on a*

(11.9) $$m\left(\sum U_n\right) \leq \sum m(U_n)$$

et égalité si les U_n sont deux à deux disjoints.
Evident car la fonction caractéristique de la réunion est inférieure à la somme des fonctions caractéristiques des U_n et lui est égale si les U_n sont deux à deux disjoints.

Ceci permet de calculer explicitement la mesure de n'importe quel ouvert $U \subset K$. Notons d'abord que, pour tout $a \in U$, la réunion de tous les intervalles contenant a et contenus dans U est encore un intervalle $U(a)$, évidemment ouvert dans K comme U lui-même et de longueur > 0; U est la réunion de ces $U(a)$. Il est immédiat de voir que, pour $a \neq b$, on a soit $U(a) = U(b)$, soit $U(a) \cap U(b) = \emptyset$. L'*ensemble* (et non la famille) des $U(a)$ est *dénombrable*, car ceux de ces intervalles qui sont de longueur $> 1/p$ sont en nombre $m(K)p$ au plus puisqu'ils sont deux à deux disjoints. On voit donc que *tout ouvert U de K* (et, en fait, de n'importe quel intervalle, compact ou non, et en particulier de $\mathbb{R}$) *est réunion d'une famille finie ou dénombrable d'intervalles ouverts deux à deux disjoints.* La mesure de U est alors, d'après (iii'), la somme des mesures de ces intervalles.

On laisse au lecteur le soin de traduire toutes ces propriétés en termes de fonctions scs et d'ensembles fermés. Aller plus loin dans cette voie nous obligerait à développer toute la théorie de Lebesgue. Le lecteur peut se rendre compte du caractère insuffisant de ces considérations en remarquant qu'à ce point de l'exposé, (i) nous ne sommes pas encore capables d'intégrer la *différence* de deux fonctions sci pour la raison qu'elle n'est ni sci ni scs[23], (ii) nous n'avons considéré que des intégrales sur des intervalles compacts. Ces limitations seront éliminées dans l'Appendice à ce chapitre.

Exercice. On dit qu'un ensemble $N \subset K$ est de mesure nulle si, pour tout $r > 0$, il existe un ouvert $U \subset N$ tel que $m(U) < r$. (i) Montrer que la réunion d'une famille finie ou dénombrable d'ensembles de mesure nulle est de mesure nulle [utiliser la relation $r = \sum r/2^n$]. Montrer que $\mathbb{Q} \cap K$ est de mesure nulle. (ii) Soit φ une fonction sci positive telle que $m^*(\varphi) < +\infty$; montrer que l'ensemble $\{\varphi(x) = +\infty\}$ est de mesure nulle [majorer les mesures des ouverts $\{\varphi(x) > n\}$].

---

[23] Le lecteur ingénieux observera que si φ', φ'', ψ' et ψ'' sont des fonctions sci à valeurs finies telles que $\varphi' - \psi' = \varphi'' - \psi''$, on a $\varphi' + \psi'' = \varphi'' + \psi'$, donc $m(\varphi') + m(\psi'') = m(\varphi'') + m(\psi')$, donc $m(\varphi') - m(\psi') = m(\varphi'') - m(\psi'')$. On peut donc définir sans ambiguïté $m(\theta) = m(\varphi') - m(\psi')$ pour toute fonction θ qui peut se mettre sous la forme d'une différence de deux fonctions sci positives à valeurs finies. Ces fonctions forment un espace vectoriel sur $\mathbb{R}$, etc. Mais ce n'est pas la bonne méthode pour obtenir les fonctions intégrables générales: il y manque les fonctions "nulles presque partout".

§3. Le "Théorème Fondamental" (TF)

12 – Le théorème fondamental du calcul différentiel et intégral

Revenons à des considérations beaucoup plus élémentaires et introduisons d'abord la notion d'*intégrale orientée*, analogue à celle de vecteur sur la droite. Pour cela, observons d'abord que l'on a toujours

$$(12.1) \qquad \int_a^b f(x)dx + \int_b^c f(x)dx = \int_a^c f(x)dx$$

si $a \leq b \leq c$. C'est évident géométriquement et a été prouvé au n° 2, formule d'additivité (2.8).

(1) montre que

$$\int_b^c = \int_a^c - \int_b^c;$$

on peut alors écrire cette relation sous la forme

$$\int_b^c = \int_b^a + \int_a^c$$

à condition de convenir que

$$(12.2) \qquad \int_u^v f(x)dx = -\int_v^u f(x)dx \qquad \text{si } u > v.$$

Comme dans le cas des vecteurs, la relation (1) est alors valable sans aucune hypothèse sur les positions respectives de a, b et c.

Ceci dit, soit f une fonction numérique définie dans un intervalle I de nature quelconque et supposons que f possède en chaque point de I des valeurs limites à droite et à gauche, i.e. que f est réglée. On peut alors, pour $a, x \in I$, considérer dans I la fonction

$$(12.3) \qquad F(x) = \int_a^x f(t)dt$$

avec une intégrale orientée au sens précédent, donc opposée à l'intégrale ordinaire pour $x < a$. On a désigné par t la variable fantôme d'intégration pour ne pas la confondre avec la variable x figurant dans F; on peut remplacer t par y, u, \$ ou tout ce que l'on veut sauf x.

En raison des propriétés des intégrales orientées, on a

$$F(x + h) - F(x) = \int_x^{x+h} f(t)dt.$$

Cette relation montre tout d'abord que F est continue : puisque f est bornée sur tout intervalle compact $K \subset I$, l'intégrale précédente est $O(h)$ lorsque h tend vers 0.

Si, d'autre part, h est > 0 et assez petit, la fonction f est, dans $]x, x+h]$, presqu'égale à la valeur limite $f(x+)$, de sorte que son intégrale est presqu'égale à $hf(x+)$ puisque la valeur prise par f au point x, ou en tout autre point individuel, n'a aucune influence sur celle de l'intégrale; le quotient $[F(x+h) - F(x)]/h$ est donc presqu'égal à $f(x+)$ et tend donc vers cette limite lorsque $h > 0$ tend vers 0.

Il manque à ce raisonnement l'*Epsilontik* de Weierstrass. Pour la rétablir, on observe d'abord que

$$\int_x^{x+h} f(x+)dt = hf(x+)$$

parce que $f(x+)$ n'est pas une fonction de la variable d'intégration t, autrement dit, se comporte comme une fonction constante de t pour x donné. (D'où, une fois de plus, la nécessité de ne pas mélanger les variables fantômes ou liées comme t et les variables libres comme x). On a donc

(12.4) $$\frac{F(x+h) - F(x)}{h} - f(x+) = \frac{1}{h} \int_x^{x+h} [f(t) - f(x+)]dt.$$

Or pour tout $r > 0$, il existe un $r' > 0$ tel que

$$x < t \leq x + r' \implies |f(t) - f(x+)| \leq r.$$

Le second membre de (4) est alors lui-même, en module, $\leq r$. On raisonnerait de même pour $h < 0$ en remplaçant l'intervalle $]x, x+r'[$ par un intervalle $]x - r'', x[$. Le premier membre tend donc vers 0, d'où :

Théorème 11. *Soit f une fonction réglée dans un intervalle I de $\mathbb{R}$. Alors la fonction F définie par la relation (3) est continue et possède en tout point $x \in I$ des dérivées à droite et à gauche égales à $f(x+)$ et $f(x-)$.*

Ce résultat, pour les fonctions de l'époque, est déjà dans Newton en 1665–66 avec essentiellement la même démonstration, faite dans son langage des fluentes et fluxions (Chap. III, n° 14) : si y est la fluente qui définit la courbe $[y = f(x)$ dans le langage actuel] et si z est l'aire [i.e. l'intégrale] comprise entre une abscisse fixe et l'abscisse de la fluente x, l'accroissement infinitésimal $\dot{z}o$ de z est le produit de y par l'accroissement infinitésimal $\dot{x}o$ de x, ce qui signifie que $\dot{z}/\dot{x} = y$; si l'on suppose que $\dot{x} = 1$, autrement dit que x est le "temps" par rapport auquel il dérive ses fluentes pour calculer leurs fluxions, on a $\dot{z} = y$, ce qui, même dans sa conception des dérivées comme "vitesses de variation dans le temps", signifie bien que la dérivée de l'aire z par rapport à la variable x est l'ordonnée y du graphe au point x; en style Leibniz, $dz/dx = y$. Le calcul de l'aire revient donc, pour eux, à celui d'une fluente z vérifiant cette relation. Newton ne justifie rien et surtout pas le fait que la relation $\dot{z} = y$ détermine z à une constante additive près, ce qui est pourtant le point crucial; quelques lignes lui suffisent pour formuler son résultat[24] qu'il illustre par des exemples. Chez Leibniz, c'est tout aussi simple : puisque $F(x)$ est la "somme continue" des quantités infiniment petites $f(t)dt$ où t varie de l'origine de l'aire à x, l'accroissement infinitésimal de F lorsqu'on passe de x à $x + dx$ est $f(x)dx$, d'où $dF = f(x)dx$ et $f(x) = dF/dx$. Ici encore, les justifications attendront le XIXe siècle, mais comme la méthode fonctionne admirablement, personne n'a plus envie pendant 150 ans de recourir aux rigoureuses démonstrations par "exhaustion" du Chap. II, n° 11 ...

Rappelons que l'ensemble D des discontinuités d'une fonction réglée f est fini ou dénombrable (théorème 6 ou Chap. III, n° 12). En dehors de D, la fonction F est donc dérivable, avec $F'(x) = f(x)$.

Lorsque la fonction f est *continue*, la fonction F est même dérivable dans tout l'intervalle considéré et l'on a

$$(12.5) \qquad F'(x) = f(x) \qquad \text{pour tout } x$$

dans ce cas. On dit alors que F est une *primitive* de f. Ces raisonnements prouvent l'existence d'une primitive pour toute fonction continue. Ce résultat n'est nullement évident pour une fonction qui, tout en étant continue, peut être suffisamment sauvage pour qu'il soit impossible de la représenter graphiquement.

Or, et à la différence de Newton, qui ne se posait même pas la question puisqu'on ne *voyait* pas (et l'on ne voit toujours pas ...) comment un graphe dont toutes les tangentes sont horizontales pourrait être autre chose qu'une droite, nous savons (Chap. III, n° 16) que si deux fonctions partout dérivables dans un intervalle ont partout les mêmes dérivées, leur différence est constante. Comme l'addition d'une constante à la fonction F définie par (3) ne change pas la différence $F(x) - F(a)$, on obtient le résultat suivant :

Théorème 12 (TF). *Soient f une fonction numérique définie et continue dans un intervalle I de $\mathbb{R}$ et soit F une primitive de f, i.e. une fonction dérivable telle que $F'(x) = f(x)$ pour tout $x \in I$. On a alors*

$$(12.6) \qquad \int_a^b f(x)dx = F(b) - F(a)$$

quels que soient $a, b \in I$.

On retrouve ainsi les résultats du n° 4, exemple 1, relatifs aux fonctions analytiques, mais dans un cadre beaucoup plus général.

---

[24] *Tractatus de Methodis Serierum et Fluxionum*, pp. 195–197 et 211 du vol. III des *Mathematical Papers*.

Exemple 1. Pour $x > 0$ et $s \in \mathbb{C}$, la fonction

$$x^s = \exp(s.\log x)$$

a pour dérivée sx^{s-1} [Chap. IV, formule (10.10)]. La fonction $x^{s+1}/(s+1)$ est donc, pour $s \neq -1$, une primitive de x^s. D'où la formule

$$(12.7) \qquad \int_a^b x^s dx = \frac{b^{s+1} - a^{s+1}}{s+1} \qquad (0 < a, b; \ s \in \mathbb{C}, \ s \neq -1)$$

déjà obtenue pour $s \in \mathbb{N}$ par calcul direct de l'intégrale (Chap. II, n° 11).

Exemple 2. Pour $x > 0$, la fonction $\log x$ a pour dérivée $1/x$; d'où à nouveau la formule

$$\int_a^b dx/x = \log b - \log a \qquad (0 < a, b)$$

du Chap. II, n° 11.

Exemple 3. La dérivée de la fonction $\arctan x$ est $1/(1 + x^2)$; d'où

$$\int_a^b \frac{dx}{1 + x^2} = \arctan b - \arctan a;$$

il faut faire attention au fait que, dans ce calcul, il s'agit de la "détermination principale" de $\arctan x$, donnée par la relation

$$y = \arctan x \Longleftrightarrow \{(x = \tan y) \ \& \ (|y| < \pi/2)\}$$

ou, ce qui revient au même, de la fonction réciproque de

$$\tan :] - \pi/2, \pi/2[\longrightarrow \mathbb{R}.$$

Exemple 4. Pour $c \in \mathbb{C}$, $c \neq 0$, la dérivée de e^{cx}/c est e^{cx}; on retrouve la formule

$$\int_a^b e^{cx} dx = (e^{cb} - e^{ca})/c.$$

Dans la pratique, on utilise fréquemment la notation

$$(12.8) \qquad F(b) - F(a) = F(x)\Big|_a^b;$$

elle contredit toutes les règles de la logique mathématique la plus élémentaire avec son x qui pourrait être un t, un $\#$ ou un £ et qui, en dépit de son caractère évidemment fantomatique, n'est *relié* de façon visible à aucune de ses occurrences. Il serait plus correct d'écrire

$$F(x)\begin{vmatrix} x = b \\ x = a \end{vmatrix} \qquad \text{ou même} \quad F(\Box)\begin{vmatrix} \Box = b \\ \Box = a \end{vmatrix},$$

notamment lorsque F dépend de plusieurs variables x, y, etc. Mais comme nous l'avons déjà dit, on ne change pas la société, fût-elle mathématique, par décret.

Pour désigner une primitive de f, on utilise une autre notation toute aussi universelle et encore plus catastrophique, à savoir

$$F(x) = \int f(x)dx,$$

où l'on n'écrit pas de limites d'intégration. Comme la lettre x du second membre désigne une variable liée et celle du premier une variable libre, tous les tabous sont violés[25]. Les inventeurs de ce système savaient probablement ce qu'ils faisaient; Leibniz l'imprime pour la première fois en 1686 dans sa *Geometria recondita*, bien nommée, et écrit par exemple que

$$\int x dx = x^2/2,$$

le mot "intégrale" étant introduit par Jakob Bernoulli en 1690 (Cantor, pp. 197, 218). Mais leur principale raison est qu'à l'époque on s'occupait beaucoup plus de calculer des primitives que des intégrales entre des limites bien définies, et comme nous l'avons déjà dit, il faut attendre Fourier pour que quelqu'un ait l'idée de faire figurer les limites d'intégration dans la notation intégrale. On imagine les confusions que ce système devait provoquer, sinon chez Leibniz, les Bernoulli ou Euler – des cerveaux de ce calibre ne se trouvent pas tous les jours sous le pied d'un cheval –, du moins chez des gens moins brillants. Il n'est du reste pas exclu que, même de nos jours, des relations telles que

$$\int \cos x.dx = \sin x, \qquad \int dx/x = \log x,$$

etc. n'induisent les mêmes confusions ...

Une autre façon de formuler le théorème précédent consiste à partir d'une fonction f de classe C^1, i.e. admettant une dérivée continue. Comme f est une primitive de f', on trouve ainsi la relation, tout aussi fondamentale que le TF,

$$(12.9) \qquad f(b) - f(a) = \int_a^b f'(x)dx$$

quels que soient a et b dans l'intervalle I considéré ou, en langage d'intégrales indéfinies,

---

[25] Nous utiliserons fréquemment et nous avons déjà utilisé cette notation, mais dans un tout autre contexte, à savoir pour désigner une intégrale étendue à un intervalle intervenant constamment dans les calculs et sur lequel aucune ambiguïté n'est possible. Cette convention ou abréviation, qui permet souvent d'écrire les intégrales dans le corps du texte en langage clair au lieu de leur réserver à chaque fois une ligne supplémentaire, économise de la typographie et du papier.

(12.10)
$$f(x) = \int f'(x)dx,$$

voire même $f(x) = \int df(x)$. Sous cette forme, la réciprocité entre dérivée et intégrale apparaît clairement. Dans la version (9), on choisit une subdivision $a = x_1 \leq x_2 \leq \ldots \leq x_{n+1} = b$ de $[a,b]$, on écrit que

(12.11)
$$f(b) - f(a) = \sum [f(x_{i+1}) - f(x_i)]$$

et l'on observe que la différence $f(x_{i+1}) - f(x_i)$ est "à peu près" égale à $f'(x_i)(x_{i+1} - x_i)$ et, en fait, exactement égale à $f'(\xi_i)(x_{i+1} - x_i)$ pour un $\xi_i \in]x_i, x_{i+1}[$ d'après le théorème des accroissements finis si f est réelle. En portant dans l'expression ci-dessus de $f(b) - f(a)$, on trouve exactement les sommes de Riemann qui définissent l'intégrale (9). Ce type de raisonnement était évidemment connu de Leibniz; il est lié au "calcul des différences finies" fort populaire aux XVIIe et XVIIIe siècles. Les notations de Leibniz rendaient ces résultats si intuitifs qu'ils en devenaient quasi évidents aux yeux de contemporains qui ne se préoccupaient pas d'arithmétiser l'analyse, d'où leur popularité.

La formule (9) explique le théorème 19 du Chap. III, n° 17 relatif à la dérivation d'une limite uniforme. Supposons en effet donnée, sur un intervalle I, une suite de fonctions f_n de classe C^1 et supposons que les f_n' convergent vers une limite g uniformément sur tout compact $K \subset I$. D'après le théorème 4 du n° 4, on a alors

(12.12)
$$\int_a^x g(t)dt = \lim \int_a^x f_n'(t)dt = \lim[f_n(x) - f_n(a)]$$

quels que soient $a, x \in I$. Si la suite f_n converge au point a, elle converge donc partout vers une fonction f qui, vérifiant d'après (12)

(12.13)
$$f(x) - f(a) = \int_a^x g(t)dt,$$

est une primitive de g; autrement dit, la dérivée de la limite est la limite des dérivées. Une majoration immédiate de l'intégrale de $g - f_n'$ montre qu'alors la suite des f_n converge uniformément sur tout compact. Mais le théorème 19 du Chap. III suppose seulement l'existence des f_n', et non pas leur continuité.

Nous avons établi plus haut un théorème de "dérivation sous le signe $\int$" pour les intégrales de la forme $\int f(x,y)dx$. On peut le combiner avec le TF et obtenir le résultat suivant, parfois utile :

Théorème 13. *Soient I et J deux intervalles, f une fonction continue dans $I \times J$ et $\varphi, \psi : I \to J$ deux fonctions dérivables. Supposons que f possède dans $I \times J$ une dérivée $D_1 f$ continue. Alors la fonction*

(12.14)
$$g(x) = \int_{\varphi(x)}^{\psi(x)} f(x,y)dy$$

est dérivable dans I et l'on a

$$(12.15) \quad g'(x) = \int_{\varphi(x)}^{\psi(x)} D_1 f(x,y)dy + f[x, \psi(x)]\psi'(x) - f[x, \varphi(x)]\varphi'(x).$$

Par différence, on peut se borner à faire la démonstration dans le cas où $\varphi(x) = b$ est constante. Posons

$$F(x,y) = \int_b^y f(x,t)dt,$$

d'où $g(x) = F[x, \psi(x)]$. Comme f est continue, le TF montre que

$$(12.16) \qquad\qquad D_2 F(x,y) = f(x,y).$$

Le théorème 9 montre d'autre part que

$$(12.17) \qquad\qquad D_1 F(x,y) = \int_b^y D_1 f(x,t)dt.$$

Il est immédiat de voir que $D_1 F$ est continue dans $I \times J$: on a

$$D_1 F(x+h, y+k) - D_1 F(x,y) =$$
$$= \int_b^{y+k} D_1 f(x+h, t)dt - \int_b^y D_1 f(x,t)dt =$$
$$= \int_b^y [D_1 f(x+h, t) - D_1 f(x,t)]dt + \int_y^{y+k} D_1 f(x+h, t)dt;$$

pour x, y donnés, la première intégrale tend vers 0 avec h grâce à la continuité uniforme de $D_1 f$ dans $K \times [b, y]$, où K est un voisinage compact de x dans I, et la seconde tend vers 0 avec k puisque $D_1 f$ est bornée au voisinage de (x, y).

Comme $D_2 F = f$ aussi est continue, on voit que F est une fonction de classe C^1 dans $I \times J$. On peut alors appliquer à $g(x) = F[x, \psi(x)]$ la formule de dérivation des fonctions composées (Chap. III, n° 21), d'où

$$g'(x) = D_1 F[x, \psi(x)] + D_2 F[x, \psi(x)]\psi'(x);$$

on obtient alors la formule cherchée en substituant $\psi(x)$ à y dans (16) et (17).

Exercice. D'après le théorème, la fonction

$$g(x) = \int_{x^2}^{x^3} \sin(xy)dy$$

a pour dérivée

$$g'(x) = \int_{x^2}^{x^3} \cos(xy)ydy + 3x^2 \sin(x^4) - 2x \sin(x^3).$$

Vérifier l'exactitude du résultat en calculant les intégrales figurant dans g et g' (pour la seconde, intégrer par parties).

Exercice. Démontrer (15) directement en écrivant que

$$g(x+h) - g(x) = \int_b^{\psi(x+h)} f(x+h,y)dy - \int_b^{\psi(x)} f(x,y)dy.$$

Puisque nous venons de faire une nouvelle incursion parmi les fonctions de deux variables réelles, montrons comment on peut utiliser le TF pour établir l'un des résultats fondamentaux du Chap. III, n° 23 :

Théorème 14. *Soit $f(x,y)$ une fonction définie et continue dans $I \times J$ où I et J sont deux intervalles de $\mathbb{R}$. Supposons que f possède dans $I \times J$ des dérivées secondes D_1D_2f et D_2D_1f continues. Alors elles sont égales.*

Comme il suffit de vérifier l'énoncé au voisinage d'un point quelconque de $I \times J$, on peut se ramener au cas où $I = [a,b]$ et $J = [c,d]$ sont compacts. Le TF appliqué aux fonctions $y \mapsto D_2D_1f(x,y)$ et $x \mapsto D_1f(x,y)$ montre alors que

$$(12.18) \quad \int_a^u dx \int_c^v D_2D_1f(x,y)dy =$$
$$\int_a^u [D_1f(x,v) - D_1f(x,c)]\, dx = f(x,v) - f(x,c)\Big|_{x=a}^{x=u}$$

quels que soient $u \in I$ et $v \in J$. Un calcul analogue montrerait que

$$(12.19) \quad \int_c^v dy \int_a^u D_1D_2f(x,y)dx = f(u,y) - f(a,y)\Big|_{y=c}^{y=v},$$

résultat visiblement identique à celui que fournit (18). Mais nous savons déjà que, dans ces intégrales doubles, l'ordre des intégrations n'a aucune importance. En posant

$$g(x,y) = D_2D_1f(x,y) - D_1D_2f(x,y),$$

nous obtenons donc dans $I \times J$ une fonction *continue* telle que l'on ait

$$(12.20) \quad \int_a^u dx \int_c^v g(x,y)dy = 0$$

quels que soient $u \in I$ et $v \in J$. En dérivant par rapport à u, on trouve que l'intégrale de $g(x,y)$ entre c et v est nulle quel que soit v. En dérivant par rapport à v, on obtient $g(x,y) = 0$, cqfd. [On notera que le Chap. III, n° 23, suppose seulement D_1f et D_2f différentiables au point (x,y) considéré].

13 – Extension du théorème fondamental aux fonctions réglées

Revenons aux intégrales usuelles et au "théorème fondamental". L'hypothèse que f est de classe C^1 n'est pas indispensable pour justifier la formule (12.9); elle subsiste si, par exemple, $f'(x)$ est une fonction réglée. Pour cela, et comme le font N. Bourbaki et donc Dieudonné (*Eléments d'analyse*, vol. 1, Chap. VIII, n° 7), appelons *primitive d'une fonction réglée f* définie dans un intervalle quelconque I toute fonction *continue* F qui, en dehors d'une partie *dénombrable* D de I, possède une dérivée égale à $f(x)$.

Théorème 12 bis. *Soit f une fonction réglée dans un intervalle $I \subset \mathbb{R}$. Alors (i) f possède une primitive F dans I; (ii) deux primitives quelconques de f sont égales à une constante additive près; (iii) on a*

$$\int_a^b f(x)dx = F(b) - F(a)$$

quels que soient $a, b \in I$; (iv) toute primitive F de f possède en tout point des dérivées à droite et à gauche $F'_d(x) = f(x+)$, $F'_g(x) = f(x-)$.

Le point (i) résulte du théorème 11 : la fonction continue F du théorème 11 vérifie (iv) et comme f est continue en dehors d'un ensemble dénombrable D, F admet pour $x \notin D$ une dérivée $F'(x) = f(x)$.

Comme (iii) est valable pour une primitive particulière, (iii) sera établi si nous prouvons (ii), autrement dit qu'*une fonction continue f possédant une dérivée nulle en dehors d'un ensemble dénombrable D est constante*. Il suffit pour cela de montrer que *si la dérivée est ≥ 0 en dehors de D, la fonction est croissante*, car une fonction qui est à la fois croissante et décroissante n'a pas le choix.

Nous allons donner de ce théorème deux démonstrations assez différentes et fort ingénieuses[26].

Il suffit d'établir le résultat annoncé lorsque $f'(x)$ est, dans $I - D$, partout strictement positive, car si $f(x) + \varepsilon x$, qui vérifie cette hypothèse, est croissante pour tout $\varepsilon > 0$, il en est évidemment de même de f à la limite. On peut aussi se borner à examiner le cas où I est compact puisque, pour montrer que $a \leq b$ implique $f(a) \leq f(b)$, il suffit de raisonner sur l'intervalle $[a, b]$.

L'idée de base est que le rapport $[f(x + h) - f(x)]/h$ est > 0 pour h assez petit puisqu'il tend vers $f'(x) > 0$; on a donc $f(x) < f(x + h)$ pour tout $h > 0$ assez petit; il reste à passer de la croissance "locale" à la croissance "globale", ce que les Fondateurs considéraient comme évident.

---

[26] Je trouve la première dans Walter, *Analysis I*, pp. 354–359, qui l'attribue à L. Scheeffer, 1885, date à laquelle les raisonnements à la Cantor commencent à être à la mode. Pour la seconde, j'ai simplifié la méthode de Dieudonné, *Eléments ...*, vol. 1, Chap. VIII, n° 6, qui traite le cas de fonctions à valeurs dans des espaces de Banach, lequel pourrait en fait se déduire du résultat relatif aux fonctions à valeurs réelles à l'aide du théorème de Hahn-Banach. Les deux auteurs démontrent directement le théorème de la moyenne ci-dessous.

Première démonstration. Supposons donc $f'(x) > 0$ pour $x \in I - D$. Si f n'est pas croissante, il existe des points c, d de I tels que $c < d$, $f(c) > f(d)$. Pour tout nombre $\xi \in\ ]f(d), f(c)[$, l'équation $f(x) = \xi$ possède au moins une solution entre c et d (théorème des valeurs intermédiaires). L'ensemble $E(\xi)$ de ces solutions est fermé puisque f est continue et il est borné puisque $\subset [c, d]$; il contient donc le nombre $\sup E(\xi) = d_\xi$ et l'on a $d_\xi < d$ puisque $f(d_\xi) = \xi > f(d)$.

Montrons que, si $h > 0$ est assez petit pour que $d_\xi + h < d$, on a $f(d_\xi + h) < f(d_\xi) = \xi$. Si en effet l'on avait $f(d_\xi + h) \geq \xi$, nombre $> f(d)$, l'équation $f(x) = \xi$ aurait une solution entre $d_\xi + h$ et d; absurde puisque $\sup E(\xi) = d_\xi < d_\xi + h$.

Il résulte de là que, pour tout $\xi \in\ ]f(d), f(c)[$ et tout $h > 0$ assez petit, on a

$$[f(d_\xi + h) - f(d_\xi)]/h < 0.$$

C'est impossible si la dérivée $f'(d_\xi)$ (ou même seulement la dérivée à droite) existe puisqu'elle est par hypothèse > 0; la fonction f n'est donc dérivable en aucun des points d_ξ, ce qui prouve que $d_\xi \in D$.

Or l'application $\xi \mapsto d_\xi$ de $]f(d), f(c)[$ dans D est injective car

$$\xi \neq \eta \Longrightarrow f(d_\xi) = \xi \neq \eta = f(d_\eta) \Longrightarrow d_\xi \neq d_\eta.$$

Si donc le théorème était faux, nous aurions construit une application *injective* d'un intervalle $]f(d), f(c)[$ de $\mathbb{R}$ dans un ensemble dénombrable, absurde si l'on en croit Cantor ...

Comme on l'a vu en passant, il suffirait, pour obtenir (2), de supposer que f possède une dérivée à droite positive en dehors de D. La même remarque s'applique à la démonstration suivante.

Seconde démonstration. Tout revient, ici encore, à montrer que l'on a $f(a) \leq f(b)$ si $f'(x) > 0$ dans $I = [a, b]$.

Exposons d'abord la méthode dans le cas plus simple (déjà élucidé autrement au Chap. III, n° 16) où f est dérivable pour tout $x \in I$ sans exception. L'ensemble E des $x \in [a, b]$ tels que $f(a) \leq f(x)$ contient a et est fermé puisque f est continue. Soit $c = \sup(E) \leq b$, d'où $c \in E$. Pour tout $x > c$ et assez voisin de c, on a $f(x) > f(c) \geq f(a)$ puisque $f'(c) > 0$, d'où $x \in E$ si $x \in I$. Si $c < b$, E contient donc des points $x > c = \sup(E)$, absurde. D'où $c = b$, cqfd.

Passons maintenant au cas général où la dérivée n'existe qu'en dehors de D. Observons d'abord que si l'on a $f(u) \geq f(a)$ en un point $u \in [a, b]$, on a encore $f(x) > f(u)$ [et donc $> f(a)$] pour tout $x > u$ assez voisin de u *si* $f'(u)$ *existe*; dans le cas contraire, on peut seulement garantir que, pour tout $\varepsilon > 0$, on a $f(x) > f(u) - \varepsilon$ [et donc $> f(a) - \varepsilon$] pour tout $x > u$ assez voisin de u puisque f est continue. Cela indique que, si l'on se déplace de a vers b, on est obligé, pour aller de plus en plus loin dans la vérification de l'inégalité

$f(x) \geq f(a)$, de *retrancher un terme d'erreur à $f(a)$ chaque fois que l'on rencontre un point de D*. Si, lorsqu'on arrive au point b, on peut, quel que soit $r > 0$, faire en sorte que la somme de ces erreurs soit $\leq r$, on obtient l'inégalité $f(b) \geq f(a) - r$ qui, valable pour tout $r > 0$, suffit à prouver le théorème.

Il faut donc, pour chaque $\xi \in D$, tolérer une erreur $r(\xi)$ choisie de telle sorte que $\sum r(\xi) \leq r$. Comme D est fini ou dénombrable, il suffit pour ce faire d'écrire les points de D sous forme d'une suite (ξ_n) et de choisir par exemple $r(\xi_n) = r/2^n$. On retrouvera cette technique dans la théorie de Lebesgue.

Passons maintenant à la démonstration en forme. Nous désignerons par E l'ensemble des $x \in [a, b]$ vérifiant la relation

$$(13.1) \qquad f(x) \geq f(a) - \sum_{\xi < x} r(\xi) = g(x);$$

la série converge comme somme partielle d'une série convergente à termes positifs. La première constatation à faire est que la fonction g définie par le second membre de (1) est décroissante : pour $y < x$, les $\xi < y$ sont en effet $< x$; par suite, $g(x)$ s'obtient en *retranchant* de $g(y)$ les nombres $r(\xi) > 0$ pour les $\xi \in D$ tels que $x \geq \xi > y$. Ce raisonnement montre même que

$$(13.2) \qquad x > y \Longrightarrow g(x) \leq g(y) - r(y)$$

à condition de convenir que $r(y) = 0$ si $y \notin D$.

Soit alors, comme plus haut, $c = \sup(E)$; montrons d'abord que $c \in E$. Pour tout $x \in E$, on a en effet $x \leq c$, donc $g(x) \geq g(c)$, donc $f(x) \geq g(x) \geq g(c)$; comme c est limite de points de E, on a aussi $f(c) \geq g(c)$ puisque f est continue.

Supposons alors $c < b$, et considérons les $x \in]c, b]$. Deux cas sont possibles.

(i) f est dérivable en c. Si x est assez voisin de c, on a d'une part $f(x) > f(c)$ puisque $f'(c) > 0$, d'autre part $g(x) \leq g(c)$ puisque $x > c$; d'où, pour ces x, $f(x) > f(c) \geq g(c) \geq g(x)$ et donc $x \in E$; absurde puisque $\sup(E) = c < x$.

(ii) f n'est pas dérivable en c, i.e. $c \in D$. Pour $c < x \leq b$, on a $f(x) < g(x)$ car $x \notin E$. Comme $c < x$, on a $g(x) \leq g(c) - r(c)$ d'après (2). On a donc $f(x) < g(c) - r(c)$. Mais $g(c) \leq f(c)$ puisque $c \in E$, voir (1). Par suite,

$$c < x \leq b \Longrightarrow f(x) < f(c) - r(c);$$

comme $r(c) > 0$ puisque $c \in D$, cette relation contredit la continuité de f au point c si $c < b$, cqfd.

Comme on l'a dit, la plupart des auteurs déduisent les résultats précédents d'un énoncé en apparence plus général et que nous avons déjà rencontré pour les fonctions partout dérivables :

Théorème de la moyenne. *Soit f une fonction numérique définie et continue dans un intervalle $I \subset \mathbb{R}$; supposons f dérivable en tout point de $I - D$,*

où D est une partie dénombrable *de I. Quels que soient a, b ∈ I avec a ≤ b,
on a alors*

$$(13.3) \qquad |f(b) - f(a)| \le M(b - a)$$

où M ≤ +∞ est la borne supérieure de $|f'(x)|$ *dans l'intervalle* $[a, b]$.

Supposons d'abord que la fonction f soit réelle et que, pour $x \in [a, b]$,
$f'(x)$ prenne ses valeurs dans un intervalle compact $[m, M]$ (il n'y a rien à
démontrer si f' n'est pas bornée dans $[a, b]$); on va montrer qu'alors

$$(13.4) \qquad m(y - x) \le f(y) - f(x) \le M(y - x)$$

pour $a \le x \le y \le b$. Or cela signifie que la fonction $f(x) - mx$ est croissante
et la fonction $f(x) - Mx$ décroissante dans $[a, b]$. Les dérivées de ces fonctions
étant respectivement positive et négative en dehors de D, nous pouvons écrire
le cqfd final dans le cas réel.

Le cas d'une fonction f à valeurs complexes se ramène au précédent par
un artifice déjà utilisé dans le même contexte [Chap. III, n° 16, démonstration
de (16.5)] : on applique le résultat déjà établi pour les fonctions réelles à la
fonction $f_z(x) = \mathrm{Re}[\bar{z}f(x)]$, où z est une constante complexe arbitraire; sa
dérivée $\mathrm{Re}[\bar{z}f'(x)]$ est, en dehors de D, comprise entre $-M|z|$ et $M|z|$ où
$M = \sup |f'(x)|$, de sorte qu'on a

$$|\mathrm{Re}[\bar{z}f(b)] - \mathrm{Re}[\bar{z}f(a)]| \le M|z|(b - a),$$

i.e.

$$|\mathrm{Re}\bar{z}[f(b) - f(a)]| \le M|z|(b - a);$$

il reste à choisir $z = f(b) - f(a)$ et à simplifier par $|f(b) - f(a)|$.

Corollaire. *Soit f une fonction à valeurs complexes définie et* continue *dans
un intervalle I ⊂ ℝ; supposons f dérivable en tout point de I − D, où D est
une partie* dénombrable *de I. Si* $f'(x) = 0$ *pour tout* $x \in I - D$, *alors f est
constante dans I.*

On notera que ce corollaire ne suppose pas que f' soit une fonction réglée
bien qu'en pratique . . .

Pour établir *l'existence* d'une primitive, nous avons utilisé le théorème
11, i.e. la théorie de l'intégration. Nous allons exposer la méthode Dieudonné
(ou Bourbaki, *Fonctions d'une variable réelle*) pour résoudre ces problèmes
sans l'utiliser, car c'est un exercice des plus instructifs[27]. L'idée de la
démonstration est d'établir le résultat pour les fonctions étagées, ce qui est
facile, puis de passer à des limites uniformes. On supposera d'abord $I = [a, b]$
compact, le cas général s'en déduisant facilement comme on le verra.

---

[27] La fin de ce n° est davantage une "prime au lecteur" qu'un élément essentiel de
la théorie.

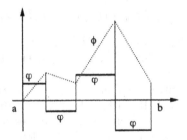

fig. 7.

Il est tout d'abord évident que toute fonction *étagée* φ admet une primitive : en utilisant une subdivision de I adaptée à φ, on considère, dans chaque intervalle $[x_k, x_{k+1}]$, une fonction linéaire Φ dont la valeur en x_k soit égale à celle de la primitive déjà construite dans l'intervalle $[a, x_k]$, ceci afin d'assurer la continuité de la fonction Φ ainsi construite de proche en proche. Φ est une fonction continue *linéaire par morceaux* et il n'est pas difficile de vérifier à l'aide de calculs bêtes que l'on a

$$(13.5) \qquad \Phi(v) - \Phi(u) = \int_u^v \varphi(x)dx$$

quels que soient $u, v \in I$. Même si l'on ignore, au sens français ou anglais, le théorème des accroissements finis qui permettrait de montrer que la construction précédente fournit toutes les primitives[28] de φ, elle fournit au moins, pour toute fonction étagée φ, une primitive standard définie à une constante additive près. C'est celle que nous utiliserons dans la suite de la démonstration, et pour cause puisqu'il n'en existe pas d'autre!

Avec cette convention, on a d'après (5)

$$(13.6) \qquad |\Phi(u) - \Phi(v)| \le \|\varphi\|_I.|u - v|$$

quels que soient $u, v \in I$.

Pour passer de là au cas d'une fonction réglée f quelconque, on choisit une suite de fonctions étagées φ_n qui converge vers f uniformément dans $I = [a, b]$ et, pour chaque n, une primitive Φ_n de φ_n; comme on désire évidemment que les Φ_n convergent vers une primitive de f, il est prudent de leur imposer la condition $\Phi_n(a) = 0$. Nous allons montrer qu'alors les fonctions Φ_n convergent uniformément dans I vers une primitive F de f, ce qui en prouvera l'existence.

Or la fonction linéaire par morceaux $\Phi_{pq} = \Phi_p - \Phi_q$ est une primitive de la fonction étagée $\varphi_{pq} = \varphi_p - \varphi_q$. D'après (6) pour $v = a$, on a

---

[28] Noter que s'il est aisé de construire "sans rien savoir" une primitive d'une fonction étagée, montrer qu'elle est unique à une constante près revient, même dans ce cas particulièrement élémentaire, à prouver qu'une fonction à dérivée partout nulle est constante.

(13.7) $$|\Phi_{pq}(u)| \leq \|\varphi_{pq}\|_I.(u-a) \leq m(I)\|\varphi_{pq}\|_I$$

pour tout $u \in I$, d'où $\|\Phi_p - \Phi_q\|_I \leq m(I)\|\varphi_p - \varphi_q\|_I$, ce qui montre que les Φ_n vérifient le critère de Cauchy. D'où leur convergence uniforme vers une fonction limite F, continue comme les Φ_n.

Il faut maintenant prouver que l'on a $F'(t) = f(t)$ en dehors d'un ensemble dénombrable de points de I. Il y a bien le théorème 19 du Chap. III, n° 17, mais il suppose les φ_n partout dérivables, ce qui n'est le cas ici qu'en dehors d'un ensemble fini $D_n \subset I$ pour chaque n. En dehors de la réunion D des D_n, on peut toutefois imiter la démonstration du théorème 19 en question, l'essentiel étant, dans les notations actuelles, de montrer qu'en tout point $t \notin D$, on a une relation analogue à la formule (17.4) du Chap. III :

(13.8) $$\lim_{x \to t} \lim_{n \to \infty} \frac{\Phi_n(x) - \Phi_n(t)}{x - t} = \lim_{n \to \infty} \lim_{x \to t} \frac{\Phi_n(x) - \Phi_n(t)}{x - t};$$

au premier membre, la limite sur n est en effet $[F(x) - F(t)]/(x-t)$, de sorte que la limite sur x, si elle existe, n'est autre que $F'(t)$; au second membre, la limite sur x est la dérivée en t de Φ_n, i.e. $\varphi_n(t)$, laquelle existe puisqu'on se place en dehors de D et a fortiori de D_n, de sorte que la limite sur n est $f(t)$; d'où $F'(t) = f(t)$ modulo démonstration de (8).

Il faut raisonner comme au Chap. III, i.e. appliquer le théorème 16 du n° 12 sur les "limites de limites". On pose à nouveau, pour t donné,

$$c_n = \Phi'_n(t), \qquad u_n(x) = [\Phi_n(x) - \Phi_n(t)]/(x-t),$$
$$u(x) = [F(x) - F(t)]/(x-t)$$

et l'on se place dans l'ensemble $X = I - (D \cup \{t\})$ obtenu en ôtant de I d'une part les points de D où les Φ_n ne sont pas toutes dérivables, d'autre part le point t où les quotients (8) n'ont aucun sens[29]. On sait d'une part que $u_n(x)$ tend vers c_n lorsque $x \to t$, d'autre part que $u_n(x)$ tend vers $u(x)$ pour tout $x \in I$ lorsque $n \to +\infty$. Pour en déduire que les c_n tendent vers une limite c *et* que $u(x)$ tend vers c lorsque $x \to t$, il suffit de montrer que les u_n convergent vers u *uniformément* sur X et, pour cela, de vérifier le critère de Cauchy correspondant. Mais en posant à nouveau $\Phi_{pq} = \Phi_p - \Phi_q$, $\varphi_{pq} = \varphi_p - \varphi_q$, la relation générale (6) montre que

$$|\Phi_{pq}(x) - \Phi_{pq}(t)| \leq \|\varphi_{pq}\|_I.|x - t| = \|\varphi_p - \varphi_q\|_I.|x - t|.$$

Comme on a visiblement

$$u_p(x) - u_q(x) = [\Phi_{pq}(x) - \Phi_{pq}(t)]/(x-t),$$

il vient

---

[29] Noter en passant l'utilité de définir la convergence uniforme pour des fonctions définies sur un ensemble quelconque, et non pas uniquement sur un intervalle de $\mathbb{R}$. Comme en outre ce n'est pas plus difficile ...

$$|u_p(x) - u_q(x)| \leq \|\varphi_p - \varphi_q\|_I \qquad \text{pour tout } x \in X,$$

et donc $\|u_p - u_q\|_X \leq \|\varphi_p - \varphi_q\|_I$. D'où la convergence uniforme des u_n dans X. La relation (8) est ainsi justifiée en tout point où existent les limites figurant au *second* membre de (8), i.e. dans $I - D$.

Comme en outre la relation (5) est valable pour toutes les φ_n, il est clair qu'elle l'est aussi pour f et F par passage à la limite uniforme. Ceci termine la démonstration dans le cas d'un intervalle I compact.

Le cas d'un intervalle I non compact s'y ramène immédiatement. On choisit un point $a \in I$ et on écrit $I = \bigcup I_n$ où les I_n sont des intervalles compacts contenant a et tels que $I_n \subset I_{n+1}$. Dans chaque I_n, la fonction f possède une primitive F_n telle que $F_n(a) = 0$, unique puisque $F' = 0$ implique $F = Cte$ même si $F'(x)$ n'existe pas aux points d'un ensemble dénombrable. On a donc $F_n = F_{n+1}$ dans I_n quel que soit n, d'où, dans I, une et une seule fonction F qui, dans chaque I_n, coïncide avec F_n. Il est évident que F vérifie le théorème 9 bis, etc.

14 − Fonctions convexes; inégalités de Hölder et Minkowski

Soient a et b deux points distincts d'un espace cartésien $\mathbb{R}^p$. Pour qu'un point $x \in \mathbb{R}^p$ se trouve sur la droite joignant a et b, il faut et il suffit que le vecteur $x - b$ soit proportionnel au vecteur $a - b$, i.e. que l'on ait $x - a = t(b - a)$ ou

$$(14.1) \qquad x = (1 - t)a + tb$$

pour un $t \in \mathbb{R}$. Comme les points a et b correspondent aux valeurs 0 et 1 de t, on en conclut que les points du segment de droite $[a, b]$ joignant a à b s'obtiennent pour $t \in [0, 1]$. On pourrait même considérer cet énoncé comme une définition de $[a, b]$.

On dit (Chap. III, n° 10, exemple 1) qu'une partie X de $\mathbb{R}^p$ est *convexe* si l'on a

$$(14.2) \qquad [a, b] \subset X \qquad \text{quels que soient } a, b \in X.$$

Dans $\mathbb{R}$, il n'existe évidemment pas d'autres ensembles convexes que les intervalles. Dans $\mathbb{C}$, l'intérieur (y compris si l'on y tient la frontière) d'un cercle, d'une ellipse, d'un triangle, d'un rectangle, etc. sont convexes. Une couronne circulaire ne l'est pas.

On peut généraliser (2) et montrer que l'on a[30]

$$(14.3) \qquad t_1 x_1 + \ldots + t_n x_n \in X$$

---

[30] Le point (3) est, en mécanique, le "centre de gravité" des "masses" $t_i \geq 0$ placées aux points x_i. Lorsque leur somme n'est pas égale à 1, il faut évidemment diviser le résultat par la masse totale. Exercice : démontrer que les médianes d'un triangle sont concourrantes.

quels soient les $x_i \in X$ et les t_i vérifiant $t_i > 0$, $\sum t_i = 1$; on le démontre par récurrence sur n en introduisant le point

$$x = (t_1 x_1 + \ldots + t_{n-1} x_{n-1})/(t_1 + \ldots + t_{n-1}),$$

qui est dans X par hypothèse, et en observant que le point (3) n'est autre que $tx + (1-t)x_n$ où $t = t_1 + \ldots + t_{n-1} = 1 - t_n$.

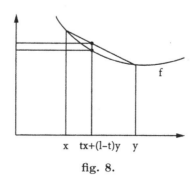

fig. 8.

Soit f une fonction à valeurs réelles définie sur un ensemble convexe $X \subset \mathbb{R}^p$; son graphe est alors l'ensemble des points de $\mathbb{R}^p \times \mathbb{R} = \mathbb{R}^{p+1}$ de la forme $(x, f(x))$, et la partie de $\mathbb{R}^{p+1}$ située "au-dessus" du graphe est l'ensemble des (x, y) tels que $x \in X$ et $y \geq f(x)$. On dit que la fonction f est *convexe* si cet ensemble l'est. On voit immédiatement que, pour qu'il en soit ainsi, il faut il suffit que l'on ait

$$(14.4) \qquad f[(1 - t)x + ty] \leq (1 - t)f(x) + tf(y)$$

quels que soient $x, y \in X$ et $0 < t < 1$. En raisonnant comme on l'a fait pour établir (3), on en déduit que

$$(14.5) \qquad f(t_1 x_1 + \ldots + t_n x_n) \leq t_1 f(x_1) + \ldots + t_n f(x_n)$$

quels soient les $x_i \in X$ et les $t_i > 0$ de somme 1.

Dans le cas où X est un intervalle ouvert de $\mathbb{R}$, on peut caractériser complètement les fonctions convexes par des propriétés de dérivabilité :

Théorème 15. *Pour qu'une fonction f à valeurs réelles définie dans un intervalle ouvert X de $\mathbb{R}$ soit convexe, il faut et il suffit que ce soit une primitive d'une fonction croissante. La fonction f est continue*[31], *admet partout des dérivées à droite et à gauche et est dérivable en dehors d'une partie dénombrable de X.*

---

[31] Ce n'est pas nécessairement le cas si X est un intervalle non ouvert. Sur $X = [0, 1]$, la fonction égale à 0 pour $0 < x < 1$ et à 1 aux extrémités est convexe.

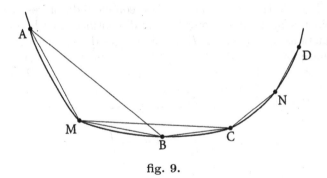

fig. 9.

Considérons la figure 9. Quand B tend vers M, la pente de MB, qui diminue en restant supérieure à celle de AM, tend vers une limite, d'où existence en tout $x \in X$ d'une dérivée à droite $f_d'(x)$ et, de même, d'une dérivée à gauche $f_s'(x) \leq f_d'(x)$; d'où aussi la continuité de f. Les pentes des droites AM, MB, MC, BC, CN et ND vont en croissant puisque le point M, par exemple, est situé en-dessous du segment $[A, B]$. Comme d'autre part la pente de MB est inférieure à celle de CN, elle-même inférieure à sa limite $f_s'(y)$ lorsque C tend vers N, on a donc

$$(14.6) \qquad f_s'(x) \leq f_d'(x) \leq f_s'(y) \leq f_d'(y) \qquad \text{pour } x < y;$$

les fonctions f_s' et f_d' sont donc croissantes[32]. En faisant tendre y vers x dans (6), on trouve

$$(14.7) \qquad f_s'(x) \leq f_d'(x) \leq f_s'(x+) \leq f_d'(x+);$$

en faisant tendre x vers y, on trouve de même

$$f_s'(y-) \leq f_d'(y-) \leq f_s'(y) \leq f_d'(y),$$

ce qui, appliqué à x, permet de compléter (7) en

$$f_s'(x-) \leq f_d'(x-) \leq f_s'(x) \leq f_d'(x) \leq f_s'(x+) \leq f_d'(x+).$$

Or on a $f_d'(y) \leq f_s'(z)$ pour $y < z$ d'après (6); faisant tendre y et z vers $x+$, on trouve $f_d'(x+) \leq f_s'(x+)$, d'où

$$f_s'(x+) = f_d'(x+) \qquad \text{et de même} \qquad f_s'(x-) = f_d'(x-)$$

pour tout x; on a donc finalement

$$(14.8) \qquad f_s'(x-) = f_d'(x-) \leq f_s'(x) \leq f_d'(x) \leq f_s'(x+) = f_d'(x+).$$

Les fonctions f_s' et f_d' étant croissantes et donc réglées ne peuvent être discontinues qu'en un ensemble dénombrable D de points de X (Chap. III,

---

[32] Pour les fonctions de classe C^1, le lecteur peut passer directement à (9).

n° 12, corollaire du théorème 16 ou n° 7, théorème 6 du présent Chap.); (8) montre d'ailleurs que les points où elles sont discontinues sont les mêmes pour les deux fonctions. En dehors de D, les six termes de (8) sont égaux et f est dérivable puisqu'alors ses dérivées à droite et à gauche sont égales.

La fonction f étant continue et admettant, en dehors de D, une dérivée égale, au choix, à la fonction réglée f'_s ou à f'_d, c'est nécessairement une primitive de f'_s et de f'_d au sens du n° 13; autrement dit, on a

$$f(y) - f(x) = \int_x^y f'_s(u)du = \int_x^y f'_d(u)du$$

quels que soient $x, y \in X$.

Inversement, partons d'une fonction g croissante, donc réglée, dans X et soit f une primitive de g. Considérons deux points x, y de X et supposons par exemple $x < y$. Pour $t \in [0, 1]$, on a

(14.9)
$$\begin{aligned} f[(1-t)x + ty] &- \{(1-t)f(x) + tf(y)\} = \\ &= \{f[x + t(y-x)] - f(x)\} - t[f(y) - f(x)] = \\ &= \int_0^{y-x} tg(x+tv)dv - t\int_0^{y-x} g(x+v)dv \end{aligned}$$

comme on le voit en dérivant par rapport à v les fonctions $f(x+tv)$ et $f(x+v)$ et en appliquant le TF. Mais comme g est croissante et comme $v \geq 0$ dans l'intervalle d'intégration, on a

$$g(x + tv) \leq g(x + v) \qquad \text{pour } t \in [0, 1].$$

La différence entre les deux dernières intégrales est donc ≤ 0 et la fonction f est convexe, cqfd.

Corollaire 1. *Pour qu'une fonction dérivable f soit convexe dans un intervalle ouvert, il faut et il suffit que sa dérivée soit croissante. Pour qu'une fonction deux fois dérivable soit convexe, il faut et il suffit que $f''(x) \geq 0$ pour tout x.*

Si en effet $f'(x)$ existe partout et est croissante, donc réglée, f est une primitive de f' et est donc convexe. Si f' est dérivable, elle est croissante si et seulement si $f''(x) \geq 0$ partout d'après le théorème des accroissements finis (Chap. III, n° 16).

Le cas (prime au lecteur) d'une fonction f définie sur dans une partie *convexe ouverte* X de $\mathbb{R}^p$, par exemple de $\mathbb{C}$, se ramène au précédent si l'on suppose f de classe C^2 dans X. Tout d'abord, la convexité de f signifie visiblement que, quels que soient $x, y \in X$, la fonction $t \mapsto f[(1-t)x + ty]$, définie sur une partie convexe ouverte (i.e. un intervalle ouvert) de $\mathbb{R}$, est convexe. Comme f est de classe C^1, cette fonction possède une dérivée égale à

$$\frac{d}{dt} f[(1-t)x_1+ty_1,\ldots,(1-t)x_p+ty_p] = \sum D_i f[(1-t)x+ty](y_i-x_i)$$

d'après le théorème de dérivation des fonctions composées du Chap. III, n° 21. Le résultat obtenu est encore dérivable si f est de classe C^2, avec, pour la même raison,

$$(14.10) \quad \frac{d^2}{dt^2} \ldots = \sum_{i,j} D_j D_i f[(1-t)x+ty](y_j-x_j)(y_i-x_i).$$

D'après le corollaire 1, ce résultat doit être ≥ 0; en particulier, on doit avoir (faire $t=0$)

$$(14.11) \qquad\qquad \sum D_j D_i f(x) u_i u_j \geq 0$$

toutes les fois que les u_i peuvent se mettre sous la forme $y_i - x_i$ pour un $y \in X$. Mais comme X est ouvert, ces différences peuvent prendre, pour x donné, toutes les valeurs suffisamment voisines de 0, de sorte que, pour des $u_i \in \mathbb{R}$ quelconques, (11) doit être vérifié par les tu_i pour tout $t \in \mathbb{R}$ suffisamment voisin de 0; cette substitution multipliant (11) par $t^2 > 0$, on en conclut que (11) doit être vérifié quels que soient les $u_i \in \mathbb{R}$: la forme quadratique (11) doit être *semi-définie positive*, comme on dit en algèbre. Il est clair inversement que si (11) est vérifié quels que soient $x \in X$ et les $u_i \in \mathbb{R}$, la dérivée (10) est ≥ 0 dès que $(1-t)x+ty \in X$; la fonction

$$t \mapsto f[(1-t)x+ty]$$

est donc convexe, donc aussi f. Par suite :

Corollaire 2. *Soit f une fonction à valeurs réelles définie et de classe C^2 dans un ensemble convexe ouvert $X \subset \mathbb{R}^p$. Pour que f soit convexe dans X, il faut et il suffit que l'on ait*

$$\sum D_i D_j f(x) u_i u_j \geq 0$$

quels que soient les $u_i \in \mathbb{R}$ et $x \in X$.

Le théorème 15 permet d'établir les célèbres inégalités de Hölder et de Minkowski, peu utiles à notre niveau, mais la culture générale ... La fonction e^x possède une dérivée seconde partout positive et est donc convexe dans $\mathbb{R}$, d'où

$$e^{tx+(1-t)y} \leq te^x + (1-t)e^y$$

quels que soient $x, y \in \mathbb{R}$ et $0 < t < 1$, ce que l'on peut aussi écrire sous la forme

$$(14.12) \qquad\qquad a^t b^{1-t} \leq ta + (1-t)b$$

pour $a, b > 0$ et même pour $0 \leq a$, $b \leq +\infty$ à condition de convenir que $0^t = 0$, $(+\infty)^t = +\infty$, $t.(+\infty) = +\infty$ pour $t > 0$ et que $0.(+\infty) = 0$.

Considérons alors un ensemble X arbitraire et supposons qu'à toute fonction f définie sur X et à valeurs dans $[0, +\infty]$ on ait associé un nombre $\mu^*(f)$ possédant les propriétés suivantes[33] :

(IS 1) : on a $0 \leq \mu^*(f) \leq +\infty$;
(IS 2) : la relation $f \leq g$ implique $\mu^*(f) \leq \mu^*(g)$;
(IS 3) : on a $\mu^*(f + g) \leq \mu^*(f) + \mu^*(g)$ quelles que soient f, g;
(IS 4) : on a $\mu^*(cf) = c\mu^*(f)$ pour toute constante $c \geq 0$ (on convient que $0. + \infty = 0$).

Si F et G sont des fonctions sur X à valeurs dans $[0, +\infty]$, on a

$$F^t G^{1-t} \leq tF + (1 - t)G$$

d'après (12); d'où, en utilisant (IS 2), (IS 3) et (IS 4),

$$
\begin{aligned}
\mu^*(F^t G^{1-t}) &\leq \mu^*[tF + (1 - t)G] \leq \mu^*(tF) + \mu^*[(1 - t)G] \\
&\leq t\mu^*(F) + (1 - t)\mu^*(G)
\end{aligned}
$$

pour $0 < t < 1$. On voit en particulier que

$$\mu^*(F) = \mu^*(G) = 1 \Longrightarrow \mu^*(F^t G^{1-t}) \leq 1.$$

Si l'on suppose seulement $\mu^*(F)$ et $\mu^*(G)$ finis et non nuls et si l'on applique le dernier résultat aux fonctions $F/\mu^*(F)$ et $G/\mu^*(G)$, ce qui est légitime d'après (IS 4), la fonction $F^t G^{1-t}$ est divisée par la constante $\mu^*(F)^t \mu^*(G)^{1-t}$, d'où, en utilisant à nouveau (IS 4),

$$(14.13) \qquad \mu^*(F^t G^{1-t}) \leq \mu^*(F)^t \mu^*(G)^{1-t}.$$

Posons alors

$$(14.14) \qquad N_p(f) = \mu^* \left(|f|^p \right)^{1/p} \leq +\infty$$

pour toute fonction f à valeurs complexes sur X et tout nombre réel $p > 0$. Si f et g sont deux telles fonctions et si p et q sont des nombres réels > 0, choisissons $F = |f|^p$, $G = |g|^q$ et $t = r/p$, $1 - t = r/q$ où $r > 0$ est tel que $r/p + r/q = 1$, i.e. tel que

$$(14.15) \qquad 1/p + 1/q = 1/r.$$

Il vient $F^t G^{1-t} = |f|^{pr/p}|g|^{qr/q} = |fg|^r$, de sorte que (13) devient

---

[33] Ces conditions généralisent les propriétés de l'intégrale supérieure établies au n° 1 et se rencontrent dans la théorie générale de l'intégration. Il n'est pas vraiment nécessaire de supposer $\mu^*(f)$ défini pour *toute* fonction positive sur X; il suffit que les formules que l'on va écrire aient un sens.

$$\mu^*(|fg|^r) \le \mu^*(|f|^p)^{r/p} \mu^*(|g|^q)^{r/q},$$

d'où, en élevant les deux membres à la puissance $1/r$,

(14.16) $N_r(fg) \le N_p(f)N_q(g)$ pour $1/p + 1/q = 1/r$.

Noter que $N_r(f)$ *est fini si* $N_p(f)$ *et* $N_q(g)$ *le sont* car (12), appliqué à $F = |f|^p$, $G = |g|^q$, $t = r/p$, $1 - t = r/q$, montre que

(14.17) $$|fg|^r/r \le |f|^p/p + |g|^q/q,$$

de sorte qu'il reste à appliquer les axiomes (IS).

(16) est l'inégalité de (Otto) Hölder que l'on se borne le plus souvent à utiliser pour $r = 1$:

(14.18) $\mu^*(|fg|) \le \mu^* (|f|^p)^{1/p} \mu^* (|g|^q)^{1/q} = N_p(f)N_q(g);$

cette inégalité suppose $1/p + 1/q = 1$ et donc $p, q > 1$ (*exposants conjugués*). Le cas où $p = q = 2$ n'est autre que l'inégalité de Cauchy-Schwarz étendue aux fonctions μ^*.

On peut déduire de (18) l'inégalité

(14.19) $N_p(f + g) \le N_p(f) + N_p(g)$ pour $p > 1$

de (Hermann) Minkowski, l'un des professeurs d'Einstein au Polytechnicum de Zürich et, à Göttingen en 1907–1908, inventeur de l'interprétation de la Relativité dans $\mathbb{R}^4$ muni de la forme quadratique $x^2 + y^2 + z^2 - c^2t^2$. Il aurait probablement été plus loin s'il n'était décédé aussitôt après ... Il n'y a rien à démontrer si le second membre est infini ou si le premier est nul. Si le second membre est fini, il en est de même du premier car, la fonction x^p étant convexe dans $x \ge 0$ pour $p > 1$, on a

$$\left(\frac{|f| + |g|}{2}\right)^p \le \frac{1}{2}\left(|f|^p + |g|^p\right).$$

Ceci fait, on écrit que

$$|f + g|^p \le (|f| + |g|)^p = |f| \cdot |f + g|^{p-1} + |g| \cdot |f + g|^{p-1}.$$

Comme $|f + g|^{(p-1)q} = |f + g|^p$, on a $N_q(|f + g|^{p-1}) < +\infty$; l'inégalité de Hölder montre alors que

$$
\begin{aligned}
\mu^*(|f + g|^p) &\le [N_p(f) + N_p(g)]N_q(|f + g|^{p-1}) \\
&= [N_p(f) + N_p(g)] \cdot \mu^* \left(|f + g|^{(p-1)q}\right)^{1/q} \\
&= [N_p(f) + N_p(g)] \cdot \mu^*(|f + g|^p)^{1-1/p};
\end{aligned}
$$

en multipliant les deux membres par $\mu^* (|f + g|^p)^{-1+1/p}$, on obtient

$$\mu^*(|f + g|^p)^{1/p} \leq N_p(f) + N_p(g),$$

i.e. (19).

Il est probable que le lecteur n'aura pas vraiment compris ces démonstrations; il peut se consoler en sachant que la plupart des professionnels sont dans le même cas, se bornant à constater pas à pas que le raisonnement est correct, à enregistrer les résultats et à oublier les démonstrations pour la vie (sauf si l'on doit les exposer à des étudiants ...).

Exemple 1. Si f et g sont des fonctions réglées sur un intervalle borné I, on a

$$(14.20) \quad \left| \int_I f(x)g(x)dx \right| \leq N_p(f)N_q(f), \quad N_p(f + g) \leq N_p(f) + N_p(g)$$

où l'on pose

$$N_p(f) = \left(\int_I |f(x)|^p dx \right)^{1/p},$$

norme L^p de la fonction f. Vous pourriez remplacer l'intégrale $m(f)$ traditionnelle par l'expression

$$\mu(f) = \int f(x)\mu(x)dx$$

où μ est une fonction intégrable positive donnée; elle vérifie évidemment les conditions (IS 1) à (IS 4) ci-dessus. On trouve ainsi des inégalités (20) où le symbole dx est partout remplacé par $\mu(x)dx$. On nous fera sans doute observer que cette "généralisation" est illusoire car se déduisant du cas classique en y remplaçant $f(x)$ par $f(x)\mu(x)^{1/p}$ et $g(x)$ par $g(x)\mu(x)^{1/q}$; exact. Mais l'objection tombe si l'on définit $\mu(f)$ à l'aide d'une mesure de Radon quelconque (n° 30).

Exemple 2. On prend pour X un ensemble fini et $\mu^*(f) = \sum |f(x)|$. On obtient, en notations plus traditionnelles, les versions originales des inégalités :

$$(14.21) \quad \left| \sum x_k y_k \right| \leq \left(\sum |x_k|^p \right)^{1/p} \left(\sum |y_k|^q \right)^{1/q},$$

$$(14.22) \quad \left(\sum |x_k + y_k|^p \right)^{1/p} \leq \left(\sum |x_k|^p \right)^{1/p} + \left(\sum |y_k|^p \right)^{1/p}.$$

Exemple 3. Comme le précédent, mais avec un ensemble X infini et, à nouveau, $\mu^*(f) = \sum |f(x)| \leq +\infty$ pour toute fonction f à valeurs positives. On constate notamment que *si les séries $\sum |u_n|^p$ et $\sum |v_n|^q$ convergent, alors la série $\sum u_n v_n$ converge absolument et l'on a*

$$(14.23) \quad \left| \sum u_n v_n \right| \leq \left(\sum |u_n|^p \right)^{1/p} \left(\sum |v_n|^q \right)^{1/q}.$$

Tout cela suppose $p, q > 1$ et $1/p + 1/q = 1$. Le cas $p = q = 2$ est l'inégalité de Cauchy-Schwarz pour les séries, qui pourrait se démontrer beaucoup plus facilement en passant à la limite à partir du cas d'une somme finie.

§4. Intégration par parties

15 – Intégration par parties

La formule de dérivation d'un produit montre que, si f et g sont deux fonctions de classe C^1, alors fg est une primitive de la fonction $f'g + fg'$; par suite, en style Leibniz,

$$\int [f'(x)g(x) + f(x)g'(x)]dx = f(x)g(x),$$

ce qu'on écrit encore sous la forme

(15.1) $$\int f'(x)g(x)dx = f(x)g(x) - \int f(x)g'(x)dx;$$

cette relation entre *primitives* peut se transformer en une relation entre *intégrales définies* :

(15.2) $$\int_a^b f'(x)g(x)dx = f(x)g(x)\Big|_a^b - \int_a^b f(x)g'(x)dx.$$

C'est la formule d'intégration par parties, qui permet de calculer d'innombrables intégrales élémentaires. Elle est encore valable si f et g sont les primitives de deux fonctions réglées puisqu'alors la fonction fg est continue et a pour dérivée la fonction réglée $f'g + fg'$ en dehors d'un ensemble dénombrable de points, donc est une primitive de $f'g + fg'$ (théorème 12 bis).

Exemple 1. Calculons la primitive

$$\int \log(x)dx = \int \log(x).1.dx = \int \log(x).(x)'.dx =$$
$$= \log(x)x - \int \log'(x)xdx = x\log x - \int 1dx,$$

d'où

(15.3) $$\int \log(x)dx = x\log x - x.$$

Il n'est pas difficile de vérifier que $\log x$ est en effet la dérivée de $x\log x - x$.

Exemple 2. On a

$$\int x^5 e^x dx =$$

$$= \int x^5 (e^x)' dx = x^5 e^x - \int (x^5)' e^x dx = x^5 e^x - 5 \int x^4 e^x dx =$$

$$= x^5 e^x - 5x^4 e^x + 5.4 \int x^3 e^x dx =$$

$$= x^5 e^x - 5x^4 e^x + 5.4x^3 e^x - 5.4.3 \int x^2 e^x dx =$$

$$= x^5 e^x - 5x^4 e^x + 5.4x^3 e^x - 5.4.3x^2 e^x + 5.4.3.2 \int x e^x dx =$$

$$= x^5 e^x - 5x^4 e^x + 5.4x^3 e^x - 5.4.3x^2 e^x + 5.4.3.2x e^x - 5.4.3.2.1 \int e^x dx =$$

$$= x^5 e^x - 5x^4 e^x + 5.4x^3 e^x - 5.4.3x^2 e^x + 5.4.3.2x e^x - 5.4.3.2.1 e^x.$$

Le lecteur peut généraliser à $x^n e^x$ pour $n \in \mathbb{N}$.

Et pour $n < 0$? Tentons notre chance.

$$\int x^{-2} e^x dx =$$

$$= \int (-x^{-1})' e^x dx = -e^x/x + \int x^{-1} e^x dx =$$

$$= -e^x/x + \int \log'(x) e^x dx = -e^x/x + e^x \log x - \int e^x \log(x) dx =$$

$$= -e^x/x + e^x \log x - \int e^x [x \log(x) - x]' dx =$$

$$= -e^x/x + e^x \log x - e^x [x \log(x) - x] + \int e^x [x \log(x) - x] dx,$$

et vous pouvez continuer indéfiniment sans jamais parvenir à éliminer la fonction $e^x \log x$ de la situation. Il suffirait, certes, d'en connaître une primitive, ce que la théorie des séries entières permet théoriquement de faire; mais dans la pratique on cherche naturellement à exprimer l'intégrale donnée à l'aide d'une combinaison simple de fonctions "élémentaires", i.e. déjà connues. C'est impossible pour les fonctions $x^s e^x$ avec $s \notin \mathbb{N}$, ou $e^x \log x$, ou $\exp(\exp(x))$, etc.

Moralité : il n'est pas nécessaire d'aller très loin pour se trouver en face de fonctions élémentaires dont les primitives ne le sont pas. Etre capable de calculer explicitement une primitive relève presque toujours d'un miracle et même, dans l'enseignement de l'analyse, d'un miracle arrangé : le calcul que l'on vous propose en exercice est faisable parce que l'auteur de l'exercice le sait d'avance, généralement pour avoir lu des quantités d'auteurs plus anciens d'innombrables exercices du même genre.

En fait, les mathématiciens qui cherchent en vain à calculer une primitive ou une intégrale définie d'une fonction importante par ses applications –

c'est souvent arrivé en mécanique ou en physique – finissent toujours par changer de tactique : ils donnent une fois pour toutes un nom à la mystérieuse primitive ou intégrale en question et, au lieu de la calculer, cherchent à en établir des propriétés utiles (équation différentielle, développements en séries, comportement asymptotique, intégrales liées à ces fonctions, etc.); ce sont les *fonctions spéciales.* Au plus bas niveau, c'est ce qu'on a toujours fait pour les fonctions trigonométriques : on leur donne un nom et, au lieu de les calculer par de belles formules algébriques simples qui n'existent pas, on en démontre des propriétés. C'est aussi ce que la théorie des fonctions elliptiques a permis de faire pour les primitives des fonctions de la forme $P(x)^{1/2}$, où P est un polynôme de degré 3 ou 4.

Exemple 3. Cherchons à calculer les fonctions

$$(15.4) \qquad I_n = \int x^n \cos x.dx, \qquad J_n = \int x^n \sin x.dx.$$

On peut écrire que

$$I_n = \int x^n \sin' x.dx = x^n \sin x - n \int x^{n-1} \sin x.dx$$

et continuer. Il est plus économique d'observer que

$$I_n + iJ_n = \int x^n e^{ix} dx$$

et de calculer comme dans l'exemple 2 ou, pour faire bonne mesure, de calculer $\int x^n e^{tx} dx$ pour tout $t \in \mathbb{C}$. On trouve facilement

$$(15.5) \qquad \int x^n e^{tx} dx =$$
$$= e^{tx} \left[x^n/t - nx^{n-1}/t^2 + n(n-1)x^{n-2}/t^3 + \ldots + (-1)^n n!/t^{n+1} \right],$$

d'où, pour $t = i$ et en séparant les parties réelle et imaginaire,

$$(15.6') \quad I_n \;=\; x^n \sin x + nx^{n-1} \cos x - n(n-1)x^{n-2} \sin x -$$
$$- n(n-1)(n-2)x^{n-3} \cos x + \ldots,$$
$$(15.6'') \quad J_n \;=\; -x^n \cos x + nx^{n-1} \sin x + n(n-1)x^{n-2} \cos x -$$
$$- n(n-1)(n-2)x^{n-3} \sin x - \ldots.$$

Exemple 4. En posant $\log^2 x = (\log x)^2$, calculons

$$\int x.\log^2 x.dx \;=\; \int \left(\frac{1}{2}x^2\right)' \log^2 x.dx = \frac{1}{2}x^2 \log^2 x - \frac{1}{2} \int x^2 (\log^2 x)' dx =$$
$$= \frac{1}{2}x^2 \log^2 x - \frac{1}{2} \int x^2 2\log x (\log' x) dx =$$

$$= \frac{1}{2}x^2 \log^2 x - \int x.\log x.dx =$$

$$= \frac{1}{2}x^2 \log^2 x - \frac{1}{2}x^2 \log x + \frac{1}{2}\int x^2 \log' x.dx =$$

$$= \frac{1}{2}x^2 \log^2 x - \frac{1}{2}x^2 \log x + \frac{1}{2}\int x\,dx =$$

$$= \frac{1}{2}x^2 \log^2 x - \frac{1}{2}x^2 \log x + x^2/4.$$

On n'oubliera pas que, dans toutes ces formules, on peut ajouter une constante arbitraire au résultat.

16 – La série de Fourier des signaux carrés

Nous sommes maintenant en mesure de justifier la série des signaux carrés [Chap. III, equ. (2.4)]

$$(16.1) \quad s(x) = \cos x - \cos 3x/3 + \cos 5x/5 - \ldots = \pi/4 \quad \text{pour} \quad |x| < \pi/2$$

que Fourier avait d'abord obtenue par des calculs vertigineux et dépourvus de sens; sa valeur pour $\pi/2 < |x| < \pi$, à savoir $-\pi/4$, se déduit de (1) en y remplaçant x par $\pi - x$. Fourier lui-même ne le remarque pas explicitement dans son mémoire, mais il faut croire qu'il avait quelques doutes puisqu'il éprouve ensuite le besoin de justifier son résultat par des méthodes sensiblement plus raisonnables. Nous allons le suivre.

On commence tout naturellement par calculer la somme partielle

$$(16.2) \quad s_n(x) = \cos x - \cos 3x/3 + \ldots + (-1)^{n-1}\cos(2n-1)x/(2n-1),$$

non par un impossible calcul direct, mais en la dérivant. On a

$$s_n'(x) = -\sin x + \sin 3x - \ldots + (-1)^n \sin(2n-1)x,$$

d'où, en posant $q = e^{ix}$ et en utilisant les formules d'Euler,

$$
\begin{aligned}
-2is_n'(x) &= \left(q - q^{-1}\right) - \left(q^3 - q^{-3}\right) + \ldots + (-1)^{n-1}\left(q^{2n-1} - q^{-2n+1}\right) = \\
&= q\left[1 - q^2 + \ldots + (-1)^{n-1}q^{2n-2}\right] - q^{-1}\left[1 - q^{-2} + \ldots\right] = \\
&= q\frac{1 - (-1)^n q^{2n}}{1 + q^2} - q^{-1}\frac{1 - (-1)^n q^{-2n}}{1 + q^{-2}} = \\
&= \frac{1 - (-1)^n q^{2n}}{q^{-1} + q} - \frac{1 - (-1)^n q^{-2n}}{q + q^{-1}} = \\
&= (-1)^{n+1}\frac{q^{2n} - q^{-2n}}{q + q^{-1}} = (-1)^{n+1}2i\sin 2nx/2\cos x.
\end{aligned}
$$

On a donc

$$s_n'(x) = (-1)^n \frac{\sin 2nx}{2\cos x}.$$

Ce calcul suppose $\cos x \neq 0$, ce qui est le cas dans l'intervalle qui nous intéresse.

On déduit de là par le TF que

$$(16.3) \qquad s_n(y) - s_n(x) = (-1)^n \int_x^y \frac{\sin 2nt}{2\cos t}\, dt$$

pour x et y dans l'intervalle ouvert $I =]-\pi/2, \pi/2[$. Comme la somme de la série est censée être une fonction constante, il s'impose de montrer que la différence (3), qui tend vers $s(y) - s(x)$, tend vers 0 lorsque n augmente indéfiniment.

Ce n'est pas évident à première vue, mais intégrons par parties; il vient

$$\int_x^y \frac{\sin 2nt}{\cos t}\, dt = \frac{-\cos 2nt}{2n.\cos t}\Bigg|_x^y - \frac{1}{2n}\int_x^y \cos 2nt \frac{\sin t}{\cos^2 t}\, dt.$$

Lorsque n augmente indéfiniment, le premier terme du second membre tend vers 0 en raison du facteur n en dénominateur. Il en est de même du second car, dans l'intervalle d'intégration, on a

$$|\cos 2nt.\sin t| \leq 1, \qquad \cos^2 t \geq m$$

où m est le minimum de $\cos^2 t$ entre x et y; il est > 0 car dans un intervalle compact, une fonction continue atteint son minimum, et l'intervalle $[x, y]$ ne contient aucun multiple impair de $\pi/2$. Le facteur $1/2n$ fournit alors une majoration en $O(1/n)$.

La somme $s(x)$ de la série (1) est donc bien constante dans l'intervalle $|x| < \pi/2$. Sa valeur ne peut être que

$$(16.4) \qquad s(0) = 1 - 1/3 + 1/5 - \ldots = \pi/4,$$

la série de Leibniz.

Nous avons plus ou moins prouvé (4) au Chap. IV, n° 14 à l'aide du développement en série

$$(16.5) \qquad \arctan y = y - y^3/3 + y^5/5 - \ldots;$$

celui-ci s'obtient à partir de la formule

$$\arctan' y = 1/(1 + y^2) = 1 - y^2 + y^4 - \ldots$$

en appliquant la méthode valable pour toute série entière. Il faut toutefois faire attention au fait que celle-ci s'applique *à l'intérieur* du disque de convergence, i.e. pour $|y| < 1$; or la formule de Leibniz correspond précisément à la valeur $y = 1$, où $\arctan y = \pi/4$. Pour la justifier, il faut raisonner comme nous l'avons fait à propos de la série $\log(1 + x)$ qui, pour $x = 1$, fournit par passage à la limite la série $\log 2 = 1 - 1/2 + 1/3 - \ldots$: pour $0 \leq y \leq 1$, la série (5) est alternée et à termes décroissants, la différence entre sa somme totale et sa n-ième somme partielle est donc majorée par son n-ième terme, donc par $1/(2n+1)$ quel que soit y, d'où l'on conclut que les sommes partielles de (5) convergent vers la somme totale *uniformément* sur l'intervalle *fermé* $[0,1]$. La somme totale de la série est donc une fonction continue dans celui-ci; il en est de même de la fonction arctan y; or, si deux fonctions continues pour $y \leq 1$ coïncident pour $y < 1$, elles sont encore égales pour $y = 1$. D'où (4).

A partir de la série (1), on peut en obtenir d'autres par intégration. En calculant formellement, on a

$$(16.6) \qquad \int_0^x s(t)dt = \sin x - \sin 3x/3^2 + \sin 5x/5^2 - \dots$$

et comme $s(t)$ est une fonction étagée, il ne sera pas difficile de calculer directement l'intégrale. Mais il faut d'abord justifier l'intégration terme à terme de la série (1).

Rappelons (Chap. III, n° 11) que la série des signaux carrés, sans converger uniformément dans tout $\mathbb{R}$ puisque sa somme est discontinue, converge uniformément sur tout intervalle $[-\pi/2 + r, \pi/2 - r]$ avec $r > 0$. La formule (6) est donc légitime pour $|x| < \pi/2 - r$, donc pour $|x| < \pi/2$ puisque r est arbitrairement petit. Comme par ailleurs $s(x) = \pi/4$ dans cet intervalle, l'intégrale est égale à $\pi x/4$. D'où

$$(16.7) \quad \sin x - \sin 3x/3^2 + \sin 5x/5^2 - \dots = \pi x/4 \quad \text{pour } |x| \leq \pi/2.$$

La série est cette fois normalement convergente dans $\mathbb{R}$ puisque dominée par la série $\sum 1/(2n+1)^2$; sa somme est donc continue partout, ce qui, par passage à la limite, justifie la valeur $\pi^2/8$ que (7) lui attribue pour $x = \pi/2$.

Pour $\pi/2 \leq |x| \leq 3\pi/2$, on pose $x = y+\pi$, ce qui ramène au cas précédent :

$$(16.8) \quad \sin x - \sin 3x/3^2 + \sin 5x/5^2 - \dots \; = \; \pi(\pi - x)/4$$
$$\text{pour } \pi/2 \leq |x| \leq 3\pi/2.$$

Le premier membre étant périodique, inutile de continuer le calcul; il vaut mieux tracer la "courbe", exhibée par Fourier lui-même :

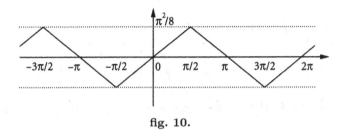

fig. 10.

On notera que pour $x = \pi/2$, on retrouve la relation

$$1 + 1/3^2 + 1/5^2 + \ldots = \pi^2/8$$

obtenue au n° 5, eq. (5.10), en appliquant à la série des signaux carrés la formule de Parseval-Bessel alors que nous n'avions pas encore justifié la formule (1).

Continuons dans la même voie. Etant normalement convergente, la série (7) s'intègre terme à terme, par exemple sur $[-\pi/2, x]$, ce qui fait apparaître la série $-\cos x + \cos 3x/3^3 + \ldots$. Pour $-\pi/2 \le x \le \pi/2$, la formule (7) fournit une intégrale égale à $\pi x^2/8 - \pi^3/32$, d'où

$$(16.9) \quad \cos x - \cos 3x/3^3 + \ldots = \frac{\pi}{8}(\pi/2 + x)(\pi/2 - x) \quad \text{pour } |x| \le \pi/2.$$

Pour $x = 0$, on trouve

$$(16.10) \qquad\qquad 1 - 1/3^3 + 1/5^3 - \ldots = \pi^3/32.$$

En continuant à intégrer, le lecteur trouverait une infinité d'autres formules du même genre, les premières dans Euler déjà par d'autres méthodes, bien sûr. On peut aussi examiner ce que fournit la formule de Parseval-Bessel (5.4) ou (5.5) de ce Chap. V; il n'y a pas de problème puisque les séries primitives successives de la série des signaux carrés sont (de plus en plus) absolument convergentes. C'est un genre d'exercice sensiblement plus instructif que de calculer une primitive d'une fraction rationnelle étudiée pour faire trébucher le candidat sur des calculs dépourvus de tout autre intérêt.

17 – La formule de Wallis

Posons

$$(17.1) \qquad\qquad I_n = \int_0^{\pi/2} \sin^n x . dx$$

pour $n \in \mathbb{N}$. On a tout d'abord

$$(17.2) \qquad\qquad I_0 = \pi/2, \qquad I_1 = 1.$$

Au-delà, on intègre par parties, d'où

$$
\begin{aligned}
I_n &= -\int_0^{\pi/2} \sin^{n-1} x . \cos' x . dx = \\
&= -\sin^{n-1} x . \cos x \Big|_0^{\pi/2} + \int_0^{\pi/2} (\sin^{n-1} x)' \cos x . dx = \\
&= (n-1) \int_0^{\pi/2} \sin^{n-2} x . \cos^2 x . dx = (n-1)(I_{n-2} - I_n).
\end{aligned}
$$

Il vient donc finalement $I_n = I_{n-2}(n-1)/n$, d'où

$$I_{2n} = \frac{(2n-1)(2n-3)\ldots 1}{2n(2n-2)\ldots 2} I_0 \qquad \text{avec } I_0 = \pi/2$$

et

$$I_{2n+1} = \frac{2n(2n-2)\ldots 2}{(2n+1)(2n-1)\ldots 3} I_1 \qquad \text{avec } I_1 = 1.$$

Comme on a $0 \leq \sin x \leq 1$ dans l'intervalle d'intégration, il est clair que $I_{n+1} \leq I_n$, donc que $I_{2n+1} \leq I_{2n} \leq I_{2n-1}$, d'où

$$1 \leq I_{2n}/I_{2n+1} \leq I_{2n-1}/I_{2n+1} = 1 + 1/2n.$$

Le rapport

$$I_{2n}/I_{2n+1} = \frac{(2n+1)(2n-1)^2(2n-3)^2\ldots 3^2}{(2n)^2(2n-2)^2\ldots 2^2} \; \pi/2$$

tend donc vers 1, d'où la célèbre *formule de Wallis*

(17.3) $$\qquad 2/\pi = \lim \frac{1.3.3.5.5.7\ldots(2n-1)(2n+1)}{2.2.4.4.6.6\ldots 2n.2n} \; .$$

Fourier, qui l'utilise, l'écrit sous la forme

$$2/\pi = 3.3.5.5.7.7.\ldots/2.2.4.4.6.6.\ldots;$$

ni le numérateur ni le dénominateur n'ayant le moindre sens, on peut tenter de l'interpréter comme un produit infini (Chap. IV, n° 17). Sous la forme $3/2.3/2.5/4.5/4\ldots$, il est évidemment divergent puisque le terme général est de la forme $(p+1)/p = 1+1/p$. On peut alors essayer le produit de toutes les expressions $3.3/2.2$, etc., i.e. le produit infini de terme général $(2n+1)^2/4n^2 = (1+1/2n)^2$; mais

$$(1+1/2n)^2 = 1 + 1/n + 1/4n^2 = 1 + u_n$$

où la série $\sum u_n$ est divergente puisque $u_n \sim 1/n$; nouvelle catastrophe. On pourrait alors préférer les groupements $3.3/4.4$, etc., ce qui conduirait au produit des

$$(2n+1)^2/(2n+2)^2 = [1 - 1/(2n+2)]^2 = 1 - 1/(n+1) + 1/4(n+1)^2 = 1 + u_n,$$

lequel diverge tout autant que les précédents et pour la même raison, à savoir que $u_n \sim -1/n$. La solution est d'écrire (3) sous la forme

$$2/\pi = \lim \frac{1.3}{2.2} \; \frac{3.5}{4.4} \; \frac{5.7}{6.6} \; \cdots \; \frac{(2n-1)(2n+1)}{2n.2n} \; ,$$

ou

(17.4) $$\quad 2/\pi = \prod_{n=1}^{\infty}(1 - 1/4n^2) = (1-1/4)(1-1/16)(1-1/36)\ldots$$

Le produit infini est cette fois absolument convergent comme la série $\sum 1/n^2$ et est de beaucoup préférable à la formule (3), celle-ci pouvant conduire à votre perdition comme on vient de le voir.

Une démonstration fort expéditive de la formule de Wallis consisterait à partir du produit infini

$$\sin \pi x = \pi x \prod (1 - x^2/n^2);$$

on retrouve Wallis pour $x = 1/2$.

§5. La formule de Taylor

18 – La formule de Taylor

Le Chap. II, n° 19, nous a montré que si une fonction $f(z)$ est analytique dans un ouvert de $\mathbb{C}$ contenant un point a, alors la série entière qui la représente au voisinage de a s'écrit sous la forme

$$(18.1) \qquad f(z) = f(a) + f'(a)(z-a)/1! + f''(a)(z-a)^2/2! + \ldots .$$

Ce résultat s'applique en particulier aux fonctions qui sont définies et analytiques dans un intervalle de $\mathbb{R}$.

On ne peut évidemment pas en espérer autant de toute fonction définie dans un tel intervalle, si indéfiniment dérivable soit-elle, puisque toutes les dérivées d'une telle fonction peuvent fort bien être nulles en a sans que la fonction le soit au voisinage de a comme l'a montré Cauchy (Chap. IV, fin du n° 5). La situation est encore plus désespérée si l'on a affaire à des fonctions qui ne sont pas indéfiniment dérivables.

Mais partons de la formule

$$f(t)\Big|_a^x = \int_a^x f'(t)dt = \int_a^x f'(t)P_0(t)dt$$

où $P_0(t) = 1$ et soit $P_1(t)$ une primitive de P_0. Une intégration par parties montre que

$$f(t)\Big|_a^x = f'(t)P_1(t)\Big|_a^x - \int_a^x f''(t)P_1(t)dt.$$

Si $P_2(t)$ est une primitive de P_1 et si l'on intègre à nouveau par parties, on trouve

$$f(t)\Big|_a^x = f'(t)P_1(t) - f''(t)P_2(t)\Big|_a^x + \int_a^x f'''(t)P_2(t)dt.$$

Si f est de classe C^{n+1}, i.e. possède des dérivées continues d'ordre $\leq n+1$ dans l'intervalle I de $\mathbb{R}$ où elle est définie, on peut continuer jusqu'à ce que l'on obtienne une intégrale portant sur $f^{(n+1)}$. Le résultat est évidemment que, si l'on choisit des polynômes $P_k(t)$ vérifiant

$$(18.2) \qquad\qquad P_k' = P_{k-1}, \qquad P_0 = 1,$$

on a

$$f(t)\Big|_a^x = f'(t)P_1(t) - f''(t)P_2(t) + \ldots + (-1)^{n-1}f^{(n)}(t)P_n(t)\Big|_a^x +$$

$$(18.3) \qquad\qquad + (-1)^n \int_a^x f^{(n+1)}(t)P_n(t)dt.$$

Comme nous aimerions exprimer $f(x)$ à l'aide de ses dérivées en a et de facteurs $(x-a)^k$, il s'impose de choisir les P_k de façon à faire disparaître du second membre de (3) les termes $f'(x), \ldots, f^{(n)}(x)$ figurant dans les parties intégrées; pour cela, il faut choisir des P_k nuls pour $t = x$, autrement dit

$$(18.4) \qquad P_k(t) = (t - x)^k/k! = (t - x)^{[k]}.$$

On obtient alors, en explicitant le calcul, le résultat suivant :

Théorème 16. *Soit f une fonction définie et de classe C^{n+1} dans un intervalle I de $\mathbb{R}$. Quels que soient $a, x \in I$, on a alors*

$$(18.5) \qquad f(x) \;=\; f(a) + f'(a)(x - a) + f''(a)(x - a)^{[2]} + \ldots$$
$$\ldots + f^{(n)}(a)(x - a)^{[n]} + r_n(x)$$

où

$$(18.6) \qquad r_n(x) = \int_a^x f^{(n+1)}(t)(x - t)^{[n]}dt.$$

C'est la *formule de Taylor avec reste intégral* pour les fonctions de classe C^{n+1}, due, avec la démonstration précédente, à Cauchy.

Une expression parfois plus utile du reste consiste à poser $x = a + h$ et à remplacer la fonction $f(x)$ par la fonction $g(u) = f(a + uh)$, où u varie maintenant dans $[0, 1]$. Les limites a et x deviennent 0 et 1 et on a $g^{(p)}(u) = h^p f^{(p)}(a + uh)$ d'après la forme la plus triviale du théorème de dérivation des fonctions composées. En appliquant à g la formule entre $u = 0$ et $u = 1$, on trouve la version suivante de la formule de Taylor pour f :

$$(18.5') \quad f(a + h) = f(a) + f'(a)h + \ldots + f^{(n)}(a)h^n/n! + r_n(a + h),$$

où

$$(18.6') \qquad r_n(a + h) = \frac{h^{n+1}}{n!} \int_0^1 f^{(n+1)}(a + uh)(1 - u)^n du.$$

Le cas particulier le plus simple et le plus utile est

$$(18.6'') \quad f(x + h) - f(x) - f'(x)h = \frac{1}{2}h^2 \int_0^1 f''(x + uh)(1 - u)du.$$

Pour $a = 0$, (5) devient une formule de type Maclaurin

$$(18.7) \quad f(x) = f(0) + f'(0)x + f''(0)x^2/2! + \ldots + f^{(n)}(0)x^n/n! + r_n(x)$$

avec

$$(18.8) \qquad r_n(x) \;=\; \int_0^x f^{(n+1)}(t)(x - t)^{[n]}dt =$$
$$=\; \frac{x^{n+1}}{n!} \int_0^1 f^{(n+1)}(ux)(1 - u)^n dt.$$

Elle exprime f comme somme d'un polynôme

$$p(x) = f(0) + f'(0)x + \ldots + f^{(n)}(0)x^{[n]}$$

de degré n possèdant en $x = 0$ (ou, dans le cas général, en $x = a$) les mêmes dérivées d'ordre $\leq n$ que f, et d'un "reste" donné par (8). On l'appelle le "reste" parce que, si f était analytique, $r_n(x)$ serait effectivement le n-ième reste de la série de Taylor de f; mais il n'y a pas ici de série. Au surplus, lorsqu'on parle des sommes partielles et des restes d'une série, on espère bien que ceux-ci seront de plus en plus négligeables lorsque n augmente.

La situation actuelle est moins brillante. Si vous appliquez (7) à une fonction indéfiniment dérivable dont toutes les dérivées sont nulles à l'origine, vous trouvez $f(x) = r_n(x)$. Loin d'être négligeable, le "reste" est alors prépondérant.

On peut quand même en obtenir une majoration. Puisque $f^{(n+1)}$ est continue, elle est bornée sur tout compact contenu dans l'intervalle I où f est définie. Si donc x reste dans un intervalle compact K contenu dans I et contenant a (par exemple, un intervalle de centre a si a est intérieur à I) et si l'on pose comme toujours

$$(18.9) \qquad \left\| f^{(p)} \right\|_K = \sup_{x \in K} \left| f^{(p)}(x) \right|,$$

on a $\left| f^{(n+1)}(t)(x-t)^n \right| \leq \left\| f^{(n+1)} \right\|_K \cdot \left| (x-t)^n \right|$ dans l'intervalle d'intégration; mais dans cet intervalle, on a $\left| (x-t)^n \right| = \pm(x-t)^n$ avec le signe $+$ si $x > a$ et le signe $-$ si $x < a$, auquel cas le signe $+$ est rétabli du fait que l'intégrale *orientée* de a à x est comptée négativement. La fonction $t \mapsto (x-t)^{[n]}$ ayant pour primitive la fonction

$$t \mapsto -(x-t)^{[n+1]}$$

qui s'annule pour $t = x$, on trouve finalement

$$(18.10) \qquad |r_n(x)| \leq \left\| f^{(n+1)} \right\|_K \cdot |x-a|^{n+1}/(n+1)! \quad \text{pour } x \in K.$$

La forme (6') rend le résultat encore plus évident.

En modifiant les notations, il vient en particulier

$$(18.11) \qquad \begin{aligned} f(a+h) &= f(a) + f'(a)h + f''(a)h^{[2]} + \ldots \\ &\quad \ldots + f^{(n)}(a)h^{[n]} + O(h^{n+1}) \end{aligned}$$

lorsque h tend vers 0. Si par exemple une fonction f de classe C^∞ s'annule ainsi que toutes ses dérivées successives en $x = a$, on a

$$f(x) = O((x-a)^n) \quad \text{quel que soit } n$$

lorsque x tend vers a, ce qui montre que, même dans ce cas, la formule de Taylor fournit une information : $f(a+h)$ tend vers 0 plus rapidement que toute puissance de h. On dit alors que la fonction f est *plate* au point a. L'avion qu'on ne construira jamais suit une trajectoire de ce genre à l'atterrissage.

Ces résultats supposent que $f^{(n+1)}$ existe et est continue. En fait, on peut démontrer autrement la formule sans cette dernière hypothèse dans le cas d'une fonction à valeurs réelles; l'utilité pratique du résultat relativement au précédent est faible, pour nous exprimer avec modération, mais la démonstration est ingénieuse. Bornons-nous pour simplifier l'écriture au cas de Maclaurin et, pour $x = b$ donné, considérons, toujours avec Cauchy et les élèves en uniforme qui, à l'X, ne lui portent pour la plupart qu'une attention des plus réduite, les fonctions

$$
\begin{aligned}
g(t) &= f(b) - f(t) - f'(t)(b-t) - \ldots - f^{(n)}(t)(b-t)^{[n]}, \\
h(t) &= g(t) - g(0)(b-t)^{[n+1]}/b^{[n+1]}.
\end{aligned}
$$

Par hypothèse, g et donc aussi h possèdent des dérivées premières, non nécessairement continues, entre 0 et b. On a $h(0) = 0$ par calcul direct et $h(b) = g(b) = f(b) - f(b) = 0$. Il existe donc un nombre ξ entre 0 et b où $h'(\xi) = 0$ (théorème des accroissements finis ou même de Rolle, Chap. III, n° 16). Or un calcul similaire à celui qui nous a conduit à (3) montre que

$$
g'(t) = -f^{(n+1)}(t)(b-t)^{[n]},
$$

d'où

$$
\begin{aligned}
h'(t) &= -f^{(n+1)}(t)(b-t)^{[n]} + g(0)(b-t)^{[n]}/b^{[n+1]} \\
&= \left[g(0) - f^{(n+1)}(t)b^{[n+1]} \right] (b-t)^{[n]}/b^{[n+1]}.
\end{aligned}
$$

Comme $h'(\xi) = 0$, on a donc $g(0) = f^{(n+1)}(\xi)b^{[n+1]}$ pour un ξ compris entre 0 et $b = x$, et comme

$$
g(0) = f(x) - \left\{ f(0) + f'(0)x + \ldots + f^{(n)}(0)x^{[n]} \right\},
$$

il vient finalement

(18.12) $f(x) = f(0) + f'(0)x + \ldots + f^{(n)}(0)x^{[n]} + f^{(n+1)}(\xi)x^{[n+1]};$

c'est la formule de Maclaurin avec le *reste de Lagrange*. Dans le cas général, on obtient

(18.13) $\begin{aligned}[t] f(a+h) = \ & f(a) + f'(a)h + f''(a)h^{[2]} + \ldots \\ & \ldots + f^{(n)}(a)h^{[n]} + f^{(n+1)}(a+\theta h)h^{[n+1]} \end{aligned}$

où, encore une fois, f est à valeurs réelles, $(n+1)$ fois dérivable et où le nombre que l'on désigne traditionnellement par θ est entre 0 et 1 pour que le point $\xi = a + \theta h$ soit entre a et $x = a + h$.

Appliqués à une fonction de classe C^∞, ces résultats permettent parfois de passer à une *série* de Taylor.

Exemple 1. Prenons $a = 0$ et $f(x) = \sin x$. Pour $n = 2p$, on trouve $|r_n(x)| \leq |x|^{2p}/(2p)!$ puisque les dérivées successives sont partout inférieures à 1 en module. En passant à la limite, on retrouve ainsi la formule

$$\sin x = \lim \left[x - x^3/3! + \ldots + (-1)^{p-1} x^{2p-1}/(2p-1)! \right].$$

Ce raisonnement peut se généraliser. Pour une fonction C^∞, la formule de Taylor avec reste s'applique quel que soit n. Pour passer de là à un développement en série entière, il suffit – mais c'est le point crucial – de savoir que le reste tend vers 0 lorsque n augmente indéfiniment, autrement dit de disposer d'une majoration convenable des dérivées successives. Si par exemple il existe des constantes M et q telles que l'on ait $|f^{(n)}(x)| \leq M q^n |x|^n$ quels que soient x et n, la formule (10), pour $a = 0$, montre que

$$|r_n(x)| \leq M q^n |x|^{2n}/n! = M (q|x|^2)^n/n!$$

et le passage à la limite est permis. Dans d'autres cas, il faut raisonner autrement.

Exemple 2. Prenons $f(x) = e^x$. Toutes les dérivées sont égales à f, de sorte que, pour K donné, le facteur $\left\| f^{(n+1)} \right\|_K$ dans (10) ne dépend pas de n. On a donc $\lim r_n(x) = 0$ pour tout x et l'on retrouve la série entière de la fonction exponentielle.

Exemple 3. Prenons $f(x) = (1 + x)^s$ avec $s \in \mathbb{C}$ et $-1 < x$, d'où

$$f^{(n+1)}(x) = s(s-1)\ldots(s-n)(1+x)^{s-n-1}.$$

On a ici, d'après (8),

$$r_n(x) = s(s-1)\ldots(s-n)\frac{x^{n+1}}{n!} \int_0^1 (1+ux)^{s-n-1}(1-u)^n dt,$$

ou

$$r_n(x) = \frac{s(s-1)\ldots(s-n)}{n!} x^{n+1} \int_0^1 (1+xu)^{s-1} \left(\frac{1-u}{1+xu} \right)^n du.$$

Pour $x > -1$, on a $1+xu > 1-u$ dans l'intervalle d'intégration, de sorte que $0 < (1-u)^n/(1+xu)^n < 1$ pour tout n. Le module de l'intégrale est donc inférieur à un nombre indépendant de n. Comme la série de terme général $s(s-1)\ldots(s-n)x^{n+1}/n!$ converge pour $|x| < 1$ (utiliser le critère u_{n+1}/u_n, ce n'est pas tout à fait la série du binôme), son terme général tend vers 0. Il en est donc de même de $r_n(x)$. En passant à la limite dans la formule de Taylor d'ordre n, on retrouve ainsi la *série*

$$(1+x)^s = 1 + sx + s(s-1)x^2/2! + \ldots$$

pour $|x| < 1$, x réel, s complexe.

On a dit plus haut que, si f est de classe C^{n+1}, le reste de la formule de Taylor est $O\left((x-a)^{n+1}\right)$ lorsque x tend vers a. On peut améliorer ce résultat pour f réelle en supposant $f^{(n+1)}(a) \neq 0$. Le rapport $r_n(x)/(x-a)^{n+1} = f^{(n+1)}(\xi)$ tend en effet alors vers $f^{(n+1)}(a)$ puisque la dérivée d'ordre $n+1$ est continue et que ξ reste entre a et x, donc tend vers a. Si l'on suppose $f^{(n+1)}(a) \neq 0$, on a donc, dans le cas de Maclaurin pour simplifier l'écriture,

$$(18.14) \quad f(x) - f(0) - f'(0)x - \ldots - f^{(n)}(0)x^{[n]} \sim f^{(n+1)}(0)x^{[n+1]}$$

lorsque x tend vers 0, le signe $\sim$ signifiant, rappelons-le, que le *rapport* entre les deux membres de (14) tend vers 1.

Cette formule permet parfois de calculer des limites de quotients $f(x)/g(x)$ lorsque x tend vers un point a où $f(a) = g(a) = 0$. Pour f et g de classe C^n, supposons que l'on ait

$$f(a) = f'(a) = \ldots = f^{(n-1)}(a) = 0,$$
$$g(a) = g'(a) = \ldots = g^{(n-1)}(a) = 0, \qquad g^{(n)}(a) \neq 0.$$

Au voisinage de a, on a $g(x) \sim g^{(n)}(a)(x-a)^{[n]}$. Si $f^{(n)}(a) \neq 0$, on a de même $f(x) \sim f^{(n)}(a)(x-a)^{[n]}$. Par suite

$$(18.15) \qquad\qquad \lim f(x)/g(x) = f^{(n)}(a)/g^{(n)}(a).$$

Si $f^{(n)}(a) = 0$, on a $f(x) = o\left((x-a)^n\right)$ et le résultat reste valable. Soit par exemple à trouver la limite du rapport

$$\frac{\tan x - x}{x - \sin x}$$

quand x tend vers 0. On a ici $f(0) = f'(0) = f''(0) = 0$, $f'''(0) = 2$ et $g(0) = g'(0) = g''(0) = 0$, $g'''(0) = 1$. La limite est donc $1/2$.

C'est la célèbre *règle de l'Hospital* (il ne l'a démontrée que pour $n = 1$, le cas général étant apparemment de Maclaurin), du nom d'un marquis parisien qui, en 1696, se tailla une enviable réputation mathématique en publiant un livre intitulé *Analyse des infiniment petits, pour l'intelligence des lignes courbes*, premier exposé public de ce que l'on connaissait alors du calcul différentiel du côté de chez Leibniz et des Bernoulli. L'auteur ne fait pas mystère du fait qu'il avait tout appris de sa correspondance et de ses entretiens avec eux : «je me suis servi sans façon de leurs découvertes et de celles de Mr. Leibnis», écrit-il en écorchant le nom de son héros (il ne va quand même pas jusqu'à lui attribuer un t francophonique). Cela n'empêche pas Johann Bernoulli de l'accuser d'avoir plagié l'un de ses manuscrits et de l'attaquer jusqu'en 1742, soit 38 ans après la mort du présumé coupable. Comme Johann et Jakob Bernoulli n'ont pas hésité à s'accuser mutuellement de plagiat pendant des années à partir de 1695, il vaut probablement mieux réserver son jugement comme le fait Moritz Cantor pp. 222–228 de son vol. III.

"La science est un jeu cruel. On descend en flammes ses adversaires, on grille ses concurrents, on démolit ses rivaux", nous dit Loup Verlet, p. 97 de *La malle de Newton*. Il ne faut pas mépriser les querelles de priorité; elles révèlent l'un des traits les plus permanents et les plus répandus de la psychologie des scientifiques : la défense de leur propriété intellectuelle. Elles sont un corollaire obligatoire du principe suivant : la seconde personne à démontrer un théorème ou à découvrir le vaccin contre le Sida n'en tire aucun profit quant à sa réputation; elle a perdu son temps, à ceci près que le travail nécessaire peut lui avoir appris des techniques utilisables ultérieurement. Il faut être la première[34]. Comme d'ailleurs les scientifiques, et particulièrement les mathématiciens "purs", ne peuvent tirer aucun autre capital de leurs travaux que *la reconnaissance de leurs mérites par leurs pairs*[35], ceux qui tiennent à celle-ci n'ont pas le choix. Ceux qui peuvent faire breveter leurs découvertes – ce n'est pas encore le cas des mathématiciens purs, sauf en cryptologie depuis quelque temps[36] – ou dépendent des subventions d'organismes

---

[34] Le sujet est exposé avec une clarté assez crue dans l'interview d'un biologiste franco-américain, *Portrait d'un biologiste en capitaliste sauvage*, que l'on trouvera dans Bruno Latour, *Petites leçons de sociologie des sciences* (Paris, La Découverte, 1993). Le sujet a également inspiré beaucoup plus tôt Robert K. Merton. Dans la réalité, il arrive qu'un résultat nouveau soit obtenu à peu près à la même époque par des chercheurs travaillant indépendamment les uns des autres; les questions de priorité peuvent alors intéresser davantage ceux-ci que les spectateurs. Un cas particulièrement extrême est exposé par Nicholas Wade, *The Nobel Duel* (Doubleday, 1981, trad. *La course au Nobel*, Sylvie Messinger, 1981). Dans un autre domaine, citons l'immortelle déclaration de l'héroïque Français qui, à cause d'un jeune Allemand, a manqué la première place au Tour de France cycliste de 1997: "Ce qui manque, je pense, c'est l'opportunité de tomber sur une année sans un plus fort que soi."

[35] C'est la fonction des prix, médailles d'or ou de chocolat, colloques en l'honneur de, sièges dans les académies, etc. dont disposent les scientifiques pour se récompenser mutuellement. En mathématiques, on en arrive même, depuis une quinzaine d'années, à publier les oeuvres complètes des grands hommes avant qu'ils ne soient morts, quitte à leur ajouter des volumes supplémentaires ultérieurement. Cela facilite le travail des collègues, mais l'effet psychologique sur la personne ainsi honorée n'est probablement pas négligeable. Le *Science Citation Index* permet par ailleurs à tout scientifique de savoir combien de fois ses confrères l'ont cité chaque année. Lorsque le total dépasse la centaine (pour Einstein, recordman du genre, le total dépassait encore neuf cents il y a quelques années), on pourrait imaginer que le "reward" est suffisant.

[36] Neal Koblitz, *A Course in Number Theory and Cryptography* (Springer, 2d. ed., 1994), émet l'hypothèse que les publications dans certains domaines de la théorie des nombres pourraient un jour être soumises à une censure préalable de la National Security Agency. Cette idée est d'autant moins aberrante que, lorsque les systèmes à clé publique inventés par des mathématiciens – ils ont créé leur propre entreprise – sont apparus il y a une douzaine d'années, les réactions de la NSA ont été (i) de tenter de les interdire (en France, leur emploi est soumis à autorisation préalable), (ii) d'imposer des limites à leur degré de sécurité, (iii) de prendre à sa charge les contrats de recherche dans ce domaine. Rappelons que la NSA, créée en 1952 et disposant d'énormes moyens, a pour missions d'assurer

conseillés par des scientifiques n'en ont pas davantage : si l'hormone que vous tentez de synthétiser peut vous rapporter cinquante mille dollars par an pendant dix sept ans, il est urgent de ne pas être le second.

Avec la passion pour le métier qui, tout au long de l'histoire, a conduit des scientifiques – pas tous, bien sûr – à accepter des conditions de vie ou de travail indignes ou médiocres, c'est la raison pour laquelle vous voyez des gens de première classe passer, à quarante ans, soixante heures par semaine dans leur labo pour un salaire CNRS de "directeur de recherches" que n'importe quel Polytechnicien ou ancien élève d'une Haute Ecole des Etudes Commerciales Libérales et Avancées peut obtenir dans l'industrie ou la banque deux ans après sa sortie de l'institution. On célèbre alors le désintéressement de ces "héros de la science", qui n'ont pas le choix.

Pas le choix? Après tout, et comme un garagiste qui lui présentait une facture lourdement chargée l'a expliqué un jour au présent auteur (qui, issu de la *lower middle class*, n'a pas été habitué au grand standing et n'a pas cherché à y accéder), «avec votre cerveau, vous auriez pu choisir un autre métier». Garagiste, par exemple. Les garagistes pourraient, en échange, écrire des mathématiques qui se vendent mal, enseigner la chimie des polymères ou l'histoire du Moyen Age à deux cents étudiants chaque année ou tenter de comprendre la maladie d'Alzheimer. On célébrerait alors le désintéressement des garagistes.

D'autres disent que les scientifiques mal payés compensent en s'amusant; c'est souvent exact pendant qu'ils travaillent, mais leurs familles n'apprécient pas toujours et l'argument n'a pas valeur universelle. Marcel Dassault, l'illustre avionneur français, a dit et répété pendant sa vie que ce qui «l'amusait», c'était de «faire des avions» et l'on n'en doute pas. Cela ne l'empêchait pas de se rendre à son bureau en Rolls et cela n'empêche pas son fils qui, lui aussi, s'amuse comme il peut et continue à faire des avions de chasse (à l'homme), de se fixer comme objectif de chasse (à l'animal) pour 1998 d'abattre, à bord d'un 4×4 à tourelle (blindé ?), cent quatre-vingt-cinq têtes de gros gibier

---

la sécurité des télécommunications du gouvernement américain et l'insécurité de celles des autres; voir James Bamford, *The Puzzle Palace* (Houghton Mifflin, 1982) ou, du même, *Body of Secrets* (Arrow Books, 2003).

Dans des domaines "militairement sensibles", l'accès à une thèse américaine ou à certains cours ou séminaires peut être limité aux personnes ayant subi une "enquête de sécurité" garantissant leur "loyauté". En URSS, *toutes* les publications scientifiques ou techniques étaient, en principe, soumises à une censure préalable.

Koblitz note que, jusqu'à une date très récente, la théorie des nombres n'avait jamais donné lieu à aucune utilisation en dehors des mathématiques pures. L'intérêt de certains mathématiciens pour la cryptologie est toutefois fort ancien – Viète et Wallis par exemple – et l'on connaît le rôle pendant la guerre de l'équipe Turing; quant à ceux de nos contemporains qui sont impliqués, ils ne sont pas tenus de le proclamer urbi et orbi. La nouveauté est le recours à des mathématiques très avancées avec, nécessairement, la coopération de professionnels de la théorie, seuls à même de la comprendre; les bridgeurs du projet Enigma ne suffisent probablement plus.

dans la modeste propriété de huit cents hectares qu'il possède aux environs de Paris, ce qui lui a valu des ennuis[37]. Mr Gates, malgré ses $N(t)10^{10}$ dollars, semble bien s'amuser lui aussi.

Autre tarte à la crème depuis longtemps triviale – elle ne l'était pas au XVIIe siècle pour Fermat –, la question des *maxima et minima des fonctions*. Si une fonction dérivable f possède en un point a un maximum ou minimum *local*, i.e. si, au voisinage de a, on a $f(x) \leq f(a)$ dans le premier cas et $f(x) \geq f(a)$ dans le second, il est clair que $f'(a) = 0$. Mais cette condition ne suffit pas, comme le montre l'exemple de la fonction x^3 en $x = 0$. Pour élucider la question, il faut examiner les dérivées suivantes. En supposant

$$f'(a) = f''(a) = \ldots = f^{(n)}(a) = 0, f^{(n+1)}(a) \neq 0,$$

on a $f(x) - f(a) \sim f^{(n+1)}(a)(x-a)^{[n+1]}$ comme on l'a vu; par suite, la différence $f(x) - f(a)$ a le signe du second membre pour x assez voisin de a, d'où les conclusions : maximum si n est pair et $f^{(n+1)}(a) < 0$, minimum si n est pair et $f^{(n+1)}(a) > 0$, le graphe de f traversant sa tangente horizontale (point d'inflexion) si n est impair.

---

[37] *Le Monde* du 23 avril 1997; les fonctionnaires de l'Office national de la chasse n'apprécient apparemment pas que l'on applique aux cerfs et sangliers les méthodes à l'honneur dans les aviations militaires depuis la Grande Guerre.

§6. La formule du changement de variable

19 – Changement de variable dans une intégrale

Comme on l'a dit plus haut, les règles de calcul des dérivées peuvent s'interpréter dans le langage des intégrales. On a vu l'interprétation en termes de primitives de la relation $(fg)' = f'g + fg'$. L'autre règle fondamentale de calcul, à savoir que la dérivée d'une fonction composée $f[u(x)]$ est $f'[u(x)].u'(x)$, conduit de même à une formule intégrale quasiment triviale, mais qui permet d'innombrables calculs explicites. Elle a aussi des applications plus importantes, notamment à la théorie des intégrales curvilignes (Chap. IX, n° 6).

Théorème 17. *Soient u une fonction réelle définie et de classe C^1 dans un intervalle compact $I = [a, b]$ et f une fonction définie et continue dans l'intervalle $J = u(I)$. On a alors*

$$(19.1) \qquad \int_{u(a)}^{u(b)} f(y) dy = \int_a^b f[u(x)]u'(x) dx.$$

Soit en effet F une primitive de f dans J, de sorte que le premier membre vaut $F[u(b)] - F[u(a)]$. La fonction $G(x) = F[u(x)]$ est dérivable dans I et l'on a $G'(x) = F'[u(x)]u'(x) = f[u(x)]u'(x)$. Le second membre de (1) est donc égal à $G(b) - G(a) = F[u(b)] - F[u(a)]$, i.e. au premier, cqfd.

On notera qu'il s'agit dans cette formule d'intégrales *orientées* puisque, même si $a < b$, on peut fort bien avoir $u(a) > u(b)$.

Dans la notation de Leibniz pour les primitives, on écrirait

$$(19.2) \qquad \int f(y) dy = \int f'[u(x)]u'(x) dx.$$

La formule se comprend d'elle-même : on remplace y par son expression en fonction de x à la fois dans $f(y)$ et dans dy (Chap. III, n° 14 et 15). C'est l'un des grands avantages du système de Leibniz, avec la formule analogue $dy/dx = dy/du.du/dx$.

On peut élargir quelque peu les hypothèses du théorème 17 de façon à ce qu'il s'applique à des fonctions réglées, mais le lecteur qui aborde le sujet aura intérêt à s'en tenir provoirement au très simple théorème 17.

Toute la question est de s'assurer que, F étant une primitive de la fonction réglée f et u une primitive de la fonction réglée u' au sens du n° 13, $G(x) = F[u(x)]$ est encore une primitive de $f[u(x)]u'(x)$. Comme G est continue puisque u et F le sont, il suffit de s'assurer que (i) la fonction $f[u(x)]u'(x)$ est réglée, (ii) $G'(x)$ existe et est égale à $f[u(x)]u'(x)$ en dehors d'un ensemble dénombrable de valeurs de x.

Point (i) : il suffit de supposer que $u'(x)$ et $f[u(x)]$ sont réglées. La première condition est vérifiée si u est une primitive d'une fonction réglée. La seconde l'est si f est continue puisqu'alors $f \circ u$ est continue; si f est seulement réglée, il faut vérifier que $f \circ u$ possède des valeurs limites à droite et à gauche; or, quand h tend vers 0 par valeurs, disons, positives, $u(x + h)$ tend bien vers $u(x)$, mais pas nécessairement de façon monotone; pour être certain que $f[u(x)]$ est réglée, il est donc prudent de supposer u monotone, ce qui de toute façon est le cas général dans la pratique.

Point (ii) : la dérivée $G'(x)$ existe pourvu que $u'(x)$ et $F'[u(x)]$ existent. La dérivée $u'(x)$ existe en dehors d'un ensemble dénombrable D et la dérivée $F'(y)$ existe soit partout si f est continue, soit en dehors d'un ensemble dénombrable D' si f est seulement réglée. Si f est continue, on a donc bien $G'(x) = f[u(x)]u'(x)$ en dehors de D, et comme, dans ce cas, la fonction $f[u(x)]u'(x)$ est réglée comme on l'a vu à propos du point (i), tout fonctionne. Si f est seulement réglée, auquel cas il vaut mieux supposer u monotone comme on l'a vu au point (i) pour que $f[u(x)]u'(x)$ soit réglée, l'existence de $G'(x)$ suppose $x \notin D$ et $u(x) \notin D'$, i.e. $x \notin D \cup u^{-1}(D')$. Si u est strictement monotone, donc injective, l'image réciproque $u^{-1}(D')$ est dénombrable comme D', donc aussi sa réunion avec D; on a alors $G'(x) = f[u(x)]u'(x)$ en dehors d'un ensemble dénombrable et tout fonctionne à nouveau. Si u n'est pas strictement monotone, il y a des intervalles sur lesquels u est constante, donc aussi $f[u(x)]$ et la relation $G'(x) = f[u(x)]u'(x)$ s'écrit, dans ces intervalles, $0 = 0$, ce qui montre qu'elle n'est pas fausse ...

En conclusion, et en rangeant le dernier cas au rayon des cuistreries que personne ne rencontre sans le faire exprès, on voit que la formule de changement de variable est encore valable dans les deux cas suivants : (a) *f est continue et u est une primitive d'une fonction réglée*; (b) *f est réglée et u est une primitive strictement monotone d'une fonction réglée*.

Dans la pratique, on suppose le plus souvent la fonction u strictement monotone ou, ce qui revient presqu'au même, sa dérivée toujours > 0 ou toujours < 0. En notant a et b ce que nous notons $u(a)$ et $u(b)$ dans (1), on trouve alors la relation

$$(19.3) \qquad \int_a^b f(y)dy = \int_{u^{-1}(a)}^{u^{-1}(b)} f[u(x)]u'(x)dx$$

où $u^{-1} : J \longrightarrow I$ désigne l'application réciproque de u.

Exemple 1. Calcul de l'intégrale indéfinie $\int (x^2 + 1)^3 x \, dx$. Posant $u(x) = x^2 + 1$, on a $u'(x)dx = 2xdx$, de sorte que nous devons calculer $\frac{1}{2} \int u(x)^3 u'(x)dx$; c'est la situation (2) avec $f(y) = y^3$. Donc

$$\int (x^2 + 1)^3 x \, dx = \frac{1}{2} \int y^3 dy = y^4/8 \qquad \text{avec } y = x^2 + 1.$$

Si l'on désire calculer l'intégrale donnée entre les limites $x = 2$ et $x = 3$ par exemple, on note que, dans ce cas, $u(a) = 5$ et $u(b) = 10$, d'où

$$\int_2^3 (x^2 + 1)^3 x \, dx = y^4/8 \Big|_5^{10} = (10^4 - 5^4)/8.$$

Dans la pratique, on s'exprime comme suit : «effectuons le changement de variable $y = x^2 + 1$; on alors $dy = 2xdx$ et $(x^2 + 1)^3 = y^3$ et par suite

$$\int (x^2 + 1)^3 x dx = \frac{1}{2} \int y^3 dy = y^4/8 = (x^2 + 1)^4/8 \;\gg.$$

Exemple 2. Soit f une fonction réelle de classe C^1 dans un intervalle I et *ne s'annulant pas* dans I. Pour calculer $\int f'(x)/f(x).dx$, on effectue le changement de variable $y = f(x)$, d'où $dy = f'(x)dx$ et

$$\int \frac{f'(x)}{f(x)} dx = \int dy/y.$$

Reste à trouver une primitive de la fonction $1/y$ dans l'intervalle $J = f(I)$. Comme f ne s'annule pas, elle conserve un signe constant dans I. Si elle est positive, la fonction $\log y$ convient. Si elle est négative, c'est la fonction $\log |y|$ qui convient, car pour $y < 0$ la dérivée de celle-ci, i.e. de $\log(-y)$, est $- \log'(-y) = 1/y$. En conclusion, on trouve

$$(19.4) \qquad\qquad \int \frac{f'(x)}{f(x)} dx = \log |f(x)|.$$

Par exemple,

$$\int_{1/2}^4 \frac{dx}{x.\log x} = \int_{1/2}^4 \frac{\log' x}{\log x} dx = \log(|\log x|)\Big|_{1/2}^4 = \log \frac{\log 4}{\log 2} = \log 2$$

puisque $4 = 2^2$.

On a de même

$$\int \tan x.dx = - \int \cos' x/\cos x.dx = - \log |\cos x|,$$

à condition de se placer dans un intervalle où la fonction $\cos x$ ne s'annule pas, disons $] - \pi/2, \pi/2[$. D'où par exemple

$$\int_0^{\pi/4} \tan x.dx = - \log(\cos x)\Big|_0^{\pi/4} = - \log \left(1/\sqrt{2}\right) = \frac{1}{2} \log 2.$$

Exemple 3. Soit à calculer $\int dx/\sin x$ dans un intervalle où le sinus ne s'annule pas, par exemple dans $]0, \pi[$. Si l'on est inspiré ou si l'on a lu tous les livres, on remarque que

$$1/\sin x = 1/2\sin(x/2)\cos(x/2) = 1/2\tan(x/2)\cos^2(x/2) = f'(x)/f(x)$$

où $f(x) = \tan x/2$ et $f'(x) = 1/2\cos^2(x/2)$, d'où

$$\int dx/\sin x = \log |\tan x/2|.$$

Ce genre de recours à la Providence n'irait pas très loin si l'on ne disposait d'un procédé général pour calculer les intégrales de la forme

(19.5)
$$\int \frac{\sum a_{pq} \cos^p x . \sin^q x}{\sum b_{pq} \cos^p x . \sin^q x} \, dx$$

avec un nombre fini de coefficients a_{pq} et b_{pq} non nuls, autrement dit une fonction rationnelle de $\cos x$ et de $\sin x$. La méthode consiste à effectuer le changement de variable

(19.6)
$$x = 2 \arctan y, \qquad y = \tan(x/2).$$

La trigonométrie montre alors que

(19.7)
$$\sin x = 2y/(y^2 + 1), \qquad \cos x = (1 - y^2)/(y^2 + 1)$$

en vertu des relations

$$\sin 2t = 2 \sin t . \cos t = 2 \tan t . \cos^2 t = 2 \tan t/(\tan^2 t + 1),$$
$$\cos 2t = 2 \cos^2 t - 1 = 2/(\tan^2 t + 1) - 1 = (1 - \tan^2 t)/(\tan^2 t + 1).$$

De plus,
$$dx = 2dy/(y^2 + 1).$$

En portant dans (5), on est ramené à calculer une intégrale d'une fonction rationnelle de y, ce qui sera l'objet du n° suivant.

Exemple 4. Soit à calculer

$$\int \frac{x^4 + 1}{\sqrt{(x + 1)(x - 5)}} \, dx;$$

il faut se placer soit dans l'intervalle $x < -1$, soit dans l'intervalle $x > 5$ pour obtenir un résultat réel. On a $(x + 1)(x - 5) = (x - 3)^2 - 4$, ce qui suggère le changement de variable $x = 3 + 2y$, d'où $dx = 2dy$ et réduction à

$$\int \frac{(2y + 3)^4 + 1}{\sqrt{y^2 - 1}} \, dy.$$

Un second changement de variable $y = \cosh z$ ramène à

$$\int \frac{(2 \cosh z + 3)^4 + 1}{\sinh z} \sinh z . dz = z + \int (2 \cosh z + 3)^4 dz$$

et au calcul des primitives des fonctions $\cosh^n x$, ce qui peut se faire de plusieurs façons, la méthode bête – passer aux exponentielles – étant le plus souvent la meilleure.

Si, dans cet exemple, le dénominateur avait été la racine carrée d'un trinôme sans racines réelles, on l'aurait mis sous la forme standard $(x-a)^2+b^2$ et le changement de variable $x - a = by$ nous aurait ramené à $(y^2 + 1)^{1/2}$, auquel cas c'est le changement de variable $y = \sinh z$ qui conduirait au résultat.

Il y a aussi des cas où, dans le trinôme donné, le coefficient de x^2 est < 0. Les mêmes changements de variable conduisent cette fois à des intégrales en $(1 - y^2)^{1/2}$ ou en $(-1 - y^2)^{1/2} = i(1 + y^2)^{1/2}$. Le second cas se traite en posant $y = \sinh z$ comme plus haut. Dans le premier, c'est le changement de variable $y = \sin z$ qui conduira au résultat.

Exemple 5 (Darboux, 1875). Considérons l'intégrale

$$\int_0^1 2n^2 x . \exp(-n^2 x^2) dx;$$

le changement de variable $y = n^2 x^2$, pour lequel $2n^2 x dx = dy$, la transforme en l'intégrale de e^{-y} prise de 0 à n^2. Le résultat, $1 - \exp(-n^2)$, tend vers 1 lorsque n augmente indéfiniment alors que la fonction que l'on intègre tend vers 0. Comment expliquez-vous cet étrange phénomène que Gaston Darboux fut, apparemment, le premier à découvrir?

20 – Intégration des fractions rationnelles

Il arrive de loin en loin qu'on en ait besoin pour faire de vraies mathématiques; c'est bien rare. Dans l'enseignement, on ne s'en sert que pour (i) habituer les étudiants au calcul algébrique, ce qui peut certes toujours servir ailleurs, (ii) fournir aux examinateurs un réservoir inépuisable d'exercices stockés depuis des générations et permettant, conformément au point (i), de tester la virtuosité de l'impétrant. On peut aussi en avoir besoin dans certains calculs d'électrotechnique par exemple, mais ce n'est sûrement la principale motivation du sujet, inauguré par Leibniz qui ne pensait pas aux étudiants des XIX$^\text{e}$ et XX$^\text{e}$ siècles obligés d'en subir les retombées ...

Soit $f(x) = P(x)/Q(x)$ une fonction rationnelle de x, où P et Q sont des polynômes. En utilisant le théorème de d'Alembert-Gauss que nous démontrerons ultérieurement et quelques notions d'algèbre, on peut écrire Q sous la forme $Q(x) = Q_1(x) \ldots Q_r(x)$ où chacun des Q_i est, à un facteur constant près, de la forme

$$Q_k(x) = (x - a_k)^{n_k} ;$$

les a_k sont les diverses racines distinctes de Q, éventuellement complexes, et les entiers n_k leurs ordres de multiplicité par définition. On démontre alors dans tous les manuels d'algèbre que l'on peut mettre f sous la forme

(20.1)
$$f(x) = p(x) + \sum \frac{p_k(x)}{(x - a_k)^{n_k}}$$

avec un polynôme p, le quotient de la division euclidienne de P par Q, et des polynômes p_k de degrés $< n_k$. En écrivant p_k sous la forme d'un polynôme en $x - a_k$, on trouve finalement une *décomposition en éléments simples* de la forme

$$(20.2) \qquad f(x) = p(x) + \sum_{k,n} A_{kn}/(x - a_k)^n$$

avec des constantes A_{kn} en nombre fini[38]. La recherche d'une primitive de f revient donc à celle d'une primitive du polynôme p – calcul immédiat – et de fonctions de la forme $(x - a)^{-n}$ où n est un entier ≥ 1. Le calcul

$$(20.3) \qquad \int \frac{dx}{(x - a)^n} = -\frac{1}{(n - 1)(x - a)^{n-1}}$$

est évident si $n \neq 1$, mais l'est moins pour $n = 1$.

Il est tout d'abord prudent – même si $n > 1$ – de se placer dans un intervalle I de $\mathbb{R}$ ne contenant pas a. Si a est réel, on a

$$(20.4) \qquad \int \frac{dx}{x - a} = \log |x - a| \qquad \text{si } a \in \mathbb{R}$$

puisque, pour $y \neq 0$, la fonction $\log |y|$ a pour dérivée $1/y$. Dans (4), il faut donc prendre pour primitive $\log(a - x)$ si a est à droite de l'intervalle I et $\log(x - a)$ s'il est à gauche.

---

[38] Soient p et q deux polynômes à une variable à coefficients dans $K = \mathbb{Q}, \mathbb{R}, \mathbb{C}$ ou tout autre corps.

(i) Considérons l'ensemble des polynômes de la forme $up + vq$, où u et v sont des polynômes arbitraires à coefficients dans K. Parmi ceux qui ne sont pas identiquement nuls, soit $d = u_0 p + v_0 q$ un polynôme de degré minimum, donc inférieur aux degrés de p et q puisque $p = 1p + 0q$, $q = 0p + 1q$. Tout polynôme qui divise p et q divise tous les $up + vq$, donc divise d. D'autre part, d lui-même divise p et q. La division euclidienne fournit en effet une relation de la forme $p = du + d'$, avec d' de degré strictement inférieur au degré de d, et la relation $d' = (1 - uu_0)p - uv_0 q$ montre alors que $d' = 0$ puisque d est de degré minimum parmi les polynômes *non nuls* pouvant s'écrire sous la forme $up + vq$. Bref, d est le *pgcd* de p et q.

(ii) Si d est constant, i.e. si p et q n'ont aucun diviseur commun non constant, i.e. si p et q sont *premiers entre eux*, on peut supposer $d = 1$ d'où

$$r/pq = r(u_0 p + v_0 q)/pq = rv_0/p + ru_0/q;$$

toute fraction rationnelle de dénominateur pq est donc somme de deux fractions rationnelles dont les dénominateurs sont respectivement p et q. Plus généralement, toute fraction rationnelle dont le dénominateur est un produit $p_1 \ldots p_k$ de polynômes deux à deux premiers entre eux est somme de fractions rationnelles n'ayant qu'un des p_i en dénominateur : p_1, par exemple, est premier à $p_2 \ldots p_k$, ce qui permet de simplifier de proche en proche les dénominateurs.

(iii) Supposons $q(X) = (X - a_1)^? \ldots (X - a_k)^?$ avec des racines a_i deux à deux distinctes et des exposants entiers. Les polynômes $(X - a_i)^?$ sont deux à deux premiers entre eux car leurs diviseurs sont évidents. Toute fraction rationnelle de la forme p/q se décompose donc en une somme de fractions de la forme $p_i(X)/(X - a_i)^?$. En écrivant $p_i(X)$ sous la forme d'un polynôme en $X - a_i$, on obtient la décomposition cherchée en "éléments simples", cqfd.

Si a est complexe, l'affaire se complique.

Rappelons d'abord (Chap. IV, n° 14, section (x) et §4) que, pour $z \in \mathbb{C}$ non nul, on définit l'expression $\mathcal{L}og\ z$ par

$$\mathcal{L}og\ z = w \Longleftrightarrow z = e^w.$$

Il y a une infinité de valeurs possibles, se déduisant de l'une d'elles par addition d'un multiple de $2i\pi$. Posant $w = u + iv$, on a $z = e^u e^{iv}$, d'où $u = \log|z|$ et $v = \arg z$, i.e.

(20.5) $$\mathcal{L}og\ z = \log|z| + i \arg z.$$

Si $z = x + iy$, on en conclut que

(20.6) $$\mathcal{L}og\ z = \frac{1}{2} \log(x^2 + y^2) + i \arg z,$$

tout cela à $2ki\pi$ près. On a par exemple, pour x réel,

(20.7) $$\mathcal{L}og(x - i) = \frac{1}{2} \log(x^2 + 1) + i \arg(x - i).$$

Or nous avons vu au Chap. IV, §4, (v) que dans l'ouvert $G = \mathbb{C} - \mathbb{R}_-$ obtenu en ôtant de $\mathbb{C}$ la demi-droite $x \leq 0$ de l'axe réel, il existe des *branches uniformes* de la pseudo fonction $\mathcal{L}og$; une telle branche est une (vraie) fonction *continue* (et en fait analytique) $L(z)$ qui, dans G, vérifie la relation $z = e^{L(z)}$ pour tout z; toute autre solution s'obtient en ajoutant à $L(z)$ un multiple constant de $2\pi i$ et la solution la plus simple, qu'on appelle généralement la *détermination principale* du log dans G, consiste à poser

(20.8) $$L(z) = \log|z| + i \arg z \qquad \text{avec } |\arg z| < \pi;$$

cette fonction est effectivement analytique et vérifie

(20.9) $$L'(z) = 1/z,$$

la dérivée étant prise bien entendu au sens complexe (Chap. II, n° 19).

Pour étendre la formule (4) au cas où a est complexe, il suffit de considérer sur $\mathbb{R}$ la fonction $x \mapsto L(x - a)$. Puisque a n'est pas réel, les points $x - a$, situés sur l'horizontale de a, sont tous dans l'ouvert $G = \mathbb{C} - \mathbb{R}_-$; la fonction

(20.10) $$L(x - a) = \log|x - a| + i \arg(x - a) \qquad \text{avec } |\arg(x - a)| < \pi,$$

obtenue en composant $x \mapsto x - a$ et la fonction analytique L, est ipso facto de classe C^∞ dans $\mathbb{R}$ et a pour dérivée la fonction $L'(x - a) = 1/(x - a)$ d'après le Chap. III, n° 21, exemple 1, où l'on a montré d'une façon générale que si $g(z)$ est holomorphe et $f(t)$ dérivable, alors

$$\frac{d}{dt} g[f(t)] = g'[f(t)] f'(t).$$

On déduit de là qu'à une constante additive près, on a

$$(20.11) \qquad \int \frac{dx}{x-a} = L(x-a) = \log|x-a| + i\arg(x-a), \qquad a \notin \mathbb{R},$$

où l'argument doit être choisi entre $-\pi$ et $+\pi$ pour que le second membre soit, au minimum, une fonction continue de x, et donc en fait C^∞.

Supposons par exemple que l'on ait à intégrer $1/(x-i)$ de $x=1$ à $x=2$. On doit calculer la variation de la fonction $\log|x-i| + i\arg(x-i)$ entre ces valeurs. Celle du log est

$$\log|(2-i)/(1-i)| = \frac{1}{2}\log(5/2).$$

Les points $x-i$ sont en dessous de l'axe réel, de sorte qu'on *doit* choisir leurs arguments entre $-\pi$ et 0; on a alors $\arg(2-i) = -\pi/6$ et $\arg(1-i) = -\pi/4$. En définitive l'intégrale cherchée vaut

$$\frac{1}{2}(\log 5 - \log 2) + i\pi/12.$$

Donnons maintenant deux exemples d'application aux primitives des fonctions rationnelles.

Exemple 1. Calcul de

$$\int dx/(x^2+1)^2.$$

On écrit

$$(20.12) \qquad 1/(x^2+1)^2 = A/(x-i)^2 + B/(x-i) + \\ + B'/(x+i) + A'/(x+i)^2$$

avec des coefficients à déterminer. En multipliant tout par $(x-i)^2$, on trouve $1/(x+i)^2$ au premier membre et, au second, A plus des termes contenant $x-i$ en facteurs, donc nuls pour $x=i$. Par suite $A = 1/(2i)^2 = -1/4$. De même, $A' = -1/4$. Les termes en A et A' ont pour somme

$$-i\left[(x-i)^2 + (x+i)^2\right]/4(x^2+1)^2 = -\frac{1}{2}(x^2-1)/(x^2+1)^2;$$

en faisant passer ce résultat au premier membre de (12), on obtient la relation

$$\frac{1}{2}(x^2+1) = B/(x-i) + B'/(x+i);$$

ici encore, on multiplie tout par $x-i$ et l'on fait $x=i$ dans le résultat; il vient $B = 1/4i = -i/4$ et de même $B' = i/4$. D'où finalement

$$1/(x^2+1)^2 = -1/4(x-i)^2 - i/4(x-i) + i/4(x+i) - 1/4(x+i)^2.$$

Par suite,

$$I = \int \frac{dx}{(x^2+1)^2} = \frac{1}{4}\left(\frac{1}{x-i} + \frac{1}{x+i}\right) + \frac{1}{4}\left[L(x+i) - L(x-i)\right].$$

Tout le problème est maintenant d'exprimer ce résultat en termes réels. Or on a $L(x+i) = \frac{1}{2}\log(x^2+1) + i\arg(x+i)$ et une formule analogue pour $L(x-i)$; il est clair d'autre part (dessin !) que $\arg(x-i) = -\arg(x+i)$ si l'on choisit ces arguments entre $-\pi$ et $+\pi$. L'expression entre [ ] est donc égale à $2i\arg(x+i)$, l'argument étant choisi entre 0 et π puisque $x+i$ se trouve au-dessus de l'axe réel. On a donc, à une constante additive près (nous calculons une primitive),

$$I = x/2(x^2+1) - \frac{1}{2}\arg(x+i) \qquad \text{avec } 0 < \arg(x+i) < \pi.$$

Pour se ramener à une expression plus familière, on observe que l'argument t de $x+i$ vérifie $\tan t = 1/x$, d'où

$$\arg(x+i) = \arctan(1/x) = \pi/2 - \arctan x + 2k\pi.$$

Le premier membre devant être une fonction continue de $x \in \mathbb{R}$ et la fonction $\arctan x$ l'étant aussi si on lui impose d'être comprise entre $-\pi/2$ et $+\pi/2$, l'entier k doit être indépendant de x; pour $k = 0$, on trouve effectivement pour le second membre une valeur comprise entre 0 et π comme il se doit. La constante $\pi/2$ n'ayant aucune importance dans le calcul de la primitive cherchée, on en en conclut que

$$I = x/2(x^2+1) + \frac{1}{2}\arctan x + Cte.$$

Le lecteur pourra, élémentaire prudence, vérifier le résultat en en calculant la dérivée; le fait qu'il soit réel est déjà un bon signe ...

   Le lecteur trouvera d'innombrables exemples de cette technique dans tous les manuels, à ceci près que la grande majorité de leurs auteurs reculent devant les log complexes. On n'est du reste pas toujours obligé d'en passer par eux si le dénominateur Q de la fonction rationnelle réelle donnée possède des racines complexes. En fait, en groupant ensemble les termes imaginaires conjugués de la décomposition (2) dans le cas d'une fonction réelle, on se ramène à des sommes d'expressions de la forme $(Ax+B)/(x^2+px+q)^n$ où le trinôme x^2+px+q, avec p et q réels, n'a pas de racine réelle, i.e. peut s'écrire $(x-a)^2 + b^2$ avec a, b réels et $b \neq 0$. Le changement de variable $x = ay + b$ ramène alors au calcul d'intégrales de la forme

$$I_n = \int dx/(x^2+1)^n, \qquad J_n = \int xdx/(x^2+1)^n.$$

Comme 1 est la dérivée de la fonction x, une intégration par parties donne

$$\begin{aligned}
I_n &= x/(x^2+1)^n - 2n\int x^2dx/(x^2+1)^{n+1} = \\
&= x/(x^2+1)^n - 2nI_n + 2nI_{n+1}
\end{aligned}$$

car $x^2 = (x^2+1) - 1$; en remplaçant n par $n-1$, cette relation s'écrit encore

$$(2n-2)I_n = (2n-1)I_{n-1} - x/(x^2+1)^{n-1},$$

ce qui permet le calcul de proche en proche à partir de $I_1 = \arctan x$; on peut même calculer la formule générale fournissant directement I_n, mais elle ne sert évidemment à rien. Une méthode analogue s'applique aux J_n.

Exemple 2. Leibniz ayant cru époustoufler Newton en lui adressant sa série pour $\pi/4$, celui-ci lui répondit qu'il en connaissait bien d'autres et de meilleures, notamment la formule

(20.13) $\pi/2\sqrt{2} = 1 + 2(1/3.5 - 1/7.9 + 1/11.13 - \ldots)$,

mais bien entendu sans lui en fournir la démonstration.

Mais on sait qu'il l'a tirée de l'intégration de la fonction

$$(1+x^2)/(1+x^4) = 1/2 \left(x^2 - x\sqrt{2} + 1 \right) + 1/2 \left(x^2 + x\sqrt{2} + 1 \right).$$

Posant $\varepsilon = \pm 1$, on a $x^2 - \varepsilon x\sqrt{2} + 1 = \left(x - \varepsilon/\sqrt{2} \right)^2 + 1/2$, ce qui suggère le changement de variable $x - \varepsilon/\sqrt{2} = y/\sqrt{2}$; il vient $dx = dy/\sqrt{2}$ et $x^2 - \varepsilon x\sqrt{2} + 1 = \frac{1}{2}(y^2+1)$; par suite,

$$\sqrt{2} \int dx / \left(x^2 - \varepsilon x\sqrt{2} + 1 \right) = \int dy/(y^2+1) = \arctan y = \arctan \left(x\sqrt{2} - \varepsilon \right).$$

On en déduit que

$$\sqrt{2} \int (1+x^2)dx/(1+x^4) = \arctan \left(x\sqrt{2} + 1 \right) + \arctan \left(x\sqrt{2} - 1 \right).$$

Mais la formule d'addition

$$\tan(u+v) = \frac{\tan u + \tan v}{1 - \tan u . \tan v}$$

montre que

$$\arctan x + \arctan y = \arctan \frac{x+y}{1-xy} + k\pi.$$

Un calcul facile montre alors que

(20.14) $\sqrt{2} \int (1+x^2)dx/(1+x^4) = \arctan \left[x\sqrt{2}/(1-x^2) \right],$

d'où

(20.15) $\sqrt{2} \int_0^t \dfrac{1+x^2}{1+x^4} \, dx = \arctan \left[t\sqrt{2}/(1-t^2) \right]$

pour $0 \le t < 1$. Quand t tend vers 1, $t\sqrt{2}/(1-t^2)$ tend vers $+\infty$, son arctan tend vers $\pi/2$ et l'on trouve finalement

(20.16)
$$\int_0^1 \frac{1+x^2}{1+x^4}\, dx = \pi/2\sqrt{2}.$$

D'autre part, la fonction qu'on intègre est représentée par la série entière

$$(1+x^2)\left(1 - x^4 + x^8 - x^{12} + \ldots\right) = \left(1 - x^4 + x^8 - \ldots\right) + \left(x^2 - x^6 + x^{10} - \ldots\right);$$

Peut-on l'intégrer terme à terme entre 0 et 1?

Il n'y a aucun problème pour intégrer sur $[0, t]$ avec $t < 1$. On trouve ainsi

$$(t - t^5/5 + t^9/9 - \ldots) + (t^3/3 - t^7/7 + t^{11}/11 - \ldots).$$

Reste à passer à la limite dans chaque série lorsque t tend vers 1. Nous rencontrons une fois de plus ici des séries alternées à termes décroissants : en vertu de la majoration du reste obtenue par Leibniz, à savoir $t^n/n < 1/n$ – peu importe la valeur exacte des entiers n intervenant effectivement –, les sommes partielles $s_n(t)$, évidemment continues pour $|t| \leq 1$, convergent vers la somme totale $s(t)$ uniformément dans l'intervalle *fermé* $|t| \leq 1$, en sorte que celle-ci est une fonction continue de t pour $t \leq 1$. On peut alors écrire que

$$\begin{aligned}
\lim_{t\to 1-0} s(t) &= \lim_{t\to 1-0} \lim_n s_n(t) \quad [\text{par définition de } s(t)] = \\
&= \lim_n \lim_t s_n(t) \quad [\text{Chap. III, n}^\circ \text{ 12, théorème 16}] = \\
&= \lim_n s_n(1) \quad [\text{car } s_n \text{ est continue}] = s(1).
\end{aligned}$$

D'après (16), on trouve alors finalement

$$\pi/2\sqrt{2} = (1 - 1/5 + 1/9 - \ldots) + (1/3 - 1/7 + 1/11 - \ldots)$$

et il reste à grouper les termes pour obtenir la série de Newton.

§7. Intégrales de Riemann généralisées

Jusqu'à présent, nous n'avons tenté d'intégrer que des fonctions *bornées* dans un intervalle borné et, le plus souvent, *compact*. Pour aller plus loin, il est indispensable de se libérer de ces restrictions. La méthode est entièrement analogue à celle qui fait passer des sommes partielles à la somme totale d'une série. Pour éviter des complications inutiles à ce niveau, nous nous limiterons à des fonctions *réglées*, i.e. possédant en chaque point des valeurs limites à droite et à gauche et donc intégrables sur tout intervalle compact (ou même borné si elles le sont elles-mêmes : n° 7, corollaire du théorème 6); si l'on veut vraiment généraliser, autant aller jusqu'au bout, i.e. jusqu'à la grande théorie de l'intégration. Celle-ci permettrait du reste de simplifier très appréciablement beaucoup de démonstrations et d'énoncés passablement artificiels que l'on est obligé d'exposer pour rester à un niveau "élémentaire".

21 – Intégrales convergentes : exemples et définitions

Supposons par exemple que l'on désire donner un sens à l'intégrale

$$\int_0^b dx/x.$$

Il est naturel, ne serait-ce que pour une raison géométrique, de considérer que c'est la limite de l'intégrale étendue à (u, b) lorsque $u > 0$ tend vers 0. Elle est égale à $\log b - \log u$ et, manque de chance, tend donc vers $+\infty$, ce qui n'est pas le résultat espéré même si, après tout, nous avons attribué la somme $+\infty$ à des séries divergentes à termes positifs. On pourrait aussi attribuer à $1/x$ la valeur $+\infty$ en $x = 0$, d'où une fonction semi-continue inférieurement sur $[0, b]$ à laquelle s'applique la définition de l'intégrale donnée au n° 11; le résultat est le même comme on le voit en calculant les intégrales sur $[0, b]$ des fonctions $\inf(n, 1/x)$ et en passant à la limite pour $n \to +\infty$. En remplaçant $1/x$ par x^s avec s réel, fonction dont une primitive est $x^{s+1}/(s + 1)$, on obtiendrait le même résultat si $s + 1 < 0$. Pour $s + 1 > 0$ l'intégrale sur l'intervalle $[u, b]$, égale à $b^{s+1}/(s+1) - u^{s+1}/(s+1)$, tend vers $b^{s+1}/(s+1)$; d'où "évidemment", i.e. par définition,

$$(21.1) \qquad \int_0^b x^s dx = b^{s+1}/(s + 1) \qquad \text{si } s > -1 \text{ et } b > 0.$$

Considérons maintenant l'intégrale

$$\int_a^{+\infty} x^s dx$$

avec $a > 0$ pour éliminer une éventuelle difficulté en $x = 0$, et s réel. Il est naturel de la considérer comme la limite de l'intégrale sur (a, v) lorsque

v augmente indéfiniment. Si $s = -1$, on trouve $\log v - \log a$ qui tend vers $+\infty$. Si $s \neq -1$, on trouve $v^{s+1}/(s+1) - a^{s+1}/(s+1)$. Si $s > -1$, le résultat augmente indéfiniment. Si $s < -1$, il tend vers $-a^{s+1}/(s+1)$, d'où la formule

$$(21.2) \qquad \int_a^{+\infty} x^s dx = -a^{s+1}/(s+1) \quad \text{pour } s < -1, \ a > 0.$$

On remarquera en passant que les hypothèses sur s donnant un sens aux intégrales (1) et (2) s'excluent mutuellement; autrement dit, l'intégrale

$$\int_0^{+\infty} x^s dx \qquad \textbf{N'A JAMAIS DE SENS.}$$

Généralisons. Soit f une fonction réglée dans un intervalle $X = (a, b)$ non compact, donc soit non borné, soit borné mais non fermé. Si l'on raisonne comme on l'a fait pour définir la convergence d'une série, on est amené à associer à tout intervalle *compact* $K = [u, v]$ contenu dans X une "intégrale partielle"

$$(21.3) \quad s(K) = \int_K f(x)dx = \int_u^v f(x)dx = s(u, v) = F(v) - F(u),$$

où F est une primitive de f dans X. On dit alors que l'intégrale

$$(21.4) \qquad s(X) = \int_X f(x)dx = \int_a^b f(x)dx$$

converge si $s(K)$ tend vers une limite – qui, par définition, sera l'intégrale (4) – lorsque K "tend vers" X, i.e. lorsque u et v tendent respectivement vers[39] a et b. Comme dans le cas des séries [Chap. II, équ. (15.4)], cela signifie[40] que pour tout $r > 0$, il existe un intervalle compact $K \subset X$ tel que, pour tout intervalle compact $K' \subset X$,

$$(21.5) \qquad K \subset K' \Longrightarrow |s(K') - s(X)| < r.$$

On pourrait dire aussi alors que f est "intégrable" dans X, mais il vaut mieux s'en abstenir soigneusement lorsque l'intégrale de $|f|$ ne converge pas, ce terme étant, dans la seule théorie qui compte depuis longtemps, celle de Lebesgue, réservé aux fonctions *absolument* intégrables. Il vaut mieux parler d'intégrales *semi-convergentes* lorsque $\int |f(x)|\, dx$ ne converge pas.

(5) signifie donc encore que, pour tout $r > 0$, on a $|s(X) - s(u, v)| < r$ dès que u est assez voisin de a et v assez voisin de b. Si par exemple a est fini

---

[39] Si X et f sont bornés, auquel cas f est intégrable sur X au sens du n° 2 (n° 7, corollaire du théorème 6), cette définition est compatible avec celle du n° 2.

[40] On peut définir de façon précise ce type de limite. Soit $\varphi(K)$ une fonction d'un compact variable $K \subset X$. On dit qu'elle tend vers une limite u lorsque K tend vers X si, pour tout $r > 0$, il existe un compact $K \subset X$ tel que $K \subset K' \subset X \Longrightarrow |u - \varphi(K')| < r$. C'est la définition (21.5).

et $b = +\infty$, cela signifie que, pour tout $r > 0$, il existe un $r' > 0$ et un $N > 0$ tels que

$$\{(u - a < r') \ \& \ (v > N)\} \Longrightarrow |s(X) - s(u, v)| < r.$$

En termes de primitives, on a

$$(21.6) \qquad \int_a^b f(x)dx = \lim_{v \to b, v < b} F(v) - \lim_{u \to a, u > a} F(u),$$

de sorte que *l'intégrale converge si et seulement si F possède des valeurs limites finies en a et b.* Ces limites existent effectivement si l'intégrale converge car, dans ce cas, on a $|s(u', v') - s(u'', v'')| < r$ si u' et u'' sont assez voisins de a et v' et v'' assez voisins de b; prenant $v' = v''$, on voit donc que l'on a $|F(u') - F(u'')| < r$, de sorte que le critère de Cauchy est vérifié par $F(u)$ lorsque u tend vers a. Il est clair inversement que l'intégrale converge si F tend vers des limites aux extrémités de X.

C'est exactement ce qu'on a vérifié dans les exemples précédents. La méthode fonctionne aussi pour intégrer une fonction exponentielle e^{cx} avec c réel non nul, puisque le comportement de la primitive e^{cx}/c lorsque x tend vers $+\infty$ ou $-\infty$ a été élucidé au Chap. IV. En particulier, on peut intégrer e^x de $-\infty$ à n'importe quelle limite finie, mais on ne peut pas l'intégrer de $-\infty$, ou d'une limite finie, à $+\infty$.

Mais en général on ne connaît pas F, de sorte que l'utilité de (6) est fort limitée; il vaut beaucoup mieux, dans la plupart des cas, examiner l'ordre de grandeur de $f(x)$ lorsque x tend vers a ou vers b, comme on le fait pour les séries.

22 – Intégrales absolument convergentes

La théorie des séries est particulièrement simple lorsqu'elles sont absolument convergentes. Il en est de même ici. On dira que l'intégrale (21.4) est *absolument convergente* si l'intégrale de $|f(x)|$ est convergente, auquel cas on peut dire que f est *intégrable* sur X (ou, pour rassurer le lecteur qui aborde ces questions, *absolument intégrable*) sans risquer de collision avec la théorie de Lebesgue.

Théorème 18. *(i) Soit f une fonction réglée et positive définie dans un intervalle $X = (a, b)$. Pour que f soit intégrable dans X, il faut et il suffit que les intégrales étendues aux compacts $K \subset X$ soient bornées supérieurement; on a alors*

$$(22.1) \qquad \int_X f(x)dx = \sup_{K \subset X} \int_K f(x)dx;$$

(ii) soit f une fonction réglée définie dans un intervalle X; si l'intégrale $\int f(x)dx$ étendue à X est absolument convergente (i.e. si f est absolument intégrable dans X), elle est convergente et l'on a

(22.2)
$$\left| \int_X f(x)dx \right| \leq \int_X |f(x)|dx.$$

Pour prouver le point (i), on observe que, f étant positive, $s(K)$ est fonction croissante de K :

$$K \subset K' \Longrightarrow s(K) \leq s(K').$$

Les raisonnements du Chap. II, n° 9 sur les suites croissantes se transposent donc immédiatement ici sans qu'il soit nécessaire de tout exposer à nouveau. On pourrait aussi observer que, si f est positive, ses primitives sont des fonctions croissantes; elles tendent vers des limites finies aux extrémités de X si et seulement si elles sont bornées dans X.

Pour établir l'assertion (ii), on pourrait se ramener au cas d'une fonction réelle, puis d'une fonction positive en écrivant que $f = f^+ - f^-$. Puisque f^+ et f^- sont majorées par $|f|$, le point (i) montre que les intégrales de ces fonctions convergent, donc aussi celle de f. On pourrait aussi utiliser directement celle des nombreuses variantes du critère de Cauchy qui s'adapte à la situation, à savoir que les intégrales partielles $s(K)$ tendent vers une limite si et seulement si, pour tout $r > 0$, il existe un compact $K \subset X$ tel que l'on ait

$$|s(K') - s(K'')| < r \quad \text{quels que soient } K' \supset K \text{ et } K'' \supset K;$$

mais comme K' et K'' contiennent K, on a[41]

$$
\begin{aligned}
|s(K') - s(K'')| &= \left| \int_{K'-K} f(x)dx - \int_{K''-K} f(x)dx \right| \\
&\leq \int_{(K'-K)\cup(K''-K)} |f(x)|dx,
\end{aligned}
$$

intégrale de $|f|$ étendue à l'ensemble $(K' \cup K'') - K$; si donc l'on note $S(K)$ les intégrales partielles relatives à $|f|$, on a

$$|s(K') - s(K'')| \leq S(K' \cup K'') - S(K),$$

quantité arbitrairement petite quels que soient $K', K'' \supset K$ pour K "assez grand" si les $S(K)$ sont bornées supérieurement.

L'inégalité (2) est évidente lorsqu'on intègre sur un intervalle compact $K \subset X$, donc se propage à la limite, cqfd.

Le théorème 18 a quelques conséquences triviales mais d'utilisation constante.

---

[41] Dans ce qui suit, il nous arrivera d'intégrer sur un ensemble qui est réunion finie d'intervalles ayant deux à deux au plus un point commun; l'intégrale sera évidemment, par définition, la somme des intégrales étendues à ces intervalles. Cela revient du reste à multiplier la fonction que l'on intègre par la fonction caractéristique, étagée, de cette réunion.

Corollaire 1. *Soient f une fonction réglée et bornée dans un intervalle X et μ une fonction réglée absolument intégrable dans X. Alors la fonction $f(x)\mu(x)$ est absolument intégrable dans X et l'on a*

$$\int |f(x)\mu(x)dx| \leq \|f\|_X \int |\mu(x)|dx.$$

Evident. Comme on le fera à diverses reprises dans la suite de ce §, on a désigné par le signe $\int$ les intégrales étendues à X.

Exemple : la *transformée de Fourier*

$$(22.3) \qquad \hat{\mu}(y) = \int_{\mathbb{R}} e^{-2\pi i x y}\mu(x)dx$$

d'une fonction absolument intégrable sur $X = \mathbb{R}$ a un sens pour tout $y \in \mathbb{R}$.

Dans l'énoncé suivant, on dit qu'une fonction f est *de carré* (sous-entendu : absolument) *intégrable* dans un intervalle X si la fonction $|f|^2$ est intégrable dans X. On peut alors généraliser Cauchy-Schwarz :

Corollaire 2. *Soient f et g deux fonctions réglées de carré intégrable sur un intervalle X; alors la fonction $f(x)\overline{g(x)}$ est absolument intégrable dans X et l'on a*

$$\left|\int f(x)\overline{g(x)}dx\right|^2 \leq \int |f(x)|^2dx \cdot \int |g(x)|^2dx.$$

On remplace f et g par $|f|$ et $|g|$, on écrit l'inégalité de Cauchy-Schwarz pour tout intervalle compact $K \subset X$ et l'on constate que le premier membre est, quel que soit K, majoré par le second membre de l'inégalité à établir, d'où le résultat par passage à la limite. Ou bien, voir la fin du n° 14, qui prouverait plus généralement que si, pour $1/p + 1/q = 1$, les fonctions $|f|^p$ et $|g|^q$ sont intégrables, alors il en est de même de fg, avec une inégalité de Hölder.

Les conditions de convergence des intégrales en x^s établies plus haut pour s réel se transforment immédiatement en conditions de convergence absolue dans le cas d'un exposant complexe puisque l'on a

$$|x^s| = x^{\mathrm{Re}(s)} \qquad \text{pour } x > 0.$$

D'autre part, le point (ii) du théorème 18 montre que si, au voisinage de l'une des limites d'intégration, on a une relation de la forme

$$f(x) = O(g(x)),$$

la convergence *absolue* (au voisinage de cette limite) de l'intégrale en $g(x)$ implique celle de l'intégrale en $f(x)$; si on a la relation plus précise $f(x) \asymp g(x)$, les intégrales sont de même nature en ce qui concerne la convergence absolue. (Il pourrait par contre arriver que l'une d'elles converge non absolument et que l'autre diverge, comme c'est le cas pour les séries).

Dans la pratique élémentaire, la convergence *absolue* d'une intégrale s'obtient presque toujours en comparant le comportement de la fonction à intégrer à celui d'une combinaison de fonctions classiques : exponentielles, puissances, logarithmes, etc. Il est utile d'avoir en permanence les résultats à sa disposition et d'en avoir compris les raisons.

Tout d'abord, en posant $X = (a, b)$, on peut toujours choisir un c tel que $a < c < b$ et décomposer l'intégrale en intégrales étendues à (a, c) et à (c, b). Si la fonction à intégrer est réglée, il n'y a pas de problème de convergence au voisinage de c, ce qui permet de diviser la difficulté. On peut toujours, dans le cas où c est l'extrémité droite, se ramener au cas où $c = +\infty$ par le changement de variable $c - x = 1/y$. Si c est l'extrémité gauche, on peut se ramener au cas où $c = 0$ par $x - c = y$, ou à $c = -\infty$ par $x - c = -1/y$.

Considérons alors l'intégrale prototype

$$(22.4) \qquad \int_a^{+\infty} \log^m x . x^n e^{-sx} dx \qquad (a > 0)$$

où m, n, s sont a priori complexes mais peuvent en fait être supposés réels puisque le module de la fonction que l'on intègre s'obtient en remplaçant les exposants par leurs parties réelles. Compte-tenu des ordres de croissance des trois fonctions impliquées, il est à peu près évident que la convergence de l'intégrale est, pour $s \neq 0$, gouvernée par le facteur exponentiel. Il résulte en effet immédiatement du Chap. IV, n° 5, que

$$\log^m x . x^n = o(e^{rx}) \quad \text{quand } x \to +\infty \quad \text{pour tout } r > 0;$$

l'intégrale sera donc convergente s'il existe un $r > 0$ rendant convergente l'intégrale de $e^{(r-s)x}$, i.e. si $r - s < 0$, d'où la convergence pour $s > 0$, inégalité stricte. Pour $s < 0$, la fonction à intégrer augmente indéfiniment, d'où la divergence.

Dans le cas où $s = 0$, le changement de variable $x = e^y$ nous ramène à intégrer au voisinage de l'infini la fonction $y^m e^{(n+1)y}$; l'intégrale est donc convergente pour $n < -1$ et divergente pour $n > -1$.

Si, enfin, on a $n = -1$, de sorte qu'il s'agit d'intégrer $x^{-1} \log^m x$, le même changement de variable ramène à la fonction y^m, d'où la convergence pour $m < -1$ et la divergence pour $m \geq -1$.

En conclusion, la convergence est gouvernée par la fonction exponentielle si celle-ci est effectivement présente ou, si elle est absente ($s = 0$), par la fonction puissance si celle-ci est effectivement présente; si ces deux fonctions sont absentes, l'intégrale converge si et seulement si $m < -1$.

On pourrait étudier par la même méthode des intégrales analogues à (4) mais comportant davantage de facteurs simples; vous pouvez par exemple introduire des facteurs $\log \log x$, ou $\log \log \log x$, etc ..., qui croissent de plus en plus lentement et ne changent rien au résultat pour peu que soient présents des facteurs décroissant beaucoup plus rapidement qu'eux. Vous pourriez aussi ajouter un facteur x^{-x}, qui tend vers 0 avec une rapidité suffisante pour annihiler même les fonctions exponentielles les plus verticales ... Etc.

L'étude d'une intégrale telle que

$$(22.5) \qquad \int_0^b |\log x|^m x^n dx \qquad (0 < b < +\infty)$$

se ramène au cas précédent; le changement de variable $x = 1/y$ la transforme en effet en l'intégrale au voisinage de $+\infty$ de la fonction $\log^m y. y^{-n-2}$. L'intégrale (5) est donc convergente si $-n - 2 < -1$, i.e. si $n > -1$; elle diverge si $n < -1$. Si $n = -1$, l'intégrale converge si $m < -1$ et diverge dans le cas contraire. On note en passant que (5) *converge toujours* pour $n = 0$, i.e. *lorsque le terme x^n est absent*, résultat dû au fait qu'au voisinage de 0, une puissance du log croît moins vite que n'importe quelle puissance négative de x, par exemple que la fonction $x^{-1/2}$ dont l'intégrale est convergente (primitive : $2x^{1/2}$). Pour $n = 0$, $m = 1$, on observe que $\log x$ a pour primitive $x \log x - x$, fonction qui tend vers une limite, à savoir 0, lorsque $x \to 0$. Exercice : étendre ce calcul au cas d'un entier $m > 0$ quelconque en intégrant par parties.

Le cas des fractions rationnelles est particulièrement simple; si $f = p/q$ où p et q sont des polynômes et si q n'a pas de racines réelles, la convergence *absolue* de l'intégrale $\int f(x)dx$ dépend uniquement de l'entier $n = d^\circ(q) - d^\circ(p)$ puisqu'à l'infini la fonction est, à un facteur constant près, équivalente à $1/x^n$; par suite, *la convergence absolue équivaut à la condition $d^\circ(q) \geq d^\circ(p) + 2$*.

Exemple 1. Considérons la fonction

$$(22.6) \qquad \Gamma(s) = \int_0^{+\infty} e^{-x} x^{s-1} dx$$

d'Euler, qui intervient partout. La convergence absolue à l'infini est automatique mais, en 0, exige $\mathrm{Re}(s) > 0$. Une intégration par parties[42] montre alors que

$$\Gamma(s + 1) = \int_0^{+\infty} e^{-x} x^s dx = -e^{-x} x^s \Big|_0^{+\infty} + s \int_0^{+\infty} e^{-x} x^{s-1} dx$$

et comme la partie toute intégrée est évidemment nulle, il vient

$$(22.7) \qquad \Gamma(s + 1) = s\Gamma(s).$$

Comme il est clair que $\Gamma(1) = 1$, on en déduit que

---

[42] La formule $\int f'g = fg - \int fg'$ d'intégration par partie s'applique aux intégrales considérées ici à condition de vérifier que la fonction fg tend vers des valeurs limites aux extrémités de l'intervalle d'intégration X : intégrer sur un compact $K \subset X$ et passer à la limite.

$$(22.8) \qquad\qquad \Gamma(n) = (n-1)!$$

pour tout entier $n > 1$. C'est la méthode Euler pour définir la "factorielle" d'un nombre complexe quelconque [on verra au n° 25 que la fonction Γ est holomorphe dans le demi-plan $\mathrm{Re}(s) > 0$ et qu'en fait, c'est même la restriction à celui-ci d'une fonction holomorphe dans $\mathbb{C}$ privé des points $0, -1, -2$, etc.].

Exemple 2. Euler a aussi étudié l'intégrale

$$(22.9) \qquad\qquad B(x,y) = \int_0^1 t^{x-1}(1-t)^{y-1}dt$$

où x et y sont à priori complexes (et rationnels chez lui). La convergence absolue au voisinage de 0 exige $\mathrm{Re}(x) > 0$ et, au voisinage de 1, $\mathrm{Re}(y) > 0$. On a évidemment

$$(22.10) \qquad\qquad B(x,y) = B(y,x)$$

(changement de variable $t \mapsto 1-t$). Le changement de variable $t \mapsto \sin^2 t$ montre que

$$(22.11) \qquad\qquad B(x,y) = 2\int_0^{\pi/2} \sin^{2x-1} t . \cos^{2y-1} t . dt.$$

On verra plus tard (n° 26, exemple 1) que

$$(22.12) \qquad\qquad B(x,y) = \Gamma(x)\Gamma(y)/\Gamma(x+y),$$

formule célèbre dûe à Euler avec, comme toujours, une démonstration que la postérité, notamment Jacobi, a rectifiée. Elle fournit immédiatement la valeur explicite de (11) pour $x, y \in \mathbb{N}$.

23 – Passage à la limite sous le signe $\int$

Pour les intégrales de Riemann généralisées ou "impropres", il existe des théorèmes de passage à la limite que la théorie de Lebesgue a périmés, mais qui restent utilisables à un niveau plus élémentaire. Par exemple :

Théorème 19 (Convergence dominée du pauvre). *Soit (f_n) une suite de fonctions réglées absolument intégrables sur un intervalle $X \subset R$. Supposons que*

(i) les f_n convergent vers une limite f uniformément sur tout compact $K \subset X$,

(ii) il existe une fonction p positive, intégrable sur X et telle que l'on ait $|f_n(x)| \leq p(x)$ quels que soient x et n.

La fonction f est alors absolument intégrable sur X et l'on a

$$(23.1) \qquad\qquad \int f(x)dx = \lim \int f_n(x)dx.$$

Il est clair tout d'abord que f, réglée comme les f_n, est absolument intégrable sur X puisque $|f(x)| \leq p(x)$ pour tout x. Puisque p est positive et intégrable, il existe pour tout $r > 0$ un intervalle compact $K \subset X$ tel que l'on ait

$$(23.2) \qquad \int_{X-K} p(x)dx < r$$

(et même pour tout $K' \supset K$), d'où la même relation pour chaque $|f_n(x)|$ et pour $|f(x)|$. On a d'autre part

$$(23.3) \qquad \int_K |f(x) - f_n(x)|dx < r \qquad \text{pour } n \text{ grand}$$

puisque f_n converge uniformément vers f dans K. Or

$$\left| \int_X f(x)dx - \int_X f_n(x)dx \right| \leq \int_X |f(x) - f_n(x)|dx$$

est somme des intégrales analogues étendues à K et à $X - K$; d'après (2), la seconde est $< 2r$ puisque l'on a $|f(x) - f_n(x)| \leq 2p(x)$ quels que soient x et n; la première est $< r$ pour n grand d'après (3). Le premier membre de la relation précédente (et même le second) tend donc vers 0, cqfd.

Exemple 1. Reprenons la fonction

$$\Gamma(s) = \int_0^{+\infty} e^{-x} x^{s-1} dx, \qquad \mathrm{Re}(s) > 0,$$

et observons que

$$e^{-x} x^{s-1} = \lim (1 - x/n)^n x^{s-1}.$$

On ne peut pas appliquer brutalement le théorème 19 car les fonctions au second membre ne sont pas intégrables entre 0 et $+\infty$: la convergence en 0 suppose $\mathrm{Re}(s) > 0$ et la convergence à l'infini $\mathrm{Re}(s) < -n$. Pour $x < n$, on a toutefois [Chap. III, n° 16]

$$\log[(1 - x/n)^n] = n.\log(1 - x/n) = -x - x^2/2n - \ldots < -x$$

et donc $(1 - x/n)^n < e^{-x}$. Considérons alors les fonctions

$$(23.4) \qquad f_n(x) = \begin{cases} (1 - x/n)^n x^{s-1} & \text{pour} \quad 0 < x \leq n, \\ 0 & \text{pour} \quad x > n; \end{cases}$$

elles convergent vers la fonction absolument intégrable $e^{-x} x^{s-1}$ et vérifient $|f_n(x)| \leq |e^{-x} x^{s-1}|$. Pour leur appliquer le théorème 19, il suffit donc de montrer que la convergence est uniforme sur tout compact de $]0, +\infty[$. Admettant provisoirement ce point, on trouve donc que

$$\Gamma(s) = \lim \int_0^n (1 - x/n)^n x^{s-1} dx = \lim n^s \int_0^1 (1 - u)^n u^{s-1} du;$$

en intégrant par parties à la Leibniz, i.e. sans limites d'intégration, on trouve que

$$\int (1-u)^n u^{s-1} du = (1-u)^n u^s/s + \frac{n}{s}\int (1-u)^{n-1} u^s du$$

et comme la partie toute intégrée est nulle pour $u = 0$ [car $\mathrm{Re}(s) > 0$] et $u = 1$, on trouve

$$\int_0^1 (1-u)^n u^{s-1} du = \frac{n}{s}\int_0^1 (1-u)^{n-1} x^s dx;$$

d'où, en itérant,

$$(23.5) \qquad \int_0^1 (1-u)^n u^{s-1} du = \frac{n!}{s(s+1)\ldots(s+n)}\,.$$

Un peu moins de deux siècles après 1812 et Gauss, lequel ne savait pas qu'Euler, toujours présent à l'appel, l'avait précédé dans cette voie dès 1776 nous dit Remmert, *Funktionentheorie 2*, pp. 34–36, nous trouvons donc que

$$(23.6) \qquad \Gamma(s) = \lim n! n^s/s(s+1)\ldots(s+n)$$

pour $\mathrm{Re}(s) > 0$. On peut déduire de là un développement de Γ en produit infini, mais pour ce faire il nous manque la "constante d'Euler" qui apparaîtra au Chap. VI, n° 18.

Il nous faut encore montrer que les fonctions (4) convergent uniformément sur tout intervalle compact $K = [a, b]$ avec $0 < a < b < +\infty$. Le facteur x^{s-1} étant borné sur K puisque $a > 0$, il suffit d'examiner le facteur $(1 - x/n)^n$. Pour $n > b$, on a $|x/n| < 1$ dans K et donc

$$\log\left[(1-x/n)^n\right] = n.\log(1-x/n) = -\left(x + x^2/2n + x^3/3n^2 + \ldots\right);$$

la suite des fonctions $\log\left[(1-x/n)^n\right]$, donc aussi celle des fonctions $(1-x/n)^n$, est donc croissante dans K, et même dans $[0, b]$, pour $n > b$. Comme elle converge vers la fonction continue e^{-x}, la convergence uniforme dans K résulte du théorème de Dini du n° 10.

Plus élémentairement, donc plus compliqué : on observe d'abord que $\log\left[(1-x/n)^n\right] = -x - x^2/2n - \ldots$ converge uniformément vers $-x$ dans $[0, b]$ car, pour $n > b$, on a

$$\left|x^2/2n + x^3/3n^2 + \ldots\right| \le \frac{b^2}{n}\left(1 + b/n + b^2/n^2 + \ldots\right) = \frac{b}{n-b}$$

pour tout $x \in [0, b]$. Comme $(1-x/n)^n = \exp[n.\log(1-x/n)]$, il reste donc soit à "se salir les mains" en calculant (exercice!), soit à établir un lemme général éliminant les calculs :

Lemme. *Soient K un compact de $\mathbb{C}$, (f_n) une suite de fonctions qui convergent uniformément sur K vers une fonction limite f bornée sur K et g une fonction définie et continue dans un ouvert U contenant l'adhérence de $f(K)$. Alors la fonction composée $g_n = g \circ f_n$ est définie sur K pour n grand et convergent uniformément vers $g \circ f$.*

La limite f étant bornée, l'adhérence H de $f(K)$ est compacte ainsi que, pour tout entier p, l'ensemble H_p des $z \in \mathbb{C}$ tels que $d(z, H) \leq 1/p$. Puisque U est ouvert et contient H, il contient[43] un H_p. Comme on a $\|f - f_n\|_K \leq 1/p$ pour n grand, on a donc $f_n(K) \subset H_p \subset U$, ce qui permet de définir $g_n(x) = g[f_n(x)]$. Or la fonction g est *uniformément* continue sur le compact H_p; pour tout $r > 0$, il y a donc un $r' > 0$ tel que l'on ait $|g(z') - g(z'')| \leq r$ dès que $z', z'' \in H_p$ vérifient $|z' - z''| \leq r'$; or c'est, pour n grand, le cas quel que soit $x \in K$ si l'on prend $z' = f(x)$ et $z'' = f_n(x)$. On a donc $\|g \circ f - g \circ f_n\|_K \leq r$ pour n grand, cqfd.

On notera en passant que le lemme ne fait aucune hypothèse quant à la nature des f_n; en particulier, il ne les suppose pas continues; c'est g qui doit l'être. Mais si les f_n le sont, la fonction f l'est aussi et l'adhérence H de $f(K)$ est en fait le compact $f(K)$ lui-même (Chap. III, n° 10, théorème 11).

Si, au lieu d'intégrer une suite de fonctions, on intègre une série, il faut passer aux sommes partielles $s_n(x)$ de la série et leur appliquer le théorème précédent. Le résultat le plus simple est le suivant :

Théorème 20. *Soit $\sum u_n(x)$ une série de fonctions réglées absolument intégrables dans un intervalle X. Supposons que (i) la série converge uniformément sur tout compact $K \subset X$; (ii) il existe une fonction $p(x)$ positive, intégrable dans X, telle que l'on ait $\sum |u_n(x)| \leq p(x)$ pour tout $x \in X$. Alors la fonction $s(x) = \sum u_n(x)$ est absolument intégrable dans X et l'on a*

$$(23.7) \qquad \int s(x)dx = \sum \int u_n(x)dx.$$

L'hypothèse (i) montre en effet que les sommes partielles $s_n(x)$ convergent uniformément sur tout compact $K \subset X$; comme (ii) montre que $|s_n(x)| \leq p(x)$, il reste à appliquer le théorème précédent aux s_n.

La condition (ii) est analogue à la convergence normale sur X tout entier, mais plus restrictive. En fait, et contrairement au cas des intégrales étendues à un intervalle compact, *la convergence normale dans X ne suffit pas à assurer (7) si X n'est pas borné.* On sait en effet alors, certes, que pour n grand la différence entre la somme totale $s(x)$ et la somme partielle $s_n(x)$ est $< r$ quel

---

[43] Les $H_p \cap (\mathbb{C} - U)$ sont fermés et bornés et forment une suite décroissante de compacts; leur intersection, contenue à la fois dans H (car $H = \cap H_p$ pour tout compact H) et dans $\mathbb{C} - U$, est vide; on a donc $H_p \cap (\mathbb{C} - U) = \emptyset$, i.e. $H_p \subset U$, pour p grand : Chap. III, n° 9 ou corollaire 1 de BL.

que soit $x \in X$ puisque qu'elle est majorée par le n-ième reste de la série $\sum v_n$ qui domine la série $\sum u_n(x)$. Mais on ne peut tirer de là aucune majoration de la différence entre leurs intégrales sur X si X n'est pas borné.

On peut cependant établir un résultat utile dont la formulation est fort proche de celle de l'un des résultats fondamentaux de la théorie de Lebesgue :

Théorème 21. *Soient X un intervalle et $u_n(x)$ une série de fonctions réglées qui converge normalement sur tout compact $K \subset X$. Supposons que l'on ait*

$$(23.8) \qquad \sum \int |u_n(x)| dx < +\infty.$$

Alors la fonction $s(x) = \sum u_n(x)$ est absolument intégrable sur X et l'on a

$$\int s(x) dx = \sum \int u_n(x) dx.$$

Posons d'une manière générale

$$m_I(f) = \int_I f(x) dx$$

et considérons un intervalle compact $K \subset X$. Puisque la série des $|u_n|$ converge normalement sur K ("uniformément" suffirait) et que l'on peut intégrer terme à terme sur un compact (n° 4), la relation $|s(x)| \leq \sum |u_n(x)|$ montre que l'on a

$$m_K(|s|) \leq m_K\left(\sum |u_n|\right) = \sum m_K(|u_n|) \leq \sum m_X(|u_n|) = M < +\infty$$

La fonction réglée s est donc absolument intégrable sur X [théorème 18, (i)], avec $m_X(|s|) \leq \sum m_X(|u_n|)$. En ôtant de la série ses N premiers termes, on trouverait de même que

$$m_X\left(\left|s - \sum_{p=1}^{N} u_p\right|\right) \leq \sum_{p=N+1}^{\infty} m_X(|u_n|).$$

Le résultat est $\leq r$ pour N grand puisque $\sum m_X(|u_n|) < +\infty$. Il s'ensuit que

$$\left|m_X(s) - \sum_{p=1}^{N} m_X(u_p)\right| \leq m_X\left(\left|s - \sum_{p=1}^{N} u_p\right|\right) \leq r \quad \text{pour } N \text{ grand,}$$

d'où le théorème.

Dans la théorie de Lebesgue, les deux théorèmes précédents sont valables sans hypothèse de convergence uniforme ou normale, ce qui simplifierait considérablement les raisonnements de l'Exemple 1; la convergence simple (ou même seulement "presque partout") suffit à assurer le résultat; en fait, l'hypothèse (8) *implique* même la convergence absolue "presque partout" de la série $\sum u_n(x)$ comme on le verra. Par contre, l'hypothèse (ii) de "convergence dominée" est essentielle même dans la "grande" théorie de l'intégration, où l'on ignore (au sens anglais) les intégrales "semi convergentes", beaucoup trop particulières à $\mathbb{R}$.

Au lieu d'intégrer une fonction de x dépendant d'un entier n, on peut considérer plus généralement une intégrale de la forme

$$\int_X f(x, y) dx$$

où y varie dans une partie quelconque Y de $\mathbb{R}$ ou même de $\mathbb{C}$, et examiner ce qui se passe lorsque y tend vers un point b adhérent à Y. Les hypothèses à faire sont évidentes :

(i)   la fonction $x \mapsto f(x, y)$ est réglée pour tout y;
(ii) $\lim_{y \to b} f(x, y) = g(x)$ existe pour tout $x \in X$ et la limite est uniforme sur tout compact K de X, i.e. on a

$$|f(x, y) - g(x)| \leq r \quad \text{pour tout } x \in K$$

pour tout y assez voisin de b;
(iii) il existe une fonction positive intégrable p sur X telle que, pour tout $y \in Y$ assez voisin de b, on ait $|f(x, y)| \leq p(x)$ dans X.

On peut alors écrire que

$$\lim_{y \to b} \int f(x, y) dx = \int dx \lim_{y \to b} f(x, y).$$

Les hypothèses (i), (ii) et (iii) montrent en effet que g est réglée et absolument intégrable, après quoi il suffit de recopier la démonstration du théorème 21 en y remplaçant partout $f_n(x)$ par $f(x, y)$ et l'expression «pour n grand» par «pour y assez voisin de b» (ou «pour y grand» si y tend vers l'infini). Nous aurions donc pu établir directement ce résultat général; le théorème pour les suites s'en déduirait en prenant $Y = \mathbb{N}$ et $b = +\infty$.

Dans les applications les plus fréquentes de ce résultat, on cherche à montrer que l'intégrale est fonction continue de y :

Théorème 22. *Soient X un intervalle, H un compact de $\mathbb{C}$, f une fonction définie et continue sur $X \times H$ et μ une fonction définie et réglée dans X. Supposons qu'il existe une fonction p positive dans X telle que l'on ait $|f(x, y)| \leq p(x)$ dans $X \times H$ et $\int p(x) |\mu(x)| dx < +\infty$. Alors la fonction $y \mapsto \int f(x, y) \mu(x) dx$ est continue dans H.*

Les hypothèses (i) et (iii) ci-dessus sont évidemment vérifiées par $f(x, y) \mu(x)$ lorsque y tend vers un $b \in H$. Si K est un compact de X, la fonction f est uniformément continue sur le compact $K \times H$; par suite, l'hypothèse

(ii) est vérifiée elle aussi[44]. On a donc $\lim \int f(x,y)\mu(x)dx = \int f(x,b)\mu(x)dx$, cqfd.

En pratique, la fonction continue f est définie dans $X \times Y$ où $Y \subset \mathbb{C}$ n'est pas nécessairement compact : cas d'un intervalle quelconque de $\mathbb{R}$ ou d'un ouvert de $\mathbb{C}$ par exemple. Pour appliquer le théorème, il suffit de se placer dans un voisinage arbitrairement petit d'un point $b \in Y$ puisque la continuité est une propriété de nature locale. Tout fonctionne donc *si tout $b \in Y$ possède dans Y un voisinage compact.* Or un voisinage de b dans Y contient, par définition, tous les points de Y dont la distance à b est assez petite. L'hypothèse en question signifie donc qu'*il existe un $r > 0$ tel que l'ensemble des $y \in Y$ tels que $d(b,y) \leq r$* (inégalité large) *soit compact.* Une partie de $\mathbb{C}$ possèdant cette propriété en chacun de ses points est dite *localement compacte.* C'est le cas si $Y = F \cap U$ avec F fermé et U ouvert[45] : choisir r de telle sorte que le disque fermé $d(b,y) \leq r$ soit dans U, puis prendre pour voisinage de b dans Y l'intersection de ce disque avec F : elle est fermée dans $\mathbb{C}$, donc compacte. Dans $\mathbb{R}$, tout intervalle est localement compact; $\mathbb{Q}$ ne l'est pas (exercice !). Dans $\mathbb{C}$, la réunion Y du disque ouvert $D : |z| < 1$ et de l'intervalle compact $[1,3]$ ne l'est pas non plus bien que chacun de ces deux ensembles le soit : l'intersection de Y avec un disque fermé de centre 1 n'est jamais fermée. Nous aurions pu dire tout cela au Chap. III, mais le lecteur nous saura peut être gré de le lui avoir épargné dans les commencements de la théorie . . .

En conclusion, le théorème 22 reste valable si l'on se borne à supposer H *localement* compact. Par une heureuse coïncidence, les ensembles localement compacts sont, parmi les parties de $\mathbb{C}$, celles dans lesquelles on peut construire une théorie de l'intégration à la Lebesgue et, pour commencer, donner une définition raisonnable des mesures de Radon comme on le verra au n° 31.

24 – Séries et intégrales

On peut parfois comparer une intégrale à une série et vice-versa pour décider de sa convergence ou de sa divergence. Si par exemple f est une fonction réglée sur un intervalle $X = [a, +\infty[$ avec a fini, f a une valeur limite en a et la convergence de l'intégrale au voisinage de a ne pose pas de problème; il est alors clair que

---

[44] Rappelons pourquoi. Pour tout $r > 0$, il existe un $r' > 0$ telle que les valeurs de f en deux points de $K \times H$ distants d'au plus r' soient égales à r près. Il s'ensuit que $|y - b| < r' \implies |f(x,y) - f(x,b)| < r$ pour tout $x \in K$, ce qui signifie que, lorsque y tend vers b, $f(x,y)$ tend vers $f(x,b)$ uniformément sur K. Le facteur $\mu(x)$, qui est borné sur tout compact comme toute fonction réglée, ne modifie pas la conclusion. Notons en passant que si nous avons introduit une *fonction* $\mu(x)$, c'est parce que nous ne savons pas encore traiter une intégrale $\int f(x,y)d\mu(x)$ par rapport à une *mesure* quelconque sur un intervalle non compact.

[45] On peut démontrer la réciproque, mais elle n'est guère utile.

$$\int_X |f(x)|dx < +\infty \iff \sum \int_n^{n+1} |f(x)|dx < +\infty$$

car les sommes partielles de la série sont, à peu de choses près, les intégrales partielles étendues aux intervalles $[a, n]$.

Considérons alors une fonction f définie pour $x \geq a$ fini, *positive, décroissante et tendant vers 0 à l'infini* (faute de quoi, pour une fonction décroissante, l'intégrale n'a aucune chance de converger); étant monotone, f est réglée (et, dans les applications, toujours continue). Pour tout $n \geq a$, l'intégrale de f étendue à l'intervalle $[n, n+1]$ est comprise entre $f(n)$ et $f(n+1)$ puisque f est positive et décroissante. La série (1) est donc de même nature que la série $\sum f(n)$ et par suite, *l'intégrale de f sur l'intervalle $[a, +\infty]$ converge si et seulement si la série $\sum f(n)$ converge*, avec

(24.1) $$\sum_{n \geq a} f(n) \leq \int_a^{+\infty} f(x)dx \leq f(a) + \sum_{n \geq a} f(n);$$

le terme $f(a)$ provient de l'intervalle $[a, p]$ où p est le plus petit entier $\geq a$. Une figure rendrait le résultat évident.

Si par exemple $f(x) \asymp c/x^s$ avec s réel, l'intégrale converge comme la série de Riemann $\sum 1/n^s$ et vice-versa, i.e. pour $s > 1$.

Il y a aussi des intégrales de fonctions "oscillantes". Considérons par exemple l'intégrale

(24.2) $$I = \int_a^{+\infty} f(x)\sin(\pi x)dx$$

où f est à nouveau positive, décroissante et tendant vers 0 à l'infini. L'intégrale prise entre n et $n+1$ est cette fois comprise *au signe près* entre $f(n)$ et $f(n+1)$ puisque, dans l'intervalle considéré, $\sin(\pi x)$ est soit partout entre 0 et 1, soit partout entre -1 et 0. Cela suggère la comparaison avec la série alternée $\sum (-1)^n f(n)$, laquelle converge puisque f décroît et tend vers 0. Mais il vaut mieux comparer avec la série de terme général

$$u_n = \int_n^{n+1} f(x)\sin(\pi x)dx.$$

Il est clair que les u_n sont alternativement positifs et négatifs. On a d'autre part

$$u_{n+1} = -\int_n^{n+1} f(x+1)\sin(\pi x)dx$$

grâce au changement de variable $x \mapsto x + 1$. Comme $f(x+1) \leq f(x)$, on en conclut que $|u_{n+1}| \leq |u_n|$. Enfin, et comme on l'a vu, $|u_n|$ est toujours compris entre $f(n)$ et $f(n+1)$, donc tend vers 0. La série alternée u_n est donc convergente. Soit alors p le plus petit entier $\geq a$. Pour $p \leq n \leq v < n+1$, on a

$$\int_a^v f(x)\sin(\pi x)dx = \int_a^p \ldots + (u_p + \ldots + u_{n-1}) + \int_n^v f(x)\sin(\pi x)dx.$$

Comme la dernière intégrale est, en module, $\leq f(n)$ et donc tend vers 0 et comme la série des u_n converge, il est clair que le premier membre tend vers une limite quand $v \to +\infty$, à savoir

$$I = \int_a^p f(x)\sin(\pi x)dx + \sum_{n \geq p} u_n.$$

Le "reste" d'une série alternée étant, en valeur absolue, inférieur au premier terme négligé, on obtient ainsi, pour tout $n > a$, l'inégalité

(24.3) $$\left| I - \int_a^n f(x)\sin(\pi x)dx \right| \leq f(n).$$

On va déduire de là un résultat important en transformation de Fourier :

Théorème 23. *Soit f une fonction réglée positive, définie pour $x \geq a > -\infty$, décroissante et tendant vers 0 à l'infini. Alors l'intégrale*

$$\varphi(y) = \int_a^{+\infty} f(x)\sin(2\pi xy)dx$$

converge quel que soit $y \neq 0$ et est fonction continue de y.

Pour le voir, supposons $y > 0$ et effectuons le changement de variable $2xy = u$, d'où

$$2y\varphi(y) = \int_{2ay}^{+\infty} f(u/2y)\sin(\pi u)du.$$

La convergence est claire et (3) s'écrit maintenant

(24.4) $$\left| 2y\varphi(y) - \int_{2ay}^n f(u/2y)\sin(\pi u)du \right| \leq f(n/2y).$$

Plaçons-nous dans un intervalle $y \geq b > 0$. On a $f(n/2y) \leq f(n/2b)$, de sorte que $f(n/2y)$ converge vers 0 uniformément dans cet intervalle. Il reste donc à montrer que l'intégrale figurant dans (4) est fonction continue de y quel que soit n puisqu'alors $2y\varphi(y)$ sera, dans $y > b$, limite uniforme de fonctions continues. Or, en revenant à la variable d'intégration initiale $x = u/2y$, l'intégrale en question s'écrit

$$\int_a^{n/2y} \sin(2\pi xy)f(x)dx,$$

et sa continuité comme fonction de y est claire bien que la limite supérieure d'intégration dépende de y. Le lecteur fournira les ε en s'inspirant du théorème 13 du n° 12.

L'intégrale de Dirichlet

$$\int_0^{+\infty} \sin(2\pi xy)dx/x$$

rentre dans ce cadre, car la fonction $\sin(2\pi xy)/x$ tend vers $2\pi y$ à l'origine, de sorte qu'il suffit d'examiner son comportement à l'infini, donné par le théorème précédent. (Noter qu'en fait l'intégrale ne dépend pas de y). Même remarque pour les intégrales de Fresnel, du genre

$$\int_0^{+\infty} \cos(2\pi x^2 y)dx, \qquad y \neq 0;$$

le changement de variable $x^2 = t$ les ramène à

$$\int_0^{+\infty} \cos(2\pi yt)t^{-1/2}dt;$$

il n'y a pas de problème en $t = 0$ puisque $-\frac{1}{2} > -1$. Le problème est de calculer explicitement l'intégrale.

Le théorème précédent s'applique aussi aux intégrales de Fourier

$$\hat{f}(y) = \int_{-\infty}^{+\infty} f(x)e^{-2\pi ixy}dx,$$

qui, par les formules d'Euler, se ramènent à quatre intégrales du type précédent. Le théorème 25 s'applique donc ici lorsque $f(x)$ tend vers 0 à l'infini de façon monotone pour $|x|$ grand : l'intégrale converge pour $y \neq 0$ et $\hat{f}(y)$ est continue dans $\mathbb{R}^* = \mathbb{R} - \{0\}$. C'est par exemple le cas si $f(x) = p(\dot{x})/q(x)$ est une fraction rationnelle pour laquelle $d^\circ(q) = d^\circ(p) + 1$; à l'infini, $f(x)$ tend vers 0 de façon monotone car la dérivée de f ne possède qu'un nombre fini de racines, donc conserve un signe constant pour $x \geq M$ ou $x \leq -M$. On n'oubliera pas que, dans ce cas, l'intégrale ne converge pas absolument.

25 – Dérivation sous le signe $\int$

Pour étendre aux intégrales "impropres" le théorème de dérivation sous le signe $\int$, on considère comme au n° 9 une fonction f continue dans un rectangle $X \times J$ où, cette fois, X n'est plus compact, et l'on suppose que $D_2 f$ existe et est continue dans $X \times J$. A défaut de savoir ce qu'est une mesure, on peut toujours examiner une intégrale de la forme

$$(25.1) \qquad g(y) = \int f(x, y)\mu(x)dx,$$

où μ est une fonction réglée sur X [ce qui revient à considérer la mesure $\mu(x)dx$ de densité μ par rapport à la mesure de Lebesgue], et chercher des hypothèses assurant que

$$(25.2) \qquad g'(y) = \int D_2 f(x,y)\mu(x)dx.$$

Dans les problèmes de ce genre, le principe est le même que pour les problèmes analogues relatifs aux séries : on remplace $X = (a,b)$ par un intervalle compact $K = [u,v]$ contenu dans X, on applique le théorème 9 du n° 9 à la fonction[46]

$$(25.3) \qquad g_K(y) = \int_K f(x,y)\mu(x)dx,$$

puis on passe à la limite lorsque u et v tendent respectivement vers a et b, i.e. lorsque K tend vers X. Comme on a

$$(25.4) \qquad g'_K(y) = \int_K D_2 f(x,y)\mu(x)dx$$

d'après le théorème 9 du n° 9, il s'agit de montrer que la dérivée d'une limite est la limite des dérivées, problème que le théorème 19 du Chap. III, n° 17 est là pour résoudre : il suffit de savoir que (i) $g_K(y)$ tend vers une limite pour au moins une valeur de y, ce qui, en pratique, signifie que l'intégrale (1) définissant g est convergente pour tout $y \in J$, (ii) la fonction g'_K converge *uniformément sur tout compact H de J* lorsque K tend vers X.

Convergence uniforme mise à part, cela suppose déjà que l'intégrale (2) converge puisque, par définition, c'est la limite des g'_K. Ceci admis, reste la question de la convergence uniforme; cela revient à dire que, pour tout $r > 0$, il existe un intervalle compact $K \subset X$ tel que l'on ait

$$(25.5) \qquad \left| \int_{X-K'} D_2 f(x,y)\mu(x)dx \right| \le r \quad \text{pour tout } y \in H \text{ et tout } K' \supset K;$$

l'intégrale (5) est en effet la différence entre $g'_K(y)$ et l'intégrale (2) vers laquelle elle devrait converger [et que nous aurons le droit de noter $g'(y)$ *après* avoir justifié le passage à la limite]. Une méthode brutale pour garantir (5) est de supposer l'existence d'une fonction $p_H(x)$ positive telle que l'on ait

$$(25.6) \qquad |D_2 f(x,y)| \le p_H(x) \quad \text{avec} \quad \int_X p_H(x)|\mu(x)|dx < +\infty$$

quels que soient $x \in X$ et $y \in H$; le premier membre de (5) est alors majoré par l'intégrale de $p_H|\mu|$ étendue à $X - K'$, donc est $< r$ quel que soit $y \in H$ si K' contient un intervalle compact $K \subset X$ assez grand.

C'est le raisonnement servant à montrer que si, pour une série de fonctions dérivables, la série des dérivées converge *normalement*, alors on peut

---

[46] On a noté à la fin du n° 9 que le théorème 9 repose non sur la construction explicite de l'intégrale usuelle, mais seulement sur ses propriétés de linéarité et de continuité. Celles-ci seraient également valables si l'on définissait l'intégrale par la formule $\mu(f) = \int f(x)\mu(x)dx$. Le théorème 9 ne s'applique pas directement à la fonction $f(x,y)\mu(x)$, car elle n'est plus nécessairement continue, mais le résultat subsiste.

la dériver terme à terme. Les intégrales de $D_2 f$ sur les compacts jouent le rôle des sommes partielles de la série dérivée; l'existence d'une fonction p_H vérifiant (3) joue le rôle de la convergence normale et garantit que pour $K \subset X$ assez grand, le "reste" de la "somme" des $D_2 f(x, y)$, i.e. l'intégrale sur $X - K$, est en module $\leq r$ quel que soit y. On ne saurait trop recommander au lecteur de se laisser guider par ces analogies entre "sommes continues", i.e. intégrales, et "sommes discrètes", i.e. séries.

Nous obtenons ainsi un résultat simple mais utile :

Théorème 24. *Soient X et J deux intervalles de $\mathbb{R}$, μ une fonction réglée dans X et f une fonction définie et continue dans $X \times J$. Supposons que*

(i)   *l'intégrale*
$$g(y) = \int_X f(x, y)\mu(x)dx$$

  converge pour tout $y \in J$;

(ii) *la fonction f admette dans $X \times J$ une dérivée partielle continue $D_2 f(x, y)$;*

(iii) *pour tout compact $H \subset J$, il existe dans X une fonction positive p_H telle que l'on ait $|D_2 f(x, y)| \leq p_H(x)$ pour tout $x \in X$ et tout $y \in H$ et $\int p_H(x)|\mu(x)|dx < +\infty$.*

  Alors la fonction g est dérivable et l'on a

(25.7)
$$g'(y) = \int_X D_2 f(x, y)\mu(x)dx.$$

Exemple 1. Si $X = Y = \mathbb{R}$, si μ est une fonction réglée absolument intégrable sur $\mathbb{R}$ et si $f(x, y) = e^{-2\pi i x y}$, la fonction $g(y)$ n'est autre que la transformée de Fourier $\hat{\mu}$ de μ. On a ici

$$D_2 f(x, y) = -2\pi i x e^{-2\pi i x y}$$

et donc $|D_2 f(x, y)| = 2\pi |x| = p(x)$, et c'est évidemment la plus petite fonction positive qui domine $x \mapsto D_2 f(x, y)$ pour un (ou pour tous les) $y \in Y$. Conclusion : *si*

$$\int_{\mathbb{R}} |x\mu(x)|dx < +\infty,$$

alors $\hat{\mu}$ est dérivable et

$$\hat{\mu}'(y) = -2\pi i \int_{\mathbb{R}} x\mu(x)e^{-2\pi i x y}dx$$

est la transformée de Fourier de $-2\pi i x\mu(x)$.

Exemple 2. Choisissons en particulier $\mu(x) = \exp(-\pi x^2)$, fonction intégrable sur $\mathbb{R}$ puisqu'elle décroît à l'infini plus rapidement que $|x|^{-n}$ quel que soit $n > 0$. On a $-2\pi i x \mu(x) = i\mu'(x)$, d'où, en intégrant par parties,

$$\hat{\mu}'(y) = i\int_{-\infty}^{+\infty} \mu'(x)\exp(-2\pi i x y)dx = -2\pi y \int_{-\infty}^{+\infty} \mu(x)\exp(-2\pi i x y)dx$$

car la partie toute intégrée est nulle en raison de la décroissance de μ à l'infini. On obtient donc la relation

$$\hat{\mu}'(y) = -2\pi y\hat{\mu}(y),$$

relation également vérifiée par μ. La fonction $\hat{\mu}/\mu$ a donc une dérivée nulle, d'où

(25.8) $$\hat{\mu}(y) = c\mu(y) = c\exp(-\pi y^2)$$

avec une constante

(25.9) $$c = \hat{\mu}(0) = \int_{\mathbb{R}} \exp(-\pi x^2)dx.$$

Il se révèlera plus tard que $c = 1$, et ceci sans le moindre calcul, grâce à la formule sommatoire générale de Poisson

$$\sum \mu(n) = \sum \hat{\mu}(n),$$

où l'on somme sur $\mathbb{Z}$. Ceci explique en partie le rôle de la fonction $\exp(-\pi x^2)$ en calcul des probabilités (loi normale de Gauss).

Le théorème précédent peut servir à montrer qu'une fonction est holomorphe :

Théorème 24 bis. *Soient X un intervalle de $\mathbb{R}$, U un ouvert de $\mathbb{C}$, μ une fonction réglée dans X et f une fonction définie et continue dans $X \times U$ remplissant les conditions suivantes :*

(i)   l'intégrale

$$g(z) = \int_X f(t, z)\mu(t)dt$$

converge absolument pour tout $z \in U$;

(ii) la fonction $z \mapsto f(t, z)$ est holomorphe dans U pour tout $t \in X$ et sa dérivée $f'(t, z)$ par rapport à z est continue dans $X \times U$;

(iii) pour tout compact $H \subset U$, il existe dans X une fonction positive $p_H(t)$ telle que l'on ait $|f'(t, z)| \leq p_H(t)$ pour tout $t \in X$ et tout $z \in H$ et $\int p_H(t)|\mu(t)|dt \leq +\infty$.

Alors la fonction g est holomorphe dans U et l'on a

$$(25.10) \qquad g'(z) = \int_X f'(t,z)\mu(t)dt.$$

En posant $z = x + iy$, le théorème 24 montre que l'on peut dériver sous le signe $\int$ soit par rapport à x pour y donné, soit par rapport à y pour x donné. Comme $z \mapsto f(t,z)$ vérifie la condition d'holomorphie de Cauchy [Chap. II, équ. (19.10)], il en est évidemment de même de g, cqfd.

Exemple 3. Si μ est une fonction réglée dans l'intervalle fermé $[0, +\infty[$ et $O(t^N)$ à l'infini, sa *transformée de Laplace* ou *de Fourier complexe*

$$L_\mu(z) = \int_0^{+\infty} e^{2\pi itz}\mu(t)dt$$

est définie dans U : $\mathrm{Im}(z) > 0$ puisqu'alors $|e^{2\pi itz}\mu(t)| = O(e^{-2\pi ty}t^N)$ à l'infini. On a ici $f(t,z) = e^{2\pi itz}$, d'où $|f'(t,z)| = 2\pi t e^{-2\pi ty}$. Comme tout compact H de U est contenu dans un demi-plan $\mathrm{Im}(z) \geq \sigma > 0$, on a, dans H, $|f'(t,z)| \leq 2\pi t e^{-2\pi \sigma t} = p_H(t)$ avec $\int p_H(t)|\mu(t)|dt < +\infty$ puisque la fonction $p_H(t)\mu(t) = O(e^{-2\pi \sigma t}t^{N+1})$ est absolument intégrable dans $\mathbb{R}_+$. La fonction L_μ est donc holomorphe dans U.

Ce calcul, itéré, montre en outre que les dérivées (complexes) de L_μ sont données par

$$(25.11) \qquad L_\mu^{(n)}(z) = (2\pi i)^n \int_0^{+\infty} e^{2\pi itz}t^n\mu(t)dt.$$

Exemple 4. La fonction $\Gamma(s) = \int e^{-x}x^{s-1}dx$ est holomorphe dans le demi-plan $\mathrm{Re}(s) > 0$ où elle est définie. Il est en effet clair que

(i)   la fonction $s \mapsto e^{-x}x^{s-1} = e^{-x}\exp[(s-1)\log x]$ est holomorphe pour tout $x > 0$ comme composée de deux fonctions holomorphes;

(ii) sa dérivée complexe[47] $e^{-x}x^{s-1}\log x$ est continue;

(iii) si s reste dans un compact H du demi-plan $\mathrm{Re}(s) > 0$, inégalité stricte, s est assujetti à des conditions $a \leq \mathrm{Re}(s) \leq b$ avec $0 < a < b < +\infty$, de sorte que l'on a

$$\left|e^{-x}x^{s-1}\log x\right| \leq p_H(x) = \begin{cases} e^{-x}x^{a-1}|\log x| & \text{si} \quad 0 < x \leq 1, \\ e^{-x}x^{b-1}\log x & \text{si} \quad 1 < x < +\infty, \end{cases}$$

Or l'intégrale en $x^{a-1}\log x$ converge en 0 pour $a > 0$ et celle en $e^{-x}x^{b-1}\log x$ converge à l'infini quel que soit b. D'où la convergence dominée et le résultat.

On voit en même temps que

$$(25.12) \qquad \Gamma'(s) = \int_0^{+\infty} e^{-x}x^{s-1}\log x.dx.$$

---

[47] Rappelons (Chap. III, n° 21, théorème 22) que la formule de dérivation des fonctions composées valable pour les fonctions d'une variable réelle l'est aussi pour les fonctions holomorphes d'une variable complexe.

Exemple 5. Ecrivons que

$$(25.13) \qquad \Gamma(s) = \int_0^1 e^{-x} x^{s-1} dx + \int_1^{+\infty} e^{-x} x^{s-1} dx.$$

La seconde intégrale converge quel que soit $s \in \mathbb{C}$. C'est donc, comme dans l'exemple précédent, une fonction holomorphe de s dans $\mathbb{C}$ tout entier. Dans la première intégrale, une intégration terme à terme de la série exponentielle donne, pour $\mathrm{Re}(s) > 0$,

$$(25.14) \qquad \int_0^1 e^{-x} x^{s-1} dx = \sum \frac{(-1)^n}{n!} \int_0^1 x^{n+s-1} dx = \sum_{\mathbb{N}} \frac{(-1)^n}{n!(s+n)};$$

l'opération est justifiée parce que (i) la série $\sum (-1)^n x^{n+s-1}/n!$ que l'on intègre sur $X =]0,1]$ converge normalement sur tout compact $K \subset X$, (ii) la série

$$\sum |(-1)^n x^{n+s-1}/n!| = e^x x^{\mathrm{Re}(s)-1} = p(x)$$

est intégrable sur X puisque $\mathrm{Re}(s) > 0$: le théorème 20 s'applique donc.

Le résultat (14) est une série de fonctions holomorphes dans l'ouvert

$$(25.15) \qquad U = \mathbb{C} - \{0, -1, -2, \ldots, \},$$

série qui converge normalement sur tout compact[48] $H \subset U$. Si nous savions d'une manière générale que la somme d'une telle série est encore holomorphe, nous déduirions de là et de (13) que $\Gamma(s)$ est la restriction au demi-plan $\mathrm{Re}(s) > 0$ d'une fonction holomorphe dans U. Nous ne le savons pas encore, mais nous savons quand même (Chap. III, n° 22) que si une suite ou série de fonctions holomorphes dans un ouvert U de $\mathbb{C}$ converge uniformément sur tout compact *ainsi que la série dérivée*, alors la somme de la série donnée est holomorphe et sa dérivée s'obtient par dérivation terme à terme. Nous avons alors déclaré que ce résultat, conséquence triviale de l'équation de Cauchy et du théorème beaucoup plus général sur les suites ou séries de fonctions C^1 dans le plan, est beaucoup trop faible pour présenter un intérêt, mais il va suffire ici à nos besoins. Tout revient en effet à montrer que la série dérivée

$$\sum (-1)^{n+1}/n!(s+n)^2$$

de (14) converge normalement sur tout compact $H \subset U$, ce qui est clair.

Autre procédé. Une intégration par parties montre immédiatement que

$$\int_0^1 e^{-x} x^{s-1} dx = \frac{1}{s} + \frac{1}{s} \int_0^1 e^{-x} x^s dx$$

---

[48] Il suffit de prouver l'existence d'un $r > 0$ tel que l'on ait $|s + n| \geq r$ quels que soient $s \in H$ et $n \in \mathbb{N}$. Cela revient à dire que la distance $d(H, -\mathbb{N})$ entre les fermés H et $-\mathbb{N}$ est > 0, ce qui résulte du fait qu'ils sont disjoints, avec H compact. On peut aussi raisonner directement.

pour $\mathrm{Re}(s) > 0$; mais l'intégrale obtenue converge pour $\mathrm{Re}(s) > -1$ et dépend holomorphiquement de s dans ce demi-plan comme dans l'exemple 4; ceci nous permet donc de *prolonger analytiquement* (il vaudrait mieux dire *holomorphiquement* à ce stade de l'exposé) la fonction[49] Γ au demi-plan $\mathrm{Re}(s) > -1$ privé du point 0. Cela fait, une nouvelle intégration par parties fournit la relation

$$(25.16) \qquad \int_0^1 e^{-x} x^{s-1} dx = \frac{1}{s} + \frac{1}{s(s+1)} + \frac{1}{s(s+1)} \int_0^1 e^{-x} x^{s+1} dx$$

avec une intégrale convergeant maintenant pour $\mathrm{Re}(s) > -2$ et donc holomorphe dans ce demi-plan. En poursuivant les calculs, on parvient à définir $\Gamma(s)$ dans tout demi-plan $\mathrm{Re}(s) > -n$, mis à part les points $0, -1$, etc. où apparaissent des fractions rationnelles $1/s$, $1/s(s+1)$, $1/s(s+1)(s+2)$ etc.

Le résultat final est que l'on peut prolonger holomorphiquement la fonction Γ à l'ouvert (15) et qu'elle y est donnée par la formule

$$(25.17) \qquad \Gamma(s) = \int_1^{+\infty} e^{-x} x^{s-1} dx + \sum_{n=0}^{\infty} \frac{(-1)^n}{n!(s+n)}$$

dans laquelle tout converge quel que soit $s \neq 0, -1, \dots$. Comme on le verra au Chap. VII, n° 20, ces diverses méthodes pour définir $\Gamma(s)$ au-delà du demi-plan $\mathrm{Re}(s) > 0$ conduisent toutes à la même fonction.

26 – Intégration sous le signe $\int$

Nous avons montré au n° 9, théorème 10, que si f est une fonction continue sur $K \times H$, où K et H sont des intervalles compacts, on a

$$\int dx \int f(x,y) dy = \int dy \int f(x,y) dx.$$

Ce résultat s'étend-il à des intervalles quelconques? Oui, à condition comme toujours de faire des hypothèses de domination par des fonctions intégrables fixes.

Théorème 25 (Lebesgue-Fubini du pauvre). *Soient X et Y deux intervalles et f une fonction continue dans $X \times Y$. Supposons remplies les conditions suivantes :*

(i)   *pour tout compact $K \subset X$, il existe sur Y une fonction $q_K(y)$ positive et intégrable dans Y telle que $|f(x,y)| \leq q_K(y)$ dans $K \times Y$;*

---

[49] Etant donnés deux ouverts $U \subset V$ de $\mathbb{C}$ et une fonction analytique (resp. holomorphe) dans U, prolonger analytiquement (resp. holomorphiquement) f à V consiste à construire dans V une fonction analytique (resp. holomorphe) coïncidant avec f dans U. Si V est connexe, le prolongement analytique, s'il existe, est unique (Chap. II, n° 20). Rappelons aussi que les termes "analytique" et "holomorphe" sont synonymes (Chap. VII, n° 14).

(ii) pour tout compact $H \subset Y$, il existe sur X une fonction $p_H(x)$ positive et intégrable dans X telle que $|f(x,y)| \leq p_H(x)$ dans $X \times H$.

(iii) l'une des deux relations

$$(26.1) \qquad \int_X dx \int_Y |f(x,y)|dy < +\infty, \qquad \int_Y dy \int_Y |f(x,y)|dx < +\infty.$$

est vérifiée.

Les deux relations (1) sont alors vérifiées et l'on a

$$(26.2) \qquad \int_X dx \int_Y f(x,y)dy = \int_Y dy \int_X f(x,y)dx.$$

Dans ce qui suit, nous poserons

$$(26.3) \qquad g_J(x) = \int_J f(x,y)dy, \qquad h_I(y) = \int_I f(x,y)dx$$

quels que soient les intervalles $I \subset X$ et $J \subset Y$. On utilisera aussi la notation m_I pour désigner une intégrale sur I.

Notons d'abord que, d'après le théorème 22 du n° 23 pour $\mu = 1$ et les hypothèses (i) et (ii), les fonctions (3) sont continues quels que soient I et J. Partons alors de la relation

$$(26.4) \quad m_K(g_H) = \int_K dx \int_H f(x,y)dy = \int_H dy \int_K f(x,y)dx = m_H(h_K)$$

valable quels que soient les compacts[50] $K \subset X$ et $H \subset Y$ (n° 9, théorème 9). Tout le problème est de passer à la limite sous les signes $\int$ lorsque K et H tendent vers X et Y.

(a) Montrons d'abord que l'on peut passer à la limite par rapport à H pour K fixé. L'hypothèse (i) de l'énoncé montre que $f(x,y)$ est absolument intégrable sur Y pour tout $x \in X$ et que, de plus, on a

$$(26.5) \qquad \left| \int_Y f(x,y)dy - \int_H f(x,y)dy \right| \leq \int_{Y-H} q_K(y)dy \ \text{ pour tout } x \in K,$$

résultat $\leq r$ pour H assez grand puisque q_K est intégrable sur Y. Le premier membre s'écrivant aussi $|g_Y(x) - g_H(x)|$, (5) montre que

$$\| g_Y - g_H \|_K \leq r$$

pour H assez grand. Comme on peut passer à la limite sous le signe $\int$ lorsqu'on intègre sur un compact des fonctions continues qui convergent uniformément sur celui-ci, on obtient donc

$$(26.6) \qquad \lim_{H \to Y} m_K(g_H) = m_K(g_Y).$$

---

[50] Le lecteur aura sans doute déjà observé que nous omettons fréquemment la mention "intervalle".

(b) Il faut maintenant passer à la limite sur K. D'après (4) et la définition d'une intégrale étendue à X ou Y, on a

$$(26.7) \qquad m_Y(h_K) = \lim_{H \to Y} m_H(h_K) = \lim_{H \to Y} m_K(g_H);$$

il n'y a aucun problème de convergence car, au premier membre, l'intégrale sur K, i.e. la fonction $h_K(y)$, est majorée en module par $m(K)q_K(y)$ d'après l'hypothèse (i), d'où la convergence absolue de l'intégrale sur Y.

Comparant (6) et (7), on trouve donc que

$$(26.8) \qquad m_Y(h_K) = m_K(g_Y)$$

pour tout intervalle compact $K \subset X$, ce qui serait (2) si X était compact. On trouverait de même

$$(26.9) \qquad m_X(g_H) = m_H(h_X)$$

pour tout compact $H \subset Y$. Il reste à passer de là à (2), relation qui s'écrit encore

$$(26.9') \qquad m_X(g_Y) = m_Y(h_X).$$

(c) Ces résultats ne reposent pas sur l'hypothèse (iii) de l'énoncé et restent valables si l'on y remplace f par la fonction $|f|$, qui vérifie (i) et (ii) comme f. Supposons alors $\int dx \int |f(x,y)| dy < +\infty$. En appliquant (9) à $|f|$, on obtient

$$(26.10) \qquad \int_H dy \int_X |f(x,y)| dx \; = \; \int_X dx \int_H |f(x,y)| dy \leq$$
$$\leq \; \int_X dx \int_Y |f(x,y)| dy$$

pour tout compact $H \subset Y$. En prenant la borne supérieure du premier membre lorsque H varie dans Y, il vient (théorème 18, (i))

$$(26.11) \qquad \int_Y dy \int_X |f(x,y)| dx \leq \int_X dx \int_Y |f(x,y)| dy < +\infty.$$

On voit donc que si la première intégrale (1) est finie, il en est de même de la seconde. Mais alors on peut raisonner à partir de la seconde comme on vient de le faire à partir de la première. On obtient ainsi visiblement l'inégalité opposée à (11), qui est donc en fait une *égalité*. D'où (2) pour la fonction $|f|$.

(d) Reste à l'obtenir pour la fonction f elle-même. Une méthode facile consiste à se ramener à une fonction réelle en considérant $\mathrm{Re}(f)$ et $\mathrm{Im}(f)$, fonctions qui, majorées en module par $|f|$, vérifient encore les hypothèses du théorème. La fonction f étant maintenant supposée réelle, on écrit comme toujours que $f = f^+ - f^-$; ces deux fonctions positives, majorées par $|f|$, vérifient elles aussi les hypothèses du théorème et comme elles sont identiques à leurs valeurs absolues, (11) se réduit à (2) pour ces deux fonctions; d'où (2) pour f.

Une autre méthode, que l'on pourrait, contrairement à la précédente, appliquer à des fonctions à valeurs dans des espaces de Banach, fussent-ils de dimension infinie, consiste à partir de (9) et à montrer que, lorsque $H \to Y$, les deux membres de (9) convergent vers les deux membres de (9'). C'est le cas du second par définition de $m_Y(h_X)$. Pour examiner le premier, notons d'abord que l'on a

$$(26.12) \qquad |m_X(g_Y) - m_X(g_H)| \quad \leq \quad m_X(|g_Y - g_H|) \leq$$
$$\leq \quad \int_X dx \int_{Y-H} |f(x,y)| dy$$

pour tout compact $H \subset Y$. Comme nous avons déjà obtenu la permutation des intégrales pour la fonction $|f|$, nous pouvons l'appliquer aux "intervalles" X et $Y - H$ (le fait que $Y - H$ soit réunion de deux intervalles disjoints n'y change rien). On peut donc permuter l'ordre des intégrations au troisième terme de (12); on obtient alors l'intégrale sur $Y - H$ d'une fonction positive intégrable sur Y, résultat $< r$ pour H assez grand. Le premier terme de (12) tend donc vers 0 lorsque $H \to Y$, de sorte que le premier membre de (9) tend vers celui de (9'), cqfd.

Dans les conditions du théorème précédent, on dit souvent que $f(x,y)$ est *absolument intégrable sur $X \times Y$* et l'on pose

$$(26.13) \quad \iint_{X \times Y} f(x,y) dx dy = \int_Y dx \int_Y f(x,y) dy = \int_Y dy \int_X f(x,y) dx.$$

Dans la pratique, on peut fréquemment substituer aux hypothèses (i), (ii) et (iii) la condition suivante : *il existe des fonctions p et q positives, réglées et intégrables sur X et Y respectivement telles que l'on ait $|f(x,y)| \leq p(x)q(y)$ dans $X \times Y$.* Les hypothèses (i) et (ii) sont en effet vérifiées pour

$$p_H(x) = \|q\|_H p(x) \qquad \text{et} \qquad q_K(y) = \|p\|_K q(y)$$

quels que soient K et H (les normes uniformes sont finies puisque p et q sont réglées). L'hypothèse (iii) l'est aussi car on a, par exemple, $\int |f(x,y)| dy \leq Mp(x)$ où $M = \int q(y) dy$, d'où la convergence absolue des intégrales superposées.

Dans le théorème de Lebesgue-Fubini complet, les hypothèses (i) et (ii) sont inutiles et l'on se contente de l'hypothèse (iii), mais on ne peut pas obtenir une Rolls pour le prix d'une VW. Le n° 33 du §9 nous fournira, étape intermédiaire inévitable, le théorème de LF pour les fonctions semi-continues, grâce auquel on pourra justifier ce que font instinctivement tous les utilisateurs lorsqu'ils intègrent une fonction continue sur un ensemble compact simple de $\mathbb{C}$.

Exemple 1. Notons d'abord que si des fonctions continues $f(x)$ et $g(y)$ sont définies et absolument intégrables sur des intervalles X et Y, alors la fonction $f(x)g(y)$ est absolument intégrable sur $X \times Y$, avec bien évidemment

$$\iint\limits_{X \times Y} f(x)g(y)dxdy = \int_X f(x)dx. \int_Y g(y)dy,$$

produit des intégrales de f et g. Choisissons alors $X = Y =]0, +\infty[$, $f(x) = e^{-x}x^{a-1}$ et $g(y) = e^{-y}y^{b-1}$, avec $\operatorname{Re}(a) > 0$ et $\operatorname{Re}(b) > 0$. Nous obtenons la relation

$$(26.14) \quad \Gamma(a)\Gamma(b) = \iint\limits_{X \times Y} e^{-x-y}x^{a-1}y^{b-1}dxdy = \int dx \int \dots dy.$$

Si, pour chaque x, on effectue le changement de variable $y = (u^{-1} - 1)x$ dans l'intégration sur y, on trouve

$$(26.15) \quad \Gamma(a)\Gamma(b) = \int_0^{+\infty} dx \int_0^1 e^{-u/x}x^{a+b-1}(1-u)^{b-1}u^{-b-1}du =$$

$$= \int_0^1 (1-u)^{b-1}u^{-b-1}du \int_0^{+\infty} e^{-u/x}x^{a+b-1}dx;$$

le changement de variable $x = tu$ dans l'intégrale en x pour u donné donne alors

$$\Gamma(a)\Gamma(b) = \int_0^1 (1-u)^{b-1}u^{-b-1}du \int_0^{+\infty} e^{-t}t^{a+b-1}u^{a+b}dt =$$

$$= \int_0^1 (1-u)^{b-1}u^{a-1}du \int_0^{+\infty} e^{-t}t^{a+b-1}dt,$$

d'où la célèbre formule

$$(26.16) \qquad \Gamma(a)\Gamma(b) = \Gamma(a+b)B(a,b)$$

annoncée plus haut.

§8. Théorèmes d'approximation

27 – Comment rendre C^∞ une fonction qui ne l'est pas

Vers 1926–1927, le physicien Paul-Adrien-Marie Dirac, à Dublin, eut l'idée d'introduire dans $\mathbb{R}$ (et même dans $\mathbb{R}^3$ ou $\mathbb{R}^4$) une fonction $\delta(x)$ possédant deux propriétés surnaturelles : on a d'une part

$$\delta(x) = 0 \ \text{ pour } \ x \neq 0, \qquad \delta(0) = +\infty,$$

d'autre part[51]

$$\int f(x)\delta(x)dx = f(0)$$

pour toute fonction f un tant soit peu raisonnable; peu après, Dirac et les physiciens théoriciens jonglaient, dans l'espace de la Relativité, avec des "fonctions" telles que $\delta(c^2t^2 - x^2 - y^2 - z^2)$ et, comme l'écrit l'inventeur de la théorie des distributions[52], «vivaient ainsi dans un univers fantastique qu'ils savaient admirablement manier, et pratiquement sans faute, sans jamais rien pouvoir justifier». Dirac avait bien expliqué que l'on pouvait "approcher" sa fonction en considérant, pour $\varepsilon > 0$, la fonction égale à $1/2\varepsilon$ pour $|x| < \varepsilon$ et nulle ailleurs, ou les fonctions "en cloche" $\exp(-\pi x^2/\varepsilon)/\sqrt{\varepsilon}$, dont l'intégrale sur $\mathbb{R}$ est égale à 1 et dont le graphe, lorsque $\varepsilon \to 0$, ressemble de plus en plus au gratte-ciel de hauteur infinie et de base nulle représentant la fonction δ, mais comme en outre il se permettait de dériver sa "fonction" et d'écrire des formules telles que

$$\int f(x)\delta'(x)dx = -f'(0),$$

les mathématiciens qui tentaient de le comprendre n'y comprenaient rien. C'est vingt ans plus tard que les distributions dont nous parlerons plus bas donnèrent un sens à ces calculs et en 1954 que les formules à plusieurs variables de la physique théorique furent enfin justifiées – mais pas gratuitement ... – par le mathématicien suisse Paul Méthée.

Dérivations mises à part pour le moment, l'idée de Dirac pose la question de savoir si l'on peut approcher la valeur d'une fonction f en un point, disons $x = 0$, à l'aide d'intégrales portant sur f, par exemple en utilisant des fonctions $u_n(x)$ telles que l'on ait

$$(27.1) \qquad \lim \int f(x)u_n(x)dx = f(0)$$

pour toute fonction f "raisonnable".

---

[51] Dans ce n° et le suivant, on note simplement $\int$ une intégrale étendue à $\mathbb{R}$.

[52] Laurent Schwartz, *Un mathématicien aux prises avec le siècle* (Paris, Odile Jacob, 1997), pp. 230–231.

Comme nous ne savons encore intégrer que des fonctions réglées, nous supposerons dans ce qui suit que c'est le cas de f et des u_n. Pour donner un sens à (1) pour toute fonction f "raisonnable" – disons bornée sur $\mathbb{R}$ –, nous leur imposerons de vérifier la condition

(D 1) les $u_n(x)$ sont absolument intégrables sur $\mathbb{R}$,

condition superflue si, comme c'est fréquemment le cas, les u_n sont nulles en dehors d'intervalles compacts.

Les fonctions les plus "raisonnables" étant les constantes, il faut ensuite imposer aux u_n la condition

(D 2)
$$\lim \int u_n(x)dx = 1$$

si l'on désire réaliser (1). On a alors trivialement

(27.2)
$$f(0) = \lim \int f(0)u_n(x)dx,$$

ce qui, pour obtenir (1), nous conduit à examiner la différence

(27.3)
$$\int [f(x) - f(0)]u_n(x)dx = \int_{|x|\leq r} + \int_{|x|\geq r} \qquad (r > 0).$$

L'idée de Dirac selon laquelle "presque toute" la masse de la mesure $u_n(x)dx$ est, pour n grand, concentrée au voisinage de l'origine nous conduit à introduire la condition

(D 3) quel que soit $r > 0$, on a

(27.4)
$$\lim_{n\to\infty} \int_{|x|\geq r} |u_n(x)|dx = 0.$$

Si tel est le cas et si l'on note comme toujours $\|f\|$ la norme uniforme de f sur $\mathbb{R}$, la seconde intégrale au second membre de (3) est majorée par $2\|f\|\varepsilon$ pour n grand.

Supposons maintenant f continue à l'origine et considérons, dans (3), l'intégrale étendue à l'intervalle $|x| \leq r$. Pour $\varepsilon > 0$ donné, on peut choisir r de telle sorte que l'on ait

(27.5)
$$|f(x) - f(0)| \leq \varepsilon \qquad \text{pour } |x| \leq r.$$

L'intégrale est alors, en valeur absolue, majorée par $\varepsilon \int |u_n(x)|dx$ où l'on intègre sur $|x| \leq r$ et a fortiori si l'on intègre sur tout $\mathbb{R}$. Pour s'assurer que le résultat est arbitrairement petit, il suffit donc de supposer que

(D 4)
$$\sup \int |u_n(x)|dx = M < +\infty,$$

condition superflue d'après (D 2) si les u_n sont positives.

Récapitulons : $\varepsilon > 0$ étant donné, on choisit $r > 0$ de façon à réaliser (5); au second membre de (3), la première intégrale est alors $\leq M\varepsilon$ quel que soit n, et comme, pour r donné, la seconde tend vers 0 lorsque n augmente d'après (4), on voit finalement que l'intégrale (3) tend vers 0, d'où (1) en tenant compte de (2).

Une suite de fonctions réglées vérifiant les conditions (D 1) à (D 4) s'appelle une *suite de Dirac* sur $\mathbb{R}$. Nous avons ainsi établi le résultat suivant :

Lemme de Dirac. *Soit (u_n) une suite de Dirac. Pour toute fonction réglée f définie et bornée sur $\mathbb{R}$ et continue à l'origine, on a*

$$(27.6) \qquad f(0) = \lim \int f(x)u_n(x)dx.$$

Dans la pratique, les suites de Dirac que l'on utilise vérifient souvent des conditions plus restrictives, à savoir

(i) u_n est positive;
(ii)   pour tout $r > 0$, u_n est nulle en dehors de $[-r, r]$ pour n grand.
(iii) l'intégrale de u_n est égale à 1 pour tout n.

Les conditions (i) et (iii) impliquent les propriétés (D 1), (D 2) et (D 4) imposées dans le cas général, et (ii) implique (D 3). La condition (ii) n'est pas réalisée dans des cas importants, comme le montrent les fonctions exponentielles que l'on utilisera au n° suivant.

Si les u_n vérifient (i), (ii) et (iii), plus généralement sont toutes nulles pour $|x| \geq A$, il est inutile de supposer f bornée dans l'énoncé ci-dessus puisque rien ne change si l'on remplace $f(x)$ par 0 pour $|x| \geq A$.

Exemple 1. Considérons sur $\mathbb{R}$ une fonction $u(x)$ *réglée, positive, d'intégrale totale* 1 et posons $u_n(x) = nu(nx)$. La condition (D 1) est vérifiée, (D 2) aussi (changement de variable $nx = y$ dans l'intégrale) et la condition (D 3) l'est parce que

$$\int_{|x| \geq r} u_n(x)dx = \int_{|x| \geq nr} u(x)dx,$$

résultat qui tend vers 0 pour tout $r > 0$ puisque u est intégrable sur $\mathbb{R}$. Par suite, on a

$$(27.7) \qquad f(0) = \lim n \int f(x)u(nx)dx$$

pour toute fonction réglée continue à l'origine.

Si u est à support compact, la fonction $u_n(x) = nu(nx)$ est nulle pour $|x| \geq A/n$, i.e. en dehors d'un intervalle de plus en plus petit de centre 0; le facteur n dans sa définition montre qu'au voisinage de 0 elle prend par contre des valeurs très grandes, condition indispensable pour que son intégrale reste égale à 1. Le lemme que nous attribuons généreusement à Dirac montre qu'en

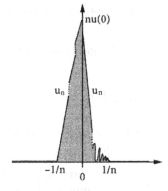

fig. 11.

un certain sens, la "fonction" δ de Dirac est la "limite" des fonctions $u_n(x)$; il est de fait que, si u est nulle pour $|x| > A$, on a

$$\lim u_n(x) = 0 \qquad \text{pour } x \neq 0$$

puisque u_n est nulle en dehors de $[-A/n, A/n]$. Si l'on a choisi u de telle sorte que $u(0) > 0$, il est tout aussi clair que $u_n(0) = nu(0)$ augmente indéfiniment.

La plupart des auteurs choisissent pour les u_n des fonctions positives ultra régulières, avec de jolis graphes en cloche symétriques par rapport à l'origine, s'élevant de plus en plus haut et dont la base se rétrécit de plus en plus pour que l'aire comprise entre le graphe et l'axe des x reste égale à 1. On peut par exemple choisir $u_n(x) = c_n(1 - x^2)^n$ pour $|x| < 1$, $= 0$ pour $|x| > 1$, la constante c_n étant étudiée pour que $\int u_n = 1$; la méthode de l'exemple 1 conduirait aux fonctions $u_n(x) = cn(1 - x^2/n^2)$ pour $|x| < 1/n$, $= 0$ ailleurs, avec $c = 3/4$. On choisit aussi souvent $u_n(x) = c_n \exp(-nx^2)$, avec le choix idoine de c_n; il vaut mieux prendre

$$u_n(x) = n \exp(-\pi n^2 x^2)$$

puisque l'intégrale sur $\mathbb{R}$ de la fonction $\exp(-\pi x^2)$ est égale à 1 comme nous le verrons plus tard; ces fonctions ne sont pas à support compact mais n'en constituent pas moins des suites de Dirac et, aux notations près, figurent déjà non seulement dans Dirac mais aussi, un demi-siècle plus tôt, dans Weierstrass pour démontrer son théorème d'approximation par des polynômes (n° suivant). En fait, tout cela est parfaitement inutile car le lemme de Dirac, outre qu'il ne suppose rien quant à la nature "élémentaire", "classique" ou autre des u_n, se généralise à toutes les mesures définies sur tous les espaces localement compacts, i.e. à des situations où les polynômes, exponentielles et autres curiosités de la droite réelle sont inconnus. Ajoutons qu'en se bornant à démontrer le lemme de Dirac pour les fonctions $n \exp(-\pi n^2 x^2)$ par exemple, le lecteur serait probablement tenté de procéder à des calculs explicites ne présentant pas d'autre avantage que des risques d'erreurs.

La conséquence la plus importante du lemme de Dirac est fournie par l'énoncé suivant :

Théorème 26. *Soit (u_n) une suite de Dirac. Pour toute fonction f définie et continue dans $\mathbb{R}$, on a*

$$(27.8) \qquad f(x) = \lim \int f(x-y) u_n(y) dy$$

uniformément sur tout compact de $\mathbb{R}$ si f est bornée ou bien si les u_n sont nulles en dehors d'un même compact.

Pour établir (8) pour f bornée, il suffit d'appliquer le lemme à la fonction $y \mapsto f(x-y)$. Le petit calcul du lemme de Dirac montre au surplus que l'on a

$$(27.9) \qquad \left| f(x) \int u_n(y) dy - \int f(x-y) u_n(y) dy \right| \leq$$
$$\leq \int |f(x) - f(x-y)| \; |u_n(y)| \, dy$$

et comme l'intégrale de u_n tend vers 1, tout revient à montrer que le second membre converge uniformément vers 0 lorsque x reste dans un compact K de $\mathbb{R}$.

Donnons-nous un $\varepsilon > 0$. Comme f est *uniformément* continue dans tout compact K de $\mathbb{R}$, il y a un $r > 0$ tel que l'on ait $|f(x-y) - f(x)| \leq \varepsilon$ pour $x \in K$ et $|y| \leq r$. En vertu de la propriété (D 4) des suites de Dirac, la contribution de l'intervalle $|y| \leq r$ est donc $\leq M\varepsilon$ quels que soient n et $x \in K$.

Pour un tel choix de r, la contribution de l'ensemble $|y| \geq r$ au second membre de (9) est inférieure au produit de $2\|f\|$ par l'intégrale de $|u_n|$ étendue à $|y| \geq r$; pour n grand, elle est donc $< \varepsilon$ *quel que soit* $x \in \mathbb{R}$ en raison de (D 3).

On obtient donc finalement une majoration de (9) valable pour tous les $x \in K$ à la fois, d'où le théorème dans ce cas.

Si les u_n sont toutes nulles pour $|y| \geq A$, la première partie du raisonnement subsiste sans changement. Dans la seconde, on remarque que la contribution de l'ensemble $|y| \geq r$ est en fait une intégrale sur $r \leq |y| \leq A$; si x reste dans le compact $|x| \leq B$, l'intégrale (9) ne fait donc intervenir que les couples (x,y) vérifiant $|x| \leq B$, $|y| \leq A+B$, ensemble sur lequel la différence $|f(x) - f(x-y)|$ est bornée, ce qui permet de conclure comme dans le cas précédent.

L'intérêt du théorème 26 est de permettre d'approcher la fonction f par des fonctions beaucoup plus "régulières" qu'elles, C^∞ ou même polynomiales. L'idée se rencontre déjà en 1926 chez l'Américain Norbert Wiener, futur inventeur de la "cybernétique", que Dirac n'a sans doute pas lu.

Dans le premier cas, on remarque d'abord, grâce à la fonction

$$u(x) = \exp(-1/x) \text{ pour } x > 0, \ = 0 \text{ pour } x \leq 0,$$

qui est C^∞ dans $\mathbb{R}$ comme on l'a vu depuis longtemps, qu'il existe dans $\mathbb{R}$ "beaucoup" de fonctions C^∞ *à support compact*[53] : il suffit pour en obtenir de multiplier une fonction C^∞ nulle pour $x < a$ par une fonction C^∞ nulle pour $x > b$. L'ensemble de ces fonctions est un espace vectoriel que, depuis Schwartz, on note $\mathcal{D}(\mathbb{R})$ ou simplement $\mathcal{D}$. Il y a même évidemment des fonctions C^∞ positives nulles en dehors d'intervalles arbitrairement donnés; en les divisant par leur intégrale sur $\mathbb{R}$, on peut les supposer d'intégrale égale à 1. Il existe donc des suites de Dirac formées de fonctions $\varphi_n \in \mathcal{D}$. En utilisant la fonction $u(x)$ ci-dessus, on peut prendre par exemple $\varphi_n(x) = c_n u(x + 1/n)u(1/n - x)$ avec une constante c_n telle que $\int \varphi_n(x)dx = 1$.

Les fonctions (8) qui, pour toute fonction f continue sur $\mathbb{R}$, convergent vers f, sont alors C^∞ comme on va le voir. Tout revient à montrer que, pour toute $\varphi \in \mathcal{D}$ nulle pour $|x| \geq A$ et toute fonction f continue, le *produit de convolution*

$$(27.10) \qquad f \star \varphi(x) = \int f(x - y)\varphi(y)dy = \int_{-A}^{A} f(x - y)\varphi(y)dy$$

est C^∞; c'est la méthode pour *régulariser* une fonction "quelconque"; elle fournit même un résultat C^∞ pour toute fonction f *réglée* dans $\mathbb{R}$.

Remarquons d'abord que le changement de variable $x - y = t$ transforme (10) en

$$(27.10') \qquad \varphi \star f(x) = f \star \varphi(x) = \int f(t)\varphi(x - t)dt = \int \varphi(x - t)f(t)dt$$

(on a $dy = -dt$, mais l'intégrale change d'orientation et le facteur -1 s'élimine en rétablissant l'orientation naturelle). Pour vérifier que l'intégrale est fonction C^∞ de x, on peut se limiter à un intervalle compact $J = [-A, A]$. Comme $\varphi(x - t)$ est nul pour $|x - t| \geq B$ puisque φ est à support compact, l'intégrale (10') est, pour tout $x \in J$, étendue à l'intervalle $K = [-A - B, A + B]$. On est alors dans la situation du théorème 9 du n° 9 : la fonction $\varphi(x - t)$ joue le rôle de la fonction $f(x, y)$ du théorème et $f(t)$ celui de μ.

Le produit de convolution est donc dérivable et l'on a, en revenant à (10'),

$$(27.11) \qquad (f \star \varphi)' = f \star \varphi' \text{ ou } D(f \star \varphi) = f \star D\varphi.$$

Comme la dérivée $D\varphi$ d'une fonction de $\mathcal{D}$ est encore dans $\mathcal{D}$, on peut itérer (11), ce qui conduit à la relation générale

$$(27.12) \qquad (f \star \varphi)^{(n)} = f \star \varphi^{(n)} \text{ ou } D^n(f \star \varphi) = f \star D^n\varphi$$

sous la seule hypothèse que f est réglée dans $\mathbb{R}$. Ce n'est pas la dérivabilité ou la continuité de f qui compte, c'est celle de φ.

---

[53] Rappelons que le "support" d'une fonction f est le plus petit ensemble fermé en dehors duquel elle est nulle, i.e. l'adhérence de l'ensemble $\{f \neq 0\}$.

Théorème 27. *Pour toute fonction f définie et continue dans $\mathbb{R}$, il existe une suite f_n de fonctions C^∞ qui converge vers f uniformément sur tout compact de $\mathbb{R}$. Si f est à support compact, on peut supposer les f_n nulles en dehors d'un compact fixe.*

Evident : on applique le théorème 26 à une suite de Dirac formée de fonctions de $\mathcal{D}$ en tenant compte de ce que l'on vient d'établir. Si f est nulle pour $|x| > A$ et si l'on suppose par exemple les φ_n nulles pour $|x| \geq 1/n$, il est clair que les f_n sont toutes nulles pour $|x| \geq A + 1$, cqfd.

Si la fonction f est C^1, on peut, dans la formule (10), dériver directement par rapport à x grâce à nouveau au théorème 9 du n° 9, ce qui montre que

$$(27.13) \qquad D(f \star \varphi) = Df \star \varphi$$

dans ce cas. En remplaçant φ par les $\varphi_n \in \mathcal{D}$ d'une suite de Dirac, on voit alors que les Df_n convergent vers Df uniformément sur tout compact. Donc :

Corollaire. *Soit f une fonction de classe C^p ($p < +\infty$) dans $\mathbb{R}$. Il existe une suite f_n de fonctions C^∞ telle que l'on ait*

$$\lim f_n^{(r)}(x) = f^{(r)}(x)$$

uniformément sur tout compact pour tout $r \leq p$.

Tous ces résultats s'étendent, avec les mêmes démonstrations, aux fonctions définies dans $\mathbb{R}^p$.

28 – Approximation par des polynômes

Nous allons maintenant démontrer le théorème de Weierstrass relatif à l'approximation uniforme des fonctions continues sur un compact par des polynômes. La démonstration que nous allons en donner – celle de Weierstrass à peu de choses près – utilise elle aussi l'approximation par des produits de convolution.

(i) On part d'une fonction u intégrable, positive et d'intégrale 1 sur $\mathbb{R}$, et d'autant moins nulle pour $|x|$ grand que nous choisirons pour u une série entière partout convergente. Pour toute fonction $f(x)$ continue dans $\mathbb{R}$ et nulle pour $|x| \geq A$ donné, on pose

$$(28.1) \qquad f_n(x) = n \int f(y) u(nx - ny) dy.$$

Ces fonctions étant les produits de convolution de f par les fonctions $u_n(x) = nu(nx)$ qui forment une suite de Dirac, les f_n convergent vers f uniformément sur tout compact.

(ii) On suppose que $u(x) = \sum a_p x^p$ est la somme d'une série entière convergeant quel que soit $x \in \mathbb{C}$; on a donc

$$f_n(x) = \int f(y) dy \sum_p n a_p n^p (x - y)^p.$$

Pour x et n donnés, la série entière en $x - y$ converge normalement sur tout compact, et en particulier sur l'intervalle $|y| \leq A$ en dehors duquel $f(y) = 0$. Comme f est bornée, on peut intégrer terme à terme, d'où

$$(28.2) \qquad f_n(x) = \sum_p n a_p n^p \int (x - y)^p f(y) dy = \sum f_{n,p}(x),$$

où l'on intègre sur $|y| \leq A$. Pour $|x| \leq A$, on a $|x - y| \leq 2A$, d'où

$$(28.3) \qquad\qquad |f_{n,p}(x)| \leq 2An \|f\| . |a_p| (2nA)^p,$$

le facteur 2A provenant de l'intégration sur $|y| < A$. Comme la série entière $u(x)$ converge quel que soit x et par exemple au point $2nA$, le second membre de (3) est le terme général d'une série convergente. La série (2) converge donc normalement dans $|x| \leq A$.

(iii) Le terme général de la série (2) est un *polynôme* en x comme on le voit en développant $(x - y)^p$. Comme elle converge normalement dans $|x| \leq A$, ses sommes partielles convergent vers f_n uniformément dans cet intervalle. Puisque les f_n convergent vers f uniformément dans $|x| \leq A$ d'après (i), on peut, en les remplaçant par des sommes partielles d'ordre suffisamment élevé, obtenir ainsi une suite de polynômes convergeant vers f uniformément sur $|x| \leq A$.

(iv) Il faut encore montrer l'existence de u. La fonction $u(x) = c.\exp(-\pi x^2)$ répond à la question. Elle est évidemment positive, intégrable, d'intégrale totale 1 pour c bien choisi ($c = 1$, en fait) et développable en série entière partout convergente.

Théorème 28 (Weierstrass, 1885). *Soit f une fonction numérique définie et continue sur un intervalle* compact $K \subset \mathbb{R}$. *Il existe une suite de polynômes qui converge vers f uniformément sur K.*

Il suffit d'observer que f peut se prolonger en une fonction continue dans tout $\mathbb{R}$ et nulle pour $|x|$ grand : compléter le graphe de f par des fonctions linéaires.

Pour une fonction f définie et continue dans tout $\mathbb{R}$ ou plus généralement dans un intervalle I non borné, il est impossible de trouver une suite de polynômes p_n qui converge uniformément vers f dans I sauf dans le cas trivial où f est elle-même un polynôme (Chap. III, n° 5, fin). Comme on l'a fait observer alors, il est toutefois possible d'imposer aux p_n de converger vers f uniformément sur tout compact $K \subset I$.

Si l'intervalle I est borné mais non compact, on a vu au n° 8, comme conséquence du corollaire 2 du théorème de continuité uniforme, que l'approximation par des polynômes n'est possible que si f est uniformément continue sur I; f se prolonge alors en une fonction continue sur l'intervalle compact obtenu en ajoutant à I ses extrémités, et le théorème de Weierstrass appliqué à cet intervalle compact fournit le résultat. Bref, le théorème de Weierstrass n'est pas améliorable. Ceci dit, il y a des théorèmes d'approximation plus difficiles où, au lieu de considérer des polynômes, on considère par exemple des fonctions exponentielles $\exp(a_n x)$ et leurs combinaisons linéaires.

A des détails près, la démonstration du théorème de Weierstrass que nous avons exposée est celle de Weierstrass lui-même; son but était de montrer que, s'il est certes impossible de représenter toute fonction continue par des formules analytiques simples (algébriques, séries entières, etc.), il est par contre possible de trouver des séries de fonctions simples – en l'occurence, des polynômes et non pas seulement des monômes – qui les représentent.

Il y a beaucoup d'autres démonstrations du théorème; Hairer et Wanner, *Analysis by Its History*, p. 264, en recensent douze avant 1964, la dernière en date remontant à 1934. Cela me porte à soupçonner, sans l'avoir vérifié, qu'il faudrait peut-être ajouter à leur liste la seule et unique bonne démonstration, applicable dans le cadre beaucoup plus général des espaces topologiques compacts, à savoir le théorème de Stone-Weierstrass, généralisation obtenue dans les années 1930 par un mathématicien de Chicago qui a notamment écrit à cette époque le premier exposé systématique de la théorie des espaces de Hilbert "abstraits"; il a beaucoup fait après 1945 pour inviter ou recruter des mathématiciens étrangers – j'en ai profité en 1950 – et avait par ailleurs un goût prononcé pour la gastronomie en général et particulièrement la française; c'était un bon signe pour un Américain, mais il faut dire que c'était le fils d'un *Chief Justice* à la Cour Suprême et non d'un producteur de maïs de la *Bible Belt*. Il s'énonce comme suit. Supposons donné sur un espace compact X, par exemple contenu dans $\mathbb{R}$ ou $\mathbb{C}$, un ensemble A – initiale du mot "algèbre" – de fonctions continues à valeurs complexes vérifiant les conditions suivantes :

(a) les constantes complexes sont dans A;
(b) la somme et le produit de deux fonctions de A sont encore dans A;
(c) pour toute $f \in A$, la fonction $\bar{f}$ imaginaire conjuguée est dans A;
(d) quels que soient les points $x, y \in X$ distincts, il existe une $f \in A$ telle que $f(x) \neq f(y)$.

Alors *toute fonction continue sur X est limite uniforme sur X d'une suite de fonctions $f_n \in A$.* Pour une démonstration quasi sans calcul, voir Dieudonné, vol. 1, Chap. VII, n° 3 ou Serge Lang, *Analysis I* (Addison-Wesley, 1968), Chap. VIII, n° 5. Si X est un compact de $\mathbb{C}$, on peut prendre pour A l'ensemble des polynômes en x et y [mais non les seuls polynômes en z : ils ne vérifient pas la condition (c), sans parler du fait que, dans un ouvert de $\mathbb{C}$, une limite uniforme de polynômes en z est holomorphe comme on le verra], d'où le théorème de Weierstrass à deux variables, ou à p variables en prenant X dans $\mathbb{R}^p$.

Prenons en particulier pour X le cercle $|z| = 1$, ensemble des nombres complexes de la forme $z = e^{2\pi i t}$ avec $t \in \mathbb{R}$ défini modulo $\mathbb{Z}$. Une fonction f

définie et continue sur X se transforme en une fonction $g(t) = f(e^{2\pi it})$ définie, continue et de période 1 sur $\mathbb{R}$, et vice-versa comme on le voit facilement – il n'y a que la continuité à vérifier. Sur X, un polynôme en $x = (z + \bar{z})/2$ et $y = (z - \bar{z})/2i$, i.e. en z et $\bar{z}$, se réduit visiblement à une somme finie de la forme $\sum a_n e^{2\pi int}$ avec des $n \in \mathbb{Z}$, autrement dit à un polynôme trigonométrique (Chap. III, n° 5). Corollaire : *toute fonction définie, continue et périodique sur $\mathbb{R}$ est limite uniforme de polynômes trigonométriques*, comme on l'a annoncé au Chap. III, n° 5. C'est le résultat sur lequel on peut fonder toute la théorie des séries de Fourier. On peut aussi, on le verra dans le chapitre consacré au sujet, le démontrer par des calculs explicites élémentaires, comme Weierstrass lui-même l'a fait en son temps. Mais la méthode Stone s'applique à des généralisations des séries de Fourier (analyse harmonique sur les groupes compacts par exemple) où des calculs directs et explicites seraient inextricables. Au surplus, on s'abstient ainsi de recourir à des fonctions providentielles comme $\exp(-\pi x^2)$.

Ce genre de démonstration "non constructive" ne satisfait naturellement pas les calculateurs. On trouvera dans Hairer et Wanner, pp. 264–268, une démonstration avec calcul et, surtout, des graphes montrant l'approximation fournie par celle-ci.

29 – Fonctions ayant des dérivées données en un point

Pour terminer ce § par un exercice théorique non évident, nous allons démontrer le résultat suivant[54] :

Théorème 29 (Emile Borel, 1895). *Pour toute suite (a_n) de nombres complexes, il existe une fonction f indéfiniment dérivable et à support compact sur $\mathbb{R}$ telle que l'on ait $f^{(n)}(0) = a_n$ pour tout $n \in \mathbb{N}$.*

Le premier mouvement, en présence de ce théorème, est de poser

$$(29.1) \qquad f(x) = \sum a_n x^n/n!$$

conformément à la formule de Maclaurin. C'est le mauvais puisque la série a toutes les chances de diverger pour $x \neq 0$.

Il y a quand même une idée de démonstration dans (1). La fonction $a_n x^n/n! = a_n x^{[n]}$ possède en effet la vertu qu'à l'origine, toutes ses dérivées sont nulles sauf la n-ième, égale à a_n. Nous allons la remplacer par une fonction $f_n \in \mathcal{D}$, espace des fonctions C^∞ à support compact sur $\mathbb{R}$, possédant

---

[54] La démonstration qui suit (H. Mirkil, 1956) développe celle que l'on trouve par exemple dans Lars Hörmander, *The Analysis of Linear Partial Differential Operators* (vol. 1, Springer-Verlag, 1983, p. 16), où elle occupe seize lignes. Le résultat complet de Borel est beaucoup plus fort mais nécessite des résultats difficiles sur les fonctions analytiques : on peut supposer f de classe C^∞ au voisinage de 0 et *analytique-réelle* en dehors de l'origine. Voir Remmert, *Funktionentheorie II*, p. 237.

les mêmes propriétés mais rendant la série convergente. Et comme il faudra calculer les dérivées successives de la série, il faudra pouvoir la dériver terme à terme, i.e. appliquer le théorème 20 du Chap. III, n° 17. Autrement dit, la fonction f sera donnée par la formule

$$(29.2) \qquad f(x) = \sum f_n(x)$$

où les $f_n \in \mathcal{D}$ vérifient par exemple

$$(29.3) \qquad f_n(x) = 0 \qquad \text{pour} \qquad |x| \geq 1$$

pour fournir un résultat à support compact, vérifient aussi

$$(29.4) \qquad f_n^{(r)}(0) = \begin{cases} a_n & \text{si} \quad r = n \\ 0 & \text{si} \quad r \neq n \end{cases}$$

et enfin, c'est le point crucial, sont choisies de telle sorte que, pour tout $r \geq 0$, la série des dérivées $\sum f_n^{(r)}(x)$ converge uniformément dans $|x| \leq 1$ [ou dans $\mathbb{R}$, ce qui revient au même d'après (3)]. La démonstration peut se décomposer en plusieurs parties.

(i) *Construction de f_0* ou, ce qui revient au même, d'une fonction h nulle pour $|x| \geq 1$, égale à 1 en $x = 0$ et dont toutes les dérivées sont nulles à l'origine. On part pour cela d'une fonction du type

$$(29.5) \qquad g(x) = \begin{cases} 1 & \text{pour} \quad |x| \leq A \\ 0 & \text{pour} \quad |x| > A \end{cases}$$

et on la "régularise" à l'aide d'un produit de convolution

$$(29.6) \qquad h(x) = \int \varphi(x-y)g(y)dy$$

par une $\varphi \in \mathcal{D}$ positive, d'intégrale totale égale à 1 et nulle pour $|x| > r$, où r sera choisi plus tard. L'intégrale est étendue à l'intervalle $|y| \leq A$ et ne peut être $\neq 0$ pour x donné que s'il existe un y vérifiant à la fois $|y| \leq A$ et $|x-y| \leq r$, ce qui exige $|x| \leq A + r$. On a alors

$$h(x) = \int_{-A}^{+A} \varphi(x-y)dy = \int_{x-A}^{x+A} \varphi(z)dz.$$

Le support $[-r, r]$ de φ est contenu dans $[x-A, x+A]$ dès que l'on a $x - A \leq -r < r \leq x + A$, i.e. $r - A \leq x \leq r + A$; choisissant $A = 3/4$ et $r = 1/4$, on voit donc que fonction h est nulle pour $|x| > 1$ et égale à $\int \varphi(z)dz = 1$ pour $|x| < 1/2$. Son graphe est du type ci-dessous (fig. 12).

(ii) *Choix des f_n.* On pose

$$(29.7) \qquad f_n(x) = h(b_n x)a_n x^{[n]}.$$

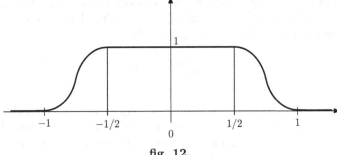

fig. 12.

avec des $b_n > 0$ à choisir plus tard. Comme on désire que f_n soit nulle pour $|x| \geq 1$, il est prudent de leur imposer la condition

$$(29.8) \qquad\qquad b_n > 1.$$

Calculons les dérivées à l'origine des f_n. Elles s'obtiennent par la formule de Leibniz : $(fg)^{[r]} = \sum f^{[r-p]}g^{[p]}$. En $x = 0$, toutes les dérivées de $x^{[n]}$ sont nulles sauf la n-ième, égale à 1. Celles de $h(b_n x)$ sont toutes nulles à l'origine à partir de la première. La dérivée d'ordre r de f_n ne peut donc être $\neq 0$ que s'il existe un p tel que l'on ait à la fois $p = n$ et $p = r$, autrement dit si $r = n$. Dans ce cas, il reste $f_n^{(n)}(0) = a_n$, de sorte que les f_n vérifient bien la condition (4), et ceci quels que soient les b_n.

(iii) *Convergence des séries* $\sum f_n^{(r)}(x)$. Nous allons montrer que l'on peut choisir les b_n de telle sorte que l'on ait

$$(29.9) \qquad |f_n^{(r)}(x)| \leq 1/2^n \quad \text{pour tout } x, \text{ tout } r \text{ et tout } \ n > r,$$

la seule vertu des nombres $1/2^n$ étant de former une série convergente. Si tel est le cas, il est clair en effet que la série $\sum f_n(x)$ sera normalement convergente ainsi que toutes les séries dérivées, la somme de la série sera donc dans $\mathcal{D}$ et ses dérivées, à l'origine ou ailleurs, se calculant en dérivant la série terme à terme, seront, à l'origine, les a_n en vertu des relations (4).

Il reste donc à choisir les b_n. D'après (7) et Leibniz, on a

$$(29.10) \qquad f_n^{(r)}(x) = \sum ? h^{(r-p)}(b_n x) b_n^{r-p} a_n x^{[n-p]}$$

avec des coefficients binômiaux notés ? et dont les expressions précises importent peu. Comme $h(b_n x) = 0$ pour $|x| > 1/b_n$, il suffit, pour évaluer le résultat, de se placer dans l'intervalle $|x| \leq 1/b_n$, ce qui permet de majorer les monômes figurant dans (10). Dans cet intervalle, on a $|b_n^{r-p} x^{n-p}| \leq b_n^{r-n}$, expression indépendante de p, d'où, en passant aux normes de la convergence uniforme,

$$(29.11) \quad \left\| f_n^{(r)} \right\| \leq b_n^{r-n} |a_n| \sum ? \left\| h^{(r-p)} \right\| = M_{r,n} b_n^{r-n} \leq M_{r,n}/b_n$$

pour $r < n$. Comme, pour n donné, les conditions (9) à vérifier ne concernent que les $r < n$, donc sont en nombre fini, il suffit donc, pour les réaliser simultanément, de choisir $M_{r,n}/b_n \leq 1/2^n$, i.e.

$$b_n \geq \max_{0 \leq r < n} 2^n M_{r,n},$$

cqfd.

Cette démonstration est typique des techniques actuelles en analyse. Tout le travail consiste à contrôler rigoureusement les ordres de grandeur des nombres ou fonctions que l'on manipule. Rien n'est calculé explicitement. On est aux antipodes de l'analyse des Fondateurs.

§9. Mesures de Radon dans $\mathbb{R}$ ou $\mathbb{C}$

30 – Mesures de Radon sur un compact

Comme nous l'avons déjà observé à diverses reprises, beaucoup de résultats de la théorie de l'intégration utilisent uniquement quelques propriétés quasi algébriques de l'intégrale $m(f)$ d'une fonction : sa linéarité, sa positivité et sa continuité relativement à la convergence uniforme, autrement dit le théorème 1 du n° 2. La positivité n'intervient même pas lorsqu'il s'agit de limites uniformes.

Nous avons aussi observé à l'occasion qu'il existe de curieuses analogies entre intégrales et séries. Plaçons-nous dans un intervalle compact de $\mathbb{R}$ et considérons par exemple les deux situations suivantes :

(i) le théorème 9 du n° 9 et le théorème 24 du n° 25 qui permettent de calculer la dérivée d'une somme "continue"

$$(30.1) \qquad \varphi(y) = \int f(x,y)\mu(x)dx$$

de fonctions par la formule

$$(30.2) \qquad \varphi'(y) = \int D_2 f(x,y)\mu(x)dx,$$

(ii) le théorème 19 du Chap. III, n° 17 qui, traduit en langage de séries, permet de dériver une somme "discrète"

$$(30.3) \qquad \varphi(y) = \sum f_n(y)$$

de fonctions à l'aide de la formule

$$(30.4) \qquad \varphi'(y) = \sum f'_n(y).$$

L'analogie serait encore plus visible si, partant d'un ensemble fini ou dénombrable D de points de $\mathbb{R}$, d'une fonction numérique $\mu(\xi)$ sur D vérifiant $\sum |\mu(\xi)| < +\infty$ et d'une fonction $f(\xi,y)$ définie sur $D \times Y$, on posait

$$(30.3') \qquad \varphi(y) = \sum f(\xi,y)\mu(\xi)$$

on aurait alors

$$(30.4') \qquad \varphi'(y) = \sum D_2 f(\xi,y)\mu(\xi)$$

moyennant bien sûr des hypothèses convenables comme dans le cas (i).

On peut unifier formellement les deux cas en posant, pour toute fonction raisonnable f d'une variable "continue" ou "discrète", $\mu(f) = \int f(x)\mu(x)dx$ dans le premier cas et $\mu(f) = \sum f(\xi)\mu(\xi)$ dans le second; en utilisant la notation $f_y(x) = f(x,y)$, on a alors

$$\varphi(y) = \mu(f_y) \qquad \text{et} \qquad \varphi'(y) = \mu\left[(D_2 f)_y\right]$$

dans les deux cas.

On est ainsi amené à introduire d'une façon générale des fonctions $f \mapsto \mu(f)$ dans lesquelles la variable f est une *fonction* plus ou moins arbitraire sur un intervalle donné X (ou un espace métrique, voire même, dans la théorie "abstraite"de l'intégration, un ensemble quelconque) et possédant des propriétés formelles analogues à celles des intégrales et séries. Il faut évidemment imposer des restrictions à la catégorie des fonctions f considérées : il n'est pas possible de définir de façon naturelle l'expression $\int f(x)dx$ pour *toute* fonction f. D'autre part, le problème, qu'il s'agisse de séries ou d'intégrales, a toujours été le suivant : on se donne $\mu(f)$ pour des fonctions f particulièrement simples (sommes finies dans le cas discret, fonctions étagées dans le cas continu) et l'on se propose d'étendre de façon naturelle la construction à des fonctions plus compliquées (séries dans le cas discret, intégrales de fonctions réglées, ou semi-continues, ou plus générales encore chez Lebesgue dans le cas des sommes continues).

Dans le cas le plus simple d'un intervalle compact $K \subset \mathbb{R}$, les constructions des n° 1 et 2 de ce Chapitre nous conduiraient à associer à chaque fonction *étagée* φ un nombre $\mu(\varphi)$ possédant les propriétés suivantes :

(i) *linéarité* : on a $\mu(\alpha\varphi + \beta\psi) = \alpha\mu(\varphi) + \beta\mu(\psi)$ quelles que soient les constantes α et β et les fonctions étagées φ et ψ;

(ii) *continuité* pour la convergence uniforme : il existe une constante $M(\mu) \geq 0$ telle que

(30.5) $$|\mu(\varphi)| \leq M(\mu)\|\varphi\|_K$$

quelle que soit φ. Si, pour tout intervalle $I \subset K$, on note χ_I la fonction égale à 1 dans I et à 0 dans $K - I$, on peut ainsi associer à I une "mesure"

$$\mu(I) = \mu(\chi_I)$$

qui possède manifestement la propriété d'additivité (M 2) du n° 1 :

$$I = I_1 \cup \ldots \cup I_n \Longrightarrow \mu(I) = \mu(I_1) + \ldots + \mu(I_n)$$

si les I_k sont deux à deux disjoints, car χ_I est alors la somme des fonctions caractéristiques des I_k. On peut à partir de là calculer l'intégrale $\mu(\varphi)$ de toute fonction étagée en utilisant une *partition* finie de K en intervalles I_k sur lesquels φ est constante; choisissant des points $\xi_k \in I_k$, on a alors

$$\mu(\varphi) = \sum \varphi(\xi_k)\mu(I_k)$$

car

$$\varphi(x) = \sum \varphi(\xi_k) \chi_{I_k}(x)$$

pour tout $x \in K$, d'où la formule par la linéarité de $\varphi \mapsto \mu(\varphi)$.

A partie de cette donnée, on peut alors définir $\mu(f)$ pour toute fonction réglée f dans K par passage à la limite uniforme : si des φ_n étagées convergent uniformément vers f, la relation (5), qui donne

$$|\mu(\varphi_p) - \mu(\varphi_q)| \le M(\mu)\|\varphi_p - \varphi_q\|_K,$$

montre que les intégrales $\mu(\varphi_n)$ forment une suite de Cauchy, donc convergent; la limite ne dépend que de f car si (ψ_n) est une autre approximation uniforme de f, la relation (5) montre que $\mu(\varphi_n) - \mu(\psi_n)$ tend vers 0. (Voyez la construction des nombres réels à partir des suites de Cauchy de nombres rationnels). D'où $\mu(f)$ avec, bien évidemment, les deux propriétés usuelles de linéarité et de continuité :

$$|\mu(f)| \le M(\mu)\|f\|_K.$$

On notera en passant que cette construction, qui ne passe pas par les intégrales "inférieure" et "supérieure" du n° 1 mais ne s'applique – grand malheur ! – qu'aux fonctions réglées, n'utilise pas l'hypothèse de *positivité* de μ, à savoir que

(30.6) $\varphi \ge 0 \Longrightarrow \mu(\varphi) \ge 0.$

Si elle est vérifiée, la relation $\varphi \le \psi$ implique $\mu(\varphi) \le \mu(\psi)$ et tous les raisonnements du n° 1 relatifs aux intégrales inférieure et supérieure d'une fonction bornée s'appliquent sans changement. Comme on l'a observé dès le n° 1, les trois conditions imposées à nos fonctions $\mu(I)$ seraient vérifiées si l'on posait $\mu(I) = \mu(v) - \mu(u)$ pour $I = (u, v)$, où $\mu(x)$ est une fonction croissante dans K. On notera aussi que cette construction mélange les sommes discrètes et les sommes continues : poser par exemple

$$\mu(\varphi) = \int_K \varphi(x)\mu(x)dx + \sum \varphi(\xi)c(\xi)$$

où l'on intègre sur K et où $\sum |c(\xi)| < +\infty$; si φ est la fonction caractéristique d'un intervalle $I \subset K$ de nature quelconque, on trouve évidemment

$$\mu(I) = \int_I \mu(x)dx + \sum_{\xi \in I} c(\xi).$$

Physiquement, cela reviendrait à considérer que l'on se donne sur K d'une part une répartition de masses dont la densité au sens usuel (rapport entre la masse d'un segment "infiniment petit" de K et sa longueur) est donnée par la fonction réglée $\mu(x)$ et, d'autre part, un ensemble dénombrable de masses "ponctuelles" $c(\xi)$. On rencontre aussi ce genre de situation en physique plus moderne : dans le spectre des radiations émises par le Soleil, il y a des "bandes", avec une intensité qui est une fonction continue de la fréquence, et des "raies" qui concentrent une intensité non nulle sur un intervalle réduit à une seule fréquence. Rien donc là de très artificiel; Newton aurait dit que cela se rencontre dans la Nature ...

Dans la pratique élémentaire, on s'intéresse avant tout à l'intégration des fonctions *continues*; lorsque, dans les théorèmes de dérivation sous le signe $\int$ par exemple, nous avons introduit une fonction réglée quelconque $\mu(x)$ devant le symbole dx de la *mesure de Lebesgue*

$$f \longmapsto m(f) = \int_X f(x)dx$$

dans un intervalle X, ce n'était pas pour avoir le plaisir d'intégrer des fonctions discontinues; c'était pour obtenir un théorème applicable à la mesure

$$f \longmapsto \mu(f) = \int_X f(x)\mu(x)dx.$$

Il y a d'autres raisons plus techniques de penser que dans une "bonne" théorie de l'intégration, la donnée primitive est, non pas la mesure $\mu(I)$ d'un intervalle quelconque $I \subset K$, mais bien l'intégrale $\mu(f)$ d'une fonction continue quelconque f dans K; de toute façon, et comme on vient de le voir, le passage de la mesure des intervalles à l'intégration des fonctions continues (ou même réglées) est quasi instantanné à partir du moment où l'on a compris la construction de l'intégrale classique.

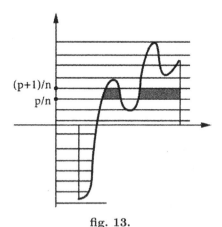

fig. 13.

Le vrai problème, résolu par Lebesgue, est d'intégrer des fonctions beaucoup plus générales que les fonctions continues ou réglées (à commencer par les fonctions semi-continues). Chez Lebesgue, il y a un siècle, on commence par étendre la notion de mesure d'un intervalle à celle de mesure d'un ensemble beaucoup plus compliqué $E \subset K$, par exemple aux ensembles qui sont des réunions dénombrables d'intersections dénombrables de réunions dénombrables d'intersections dénombrables de réunions dénombrables d'intervalles ouverts (il y a bien pire, mais cela n'a aucune importance). A partir de là, on intègre une fonction f – supposons-la bornée pour simplifier – comme suit : pour tout entier $n \geq 1$, on considère quel que soit $p \in \mathbb{Z}$ l'ensemble $E_{n,p} = \{p/n \leq f(x) < p/n + 1/n\}$ sur lequel f est égale à p/n à $1/n$ près; ces ensembles forment une partition finie de K; s'ils appartiennent à la catégorie de ceux pour lesquels on a été capable de définir $m(E)$ [ou $\mu(E)$ dans le cas d'une mesure quelconque], on peut considérer la *somme de Lebesgue*, par opposition à Riemann, $\sum_p m(E_{p,n})p/n$; géométriquement, cela revient à considérer dans le plan l'ensemble des points (x, y) compris entre K et le graphe de f, à le découper par les droites $y = p/n$ en tranches *horizontales* ayant pour bases les $E_{p,n}$ et à approcher l'aire cherchée $\int f(x)dx$ par la somme des aires de ces tranches horizontales (fig. 13). Le génie de Lebesgue n'a pas tellement été de remplacer les découpages en tranches verticales par des découpages en tranches horizontales; il a été de comprendre que cette innocente modification de la procédure traditionnelle constituait une méthode formidablement plus puissante que celle de Riemann. On l'a généralisée ad libitum, mais personne n'est jamais allé plus loin d'une façon qui pourrait être utile en dehors de problèmes ad hoc. On a seulement modifié le mode d'exposition choisi par Lebesgue à une époque où les notions d'espace vectoriel, de forme linéaire et de norme n'avaient pas encore été isolées : on avait *arithmétisé* l'analyse qui était maintenant, en Allemagne bien plus qu'en France, aussi rigoureuse que la théorie des nombres, on ne l'avait pas encore *algébrisée* et, en fait, la théorie de l'intégration est probablement la première à avoir contraint les analystes à apprendre, voire même à inventer, ce qu'est un espace vectoriel de dimension infinie, les espaces de Hilbert pour commencer.

Puisque, pour tout ensemble compact $K \subset \mathbb{C}$ (ou dans $\mathbb{R}^p$, ou pour tout espace métrique compact), on dispose de l'espace[55] $L(K) = C^0(K)$ des fonctions numériques continues sur K et de la norme

$$\|f\|_K = \sup |f(x)|$$

de la convergence uniforme sur K, on est conduit à définir une *mesure de Radon* sur K de la façon suivante : c'est une application

---

[55] La notation $L(X)$ a été introduite dans André Weil, *L'intégration dans les groupes topologiques et ses applications* (Paris, Hermann, 1940), livre dans lequel beaucoup de gens de ma génération ont appris l'intégration et l'analyse de Fourier généralisée. Je présume que Weil l'a choisie non seulement en hommage à Lebesgue, mais aussi parce qu'il composait ses textes directement à la machine à écrire ...

$$\mu : L(K) \longmapsto \mathbb{C}$$

qui est *linéaire* au sens général de l'algèbre et *continue* au sens général de la théorie des espaces vectoriels munis d'une norme : il existe une constante $M(\mu)$ telle que l'on ait

$$|\mu(f)| \leq M(\mu)\|f\|_K$$

pour toute $f \in L(K)$. Une telle mesure est dite *positive* si

$$f \geq 0 \Longrightarrow \mu(f) \geq 0.$$

On démontre sans beaucoup de difficulté que toute mesure μ peut se mettre sous la forme $\mu(f) = \mu_1(f) - \mu_2(f) + i\mu_3(f) - i\mu_4(f)$ avec des mesures μ_k positives. On en profite généralement pour se restreindre – ou se ramener – au cas des mesures positives, de loin les plus importantes et les seules pour lesquelles on a construit une grande théorie.

La notation de Leibniz ayant surabondamment prouvé son utilité, on l'imite en écrivant

$$\mu(f) = \int_K f(x)d\mu(x),$$

notation qui se justifiera mieux plus loin, mais dont on peut se servir sans en comprendre l'origine. On a donc, par définition,

$$(30.7) \quad \int_K (3\sin x - 5\log x)d\mu(x) = 3\int_K \sin x \, d\mu(x) - 5\int_K \log x \, d\mu(x)$$

quelles que soient les constantes 3 et -5 et les fonctions sin et log continues sur K, ainsi que

$$(30.8) \quad \left|\int_K f(x)d\mu(x)\right| \leq M(\mu)\|f\|_K$$

pour toute fonction continue f sur K, avec une constante $M(\mu)$ que l'on choisit évidemment aussi petite que possible; c'est la *norme de la mesure* μ, notation $\|\mu\|$; pour la mesure usuelle m sur un intervalle de $\mathbb{R}$, on a $\|m\| = m(K)$. L'objet de cette condition est de garantir que le théorème 4 relatif aux limites uniformes s'applique encore ici : si une suite de fonctions continues f_n converge uniformément sur K vers une limite f nécessairement continue, on a

$$(30.9) \quad |\mu(f) - \mu(f_n)| = |\mu(f - f_n)| \leq M(\mu)\|f - f_n\|_K,$$

d'où $\mu(f) = \lim \mu(f_n)$. Si, de même, une série $s(x) = \sum u_n(x)$ de fonctions continues sur K converge normalement, on peut l'intégrer terme à terme :

$$(30.10) \quad \mu\left(\sum u_n\right) = \sum \mu(u_n).$$

En bref, *on a transformé les théorèmes 1 et 4 du §1 en définitions.*

Exemple 1. On choisit une fonction $\mu(x)$ intégrable (au sens usuel) sur un *intervalle* $K \subset \mathbb{R}$ et l'on pose

$$(30.11) \qquad \mu(f) = \int f(x)\mu(x)dx$$

pour toute $f \in L(K)$. La linéarité est évidente et la continuité résulte des inégalités

$$|\mu(f)| \leq \int |f(x)|.|\mu(x)|dx \leq \|f\|_K . \int |\mu(x)|dx.$$

On a ici $\|\mu\| \leq \int |\mu(x)|dx$ (et, en fait, égalité).

Le cas le plus simple s'obtient en choisissant $\mu(x) = 1$; c'est la mesure m qui intervient dans toute l'analyse classique et a fait l'objet de ce chapitre. On l'appelle la *mesure de Lebesgue* sur K, non pas, bien sûr, parce que le malheureux Henri Lebesgue aurait découvert que la longueur d'un intervalle (a, b) est égale à $b - a$, mais parce que c'est pour cette mesure particulière et particulièrement importante qu'il a inventé la grande théorie de l'intégration que l'on a ensuite étendue à toutes les mesures définies sur tous les espaces topologiques raisonnables. Dans le cas général (11), on parle de la *mesure de densité* $\mu(x)$ par rapport à la mesure de Lebesgue : interprétation physique évidente.

Exemple 2. On choisit un ensemble dénombrable D de points de K et, pour tout $\xi \in D$, un nombre $c(\xi) \in \mathbb{C}$; en supposant $\sum |c(\xi)| < +\infty$, on peut définir

$$(30.12) \qquad \mu(f) = \sum c(\xi)f(\xi)$$

pour toute fonction continue f sur K, la série étant étendue à D. Aucune hypothèse sur le compact K n'est ici nécessaire.

Exemple 3. On prend $K = A \times B$ où A et B sont des intervalles compacts dans $\mathbb{R}$ et l'on pose

$$m(f) = \iint_{A \times B} f(x, y)dxdy$$

pour toute fonction f continue sur K (n° 9, théorème 10).

Exemple 4. On choisit pour K l'ensemble $\mathbb{T} : |z| = 1$ des nombres complexes de module 1 (cercle unité); la "représentation paramétrique" $z = \exp(2\pi it) = \mathbf{e}(t)$ des points de $\mathbb{T}$ transforme toute fonction $f \in L(\mathbb{T})$ en une fonction $f[\mathbf{e}(t)]$ continue et de période 1 sur $\mathbb{R}$. On obtient alors une mesure très privilégiée sur $\mathbb{T}$ en posant

$$(30.13) \qquad m(f) = \int_0^1 f[\mathbf{e}(t)]dt = \frac{1}{2\pi} \int_0^{2\pi} f(e^{it})dt$$

pour toute $f \in L(\mathbb{T})$; c'est celle qui contrôle la théorie des séries de Fourier. On pourrait évidemment remplacer $\mathbb{T}$ par toute autre courbe paramétrée, mais il vaut mieux reporter ce type d'exemple au moment où nous en aurons besoin (intégrales curvilignes de fonctions holomorphes notamment).

On verra plus loin comment, dans le cas d'un *intervalle*, on peut construire toutes les mesures sur K par un procédé analogue à celui des n° 1 et 2, relatif à la mesure de Lebesgue.

Montrons maintenant rapidement comment certains des théorèmes relatifs à la mesure de Lebesgue s'étendent aux mesures de Radon.

Dérivation sous le signe $\int$. Le théorème 9 du n° 9 s'étend trivialement (i.e. avec une démonstration identique) aux fonctions

$$(30.14) \qquad g(y) = \int f(x,y)d\mu(x),$$

où l'on omet d'indiquer que l'intégrale est étendue à K; f est une fonction continue dans $K \times J$ et J un intervalle de $\mathbb{R}$. Le résultat est une fonction continue et il est de classe C^1 si $D_2 f$ existe et est continue, avec dans ce cas

$$(30.15) \qquad g'(y) = \int D_2 f(x,y)d\mu(x).$$

Reproduire ici les démonstrations verbatim, comme M. Attali les propos de M. Mitterand, serait gaspiller notre temps et celui du lecteur. Le cas le plus simple est celui d'un intervalle $K \subset \mathbb{R}$, mais en fait le raisonnement et le résultat s'appliquent à tout ensemble compact K si l'on sait que, sur tout ensemble compact (par exemple, ici, $K \times H$ où $H \subset J$ est un intervalle compact), une fonction continue est uniformément continue.

Exercice. La fonction $f \star \mu(x) = \int f(x-y)d\mu(y)$ est C^∞ si f est C^∞ et à support compact dans $\mathbb{R}$.

Intégrales doubles. Un exercice un peu moins facile consiste à généraliser aux mesures le théorème 10 :

Théorème 30. *Soient K et $H \subset \mathbb{R}$ deux ensembles compacts, μ et ν des mesures sur K et H et f une fonction continue sur $K \times H$. On a alors*

$$(30.16) \qquad \int_K d\mu(x) \int_H f(x,y)d\nu(y) = \int_H d\nu(y) \int_K f(x,y)d\mu(x).$$

Si l'on s'inspire de la démonstration du théorème 10, on est conduit, pour un $r > 0$ donné, à reprendre des partitions (K_p) de K et (H_q) de H et à comparer chaque membre de (16) à la somme des expressions analogues obtenues en remplaçant K et H par K_p et H_q, i.e. en multipliant $f(x,y)$ par $\chi_p(x)\theta_q(y)$ où χ_p et θ_q sont les fonctions caractéristiques de K_p et H_q. Comme

$$(30.17) \qquad \sum \chi_p(x) = 1 \ \text{ dans } K, \qquad \sum \theta_q(y) = 1 \ \text{ dans } H,$$

on a $f(x,y) = \sum f(x,y)\chi_p(x)\theta_q(y)$ dans $K \times H$, ce qui explique pourquoi la somme des intégrales sur les produits $K_p \times H_q$ est l'intégrale de f sur $K \times H$.

Cette méthode n'est pas directement applicable ici : pour une mesure quelconque, nous ne savons encore intégrer que des fonctions continues. La solution consiste à remplacer les fonctions discontinues qui nous bloquent par des fonctions *continues* et positives k_p et h_q sur K et H vérifiant encore (17) et nulles en dehors d'ensembles A_p ou B_q suffisamment petits pour que la fonction f soit constante à r près dans chaque produit $A_p \times B_q$. D'après (17) et la linéarité de μ et ν, on aura alors

(30.18)
$$\int d\mu(x) \int f(x,y)d\nu(y) =$$
$$= \sum \int d\mu(x) \int f(x,y)k_p(x)h_q(y)d\nu(y),$$

tout aura un sens et l'on pourra imiter la démonstration du théorème 10.

Introduisons de la précision. Donnons nous un $r > 0$ et choisissons un $r' > 0$ tel que (continuité uniforme : n° 8)

(30.19) $(|x' - x''| \leq r')$ & $(|y' - y''| \leq r') \Longrightarrow |f(x',y') - f(x'',y'')| \leq r$.

Recouvrons K à l'aide d'un nombre fini d'ensembles *fermés* F_p de diamètres[56] $\leq r'/2$ (il ne s'agit pas d'une partition) et, pour chaque p, choisissons un ensemble *ouvert* $U_p \supset F_p$ de diamètre $\leq r'$; il est permis mais inutile de supposer que ces ensembles sont des intervalles. Pour tout p, il existe sur K une fonction continue positive φ_p qui est strictement positive dans F_p et nulle en dehors de U_p, par exemple $\varphi_p(x) = d(x, K - U_p \cap K)$, distance du point x au complémentaire, fermé et disjoint de F_p, de $U_p \cap K$ dans K. La fonction continue $k(x) = \sum \varphi_p(x)$ étant > 0 en tout $x \in K$ puisque les F_p recouvrent K, il reste à poser $k_p(x) = \varphi_p(x)/k(x)$ pour obtenir les fonctions cherchées.

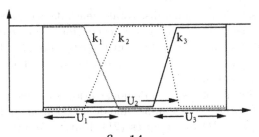

fig. 14.

Construisons de même dans H des fonctions h_q continues, positives, de somme 1 et nulles en dehors d'ouverts V_q de diamètres $< r'$. Enfin, choisissons des points $\xi_p \in A_p = U_p \cap K$ et $\eta_q \in B_q = V_q \cap H$.

---

[56] Le diamètre d'un ensemble $X \subset \mathbb{C}$ est le nombre $\sup d(x,y)$ où x, y varient dans X.

Dans le terme général de la somme (18), la fonction que l'on intègre ne peut être $\neq 0$ en un point (x, y) que si $g_p(x)$ et $h_q(y)$ le sont, i.e. si $(x, y) \in A_p \times B_q$. On a alors $|x - \xi_p| \leq r'$ et $|y - \eta_q| \leq r'$ et donc, d'après (19),

$$(30.20) \quad |f(x,y)k_p(x)h_q(y) - f(\xi_p, \eta_q)k_p(x)h_q(y)| \leq rk_p(x)h_q(y).$$

En fait, cette inégalité est valable quel que soit $(x, y) \in K \times H$ puisqu'en dehors de $A_p \times B_q$, on a soit $k_p(x) = 0$, soit $h_q(y) = 0$. En additionnant les inégalités (20) et en tenant compte de $\sum k_p(x)h_q(y) = 1$, on trouve

$$\left| f(x, y) - \sum f(\xi_p, \eta_q)k_p(x)h_q(y) \right| \leq r$$

quels que soient x et y. Posant $g(x, y) = \sum f(\xi_p, \eta_q)k_p(x)h_q(y)$, on a donc

$$(30.21) \quad\quad\quad \|f - g\|_{K \times H} \leq r.$$

Mais désignons par $\lambda'(f)$ et $\lambda''(f)$ les deux membres de (16). Ce sont des mesures sur $K \times H$: la linéarité est évidente et la continuité résulte de $|\lambda'(f)| \leq M(\mu)M(\nu)\|f\|_{K \times H}$ avec la même inégalité pour λ''. D'après (21), on a donc $\lambda'(f) = \lambda'(g)$ et $\lambda''(f) = \lambda''(g)$ à $M(\mu)M(\nu)r$ près. Puisque $r > 0$ est arbitraire, il suffit donc de montrer que $\lambda'(g) = \lambda''(g)$ pour établir (16).

Mais c'est évident : quelles que soient $k \in L(K)$ et $h \in L(H)$, on a

$$\int d\mu(x) \int k(x)h(y)d\nu(y) = \int d\mu(x)k(x) \int h(y)d\nu(y) =$$
$$= \int d\mu(x)k(x)\nu(h) = \nu(h) \int k(x)d\mu(x) = \mu(k)\nu(h)$$

et le même calcul, avec le même résultat, en permutant l'ordre des intégrations; puisque g est une combinaison linéaire de fonctions de la forme $k(x)h(y)$, on a $\lambda'(g) = \lambda''(g)$, cqfd.

Cette démonstration se généralise totalement : dans tout espace métrique, on peut trouver des systèmes de fonctions continues positives vérifiant (17) et nulles en dehors d'ouverts arbitrairement petits donnés; de tels systèmes de fonctions s'appellent des *partitions de l'unité*. La méthode s'applique aux intégrales triples, quadruples, etc.

Les deux points essentiels de la démonstration sont que (i) l'identité (16) est évidente si $f(x, y)$ est une somme finie de fonctions de la forme $g(x)h(y)$, (ii) toute $f \in L(K \times H)$ est, d'après (21), limite *uniforme sur $K \times H$* de telles fonctions. Le théorème général de Stone-Weierstrass fournirait (ii) sans le moindre calcul : il suffirait de vérifier que l'ensemble A des fonctions de la forme $\sum g_p(x)h_q(y)$, avec $g_p \in L(K)$ et $h_q \in L(H)$ à valeurs complexes, satisfait aux conditions (a), (b), (c), (d) du n° 28; exercice des plus faciles.

Il faut enfin observer que l'application

$$f \longmapsto \lambda(f) = \iint f(x, y)d\mu(x)d\nu(y)$$

– inutile maintenant de préciser l'ordre des intégrations – est une *mesure* sur le compact $K \times H$, la *mesure produit* ou *produit cartésien* de μ et ν. En choisissant $d\mu(x) = dx$ et $d\nu(y) = dy$, on retrouve la mesure de Lebesgue dans le plan.

Toute la théorie exposée aux n° 10 et 11 s'étend aussi aux mesures positives générales et avec strictement les mêmes démonstrations : on a fait le nécessaire pour qu'il suffise de remplacer partout $m(f)$ par $\mu(f)$ et $m(K)$ par $M(\mu)$ ou $\|\mu\|$.

31 – Mesures sur un ensemble localement compact

Puisque la mesure de Lebesgue permet d'intégrer sur des intervalles qui ne sont ni compacts ni bornés, on peut probablement étendre la définition des mesures de Radon à ce cas. Examinons d'abord de plus près la situation classique, un peu moins simple que dans le cas compact.

Si $X = (a, b) \subset \mathbb{R}$ est un intervalle quelconque, on ne peut pas définir l'intégrale $\int f(x)dx$ étendue à X pour n'importe quelle fonction f continue dans X : il y a des conditions de convergence aux extrémités de X si celles-ci n'appartiennent pas à X ou sont infinies. Une méthode radicale pour les éliminer est de supposer la fonction $f(x)$ nulle lorsque x est assez voisin de a ou de b, i.e. qu'il existe un intervalle *compact*[57] $K = [u, v] \subset X$ tel que $f(x) = 0$ pour $x \notin K$. On a alors

$$(31.1) \qquad \int_{K'} f(x)dx = \int_K f(x)dx \qquad \text{pour } K \subset K' \subset X,$$

de sorte que l'intégrale étendue à X converge absolument pour une raison triviale et se réduit à l'intégrale sur n'importe quel compact en dehors duquel f est nulle. Les fonctions de ce genre sont dites *à support compact dans X* (n° 27); leur ensemble est un espace vectoriel que nous noterons encore $L(X)$ et que beaucoup d'auteurs notent $C_c^0(X)$, avec un indice c dont la signification est évidente. Pour tout compact $K \subset X$, on a dans $L(X)$ un sous-espace vectoriel $L(X, K)$, ensemble des $f \in L(X)$ nulles en dehors de K.

La mesure de Lebesgue dans X nous donne donc une forme linéaire (positive) $f \mapsto m(f)$ sur $L(X)$. On dispose dans $L(X)$ d'une norme

$$(31.2) \qquad \|f\|_X = \sup_{x \in X} |f(x)|,$$

---

[57] Si a est fini, on doit avoir $a \leq u$ si $a \in X$, $a < u$ sinon; si b est fini, il faut de même $b \geq v$ si $b \in X$, $b > v$ sinon. Dans le cas où a et/ou b est infini, u et v doivent de toute façon être finis. Si par exemple $X = [0, +\infty[$, une fonction continue sur X l'est en particulier en 0, de sorte que la seule difficulté pour l'intégrer sur X provient de l'autre extrémité de X.

mais si X n'est pas borné, la forme linéaire m n'est pas continue relativement à cette norme, autrement dit, il n'existe aucune constante M finie telle que l'on ait

$$(31.3) \qquad |m(f)| = \left| \int_u^v f(x) dx \right| \leq M. \sup_{x \in X} |f(x)| = M\|f\|_X$$

pour toute fonction f continue dans X et nulle en dehors d'un intervalle compact $K = [u, v] \subset X$ et par ailleurs quelconque. Prenez par exemple $X =]0, +\infty[$, d'où $0 < u < v < +\infty$; vous pouvez évidemment trouver une fonction f partout comprise entre 0 et 1, égale à 1 sur K et nulle en dehors d'un compact $K' \subset X$ un peu plus grand que K (rendre continue la fonction caractéristique de K en remplaçant ses discontinuités en u et v par des segments de droite); pour une telle fonction, le premier membre de l'inégalité précédente est $> m(K) = v - u$ et le second égal à M; impossible si u et v peuvent prendre des valeurs arbitraires entre 0 et $+\infty$. Pour $X = [0, +\infty[$, on peut prendre $u = 0$, mais la difficulté subsiste.

A défaut de (3), on peut tout de même observer que l'on a

$$(31.4) \qquad |m(f)| \leq m(K)\|f\|_X \qquad \text{pour toute } f \in L(X, K)$$

puisqu'en fait l'intégrale sur X ne porte que sur le compact $K \subset X$ en dehors duquel f est nulle. C'est le résultat qui va permettre de généraliser.

On appellera donc *mesure de Radon dans X* toute forme linéaire μ sur l'espace vectoriel $L(X)$ qui possède la propriété suivante : *pour tout compact $K \subset X$, il existe une constante $M_K(\mu)$ telle que l'on ait*

$$(31.5) \qquad |\mu(f)| \leq M_K(\mu)\|f\|_X$$

pour toute $f \in L(X, K)$. Autrement dit, on suppose que la forme linéaire μ est continue dans chaque sous-espace $L(X, K)$, mais non nécessairement dans $L(X) = \bigcup L(X, K)$ tout entier.

Exemple 1. On prend pour X l'intervalle *ouvert* $]0, +\infty[$ et

$$(31.6) \qquad \mu(f) = \int_0^{+\infty} f(x) dx / x.$$

Il n'y a pas de problème de convergence pour $f \in L(X)$ car $f(x)$ est nulle au voisinage de 0 et pour x grand. Si f est nulle en dehors de $K = [u, v]$, on a

$$|\mu(f)| \leq (\log v - \log u)\|f\|_X,$$

d'où la continuité.

On pourrait évidemment remplacer la fonction $1/x$ par n'importe quelle fonction p réglée dans X; si la fonction p est absolument intégrable dans X, on a alors

$$|\mu(f)| \leq M(\mu)\|f\|_X$$

où $M(\mu) = \int |p(x)|dx$ ne dépend plus du support K de f. Dans ce cas particulier, la forme linéaire μ est donc continue dans $L(X)$ et non pas seulement dans les sous-espaces $L(X, K)$. Une mesure possédant cette propriété est dite *bornée* ou *de masse totale finie* dans X.

Exemple 2. Si l'on remplace l'intervalle ouvert $]0, +\infty[$ par l'intervalle fermé $[0, +\infty[$, la formule (6) n'a plus de sens car, dans ce cas, une fonction $f \in L(X)$ est assujettie à être nulle pour x grand mais non au voisinage de 0, ce qui a toutes les chances de rendre divergente l'intégrale (6).

Mais on peut remplacer $1/x$ par une fonction ne posant pas de problème à l'origine et par exemple poser

$$(31.7) \qquad \mu(f) = \int_0^{+\infty} f(x)x^s dx \qquad \text{avec } \operatorname{Re}(s) > -1.$$

Si f est nulle en dehors de $K = [0, v]$, on a

$$|\mu(f)| \leq M_K(\mu)\|f\|_X$$

avec

$$M_K(\mu) = \int_0^v |x^s|dx = \frac{v^{\operatorname{Re}(s)+1}}{\operatorname{Re}(s) + 1}.$$

On obtiendrait une mesure bornée en remplaçant x^s par une fonction absolument intégrable sur X, par exemple $x^s e^{-x}$ avec $\operatorname{Re}(s) > -1$.

Exemple 3. On choisit un intervalle compact $K \subset X$, une mesure μ sur K et on considère la forme linéaire $f \mapsto \int f(x)d\mu(x)$, où l'on intègre sur K, ce qui ne fait intervenir que les valeurs de f sur ce compact fixe. Cet exemple montre qu'*une mesure sur K peut aussi être considérée comme une mesure sur X* : toutes les masses sont portées par K.

Exemple 4. Pour $X = \mathbb{R}$, on pose

$$(31.8) \qquad \mu(f) = \sum f(n),$$

sommation sur $\mathbb{Z}$. Si f est nulle en dehors d'un compact K, seuls comptent les $n \in K$, d'où $|\mu(f)| \leq M_K(\mu)\|f\|_X$ où $M_K(\mu)$ est le nombre d'entiers dans K.

On peut plus généralement poser

$$(31.9) \qquad \mu(f) = \sum c(\xi)f(\xi)$$

en supposant seulement que, pour tout compact $K \subset X$, la série étendue aux $\xi \in K$ converge absolument. Pour $f \in L(X, K)$, on a alors

$$|\mu(f)| \leq M_K(\mu)\|f\|_X \qquad \text{où} \qquad M_K(\mu) = \sum_{\xi \in K} |c(\xi)|$$

puisque les $\xi \notin K$ n'interviennent pas dans (9). Si la série totale $\sum |c(\xi)|$ converge, on obtient comme dans l'exemple 2 une mesure bornée, par exemple $\mu(f) = \sum n^{-2} \sin(1/n) f(1/n)$ pour $X = [0, +\infty[$, où l'on somme sur les entiers > 0.

Dans tout cela, le fait que X soit un intervalle de $\mathbb{R}$ ne joue guère de rôle. On pourrait supposer que X est une partie *localement compacte* de $\mathbb{C}$ (fin du n° 23) – un ouvert, un fermé ou, cas général, l'intersection d'un ouvert et d'un fermé[58] – et considérer l'espace vectoriel $L(X)$ des fonctions continues sur X nulles en dehors d'un compact de X, avec ses sous-espaces vectoriels évidents $L(X, K)$. Une mesure de Radon sur X est alors à nouveau une forme linéaire sur $L(X)$ dont la restriction à chaque $L(X, K)$ vérifie une relation (5).

Le fait que X soit localement compact sert à assurer l'existence de "beaucoup" de fonctions $f \in L(X)$. La démonstration repose sur le lemme suivant :

Lemme. *Soient X une partie de $\mathbb{C}$, K une partie compacte de X et F une partie de X disjointe de K et fermée dans[59] X. Il existe une fonction continue f dans X telle que l'on ait*

(31.10) $f = 1$ *dans* K, $0 \leq f < 1$ *dans* $X - K$, $f = 0$ *dans* F.

Si X est localement compact, on peut supposer $f \in L(X)$.

Considérons pour cela la fonction $d(x, K)$; elle est continue, nulle sur K et > 0 en dehors de K. Montrons qu'il existe un $r > 0$ tel que $d(x, K) \geq r$ pour tout $x \in F$. S'il n'en est pas ainsi, il existe pour tout n des points $x_n \in F$ et $y_n \in K$ tels que $d(x_n, y_n)$ tende vers 0. Comme K est compact, on peut (Bolzano-Weierstrass) supposer que y_n tend vers une limite $b \in K \subset X$; il est clair qu'alors les $x_n \in F$ tendent vers b. Mais comme F est fermé dans X, ceci implique $b \in F \cap K = \emptyset$, absurde.

Ceci fait, posons $f(x) = \varphi[d(x, K)]$ avec une fonction $\varphi(t)$ définie et continue pour $t \geq 0$. Pour que f vérifie les conditions (10), il suffit que φ satisfasse aux conditions suivantes : (i) $\varphi(0) = 1$; (ii) $0 \leq \varphi(t) < 1$ quel que soit $t > 0$; (iii) $\varphi(t) = 0$ pour $t \geq r$. L'existence de telles fonctions est claire.

Supposons maintenant X localement compact. Puisque F est fermé dans X, il existe pour tout $a \in X - F$ une boule ouverte $B_X(a)$ de X [ensemble des $x \in X$ tels que $d(a, x) < r$] telle que la boule fermée correspondante $\overline{B_X}(a)$ [ensemble des $x \in X$ tels que $d(a, x) \leq r$] ne rencontre pas F. X

---

[58] Exercice. Montrer sur la définition que l'intersection de deux parties localement compactes de $\mathbb{C}$ est localement compacte.

[59] Cela signifie que toute limite *dans* X de points de F est dans F, ou encore, que F est l'intersection de X et d'un ensemble fermé dans $\mathbb{C}$. C'est la notion générale d'ensemble fermé dans l'espace métrique obtenu en munissant l'ensemble X de la distance usuelle.

étant localement compact, on peut supposer $\overline{B_X}(a)$ compacte en choisissant r assez petit. Comme K l'est aussi, on peut (Borel-Lebesgue) le recouvrir à l'aide d'un nombre fini de boules $B_X(a_p)$ [ce sont les intersections de X avec des boules ouvertes de $\mathbb{C}$]. La réunion U de ces boules est ouverte dans X et contenue dans la réunion H, compacte, des $\overline{B_X}(a_p)$, laquelle ne rencontre pas F. Si l'on applique le lemme à K et $X - U \supset X - H$, on obtient une fonction f qui vérifie (10) et est nulle en dehors du compact H de X, cqfd.

Exercice – Soit X la réunion (non localement compacte) du disque ouvert $|z| < 1$ et de l'intervalle $[1,2]$ de $\mathbb{R}$. Montrer que l'on a $f(1) = 0$ pour toute fonction f continue dans X et nulle en dehors d'un compact $K \subset X$.

Les exemples de mesures dans une partie localement compacte de $\mathbb{C}$ ne sont pas toujours aussi évidents que dans $\mathbb{R}$. Il y a certes des mesures discrètes comme celles de l'exemple 4 du n° 31. Obtenir des mesures analogues à celles des exemples 1 et 2 est facile si X est *ouvert* : on choisit dans X une fonction continue quelconque ρ (car nous ne savons pas encore intégrer autre chose) et l'on pose

$$\mu(f) = \iint f(x,y)\rho(x,y)dxdy$$

pour toute $f \in L(X)$; pour tout compact $K \subset X$, l'ensemble $X - K$ est ouvert dans $\mathbb{C}$ de sorte qu'en convenant d'attribuer à $f(x,y)\rho(x,y)$ la valeur 0 en dehors de X on définit dans $\mathbb{C}$ une fonction continue à support compact ; l'intégrale $\mu(f)$ s'obtient alors en l'intégrant sur n'importe quel rectangle compact $A \times B$ contenant le support de f.

Si $X = I \times J$, où I et J sont des intervalles quelconques de $\mathbb{R}$, et si l'on a des mesures μ et ν dans I et J, on peut, comme dans le cas où I et J sont compacts, définir une mesure produit

$$f \longmapsto \int d\mu(x) \int f(x,y)d\nu(y) = \int d\nu(y) \int f(x,y)d\mu(x);$$

il faudrait pour légitimer cette construction démontrer un analogue du théorème 30, ce qui à peine nécessaire puisque f, étant nulle en dehors d'un compact de $I \times J$, l'est en dehors d'un rectangle $K \times H$ où $K \subset I$ et $H \subset J$ sont compacts[60] ; les raisonnements du théorème 30 sont donc directement applicables ici. A partir de ces produits de mesures, vous pouvez choisir une fonction continue ρ sur $X = I \times J$ et considérer la forme linéaire

$$f \longmapsto \iint f(x,y)\rho(x,y)d\mu(x)d\nu(y)$$

comme on l'a fait pour la mesure de Lebesgue. Par exemple, on prend $I =]0, +\infty[$ ouvert, $J = [0, +\infty[$ fermé et

---

[60] Démonstration : les projections $(x,y) \mapsto x$ et $(x,y) \mapsto y$ sont des applications continues de $\mathbb{C}$ dans $\mathbb{R}$ et, en particulier, de $I \times J$ dans I et J respectivement ; elles transforment donc tout compact de $I \times J$ en des compacts $K \subset I$ et $H \subset J$ (Chap. III, n° 9, théorème 11), de sorte que le compact donné est contenu dans $K \times H$.

$$\mu(f) = \int f(x)dx/x, \qquad \nu(f) = \int f(x)x^{-1/2}dx;$$

dans le carré $I \times J \subset \mathbb{C}$, ni ouvert ni fermé dans $\mathbb{C}$ mais néanmoins localement compact, on obtient la mesure

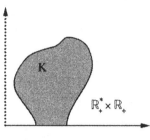

fig. 15.

$$f \longmapsto \int\!\!\int f(x,y)dxdy/xy^{1/2}.$$

L'intégrale a un sens car les points d'un compact de $I \times J$ ne peuvent pas se rapprocher indéfiniment de la partie $x = 0$ de la frontière de $I \times J$ où l'intégration en x divergerait. En particulier, un compact reste au large du point $(0,0)$, qui n'appartient pas à $I \times J$.

Exercice moins facile. On choisit $X = \mathbb{C}$ et l'on tente de définir une mesure sur X par la formule

$$\mu(f) = \int\!\!\int f(x,y)dxdy/(x^2 + y^2)^s;$$

chercher les valeurs réelles de s pour lesquelles elle a un sens.

L'intégration des fonctions semi-continues dans le cas d'un intervalle X non compact, plus généralement d'une partie localement compacte de $\mathbb{C}$, procède à peu près comme dans le cas compact. Le théorème de Dini montre que si une suite croissante de fonctions continues f_n a pour enveloppe supérieure une fonction continue f, alors la convergence est uniforme sur tout compact $K \subset X$. Comme dans le cas où X est compact, on va en déduire que, si f et les f_n sont dans $L(X)$, on a $\mu(f) = \lim \mu(f_n) = \sup \mu(f_n)$ pour toute mesure μ positive dans X.

En remplaçant les f_n par $f_n - f_1$, ce qui remplace f par $f - f_1$ et $\mu(f_n)$ par $\mu(f_n) - \mu(f_1)$, on peut supposer les f_n positives. Comme elles sont majorées par f, elles sont toutes nulles en dehors d'un compact K de X indépendant de n. On a donc

$$|\mu(f) - \mu(f_n)| \le M_K(\mu)\|f - f_n\|_X,$$

ce qui fournit le résultat, évidemment applicable aux philtres croissants comme au n° 10.

Pour passer de là aux fonctions sci, nous nous bornerons aux fonctions φ qui sont *positives en dehors d'un compact* $K \subset X$ faute de quoi on ne peut pas espérer qu'il existe dans $L(X)$ des $f \le \varphi$. Etant sci, une telle fonction est bornée inférieurement sur le compact $K = \{\varphi \le 0\}$ [n° 10, (vi)], d'où l'existence d'une $f_0 \in L(X)$ majorée par[61] φ. Si l'on note $L_{\inf}(\varphi)$ l'ensemble des $f \in L(X)$ vérifiant $f \le \varphi$, on voit alors comme au n° 10, en considérant $\varphi - f_0$ qui est sci et positive, que φ est l'enveloppe supérieure des $f \in L_{\inf}(\varphi)$: dans le cas d'un $X \subset \mathbb{C}$ localement compact quelconque, le lemme ci-dessus, appliqué en prenant pour K l'ensemble $\{a\}$ et pour F l'ensemble des $x \in X$ tels que $d(a,x) \ge r$, remplace la figure du n° 10. On pose alors

$$(31.11) \qquad \mu^*(\varphi) = \sup_{f \in L_{\inf}(\varphi)} \mu(f).$$

Le point crucial, comme au n° 10, est que *l'on peut calculer $\mu^*(\varphi)$ à l'aide de n'importe quel philtre croissant $\Phi \subset L_{\inf}(\varphi)$ ayant φ pour enveloppe supérieure.* Tout d'abord, le sup des $\mu(f)$ pour $f \in \Phi$ est évidemment $\le \mu^*(\varphi)$. En sens inverse, pour toute $h \in L_{\inf}(\varphi)$, l'ensemble des fonctions $\inf(f,h)$, où $f \in \Phi$, est un philtre croissant (évident) dont l'enveloppe supérieure est h (évident); la version du théorème de Dini que l'on vient d'obtenir montre alors que $\mu(h)$ est la borne supérieure des intégrales des $\inf(f,h)$; comme $\inf(f,h) \le f$, on en conclut que la borne supérieure des $\mu(f)$, $f \in \Phi$, majore $\mu(h)$ pour toute $h \in L_{\inf}(\varphi)$, donc majore $\mu^*(\varphi)$, d'où le résultat.

A partir de là, la machine tourne d'elle-même et fournit les trois propriétés (i), (ii) et (iii) du n° 11. Inutile de reproduire les démonstrations : on remplace m par μ et $C_{\inf}$ par $L_{\inf}$.

On peut aussi considérer dans X les fonctions scs ψ qui sont des enveloppes inférieures de fonctions continues à support compact; cela suppose ces ψ *négatives en dehors d'un compact* (donc nulles en dehors d'un compact si elles sont positives partout), et comme elles sont bornées supérieurement sur celui-ci, l'existence dans $L(X)$ de fonctions qui les majorent est évidente comme dans l'autre cas. Notant $L_{\sup}(\psi)$ l'ensemble des $f \in L(X)$ qui majorent ψ, on désigne par $\mu(\psi)$ la borne inférieure des $\mu(f)$ lorsque f décrit $L_{\sup}(\psi)$. Le remplacement de ψ par $-\psi$ ramènerait au cas précédent.

Ces constructions s'appliquent en particulier aux fonctions partout continues dans X. Une telle fonction φ est, de beaucoup de façons, différence de deux fonctions continues positives φ' et φ'', par exemple φ^+ et φ^-, auxquelles s'applique la définition de l'intégrale d'une fonction sci. Il est alors naturel de définir $\mu(\varphi) = \mu(\varphi') - \mu(\varphi'')$, mais la définition n'a pas

---

[61] Soit $-m, m \ge 0$, le minimum de φ dans K, i.e. dans X. D'après le lemme ci-dessus, il existe dans $L(X)$ une $f \ge 0$ qui est égale à m dans K. La fonction $-f$ répond à la question.

de sens si $\mu(\varphi') = \mu(\varphi'') = +\infty$ et dépend a priori du choix de φ' et φ''. Pour éliminer la première objection, on se limite aux fonctions continues *intégrables* pour μ (sous-entendu : absolument) pour lesquelles on peut choisir φ' et φ'' d'intégrales finies; puisque $0 \leq \varphi^+ \leq \varphi'$ il en est alors de même de φ^+ et de φ^-, de sorte que $|\varphi| = \varphi^+ + \varphi^-$ est également intégrable. La seconde objection n'en est pas une : on écrit que

$$\varphi'' - \varphi' = \psi'' - \psi' \Longrightarrow \varphi'' + \psi' = \psi'' + \varphi',$$

d'où le résultat grâce à l'additivité de l'intégrale.

Dans le cas de la mesure de Lebesgue sur un intervalle X, on retrouve les définitions du n° 22. On peut se borner au cas d'une fonction continue positive φ. Le n° 22 définit la convergence de l'intégrale $\int \varphi(x)dx$ en imposant aux intégrales sur les compacts $K \subset X$ d'être bornées supérieurement; ici, nous supposons que les intégrales des fonctions $f \in L(X)$ majorées par φ sont bornées supérieurement. Comme chacune de ces f est nulle en dehors d'un compact de X, il est clair que la convergence au sens du n° 22 implique la convergence au sens actuel. Par ailleurs, il est clair, puisque φ est continue, que, pour tout intervalle compact $K \subset X$, il existe une $f \in L(X)$ égale à φ sur K et $\leq \varphi$ partout ailleurs : multiplier φ par une fonction continue à support compact, à valeurs dans $[0, 1]$ et égale à 1 sur K. D'où l'implication en sens inverse et l'égalité des intégrales de φ sur X définies par les deux méthodes.

32 – La construction de Stieltjes

Revenant au cas de $\mathbb{R}$, donnons-nous dans $X = (a, b)$ une fonction $\mu(x)$ *croissante* au sens large et montrons comment on peut, en généralisant la définition de l'intégrale usuelle, lui associer sur X une mesure que nous noterons encore μ. On peut montrer qu'on obtient ainsi toutes les mesures positives sur X. Les résultats de ce n° sont rarement utiles et ne nous serviront pas dans ce volume, de sorte que le lecteur peut passer directement au n° suivant; mais les raisonnements qu'ils mettent en jeu constituent d'excellents exercices d'analyse.

(i) *Définition de la mesure.* Au lieu de définir directement $\mu(f)$ pour toute $f \in L(X)$, nous allons d'abord le faire pour les fonctions étagées nulles en dehors de parties compactes[62] de X. Comme au n° 1, tout revient pour cela à attribuer une "mesure" à chaque intervalle borné $I = (u, v)$ tel que $[u, v] \subset X$; cette condition est superflue si X est compact, mais si X est ouvert à l'une de ses extrémités où la fonction $\mu(x)$ peut tendre vers $+\infty$ ou $-\infty$, elle évite des mesures infinies. Ceci dit, on pose

---

[62] Le lecteur peut, pour commencer, supposer X compact, ce qui simplifie quelque peu les raisonnements.

(32.1)
$$\begin{aligned}
\mu(]u,v[) &= \mu(v-) - \mu(u+), \\
\mu(]u,v]) &= \mu(v+) - \mu(u+), \\
\mu([u,v[) &= \mu(v-) - \mu(u-), \\
\mu([u,v]) &= \mu(v+) - \mu(u-),
\end{aligned}$$

en convenant que $\mu(a-) = \mu(a)$ à l'origine de X et $\mu(b+) = \mu(b)$ à l'extrémité lorsque X contient a ou b. On a donc $\mu[(u,v)] = \mu(v) - \mu(u)$ si la fonction μ est *continue*, mais la définition choisie dans le cas général autorise, comme on le voit immédiatement, des masses ponctuelles aux points où μ est discontinue : la mesure d'un intervalle $[u,u]$ réduit à un point est égale au saut

(32.2)
$$\mu(u+) - \mu(u-) = \Delta\mu(u)$$

de la fonction μ en ce point. On notera en passant que ces formules ne font intervenir que les valeurs limites de μ à droite et à gauche; on pourrait donc supposer par exemple μ continue à droite en remplaçant $\mu(x)$ par $\mu(x+)$ pour tout x.

Le principal mérite de ces définitions est que, si l'on a une *partition* de $I = (u,v)$ en intervalles $I_1, \ldots, I_n$ deux à deux disjoints, alors

(32.3)
$$\mu(I) = \sum \mu(I_p).$$

On peut en effet supposer que $I_p = (x_p, x_{p+1})$ avec des inégalités larges

$$u = x_1 \leq x_2 \leq \ldots \leq x_{n+1} = v$$

pour tenir compte des intervalles éventuellement réduits à un seul point. Pour calculer $\mu(I_1) + \mu(I_2)$ par exemple, deux cas sont possibles; si x_2 appartient à I_2, donc n'appartient pas à I_1, la somme est égale à

$$[\mu(x_2-) - \mu(u?)] + [\mu(x_3??) - \mu(x_2-)] = \mu(x_3??) - \mu(u?),$$

où ? est le signe $-$ ou $+$ selon que I contient ou non $x_1 = u$ et où ?? est de même $+$ ou $-$ selon que I_2 contient ou non x_3. Si par contre x_2 n'appartient pas à I_2, donc appartient à I_1, on trouve

$$[\mu(x_2+) - \mu(u?)] + [\mu(x_3??) - \mu(x_2+)] = \mu(x_3??) - \mu(u?).$$

En poursuivant ces petits calculs de proche en proche, on trouve finalement que le second membre de (3) est égal à $\mu(v??) - \mu(u?)$, i.e. à $\mu(I)$.

Cela étant, on définit l'intégrale d'une fonction étagée φ par la formule évidente : on choisit des intervalles $I_p \subset X$, deux à deux disjoints, en nombre fini et de réunion $K \subset X$ compacte, tels que φ soit constante sur les I_p et nulle en dehors de K, et l'on pose

(32.4)
$$\mu(\varphi) = \sum \varphi(\xi_p)\mu(I_p)$$

où $\xi_p \in I_p$ pour tout p. La formule d'additivité (3) garantit comme au n°
1 que l'intégrale dépend uniquement de φ et non de la partition choisie; il
est alors évident que l'application $\varphi \mapsto \mu(\varphi)$ est linéaire, que $\mu(\varphi) \geq 0$ pour
toute $\varphi \geq 0$ et qu'elle est continue en ce sens que si φ est nulle en dehors
d'un intervalle compact $K \subset X$, on a

$$(32.5) \qquad\qquad |\mu(\varphi)| \leq \mu(K)\|\varphi\|_X$$

puisque les I_p sont ou peuvent être supposés tous contenus dans K, de sorte
que $\sum \mu(I_p) \leq \mu(K)$.

Avec ces conventions, on peut construire comme aux n° 1 et 2 de ce
chapitre une théorie de l'intégration à la Riemann en se bornant d'abord aux
fonctions bornées et nulles en dehors d'un compact de X. Pour intégrer une
fonction réelle $f \in L(X, K)$ par exemple, on considère les fonctions étagées
$\varphi \leq f$, les fonctions étagées $\psi \geq f$ et on impose à l'intégrale cherchée $\mu(f)$ de
vérifier $\mu(\varphi) \leq \mu(f) \leq \mu(\psi)$ quelles que soient φ et ψ. Ceci détermine $\mu(f)$
sans ambiguïté. On a en effet d'une part $\mu(\varphi) \leq \mu(\psi)$ quelles que soient φ
et ψ. Puisque f est continue, on peut d'autre part, pour tout $r > 0$, choisir
φ et ψ de telle sorte qu'elles soient égales à r près sur K et nulles ailleurs;
l'inégalité (5) appliquée à $\psi - \varphi$ montre alors que $\sup \mu(\varphi) = \inf \mu(\psi)$.

Pour aller plus loin, considérons une *partition* finie de K en intervalles
I_p suffisamment petits pour que f soit constante à r près dans chaque I_p et
choisissons un x_p dans chaque I_p. On a alors

$$(32.6) \qquad\qquad |\mu(f) - \sum \mu(I_p) f(x_p)| \leq \mu(K)r.$$

Soient en effet m_p et M_p les bornes inférieure et supérieure de f dans I_p; la
"somme de Riemann" figurant dans (6) est évidemment comprise entre les
intégrales des fonctions étagées φ et ψ qui, dans chaque I_p, sont égales respectivement à m_p et M_p et sont nulles en dehors de K; comme $M_p - m_p \leq r$ pour
tout p, les intégrales de ces fonctions, qui encadrent la fonction f, sont égales
à $\mu(K)r$ près d'après (5), d'où (6). A partir de là, le fait que l'application
$f \mapsto \mu(f)$ de $L(X, K)$ dans $\mathbb{R}$ (ou $\mathbb{C}$ si l'on considère des fonctions complexes) satisfait au théorème 1 est trop évident pour mériter à nouveau une
démonstration en règle.

(ii) *Historique*. Les mesures que l'on vient de décrire ont été publiées
en 1895 par le Hollandais Thomas Stieltjes (1856–1894), alors professeur à
Toulouse, dans un long mémoire sur certaines fonctions analytiques qu'il
représente par une formule

$$f(z) = \int \frac{d\mu(t)}{t - z}$$

s'appliquant aussi bien à des séries qu'à de vraies intégrales. Dans la typographie Grand Siècle[63] des Annales de la Faculté des Sciences de Toulouse de l'époque, il ne consacre pas plus de deux pages à expliquer la construction de son intégrale par rapport à une fonction monotone; tout en notant l'analogie avec une distribution de masses et le fait que les discontinuités de la fonction μ correspondent à des masses discrètes, Stieltjes se borne à dire que, pour intégrer une fonction $f(x)$ sur un intervalle (a, b) borné, on considère une subdivision $a = x_1 < x_2 < \ldots < x_n = b$ (inégalités strictes) de celui-ci, on choisit des points ξ_p tels que $x_p \leq \xi_p \leq x_{p+1}$ (inégalités larges) et on calcule la somme

$$\sum f(\xi_p) \left[\mu(x_{p+1}) - \mu(x_p) \right]$$

qui, selon lui, converge vers l'intégrale $\int f(x) d\mu(x)$ lorsque la subdivision devient de plus en plus fine; il ne démontre rien, s'abstient de détailler le rôle des discontinuités de μ et se borne à dire que l'on raisonne comme dans le cas usuel, ce qui est quelque peu optimiste si l'on part de sa formule, après quoi il revient à ses fonctions analytiques.

Cette première généralisation de l'intégrale de Riemann ne soulève aucun intérêt, notamment pas de la part de Lebesgue qui la passe sous silence dans le livre de 1903 où il expose ses propres travaux. Mais en 1909, un mathématicien hongrois, Frédéric Riesz (1880–1956), l'un des créateurs de l'analyse fonctionnelle, démontre dans une note aux Comptes rendus de l'Académie des sciences de Paris que, si K est un intervalle compact, toute forme linéaire continue sur $L(K)$ est une différence d'intégrales de Stieltjes $f \mapsto \int f(x) d\mu(x)$ (i.e. est définie par une mesure μ non nécessairement positive[64]); à la même époque, Hilbert, Hellinger et Toeplitz, qui commencent à généraliser aux opérateurs linéaires dans un espace de ... Hilbert la "diagonalisation" classique en dimension finie, constatent l'utilité des intégrales de Stieltjes dans leur théorie; nous expliquerons pourquoi au volume IV. Du coup, Lebesgue remarquera dans la seconde édition de son livre, avec passablement de circonlocutions, que sa théorie s'étend aux intégrales de Stieltjes, ce qui est incontestable mais un peu tardif. En 1913, Radon généralise l'intégrale de Stieltjes au cas de plusieurs variables en partant dans $\mathbb{R}^n$ d'une fonction $\mu(E)$ définie sur des parties raisonnables E de l'espace et vérifiant des conditions d'additivité analogues à celles de la mesure de Lebesgue[65]; il montre comment intégrer par

---

[63] Beaucoup d'administrations françaises ont encore tendance à l'utiliser; elle minimise l'importance du texte, i.e. de l'information rendue publique. La comparaison avec les documents officiels américains, rapports parlementaires par exemple, est édifiante : plusieurs milliers de pages de texte serré chaque année pour la discussion en commission du budget de la défense, quelques dizaines avec de grandes marges en France.

[64] Pour une démonstration, voir Walter Rudin, *Real and Complex Analysis* (McGraw Hill, 1966), Chap. 2.

[65] C'est la méthode que l'on trouve dans Hans Grauert et Ingo Lieb, *Differential- und Integralrechnung III* (Springer, 1968), Chap. I. Les manipulations de parallèlipipèdes à moitié ouverts et semi fermés ne sont pas de tout repos. C'est

rapport à une telle mesure. On se libère ensuite facilement de l'hypothèse que $X \subset \mathbb{R}^n$ (Maurice Fréchet, 1915), après quoi la théorie générale occupera une génération de mathématiciens, pour ne pas dire deux[66], qui généraliseront à qui mieux mieux sans que les résultats soient toujours d'une grande utilité ou mettent en oeuvre des principes très différents de ceux de Lebesgue ou Radon.

(iii) *La fonction croissante associée à une mesure discrète.* Considérons la mesure discrète (31.9) du n° précédent, en supposant les $c(\xi)$, $\xi \in D$, positifs pour obtenir une mesure positive. Pour obtenir la fonction croissante $\mu(x)$ qui, d'après F. Riesz (il y eut aussi un Marcel Riesz, son frère, analyste de première classe et grand amateur d'aquavit, installé à Lund alors que Frédéric a fait toute sa carrière en Hongrie), choisissons une fois pour toutes un $c \in X$ (le plus simple est de choisir $c = a$ si $a \in X$) et posons[67]

$$(32.7) \qquad \mu(x) = \begin{cases} \sum_{\xi \in [c,x]} c(\xi) & \text{si} \quad c \le x, \\ -\sum_{\xi \in]x,c[} c(\xi) & \text{si} \quad x < c. \end{cases}$$

La série converge comme somme partielle d'une série convergeant en vrac. C'est une fonction croissante puisque, lorsque x augmente, la somme (7) contient de plus en plus de termes positifs si $x \ge c$ et de moins en moins de termes négatifs si $x < c$. Elle est même continue à droite. Considérons en effet deux points x et $x + h > x$ et supposons d'abord $c \le x$; $\mu(x + h) - \mu(x)$ est la somme des masses $c(\xi)$ contenues dans l'intervalle $]x, x + h]$; comme la série $\sum c(\xi)$ converge en vrac, il y a pour tout $r > 0$ une partie finie F de $D \cap]x, x + h]$ telle que la somme des $c(\xi)$ pour $\xi \notin F$ soit $< r$; les éléments de F étant en nombre fini et l'intersection des intervalles $]x, x + h]$ pour tous les $h > 0$ étant vide, $]x, x + h]$ ne contient aucun élément de F si h est assez petit car, dans le cas contraire, on pourrait trouver dans F des $\xi > x$ convergeant vers x. La différence $\mu(x + h) - \mu(x)$ est donc $< r$ pour $h > 0$ assez petit, d'où la continuité à droite de μ dans ce cas. Si $x < x + h < c$, la différence $\mu(x + h) - \mu(x)$ est à nouveau la somme des masses contenues dans $]x, x + h]$ et le raisonnement est le même. Noter en passant l'importance de ne pas confondre les signes [et], écueil classique dans ce sujet ...

Pour calculer $\mu(x-)$, on note que pour $h < 0$, $\mu(x) - \mu(x - h)$ est la somme des masses contenues dans $]x - h, x]$, somme qui comporte toujours la masse

---

plus facile dans Rudin, mais comme il a consacré auparavant tout un chapitre à des mesures "abstraites" qu'il n'utilise jamais dans son livre, l'énergie dépensée en pure perte est à peu près la même.

[66] Le livre de Jean-Paul Pier, *Histoire de l'intégration* (Masson, 1996) contient une très abondante et utile bibliographie, mais cite de nombreux commentaires pas toujours éclairants, notamment lorsqu'ils sont écrits dans le style "éloge académique"; personne n'a jamais eu besoin de Darboux pour savoir que Riemann était un grand mathématicien (et, au surplus, pas à cause de son intégrale ...).

[67] Comparez à la fonction (13.1) utilisée pour étendre le TF aux primitives de fonctions réglées et dans laquelle l'inégalité large est remplacée par une inégalité stricte.

$c(x)$, éventuellement nulle, placée au point x et qui, pour h assez petit, en est arbitrairement voisine comme plus haut. Autrement dit, on a

$$(32.8) \qquad \mu(x+) = \mu(x) = \mu(x-) + c(x),$$

de sorte que $\mu(x)$ possède une discontinuité d'amplitude $\Delta\mu(\xi) = c(\xi)$ en chaque point $\xi \in D$ et est continue aux autres points de I.

(Comme les ξ peuvent fort bien être tous les points rationnels de X, ceci montre en passant que les fonctions croissantes ne sont pas ce que suggèrent les naïfs dessins usuels).

Ceci fait, il reste à appliquer les définitions (1) et à vérifier que l'on retrouve la formule

$$(32.9) \qquad \mu(I) = \sum_{\xi \in I} c(\xi)$$

pour tout intervalle borné $I = (u, v)$ tel que $[u, v] \subset X$.

Il faut ensuite vérifier que l'intégrale d'une fonction $f \in L(X, K)$ est bien donnée par la formule du n° précédent. Pour cela, considérons une partition de K en intervalles I_p sur lesquels f est constante à r près et appliquons l'approximation (6); les seuls intervalles qui comptent sont ceux qui contiennent des points de D et (9) montre que l'on a

$$\mu(f) = \sum_p f(x_p) \sum_{\xi \in I_p} c(\xi)$$

à $\mu(K)r$ près. Mais pour $\xi \in I_p$ on a $f(x_p) = f(\xi)$ à r près; en remplaçant $f(x_p)$ par $f(\xi)$ pour tous les $\xi \in I_p$ dans la formule précédente, on commet pour chaque p une erreur inférieure à r fois la somme des $c(\xi)$ pour $\xi \in I_p$, donc au total une erreur inférieure à $\mu(K)r$. Puisque f est nulle en dehors de K, on a donc

$$(32.10) \qquad \mu(f) = \sum_{\xi \in D} c(\xi) f(\xi)$$

à $2M(\mu)r$ près, d'où l'égalité puisque $r > 0$ est arbitraire.

(iv) *Composantes discrète et continue d'une mesure.* Les sommes (9) se retrouvent dans le cas général d'une fonction croissante μ quelconque lorsqu'on veut préciser le rôle des discontinuités de μ dans le calcul de $\mu(f)$. On va voir qu'en plus d'une "somme continue" comme dans le cas classique, $\mu(f)$ comporte une "somme discrète", à savoir la somme

$$(32.11) \qquad \mu_d(f) = \sum \Delta\mu(\xi) f(\xi)$$

étendue à toutes les discontinuités de la fonction croissante μ; on pose, rappelons-le, $\Delta\mu(\xi) = \mu(\xi+) - \mu(\xi-)$.

Notons d'abord que l'ensemble D de ces points de discontinuité est *dé-nombrable*[68] et que l'on a

$$\sum_{\xi \in K} \Delta\mu(\xi) \leq \mu(K)$$

pour tout compact $K = [u, v] \subset X$. Pour le voir, on remarque d'abord que la somme partielle étendue à une partie finie F de $D \cap K$ est $\leq \mu(K)$; si en effet l'on ordonne les points $\xi_1 < \ldots < \xi_n$ de F, on a

$$\mu(\xi_1-) < \mu(\xi_1+) \leq \ldots \leq \mu(\xi_n-) < \mu(\xi_n+);$$

la somme en question est donc majorée par $\mu(\xi_n+) - \mu(\xi_1-)$ et donc par $\mu(v+) - \mu(u-) = \mu(K)$ puisque $\mu(x)$ est croissante. Pour tout entier $n \geq 1$, les ξ où l'on a $\mu(\xi) > 1/n$ sont donc en nombre fini, d'où à la fois la dénombrabilité de $D \cap K$, donc de D puisque X est réunion d'une suite de compacts, et l'inégalité cherchée, laquelle rend absolument convergente la série (11) pour toute fonction f bornée et nulle en dehors de K, donc pour $f \in L(X, K)$.

Or l'expression (11) rentre dans le cadre (iii) précédent. On est donc amené à associer à l'expression (11), mesure discrète sur X, la fonction croissante (7) correspondante, avec ici $c(\xi) = \Delta\mu(\xi)$. Supposons alors $\mu(x)$ *continue à droite*, ce qui est permis comme on l'a vu plus haut, et posons

$$(32.12) \qquad \mu(x) = \mu_d(x) + \mu_c(x);$$

on définit ainsi une fonction μ_c *continue* puisque μ et μ_d ont les mêmes points de discontinuité $\xi \in D$, sont toutes deux continues à droite et ont les mêmes "sauts" en ces points. La fonction μ_c est au surplus *croissante*. Pour le voir, il faut vérifier que, pour $x \leq y$, on a $\mu(x) - \mu_d(x) \leq \mu(y) - \mu_d(y)$, i.e.

$$\mu_d(y) - \mu_d(x) \leq \mu(y) - \mu(x) = \mu(y+) - \mu(x+),$$

ce qui, d'après (7), signifie que la somme des sauts de la fonction μ aux points de l'intervalle $]x, y]$ où elle est discontinue est inférieure à sa variation entre x et y, ce qui est clair comme on l'a vu en prouvant (8).

Cela fait, les fonctions $\mu(x)$, $\mu_d(x)$ et $\mu_c(x)$ définissent des mesures de Radon sur X et il est évident – utiliser des sommes de Riemann – que, pour toute fonction $f \in L(X)$, on a

$$(32.13) \qquad \mu(f) = \mu_d(f) + \mu_c(f) = \mu_c(f) + \sum \Delta\mu(\xi)f(\xi).$$

Comme la fonction $\mu_c(x)$ est continue, les formules (1) se simplifient : on a

$$(32.14) \qquad \mu_c(I) = \mu_c(v) - \mu_c(u) \qquad \text{si } I = (u, v),$$

---

[68] Cela résulte aussi du fait qu'une fonction monotone est réglée.

que I soit ouvert, ou fermé, ou ..., et il est inutile, dans les "sommes de Riemann" relatives à μ_c, de tenir compte des inexistantes discontinuités de $\mu_c(x)$. La mesure μ_d fournit la "somme discrète" et la mesure μ_c la "somme continue" auxquelles on a fait allusion plus haut.

Le cas idéal est celui où la fonction $\mu_c(x)$ est de classe C^1. Le théorème des accroissements finis montre alors que si $I = (u, v)$, on a

$$\mu_c(I) = \mu_c'(w)(v - u) = \mu_c'(w)m(I)$$

pour un $w \in I$, où $m(I)$ est la longueur euclidienne. La somme de Riemann $\sum \mu_c(I_p)f(x_p)$ relative à une partition suffisamment finie de K, et dans laquelle x_p est choisi au hasard dans I_p, donc peut être supposé égal à w_p, s'écrit alors $\sum f(w_p)\mu_c'(w_p)m(I_p)$; en agrémentant ce calcul des inévitables ε et δ et en appelant μ ce que nous appelions μ_c, on trouve alors que, *pour toute fonction μ croissante et de classe C^1* (donc continue), *on a*

$$(32.15) \qquad \int f(x)d\mu(x) = \int f(x)\mu'(x)dx;$$

en 1697, mais non en 1997, Leibniz vous aurait dit : évident puisque $d\mu(x) = \mu'(x)dx$ ... Mais ici comme ailleurs, ce ne sont pas les notations qui rendent la formule évidente; c'est la formule qui explique les notations.

Considérons par exemple sur $X =]0, +\infty[$ la mesure

$$f \longmapsto \int f(x)dx/x$$

où l'on intègre sur X. Elle correspond à la fonction monotone $\mu(x) = \log x$: celle-ci est de classe C^1 et a pour dérivée $1/x$, d'où le résultat d'après (15). Pour cette mesure, la mesure d'un intervalle $I = (u, v)$ avec $0 < u < v < +\infty$ est $\mu(v) - \mu(u) = \log(v/u)$. On pourrait étendre ce raisonnement à toute autre fonction p positive et continue que $1/x$: la fonction croissante définissant la mesure de Radon

$$f \longmapsto \int f(x)p(x)dx$$

est n'importe quelle primitive $P(x)$ de p; la mesure $P(v) - P(u)$ d'un intervalle I est l'intégrale de p étendue à I.

Exercice. Prouver (15) en supposant que μ est une primitive d'une fonction réglée ≥ 0.

Indiquons enfin qu'il existe des fonctions monotones beaucoup plus compliquées que les précédentes et pour lesquelles la composante non discrète des intégrales $\int f(x)d\mu(x)$ correspondantes n'est pas de la forme $\int f(x)p(x)dx$, même si vous autorisez des "densités" $p(x)$ intégrables sur tout compact au sens de Lebesgue (mesures "singulières" concentrées sur des ensembles de mesure nulle). La théorie générale de l'intégration les traite exactement comme les autres.

33 – Application aux intégrales doubles

Comme nous l'avons vu à la fin du n° 9 et au n° 30, on peut intégrer par rapport à la mesure de Lebesgue $dxdy$ ou, plus généralement, à une mesure produit $d\mu(x)d\nu(y)$, une fonction continue $f(x,y)$ sur un rectangle $X \times Y$, où X et Y sont des intervalles compacts, ou même si X et Y sont non compacts pourvu que $f \in L(X \times Y)$. Mais l'intégrer sur un compact quelconque $K \subset X \times Y$ – autrement dit, et par définition, intégrer sur $X \times Y$ la fonction égale à f sur K et à 0 ailleurs – n'est pas aussi simple, sauf à faire, comme les physiciens et ingénieurs, des hypothèses ad hoc sur K ou, comme un mathématicien du siècle dernier, à déclarer que «la possibilité d'intervertir les intégrations repose sur ce principe évident qu'une somme reste la même quel que soit l'ordre dans lequel on ajoute les parties[69]». La fin du n° 9 a montré la difficulté du problème général.

Le premier problème qui se pose est de *définir* une intégrale étendue à un compact $K \subset X \times Y$, autrement dit d'intégrer la fonction φ égale à f sur K et à 0 aux autres points de $X \times Y$. Fort heureusement, elle est *semi-continue supérieurement* si f est *positive*. Considérons en effet un point $a \in X \times Y$. Si $a \notin K$, on a $\varphi(x) = 0$ au voisinage de a dans $X \times Y$ puisque K est fermé, d'où, en fait, la continuité de φ en a. En un point $a \in K$, puisque f est continue dans K, il existe pour tout $r > 0$ un disque ouvert $B(a)$ tel que l'on ait $\varphi(x) = f(x) < f(a) + r$ dans $K \cap B(a)$; comme $\varphi(x) = 0$ pour $x \notin K$ et $f(a) \geq 0$, on a $\varphi(x) < f(a) + r = \varphi(a) + r$ pour tout $x \in B(a)$, d'où le résultat. Si f est négative, la fonction φ est au contraire sci puisqu'opposée à la fonction scs construite à partir de $-f$. Si f change de signe, catastrophe : nous ne savons pas intégrer une fonction qui n'est ni sci ni scs. Mais on peut toujours écrire que $f = f^+ - f^-$ et traiter f^+ et f^-, à défaut d'une méthode moins bête.

Dans ces conditions, autant généraliser et établir le résultat standard :

Théorème 31. *Soient X et Y deux intervalles, μ et ν des mesures positives sur X et Y et λ la mesure produit sur $X \times Y$. Soit φ une fonction sci (resp. scs) sur $X \times Y$ qui est[70] l'enveloppe supérieure (resp. inférieure) des $f \in L(X \times Y)$ qui la minorent (resp. majorent). On a alors les propriétés suivantes :*

(i)   Pour tout $x \in X$, la fonction $y \mapsto \varphi(x,y)$ est sci (resp. scs);
(ii) la fonction

---

[69] Joseph Bertrand dans son *Traité de calcul différentiel et intégral* (1870), cité par Jean-Paul Pier, *Histoire de l'intégration* (Masson, 1997), p. 104. Bertrand enseigne l'analyse à l'Ecole polytechnique de 1856 à 1894, ce qui indique les capacités de renouvellement de l'institution à cette époque. Il y a aussi, parallèlement, Charles Hermite (1869–1876) et Camille Jordan (1876–1911), lequel introduit avant 1900 quelques notions de théorie des ensembles.

[70] condition toujours réalisée si X et Y sont compacts ou bien si φ est positive (resp. négative), etc..

$$(33.1) \qquad x \longmapsto \int_Y \varphi(x,y)d\nu(y),$$

à valeurs $> -\infty$ (resp. $< +\infty$), est sci (resp. scs);

(iii) on a

$$(33.2) \qquad \lambda(\varphi) = \int_X d\mu(x) \int_Y \varphi(x,y)d\nu(y),$$

les deux membres étant simultanément finis ou infinis;

(iv) on peut permuter l'ordre des intégrations dans (2).

On examinera le cas d'une fonctions scs, l'autre s'en déduisant trivialement : multiplier la fonction par -1. Comme toujours, les deux points cruciaux seront que (a) une enveloppe inférieure de fonctions continues est scs; (b) on peut calculer l'intégrale d'une fonction scs à l'aide de n'importe quel philtre décroissant de fonctions continues ayant φ pour enveloppe inférieure. Il reste à combiner ces outils avec des *définitions*; il n'y a rien de plus dans la très courte démonstration.

Que la fonction $y \mapsto \varphi(x,y) = \varphi_x(y)$ soit scs sur Y pour tout $x \in X$ se voit en utilisant soit la définition par des inégalités, soit le fait que φ est l'enveloppe inférieure de l'ensemble $\Phi = L_{\sup}(\varphi)$ des fonctions $f \in L(X \times Y)$ qui la majorent.

On peut donc intégrer φ_x, le résultat étant $< +\infty$ mais pouvant être $-\infty$ pour une fonction scs. Pour x donné, il est clair que les fonctions $f_x(y) = f(x,y)$, où $f \in \Phi$, forment un philtre décroissant de fonctions continues sur Y dont φ_x est l'enveloppe inférieure. On a donc

$$(33.3) \qquad \nu(\varphi_x) = \inf \nu(f_x).$$

Posons alors $F_f(x) = \nu(f_x) = \int f(x,y)d\nu(y)$ et $F_\varphi(x) = \nu(\varphi_x)$. Les f variant dans un philtre décroissant, il en est de même des F_f car

$$f \leq g \Longrightarrow f_x \leq g_x \Longrightarrow F_f(x) \leq F_g(x)$$

puisque ν est positive. Or les fonctions $F_f(x) = \nu(f_x)$ sont continues dans X car, f étant dans $L(X \times Y)$, les f_x sont nulles en dehors d'un même compact de Y, ce qui permet de raisonner comme au n° 9, théorème 9. Puisque

$$F_\varphi(x) = \nu(\varphi_x) = \inf \nu(f_x) = \inf F_f(x),$$

on en conclut à la fois que F_φ est scs – point (ii) de l'énoncé – et que

$$(33.4) \qquad \mu(F_\varphi) = \inf \mu(F_f).$$

Mais (4) s'écrit encore

$$(33.5) \qquad \int d\mu(x) \int \varphi(x,y)d\nu(y) = \inf \int d\mu(x) \int f(x,y)d\nu(y)$$

où le inf est relatif aux $f \in \Phi$. Puisque les $f \in \Phi$ sont dans $L(X \times Y)$, l'intégrale superposée $\int d\mu(x) \int f(x,y)d\nu(y)$ n'est autre, par définition, que l'intégrale $\lambda(f)$ de f relativement à la mesure mesure produit. Comme, dans (5), f décrit l'ensemble des $f \in L(X \times Y)$ qui majorent φ, le second membre de (5) est, par définition de l'intégrale d'une fonction scs, égale à l'intégrale $\lambda(\varphi)$ de φ par rapport à λ. La relation (5) établit donc (2). Le point (iv) de l'énoncé est alors évident, cqfd.

Pour compléter l'énoncé du théorème 31, supposons que φ soit scs, positive et intégrable sur $X \times Y$, i.e. que $\lambda(\varphi) > -\infty$. D'après (2), on a alors

$$\int_X d\mu(x) \int_Y \varphi(x,y)d\nu(y) > -\infty;$$

en reprenant les notations de la démonstration, cela signifie que la fonction $F_\varphi(x) = \int \varphi(x,y)d\nu(y)$, qui est scs et positive, est d'intégrale finie et donc intégrable par rapport à μ. Comme nous l'avons vu (n° 11, exercice) dans le cas de la mesure de Lebesgue sur un intervalle compact – mais tout se généralise immédiatement –, on en déduit que $F_\varphi(x)$ est finie en dehors d'un ensemble N de mesure nulle pour μ, donc que la fonction $y \mapsto \varphi(x,y)$, qui est scs, est intégrable pour ν pour tout $x \in X - N$.

Dans le cas, d'où nous sommes partis au début de ce n°, où φ est égale à une fonction continue positive f sur un compact $K \subset X \times Y$ et à 0 en dehors de K, ce qui doit, par définition, conduire à l'intégrale de f sur K, il est utile d'expliciter un peu plus (2), où tout est alors fini puisque φ est bornée supérieurement et inférieurement. Or, intégrer $\varphi(x,y)$ par rapport à y pour x donné revient à intégrer sur Y la fonction égale à $f(x,y)$ si $(x,y) \in K$ et à 0 ailleurs. Si l'on désigne par $K(x)$ l'ensemble, compact, des $y \in Y$ tels que $(x,y) \in K$ – la "coupe" de K par la verticale du point x -, le nombre $\int \varphi(x,y)dy$ s'obtient donc en intégrant sur Y la fonction égale à $f(x,y)$ pour $y \in K(x)$ et à 0 ailleurs, laquelle est scs (même raisonnement que dans $X \times Y$). Il est naturel de noter cette intégrale

$$(33.6) \qquad \int_{K(x)} f(x,y)dy;$$

la formule de Lebesgue-Fubini s'écrit alors

$$(33.7) \qquad \iint_K f(x,y)dxdy = \int_X dx \int_{K(x)} f(x,y)dy$$

conformément à la tradition. Mais comme on l'a déjà fait observer à la fin du n° 9, les ensembles $K(x)$ peuvent être des compacts arbitraires dans Y, de sorte que, si intuitive puisse-t-elle paraître, la formule (7) masque une théorie de l'intégration déjà beaucoup plus avancée que celle de Riemann. Et nous avons dû supposer f positive pour l'établir ! Il va de soi que cette restriction qui peut paraître ridicule sera éliminée par la théorie complète de Lebesgue.

§10. Les distributions de Schwartz

34 – Définition et exemples

Nous avons montré au § précédent comment l'on peut faire entrer la notion d'intégrale, classique ou non, dans un cadre général particulièrement simple : celui des formes linéaires continues sur un espace vectoriel muni d'une "topologie".

Il existe en analyse une autre opération portant sur des fonctions et possédant des propriétés de linéarité et continuité analogues : la dérivation. Elle n'est pas définie pour toutes les fonctions continues mais il est facile de la faire entrer dans le cadre en question. Considérons pour simplifier un intervalle compact $K \subset \mathbb{R}$ et l'espace vectoriel $C^1(K)$ des fonctions de classe C^1 dans K, extrémités comprises. Choisissons des mesures μ et ν dans K et, pour toute $f \in C^1(K)$, posons

$$(34.1) \qquad T(f) = \int_K f(x)d\mu(x) + \int_K f'(x)d\nu(x).$$

Il est clair que $f \mapsto T(f)$ est linéaire et que

$$(34.2) \qquad |T(f)| \leq M(\mu)\|f\|_K + M(\nu)\|f'\|_K \leq M \left(\|f\|_K + \|f'\|_K \right)$$

où M est une constante indépendante de f, d'où, quelles que soient $f, g \in C^1(K)$,

$$|T(f) - T(g)| \leq M \left(\|f - g\|_K + \|f' - g'\|_K \right).$$

Si une suite de fonctions $f_n \in C^1(K)$ converge uniformément vers une limite f *et si* les f'_n convergent uniformément vers une limite g, auquel cas $f \in C^1(K)$ et $g = f'$ (théorème 19 du Chap. III, n° 17), alors on a $T(f) = \lim T(f_n)$.

Ces résultats peuvent s'interpréter en définissant une norme sur $C^1(K)$ par la formule

$$\||f\|| = \|f\| + \|f'\|$$

où figurent, au second membre, les normes uniformes sur K. La relation (2) montre que T est une forme linéaire continue sur C^1 pour cette norme. Le théorème 19 du Chap. III, de son côté, montre que le critère de Cauchy est valable dans $C^1(K)$: si en effet l'on a $\||f_p - f_q\|| < r$ pour p et q grands, on a aussi $\|f_p - f_q\| < r$ et $\|f'_p - f'_q\| < r$; par suite, les f_n et leurs dérivées convergent uniformément vers des fonctions f et g et il est clair, comme ci-dessus, que f est la limite des f_n en ce sens que $\lim \||f - f_n\|| = 0$. Autrement dit, $C^1(K)$ est un espace vectoriel normé *complet*, bref un *espace de Banach*. On peut montrer qu'il n'existe pas d'autres formes linéaires continues sur $C^1(K)$ que les expressions de la forme (1).

Ce genre d'analogie entre mesures et dérivations a directement inspiré l'inventeur de la théorie des distributions, Laurent Schwartz. A l'époque où il a créé sa théorie, on connaissait déjà des tentatives analogues mais limitées, dûes à l'Allemand Salomon Bochner[71], qui émigre aux USA avant 1940, et surtout au Soviétique Sergei Sobolev dans ses travaux sur les équations aux dérivées partielles. Mais c'est Schwartz qui a compris l'énorme généralité de la notion de distribution et l'a formulée de façon parfaitement claire en la plaçant dans le cadre de la théorie des espaces vectoriels topologiques[72].

Pour obtenir une théorie satisfaisante, il faut évidemment prendre en compte les dérivations d'ordre quelconque. Il faut donc substituer aux fonctions C^1 envisagées ci-dessus les fonctions C^∞; lorsqu'on travaille dans $\mathbb{R}$, ce à quoi nous nous bornerons dans ce §, il faut en outre, comme dans la théorie de l'intégration, se limiter à des fonctions C^∞ à support compact, i.e. nulles pour $|x|$ grand : c'est l'espace vectoriel $\mathcal{D}$ ou $\mathcal{D}(\mathbb{R})$ que nous avons déjà utilisé au n° 27 pour "régulariser" i.e. rendre C^∞, à l'aide de produits de convolution, des fonctions qui ne le sont pas. Pour Schwartz, une *distribution* dans $\mathbb{R}$ est une forme linéaire sur $\mathcal{D}$, i.e. une application T de $\mathcal{D}$ dans $\mathbb{C}$ telle que[73]

$$T(\alpha\varphi + \beta\psi) = \alpha T(\varphi) + \beta T(\psi)$$

et vérifiant une condition de *continuité* analogue à celle que l'on a imposée aux mesures au n° 31, mais sensiblement moins évidente. Il faut sérieusement réfléchir pour la découvrir.

En premier lieu, on désire que les mesures soient des distributions particulières. Cela indique qu'une distribution ne peut posséder une propriété de continuité que si l'on se restreint au sous-espace vectoriel $\mathcal{D}(\mathbb{R}, K) = \mathcal{D}(K)$ des fonctions nulles en dehors d'un compact K donné de $\mathbb{R}$.

Puisque toute $\varphi \in \mathcal{D}$ et toutes ses dérivées successives sont continues et donc bornées car à support compact, on peut pour tout entier $r \geq 0$ définir dans $\mathcal{D}$ une norme

$$(34.3) \qquad \|\varphi\|^{(r)} = \|\varphi\| + \|\varphi'\| + \ldots + \|\varphi^{(r)}\|$$

où, comme nous le ferons dans toute la suite de ce §, la notation

$$\|\varphi\| = \sup |\varphi(x)| = \|\varphi\|_{\mathbb{R}}$$

désigne la norme de la convergence uniforme sur $\mathbb{R}$; la définition (3) généralise directement la norme $\||\varphi\||$ que nous avons temporairement introduite plus haut dans $C^1(K)$. On a évidemment

$$\|\varphi + \psi\|^{(r)} \leq \|\varphi\|^{(r)} + \|\psi\|^{(r)},$$

---

[71] *Vorlesungen über Fouriersche Integrale* (Leipzig, Akademie Verlagsgesellschaft, 1932).

[72] Schwartz relate en détail sa découverte au chapitre 6 de ses mémoires, *Un mathématicien aux prises avec le siècle* (Paris, Odile Jacob, 1997).

[73] Il est d'usage depuis Schwartz de désigner les éléments de $\mathcal{D}$ par des lettres grecques et de noter les fonctions "arbitraires" par des lettres latines.

de sorte que l'expression $d_r(\varphi, \psi) = \|\psi - \varphi\|^{(r)}$ vérifie l'inégalité du triangle; dire que $d_r(\varphi, \psi) \leq \varepsilon$ implique que pour tout $h \leq r$, on a $\left|\varphi^{(h)}(x) - \psi^{(h)}(x)\right| \leq \varepsilon$ pour tout $x \in \mathbb{R}$. On a aussi

$$(34.4) \qquad \|\varphi\|^{(r)} \leq \|\varphi\|^{(r+1)}$$

quels que soient r et φ, et $\|c\varphi\|^{(r)} = |c|.\|\varphi\|^{(r)}$ pour toute constante $c \in \mathbb{C}$.

L'introduction dans $\mathcal{D}$ de ces normes $\|\varphi\|^{(r)}$ permet de vérifier la continuité de fonctions linéaires $T(\varphi)$ beaucoup plus générales que (1) : choisir $p + 1$ mesures μ_i ($0 \leq i \leq p$) dans $\mathbb{R}$ et poser

$$(34.5) \qquad T(\varphi) = \sum \int \varphi^{(i)}(x) d\mu_i(x) = \sum \mu_i\left(\varphi^{(i)}\right).$$

On a

$$\|\varphi^{(i)}\| \leq \|\varphi\|^{(p)}$$

pour tout $i \leq p$ et par suite

$$(34.6) \qquad |T(\varphi)| \leq M_K(T)\|\varphi\|^{(p)} \qquad \text{où } M_K(T) = \sum M_K(\mu_i)$$

d'après la définition (31.5) des mesures.

On pourrait se demander s'il n'est pas possible de construire sur $\mathcal{D}$ des formes linéaires plus sophistiquées, faisant par exemple intervenir une infinité de dérivées de φ. C'est parfois possible :

$$T(\varphi) = \sum \varphi^{(n)}(n),$$

série étendue à $\mathbb{N}$. Il n'y a pas de problème de convergence puisque, pour une fonction nulle en dehors d'un compact, tous les termes de rang assez grand sont nuls; et dans un sous-espace $\mathcal{D}(K)$ donné, la formule précédente n'est qu'un cas particulier de (5), avec des mesures de Dirac aux points n situés dans K. Autre tentative : poser

$$T(\varphi) = \sum c_n \varphi^{(n)}(0)$$

avec des coefficients c_n étudiés pour faire converger la série quelle que soit φ. Or les dérivées en un point d'une $\varphi \in \mathcal{D}$ peuvent être choisies arbitrairement (n° 29); la série $\sum c_n a_n$ devrait donc converger quels que soient les $a_n \in \mathbb{C}$, par exemple si $a_n = 1/c_n$; absurde.

Ces remarques et, bien sûr, une expérience maintenant fort étendue, montrent que, dans un sous-espace $\mathcal{D}(K)$ donné, il ne faut pas espérer aller plus loin que les expressions de la forme (5); en fait, l'un des premiers théorèmes démontrés par Schwartz – et très facile grâce à la théorie des espaces de Banach[74] – fut que, dans sa théorie, *toute* distribution se réduit, sur un compact K, à la forme (5), avec des mesures μ_i dépendant de K.

---

[74] Le théorème correspondant pour les distributions sur $\mathbb{T}$ (fonctions C^∞ de période 1) se démontre élémentairement à l'aide des séries de Fourier, comme on le verra au Chap. VII, fin du n° 10.

Cela indique que la condition de continuité à imposer à une distribution T est la suivante : pour tout compact $K \subset \mathbb{R}$, il existe un $p \in \mathbb{N}$ et une constante $M_K(T)$ tels que l'on ait

$$(34.7) \qquad |T(\varphi)| \leq M_K(T).\|\varphi\|^{(p)} \qquad \text{pour toute } \varphi \in \mathcal{D}(K).$$

Pourquoi est-ce une propriété de "continuité"? Parce qu'il est naturel de définir dans chaque $\mathcal{D}(K)$ la notion de convergence d'une suite de la façon suivante :

une suite de fonctions $\varphi_n \in \mathcal{D}(K)$ converge vers une $\varphi \in \mathcal{D}(K)$ si, pour tout $r \in \mathbb{N}$, la suite des dérivées $\varphi_n^{(r)}$ converge uniformément vers $\varphi^{(r)}$.

Cette définition est inspirée par le théorème 19 du Chap. III, n° 17 et présente l'avantage que, pour cette notion de convergence, on a comme dans $C^1(K)$ un analogue du critère de Cauchy : pour vérifier qu'une suite de fonctions $\varphi_n \in \mathcal{D}$ converge au sens précédent, il suffit (et il est nécessaire) de vérifier que, pour tout $r \in \mathbb{N}$ et tout $\varepsilon > 0$, on a

$$\left\|\varphi_p^{(r)} - \varphi_q^{(r)}\right\| \leq \varepsilon \qquad \text{pour } p, q \text{ grands};$$

les φ_n et toutes leurs dérivées successives convergeant alors uniformément vers des fonctions nulles en dehors de K, le théorème en question assure que la limite φ des φ_n est C^∞ et que $\varphi_n^{(r)}$ converge uniformément vers $\varphi^{(r)}$ quel que soit r; autrement dit, la suite des φ_n converge dans $\mathcal{D}(K)$ vers φ au sens précédent.

Ceci dit, il est clair que cette notion de convergence signifie que la distance uniforme $\|\varphi^{(r)} - \varphi_n^{(r)}\|$ tend vers 0 quel que soit r; il reviendrait évidemment au même d'exiger que

$$(34.8) \qquad \lim \|\varphi - \varphi_n\|^{(r)} = 0 \qquad \text{pour tout } r.$$

La condition (4) imposée aux distributions implique donc que, si une suite $\varphi_n \in \mathcal{D}(K)$ converge vers une limite $\varphi \in \mathcal{D}(K)$ au sens précédent, on a

$$T(\varphi) = \lim T(\varphi_n).$$

On peut réciproquement montrer – ce n'est pas tout à fait évident – que cette propriété exige l'existence, pour tout compact $K \subset \mathbb{R}$, d'une majoration (7).

On fera attention au fait que, pour formuler cette condition de continuité, on doit se placer dans les sous-espaces vectoriels $\mathcal{D}(K)$, faute de quoi on restreindrait considérablement la définition des distributions comme en théorie de l'intégration. La distribution – en fait, une mesure – $T(\varphi) = \sum \varphi(p)$, où l'on somme sur $\mathbb{Z}$, fournit un contre exemple : prendre pour φ_n une fonction C^∞ à valeurs dans $[0, 1/n]$, nulle en dehors de $[n-1, 2n]$ et égale à $1/n$ dans $[n, 2n-1]$; les φ_n convergent vers 0 uniformément dans $\mathbb{R}$, mais on a $T(\varphi_n) = 1$ pour tout n.

Exemple 1. Toute fonction f absolument intégrable sur tout intervalle compact de $\mathbb{R}$ (par exemple $\log|x|$ en dépit de sa singularité à l'origine) définit une distribution[75] qui est en fait une mesure

$$T_f(\varphi) = \int \varphi(x)f(x)dx.$$

Plus généralement, il est clair que toute mesure, restreinte à $\mathcal{D}(\mathbb{R}) \subset L(\mathbb{R})$, est une distribution.

Exemple 2. Choisissons un $a \in \mathbb{R}$, un entier $k \in \mathbb{N}$ et posons

$$T(\varphi) = \varphi^{(k)}(a).$$

Pour $k = 0$, on obtient la mesure de Dirac au point a, notée δ_a ou ε_a :

$$\delta_a(\varphi) = \varphi(a).$$

On pourrait considérer plus généralement des distributions de la forme

$$T(\varphi) = \sum c_n \varphi^{(k_n)}(a_n)$$

avec un nombre fini de points a_n, des constantes données c_n et des ordres de dérivation k_n quelconques, par exemple

$$T(\varphi) = \varphi(0) + 3\varphi''(4) - \varphi'''(\pi).$$

On peut même autoriser une infinité dénombrable de points a_k moyennant quelques précautions. Une formule telle que

$$T(\varphi) = \sum c_n \varphi^{(k)}(n),$$

où l'on somme sur les $n \in \mathbb{Z}$, avec un k indépendant de n, définit une distribution car, pour tout compact K, la "série" se réduit en réalité à une somme finie pour les φ nulles en dehors de K. Plus subtil, choisissons une suite quelconque de points $a_n \in \mathbb{R}$, des c_n tels que $\sum |c_n| < +\infty$, des ordres de dérivation k_n *tous inférieurs à un même entier k* et posons

$$T(\varphi) = \sum c_n \varphi^{(k_n)}(a_n).$$

Comme les dérivées qui interviennent sont toutes d'ordre $\leq k$, le terme général de la série est, en module, inférieur à $|c_n|.\|\varphi\|^{(k)}$, d'où $|T(\varphi)| \leq M\|\varphi\|^{(k)}$ où $M = \sum |c_n|$, ce qui prouve la continuité.

---

[75] Dans toute la fin de ce chapitre, le signe $\int$ désignera une intégrale étendue à tout $\mathbb{R}$.

Ces exemples élémentaires et la formule (5) suffisent à montrer comment *la théorie des distributions permet d'unifier le calcul différentiel et le calcul intégral.*

Exercice. Etant donné un intervalle $X \subset \mathbb{R}$, notons $\mathcal{D}(X)$ l'ensemble des fonctions définies dans X, indéfiniment dérivables (y compris aux extrémités de X si elles appartiennent à X) et nulles en dehors d'une partie compacte de X. Trouver une définition raisonnable des distributions dans X. Trouver une distribution dans $X =]0,1]$ qui n'est pas la restriction aux $\varphi \in \mathcal{D}(X)$ d'une distribution dans $\mathbb{R}$.

35 – Dérivées d'une distribution

L'un des tours de prestidigitation (ce n'est rien d'autre en dépit de son utilité) que permet la notion de distribution consiste à *attribuer des dérivées à des fonctions qui n'en ont pas.* Pour le comprendre, partons d'une fonction f de classe C^1 sur $\mathbb{R}$ et considérons la distribution

$$T_{f'}(\varphi) = \int \varphi(x) f'(x) dx$$

associée à sa dérivée. Compte-tenu du fait que $\varphi(x) = 0$ pour $|x|$ grand, la formule d'intégration par parties montre que

$$T_{f'}(\varphi) = -\int \varphi'(x) f(x) dx.$$

Si donc l'on associe, comme plus haut, à toute $f \in C^1(\mathbb{R})$ la distribution

$$(35.1) \qquad\qquad T_f : \varphi \longmapsto \int \varphi(x) f(x) dx,$$

on a

$$(35.2) \qquad\qquad T_{f'}(\varphi) = -T_f(\varphi').$$

A partir de là, on *définit* la dérivée T' d'une distribution T en posant

$$(35.3) \qquad\qquad T'(\varphi) = -T(\varphi') \qquad \text{pour toute } \varphi \in \mathcal{D}.$$

Comme on a visiblement

$$\|\varphi'\|^{(r)} \leq \|\varphi\|^{(r+1)}$$

pour tout r, la propriété de continuité de T se propage immédiatement à T'. On peut alors itérer l'opération et définir les dérivées successives de T, évidemment données par

$$(35.4) \qquad\qquad T^{(p)}(\varphi) = (-1)^p T(\varphi^{(p)}).$$

Si donc vous associez à chaque fonction réglée f sur $\mathbb{R}$ la distribution T_f donnée par (1), vous pouvez définir la "dérivée" de f ... Mais ce n'est plus une *fonction* au sens usuel – les miracles existent encore moins dans la Nature que les infiniments petits ... –, c'est une *distribution* qui peut être effroyablement compliquée et que, pour cette raison, on s'abstient en général de calculer explicitement. La difficulté ne se produit pas si f est C^∞; dans ce cas, on peut appliquer ad libitum la formule d'intégration par parties traditionnelle et obtenir la formule

$$(35.5) \qquad \left(T_f\right)^{(k)} = T_{f^{(k)}},$$

laquelle montre que la définition des dérivées successives d'une distribution est compatible avec celle des dérivées successives d'une fonction C^∞.

Exemple 1. Prenons pour T la mesure de Dirac

$$T(\varphi) = \varphi(0)$$

à l'origine. On trouve $T'(\varphi) = -\varphi'(0)$ conformément à la formule baroque de Dirac à laquelle nous avons fait allusion au début du n° 27. On pourrait, comme Dirac lui-même, continuer :

$$T''(\varphi) = +\varphi''(0), \qquad T'''(\varphi) = -\varphi'''(0), \quad \text{etc.}$$

On peut se demander pourquoi il a fallu attendre vingt ans pour qu'un mathématicien justifie ce calcul "évident". A l'époque de Dirac, certains physiciens théoriciens commençaient à comprendre ce qu'on appelait déjà un *espace fonctionnel*, i.e. un espace vectoriel de dimension infinie dont les éléments sont, non pas des vecteurs usuels dans l'espace euclidien ou relativiste ou dans l'espace de configuration associé à un système de particules, mais des fonctions d'une ou plusieurs variables réelles et dans lesquels on dispose d'une notion de "convergence" grâce à une "norme". Dès 1930 au plus tard, il était clair que l'interprétation probabiliste de l'équation de Schrödinger en mécanique quantique associe à tout système de particules physiques une fonction de carré intégrable (au sens de la théorie de Lebesgue) sur un espace cartésien E de dimension finie dont les points correspondent à toutes les configurations possibles du système; en intégrant le carré de cette fonction sur une partie M de l'espace des configurations possibles, on obtient la probabilité pour que la configuration du système à l'instant considéré soit l'une de celles qui composent M. C'est ce que les mathématiciens appelaient déjà un espace de Hilbert, généralisation de dimension infinie des espaces euclidiens munis d'un produit scalaire[76] (voir le n° 2, théorème 3, inégalité

---

[76] Une partie fort importante de la mécanique quantique a été inventée par des physiciens travaillant de façon permanente ou temporaire à Göttingen ou au voisinage, ou s'y rendant pour participer périodiquement à des rencontres internationales ayant aussi lieu à Copenhague, Cambridge, Münich, Hambourg, Zürich, mais non en France – le "travelling seminar" des physiciens de l'époque, où beaucoup d'Américains de la Seconde guerre mondiale ont fait leurs classes; voir Donald Fleming et Bernard Bailyn, *The Intellectual Migration* (Harvard

de Cauchy-Schwarz, et voir le chapitre sur les séries de Fourier). Mais le bon espace fonctionnel qui aurait permis de comprendre les acrobaties de Dirac, à savoir l'espace $\mathcal{D}$ de Schwartz, n'avait pas encore été inventé, soit parce que personne n'y pensait, soit, plus probablement, parce que personne n'avait eu l'idée de considérer des espaces vectoriels dans lesquels la notion de convergence est définie non pas par une seule distance, comme dans les espaces de Hilbert ou de Banach déjà connus (les seconds uniquement par de rares mathématiciens), mais par une infinité de fonctions $d_r(f, g)$ comme dans l'espace $\mathcal{D}$ de Schwartz. Pour comprendre ce genre de situation, il aurait fallu maîtriser à la fois la théorie de l'intégration, les équations aux dérivées partielles à plusieurs variables pour disposer d'exemples vraiment intéressants, l'algèbre linéaire "abstraite" en train de se développer et la théorie générale des espaces vectoriels topologiques où l'on se donne d'avance une famille de "distances" pour définir la convergence.

C'était beaucoup trop pour les physiciens et même pour l'immense majorité des mathématiciens de l'époque. La théorie des équations aux dérivées partielles était dans un état de chaos à peu près total. Celle des "espaces vectoriels topologiques localement convexes", extension naturelle des travaux de Stephan Banach et de l'école polonaise entre les deux guerres, n'a été inventée que pendant la guerre par George W. Mackey aux USA et, indépendamment, par Dieudonné et Schwartz peu après[77], puis fort développée par Alexandre Grothendieck; elle a donc été édifiée en même temps que celle des distributions. Après quoi la théorie de Schwartz s'est répandue partout, y compris en URSS où I. M. Gelfand et son école ont publié sur le sujet plusieurs volumes (traduits en français chez Dunod) remplis d'exemples, jusqu'à ce qu'elle devienne un outil de base dans la théorie des équations aux dérivées partielles;

UP, 1969), Daniel J. Kevles, *The Physicists* (MIT Press, 1971, traduction *Les physiciens*, Anthropos, 1988) ou Richard Rhodes, *The Making of the Atomic Bomb* (Simon & Schuster, 1986, 886 pp., environ \$12 en excellente édition brochée), qui explique le système et dans lequel vous trouverez beaucoup d'autres informations indisponibles en Francophonie. Il se trouve que Hilbert et d'autres mathématiciens fort au courant, et pour cause, des derniers progrès des mathématiques "modernes" étaient, eux aussi, professeurs à Göttingen ou aux environs; les célèbres *Methoden der Mathematischen Physik* de Courant et Hilbert paraissent à cette époque, la théorie "abstraite" des espaces de Hilbert est construite vers 1927–1930 par von Neumann à Göttingen et à Hambourg et intégrée à la mécanique quantique dans ses *Grundlagen der Quantenmechanik* (Springer, 1929). Von Neumann est aux USA à partir de 1933, comme Richard Courant qui fonde à la New York University un institut de mathématiques appliquées qui, après 1945, prospèrera par la méthode américaine standard : le recours aux contrats militaires.

[77] En 1943–1945, on ne disposait pas encore d'Internet et, en 1946, alors que ma thèse était quasiment terminée, je l'ai découverte, en mieux et en russe, dans un article soviétique de 1943 qui venait d'arriver à Paris avec un inexplicable retard. Etant d'un naturel curieux et ses auteurs ne m'étant pas entièrement inconnus grâce à quelques travaux d'avant 1940, j'ai eu la bonne idée de le lire (i.e., à l'époque, de me le faire traduire).

voir par exemple les formidables volumes de Lars Hörmander, l'un des premiers propagandistes de la théorie. Situation d'autant plus extraordinaire que la théorie générale des distributions elle-même, qui valut à Schwartz la première médaille Field française en 1950, ne contenait aucun théorème vraiment "profond" – il n'en est pas de même, à beaucoup près, de ses applications – et demandait "seulement" la capacité de détecter des analogies entre une douzaine de domaines disparates et d'isoler le principe général qui unifierait tout. Les philosophes des sciences appellent cela un paradigme, une vision nouvelle qui non seulement met de l'ordre et de la clarté dans le chaos, mais aussi et surtout permet de poser de nouveaux problèmes. La gravitation universelle, l'analyse de Newton et Leibniz, la théorie atomique en chimie, les théories de l'évolution de Darwin, de l'hérédité de Mendel, les bactéries de Pasteur, la relativité et la mécanique quantique, etc.

Exemple 2. Prenons pour f la fonction égale à 1 pour $x > 0$ et à 0 pour $x < 0$. On a donc

$$T_f(\varphi) = \int_0^{+\infty} \varphi(x)dx,$$

d'où

$$T_f'(\varphi) = -T_f(\varphi') = -\int_0^{+\infty} \varphi'(x)dx = \varphi(0)$$

puisque la primitive φ de φ' est nulle pour x grand. Autrement dit, la dérivée de la distribution associée à f est la mesure de Dirac à l'origine, et non pas une fonction au sens usuel. Extension évidente aux distributions définies à l'aide d'une fonction étagée; on trouve pour dérivées des combinaisons linéaires de mesures de Dirac aux points où la fonction est discontinue. Pour une fonction réglée f quelconque, limite uniforme sur tout compact d'une suite de fonctions étagées f_n, on a

$$T_{f'}(\varphi) = -T_f(\varphi') = -\int f(x)\varphi'(x)dx = -\lim \int f_n(x)\varphi'(x)dx$$

puisqu'on intègre en fait sur un intervalle compact, d'où

$$T_{f'}(\varphi) = \lim T_{f_n'}(\varphi),$$

résultat pratiquement impossible à expliciter dans le cas général.

Exemple 3. Considérons la distribution

$$T(\varphi) = \int_0^{+\infty} \varphi(x) \log x.dx;$$

l'intégrale converge absolument au voisinage de 0 (pas de problème à l'infini) car $|\varphi(x) \log x| \leq \|\varphi\|.|\log x|$. Pour calculer T', on intègre naïvement par parties (au besoin en passant à la limite sur l'intervalle $[u, +\infty[$ lorsque $u \to 0+$) :

$$-T'(\varphi) = \int_0^{+\infty} \varphi'(x) \log x. dx = \varphi(x) \log x \Big|_0^{+\infty} - \int_0^{+\infty} \varphi(x) x^{-1} dx$$

et l'on obtient des expressions infinies. Ceci montre qu'il vaudrait mieux utiliser une primitive de φ s'annulant à l'origine afin de neutraliser le logarithme; le plus simple serait de choisir $\varphi(x) - \varphi(0)$, qui est $O(x)$, mais alors la difficulté ressurgit à l'infini à cause du terme $\varphi(0) \log x$ dans la partie toute intégrée et du terme $\varphi(0)/x$ dans la dernière intégrale[78]. Pour trancher ce noeud gordien, on coupe l'intégrale en deux; on a d'abord

$$\int_0^1 \varphi'(x) \log x. dx = [\varphi(x) - \varphi(0)] \log x \Big|_0^1 - \int_0^1 [\varphi(x) - \varphi(0)] dx/x =$$
$$= -\int_0^1 [\varphi(x) - \varphi(0)] dx/x$$

car la partie toute intégrée est nulle en vertu de $\varphi(x) - \varphi(0) = O(x)$ et de $\log 1 = 0$. L'intégrale obtenue converge puisque $[\varphi(x) - \varphi(0)]/x$ est bornée au voisinage de 0 (et tend même vers une limite lorsque $x \to 0$). D'autre part, on a, sans aucun problème de convergence,

$$\int_1^{+\infty} \varphi'(x) \log x. dx = \varphi(x) \log x \Big|_1^{+\infty} - \int_1^{+\infty} \varphi(x) dx/x = -\int_1^{+\infty} \varphi(x) dx/x$$

puisque $\varphi(x)$ est nulle pour x grand. En définitive, on obtient

$$T'(\varphi) = \int_0^1 [\varphi(x) - \varphi(0)] dx/x + \int_1^{+\infty} \varphi(x) dx/x,$$

ce qui indique que la dérivée *au sens des distributions* de la fonction $\log x$ n'est pas ce que l'on pourrait croire. On conseille au lecteur de refaire le calcul en utilisant comme intermédiaire un point $a > 0$ quelconque et de vérifier qu'on trouve le même résultat.

Exercice. Pour toute $\varphi \in \mathcal{D}$, on pose

$$T(\varphi) = \lim_{\varepsilon \to 0} \int_{|x| > \varepsilon} \varphi(x) dx/x.$$

Montrer que la limite existe et que T est une distribution. Calculez-en sa dérivée et une "primitive".

---

[78] Il est rarissime de voir Dieudonné se tromper, mais c'est le cas dans ses *Eléments d'analyse*, vol. 3, p. 247 à propos du même exemple.

Appendice au Chapitre V

Introduction à la théorie de Lebesgue

C'est au vol. IV, chap. XI, que nous exposerons en détail la théorie inaugurée vers 1900 par Henri Lebesgue et que tous les mathématiciens utilisent depuis longtemps. On peut toutefois en donner une bonne idée en une quinzaine de pages car, mis à part le théorème de Dini, on n'y utilise que des raisonnements techniques fort simples : opérations usuelles de la théorie des ensembles (y compris les généralités du Chap. I, n° 7 sur les ensembles dénombrables), inégalités parfaitement banales (inégalité du triangle, généralités du Chap. II, n° 17 sur les limites infinies), définition et propriétés des bornes supérieures et des séries absolument convergentes. La difficulté n'est pas de démontrer les théorèmes (L 1), (L 2), … ; elle est de les énoncer *dans un ordre logiquement cohérent*, comme dans toute théorie où l'on désire aboutir à des théorèmes difficiles à partir de presque rien. On adoptera ici la méthode mise au point il y a cinquante ans par N. Bourbaki.

Dans ce qui suit, on note X l'ensemble pour lequel on se propose de développer la théorie de l'intégration; X est donc une partie *localement compacte* de $\mathbb{C}$, par exemple un intervalle de nature quelconque dans $\mathbb{R}$ ou, dans le cas général, l'intersection d'un ouvert et d'un fermé dans $\mathbb{C}$. Comme au n° 31, on notera $L(X)$ l'ensemble des fonctions continues définies sur X et nulles en dehors d'une partie compacte de X; une mesure positive sur X est donc, par définition, une application linéaire

$$\mu : L(X) \longrightarrow \mathbb{C}$$

telle que l'on ait $\mu(f) \geq 0$ pour toute $f \geq 0$. A notre niveau, le cas le plus important est naturellement celui de la mesure de Lebesgue usuelle sur un intervalle de $\mathbb{R}$, mais s'y borner ne simplifierait strictement rien aux démonstrations ou énoncés.

(i) *Intégration des fonctions sci.* Comme on l'a vu au n° 31, on peut immédiatement définir l'intégrale supérieure $\mu^*(\varphi)$ d'une fonction sci réelle sur X à condition de supposer φ positive en dehors d'un compact $K \subset X$; on notera $\mathfrak{I}(X) = \mathfrak{I}$ l'ensemble de ces fonctions et, pour toute $\varphi \in \mathfrak{I}$, on notera $L_{\inf}(\varphi)$ l'ensemble des $f \in L(X)$ telles que $f \leq \varphi$. L'intégrale supérieure

$$\mu^*(\varphi) = \sup_{f \in L_{\inf}(\varphi)} \mu(f)$$

a donc toujours un sens pour $\varphi \in \mathfrak{I}$ et l'on a $-\infty < \mu^*(\varphi) \leq +\infty$. Toute la théorie de Lebesgue peut se construire à l'aide de ces fonctions et de leurs intégrales supérieures. Leurs propriétés sont strictement les mêmes qu'au n° 11 :

(L 1) *On a $\mu^*(\varphi + \psi) = \mu^*(\varphi) + \mu^*(\psi)$ quelles que soient $\varphi, \psi \in \mathfrak{I}$.*

(L 2) *Si $\Phi \subset \mathfrak{J}$ est un philtre croissant, on a*

$$(1) \qquad \mu^*(\sup_{\varphi \in \Phi} \varphi) = \sup_{\varphi \in \Phi} \mu^*(\varphi)$$

et en particulier $\mu^*(\sup \varphi_n) = \sup \mu^*(\varphi_n)$ pour toute suite croissante.

(L 3) *On a $\mu^*(\sum \varphi_n) = \sum \mu^*(\varphi_n)$ quelles que soient les $\varphi_n \geq 0$.*

(L 1) et (L 2) se démontrent comme au n° 11 à l'aide du théorème de Dini (n° 30).

(ii) *Mesure d'un ensemble ouvert.* Pour tout ensemble U ouvert dans X, on pose

$$\mu^*(U) = \mu^*(\chi_U)$$

où la fonction χ_U, égale à 1 dans U et à 0 dans $X - U$, est sci puisque U est ouvert. Les énoncés (i'), (ii') et (iii') du n° 11 sont encore valables ici puisque ce sont de simples traductions de (L 1), (L 2) et (L 3). On notera toutefois que, si X n'est pas compact, $\mu^*(U)$ peut prendre la valeur $+\infty$.

(iii) *Intégrale supérieure d'une fonction positive.* Considérons maintenant sur X une fonction f à valeurs dans $[0, +\infty]$. Il existe des fonctions $\varphi \in \mathfrak{J}$ telles que $\varphi \geq f$, par exemple la fonction partout égale à $+\infty$. On définit alors l'*intégrale supérieure* de f en posant

$$(2) \qquad \mu^*(f) = \inf_{\substack{\varphi \geq f \\ \varphi \in \mathfrak{J}}} \mu^*(\varphi) \leq +\infty.$$

En dépit de la notation adoptée, cette définition *n'est pas* identique à celle du n° 1 : pour la fonction de Dirichlet, on a $\mu^*(f) = 1$ en théorie de Riemann, mais $\mu^*(f) = 0$ en théorie de Lebesgue comme on le verra plus bas [utiliser (9)].

Pour tout ensemble $A \subset X$, on pose de même

$$(3) \qquad \mu^*(A) = \mu^*(\chi_A),$$

intégrale supérieure de la fonction caractéristique de A; comme dans le cas des ensembles ouverts, les propriétés de la mesure des ensembles s'obtiendront immédiatement, à la fin de ce n°, en appliquant à leurs fonctions caractéristiques les énoncés valables pour des fonctions quelconques. Bornons-nous pour le moment à observer que

$$A \subset B \Longrightarrow \mu^*(A) \leq \mu^*(B).$$

Si f est sci et a fortiori continue, la définition (2) fournit la même valeur que (1) puisque f figure parmi les $\varphi \in \mathfrak{J}$ qui majorent f. Un autre point trivial mais d'usage constant est que

$$f \leq g \Longrightarrow \mu^*(f) \leq \mu^*(g).$$

Pour une fonction f à valeurs complexes (ou même vectorielles), on pose[79]

$$(4) \qquad N_1(f) = \mu^*(|f|) \le +\infty;$$

on dit qu'une suite (f_n) *converge en moyenne* vers une limite f si

$$\lim N_1(f - f_n) = 0.$$

On a toujours

$$(5) \qquad N_1(f + g) \le N_1(f) + N_1(g);$$

c'est clair si l'un des termes du second membre est infini; dans le cas contraire et par définition, il existe quel que soit $r > 0$ des fonctions sci φ et ψ telles que

$$|f| \le \varphi, \qquad \mu^*(\varphi) \le \mu^*(|f|) + r, \qquad |g| \le \psi, \qquad \mu^*(\psi) \le \mu^*(|g|) + r;$$

on a alors $|f + g| \le \varphi + \psi$, d'où, d'après (L 1),

$$\mu^*(|f + g|) \le \mu^*(\varphi + \psi) = \mu^*(\varphi) + \mu^*(\psi) \le \mu^*(|f|) + \mu^*(|g|) + 2r,$$

cqfd.

On a aussi

$$(6) \qquad N_1(\lambda f) = |\lambda| N_1(f)$$

pour tout scalaire λ à condition de convenir, comme partout dans ce contexte, que

$$0. + \infty = +\infty$$

puisque $N_1(0) = 0$. Cette convention doit en particulier être respectée lorsqu'on calcule un produit fg de deux fonctions : si, pour un $x \in X$, on a par exemple $f(x) = 0$ et $g(x) = +\infty$, on doit convenir que fg est nulle au point x.

Si l'on désigne par $\mathcal{F}^1(X; \mu) = \mathcal{F}^1$ l'ensemble des fonctions complexes telles que $N_1(f) < +\infty$, on obtient un espace vectoriel sur lequel la fonction N_1 est une norme – à un "détail" près : la relation $N_1(f) = 0$ n'implique pas $f = 0$.

Le premier énoncé important est le suivant :

(L 4) *Si* $f(x) = \sum f_n(x) \le +\infty$ *est la somme d'une série de fonctions positives, on a*

$$(7) \qquad \mu^*(f) \le \sum \mu^*(f_n).$$

Il n'y a rien à démontrer si le second membre est infini. S'il est fini, il existe, pour $r > 0$ donné et pour tout n, une fonction $\varphi_n \in \mathcal{J}$ vérifiant $f_n \le \varphi_n$, $\mu^*(\varphi_n) \le \mu^*(f_n) + r/2^{n+1}$: c'est la définition (2); la fonction $\varphi = \sum \varphi_n$ est sci, elle majore f et l'on a, d'après (L 3),

---

[79] On écrit aussi souvent $\|f\|_1$ ce que l'on note $N_1(f)$, ceci en dépit du fait que la fonction N_1 n'est pas une norme au sens strict.

$$\mu^*(f) \le \mu^*(\varphi) = \sum \mu^*(\varphi_n) \le \sum [\mu^*(f_n) + r/2^{n+1}] = r + \sum \mu^*(f_n),$$

cqfd. On notera l'apparition ici d'un "truc" apparemment inconnu avant Borel et Lebesgue en dépit de sa simplicité : la formule $r = \sum r/2^{n+1}$ pour majorer de façon contrôlable la somme d'une série. La seule vertu des nombres $1/2^n$ utilisés est évidemment d'avoir 1 pour somme.

(7) implique

(7')
$$\mu^*(\bigcup A_n) \le \sum \mu^*(A_n)$$

quels que soient les ensembles $A_n \subset X$, car la fonction caractéristique χ de la réunion des A_n est majorée par la somme des fonctions caractéristiques χ_n des A_n. Ne pas croire qu'on obtiendrait une égalité en supposant les A_n deux à deux disjoints : il faut pour cela supposer en outre que les A_n sont "mesurables".

(iv) *Ensembles de mesure nulle.* La relation (7') suggère la notion d'ensemble de mesure nulle ou *négligeable*, i.e. tel que

(8)
$$\mu^*(N) = \mu^*(\chi_N) = 0.$$

Il reviendrait au même d'exiger que, pour tout $r > 0$, il existe dans X un ensemble *ouvert* U tel que l'on ait

(8')
$$N \subset U \quad \& \quad \mu^*(U) \le r.$$

Tout d'abord, (8') implique (8) puisque $\mu^*(N) \le \mu^*(U)$. Si inversement N vérifie (8), il existe pour tout $r > 0$ une $\varphi \in \mathfrak{J}$ telle que $\varphi \ge \chi_N$ et $\mu^*(\varphi) \le r$; la relation $\varphi(x) > 1/2$ définit un ouvert $U \supset N$ pour lequel on a $\chi_U \le 2\varphi$, d'où $\mu^*(U) = \mu^*(\chi_U) \le 2\mu^*(\varphi) \le 2r$ et (8').

(L 5) *Toute partie d'un ensemble négligeable est négligeable; la réunion d'une famille finie ou dénombrable d'ensembles négligeables est négligeable.*

Utiliser (3) et (7').

Pour la mesure de Lebesgue usuelle, (8') montre qu'un ensemble réduit à un seul point est négligeable. Il en est donc de même de tout ensemble *dénombrable*, par exemple de l'ensemble des $x \in X$ à coordonnées rationnelles en dépit du fait que cet ensemble est partout dense dans X. Mais la réciproque est fausse. Le contre-exemple le plus célèbre (voir la fin de (vii)) consiste à considérer dans $X = [0, 1]$ *l'ensemble triadique de Cantor*, formé des $x \in X$ qui, dans le système de numération à base 3, s'écrivent sans utiliser le chiffre 1. On n'en déduira pas pour autant que toute réunion d'ensembles négligeables est négligeable : si tel était le cas, tout ensemble le serait puisque réunion d'ensembles réduits à un seul point ! Le dénombrable est essentiel dans (L 5).

Lorsqu'on a une relation $P\{x\}$ dépendant d'une variable $x \in X$, par exemple $f(x) \ge g(x)$, on dit que $P\{x\}$ est *vraie presque partout* (pp.) si l'ensemble des x tels que $P\{x\}$ ne soit pas vraie est de mesure nulle. Si l'on a une famille *finie ou dénombrable* d'assertions $P_n\{x\}$ et si chacune d'elles, prise séparément, est vraie presque partout, i.e. en dehors d'un ensemble négligeable N_n, alors elles sont simultanément vraies en dehors de $N = \bigcup N_n$, donc presque partout d'après (L 5). Par exemple, la somme d'une série de fonctions nulles presque partout est nulle presque partout, de même que le produit de deux fonctions nulles presque partout, leur enveloppe supérieure, etc.

L'ensemble des fonctions à valeurs complexes nulles presque partout ou, comme l'on dit, *négligeables*, est donc un sous-espace vectoriel $\mathcal{N}$ de $\mathcal{F}^1$. On aimerait bien ne pas rencontrer ces fonctions, mais ce n'est généralement pas la théorie de l'intégration qui, par elle-même, permet de les éliminer, encore moins de les expliciter. Elles servent essentiellement à camoufler des horreurs "sans importance" car ne comptant pas dans le calcul des intégrales : même dans la simple théorie de Riemann, on sait que si deux fonctions réglées sont égales en dehors d'un ensemble dénombrable, leurs intégrales sont égales (n° 7, théorème 7).

(L 6) *Soit f une fonction à valeurs complexes; alors*

$$(9) \qquad\qquad N_1(f) = 0 \Longleftrightarrow f(x) = 0 \text{ pp.}$$

Si f est une fonction à valeurs dans $[0, +\infty]$, alors

$$(10) \qquad\qquad N_1(f) < +\infty \Longrightarrow f(x) < +\infty \text{ pp.}$$

Supposant $\mu^*(|f|) = 0$, considérons pour tout entier $p \geq 1$ l'ensemble $N_p = \{|f(x)| > 1/p\}$ et notons χ_p sa fonction caractéristique. On a $|f| > \chi_p/p$, d'où $\mu^*(N_p) = \mu^*(\chi_p) \leq p\mu^*(|f|) = 0$. Etant réunion des N_p, l'ensemble $N = \{f(x) \neq 0\}$ est de mesure nulle d'après (L 5). Supposons réciproquement N de mesure nulle, posons maintenant

$$N_p = \{p < |f(x)| \leq p+1\} \subset N$$

pour tout $p \geq 0$ et soit χ_p la fonction caractéristique de N_p. Il est clair que $|f|\chi_p \leq (p+1)\chi_p$, d'où $\mu^*(|f|\chi_p) \leq (p+1)\mu^*(\chi_p) = 0$ puisque N_p, contenu dans N, est de mesure nulle d'après (L 5). Comme $|f| = \sum |f|\chi_p$, on a $\mu^*(|f|) = 0$ d'après (L 4), d'où (9).

Pour prouver (10), posons $A_p = \{f(x) > p\}$ pour tout $p \geq 1$ et soit à nouveau χ_p la fonction caractéristique de A_p. On a $f > p\chi_p$, d'où $\mu^*(\chi_p) \leq \mu^*(f)/p$; comme l'ensemble $N = \{f(x) = +\infty\}$ est l'intersection des A_p, on a $\mu^*(N) \leq \mu^*(f)/p$ pour tout p, d'où $\mu^*(N) = 0$ si $\mu^*(f) < +\infty$, cqfd.

(L 6) montre que, si deux fonctions f et g sont égales presque partout, on a $N_1(f) \leq N_1(g) + N_1(f - g) = N_1(g)$ d'après (9); par symétrie, on voit donc que

$$(11) \qquad\qquad f = g \text{ pp.} \Longrightarrow N_1(f) = N_1(g).$$

Le nombre $N_1(f)$ ne dépend donc que de la *classe d'équivalence* de f modulo le sous-espace vectoriel $\mathcal{N}$ des fonctions négligeables; en désignant par $\dot{f}$ cette classe, i.e. l'*ensemble* de toutes les fonctions presque partout égales à f (Chap. I, fin du n° 4), on pose

$$(12) \qquad\qquad \|\dot{f}\|_1 = N_1(f).$$

Les relations (5) et (6) sont valables pour ces classes, et comme on a fait le strict nécessaire pour que $\|\dot{f}\|_1 = 0$ implique $f(x) = 0$ pp., i.e. $\dot{f} = 0$, on voit que l'espace quotient

$$F^1 = \mathcal{F}^1/\mathcal{N}$$

est un vrai espace vectoriel *normé* (Appendice au Chap. III, n° 5).

(v) *Fonctions intégrables.* Ceci acquis, une fonction f à valeurs complexes sera dite *intégrable* sur X pour la mesure considérée si, pour tout $r > 0$, il existe une fonction *continue* $g \in L(X)$ telle que

$$(13) \qquad\qquad N_1(f - g) = \mu^*(|f - g|) < r$$

ou, ce qui revient au même, s'il existe une suite de fonctions continues f_n à supports compacts telle que

$$(13') \qquad\qquad \lim N_1(f - f_n) = 0,$$

ou encore si f est limite *en moyenne* d'une suite de fonctions continues nulles en dehors de compacts. On définit alors l'intégrale de f en posant

$$(14) \qquad \int f(x)d\mu(x) = \lim \int f_n(x)d\mu(x) = \lim \mu(f_n) = \mu(f).$$

Comme au n° 2 du §1, cette limite existe et ne dépend pas de la suite (f_n) choisie. On a en effet

$$\begin{aligned} |\mu(f_p) - \mu(f_q)| &= |\mu(f_p - f_q)| \leq \mu(|f_p - f_q|) = N_1(f_p - f_q) \\ &\leq N_1(f_p - f) + N_1(f - f_q); \end{aligned}$$

la suite des $\mu(f_n)$ vérifie donc le critère de Cauchy. Si une autre suite (g_n) de fonctions continues vérifie (13'), on a de même

$$|\mu(f_n) - \mu(g_n)| \leq \mu(|f_n - g_n|) = N_1(f_n - g_n) \leq N_1(f_n - f) + N_1(f - g_n),$$

d'où $\lim \mu(f_n) - \mu(g_n) = 0$, cqfd.

Les fonctions intégrables possèdent des propriétés quasi triviales, et d'autres qui le sont beaucoup moins. Commençons par les premières.

Il est tout d'abord clair que toute fonction $f \in L(X)$ est intégrable [prendre $g = f$ dans (13)] et que son intégrale à la Lebesgue est égale au nombre $\mu(f)$, valeur de f sur la forme linéaire $\mu : L(X) \longrightarrow \mathbb{C}$.

Si f et g sont égales presque partout et si f est intégrable, g est intégrable et l'on a $\mu(f) = \mu(g)$ car, dans (13'), $N_1(f-f_n)$ ne change pas si l'on remplace

f par g. Ceci permet de dire qu'une fonction f définie en dehors d'un ensemble négligeable N est *intégrable* si toute fonction g définie sur X et telle que $f = g$ dans $X - N$ l'est; on pose alors $\mu(f) = \mu(g)$.

(13′) montre en outre que $N_1(f) = \lim N_1(f_n) = \lim \mu(|f_n|)$. Or nous savons que $|\mu(f_n)| \leq \mu(|f_n|)$ puisqu'il s'agit de fonctions continues (même démonstration qu'au n° 2, théorème 1). On a donc

$$|\mu(f)| = \lim |\mu(f_n)| \leq \lim \mu(|f_n|) = \lim N_1(f_n),$$

d'où

(15) $$|\mu(f)| \leq N_1(f)$$

pour toute fonction f intégrable.

(L 7) *Si f est intégrable, il en est de même de $|f|$ et l'on a*

(16) $$N_1(f) = \mu(|f|) = \int |f(x)| d\mu(x).$$

Pour le montrer, on revient à nouveau à (13′) et (14). En utilisant le fait que, quels que soient $u, v \in \mathbb{C}$, on a $||u| - |v|| \leq |u - v|$, on obtient l'inégalité $||f| - |f_n|| \leq |f - f_n|$; elle montre que $\lim N_1(||f| - |f_n||) = 0$; comme les fonctions $|f_n|$ sont continues, $|f|$ est intégrable et l'on a $\mu(|f|) = \lim \mu(|f_n|)$ par définition de l'intégrale. Or $N_1(f_n)$ converge vers $N_1(f)$. Comme (16), définition de $N_1(f)$ pour toute fonction $f \in L(X)$, s'applique aux f_n, on a donc

$$N_1(f) = \lim N_1(f_n) = \lim \mu(|f_n|) = \mu(|f|),$$

cqfd.

(L 8) *Si f et g sont intégrables, il en est de même de $\alpha f + \beta g$ quels que soient $\alpha, \beta \in \mathbb{C}$ et l'on a*

(17) $$\mu(\alpha f + \beta g) = \alpha \mu(f) + \beta \mu(g).$$

Soient (f_n) et (g_n) des suites de fonctions continues telles que $\lim N_1(f - f_n) = \lim N_1(g - g_n) = 0$. L'inégalité du triangle

$$N_1[(\alpha f + \beta g) - (\alpha f_n + \beta g_n)] \leq |\alpha| N_1(f - f_n) + |\beta| N_1(f - f_n)$$

prouve l'intégrabilité de $\alpha f + \beta g$. On a de plus, par définition de l'intégrale,

$$\mu(\alpha f + \beta g) = \lim \mu(\alpha f_n + \beta g_n) = \lim \alpha \mu(f_n) + \beta \mu(g_n),$$

d'où (17).

(L 9) *Soient (f_n) une suite de fonctions intégrables et f une fonction telles que $\lim N_1(f - f_n) = 0$. Alors f est intégrable et l'on a*

(18) $$\int f(x) d\mu(x) = \lim \int f_n(x) d\mu(x).$$

Pour tout $r > 0$, on a $N_1(f - f_n) < r$ pour tout n assez grand; pour tout n, il existe d'autre part une fonction $g_n \in L(X)$ telle que $N_1(f_n - g_n) < 1/n$; pour n grand, on a donc $N_1(f - g_n) < r + 1/n < 2r$, d'où l'intégrabilité de f. On a de plus, d'après (L 8) et (15),

$$|\mu(f) - \mu(f_n)| = |\mu(f - f_n)| \leq N_1(f - f_n),$$

d'où (18).

(L 10) *Si f et g sont intégrables et à valeurs réelles, $\inf(f, g)$ et $\sup(f, g)$ sont intégrables.*

Puisque nous savons que $f - g$ et $|f - g|$ sont intégrables, il suffit comme au n° 2, théorème 2 de montrer que f^+ est intégrable. Pour cela, on utilise (13′) et l'inégalité $|f^+ - g^+| \leq |f - g|$, valable quelles que soient f et g réelles, cqfd.

(L 11) *Pour qu'une fonction sci φ soit intégrable, il faut et il suffit que $\mu^*(\varphi) < +\infty$. On a alors $\mu(\varphi) = \mu^*(\varphi)$.*

Que φ soit ou non sci, la condition $\mu^*(\varphi) < +\infty$ est nécessaire. Si elle est vérifiée, il existe pour tout $r > 0$ une fonction continue $f \leq \varphi$ telle que

$$\mu(f) \leq \mu^*(\varphi) \leq \mu(f) + r;$$

comme on a $\varphi = f + (\varphi - f) = f + |\varphi - f|$ et comme f et $\varphi - f$ sont sci puisque f est continue, on a $\mu^*(\varphi) = \mu(f) + \mu^*(|\varphi - f|)$ et donc

$$N_1(\varphi - f) = \mu^*(|\varphi - f|) = \mu^*(\varphi) - \mu(f) \leq r$$

d'après (L 1); d'où l'intégrabilité de φ. La relation précédente montre de plus que

$$|\mu(\varphi) - \mu(f)| \leq N_1(\varphi - f) = |\mu^*(\varphi) - \mu(f)| \leq r,$$

d'où $\mu(\varphi) = \mu^*(\varphi)$, cqfd.

(vi) *Convergence en moyenne : critère de Cauchy.* On dit que des fonctions f_n *convergent en moyenne* vers une fonction f lorsqu'on a $\lim N_1(f - f_n) = 0$, i.e.

$$\lim \int_X |f(x) - f_n(x)| d\mu(x) = 0$$

d'après (L 7); on écrit parfois la relation précédente sous la forme pratiquement plus simple

$$f(x) = \text{l.i.m.} f_n(x),$$

limit in the mean des anglophones.

Nous allons montrer que *le critère de Cauchy est valable pour la convergence en moyenne*; ce n'est pas le cas en théorie de Riemann et c'est l'un des progrès fondamentaux accompli par Lebesgue (ou plutôt par ses successeurs immédiats).

Prouvons d'abord le résultat suivant :

(L 12) *Soit* (f_n) *une série de fonctions intégrables telle que*

$$\sum \int |f_n(x)|d\mu(x) = \sum N_1(f_n) < +\infty.$$

On a alors $\sum |f_n(x)| < +\infty$ *pp., toute fonction* f *telle que* $f(x) = \sum f_n(x)$ *pp. est intégrable et l'on a*

$$\lim N_1(f - f_1 - \ldots - f_n) = 0,$$

$$\int f(x)d\mu(x) = \sum \int f_n(x)d\mu(x),$$

$$\sum \left| \int f_n(x)d\mu(x) \right| < +\infty.$$

Posons $F(x) = \sum |f_n(x)| \leq +\infty$; d'après (L 4), on a $N_1(F) \leq \sum N_1(f_n) < +\infty$, donc $F(x) < +\infty$ pp. d'après (L 6), de sorte que la série $\sum f_n(x)$ converge absolument presque partout. Soit f une fonction égale à la somme de cette série lorsqu'elle converge absolument, et prenant aux autres points des valeurs quelconques. Comme on a $|f(x)| \leq F(x)$ pp., on a

$$N_1(f) = \mu^*(|f|) \leq \mu^*(|F|) = N_1(F) \leq \sum N_1(f_n).$$

Si l'on supprime de la série donnée ses p premiers termes, on remplace f par une fonction égale presque partout à $f - (f_1 + \ldots + f_p)$, d'où, par le même raisonnement,

(19) $$N_1(f - f_1 - \ldots - f_p) \leq \sum_{q>p} N_1(f_q),$$

résultat arbitrairement petit pour p grand. Comme $f_1 + \ldots + f_p$ est intégrable, il en est donc de même de f d'après (L 9) et l'on a

(20) $$\mu(f) = \lim \mu(f_1 + \ldots + f_p) = \sum \mu(f_p).$$

La série est absolument convergente puisque $|\mu(f_p)| \leq N_1(f_p)$, cqfd.

On notera la différence entre (L 12) et les théorèmes élémentaires d'intégration terme à terme des séries normalement convergentes (n° 4) : la convergence (presque partout !) de la série $\sum |f_n(x)|$ est une *conséquence*, et non plus une cause, de la relation $\sum m(|f_n|) < +\infty$.

On peut maintenant établir le critère de Cauchy pour la convergence en moyenne.

(L 13) (Théorème de Riesz-Fischer[80]) *Si une suite* (f_n) *de fonctions intégrables satisfait au critère de Cauchy pour la convergence en moyenne,*

---

[80] Ce résultat montre que *l'espace vectoriel normé des classes de fonctions intégrables est complet,* i.e. est un espace de Banach (Appendice au Chap. III, n° 5). Historiquement, une grande partie de la théorie des espaces de Banach a été motivée par celle de l'intégration.

elle converge en moyenne vers une fonction intégrable f et l'on peut en extraire une suite partielle *dominée par une fonction intégrable et convergeant presque partout vers f.*

Supposons en effet que, pour tout $r > 0$, on ait

$$N_1(f_p - f_q) < r \text{ pour } p \text{ et } q \text{ grands.}$$

Il s'agit de prouver l'existence d'une fonction intégrable f telle que $\lim N_1(f - f_n) = 0$. Comme dans tout espace métrique, il suffit pour cela de montrer qu'on peut extraire de la suite de Cauchy donnée une suite partielle qui converge en moyenne : voyez la première démonstration du critère de Cauchy usuel au Chap. III, n° 10, théorème 13.

Pour tout $p \in \mathbb{N}$, désignons par n_p le *plus petit* entier tel que

$$k \geq n_p \ \& \ h \geq n_p \Longrightarrow N_1(f_k - f_h) \leq 1/2^p.$$

Il est clair que $n_p \leq n_{p+1}$. On a donc

$$(21) \qquad N_1(f_{n_{p+1}} - f_{n_p}) \leq 1/2^p$$

pour tout p. Pour les différences

$$(22) \qquad g_p = f_{n_{p+1}} - f_{n_p},$$

lesquelles sont intégrables d'après (L 8), on a donc $\sum N_1(g_p) < +\infty$. D'après (L 12), la série $\sum g_n$ converge *absolument* presque partout et sa somme g est aussi la limite *en moyenne* de ses sommes partielles. Mais (22) montre que

$$(23) \qquad g_1(x) + \ldots + g_p(x) = f_{n_{p+1}}(x) - f_{n_1}(x).$$

Comme le premier membre tend pp. vers $g(x)$, on en déduit que

$$\lim f_{n_p}(x) = g(x) + f_{n_1}(x)$$

existe presque partout; si l'on désigne par f la fonction du second membre – ses valeurs aux points où la limite n'existe pas peuvent être choisies arbitrairement –, on a

$$(24) \qquad g - g_1 - \ldots - g_p = f - f_{n_{p+1}} \text{ pp.}$$

d'après (23), donc

$$\lim N_1(f - f_{n_{p+1}}) = 0,$$

d'après (L 12). On a ainsi extrait de la suite des f_n une suite partielle qui converge vers f à la fois presque partout et en moyenne. Il reste à montrer l'existence d'une fonction intégrable $h \geq 0$ telle que l'on ait

$$|f_{n_p}(x)| \leq h(x)$$

pour tout p et tout x. Mais (24) montre que

$$|f_{n_{p+1}}| \le |f| + |g| + \sum |g_n|$$

et l'on sait que g et la somme de la série $\sum |g_n|$ sont intégrables, cqfd.

L'énoncé (L 13) s'applique en particulier à toute suite (f_n) qui converge en moyenne puisqu'une telle suite vérifie trivialement le critère de Cauchy. *Il ne s'ensuit pas* qu'elle converge presque partout : on sait seulement qu'on peut en extraire une suite partielle convergeant pp. Mais si l'on sait par ailleurs que $\lim f_n(x) = g(x)$ existe pp., alors g est nécessairement la limite en moyenne des f_n. Dans tous les cas, la limite en moyenne f est en effet limite pp. d'une suite g_n extraite de la suite donnée; si l'on a $\lim f_n(x) = g(x)$ en dehors d'un ensemble négligeable N et $\lim g_n(x) = f(x)$ en dehors d'un ensemble négligeable N', on a $f(x) = g(x)$ en dehors de $N \cup N'$. Autrement dit :

(L 14) *Si une suite de fonctions intégrables f_n converge en moyenne vers une fonction f et presque partout vers une fonction g, alors on a $f = g$ presque partout.*

Comme toute fonction intégrable f est, par définition, limite en moyenne de fonctions appartenant à $L(X)$, le théorème de Riesz-Fischer montre l'existence d'une suite (f_n) de fonctions *continues à support compact* telle que

$$f(x) = \lim f_n(x) \text{ presque partout;}$$

on peut même supposer les f_n dominées par une fonction intégrable.

Exercice. Soit f une fonction intégrable réelle. (i) Montrer qu'il existe des $f_n \in L(X)$ telles que l'on ait

$$\sum N_1(f_n) < +\infty, \quad \sum f_n(x) = f(x) \text{ pp.}$$

(ii) On pose $\varphi'(x) = \sum f_n^+(x)$ et $\varphi''(x) = \sum f_n^-(x)$. Montrer que φ' et φ'' sont sci, intégrables et que $f = \varphi' - \varphi''$ *presque partout* (comparez à la note 23 du n° 11).

(vii) *Le grand théorème de Lebesgue.* Le théorème (L 19), le plus utile sans doute de toute la théorie, est la version définitive du théorème de "convergence dominée" dont, sans le démontrer, nous avons donné un pâle aperçu au n° 4.

(L 15) *Soit (f_n) une suite croissante de fonctions intégrables réelles. Pour que $f = \sup f_n = \lim f_n$ soit intégrable, il faut et il suffit que $\sup \mu(f_n) < +\infty$. On a alors*

$$\lim N_1(f - f_n) = 0, \quad \mu(f) = \lim \mu(f_n).$$

La nécessité de la condition est claire puisque $f_n \le f$ pour tout n. Si elle est remplie, la relation

$$N_1(f_q - f_p) = \mu(f_q - f_p) = \mu(f_q) - \mu(f_p),$$

valable pour $p < q$ en raison de (16), montre que (f_n) est une suite de Cauchy pour la convergence en moyenne. Elle converge donc en moyenne, nécessairement vers la fonction $f(x) = \lim f_n(x)$ d'après (L 14), cqfd.

(L 16) *Soit (f_n) une famille dénombrable de fonctions intégrables réelles; pour que l'enveloppe supérieure $f(x) = \sup f_n(x)$ des f_n soit intégrable, il faut et il suffit que les f_n soient dominées par une fonction d'intégrale supérieure finie*[81].

Si f est intégrable, la condition est remplie car $|f|$ domine les f_n. Si inversement l'on a $f_n \leq p$ où $\mu^*(p) < +\infty$, les enveloppes supérieures partielles $g_n = \sup(f_1, \ldots, f_n)$, qui sont intégrables d'après (L 10), forment une suite croissante dont les intégrales sont toutes $\leq \mu^*(p)$; comme $\sup(f_n) = \sup(g_n)$, il reste à appliquer (L 15).

(L 17) *Toute suite* décroissante *(f_n) de fonctions intégrables* positives *converge en moyenne vers la fonction intégrable $f(x) = \lim f_n(x)$ et l'on a*

$$\mu(f) = \inf \mu(f_n) = \lim \mu(f_n).$$

Rappelons d'abord que, dans $\mathbb{R}$, toute suite décroissante à termes positifs converge et vérifie donc le critère de Cauchy. Cela dit, on a pour $p < q$

$$N_1(f_q - f_p) = \mu(|f_q - f_p|) = \mu(f_q - f_p) = \mu(f_q) - \mu(f_p)$$

d'après (L 7) et (L 8). Or la suite des $\mu(f_n) \in \mathbb{R}$ est décroissante et à termes positifs; on a donc $N_1(f_q - f_p) \leq r$ pour p et q grands. La fonction $f(x) = \lim f_n(x)$ est presque partout finie puisque $\mu^*(f) \leq \mu^*(f_n)$ pour tout n; le f_n convergent donc presque partout vers f; d'après (L 14), c'est la limite en moyenne des f_n, cqfd.

(L 18) *L'enveloppe* inférieure *d'une famille dénombrable de fonctions intégrables* positives *est intégrable.*

Appliquer (L 17) aux fonctions $\inf(f_1, \ldots, f_n)$.

(L 19) (Théorème de convergence dominée de Lebesgue) *Soit (f_n) une suite de fonctions intégrables qui converge presque partout vers une fonction f. Supposons qu'il existe une fonction intégrable positive p telle que l'on ait*

$$|f_n(x)| \leq p(x) \ pp. \ pour \ tout \ n.$$

Alors f est intégrable et l'on a

---

[81] en pratique et dans toute la suite, par une fonction *intégrable* positive, car une fonction d'intégrale supérieure finie est dominée par une fonction sci d'intégrale supérieure finie, donc intégrable.

$$f(x) \;=\; \text{l.i.m.}\, f_n(x),$$

$$\int f(x)d\mu(x) \;=\; \lim \int f_n(x)d\mu(x).$$

Montrons d'abord comment on peut mettre le critère de Cauchy usuel sous une forme adaptée à la démonstration qui va suivre.

Si (u_n) est une suite de nombres complexes, celui-ci exprime que

$$v_n = \sup_{i,j \geq n} |u_i - u_j| \leq r \text{ pour } n \text{ grand.}$$

v_n est une suite décroissante de nombres positifs et le critère de Cauchy équivaut à la relation $\lim v_n = 0$.

Ceci établi, démontrons (L 19). D'après (L 14), il suffit de montrer que (f_n) est une suite de Cauchy pour la convergence en moyenne. La suite des fonctions

$$g_n = \sup_{i,j \geq n} (|f_i - f_j|) \leq 2p$$

est décroissante. Comme on a $N_1(|f_i - f_j|) \leq N_1(g_n)$ quels que soient $i, j \geq n$, tout revient à montrer que les g_n convergent en moyenne vers 0. Or $g_n(x)$ converge vers 0 en tout x où $\lim f_n(x)$ existe, donc presque partout. Il suffit donc, d'après (L 14), de montrer que les g_n convergent en moyenne, ce que (L 17) garantit à condition de vérifier que les g_n sont intégrables. Or g_n est l'enveloppe supérieure de la famille dénombrable des $|f_i - f_j|$ $(i, j \geq n)$, et ces fonctions sont dominées par la fonction $2p$, d'où le résultat par (L 16), cqfd.

(viii) *Ensembles intégrables.* Un ensemble $A \subset X$ est dit *intégrable* si sa fonction caractéristique est intégrable; on pose alors $\mu(A) = \mu(\chi_A)$. Si A et $B \subset A$ sont intégrables, il en est de même de $A - B$ d'après (L 8) et l'on a

$$\mu(A - B) = \mu(A) - \mu(B).$$

Si A et B sont intégrables, il en est de même de $A \cap B$ et de $A \cup B$ d'après (L 10). Si A et B sont égaux à un ensemble négligeable près et si l'un d'eux est intégrable, il en est de même de l'autre.

(L 20) *Tout ensemble A ouvert ou fermé tel que $\mu^*(A) < +\infty$ est intégrable.*

Le premier cas résulte de (L 11). Le second résulte du premier si l'on montre qu'il existe un ouvert $U \subset A$ intégrable puisqu'alors on a $A = U - (U - A)$ où U et $U - A$ sont ouverts et de mesures extérieures finies, donc intégrables. En fait, on a plus généralement

$$\mu^*(A) = \inf_{A \subset U} \mu^*(U)$$

pour *tout* ensemble A. C'est clair si le premier membre est infini. S'il est fini, il existe pour tout $r > 0$ une fonction sci $\varphi \geq \chi_A$ telle que $\mu^*(A) \leq \mu^*(\varphi) \leq$

$\mu^*(A) + r$; l'ouvert $U_n = \{\varphi(x) > 1 - 1/n\}$ contient A quel que soit n et l'on a $\mu^*(\varphi) \geq (1 - 1/n)\mu^*(U_n)$, d'où $(1 - 1/n)\mu^*(U_n) \leq \mu^*(A) + r$ et donc $\mu^*(U_n) \leq \mu^*(A) + 2r$ pour n grand, cqfd.

En particulier, l'ensemble X lui-même est intégrable si et seulement si $\mu^*(X) < +\infty$; comme la fonction 1 est l'enveloppe supérieure des $f \in L(X)$ telles que $0 \leq f \leq 1$, et comme on a $|f| \leq \|f\|_X 1$ pour toute $f \in L(X)$, on a alors

$$|\mu(f)| \leq \mu(X)\|f\|_X$$

pour toute $f \in L(X)$; la mesure μ est donc *bornée* ou *de masse totale finie*. Si inversement l'on a une majoration $|\mu(f)| \leq M\|f\|_X$, il est clair que $\mu(1) \leq M$.

On voit aussi que *tout ensemble compact est intégrable*.

(L 21) *L'intersection $A = \bigcap A_n$ de toute famille dénombrable d'ensembles intégrables est intégrable.*

La fonction caractéristique χ de A est en effet l'enveloppe inférieure des fonctions χ_n des A_n, d'où le résultat par (L 18). Si la suite (A_n) est décroissante, on a d'après (L 17)

$$\mu(\bigcap A_n) = \lim \mu(A_n) = \inf \mu(A_n).$$

(L 22) *Pour que la réunion $A = \bigcup A_n$ d'une famille dénombrable d'ensembles intégrables soit intégrable, il est nécessaire et suffisant qu'il existe un ensemble B tel que l'on ait*

(25) $\mu^*(B) < +\infty$ et $A_n \subset B$ pour tout n.

La nécessité est claire : choisir $B = \bigcup A_n$. Si elle est vérifiée, les fonctions caractéristiques des A_n sont dominées par la fonction χ_B, d'où le résultat d'après (L 16).

On a de plus

$$\mu(\bigcup A_n) \leq \sum \mu(A_n)$$

d'après (3'), et égalité si les A_n sont deux à deux disjoints d'après (L 12).

Lorsque la suite des A_n est *croissante*, (L 15) permet de remplacer la condition (25) par $\sup \mu(A_n) < +\infty$; on a alors

$$\mu(A) = \lim \mu(A_n) = \sup \mu(A_n).$$

Montrons par exemple que l'ensemble C de Cantor est de mesure nulle (pour la mesure de Lebesgue sur $\mathbb{R}$). On l'obtient en effet en ôtant de $[0, 1]$ son intervalle médian $]1/3, 2/3[$, puis de chacun des deux intervalles restant leur intervalle médian, puis de chacun des quatre intervalles restant leur intervalle médian, et ainsi de suite indéfiniment. La somme totale des longueurs des intervalles exclus est égale à

$$1/3 + 2/3^2 + 2^2/3^3 + \ldots = 1,$$

et comme ils sont deux à deux disjoints, on a $m([0, 1]-C) = 1$, d'où $m(C) = 0$.

(viii) *Ensembles mesurables.* On dit qu'un ensemble $A \subset X$ est *mesurable* si $A \cap K$ est intégrable pour tout ensemble compact $K \subset X$. Il est clair que tout ensemble intégrable est mesurable, de même que X, que le complémentaire d'un ensemble mesurable et que la réunion et l'intersection d'une famille dénombrable d'ensembles mesurables.

Tout ensemble M ouvert ou fermé est mesurable; si M est fermé, $M \cap K$ est compact et donc intégrable pour tout compact $K \subset X$, de sorte que M est mesurable. Si M est ouvert, $X - M$ est fermé, donc mesurable, donc aussi M.

Ces résultats permettent, à partir des ouverts, des fermés et des ensembles de mesure nulle, de construire des ensembles mesurables extraordinairement compliqués : intersections dénombrables de réunions dénombrables d'intersections dénombrables d'ouverts, par exemple. En fait, la difficulté serait plutôt de construire explicitement des ensembles *non* mesurables, tâche pratiquement impossible sans utiliser d'une façon ou d'une autre l'induction transfinie du Chap. I. *Dans la pratique courante*, on n'a donc aucune chance de rencontrer des ensembles non mesurables; ce n'est quand même pas une raison pour escamoter les démonstrations de mesurabilité ...

(L 23) *Pour qu'un ensemble mesurable A soit intégrable, il faut et il suffit que $\mu^*(A) < +\infty$.*

Supposons prouvé que X *est la réunion d'une famille dénombrable de compacts* K_n; comme les $A \cap K_n$ sont par hypothèse intégrables, l'ensemble

$$A = \bigcup A \cap K_n$$

est alors intégrable d'après (L 22). Reste à prouver l'existence des K_n.

Elle est évidente si X est un intervalle de $\mathbb{R}$. Si X est un ouvert de $\mathbb{C}$, soit D l'ensemble, dénombrable, des $x \in X$ à coordonnées rationnelles. Pour tout $x \in X$, il existe un n tel que le disque fermé $B(x, 1/n)$ soit contenu dans X, puis un $d \in D$ tel que $|x - d| < 1/2n$; le disque fermé $D(d, 1/2n)$ est alors contenu dans X et contient x. Ceci montre que X est réunion d'une famille, *dénombrable*, de disques compacts de la forme $D(d, 1/p)$, d'où le résultat. Si enfin $X = U \cap F$ avec U ouvert et F fermé et si $U = \bigcup K_n$, on a $X = \bigcup K_n \cap F$, cqfd.

Le résultat précédent montre que la notion d'ensemble mesurable ne diffère de celle d'ensemble intégrable que si $\mu(X) = +\infty$.

Pour conclure, donnons une caractérisation des fonctions intégrables réelles qui nous ramènera au point de vue initial de Lebesgue :

(L 24) *Soit f une fonction réelle telle que $N_1(f) < +\infty$. Pour que f soit intégrable, il faut et il suffit que, quels que soient a et b, l'ensemble $\{a \leq f(x) \leq b\}$ soit mesurable.*

Pour établir la nécessité de la condition, on choisit (Riesz-Fischer) une suite de fonctions $f_n \in L(X)$ et un ensemble négligeable N tels que l'on ait $f(x) = \lim f_n(x)$ pour tout $x \in X - N$. Comme on a

$$[a, b] = \bigcap]a - 1/p, b + 1/p[,$$

la relation $a \leq f(x) \leq b$ signifie que, pour tout p, on a

(26) $a - 1/p < f_n(x) < b + 1/p$ pour tout n assez grand.

Pour n et p donnés, (26) définit un ouvert $U_{p,n}$ et les $x \in X - N$ tels que (26) soit vérifiée pour tout $n \geq q$ sont les points de l'ensemble mesurable

$$U_{p,q} \cap U_{p,q+1} \cap \ldots = A_{p,q}.$$

Pour p donné, les x vérifiant (26) sont donc les éléments de l'ensemble mesurable

$$A_{p,1} \cup A_{p,2} \cup \ldots = B_p.$$

Enfin, dire que l'on a (26) pour tout p signifie que x appartient à l'ensemble mesurable $B = \bigcap B_p$. Comme l'ensemble défini par la condition $a \leq f(x) \leq b$ est égal à B à un ensemble négligeable près, il est mesurable.

Supposons inversement l'ensemble $\{a \leq f(x) \leq b\}$ mesurable quels que soient a et b et, pour $n, p \geq 1$, posons

$$A_{n,p} = \{p/n \leq f(x) < (p + 1)/n\}.$$

Comme on a

$$[a, b[= \bigcup [a, b - 1/q]$$

l'ensemble $A_{n,p}$ est réunion d'une famille dénombrable d'ensembles de la forme $\{u \leq f(x) \leq v\}$, donc est mesurable. Si $\chi_{n,p}$ est la fonction caractéristique de $A_{n,p}$, on a $\chi_{n,p} \leq nf^+(x)/p$; puisque $N_1(f^+) \leq N_1(f) < +\infty$, la fonction $\chi_{n,p}$ est intégrable d'après (L 23), donc aussi la fonction

$$f_n(x) = \sum_{1 \leq p \leq n^2} \frac{p}{n} \chi_{n,p}(x).$$

On a $f_n(x) \leq f^+(x)$ quels que soient n et x, ainsi que

$$f^+(x) - f_p(x) \leq 1/n \text{ si } f(x) \leq n$$

comme une figure, celle du n° 30 par exemple, le montrera mieux qu'un calcul. Il s'ensuit que $f^+(x) = \lim f_n(x)$ pour tout x, d'où l'intégrabilité de f^+ d'après le théorème de convergence dominée. Même démonstration pour $f^- = (-f)^+$.

Si l'on admet que tout ensemble raisonnable est mesurable, il s'ensuit qu'en pratique toutes les fonctions que l'on rencontre en analyse classique sont intégrables pour peu, bien sûr, que $N_1(f) < +\infty$.

VI – Calculs Asymptotiques

§1. Développements limités – §2. Formules sommatoires

§1. Développements limités

1 – Relations de comparaison

Rappelons qu'au Chap. II, n° 3 et 4, nous avons introduit des relations qui, étant données des fonctions numériques définies dans un ensemble $X \subseteq \mathbb{R}$, permettent de comparer leurs "ordres de grandeur" au voisinage d'un point a adhérent à X, le cas où $a = +\infty$ ou $-\infty$ n'étant pas exclu, bien au contraire. Ce sont les suivantes :

$$(1.1) \qquad f(x) = O(g(x)) \qquad \text{quand } x \to a,$$

qui équivaut à l'existence d'une constante $M \geq 0$ telle que l'on ait $|f(x)| \leq M|g(x)|$ pour tout $x \in X$ voisin de a;

$$(1.2) \qquad f(x) \asymp g(x) \qquad \text{quand } x \to a,$$

qui signifie que l'on a à la fois $f(x) = O(g(x))$ et $g(x) = O(f(x))$;

$$(1.3) \qquad f(x) \sim g(x) \qquad \text{quand } x \to a,$$

équivalent à

$$\lim_{x \to a} f(x)/g(x) = 1;$$

enfin,

$$(1.4) \qquad f(x) = o(g(x)) \qquad \text{quand } x \to a,$$

qui équivaut en pratique à $\lim f(x)/g(x) = 0$.

On a vu aussi que (3) peut s'exprimer par

$$f(x) = g(x) + o(g(x))$$

puisque $|f(x)/g(x) - 1| \leq \varepsilon$ s'écrit $|f(x) - g(x)| \leq \varepsilon|g(x)|$.

Le Chap. IV nous a fourni des formules de ce type applicables aux fonctions puissances, exponentielles et logarithmiques :

$$(1.5) \qquad x^b = O(x^a), \quad x \to 0 \quad \Longleftrightarrow \mathrm{Re}(b) \geq \mathrm{Re}(a),$$

$$(1.6) \qquad x^b = o(x^a), \quad x \to 0 \quad \Longleftrightarrow \mathrm{Re}(b) > \mathrm{Re}(a),$$

$$(1.7) \qquad x^b = O(x^a), \quad x \to +\infty \Longleftrightarrow \mathrm{Re}(b) \leq \mathrm{Re}(a),$$

$$(1.8) \qquad x^b = o(x^a), \quad x \to +\infty \Longleftrightarrow \mathrm{Re}(b) < \mathrm{Re}(a),$$

$$(1.9) \qquad x^s = o(a^x), \quad x \to +\infty \quad \text{si } a > 1, \, s \in \mathbb{C},$$

$$(1.10) \qquad \log x = o(x^s), \quad x \to +\infty \quad \text{si } \mathrm{Re}(s) > 0,$$

$$(1.11) \qquad \log x = o(1/x^s), \quad x \to 0 \quad \text{si } \mathrm{Re}(s) > 0.$$

Il est utile de retenir les trois dernières formules de la façon suivante :

$$\lim a^{-x} x^s = 0 \qquad \text{quand } x \to +\infty \text{ si } a > 1, s \in \mathbb{C},$$

$$\lim x^s \log x = 0 \qquad \text{quand } x \to +\infty \text{ si } \mathrm{Re}(s) < 0,$$

$$\lim x^s \log x = 0 \qquad \text{quand } x \to 0 \text{ si } \mathrm{Re}(s) > 0.$$

La théorie des séries entières et la formule de Taylor fournissent d'autre part des résultats généraux. Pour une série entière

$$f(x) = a_m x^m + \ldots + a_p x^p + a_r x^r + \ldots$$

où l'on n'écrit que les termes non nuls, on a

$$(1.12) \qquad f(x) - (a_m x^m + \ldots + a_p x^p) \sim a_r x^r \qquad \text{quand } x \to 0$$

puisque le premier membre s'écrit $a_r x^r (1 + ?x + \ldots)$ avec une série qui tend vers 1; cela conduit à des formules telles que

$$e^x = 1 + x + x^2/2 + x^3/6 + o(x^3),$$

$$\log(1 + x) = x - x^2/2 + x^3/3 - x^4/4 + O(x^5),$$

etc. quand $x \to 0$. La formule de Taylor, quant à elle, montre que si une fonction f est de classe C^{n+1} au voisinage d'un point $a \in \mathbb{R}$, on a

$$(1.13) \quad f(a + h) = f(a) + f'(a)h + \ldots + f^{(n)}(a)h^n/n! + O\left(h^{n+1}\right)$$

quand $h \to 0$ et même

$$(1.14) \qquad f(a + h) - \left[f(a) + f'(a)h + \ldots + f^{(n)}(a)h^n/n! \right] \sim$$

$$\sim f^{(n+1)}(a)h^{n+1}/(n+1)!$$

si $f^{(n+1)}(a) \neq 0$ [Chap. V, equ. (18.11) et (18.14)].

2 – Règles de calcul

Les symboles O et o obéissent à des règles de calcul faciles à retenir et encore plus à démontrer, à l'exception de celles qui s'apliquent à des quotients de relations asymptotiques. Nous nous bornerons à les énoncer en style télégraphique – il y a d'autant moins de raisons d'en faire des discours que nous les avons utilisées de facto à plusieurs reprises dans les chapitres précédents – avec des indications minimales sur leurs démonstrations.

$$(2.1) \qquad f = O(g) \ \& \ g = O(h) \Longrightarrow f = O(h).$$

Car si $|f(x)| \leq A|g(x)|$ et si $|g(x)| \leq B|h(x)|$, on a $|f(x)| \leq AB|h(x)|$.

$$(2.2) \qquad f = O(g) \ \& \ g = o(h) \Longrightarrow f = o(h).$$

Car si $|f(x)| \leq A|g(x)|$ et si $|g(x)| \leq r|h(x)|$, on a $|f(x)| \leq \varepsilon|h(x)|$ pour $r \leq \varepsilon/A$.

$$(2.3) \qquad f = O(h) \ \& \ g = O(h) \Longrightarrow f + g = O(h).$$
$$(2.4) \qquad f = o(h) \ \& \ g = o(h) \Longrightarrow f + g = o(h).$$
$$(2.5) \qquad f' = O(g') \ \& \ f'' = O(g'') \Longrightarrow f'f'' = O(g'g'').$$
$$(2.6) \qquad f' = O(g') \ \& \ f'' = o(g'') \Longrightarrow f'f'' = o(g'g'').$$

On pourrait aussi écrire certaines de ces règles de la façon suivante, en gardant en mémoire le fait qu'un symbole tel que $O(g)$ désigne n'importe quelle fonction f telle que $f = O(g)$:

$$O(h) + O(h) = O(h), \quad o(h) + o(h) = o(h),$$

$$O(o(h)) = o(O(h)) = o(h),$$

$$O(g)O(h) = O(gh), \quad O(g)o(h) = o(gh).$$

Exemple 1. Multiplions membre à membre les relations

$$e^x = 1 + x + x^2/2 + O(x^3), \qquad \sin x = x - x^3/6 + O(x^5)$$

valables pour $x \to 0$; en calculant à la Newton, on trouve

$$
\begin{aligned}
e^x \sin x &= (1 + x + x^2/2)(x - x^3/6) + (1 + x + x^2/2)O(x^5) + \\
&\quad + (x - x^3/6)O(x^3) + O(x^3)O(x^5) = \\
&= x + x^2 + x^3/3 - x^4/6 - x^5/12 + O(x^4) + O(x^5) + \ldots + O(x^8);
\end{aligned}
$$

mais comme $x^n = O(x^4)$ pour $n \geq 4$, il reste

$$e^x \sin x = x + x^2 + x^3/3 + O(x^4);$$

on ne peut rien tirer de plus précis des relations initiales.

Exemple 2. Quand $x \to 0$, on a

$$\left(x^4 + x^2\right)^{1/3} = x^{2/3} \left(1 + x^2\right)^{1/3} = x^{2/3} \left[1 + x^2/3 - x^4/9 + O(x^6)\right]$$

d'après la série du binôme, d'où

$$\left(x^4 + x^2\right)^{1/3} = x^{2/3} + x^{8/3}/3 - x^{14/3}/9 + O(x^{20/3}).$$

Dans ces calculs, on a utilisé le fait que $x^a O(x^b) = O(x^{a+b})$, cas particulier de (5).

Il y a aussi des règles relatives à la relation $f \sim g$.

(2.7) $f \sim g \ \& \ g \sim h \Longrightarrow f \sim h.$

Car $f = g + o(g) = h + o(h) + o(h + o(h)) = h + o(h) + o(O(h)) = h + o(h).$

(2.8) $f' \sim g' \ \& \ f'' \sim g'' \Longrightarrow f'f'' \sim g'g''$ et $f'/f'' \sim g'/g''.$

Car $f'f''/g'g'' = (f'/g')(f''/g'')$, produit de deux rapports tendant vers 1, etc. Ou bien on multiplie les relations $f' = g' + o(g')$ et $f'' = g'' + o(g'')$.

Exemple 3. Considérons le rapport

$$\frac{x^2 - x + \log x}{x^2 - (\log x)^2}$$

lorsque x tend vers $+\infty$. Au numérateur, x et $\log x$ sont $o(x^2)$, de sorte qu'il est $\sim x^2$. Au dénominateur, $\log x$ est $o(x)$, donc $(\log x)^2$ est $o(x^2)$, de sorte que le dénominateur aussi est $\sim x^2$. La fraction considérée tend donc vers 1 lorsque $x \to +\infty$.

Comme on l'a déjà noté quelque part, un polynôme est, à l'infini, équivalent à son terme de plus haut degré; une fraction rationnelle est donc équivalente au quotient des termes de plus haut degré de ses deux facteurs.

3 – Développements limités

Les exemples qui précèdent – et davantage encore ceux qui suivront – montrent que pour étudier le comportement d'une fonction au voisinage d'un point a, il est utile de la comparer à des fonctions aussi simples que possible. Si par exemple la fonction est représentée par une série entière convergente en $x - a$, on la compare aux sommes partielles de celle-ci, i.e. à des polynômes. En général, et même dans les situations les plus élémentaires, il est nécessaire de choisir des fonctions de comparaison un peu moins simples.

Supposons que l'on désire étudier le comportement d'une fonction f autour de $x = 0$, ou seulement lorsque $x \to 0+$. Il se peut qu'il existe une constante $a \neq 0$ et un exposant s réel tels que $f(x) \sim ax^s$. On a alors – par définition – $f(x) = ax^s + o(x^s)$, ce qui nous incite à considérer la différence $f(x) - ax^s$. Il se peut alors qu'il existe une constante $b \neq 0$ et un exposant réel t tels que $f(x) - ax^s \sim bx^t$; on a nécessairement $t > s$. Il peut alors arriver qu'il existe une constante $c \neq 0$ et un exposant réel $u > t$ tels que $f(x) - ax^s - bx^t \sim cx^u$, et ainsi de suite.

On est ainsi amené à appeler, dans ce contexte, *polynôme généralisé* toute fonction de la forme

$$(3.1) \qquad p(x) = a_1 x^{s_1} + \ldots + a_n x^{s_n}$$

où les a_k sont des constantes *non nulles* et où les exposants réels s_k vérifient

$$s_1 < s_2 < \ldots < s_n;$$

on dira alors que f admet un *développement limité d'ordre s* à l'origine s'il existe un polynôme généralisé p tel que l'on ait

$$(3.2) \qquad f(x) = p(x) + o(x^s) \qquad \text{quand } x \to 0.$$

Comme $x^t = o(x^s)$ pour $t > s$, on peut supposer que, dans (1), on a

$$(3.3) \qquad s_1 < s_2 < \ldots < s_n \leq s;$$

on dit alors que p est la *partie principale d'ordre s* de f à l'origine.

Celle-ci est unique, car (2) implique visiblement

$$f(x) = a_1 x^{s_1} + o(x^{s_1}) \sim a_1 x^{s_1}$$

et donc

$$a_1 = \lim f(x)/x^{s_1},$$

ce qui détermine a_1; les coefficients suivants s'obtiennent de même grâce aux relations

$$f(x) - a_1 x^{s_1} - \ldots - a_k x^{s_k} \sim a_{k+1} x^{s_{k+1}}.$$

Il est clair que si l'on a deux développements $f(x) = p(x) + o(x^s)$ et $g(x) = q(x) + o(x^s)$ de même ordre, on a par addition un développement limité de $f + g$. Si les ordres sont différents, c'est naturellement le plus petit qui compte pour la somme : des relations

$$e^x = 1 + x + x^2/2 + x^3/6 + o(x^3), \quad \cos x = 1 - x^2/2 + x^4/24 + o(x^5)$$

on ne peut rien déduire de mieux que

$$e^x + \cos x = 2 + x + x^3/6 + o(x^3)$$

puisqu'il *se pourrait* que e^x possède un développement limité d'ordre 5 contenant des termes non nuls en x^4 et $x^5 \ldots$

On peut aussi facilement multiplier membre à membre des développements limités. Un exemple suffira à indiquer la méthode. On écrit

$$(3.4) \quad e^x \cos x = \left[1 + x + x^2/2 + x^3/6 + o(x^3) \right] \cdot \left[1 - x^2/2 + x^4/24 + o(x^5) \right]$$

et l'on multiplie mentalement terme à terme; on voit apparaître d'abord des termes de la forme ax^s, puis des termes de la forme $ax^s o(x^t) = o(x^{s+t})$, enfin un terme $o(x^s)o(x^t) = o(x^{s+t})$. Parmi les termes de la forme $o(x^u)$, seul celui ou ceux ayant le plus petit exposant u est à retenir puisque tous les autres sont eux mêmes des $o(x^u)$; et parmi les termes de la forme ax^s, seuls ceux d'exposant $s \leq u$ sont à retenir pour la même raison. Dans le cas (4), on a visiblement $u = 3$ à cause du produit $o(x^3).1$, de sorte qu'il vient

$$e^x \cos x = 1 + x - x^3/3 + o(x^3)$$

sans qu'il soit nécessaire de calculer davantage de termes. Le fait que les exposants puissent être non entiers ou non positifs ne change rien à la méthode, entièrement fondée sur le fait que $x^a = o(x^b)$ pour $a > b$ lorsque x tend vers 0.

4 – Développement limité d'un quotient

Supposons donnés au voisinage de $x = 0$ deux développements limités

$$f(x) = p(x) + o(x^s), \qquad g(x) = q(x) + o(x^t)$$

et cherchons à en déduire le développement limité le plus précis possible de $h(x) = f(x)/g(x)$. Soit bx^α le terme de plus *bas* degré du polynôme généralisé $q(x)$; on a alors

$$h(x) = f_1(x)/g_1(x)$$

où le développement limité de $g_1(x) = b^{-1}x^{-\alpha}g(x)$ commence par le monôme 1 et est d'ordre $t - \alpha$, celui de $f_1(x) = b^{-1}x^{-\alpha}f(x)$ étant maintenant d'ordre $s - \alpha$. Tout revient donc à trouver un développement limité de $1/g_1$ dans le cas où g_1 est de la forme

$$(4.1) \qquad g_1(x) = 1 - r(x) + o(x^u), \qquad r(x) = b_2 x^{u_2} + \ldots + b_n x^{u_n}$$

avec des coefficients non nuls et des exposants vérifiant

$$(4.2) \qquad\qquad 0 < u_2 < \ldots < u_n \leq u.$$

Posant $g_2(x) = r(x) + o(x^u)$, d'où $g_1 = 1 - g_2$, on a

$$(4.3) \qquad 1/g_1(x) = 1 + g_2(x) + \ldots + g_2(x)^{N-1} + g_2(x)^N/g_1(x)$$

pour tout entier $N > 0$. La fonction $g_2(x)^k$ est une somme de monômes dont les degrés sont de la forme $k_2 u_2 + \ldots + k_n u_n$ avec $\sum k_i = k$, $k_i \geq 0$, et de monômes analogues où l'un au moins des facteurs est $o(x^u)$, donc eux-mêmes $o(x^u)$. Comme $o(x^u)$ figure déjà dans le second terme $g_2(x)$ de (3), on ne peut donc pas espérer déduire de (3) un développement limité d'ordre $> u$ du premier membre. Le dernier terme de (3) est équivalent à son numérateur puisque $g_1(x) \sim 1$; au numérateur, $g_2(x)$ est équivalent au terme de plus bas degré de $r(x)$, d'où

(4.4) $$g_2(x)^N/g_1(x) \sim b_2^N x^{Nu_2} = b_2^N x^{Nu_2} + o\left(x^{Nu_2}\right).$$

(3) fournit donc une relation de la forme

$$1/g_1(x) = 1 + c_2 x^{u_2} + \ldots + o(x^u) + b_2^N x^{Nu_2} + o\left(x^{Nu_2}\right),$$

où les termes non explicités sont de degrés $> u_2$.

Si $Nu_2 < u$, le terme $o(x^u)$ est négligeable devant le second o et l'on a seulement obtenu un développement limité d'ordre $Nu_2 < u$; si par contre $Nu_2 \geq u$, le dernier terme de (4) est lui-même $o(x^u)$. Comme on ne désire ni dépenser d'énergie inutilement ni perdre de l'information, il faut donc choisir pour N le *plus petit entier* $\geq u/u_2$: aller plus loin n'ajouterait que des termes tous négligeables devant x^u provenant des puissances de $g_2(x)$, aller moins loin diminuerait l'ordre du développement obtenu.

La méthode est générale, mais il vaut mieux en retenir le principe et l'appliquer à des exemples pour la comprendre.

Exemple 1. On demande un développement limité d'ordre 1 en $x = 0$ de la fonction $h(x) = e^x/x^2 \sin x$. On a ici $h(x) \sim x^{-3}$, de sorte qu'une relation de la forme $h(x) = p(x) + o(x)$ s'écrit $x^3 h(x) = q(x) + o(x^4)$. Nous devons donc chercher un développement limité d'ordre 4 pour

$$x^3 h(x) = e^x/(\sin x/x),$$

donc pour

(4.5) $$e^x = 1 + x + x^2/2 + x^3/6 + x^4/24 + o(x^4),$$

pour

(4.6) $$\sin x/x = 1 - x^2/3! + x^4/5! + o(x^4) = 1 - r(x) + o(x^4)$$

et pour l'inverse de (6). Comme $r(x)$ est, à un facteur constant près, $\sim x^2$, son carré est $\sim x^4$ et son cube $\sim x^6 = o(x^4)$. On peut donc se borner à écrire que

$$\begin{aligned}
x/\sin x &= 1 + \left(x^2/3! - x^4/5!\right) + \left(x^2/3! - x^4/5!\right)^2 + o(x^4) = \\
&= 1 + x^2/3! + \left[(1/3!)^2 - 1/5!\right] x^4 + o(x^4) = \\
&= 1 + x^2/6 + 7x^4/360 + o(x^4).
\end{aligned}$$

Il reste à multiplier par (5) et par x^{-3}, ce qui donne

$$e^x/x^2 \sin x =$$
$$= x^{-3} \left(1 + x + x^2/2 + x^3/6 + x^4/24\right)\left(1 + x^2/6 + 7x^4/360\right) + o(x) =$$
(4.7) $$= 1/x^3 + 1/x^2 + 2/3x + 1/3 + x/5 + o(x).$$

Cette formule fournit des renseignements très précis sur le comportement de $f(x) = e^x/x^2 \sin x$ lorsque x tend vers 0. En première approximation, on a $f(x) \sim 1/x^3$, ce qui signifie que le *rapport* entre les deux membres tend vers 1. Mais leur *différence* augmente encore indéfiniment, et de façon précise est $\sim 1/x^2$, ce qui n'empêche pas la différence $f(x) - 1/x^3 - 1/x^2$ d'augmenter indéfiniment et, en fait d'être $\sim 2/3x$; cette fois, la différence $f(x) - 1/x^3 - 1/x^2 - 2/3x$ tend vers $1/3$, etc.

Notons, pour conclure ces généralités, que dans la pratique on ne se borne pas à utiliser les fonctions puissances x^s; il est tout aussi fréquent, particulièrement lorsqu'on examine le comportement d'une fonction "à l'infini", d'avoir à comparer une fonction donnée avec des fonctions e^{sx} ou $\log x$, $\log \log x$, etc, et plus généralement avec des fonctions de la forme $e^{sx} x^t \log^n x$, notamment lorsqu'il s'agit de décider de la convergence d'une intégrale sur un intervalle illimité à droite (Chap. V, n° 22). L'idée consiste toujours à ordonner ces monômes par ordre de grandeur décroissant afin que, dans une somme de monômes, chacun des termes soit négligeable par rapport au terme précédent.

5 – Le critère de convergence de Gauss

Le critère u_{n+1}/u_n permet d'élucider la convergence de nombreuses séries simples, mais comme nous le savons il est en échec si le rapport tend vers 1. Dans ses recherches sur la série hypergéométrique, C. F. Gauss a obtenu un très utile résultat relatif à ce cas; la démonstration repose sur des évaluations asymptotiques simples, mais ingénieuses.

Critère de convergence de Gauss. *Soit $\sum u_n$ une série à termes positifs et supposons qu'il existe un nombre s tel que l'on ait*

$$(5.1) \qquad u_{n+1}/u_n = 1 - s/n + O(1/n^2).$$

Alors la série converge si $s > 1$ et diverge si $s \le 1$.

On notera que, dans ce cas, le rapport de d'Alembert tend vers 1. On peut facilement retenir le critère en observant que, pour que la série converge, il est préférable que le rapport ne tende pas vers 1 trop rapidement, autrement dit que s soit *supérieur* à une certaine limite, à savoir 1.

Donnons d'abord – c'est indispensable pour la démonstration – deux exemples de séries pour lesquelles on a une relation (1). Pour la série $v_n = 1/n^\alpha$, on a

$$(5.2) \qquad v_{n+1}/v_n = (1 + 1/n)^{-\alpha} = 1 - \alpha/n + O(1/n^2)$$

en vertu de la formule du binôme de Newton. Pour $w_n = 1/n.\log n$, on a

$$w_{n+1}/w_n = [1 - 1/(n+1)] \log(n)/\log(n+1);$$

or

$$1 - \frac{1}{n+1} = 1 - \frac{1}{n}\, \frac{1}{1+1/n} = 1 - \frac{1}{n}(1 - 1/n + \dots) = 1 - 1/n + O(1/n^2),$$

$$\begin{aligned}
\frac{\log n}{\log(n+1)} &= \frac{\log n}{\log n + \log(1+1/n)} = \frac{1}{1 + \log(1+1/n)/\log n} = \\
&= 1 - \frac{\log(1+1/n)}{\log n} + O\left(\frac{\log(1+1/n)}{\log n}\right)^2 = \\
&= 1 - \frac{(1/n + O(1/n^2))}{\log n} + O\left(\frac{1/n + O(1/n^2)}{\log n}\right)^2 = \\
&= 1 - 1/n.\log n + O(1/n^2),
\end{aligned}$$

d'où

(5.3) $w_{n+1}/w_n = 1 - 1/n - 1/n.\log n + O(1/n^2).$

On notera que le terme $1/n.\log n$ est $o(1/n)$ mais non $O(1/n^2)$.

Pour établir le critère de Gauss, il nous faudra encore un

Lemme. *Soient* $\sum u_n$ *et* $\sum v_n$ *deux séries à termes positifs; si l'on a*

(5.4) $u_{n+1}/u_n \leq v_{n+1}/v_n$ *   pour* n *grand*

et si la série $\sum v_n$ *converge, il en est de même de la série* $\sum u_n$.

On peut supposer (4) vérifié quel que soit n. En multipliant les n premières relations, on obtient $u_n/u_1 \leq v_n/v_1$, d'où $u_n = O(v_n)$, cqfd.

Arrivons-en maintenant au critère de Gauss. Si $s > 1$, il y a un α tel que $1 < \alpha < s$ et en comparant (1) et (2) on voit que

$$v_{n+1}/v_n - u_{n+1}/u_n = (s-\alpha)/n + O(1/n^2) \sim (s-\alpha)/n,$$

de sorte que le premier membre est > 0 pour n grand. Comme la série v_n converge pour $\alpha > 1$, il en est donc de même de la série u_n.

Pour $s < 1$, on choisit α entre s et 1. Les résultats sont inversés, de sorte que si la série $\sum u_n$ était convergente, il en serait de même de la série $\sum v_n$, absurde pour $\alpha < 1$.

Si $s = 1$, la comparaison ci-dessus est inutilisable car on ignore le signe d'une expression telle que $O(1/n^2)$. Mais en utilisant (3) on a

$$u_{n+1}/u_n - w_{n+1}/w_n = 1/n.\log n + O(1/n^2) \sim 1/n.\log n,$$

résultat > 0 pour n grand. Comme $\sum 1/n.\log n$ diverge (Chap. II, n° 12), il en est de même de $\sum u_n$, cqfd.

Exercice. Montrer que, pour a, b, c réels, b non entier négatif, la série

$$u_n = \frac{a^2(a+1)^2\dots(a+n)^2}{(n+1)^{1/2}b^2(b+1)^2\dots(b+n)^2}$$

converge si et seulement si $b - a > 1/4$.

6 – La série hypergéométrique

La série

$$F(a, b, c; z) =$$

$$(6.1) \qquad = 1 + \sum_{n=1}^{\infty} \frac{a(a+1)\dots(a+n-1)b(b+1)\dots(b+n-1)}{c(c+1)\dots(c+n-1)} \frac{z^n}{n!} =$$

$$= \sum a_n z^n,$$

déjà dans Euler, joue un rôle beaucoup plus important en mécanique, astronomie, physique, etc. qu'en mathématiques proprement dites, car la plupart des "fonctions spéciales" des utilisateurs en sont des cas particuliers. Par ailleurs, c'est probablement la première série dont la convergence ait été étudiée correctement – par Gauss qui, en 1813, montre qu'elle converge pour $|z| < 1$, diverge pour $|z| > 1$ et, ce qui est beaucoup moins facile, examine ce qui se passe pour $|z| = 1$.

Tout d'abord, on a

$$(6.2) \qquad |u_{n+1}/u_n| = |z| \cdot |(a+n)(b+n)/(c+n)(n+1)|,$$

expression qui tend vers $|z|$, d'où le rayon de convergence. On supposera donc $|z| = 1$ dans ce qui suit, et aussi a, b, c *réels* pour limiter les difficultés. Il faut évidemment éliminer le cas où l'un de ces paramètres est un entier négatif puisqu'alors la série se réduit à un polynôme ou bien n'a pas de sens.

(i) On a

$$a_{n+1}/a_n =$$

$$= (a+n)(b+n)/(c+n)(n+1) = \frac{(1+a/n)(1+b/n)}{(1+c/n)(1+1/n)} =$$

$$= \left(1 + \frac{a+b}{n} + \frac{ab}{n^2}\right)\left[1 - c/n + c^2/n^2 + O(1/n^3)\right] \cdot$$

$$\cdot \left[1 - 1/n + 1/n^2 + O(1/n^3)\right] =$$

$$(6.3) \qquad = 1 - \frac{c+1-a-b}{n} + \frac{ab - (c+1)(a+b) + c^2 + c + 1}{n^2} + O(1/n^3).$$

Comme $|u_{n+1}/u_n| = 1 - s/n + O(1/n^2)$ avec $s = c + 1 - a - b$, on obtient un premier résultat d'après le critère de Gauss :

$$(6.4) \qquad c > a + b \quad \Longleftrightarrow \quad \text{convergence absolue pour } |z| = 1.$$

(ii) Supposons $s < 0$; on a alors $1 - s/n > 1$ et comme

$$|u_{n+1}/u_n| \sim 1 - s/n,$$

il en est de même du premier membre pour n grand, en sorte que u_n augmente. D'où

(6.5) $c < a + b - 1 \implies$ divergence pour $|z| = 1$.

(iii) Reste à examiner l'intervalle $a + b - 1 \leq c \leq a + b$, dans lequel on a $0 \leq s \leq 1$ et où la série ne converge pas absolument. Supposons d'abord $s > 0$ et écrivons

$$a_{n+1}/a_n = 1 - v_n \qquad \text{avec } v_n \sim s/n,$$

d'où

$$a_{n+1} = a_p(1 - v_p)\dots(1 - v_n)$$

pour $n > p$. Pour n grand, v_n est > 0 comme s et tend vers 0, donc est < 1, de sorte que pour p bien choisi, le produit $(1 - v_p)\dots(1 - v_n)$ est positif, décroît lorsque n augmente et donc tend vers une limite. Comme $\log(1 - v_n) \sim -v_n \sim -s/n$, la série à termes négatifs $\sum \log(1 - v_n)$ diverge, ce qui montre que $\lim(1 - v_p)\dots(1 - v_n) = 0$ (voir des raisonnements analogues sur les produits infinis au Chap. IV, n° 17). Par suite, a_n tend vers 0 et, au facteur a_p près, en décroissant.

Pour $s > 0$, la série hypergéométrique $\sum a_n z^n$ est donc justiciable du théorème de Dirichlet (Chap. III, n° 11, théorème 15 ou corollaire 1). Par suite

(6.6) $a + b - 1 < c \leq a + b \implies \begin{cases} \text{convergence pour } |z| = 1, \ z \neq 1, \\ \text{divergence pour } z = 1. \end{cases}$

La divergence pour $z = 1$ provient du fait que la série $\sum a_n$ étant à termes négatifs pour n grand, on peut lui appliquer le critère de Gauss avec ici $s \leq 1$.

(iv) Si $s = 0$, on a d'après (3)

(6.7) $a_{n+1}/a_n = 1 + k/n^2 + O(1/n^3)$,

avec

$$k = ab - (c + 1)(a + b) + c^2 + c + 1 = (a - 1)(b - 1)$$

puisque $c = a + b - 1$. Il faut distinguer trois cas.

Si $k > 0$, le premier membre de (7), qui est $\sim 1 + k/n^2$, est > 1 pour n grand. Par suite, la série $\sum a_n z^n$ diverge pour $|z| = 1$.

Si $k = 0$, i.e. si $a = 1$ (auquel cas $c = b$) ou si $b = 1$ (auquel cas $c = a$), il est visible que la série se réduit à $\sum z^n$, donc diverge pour $|z| = 1$.

Si $k < 0$, on a $|u_{n+1}/u_n| = 1 + v_n$ où $v_n \sim k/n^2$ est le terme général d'une série convergente à termes tous négatifs pour n grand; le produit infini des $1 + v_n$ est donc absolument convergent, d'où résulte que $|u_n|$ tend vers une limite *non nulle* (Chap. IV, n° 17, théorème 13), ce qui interdit à la série de converger.

En résumé, pour a, b, c réels, on obtient le tableau suivant, que le lecteur n'est pas invité à mémoriser :

$$a + b < c \qquad \text{convergence absolue pour } |z| = 1$$
$$a + b - 1 < c \leq a + b \qquad \text{convergence pour } |z| = 1, \ z \neq 1$$
$$c \leq a + b - 1 \qquad \text{divergence pour } |z| = 1.$$

On a dit plus haut que la série hypergéométrique contient à titre de cas particulier de nombreuses séries importantes. La première est la série du binôme

$$
\begin{aligned}
(1 + z)^s &= \sum s(s - 1) \ldots (s - n + 1) \, z^{[n]} = \\
&= \sum -s(-s + 1) \ldots (-s + n - 1)(-z)^{[n]} = \\
&= F(-s, 1, 1; -z).
\end{aligned}
$$

On obtient donc, pour s *réel*, des résultats complets relatifs au comportement de la série pour $|z| = 1$:

$$s > 0 \qquad \text{convergence absolue sur } |z| = 1,$$
$$-1 < s \leq 0 \qquad \text{convergence pour } |z| = 1, \ z \neq 1,$$
$$s \leq -1 \qquad \text{divergence pour } |z| = 1.$$

7 – Etude asymptotique de l'équation $xe^x = t$

Dans ce n°, nous allons détailler un exercice fort ingénieux[1] dont le principal intérêt, à notre niveau, est d'utiliser à plein les techniques de manipulation des O et des o; comme on l'a dit plus haut, il est beaucoup moins utile, *dans ce domaine*, d'apprendre des théorèmes généraux que de se livrer à des travaux pratiques.

Le problème consiste à étudier le comportement lorsque $t \to +\infty$ de la racine x de l'équation

$$(7.1) \qquad\qquad xe^x = t.$$

La méthode consiste à obtenir d'abord une évaluation très grossière de l'ordre de grandeur de x en fonction de t, puis à porter ce résultat dans (1) pour en déduire une seconde évaluation plus précise, puis à porter le second résultat dans (1) pour en déduire une troisième évaluation plus précise que la seconde, et ainsi de suite.

Montrons d'abord que, *pour tout $t \geq 0$, l'équation (1) possède une seule solution $x \geq 0$ et que celle-ci est fonction continue de t*. Pour $x \geq 0$, l'application $x \mapsto xe^x$ est en effet continue et strictement croissante, nulle pour $x = 0$ et augmente indéfiniment avec x : elle applique donc $\mathbb{R}_+$ sur $\mathbb{R}_+$

---

[1] extrait de N.G. de Bruijn, *Asymptotic Methods in Analysis* (Gröningen, Nord-hoof, 1960). On conseille aussi la lecture du Chap. III du *Calcul infinitésimal* de J. Dieudonné (Paris, Hermann, 1968), notamment du n° 8.

et admet une application réciproque continue, d'où l'existence, l'unicité et la continuité de x comme fonction de t.

Comme $x = 1$ pour $t = e$, on voit que

$$t > e \Longrightarrow x > 1 \Longrightarrow e^x < xe^x = t \Longrightarrow x < \log t,$$

d'où, pour t grand $(t > e)$, $0 < \log x < \log \log t$ et donc

$$\log x = O(\log \log t).$$

Mais $xe^x = t$ implique $x = \log t - \log x$ d'où

(7.2)
$$x = \log t + O(\log \log t).$$

Comme $\log \log t = o(\log t)$, on a donc $x \sim \log t$ à l'infini.

Posant $\log t = y$, on a $x = y + O(\log y)$, résultat que l'on va porter dans l'équation (1) mise sous la forme $x = \log t - \log x$. Nous devons pour ce faire évaluer

$$\log x = \log[y + O(\log y)] = \log\{y[1 + O(\log y/y)]\} = \log y + \log[1 + O(\log y/y)]$$

et comme on a d'une manière générale $\log(1 + z) \sim z = O(z)$ quand $z \to 0$, il vient

$$\log x = \log y + O(\log y/y).$$

Puisque $x = \log t - \log x$ et $y = \log t$, on obtient maintenant

(7.3)
$$x = \log t - \log \log t + O(\log \log t/\log t),$$

résultat plus précis que (2).

On porte maintenant (3) dans $x = \log t - \log x$, tout le travail consistant à déduire de (3) des informations sur $\log x$. Posant à nouveau $y = \log t$, on a $x = y - \log y + O(\log y/y)$, i.e.

$$x = y(1 + z) \qquad \text{avec } z = -\log y/y + O(\log y/y^2).$$

Comme z tend vers 0, il vient

$$
\begin{aligned}
\log x &= \log y + z - z^2/2 + O(z^3) = \\
&= \log y - \log y/y + O\left(\log y/y^2\right) - \\
&\quad - \frac{1}{2}\left[-\log y/y + O\left(\log y/y^2\right)\right]^2 + O(z^3) = \\
&= \log y - \log y/y + O\left(y^{-2}\log y\right) - \\
&\quad - \frac{1}{2}y^{-2}\log^2 y + O\left(y^{-3}\log^2 y\right) + O\left(y^{-4}\log^2 y\right) + O(z^3).
\end{aligned}
$$

Comme $z \sim -y^{-1}\log y$, on a $O(z^3) = O\left(y^{-3}\log^3 y\right) = y^{-2}\log y.O\left(y^{-1}\log^2 y\right)$, terme négligeable devant le terme $O\left(y^{-2}\log y\right)$ figurant dans le résultat comme le sont aussi les autres termes en O. Il reste donc en réalité

$$\log x = \log y - \log y / y - \frac{1}{2} y^{-2} \log^2 y + O\left(y^{-2} \log y\right),$$

relation dans laquelle chaque terme est négligeable devant le précédent. La relation $x = \log t - \log x$ conduit donc à

$$(7.4) \qquad x \;=\; \log t - \log \log t + \log \log t / \log t +$$
$$+ \frac{1}{2} \left(\log \log t / \log t\right)^2 + O\left(\log \log t / \log^2 t\right),$$

évaluation à nouveau plus précise que (3).

En continuant un pas de plus, le lecteur courageux trouvera que

$$x \;=\; \log t - \log \log t + \frac{\log \log t}{\log t} + \frac{1}{2} \left(\frac{\log \log t}{\log t}\right)^2 -$$
$$- \frac{\log \log t}{\log^2 t} + \frac{1}{3} \left(\frac{\log \log t}{\log t}\right)^3 - \frac{3}{2} \frac{(\log \log t)^2}{\log^3 t} + O\left(\frac{\log \log t}{\log^3 t}\right).$$

8 – Asymptotique des racines de $\sin x . \log x = 1$

(de Bruijn, p. 33, exercice 1). En examinant les graphes des fonctions $\sin x$ et $1/\log x$, on constate immédiatement que l'équation possède, pour tout $n > 1$, deux racines entre $2n\pi$ et $(2n+1)\pi$; l'une d'elles, x_n, est entre $2n\pi$ et $2n\pi + \pi/2$, l'autre, y_n, entre $2n\pi + \pi/2$ et $2n\pi + \pi$. Examinons par exemple le comportement de x_n.

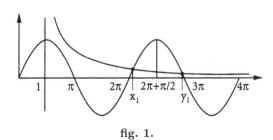

fig. 1.

Comme il est géométriquement clair que $x_n \sim 2\pi n$, posons

$$(8.1) \qquad x_n = 2\pi n + u_n = 2\pi n(1 + v_n)$$

d'où $0 < u_n < \pi/2$, $0 < v_n < 1$ et

$$(8.2) \quad \log x_n = \log(2\pi n) + \log(1 + v_n), \qquad \sin x_n = \sin u_n = 1/\log x_n.$$

On a donc

$$1/\log(2\pi n) . \sin u_n = \log(x_n) / \log(2\pi n) = 1 + \log(1 + v_n) / \log(2\pi n) = 1 + w_n.$$

Comme $1 + v_n < 2$, le troisième membre tend vers 1, donc aussi le premier, ce qui montre que

$$(8.3) \qquad u_n \sim \sin u_n \sim 1/\log(2\pi n),$$

donc que $u_n \sim 1/\log(2\pi n)$ tend vers 0 et que

$$(8.4) \qquad v_n = u_n/2\pi n \sim 1/2\pi n . \log(2\pi n).$$

On a donc

$$w_n = \log(1 + v_n)/\log(2\pi n) = \left[v_n + O\left(v_n^2\right) \right] / \log(2\pi n).$$

Comme w_n tend vers 0, il vient

$$
\begin{aligned}
\log(2\pi n) . \sin u_n & = \\
& = 1/(1 + w_n) = 1 - w_n + O\left(w_n^2\right) \\
& = 1 - v_n/\log(2\pi n) + O\left(v_n^2\right)/\log(2\pi n) + O\left(v_n^2\right)/\log^2(2\pi n) = \\
& = 1 - v_n/\log(2\pi n) + O\left(v_n^2\right)/\log(2\pi n),
\end{aligned}
$$

d'où

$$(8.5) \qquad \sin u_n = 1/\log(2\pi n) - v_n/\log^2(2\pi n) + O\left(v_n^2\right)/\log^2(2\pi n).$$

Mais $\sin u_n = u_n + O\left(u_n^3\right) = u_n + O\left(1/\log^3(2\pi n)\right)$ d'après (3), d'où

$$
\begin{aligned}
u_n & = 1/\log(2\pi n) - v_n/\log^2(2\pi n) + \\
& \quad + O\left(v_n^2\right)/\log^2(2\pi n) + O\left(1/\log^3(2\pi n)\right) = \\
& = 1/\log(2\pi n) + O\left(1/n\log^3(2\pi n)\right) + \\
& \quad + O\left(1/n^2\log^4(2\pi n)\right) + O\left(1/\log^3(2\pi n)\right).
\end{aligned}
$$

Au second membre, le second et le troisième termes sont négligeables devant le dernier, lequel est donc prépondérant. Au point où nous en sommes, nous ne pouvons donc rien dire de plus précis que

$$(8.6) \qquad u_n = 1/\log(2\pi n) + O\left(1/\log^3(2\pi n)\right),$$

ce qui néanmoins améliore (3).

Pour aller plus loin, écrivons que $\sin u_n = u_n - u_n^3/6 + O\left(u_n^5\right)$. En utilisant (6), il vient

$$
\begin{aligned}
\sin u_n & = u_n - \left[1/\log(2\pi n) + O\left(1/\log^3(2\pi n)\right]^3/6 + O\left(1/\log^5(2\pi n)\right) = \\
& = u_n - \left[1/\log^3(2\pi n) + O\left(1/\log^5(2\pi n)\right)\right]/6 + O\left(1/\log^5(2\pi n)\right),
\end{aligned}
$$

d'où, d'après (5),

$$
\begin{aligned}
u_n & = 1/\log(2\pi n) - v_n/\log^2(2\pi n) + O\left(v_n^2\right)/\log^2(2\pi n) + \\
& \quad + 1/6\log^3(2\pi n) + O\left(1/\log^5(2\pi n)\right) + O\left(1/\log^5(2\pi n)\right);
\end{aligned}
$$

comme on a $v_n = O\big(1/n.\log(2\pi n)\big)$ d'après (4), les termes contenant v_n sont négligeables devant $O\big(1/\log^5(2\pi n)\big)$ et il reste

$$(8.7) \qquad u_n = 1/\log(2\pi n) + 1/6\log^3(2\pi n) + O\big(1/\log^5(2\pi n)\big),$$

ce qui précise (6). Ici comme au n° précédent, le lecteur peut continuer les calculs et/ou examiner le comportement de l'autre série de racines y_n.

9 – L'équation de Kepler

Nous avons vu au Chap. II, à la fin du n° 16, que l'équation de Kepler $u - e.\sin u = \omega t$ possède une et une seule racine u pourvu que l'excentricité e du mouvement elliptique soit < 1. Pour simplifier un peu les notations et éviter de confondre e avec $2,71828\ldots$, écrivons-la

$$(9.1) \qquad\qquad u = \varphi + \varepsilon\sin u.$$

Laplace (notice de 130 pages par Gillispie dans le supplément au DSB), auteur d'un traité de mécanique céleste allant beaucoup plus loin que les *Principia* de Newton, a montré (?) que u est la somme d'une série entière en ε dont les coefficients, qui dépendent de φ, s'obtiennent par une formule extraordinairement simple :

$$(9.2) \qquad u = \varphi + \varepsilon(\sin\varphi)/1! + \varepsilon^2(\sin^2\varphi)'/2! + \varepsilon^3(\sin^3\varphi)''/3! + \ldots.$$

Une façon de rendre (2) plausible consiste à poser $u = \varphi + v$, de sorte que $v = \varepsilon\sin u$ tend vers 0 avec ε, et à chercher une évaluation asymptotique de v; cela ne remplace pas une série entière, mais on fait ce que l'on peut avec les moyens dont on dispose.

On a évidemment $v = O(\varepsilon)$ et même

$$\begin{aligned} v &= \varepsilon(\sin\varphi.\cos v + \cos\varphi.\sin v) = \\ &= \varepsilon\sin\varphi\big(1 + O(\varepsilon^2)\big) + \varepsilon\cos\varphi.O(\varepsilon) = \varepsilon\sin\varphi + O(\varepsilon^2), \end{aligned}$$

d'où

$$u = \varphi + \varepsilon\sin\varphi + O(\varepsilon^2) = \varphi + \varepsilon\sin\varphi + \varepsilon^2 w \quad \text{avec } w = O(1).$$

Il vient alors d'après (1)

$$\begin{aligned} \varepsilon\sin\varphi + \varepsilon^2 w &= \varepsilon\sin\varphi\big(\varphi + \varepsilon\sin\varphi + \varepsilon^2 w\big) = \\ &= \varepsilon\sin\varphi.\cos\big(\varepsilon\sin\varphi + \varepsilon^2 w\big) + \varepsilon\cos\varphi.\sin\big(\varepsilon\sin\varphi + \varepsilon^2 w\big) = \\ &= \varepsilon\sin\varphi.\Big[1 - \big(\varepsilon\sin\varphi + \varepsilon^2 w\big)^2/2 + O(\varepsilon^4)\Big] + \\ &\quad + \varepsilon\cos\varphi.\big[\varepsilon\sin\varphi + \varepsilon^2 w + O(\varepsilon^3)\big], \end{aligned}$$

d'où

$$\varepsilon^2 w = \varepsilon^2\sin\varphi\cos\varphi + \varepsilon^3\big(w\cos\varphi - \sin^3\varphi/2\big) + O(\varepsilon^4)$$

i.e.

$$w = \sin\varphi\cos\varphi + \varepsilon\left(w\cos\varphi - \sin^3\varphi/2\right) + O(\varepsilon^2).$$

Comme $w = O(1)$, i.e. est borné, on tire de là d'abord que $w = \sin\varphi\cos\varphi + O(\varepsilon)$, d'où, en portant au second membre de la relation précédente,

$$w = \sin\varphi\cos\varphi + \varepsilon\left(\sin\varphi.\cos^2\varphi - \sin^3\varphi/2\right) + O(\varepsilon^2).$$

On a donc

$$u = \varphi + \varepsilon\sin\varphi + \varepsilon^2\sin\varphi\cos\varphi + \varepsilon^3\left(\sin\varphi.\cos^2\varphi - \sin^3\varphi/2\right) + O(\varepsilon^4),$$

ce qui fournit les premiers termes de la formule (2). Le calcul devient de plus en plus pénible au fur et à mesure qu'on le pousse de plus en plus loin.

Le résultat a ensuite été étendu par Lagrange à des équations beaucoup plus générales, à savoir, dans ses notations,

$$(9.3) \qquad\qquad z = x + yf(z).$$

Puisque, pour ces Messieurs, toutes les fonctions intervenant dans la Nature ou même en mathématiques sont analytiques en dehors de points isolés – en l'occurence, ils ont raison de le croire si f l'est, mais de là à le démontrer ... –, Lagrange se propose de calculer le développement de $z = \sum a_n y^n$ en série entière, où les coefficients a_n dépendent bien entendu de x. Le calcul direct consisterait, pour x donné, à dériver indéfiniment (3) par rapport à y, à en déduire des relations

$$z' = f(z) + yf'(z)z', \qquad z'' = 2f'(z)z' + y\left[f''(z)z'^2 + f'(z)z''\right],$$

$$\begin{aligned} z''' &= 2f''(z)z'^2 + 2f'(z)z'' + f''(z)z'^2 + f'(z)z'' + \\ &\quad + y\left[f'''(z)z'^3 + 2f''(z)z'z'' + f''(z)z'z'' + f'(z)z'''\right], \end{aligned}$$

etc. et à en tirer de proche en proche leurs valeurs pour $y = 0$:

$$z(0) = x, \qquad z'(0) = f(x), \qquad z''(0) = 2f'(x)f(x) = \left[f(x)^2\right]',$$

$$z'''(0) = 3f''(x)f(x)^2 + 6f'(x)^2 f(x) = \left[f(x)^3\right]'',$$

etc. C'est, sous une autre forme, ce que nous avons fait plus haut pour l'équation de Kepler. Les premiers résultats suggèrent la formule

$$(9.4) \qquad\qquad z = x + \sum y^n \left[f(x)^n\right]^{(n-1)}/n!$$

en utilisant Maclaurin. Mais on tombe rapidement, comme plus haut, dans des calculs inextricables. La méthode de Lagrange pour établir (4), au moins formellement, est considérablement plus ingénieuse.

Son idée est de considérer z comme fonction de y *et de* x et de dériver (3) par rapport à chacune de ces deux variables pour calculer les coefficients $D_2^n z(x,0)$ de la série de Maclaurin de z par rapport à y.

On trouve pour commencer, grâce au théorème de dérivation des fonctions composées (Chap. III, n° 21),

$$(9.5) \qquad D_1 z = 1 + y f'(z) D_1 z, \qquad D_2 z = f(z) + y f'(z) D_2 z,$$

d'où $(D_1 z - 1) D_2 z = [D_2 z - f(z)] D_1 z$ et par suite

$$(9.6) \qquad D_2 z = f(z) D_1 z.$$

Pour $y = 0$, (5) donne

$$(9.7) \qquad D_1 z(x, 0) = 1, \qquad D_2 z(x, 0) = f(x)$$

puisqu'alors $z = x$. En dérivant (6) par rapport à y, il vient

$$
\begin{aligned}
D_2^2 z &= f'(z) D_2 z D_1 z + f(z) D_2 D_1 z = f'(z) D_2 z D_1 z + f(z) D_1 D_2 z = \\
&= D_1 \left[D_2 z . f(z) \right] = D_1 \left[D_1 z . f(z)^2 \right]
\end{aligned}
$$

d'après (6) et $D_1 D_2 = D_2 D_1$ (Chap. III, n° 23). D'où $D_2^2 z(x, 0) = \left[f(x)^2 \right]'$ puisque, pour $y = 0$, on a $D_2 z . f(z) = f(x)^2$ d'après (7). Supposons prouvé que l'on a

$$(9.8) \qquad D_2^n z = D_1^{n-1} \left[D_1 z . f(z)^n \right]$$

quels que soient x et y et dérivons. En utilisant à nouveau (6) et $D_1 D_2 = D_2 D_1$, il vient

$$
\begin{aligned}
D_2^{n+1} z &= D_1^{n-1} D_2 \left[D_1 z . f(z)^n \right] = \\
&= D_1^{n-1} \left[D_2 D_1 z . f(z)^n + D_1 z . n f(z)^{n-1} f'(z) D_2 z \right] = \\
&= D_1^{n-1} \left[D_1 D_2 z . f(z)^n + D_2 z . n f(z)^{n-1} f'(z) D_1 z \right] = \\
&= D_1^n \left[D_2 z . f(z)^n \right] = D_1^n \left[D_1 z . f(z)^{n+1} \right],
\end{aligned}
$$

ce qui est (8) pour $n + 1$.

La relation (8) est donc valable quel que soit n et fournit la formule

$$D_2^n z(x, 0) = [f(x)^n]^{(n-1)}$$

qui justifie (4), au moins formellement.

En fait, Lagrange va plus loin; au lieu de se borner à développer z, il développe une fonction "arbitraire" de z, soit $u = \varphi(z)$. Comme on a $D_1 u = \varphi'(z) D_1 z$ et $D_2 u = \varphi'(z) D_2 z$, la relation (6) devient

$$D_2 u = f(z) D_1 u,$$

ce qui permet de calculer comme on vient de le faire, avec cette fois

$$(9.9) \qquad D_2^n u(x, 0) = [\varphi'(x) f(x)^n]^{(n-1)}$$

et "donc"

$$\varphi(z) = \varphi(x) + \sum y^n \left[\varphi'(x)f(x)^n\right]^{(n-1)}/n!.$$

La démonstration consiste à établir par récurrence comme plus haut la relation

$$D_2^n u = D_1^{n-1}\left[D_1 u . f(z)^n\right]$$

qui remplace (8); pour $y = 0$, on a $D_1 u = \varphi'(z)D_1 z = \varphi'(x)$, d'où (9).

10 – Asymptotique des fonctions de Bessel

Considérons l'équation différentielle

(10.1) $$x'' + (1 - c/t^2)x = 0,$$

où x est une fonction inconnue de la variable réelle $t \neq 0$ et c une constante non nulle. On se propose d'étudier le comportement asymptotique de ses solutions pour t grand. Nous décomposerons cet exercice relativement difficile mais fort instructif en plusieurs parties.

Passage à une équation intégrale

Comme (1) s'écrit

(10.1') $$x'' + x = cx/t^2,$$

on peut présumer qu'à l'infini ses solutions ressemblent à celles de l'équation beaucoup plus simple $y'' + y = 0$, laquelle a pour solutions au minimum (et, on va le voir, au maximum) les fonctions

$$y(t) = ae^{it} + be^{-it}, \qquad \text{d'où } y'(t) = iae^{it} - ibe^{-it},$$

où a et b sont des constantes arbitraires. Comme il n'en est plus de même dans le cas général, on pose

(10.2) $$x(t) = a(t)e^{it} + b(t)e^{-it}, \qquad x'(t) = ia(t)e^{it} - ib(t)e^{-it}$$

où $a(t)$ et $b(t)$ sont maintenant des fonctions que l'on peut facilement calculer à l'aide de x et x' en multipliant les relations (2) par e^{it} ou e^{-it}. C'est la *méthode de variation des constantes* (Johann Bernoulli, fin du XVIIe siècle, pour des équations du premier ordre, Lagrange dans le cas général) qui s'applique à toutes les équations différentielles faisant intervenir linéairement la fonction inconnue et ses dérivées, mais qu'on applique ici d'une façon non classique puisque l'on fait semblant de croire que la fonction $cx(t)t^{-2}$ figurant au second membre de (1') est connue [si elle l'était, la méthode fournirait toutes les solutions de (1') par des intégrales portant sur le second membre].

La seconde relation (2), qui semble contredire grossièrement la règle de dérivation d'un produit, équivaut en fait à

(10.3)
$$a'(t)e^{it} + b'(t)e^{-it} = 0.$$

Il vient alors

$$x'' = -ae^{it} - be^{-it} + ia'e^{it} - ib'e^{-it} = -x + ia'e^{it} - ib'e^{-it}$$

en vertu des relations (2). L'équation (1) s'écrit donc

(10.4)
$$ia'(t)e^{it} - ib'(t)e^{-it} = cx(t)/t^2.$$

On déduit de (3) et (4) que

(10.5) $$2ia'(t) = ct^{-2}x(t)e^{-it}, \qquad 2ib'(t) = -ct^{-2}x(t)e^{it},$$

d'où, en utilisant le TF,

$$2ia(t) - 2ia(t_0) = c\int_{t_0}^t x(u)e^{-iu}u^{-2}du,$$

$$2ib(t) - 2ib(t_0) = -c\int_{t_0}^t x(u)e^{iu}u^{-2}du.$$

Il faut supposer $t_0 \neq 0$ et t du signe de t_0 en raison du facteur u^{-2}, non intégrable au voisinage de 0. On les supposera > 0 dans tout ce qui suit, le cas opposé se traitant de même. En portant dans la première relation (2), on trouve

(10.6) $$x(t) = p_0(t) + c\int_{t_0}^t x(u)\sin(t-u)u^{-2}du$$

avec $p_0(t) = a_0e^{it} + b_0e^{-it}$, où $a_0 = a(t_0)$, $b_0 = b(t_0)$. Au lieu d'impliquer comme (1) la fonction x et ses dérivées, (6) implique x et une intégrale où figure la fonction x elle-même; c'est une *équation intégrale*. Elle ne suppose même pas x dérivable : la continuité de x suffit à donner un sens à (6). C'est (6) qui va nous permettre d'examiner le comportement de x à l'infini.

On peut inversement vérifier que toute solution continue de (6) est en fait C^∞ et vérifie (1). Le théorème de dérivation sous le signe $\int$ avec limites variables (Chap. V, n° 12, théorème 13) montre en effet que le second membre est dérivable et que

(10.7) $$x'(t) = p_0'(t) + c\int_{t_0}^t x(u)\cos(t-u)u^{-2}du,$$

car la fonction qu'on intègre dans (6) est nulle pour $u = t$. Cette relation montre à son tour que x' est dérivable et que

(10.8) $$x''(t) = p_0''(t) - c\int_{t_0}^t x(u)\sin(t-u)u^{-2}du + cx(t)t^{-2}$$

puisque $x(u)\cos(t-u)u^{-2} = x(t)t^{-2}$ pour $u = t$. Comme $p_0 + p_0'' = 0$, on retrouve (1) en ajoutant le résultat à (6). Le fait que x soit C^∞ est alors évident, soit parce que la fonction qu'on intègre dans (6) admet par rapport à t des dérivées continues d'ordre arbitraire, soit parce que l'équation différentielle montre que si x est C^p, elle est automatiquement C^{p+2} en dehors de l'origine.

Première majoration des solutions

Admettons provisoirement qu'il existe une solution de (6) définie pour $t > 0$ et montrons d'abord qu'elle est bornée à l'infini. Soient en effet $M(t)$ la borne supérieure de $|x(u)|$ dans l'intervalle $[t_0, t]$ et M_0 celle de $|p_0(u)|$ dans $\mathbb{R}$, évidemment finie. (6) montre que, pour $t_0 \leq t' \leq t$, on a

$$|x(t')| \leq M_0 + |c|M(t) \int_{t_0}^{t'} u^{-2}du \leq M_0 + |c|M(t)/t_0,$$

d'où, en passant au sup,

(10.9) $$M(t) \leq M_0 + |c|M(t)/t_0.$$

Si l'on a choisi t_0 assez grand pour que $|c|/t_0 \leq \frac{1}{2}$, on en déduit que $M(t) \leq 2M_0$, cqfd.

Montrons maintenant qu'il existe des constantes a_1, b_1 telles que

(10.10) $$x(t) = a_1 e^{it} + b_1 e^{-it} + O(1/t) = p_1(t) + O(1/t).$$

Comme en effet $x(t)$ est bornée, l'intégrale figurant dans (6), prise de t_0 à $+\infty$, est absolument convergente comme celle de la fonction $1/u^2$. On a donc

(10.11) $$x(t) = p_0(t) + c \int_{t_0}^{+\infty} x(u) \sin(t-u)u^{-2}du -$$
$$- c \int_{t}^{+\infty} x(u) \sin(t-u)u^{-2}du.$$

En exprimant $\sin(t - u)$ à l'aide d'exponentielles complexes, on constate que la première intégrale est, comme $p_0(t)$, une combinaison linéaire de e^{it} et e^{-it} à coefficients indépendants de t, d'où

(10.12) $$x(t) = p_1(t) - c \int_{t}^{+\infty} x(u) \sin(t-u)u^{-2}du$$

où $p_1(t)$ est une combinaison linéaire de e^{it} et e^{-it} à coefficients constants. Comme la fonction $x(u)\sin(t - u)$ est bornée pour $u \geq t_0 > 0$, l'intégrale est, à un facteur constant près, majorée par celle de u^{-2}, i.e. par $1/t$, cqfd.

La relation (12) permet de compléter le théorème d'existence des solutions – on le prouvera plus bas – par un théorème d'unicité : *il existe une et une seule solution de (12) pour p_1 donné*. Puisque p_1 dépend de deux constantes arbitraires, cela signifie que l'ensemble des solutions est un espace vectoriel de dimension 2 sur $\mathbb{C}$.

Par différence, tout revient à prouver que, si p_1 est nul, alors il en est de même de x. Mais désignons maintenant par $M(t)$ la borne supérieure de $|x(u)|$ pour $u \geq t$. Pour $t' \geq t$, on a évidemment

$$|x(t')| \leq |c|M(t)/t$$

puisque l'intégrale de u^{-2} entre t' et $+\infty$, égale à $1/t'$, est $\leq 1/t$. D'où, en passant au sup, $M(t) \leq |c|M(t)/t$. Portant ce résultat dans l'équation intégrale, on trouve maintenant

$$|x(t')| \leq |c|^2 M(t) \int_{t'}^{+\infty} u^{-3} du,$$

d'où $M(t) \leq |c|^2 M(t)/2t^2$. Portant à nouveau dans l'équation, on trouverait $M(t) \leq |c|^3 M(t)/3!t^3$, etc. Bref, on a $M(t) \leq M(t)|c/t|^n/n!$ quel que soit n. Comme, pour $t \neq 0$ donné, le second membre tend vers 0 lorsque $n \to +\infty$, on trouve $M(t) = 0$ quel que soit $t > 0$, d'où $x(t) = 0$, cqfd.

Existence des solutions

Pour aller plus loin que (10) dans l'étude de $x(t)$ à l'infini, il faudrait, comme toujours, itérer le calcul, i.e. porter (10) dans (12) et ainsi de suite indéfiniment. Nous allons adopter une méthode un peu différente qui prouvera en même temps l'existence des solutions; c'est la *méthode des approximations successives*, qui consiste à étendre aux équations intégrales la méthode de construction des racines d'une équation $x = f(x)$ exposée au Chap. II, n° 16, théorème 12 et au Chap. III, n° 24 (fonctions implicites); elle peut servir à montrer l'existence, au moins localement, des solutions de quasiment toutes les équations différentielles ou intégrales raisonnables. Comme toutes les intégrales qui vont maintenant intervenir sont étendues à $[t, +\infty]$, nous adopterons jusqu'à la fin de ce n° la notation simplifiée

$$\int = \int_t^{+\infty}$$

à ne pas confondre évidemment avec une intégrale indéfinie à la Leibniz. On notera qu'avec cette notation on a

$$\int u^{-n-1} du = t^{-n}/n$$

pour $n \geq 1$ d'après le TF.

La méthode des approximations successives consiste à partir de la fonction $p_1(t)$ figurant dans (12) et à laquelle $x(t)$ est égale à l'addition près d'un terme

$O(1/t)$, à construire dans $t > 0$ une suite de fonctions $x_n(t)$ en posant $x_1 = p_1$ et

$$(10.13) \qquad x_{n+1}(t) = p_1(t) - c \int x_n(u) \sin(t - u) u^{-2} du,$$

et à montrer que les x_n convergent vers une solution de (6).

Pour $n = 1$, on a

$$|x_2(t) - x_1(t)| \leq M|c| \int u^{-2} du = M|c/t|$$

où $M = \|p_1\|_{\mathbb{R}} < +\infty$. Il s'ensuit que

$$|x_3(t) - x_2(t)| = |c|. \left| \int [x_2(u) - x_1(u)] \sin(t - u) u^{-2} du \right| \leq$$
$$\leq M|c|^2 \int u^{-3} du = M|c/t|^2/2!.$$

Si l'on a prouvé que

$$(10.14) \qquad |x_n(t) - x_{n-1}(t)| \leq M|c/t|^{n-1}/(n-1)!$$

on trouve

$$|x_{n+1}(t) - x_n(t)| = |c|. \left| \int [x_n(u) - x_{n-1}(u)] \sin(t - u) u^{-2} du \right| \leq$$
$$\leq M|c|^n/(n-1)! \int u^{-n-1} du = M|c/t|^n/n!,$$

ce qui montre en passant que l'on a

$$(10.15) \qquad x_{n+1}(t) = x_n(t) + O(t^{-n})$$

à l'infini. Comme la série $\sum [x_{n+1}(t) - x_n(t)]$ est d'après (14) dominée par la série $\exp(M|c|/t)$, elle converge normalement dans tout intervalle $t \geq t_0 > 0$, de sorte que $x_n(t)$ converge vers une limite $x(t)$ pour tout $t > 0$, et ceci uniformément dans tout intervalle $[t_0, +\infty[$. On peut alors passer à la limite sous le signe $\int$ dans (13) à cause de la présence du facteur *intégrable*[2] u^{-2}. Il est alors clair que $x(t)$ vérifie (6).

---

[2] Soient I un intervalle quelconque, $\mu(x)$ une fonction absolument intégrable sur I et (f_n) une suite de fonctions bornées qui converge uniformément dans I vers une limite f, évidemment bornée. Les fonctions $f_n\mu$ et $f\mu$, majorées à des facteurs constants près par μ, sont alors intégrables et l'on a $\left| \int [f_n(u) - f(u)] \mu(u) du \right| \leq \|f_n - f\| . \int |\mu(u)| du$, d'où $\lim \int f_n(u)\mu(u)du = \int f(u)\mu(u)du$. Cf. Chap. V, n° 31, exemple 1.

On a de plus d'après (14)

$$
\begin{aligned}
|x(t) - x_n(t)| &\leq \sum_{p \geq 0} |x_{n+p+1}(t) - x_{n+p}(t)| \leq \\
&\leq M \sum_{p \geq 0} |c/t|^{n+p} /(n+p)! \leq M \sum_{p \geq 0} |c/t|^{n+p} /n! p! = \\
&= M . \exp(|c/t|) |c/t|^n /n!,
\end{aligned}
$$

résultat qui implique

$$(10.16) \qquad\qquad x(t) = x_n(t) + O(t^{-n})$$

à l'infini puisque le facteur $\exp(|c/t|)$ tend vers 1.

Exercice. Soient I un intervalle compact, p une fonction continue dans I et $K(t, u)$ une fonction continue dans $I \times I$. On pose

$$M = \sup_{t \in I} \int |K(t, u)| du.$$

Montrer que, si $M < 1$, l'équation intégrale

$$x(t) = p(t) + \int K(t, u) x(u) du$$

possède une et une seule solution (on intègre sur I). Analogie avec un système d'équations linéaires?

Asymptotique des solutions : forme générale

Il est alors clair que, pour obtenir des évaluations asymptotiques de $x(t)$, il s'impose d'en chercher pour les $x_n(t)$. Pour simplifier les calculs nous supposerons que l'on est dans le cas où le "binôme trigonométrique" $p_1(t)$ figurant dans (10) se réduit à e^{it}; le cas où il est égal à e^{-it} se traite de la même façon (les deux solutions sont du reste imaginaires conjuguées si $c \in \mathbb{R}$), et dans le cas général il est clair que x est une combinaison linéaire des fonctions correspondant à ces deux cas particuliers.

Comme $x_1(t) = e^{it}$, la relation (13) montre que

$$
\begin{aligned}
(10.17) \qquad 2i x_2(t) &= 2i e^{it} - 2ic \int e^{iu} \sin(t - u) u^{-2} du = \\
&= 2i e^{it} - c \int \left(e^{it} - e^{2iu-it} \right) u^{-2} du = \\
&= 2i e^{it} - c e^{it}/t + c e^{-it} \int e^{2iu} u^{-2} du.
\end{aligned}
$$

Nous rencontrons ici, et rencontrerons à nouveau, une intégrale de la forme $\int e^{2iu} u^{-p} du$ étendue à $[t, +\infty[$. Grâce à des intégrations par parties successives, il est facile d'en trouver un développement limité d'ordre arbitrairement élevé lorsque t tend vers l'infini. D'une manière générale, si $\mathrm{Re}(\alpha) \leq 0$ pour assurer la convergence des intégrales, on a en effet, en utilisant *par exception* le signe $\int$ à la Leibniz,

$$
\begin{aligned}
\int e^{\alpha u} u^{-p} du &= e^{\alpha u}/\alpha u^p + \frac{p}{\alpha} \int e^{\alpha u} u^{-p-1} du = \\
&= e^{\alpha u}/\alpha u^p + p e^{\alpha u}/\alpha^2 u^{p+1} + \frac{p(p+1)}{\alpha^2} \int e^{\alpha u} u^{-p-2} du
\end{aligned}
$$

etc[3]. Lorsqu'on intègre de t à $+\infty$, les parties tout intégrées, nulles à l'infini, fournissent le produit de $e^{\alpha t}/t^p$ par un polynôme en $1/t$; l'intégrale de $e^{\alpha u} u^{-N-2}$, majorée par celle de u^{-N-2}, est $O\left(t^{-N-1}\right)$. On déduit de là que, quel que soit $N > p$, on a une relation

$$(10.18) \quad e^{-it} \int_t^{+\infty} e^{2iu} u^{-p} du = -e^{it} \left(?/t^p + ?/t^{p+1} + \ldots + ?/t^N\right) + \\ + O\left(t^{-N-1}\right)$$

avec des coefficients ? qui dépendent de p, mais non de N et que le lecteur peut calculer : nous n'en aurons pas besoin. En revenant à (17), cas où $p = 2$, on trouve donc finalement une relation

$$(10.19) \quad 2ix_2(t) = 2ie^{it} + e^{it} \left(?/t + ?/t^2 + \ldots + ?/t^N\right) + O\left(t^{-N-1}\right)$$

quel que soit N.

Il en est de même pour $x_n(t)$ quel que soit n. On le montre par récurrence en utilisant (13) :

$$
\begin{aligned}
2ix_{n+1}(t) &= \\
&= 2ie^{it} - 2ic \int x_n(u) \sin(t-u) u^{-2} du = \\
&= 2ie^{it} - c \int e^{iu} \left[? - ?/u - \ldots - ?/u^N + O\left(u^{-N-1}\right)\right] 2i\sin(t-u) u^{-2} du = \\
&= 2ie^{it} + c \sum ? \int \left(e^{it} - e^{2iu-it}\right) u^{-p-2} du + \int O\left(u^{-N-3}\right) du.
\end{aligned}
$$

Les intégrales $\int e^{it} u^{-p-2} du$ fournissent le produit de e^{it} par un polynôme sans terme constant en $1/t$. Les intégrales $\int e^{2iu-it} u^{-p-2} du$ ont de même d'après (18) des développements limités d'ordre arbitrairement élevé. Enfin, l'intégrale $\int O\left(u^{-N-3}\right) du$ est $O\left(t^{-N-2}\right)$. On a donc bien pour tout n et tout N une relation de la forme

---

[3] On notera qu'au lieu de chercher à passer d'une intégrale en u^{-p} à une intégrale en u^{-p+1} comme on l'a fait au Chap. V, n° 15, exemple 2 dans l'espoir illusoire de calculer explicitement une primitive, on passe ici d'une intégrale en u^{-p} à des intégrales en u^{-p-1}, u^{-p-2}, etc. dont on peut évaluer l'ordre de grandeur à défaut de pouvoir tout calculer explicitement.

$$(10.20) \qquad x_n(t) = e^{it} \left(1 + ?/t + ?/t^2 + \ldots + ?/t^N\right) + O\left(t^{-N-1}\right).$$

Compte tenu de (16), on obtient pour $x(t)$ un développement

$$(10.21) \quad x(t) = e^{it} \left(1 + a_1/t + a_2/t^2 + \ldots + a_N/t^N\right) + O\left(t^{-N-1}\right)$$

dont les coefficients ne dépendent pas de N; car si l'on a pour $e^{-it}x(t)$ ou pour toute autre fonction des développements limités d'ordre 12 et 15, le second, privé de ses termes de degré > 12, fournit un développement limité d'ordre 12; or une fonction donnée ne peut posséder qu'un seul développement limité d'ordre donné comme on l'a vu au n° 3; les deux développements ont donc les mêmes termes de degré ≤ 12.

On exprime parfois ce fait en écrivant (21) sous la forme d'une *série asymptotique*

$$(10.22) \qquad\qquad e^{-it}x(t) \approx \sum_{n=0}^{\infty} a_n t^n;$$

cette écriture ne signifie aucunement que la série du second membre représente la fonction considérée : dans presque tous les cas de ce genre, y compris dans celui qui nous occupe comme on le verra lorsque tout sera calculé, la série est *divergente*. L'écriture (22) est, *par définition*, équivalente au fait que la relation (21) est valable quel que soit N. Autrement dit, la différence entre le premier membre de (22) et la N-ième somme partielle du second membre, au lieu de tendre vers 0 *pour t donné lorsque N augmente*, tend vers 0 *pour N donné lorsque t augmente*, et ceci aussi rapidement que le premier terme négligé; nuance à ne pas oublier ...

C'est par exemple ce qui se produit au voisinage de $t = 0$ lorsqu'on écrit la formule de Maclaurin pour une fonction $x(t)$ non analytique mais de classe C^∞. Quel que soit N, on a

$$x(t) = x(0) + x'(0)t + \ldots + x^{(N)}(0)t^N/N! + O\left(t^{N+1}\right),$$

autrement dit

$$x(t) \approx \sum x^{(n)}(0)t^n/n!,$$

mais la série n'a aucune raison de représenter la fonction si elle converge – cas de $\exp(-1/t^2)$ – et encore moins si elle diverge, ce qui est le cas général puisque les dérivées à l'origine peuvent être choisies arbitrairement (Chap. V, n° 29).

Dérivation terme à terme des développements asymptotiques

Le problème se pose maintenant de calculer explicitement les coefficients a_n du développement (22), de préférence sans se noyer dans les calculs. En les effectuant de façon plus explicite que nous ne l'avons fait plus haut, on pourrait trouver des relations de récurrence permettant de calculer les a_n. Une méthode plus élégante[4] et surtout plus instructive consiste à montrer qu'en dérivant (22) terme à terme, on obtient des développements asymptotiques analogues pour x' et x''; en les portant dans l'équation différentielle (1), on trouvera alors immédiatement les relations de récurrence cherchées.

Il n'est nullement évident et il est généralement faux que l'on puisse, par dérivation terme à terme, déduire de la série asymptotique d'une fonction donnée une série asymptotique pour sa dérivée. La dérivée d'une fonction $O(t^r)$ à l'infini ($r \in \mathbb{R}$) n'a aucune raison d'être $O\left(t^{r-1}\right)$: la fonction $x(t) = \sin(t^2)/t$ est $O(1/t)$ à l'infini, mais sa dérivée $x'(t) = 2\cos(t^2) - \sin(t^2)/t^2$ est $O(1)$ et non pas $O(1/t^2)$ à l'infini. C'est le problème que nous avons déjà rencontré lorsqu'il s'agissait de dériver terme à terme la somme d'une série de fonctions dérivables : grâce au TF, on peut majorer une fonction à partir d'une majoration du module de sa dérivée, mais l'opération inverse est impossible.

La réalité est qu'ici comme dans le cas d'une série ou suite convergente, c'est l'existence d'une série asymptotique *pour la dérivée* qui permet d'en obtenir une pour la fonction elle-même. Supposons en effet que la dérivée d'une fonction $f(t)$ possède à l'infini un développement

$$(10.23) \qquad f'(t) = a_0 + a_1/t + \ldots + a_{N+1}/t^{N+1} + O\left(1/t^{N+2}\right).$$

On ne peut pas l'intégrer de t à $+\infty$ à cause des deux premiers termes, mais on se ramène au cas où ils sont nuls en remplaçant $f(t)$ par $f(t) - a_0 t - a_1 \log t$. On a alors $f'(t) = O(t^{-2})$, la dérivée est intégrable de t à $+\infty$, la fonction f tend vers une limite finie $f(+\infty)$ lorsque $t \to +\infty$ et, d'après le TF étendu par passage à la limite à l'intervalle $[t, +\infty[$, on a alors

$$f(+\infty) - f(t) = \int f'(u)du = a_2/t + a_3/2t^2 + \ldots + a_{N+1}/Nt^N + O\left(1/t^{N+1}\right)$$

puisque l'intégrale de t à $+\infty$ d'une fonction $O(u^{-k})$ est majorée à un facteur constant près par celle de u^{-k}. En revenant à la fonction $f(t)$ initiale, la relation (23) implique donc

$$(10.24) \qquad \begin{aligned} f(t) \quad = \quad & a_0 t + a_1 \log t + b - a_2/t - a_3/2t^2 - \ldots - \\ & - a_{N+1}/Nt^N + O\left(1/t^{N+1}\right) \end{aligned}$$

quel que soit N, avec une constante b inévitable puisque la connaissance de f' détermine f à une constante près. Il est alors clair, en comparant (23) et (24), que le développement asymptotique de f' s'obtient en dérivant terme à terme celui de f.

---

[4] L'un des frères Goncourt, célèbres critiques littéraires du XIXe siècle, relate dans son *Journal* qu'au cours de la réception à l'Académie française d'un nouvel élu X, l'académicien Y chargé de prononcer l'éloge de X eut la fâcheuse idée de qualifier d'élégant le style oratoire de X. Celui-ci, furieux, se leva et répliqua : Elégant vous-même, Monsieur! (Je cite de mémoire).

Revenant à la fonction $x(t)$ qui nous occupe, nous devons donc montrer directement que $x'(t)$ et $x''(t)$ possèdent des développements asymptotiques analogues à (22). Pour cela, reprenons l'équation intégrale (10.12)

$$x(t) = e^{it} - c \int_t^{+\infty} x(u) \sin(t-u) u^{-2} du$$

et appliquons lui la formule de dérivation sous le signe $\int$ avec limites variables dans le cas d'un intervalle infini, à savoir

$$\frac{d}{dt} \int_{\varphi(t)}^{+\infty} f(t,u) du = \int_{\varphi(t)}^{+\infty} D_1 f(t,u) du - f[t, \varphi(t)] \varphi'(t)$$

(Chap. V, n° 12, théorème 13, qui s'étend immédiatement au cas d'un intervalle infini en utilisant[5] le théorème 24, n° 25 du même Chap. V). Celle-ci suppose que, lorsque t reste dans un compact, la fonction $D_1 f(t, u)$ soit majorée par une fonction intégrable fixe de u. Or on a, dans le cas de (12),

$$|D_1 f(t,u)| = |x(u) \cos(t-u) u^{-2}| \leq M u^{-2}$$

puisque la fonction $x(u)$ est bornée dans tout intervalle $t \geq t_0 > 0$; il n'y a donc aucun problème. La fonction $f(t, u)$ que nous intégrons ici de t à $+\infty$ s'annulant pour $u = \varphi(t) = t$, la partie toute intégrée de la formule de dérivation disparait et il reste

(10.25) $$x'(t) = ie^{it} - c \int x(u) \cos(t-u) u^{-2} du$$

où l'on intègre de t à $+\infty$; comparez à (7) et (8).

Exercice. En dérivant la relation de récurrence entre les $x_n(t)$, montrer que l'on a

$$x''_{n+1}(t) + x_{n+1}(t) = a x_n(t) t^{-2}$$

et que, pour tout r, les dérivées $x_n^{(r)}(t)$ des x_n convergent vers $x^{(r)}(t)$ uniformément dans $t \geq t_0 > 0$.

En portant (21) dans (25), on a

$$x'(t) =$$

$$= ie^{it} - c \int \left[1 + a_1/t + a_2/t^2 + \ldots + a_N/t^N + O\left(t^{-N-1}\right) \right] e^{iu} \cos(t-u) u^{-2} du$$

$$= ie^{it} - c \int \left(1 + a_1/t + a_2/t^2 + \ldots + a_N/t^N \right) e^{iu} \cos(t-u) u^{-2} du + O\left(t^{-N-2}\right).$$

En raisonnant comme plus haut – le remplacement du sinus par un cosinus ne change évidemment rien à la méthode –, on obtient une série asymptotique

---

[5] On écrit que l'intégrale de $\varphi(t)$ à $+\infty$ est la différence entre les intégrales de a à $+\infty$ et de a à $\varphi(t)$ pour un a fixe.

$$(10.26) \qquad\qquad e^{-it}x'(t) \approx \sum b_n/t^n$$

analogue à (22). Quant à $x''(t) = -(1 - c/t^2)x(t)$, on en obtient directement une série asymptotique à partir de celle de $x(t)$.

Coefficients du développement asymptotique

Posons alors $e^{-it}x(t) = y(t)$. On a $y(t) \approx \sum a_n t^{-n}$ d'après (22) et nous savons d'autre part que les dérivées

$$(10.27) \quad y'(t) = e^{-it}\left[x'(t) - ix(t)\right], \quad y''(t) = e^{-it}[x''(t) - 2ix'(t) - x(t)]$$

admettent elles aussi des développements asymptotiques du même type. Ils se déduisent donc du développement de $y(t)$ en dérivant celui-ci terme à terme comme s'il s'agissait d'une série entière en $1/t$. [Cela signifie que le développement de $x''(t)$ se déduit, lui aussi, de celui de $x(t)$ en le dérivant terme à terme sans oublier de dériver les facteurs e^{it}]. Les développements de y' et y'' sont donc nécessairement

$$y'(t) \approx \sum -na_n t^{-n-1}, \qquad y''(t) \approx \sum n(n+1)a_n t^{-n-2}.$$

Tenons compte maintenant de l'équation différentielle de départ. Comme on a posé $x(t) = e^{it}y(t)$, on a $x''(t) + x(t) = e^{it}[y''(t) + 2iy'(t)]$, d'où $ct^{-2}y = y'' + 2iy'$. On a donc

$$c\left(a_0 t^{-2} + a_1 t^{-3} + a_2 t^{-4} + \ldots\right)$$
$$\approx \left(2.1a_1 t^{-3} + 3.2a_2 t^{-4} + \ldots\right) - 2i\left(a_1 t^{-2} + 2a_2 t^{-3} + 3a_3 t^{-4} + \ldots\right).$$

En raison de l'unicité de la série asymptotique d'une fonction donnée, il est légitime de calculer comme s'il s'agissait de séries formelles. Puisque $a_0 = 1$, on trouve

$$-2ia_1 = c, \quad -2ia_2 = (c - 1.2)a_1/2, \quad -2ia_3 = (c - 2.3)a_2/3$$

et d'une manière générale

$$a_n/a_{n-1} = i[c - n(n-1)]/2n;$$

on en déduit a_n par multiplication des n premières relations.

On note que le rapport $|a_{n+1}/a_n|$ tend vers $+\infty$. Le rayon de convergence de la série entière $\sum a_n z^n$ est donc nul, ce qui confirme que le développement en série *asymptotique* $x(t) \approx e^{it} \sum a_n t^{-n}$ est l'exact opposé d'un développement en série *convergente*.

Exercice. Montrer que l'équation différentielle (1) est vérifiée par des séries convergentes de la forme $t^a \sum_{n>0} a_n t^n$, avec un exposant a non entier et des coefficients à déterminer.

La méthode utilisée ici dans le cas de l'équation de Bessel a donné lieu à un océan de littérature concernant soit d'autres fonctions spéciales, soit des équations différentielles linéaires générales; les Chap. XIV et XV de Dieudonné, *Calcul infinitésimal*, donnent un faible aperçu du cas général et de la théorie des fonctions de Bessel, sur laquelle on a écrit de volumineux traités.

La meilleure référence de type classique sur celles-ci et les autres "fonctions spéciales" est le "Bateman Project", *Higher Transcendental Functions* (McGraw Hill, 1953–1955, 3 vols). Pour comprendre le sujet, il vaut beaucoup mieux lire N. Vilenkin, *Fonctions spéciales et représentations de groupes* (Moscou, 1965, trad. Dunod), qui repose sur des idées totalement étrangères aux "experts" de la théorie classique et de portée beaucoup plus générale que celle-ci (analyse harmonique dans les groupes de Lie non commutatifs). Comme elles dépassent de beaucoup le niveau de ce livre, il est inutile de citer des références plus récentes et encore plus inabordables.

§2. Formules sommatoires

11 – Cavalieri et les sommes $1^k + 2^k + \ldots + n^k$

Nous avons donné au Chap. II, n° 11 une méthode directe fort efficace pour intégrer la fonction x^k pour k entier positif : on partage l'intervalle d'intégration $[a, b]$ à l'aide de points aq^k forment une progression *géométrique*, avec $q = (b/a)^{1/n}$, et l'on fait tendre n vers l'infini. Mais les premiers mathématiciens à s'exercer à ce calcul ont procédé autrement : comme Archimède dans le cas $k = 2$, ils utilisent une subdivision de $[a, b]$ par les points d'une progression *arithmétique*. Dans le cas simple où l'intervalle d'intégration est de la forme $[0, a]$, on pose $q = a/n$ et on utilise les points $q, 2q, \ldots nq$; l'intégrale cherchée est alors visiblement la limite des sommes

$$(11.1) \qquad \sigma_n = \left[q^k + (2q)^k + \ldots + (nq)^k\right] a/n =$$
$$= \left(1^k + 2^k + \ldots + n^k\right) a^{k+1}/n^{k+1}.$$

Pour $k = 1$, on savait depuis longtemps que

$$(11.2) \qquad 1 + 2 + \ldots + n = n(n+1)/2 = n^2/2 + n/2,$$

d'où $\sigma_1 = a^2 n(n+1)/2n^2$, expression qui tend vers $a^2/2$. Pour $n = 2$, cas traité par Archimède qui savait déjà que

$$(11.3) \qquad 1^2 + \ldots + n^2 = n(n+1)(2n+1)/6 = n^3/3 + n^2/2 + n/6,$$

on a $\sigma_2 = a^3 \left(1/3 + 1/2n + 1/6n^2\right)$, qui tend vers $a^3/3$.

L'Italien Cavalieri étudie vers 1630 le cas où $k = 4$ en utilisant la formule

$$(11.4) \qquad 1^3 + \ldots + n^3 = n^2 (n+1)^2/4 = n^4/4 + n^3/2 + n^2/4,$$

ce qui lui fournit la valeur $a^4/4$ pour l'intégrale. Vers 1646, il pousse les calculs jusqu'à $k = 9$ à l'aide de la formule

$$(11.5) \quad 1^9 + \ldots + n^9 = n^{10}/10 + n^9/2 + 3n^8/4 - 7n^6/10 + n^4/2 - 3n^2/20.$$

Ces calculs sont d'autant plus méritoires que la mécanique moderne de l'algèbre, avec ses notations condensées, était encore fort vacillante à l'époque. John Wallis exposera la méthode dans son *Arithmetica Infinitorum* de 1656, mais personne n'est encore capable de trouver la formule (5) correspondant à une valeur quelconque de l'exposant k.

Fermat, qui ne publie pas, s'intéresse vers 1636 au problème – c'est lui qui a l'idée d'utiliser une progression géométrique –, mais au lieu de chercher à calculer exactement $1^k + \ldots + n^k$, il se contente d'en trouver une évaluation approximative qui suffit à résoudre le problème, à savoir

$$(11.6) \quad 1^k + \ldots + (n-1)^k \; < \; n^{k+1}/(k+1) <$$
$$< \; 1^k + \ldots + n^k < (n+1)^{k+1}/(k+1).$$

Elle montre qu'au facteur a^{k+1} près, la somme de Riemann (1) est comprise entre les produits de $1/(k+1)$ par 1 et $(n+1)^{k+1}/n^{k+1}$, qui tendent vers 1.

On démontre (6) par récurrence sur $n > 2$. Le cas $n = 2$ est évident. Si (6) est démontré pour un entier n, on en déduit que

$$1^k + \ldots + n^k < \frac{n^{k+1}}{k+1} + n^k \quad \text{et} \quad \frac{n^{k+1}}{k+1} + (n+1)^k < 1^k + \ldots + (n+1)^k.$$

Il suffit donc de montrer que l'on a

$$\frac{n^{k+1}}{k+1} + n^k < \frac{(n+1)^{k+1}}{k+1} < \frac{n^{k+1}}{k+1} + (n+1)^k$$

ou, en posant $x = 1/n$, que

$$1 + (k+1)x < (1+x)^{k+1} < 1 + (k+1)(1+x)^k.$$

Comme on a $x > 0$, la formule algébrique du binôme prouve la première inégalité. La seconde s'écrit

$$1 + \sum_{p=0}^{k} \binom{k+1}{p+1} x^{p+1} < 1 + (k+1) \sum_{p=0}^{k} \binom{k}{p} x^{k+1}$$

et se réduit à l'inégalité

$$\binom{k+1}{p+1} = \frac{k+1}{p+1}\binom{k}{p} < (k+1)\binom{k}{p}$$

entre coefficients du binôme.

Exercice[6]. (a) Démontrer les égalités

$$
\begin{aligned}
S_n^1 &:= 1 + 2 + \ldots + n = \frac{1}{2}n(n+1) \\
S_n^2 &:= 1^2 + 2^2 + \ldots + n^2 = n(n+1)(2n+1)/6 \\
S_n^3 &:= 1^3 + 2^3 + \ldots + n^3 = \left[\frac{1}{2}n(n+1)\right]^2 = (1 + 2 + \ldots + n)^2.
\end{aligned}
$$

(b) Pour

$$S_n^p := 1^p + 2^p + \ldots + n^p,$$

établir l'identité

$$(p+1)S_n^p + \binom{p+1}{2}S_n^{p-1} + \ldots + S_n^0 = (n+1)^{p+1} - 1$$

trouvée par Pascal en 1654.

---

[6] Walter, *Analysis I*, p. 36. Les signes := signifient que l'expression qui suit le signe = est la définition de celle qui précède le signe :.

(c) Montrer que pour tout $p > 1$ il existe p nombres réels $c_1, \ldots, c_p$ tels que

$$S_n^p = n^{p+1}/(p+1) + n^p/2 + c_1 n^{p-1} + \ldots + c_{p-1} n + c_p.$$

Indications : on a

$$(x+1)^{p+1} - x^{p+1} = \binom{p+1}{1} x^p + \binom{p+1}{2} x^{p-1} + \ldots + 1 \quad (p, n \in \mathbb{N}, \ n \geq 1).$$

Ajouter ces équations membre à membre pour $x = 1, 2, \ldots, n$. Les assertions (a) et (c) peuvent se démontrer par récurrence ou à l'aide de l'identité de Pascal.

12 – Jakob Bernoulli

En 1713, dans son *Ars Conjectandi*, le plus célèbre, sinon le premier, des traités de calcul des probabilités, Jakob Bernoulli publie – ou l'on publie pour lui, car il est mort en 1705 sans avoir terminé son livre – la méthode générale permettant, pour $k \in \mathbb{N}$, d'exprimer $1^k + \ldots + n^k$ sous la forme d'un polynôme de degré $k+1$ en n. Il calcule à nouveau les premières sommes et note en passant qu'il a pu calculer "en moins d'un demi-quart d'heure" que

$$1^{10} + \ldots + 1000^{10} = 91 \ 409 \ 924 \ 241 \ 424 \ 243 \ 424 \ 241 \ 924 \ 242 \ 500.$$

Exercice. Si l'espèce humaine avait eu treize doigts au lieu de dix, Bernoulli aurait dû calculer la somme $1^{13} + \ldots + 2197^{13}$. Trouver le résultat en moins d'une demi-heure en utilisant la numération à base 13.

Sa méthode générale[7] consiste à partir de la relation

$$(12.1) \qquad \binom{n}{k} = \sum_{p=0}^{n-1} \binom{p}{k-1} = \sum_{p=1}^{n} \binom{p-1}{k-1}$$

entre coefficients du binôme (qu'il écrit explicitement, comme tout le monde à l'époque); on peut facilement la prouver par récurrence sur n en écrivant que

$$\binom{n}{k} = \binom{n-1}{k-1} + \binom{n-1}{k} = \binom{n-1}{k-1} + \sum_{p=0}^{n-2} \binom{p}{k-1}.$$

Pour $k = 3$, on trouve ainsi

$$(12.2) \qquad n(n-1)(n-2)/3! \quad = \quad \sum (p-1)(p-2)/2! =$$
$$= \quad \sum \left(p^2/2 - 3p/2 + 1 \right),$$

ce qui, connaissant les formules relatives aux exposants $k = 0$ et 1, fournit la formule relative à $k = 2$. La formule (1) pour $k = 4$ permet alors le calcul de $\sum p^3$ à partir des formules déjà obtenues, et ainsi de suite.

---

[7] Voir le vol. III de Moritz Cantor, pp. 343–347.

Mais Bernoulli va beaucoup plus loin. Il affirme que l'on a

$$(12.3) \qquad \sum_1^n p^k = n^{k+1}/(k+1) + n^k/2 + \frac{k}{2}An^{k-1}+$$

$$+\frac{k(k-1)(k-2)}{2.3.4}Bn^{k-3} + \frac{k(k-1)\dots(k-4)}{6!}Cn^{k-5} + \dots$$

avec des coefficients A, B, C, ... *indépendants de* k, et des exposants $k-1$, $k-3$, $k-5$, ... Les deux premiers termes sont évidents puisqu'il connaît les formules explicites pour $k \leq 10$, mais personne ne sait d'où il a pu tirer de celles-ci la relation (3) qu'apparemment il se borne à écrire à la suite des formules explicites. Toujours est-il que si l'on admet (3), les premières formules fournissent facilement les valeurs

$$A = 1/6, \quad B = -1/30, \quad C = 1/42, \quad D = -1/30, \quad E = 5/66, \quad \text{etc.}$$

Une méthode beaucoup moins divinatoire consiste à postuler que, conformément aux premières formules, on a[8]

$$(12.4) \qquad\qquad 1^k + \dots + n^k = A_{k+1}(n)$$

avec $A_1(x) = x$ pour $k = 0$ et, pour $k \geq 1$, un polynôme de degré $k+1$ en n *sans terme constant*, à établir des propriétés de ces polynômes permettant de les calculer "sans calculs" et, pour finir, à vérifer qu'ils satisfont bien à (4).

Pour commencer, la relation

$$n^k = \left(1^k + \dots + n^k\right) - \left(1^k + \dots + (n-1)^k\right)$$

implique l'identité polynomiale

$$(12.5) \qquad\qquad A_{k+1}(x) - A_{k+1}(x-1) = x^k$$

puisque la différence entre les deux membres est un polynôme nul pour tout $x \in \mathbb{N}$. Cette relation détermine déjà les A_k à des constantes additives près, car la différence entre deux solutions est un polynôme de période 1, donc constant; si donc on suppose $A_k(0) = 0$ pour $k \geq 1$, les A_k sont entièrement déterminés par (5). Or en dérivant cette relation, on constate que $A'_{k+1}(x)/k$ la vérifie pour $k-1$. Si l'on note a_k le terme constant de $A'_{k+1}(x)/k$, on a donc

$$(12.6) \quad A'_2(x) = x + a_1, \quad A'_{k+1}(x)/k = A_k(x) + a_k \quad \text{pour } k \geq 2.$$

---

[8] Bernoulli utilise la notation $S\, n^k = 1^k + \dots + n^k$, ce qui, une fois de plus, viole tous les tabous concernant les variables fantômes et les variables libres. Voir dans Hairer et Wanner, p. 15, une reproduction photographique de la table des dix premières formules de Bernoulli.

Les A_k n'ayant pas de terme constant, on obtient de proche en proche, par le calcul bête des primitives successives,

$$
\begin{aligned}
A_1(x) &= x, \\
A_2(x) &= x^2/2 + a_1 x, \\
A_3(x) &= x^3/3 + a_1 x^2 + 2a_2 x, \\
A_4(x) &= x^4/4 + a_1 x^3 + 3a_2 x^2 + 3a_3 x, \\
A_5(x) &= x^5/5 + a_1 x^4 + 4a_2 x^3 + 6a_3 x^2 + 4a_4 x;
\end{aligned}
$$

etc. La formule générale

$$(12.7) \qquad A_k(x) = x^k/k + \sum_{p=1}^{k-1} \binom{k-1}{p-1} a_p x^{k-p},$$

maintenant évidente, n'est autre que (3) avec

$$a_1 = 1/2, \quad a_2 = A/2, \quad a_3 = 0, \quad a_4 = B/4, \quad a_5 = 0, \quad a_6 = C/6,$$

etc.

A défaut de fournir immédiatement les valeurs numériques des a_p, (6) prouve du moins l'existence d'une relation (7) avec les mêmes coefficients a_p pour toutes les formules. Ce que Moritz Cantor appelle "l'idée géniale" de Jakob Bernoulli me semble donc relativement bon marché même pour l'époque, car s'il y a une chose qu'ils savaient faire, c'était bien de calculer les dérivées ou primitives de polynômes en x ...

Pour obtenir les valeurs numériques des coefficients, on utilise une remarque qui, ici encore, eût sûrement été à la portée du génial inventeur : d'après (5) on doit avoir

$$(12.8) \qquad A_k(0) = A_k(-1) \qquad \text{pour } k \geq 2$$

et donc $A_k(-1) = 0$. D'où, d'après (7), une relation[9]

$$(12.9) \qquad 1/k - a_1 + \binom{k-1}{1} a_2 - \binom{k-1}{2} a_3 + \ldots +$$

$$+ (-1)^{k-1} \binom{k-1}{k-2} a_{k-1} = 0 \quad (k \geq 2)$$

qui permet de calculer les coefficients de proche en proche.

Il reste à montrer qu'avec ce choix des a_k, les A_k vérifient effectivement (4). Comme

---

[9] Bernoulli l'a manifestement connue, car il écrit, sans le démontrer, que pour calculer les coefficients dans ses dix premières formules, on utilise le fait que $A_k(1) = 1$; il explicite le calcul pour A_8. Voir le texte dans Walter, *Analysis I*, pp. 162–163.

$$(12.10) \quad A_{k+1}(n) \;=\; [A_{k+1}(n) - A_{k+1}(n-1)] +$$
$$+ [A_{k+1}(n-1) - A_{k+1}(n-2)] + \ldots +$$
$$+ [A_{k+1}(1) - A_{k+1}(0)] + A_{k+1}(0)$$

et comme $A_{k+1}(0) = 0$, (4) sera en fait une conséquence de (5), évidemment vérifiée pour $k = 0$. On va prouver (5) par récurrence sur k.

On constate d'abord, à l'aide de la plus simple des relations entre co-efficients du binôme, que (7) *définit quels que soient les a_p des polynômes vérifiant* (6). Si donc on a déjà vérifié que $A_k(x) - A_k(x-1) = x^{k-1}$, la formule (6) montre que $A'_{k+1}(x) - A'_{k+1}(x-1) = kx^{k-1}$, d'où $A_{k+1}(x) - A_{k+1}(x-1) = x^k$ à une constante additive près. Celle-ci est nulle pour $k = 0$ puisque $A_1(x) = x$. Elle est nulle pour $k \geq 1$ car le choix (9) des a_p équivaut à $A_k(0) = A_k(-1)$ et montre que (5) est valable pour $x = 0$. On a donc bien (5) et par suite (4) quel que soit k.

La postérité a, pour des raisons qui apparaîtront plus loin, préféré utiliser des polynômes $B_k(x)$, $k \geq 0$, de degré k, ayant éventuellement des termes constants non nuls

$$(12.11) \qquad\qquad B_k(0) = b_k$$

et choisis de façon à remplacer (6) par

$$(12.12) \qquad\qquad B'_k(x) = kB_{k-1}(x), \quad k \geq 1$$

et (8) par

$$(12.13) \qquad\qquad B_k(1) = B_k(0), \quad k \geq 2.$$

On choisit

$$B_0(x) = 1 = b_0$$

pour simplifier au maximum les formules. En calculant à nouveau bêtement, on obtient

$$
\begin{aligned}
B_1(x) &= b_0 x + b_1, \\
B_2(x) &= b_0 x^2 + 2b_1 x + b_2, \\
B_3(x) &= b_0 x^3 + 3b_1 x^2 + 3b_2 x + b_3, \\
B_4(x) &= b_0 x^4 + 4b_1 x^3 + 6b_2 x^2 + 4b_3 x + b_4, \\
B_5(x) &= b_0 x^5 + 5b_1 x^4 + 10b_2 x^3 + 10b_3 x^2 + 5b_4 x + b_5
\end{aligned}
$$

et plus généralement

$$(12.14) \qquad\qquad B_k(x) = \sum_{p=0}^{k} \binom{k}{p} b_p x^{k-p},$$

formule qui, ici encore, implique (12) quel que soit le choix des b_k. Elle repose uniquement sur (12) et ne suffit donc pas à déterminer les b_p; mais (13) s'écrit

(12.15) $b_0 + \binom{k}{1}b_1 + \ldots + \binom{k}{k-1}b_{k-1} = 0$ pour $k \geq 2$,

i.e.

$$1 + 2b_1 = 0,$$
$$1 + 3b_1 + 3b_2 = 0,$$
$$1 + 4b_1 + 6b_2 + 4b_3 = 0,$$

etc, ce qui permet à nouveau le calcul de proche en proche des *nombres de Bernoulli* b_p. Euler, qui les a retrouvés autrement comme on va le voir et a dû passablement chercher une "formule" de résolution explicite, était parvenu à la conclusion qu'il n'en existait probablement aucune; la postérité l'a confirmé et même quasiment démontré en observant que les b_p croissent à une vitesse beaucoup trop prodigieuse pour être exprimables par des fonctions algébriques, exponentielles et autres. On trouvera un peu plus loin leurs valeurs pour $p \leq 30$, calculées par Euler; il paraît assez invraisemblable, compte-tenu du goût des Bernoulli pour le calcul numérique, que Jakob n'ait pas poussé le calcul au delà de $b_{10} = 5/66$, mais il ne l'a pas publié.

Montrons maintenant qu'au lieu de (5) on a

(12.16) $$B_k(x+1) - B_k(x) = kx^{k-1}.$$

C'est clair pour $k = 0$. Si (16) est vérifiée pour $k-1$, la relation (12) montre qu'elle est vraie à une constante additive près. Mais d'après (13) elle est exacte sans constante additive pour $x = 0$. D'où (16).

Enfin, (16) montre que

$$B_k(n+1) = [B_k(n+1) - B_k(n)] + [B_k(n) - B_k(n-1)] + \ldots +$$
$$+ [B_k(2) - B_k(1)] + B_k(1) = k\left(n^{k-1} + \ldots + 1^{k-1}\right) + b_k,$$

d'où

(12.17) $$1^{k-1} + \ldots + n^{k-1} = [B_k(n+1) - b_k]/k.$$

Une comparaison avec (4) montre que l'on a

$$B_k(x+1) = kA_k(x) + b_k$$

ou, d'après (16),

$$B_k(x) = kA_k(x) - kx^{k-1} + b_k$$

(12.18) $$= x^k + \sum_{p=1}^{k-1} k\binom{k-1}{p-1}a_p x^{k-p} + b_k.$$

(14) montre alors que $kb_1 = ka_1 - k$, d'où

$$a_1 = b_1 + 1 = 1/2$$

et, pour $p > 2$,

$$k \binom{k-1}{p-1} a_p = \binom{k}{p} b_p,$$

d'où

$$a_p = b_p/p.$$

Compte tenu des relations entre les a_p et les coefficients A, B, C, etc. de Bernoulli, on voit que ceux-ci ne sont autres que b_2, b_4, b_6, etc.

Il nous reste à montrer que, conformément aux premières formules, on a

(12.19) $b_3 = b_5 = \ldots = 0.$

Comme $b_k = B_k(0) = B_k(1)$, cela va résulter de la relation

(12.20) $B_k(1 - x) = (-1)^k B_k(x).$

Pour l'établir, on pose $C_k(x) = (-1)^k B_k(1-x)$ et on constate par des calculs d'une ligne que les C_k vérifient les conditions (12) et (13) ainsi que $C_0(x) = 1$. Or ces conditions déterminent entièrement les B_k.

Voici, pour conclure, les valeurs des nombres de Bernoulli calculées par Euler :

$$b_0 = 1, \qquad b_1 = -1/2, \qquad b_2 = 1/6, \qquad b_4 = -1/30, \qquad b_6 = 1/42,$$
$$b_8 = -1/30, \qquad b_{10} = 5/66, \qquad b_{12} = -691/2730, \qquad b_{14} = 7/6,$$
$$b_{16} = -3617/510, \qquad b_{18} = 43867/798, \qquad b_{20} = -174611/330,$$
$$b_{22} = 854513/123, \qquad b_{24} = -236364091/2730, \qquad b_{26} = 8553103/6,$$
$$b_{28} = -23749461029/870, \qquad b_{30} = 8615841276005/14322,$$
$$b_{32} = -7709321041217/510, \qquad b_{34} = 2577687858367/6.$$

13 – La série entière de cot z

En vertu de la définition des coefficients du binôme, la relation de récurrence

$$b_0 + \binom{n+1}{1} b_1 + \ldots + \binom{n+1}{n} b_n = 0 \qquad \text{pour } n > 0$$

peut encore s'écrire

$$\sum_{0 \le p \le n} \frac{b_p}{p!} \frac{1}{(n+1-p)!} = \left\{ \begin{array}{ll} 1 & \text{si} \quad n = 0 \\ 0 & \text{si} \quad n \ge 1 \end{array} \right.$$

et, sous cette forme, évoque la formule de multiplication des séries entières ou formelles; de façon précise, elle équivaut à l'identité

(13.1) $\sum b_p X^p/p! \sum X^q/(q+1)! = 1,$

ou, en multipliant par X, à

$$[\exp(X) - 1] \cdot \sum b_p X^{[p]} = X.$$

On ne connaît pas à priori le rayon de convergence de la série $b_p z^{[p]}$, mais on sait que la série entière

$$(13.2) \qquad z^{-1}(e^z - 1) = 1 + z/2! + z^2/3! + \dots$$

converge quel que soit z. D'après les théorèmes généraux sur les fonctions analytiques (Chap. II, n° 22, cas particulier du théorème 17), on sait que l'inverse de la fonction (2) admet un développement en série entière au voisinage de $z = 0$; d'après (1), cette série ne saurait être que $\sum b_p z^{[p]}$. Ceci montre d'une part que le rayon de convergence R de cette série n'est pas nul – résultat non évident puisque nous ignorons tout, pour le moment, de l'ordre de grandeur des b_n – et d'autre part que l'on a

$$(13.3) \qquad z/(e^z - 1) = \sum b_n z^{[n]} = 1 - z/2 + z^2/12 - z^4/720 + \dots$$

pour $|z|$ assez petit. En fait, et comme on le verra à l'aide des théorèmes généraux sur les fonctions analytiques, la relation (3) est valable dans le *plus grand* disque de centre 0 où le premier membre est analytique ou holomorphe, i.e. où $e^z - 1$ ne s'annule pas, d'où

$$R = 2\pi,$$

résultat qu'on retrouvera un peu plus loin [utiliser (13.8)] sans recours à Cauchy ou Weierstrass.

Dans la formule (1), remplaçons les constantes b_p par les *polynômes de Bernoulli*

$$B_p(t) = \sum \binom{p}{k} b_{p-k} t^k = p! \sum_{m+n=p} b_m t^n / m! n!;$$

il vient

$$\sum B_p(t) X^p / p! \; = \; \sum b_m t^n X^{m+n} / m! n! = \sum b_m X^{[m]} (tX)^{[n]} = $$
$$= \; \exp(tX) \sum b_m X^{[m]},$$

d'où, en tenant compte de (3),

$$(13.4) \qquad \sum B_p(t) z^{[p]} = z e^{tz} / (e^z - 1),$$

relation valable, ici encore et pour les mêmes raisons que plus haut, pour $|z| < 2\pi$; par contre, t peut être un nombre complexe quelconque.

On peut déduire de là les développements en séries entières des fonctions $\coth z$ et $\cot z$. Pour la première, on observe que

$$z.\coth z = z.\frac{e^z + e^{-z}}{e^z - e^{-z}} = z.\frac{e^{2z} + 1}{e^{2z} - 1} = z + \frac{2z}{e^{2z} - 1} = z + \sum b_n (2z)^n / n!$$

d'où

(13.5) $\begin{aligned}z.\coth z &= 1 + z^2/3 - z^4/45 + 2z^6/945 - \\ &\quad - z^8/4725 + 2z^{10}/18711 - \dots.\end{aligned}$

Pour $z.\cot z = iz.\coth iz$, on obtient donc

(13.6) $\begin{aligned}z.\cot z &= 1 - z^2/3 - z^4/45 - 2z^6/945 - z^8/4725 - \dots, \\ &= 1 - \sum |b_{2n}| (2z)^{2n} / (2n)!.\end{aligned}$

Or nous avons vu à la fin du n° 22 du Chap. II que si l'on pose

$$\cot x = 1/x - c_1 x - c_3 x^3 - \dots,$$

on a

$$\pi^{2p} c_{2p-1} = 2 \sum 1/n^{2p} = 2\zeta(2p).$$

En comparant avec (6), on voit que $c_{2p-1} = |b_{2p}| 2^{2p} / (2p)!$, d'où

(13.7) $$|b_{2p}| = \frac{2(2p)!}{(2\pi)^{2p}} \zeta(2p),$$

ce qui ramène le calcul des sommes $\sum 1/n^{2p}$ à celui des nombres de Bernoulli. La formule de Stirling que nous établirons un peu plus loin montrera que, lorsque $p \to +\infty$, b_{2p} croît très rapidement, ce que les premières valeurs numériques suggéraient déjà.

La formule (7) permet de calculer directement le rayon de convergence $R = 2\pi$ de la série entière $\sum b_n z^n / n!$; on a en effet

$$\frac{1}{2} \sum_{n \geq 2} |b_n z^n| / n! = \sum_{n=2}^{\infty} \zeta(2n) \left(|z|/2\pi\right)^{2n} = \sum_n \sum_p \left(|z|/2\pi p\right)^{2n},$$

et comme il s'agit d'une série à termes positifs, la convergence du premier membre équivaut à la convergence en vrac de la série double obtenue (Chap. II, n° 18, théorème 13) et suppose donc, en particulier, celle des séries partielles obtenues en sommant sur n pour p donné; ceci exige $|z|/2\pi p < 1$ pour tout $p \geq 1$ et donc $|z| < 2\pi$. La convergence pour $|z| < 2\pi$ s'obtient alors en permutant les sommations par rapport à n et p et en constatant la convergence de la série $\sum |z|^2 / \left(4\pi^2 p^2 - |z|^2\right)$.

Une méthode encore plus rapide consiste à remarquer que, pour $s > 1$, on a

$$\frac{1}{s-1} = \int_1^{+\infty} x^{-s} dx < \zeta(s) < 1 + \int_1^{+\infty} x^{-s} dx = \frac{s}{s-1}$$

(Chap. V, (24.1)), de sorte que $\zeta(2p)$ est compris entre 1 et 2 quel que soit $p \geq 1$, d'où $|b_{2p}| z^{2p} / (2p)! \asymp (z/2\pi)^{2p}$ et

(13.8) $$|b_{2p}| \asymp (2p)! / (2\pi)^{2p}.$$

14 – Euler et la série entière de arctan x

Les sommes de puissances et les nombres de Bernoulli réapparaissent chez Euler en 1739 lorsqu'il calcule l'intégrale

$$\arctan x = \int_0^x \frac{dt}{1+t^2}$$

par la méthode de Cavalieri et autres, i.e. comme limite des sommes de Riemann $s_n = \sum nx/\left(n^2 + p^2x^2\right)$ correspondant aux subdivisions de $[0,x]$ en intervalles de longueur x/n, la somme étant étendue aux $p \in [1,n]$. Comme on a

$$\frac{nx}{n^2+p^2x^2} = \frac{x/n}{1+p^2x^2/n^2} = \frac{x}{n}\sum_{k\geq 0}(-1)^k\frac{p^{2k}x^{2k}}{n^{2k}},$$

la somme de Riemann considérée s'écrit

$$(14.1)\qquad s_n = \sum_{k=0}^{\infty}(-1)^k\left(1^{2k}+2^{2k}+\ldots+n^{2k}\right)x^{2k+1}/n^{2k+1},$$

ce qui réintroduit les sommes de puissances, paires ici, des n premiers entiers. On remarque en passant que la première série ne converge que si l'on a $|px/n| < 1$, i.e. $|x| < 1$ puisque $p \in [1,n]$, mais c'est un détail.

Sans référer explicitement aux formules de Bernoulli, Euler les utilise pour écrire que

$$
\begin{aligned}
s_n &= nx/n - \left(n^3/3 + n^2/2 + n/6\right)x^3/n^3 + \\
&\quad + \left(n^5/5 + n^4/2 + n^3/3 - n/30\right)x^5/n^5 + \ldots \\
&= x - \left(1/3 + 1/2n + 1/6n^2\right)x^3 + \\
&\quad + \left(1/5 + 1/2n + 1/3n^2 - 1/30n^4\right)x^5 - \ldots \\
&= \left(x - x^3/3 + x^5/5 - \ldots\right) - \left(x - x^3 + x^5 - x^7 + \ldots\right)x^2/2n - \\
&\quad - \left(x - 2x^3 + 3x^5 - 4x^7 + \ldots\right)x^2/6n^2 - \\
&\quad - \left(x - 5x^3 + 14x^5 - 30x^7 + \ldots\right)x^4/30n^4 - \\
&\quad - \left(x - 28x^3/3 + 42x^5 - 132x^7 + \ldots\right)x^6/42n^6 + \&c.
\end{aligned}
$$

Les expressions entre ( ) vous paraissent peut être bizarres, mais pour Euler il est évident que le coefficient de $x^m/?n^m$ $(m = 2,4,\ldots)$ est la série

$$v_m(x) = x - \frac{(m+1)(m+2)}{2.3}x^3 + \frac{(m+1)(m+2)(m+3)(m+4)}{2.3.4.5}x^5 - \ldots,$$

si évident qu'il ne le démontre pas, et pour cause : il faudrait utiliser (12.14) et (12.17), qu'il n'écrit pas. Mais, nous dit (p. 673) Moritz Cantor qui en a pourtant vu d'autres, "sa forme infinie ne plaît pas à Euler et il se lance dans une ahurissante [verblüffende] transformation" de ses formules.

On a en effet, en utilisant la série du binôme pour un exposant entier négatif,

$$
\begin{aligned}
mv_m(x) &= mx - m(m+1)(m+2)x^3/3! + \\
&\quad + m(m+1)(m+2)(m+3)(m+4)x^4/4! - \ldots = \\
&= \left[(1-ix)^{-m} - (1+ix)^{-m}\right]/2i = \\
&= \left[(1+ix)^m - (1-ix)^m\right]/2i\,(1+x^2)^m = \\
&= \left[mx - m(m-1)(m-2)x^3/3! + \right. \\
&\quad \left. + m(m-1)\ldots(m-4)x^4/4! + \ldots\right]/\left(1+x^2\right)^m
\end{aligned}
$$

d'après la formule algébrique du binôme. On trouve ainsi finalement

$$(14.2) \qquad s_n = \left(x - x^3/3 + x^5/5 - x^7/7 + \ldots\right) -$$
$$- \frac{x^3}{2n(1+x^2)} - \frac{x^2}{2.6n^2(1+x^2)^2} \cdot \frac{2x}{1} -$$
$$- \frac{x^4}{4.30n^4(1+x^2)^4}\left(\frac{4x}{1} - \frac{4.3.2}{1.2.3}x^3\right) - \ldots.$$

Pour $x=1$ par exemple, auquel cas le premier terme de (3) vaut $\pi/4$, on trouve

$$
\begin{aligned}
\pi &= \frac{4n}{n^2+1} + \frac{4n}{n^2+4} + \frac{4n}{n^2+9} + \ldots + \frac{4n}{n^2+n^2} \\
&\quad + \frac{1}{6}\cdot\frac{1}{1n^2} - \frac{1}{42}\cdot\frac{1}{2^3.3n^6} + \frac{5}{66}\cdot\frac{1}{5n^{10}} - \ldots,
\end{aligned}
$$

formule "d'autant plus exacte que n est grand" selon Euler qui ajoute immédiatement qu'en dépit des apparences, la série (2) ne converge que "jusqu'à un certain rang", whatever that means, après quoi ses termes recommencent à croître ...

Rappelons que si l'on développe $1/(1+t^2)$ en progression géométrique, l'intégrale fournissant $\arctan x$ donne immédiatement

$$\arctan x = x - x^3/3 + x^5/5 - \ldots$$

pour $|x| < 1$, ce qui est le premier terme de (2). J'ignore ce qu'Euler avait en vue en publiant ses "ahurissants" calculs, mais il faut avouer que son introduction des nombres de Bernoulli dans la machine relève, comme toujours chez lui, de la haute voltige mathématique.

La situation et les calculs seraient en fait bien plus limpides si, au lieu de partir de la fonction $1/(1+x^2)$, on partait d'une fonction f "quelconque". Ecrivons en effet que

$$(14.3) \qquad \int_0^1 f(t)dt = \lim \frac{1}{n}\sum_{p=0}^{n-1} f(p/n) = \lim \mu_n(f)$$

et utilisons la série de Maclaurin

$$(14.4) \qquad f(x) = \sum f^{(k)}(0)x^k/k!$$

qui remplace la série géométrique $1/(1+x^2) = 1 - x^2 + x^4 - \ldots$ En calculant formellement – Euler ne fait de toute façon rien d'autre –, on trouve en utilisant (12.14) et (12.17)

$$
\begin{aligned}
\mu_n(f) &= \sum_{\substack{k \geq 0 \\ p < n}} \frac{f^{(k)}(0)}{n^{k+1}k!}p^k = \sum_{k \geq 0} \frac{f^{(k)}(0)}{n^{k+1}k!(k+1)}[B_{k+1}(n) - b_{k+1}] = \\
&= \sum_{\substack{k \geq 0 \\ p \leq k}} \frac{f^{(k)}(0)}{n^{k+1}(k+1)!}\binom{k+1}{p}b_p n^{k+1-p} = \\
&= \sum_{p \geq 0} \frac{b_p}{n^p} \sum_{k=p}^{\infty} \binom{k+1}{p} f^{(k)}(0)/(k+1)!
\end{aligned}
$$

ou, en posant $k = p + h$,

$$
\begin{aligned}
\mu_n(f) &= \sum_{p=0}^{\infty} n^{-p} b_p \sum_{h=0}^{\infty} \binom{h+p+1}{p} f^{(h+p)}(0)/(h+p+1)! \\
&= \sum_{p=0}^{\infty} \frac{b_p}{p!n^p} \sum_{h=0}^{\infty} f^{(h+p)}(0)/(h+1)!.
\end{aligned}
$$

La série

$$(14.5) \qquad f^{(p)}(0)/1! + f^{(p+1)}(0)/2! + f^{(p+2)}(0)/3! + \ldots,$$

portant sur h est la série de Maclaurin de $f^{(p-1)}(1)$ privée de son premier terme $f^{(p-1)}(0)$. On trouve donc

$$(14.6) \qquad \mu_n(f) = \sum_{p=0}^{\infty} \frac{b_p}{p!n^p}\left[f^{(p-1)}(1) - f^{(p-1)}(0)\right].$$

Pour $p = 0$, on a $b_0 = 1$ et il reste $f^{(-1)}(1) - f^{(-1)}(0)$, où $f^{(-1)}$ est en réalité une primitive F de f comme on le voit en faisant $p = 0$ dans (5). Le terme $p = 0$ de (6) n'est donc autre que l'intégrale de f sur $[0,1]$ que l'on se proposait de calculer, de sorte que (6) évalue en réalité la différence entre celle-ci et la somme $\mu_n(f)$. Pour $p = 1$, on a $b_1 = -\frac{1}{2}$ et l'on trouve $[f(0) - f(1)]/2n$. Pour $p \geq 2$, les p impairs n'interviennent pas. En tenant compte de la définition de $\mu_n(f)$, en multipliant les deux membres par n et en ajoutant $f(1)$ aux deux membres, on trouve ainsi en définitive la formule

(14.7) $f(0) + f(1/n) + \ldots + f(n/n) =$

$$= n \int_0^1 f(t)dt + \frac{1}{2}[f(0) + f(1)] +$$

$$+ \sum_{p=1}^{\infty} \frac{b_{2p}}{(2p)!n^{2p-1}} \left[f^{(2p-1)}(1) - f^{(2p-1)}(0) \right].$$

On retrouverait les résultats d'Euler – sauf bien sûr la transformation "ahurissante" qui est très particulière à la fonction $1/(1+t^2)$ – en remplaçant la fonction $t \mapsto f(t)$ par $t \mapsto f(tx)$, dont les dérivées sont les fonctions $f^{(k)}(tx)x^k$.

Si d'autre part on applique cette formule à $t \mapsto f(nt)$, ce qui remplace $f^{(k)}(x)$ par $n^k f^{(k)}(nx)$, on obtient

(14.8) $f(0) + f(1) + \ldots + f(n) =$

$$= \int_0^n f(t)dt + \frac{1}{2}[f(n) + f(0)] +$$

$$+ \sum_{p=1}^{\infty} \frac{b_{2p}}{(2p)!} \left[f^{(2p-1)}(n) - f^{(2p-1)}(0) \right].$$

Il va de soi que ces calculs purement formels n'ont en général *aucun sens* en dehors du cas où f est un polynôme et où la série de Maclaurin se réduit à une somme finie. (*Exercice.* Vérifier la formule pour $f(x) = x^k$). Même si la fonction f est représentée partout par une série de Maclaurin convergente, il n'est pas évident que les permutations et groupements de termes effectués soient légitimes, et en fait le résultat (8) est presque toujours une série divergente. Si par contre vous appliquez (8) à une fonction de période 1, tous les termes du second membre sont nuls à part les deux premiers et vous trouvez, pour $n = 1$ par exemple, la formule fantaisiste

$$\frac{1}{2}[f(0) + f(1)] = \int_0^1 f(t)dt.$$

Mais c'est un bel exercice de calcul et l'on verra plus loin que l'on peut, comme on le fait en remplaçant la *série* de Taylor par une somme finie avec un "reste" contrôlable, obtenir un résultat qui fournit une évaluation asymptotique fort précise du premier membre.

15 – Euler, Maclaurin et leur formule sommatoire

La relation (14.8), qui est la version formelle de la *formule sommatoire d'Euler-Maclaurin*, a en fait déjà été publiée par Euler en 1736 dans les *Commentarii Academiae Petropolitanae* et le sera à nouveau dans le *Treatise of Fluxions* de Maclaurin en 1741; leurs méthodes sont quasiment identiques, mais il y a tout lieu de croire que Maclaurin n'a pas connu le mémoire d'Euler avant de remettre son manuscrit à l'imprimeur. Dans les deux cas, il s'agit à nouveau de calculs formels. Exposons par exemple la méthode de l'héroïque écossais qui, à cette date tardive, milite encore en faveur de Newton.

Partant (en notations modernes) de la formule

$$(15.1) \qquad \int_0^1 f^{(p)}(t)dt = \sum_{n=0}^{\infty} f^{(p+n)}(0)/(n+1)!$$

qu'on obtient en intégrant la série de Taylor (ou, en la circonstance, de Maclaurin) de $f^{(p)}(t)$ ou, pour $p = 0$, d'une primitive de f comme dans (14.5), Maclaurin cherche à exprimer $f(0)$ à l'aide d'une combinaison linéaire (infinie ...)

$$(15.2) \qquad f(0) = \sum_0^{\infty} a_p \int_0^1 f^{(p)}(t)dt$$

des premiers membres, avec des constantes a_p *universelles*, i.e. valables pour toutes les fonctions f. En portant les expressions (1) dans (2), il trouve l'identité

$$(15.3) \qquad \sum a_p f^{(p+n)}(0)/(n+1)! = f(0)$$

où l'on somme sur tous les couples d'entiers $p, n \geq 0$. Les dérivées pouvant être choisies arbitrairement comme Emile Borel l'a montré un peu plus tard, il faut (ou il suffit) que les termes contenant des dérivées d'ordre ≥ 1 disparaissent, i.e. que pour tout $k \geq 1$ le coefficient total de $f^{(k)}(0)$, correspondant aux couples (n, p) tels que $n + p = k$, soit nul. Cela s'écrit

$$(15.4) \quad a_0/(k+1)! + a_1/k! + \ldots + a_k/1! = \sum a_p/(k-p+1)! = 0;$$

on a évidemment $a_0 = 1$ puisque $f(0)$ n'intervient dans (3) que par le couple $(0,0)$. Maclaurin et Euler en déduisent les valeurs numériques des a_p, et si l'on pose, ce qu'ils ne font pas, $a_p = b_p/p!$, on constate que les nouveaux coefficients vérifient

$$(15.5) \qquad b_0 = 1, \qquad \sum_{0 \leq p \leq k} \binom{k+1}{p} b_p = 0$$

puisque le coefficient du binôme vaut $(k+1)!/p!(k-p+1)!$ Miracle : les b_p sont les nombres de Bernoulli !

Cela fait, (2) s'écrit

$$(15.6) \qquad f(0) = \int_0^1 f(t)dt - \frac{1}{2}[f(1) - f(0)] +$$
$$+ \sum \frac{b_{2p}}{(2p)!} \left[f^{(2p-1)}(1) - f^{(2p-1)}(0) \right]$$

puisqu'évidemment ces Messieurs constatent, en calculant les premiers b_p, qu'ils sont nuls pour $p = 3, 5$, &c. Du reste on ne trouve chez eux, comme partout à l'époque, que les premiers termes des séries.

En remplaçant $t \mapsto f(t)$ par $t \mapsto f(t + x)$, on obtient

$$(15.7) \quad f(x) \;=\; \int_x^{x+1} f(t)dt - \frac{1}{2}\left[f(x+1) - f(x)\right] +$$

$$+ \sum \frac{b_{2p}}{(2p)!}\left[f^{(2p-1)}(x+1) - f^{(2p-1)}(x)\right];$$

en remplaçant x par p et en sommant de 0 à $n-1$ on retrouve (14.8).

16 – La formule d'Euler-Maclaurin avec reste

Après ces excursions dans l'histoire du sujet, venons-en aux méthodes correctes, dûes à Jacobi (1834) pour l'expression du reste et à H. Wirtinger (1902) pour la méthode d'intégration par parties, nous disent Hairer et Wanner (p. 162). C'est exactement la méthode que nous avons exposée pour obtenir la formule de Taylor (Chap. V, n° 18), mais au lieu de choisir des polynômes P_k vérifiant $P_0 = 1$, $P'_k = P_{k-1}$ et nuls à l'extrémité de l'intervalle d'intégration, on choisit des polynômes prenant la même valeur aux deux extrémités de celui-ci. Si celles-ci sont 0 et 1, il faut donc supposer $P_k = B_k$ et la méthode exposée au Chap. V conduit, dans les mêmes hypothèses, à la relation

$$f(1) - f(0) = \sum_{p=1}^{r} \frac{(-1)^{p-1}}{p!} f^{(p)}(x)B_p(x)\bigg|_0^1 + \frac{(-1)^r}{r!}\int_0^1 f^{(r+1)}(x)B_r(x)dx.$$

Comme on a $B_1(x) = x - \frac{1}{2}$ et $B_p(0) = B_p(1) = b_p$ pour $p \geq 2$, il vient

$$f(1) - f(0) \;=\; \frac{1}{2}[f'(0) + f'(1)] + \sum_{p=2}^{r}(-1)^{p-1}b_p\left[f^{(p)}(1) - f^{(p)}(0)\right]/p! +$$

$$+ \frac{(-1)^r}{r!}\int_0^1 f^{(r+1)}(x)B_r(x)dx.$$

Comme $b_3 = b_5 = \ldots = 0$, on peut remplacer $(-1)^{p-1}$ par -1 dans le $\sum$; en appliquant le résultat à une primitive de f, ce qui transforme $f(1) - f(0)$ en l'intégrale de f sur $[0,1]$ et $f'(0) + f'(1)$ en $f(0) + f(1)$, on trouve finalement

$$(16.1) \quad \frac{1}{2}[f(0) + f(1)] \;=\; \int_0^1 f(x)dx + \sum_{p=2}^{p=r} b_p\left[f^{(p-1)}(1) - f^{(p-1)}(0)\right]/p!$$

$$- \frac{(-1)^r}{r!}\int_0^1 f^{(r)}(x)B_r(x)dx.$$

Pour obtenir la formule d'Euler-Maclaurin, on considère une fonction f définie et de classe C^r dans un intervalle $[0,n]$, on applique (1) à chaque fonction $f(x + k)$ et on additionne les relations obtenues. Au premier membre, on trouve

$$\frac{1}{2}[f(0)+f(1)]+\ldots+\frac{1}{2}[f(n-1)+f(n)] = f(0)+\ldots+f(n)-\frac{1}{2}[f(0)+f(n)].$$

Au second membre, la somme des intégrales en f fournit celle de f sur $[0,n]$. Dans le $\sum$ du second membre, tous les termes se détruisent deux à deux sauf les valeurs en n et en 0 des dérivées. Enfin, pour écrire commodément la somme des intégrales faisant intervenir B_r, on introduit la fonction $B_r^*(x)$ de période 1 égale à $B_r(x)$ dans $[0,1]$, évidemment donnée par

$$(16.2) \qquad\qquad B_r^*(x) = B_r(x - [x])$$

où $[x]$ est la partie entière de x; on a alors

$$(16.3) \qquad \int_0^1 f^{(r)}(x+k)B_r(x)dx = \int_k^{k+1} f^{(r)}(x)B_r^*(x)dx,$$

ce qui, par addition, fournit l'intégrale de la même fonction sur $[0,n]$. Pour f de classe C^{2r}, on trouve ainsi le résultat final, à savoir

$$(16.4) \quad f(0)+\ldots+f(n) = \int_0^n f(x)dx + \frac{1}{2}[f(0)+f(n)] +$$
$$+ \sum_{p=1}^{p=r} \frac{b_{2p}}{(2p)!}\left[f^{(2p-1)}(n) - f^{(2p-1)}(0)\right] -$$
$$- \frac{1}{(2r)!}\int_0^n f^{(2r)}(x)B_{2r}^*(x)dx.$$

Pour $r = 3$ par exemple,

$$f(0)+\ldots+f(n) =$$
$$= \int_0^n f(x)dx + [f(0)+f(n)]/2 + [f'(n)-f'(0)]/12 -$$
$$- [f'''(n)-f'''(0)]/720 + [f'''''(n)-f'''''(0)]/30240 -$$
$$- \frac{1}{6!}\int_0^n f^{(6)}(x)B_6^*(x)dx.$$

Exercice. Soit f une fonction de classe C^{2r} sur $\mathbb{R}$. Montrer que l'on a

$$\sum_{n\in\mathbb{Z}} f(n) = \int_{-\infty}^{\infty} f(x)dx - \frac{1}{(2r)!}\int_{-\infty}^{\infty} f^{(2r)}(x)B_{2r}^*(x)dx$$

moyennant des hypothèses à trouver.

17 – Calcul d'une intégrale par la méthode des trapèzes

Si, dans (16.4), on fait passer au premier membre le terme $\frac{1}{2}[f(0) + f(n)]$, celui-ci devient

$$\frac{1}{2}[f(0) + f(1)] + \ldots + \frac{1}{2}[f(n-1) + f(n)]$$

et n'est autre que la somme des aires des trapèzes construits sur les verticales joignant les points entiers de l'axe des x aux points correspondants de la courbe. Si f est une fonction de classe C^{2r} dans $[0, 1]$ et si l'on applique les résultats précédents à la fonction $f(x/n)$, définie entre 0 et n, ce qui remplace $f^{(k)}(x)$ par $n^{-k}f^{(k)}(x/n)$, on trouve immédiatement la relation

$$
\begin{aligned}
\int_0^1 f(x)dx = \ & [f(0) + f(1/n)]/2n + \ldots + [f(1 - 1/n) + f(1)]/2n - \\
(17.1) \qquad & - [f'(1) - f'(0)]/12n^2 + [f'''(1) - f'''(0)]/720n^4 - \ldots - \\
& - b_{2r}\left[f^{(2r-1)}(1) - f^{(2r-1)}(0)\right]/(2r)!n^{2r} + \\
& + \frac{1}{(2r)!n^{2r+1}}\int_0^1 f^{(2r)}(x)B_{2r}^*(nx)dx.
\end{aligned}
$$

Le premier membre représente l'aire "curviligne" $m(f)$ limité par le graphe de f, l'axe des x et les verticales $x = 0$ et $x = 1$. Au second membre, on a d'abord la somme $T_n(f)$ des aires des trapèzes inscrits dans le graphe de f et ayant pour côtés verticaux les droites $x = k/n$. Si l'on pose d'une façon générale

$$c_p(f) = b_{2p}\left[f^{(2p-1)}(1) - f^{(2p-1)}(0)\right]/(2p)!,$$

on trouve donc

$$(17.2) \quad T_n(f) = m(f) + c_1(f)/n^2 + \ldots + c_r(f)/n^{2r} + (\ldots)/n^{2r+1}$$

où

$$(17.3) \qquad (\ldots) = -\frac{1}{(2r)!}\int_0^1 f^{(2r)}(x)B_{2r}^*(nx)dx.$$

Cette expression reste bornée lorsque n augmente indéfiniment, car les fonctions B^* sont de période 1 et polynomiales sur $[0, 1]$, donc bornées dans $\mathbb{R}$. La relation (2) s'écrit donc

$$(17.4) \quad T_n(f) = m(f) + c_1(f)/n^2 + \ldots + c_r(f)/n^{2r} + O\left(1/n^{2r+1}\right)$$

et montre que, si f est C^∞, la différence $T_n(f) - m(f)$ est représentée par la série asymptotique $\sum c_p(f)/n^p$ au sens du n° 10. Cela signifie aussi que

$$T_n(f) - m(f) \sim c_1(f)/n^2, \qquad T_n(f) - m(f) - c_1(f)/n^2 \sim c_2(f)/n^4,$$

etc.

La situation devient curieuse si f est la restriction à $[0,1]$ d'une fonction périodique indéfiniment dérivable dans $\mathbb{R}$. On a en effet alors $f^{(k)}(1) = f^{(k)}(0)$ quel que soit k, de sorte que (4) se réduit à

$$T_n(f) = m(f) + O(1/n^k) \qquad \text{quel que soit } k.$$

18 – La somme $1 + 1/2 + \ldots + 1/n$, le produit infini de la fonction Γ et la formule de Stirling

On peut montrer par des raisonnements simples l'existence d'une constante C ou γ, la *constante d'Euler*, telle que l'on ait

$$(18.1) \qquad \lim(1 + 1/2 + \ldots + 1/n - \log n) = C = \gamma,$$

résultat qui fournit un excellent ordre de grandeur de $1 + \ldots + 1/n$ pour n grand. Mais la formule d'Euler-Maclaurin en fournit un développement asymptotique complet.

Auparavant, reprenons la formule générale (16.4) et supposons que, dans celle-ci, la dérivée $f^{(2r)}(x)$ soit absolument intégrable sur l'intervalle $[0, +\infty]$. Il en est alors de même de $f^{(2r)}(x)B_{2r}^*(x)$ puisque les fonctions B^* sont bornées. L'intégrale de 0 à n est alors la différence entre les intégrales de 0 à $+\infty$ et de n à $+\infty$. En posant

$$(18.2) \qquad C(f) \;=\; \frac{1}{2}f(0) - \sum_{p=1}^{r} b_{2p}f^{(2p-1)}(0)/(2p)! -$$

$$- \frac{1}{(2r)!}\int_0^{+\infty} f^{(2r)}(x)B_{2r}^*(x)dx,$$

il vient donc

$$(18.3) \qquad f(0) + \ldots + f(n) \;=\; \int_0^n f(x)dx + C(f) + \frac{1}{2}f(n) +$$

$$+ \sum_{p=1}^{r} b_{2p}f^{(2p-1)}(n)/(2p)! + \rho_r(n)$$

avec un "reste" $\rho_r(n)$ donné par

$$(18.4) \qquad \rho_r(n) = \frac{1}{(2r)!}\int_n^{+\infty} f^{(2r)}(x)B_{2r}^*(x)dx.$$

Si f et ses dérivées successives tendent vers 0 à l'infini, on a

$$C(f) = \lim \left[f(0) + \ldots + f(n) - \int_0^n f(x)dx \right]$$

pour tout r : le "reste" $\rho_r(n)$ tend en effet vers 0 puisque la fonction sous le signe $\int$ est par hypothèse absolument intégrable à l'infini. Cela montre que la constante $C(f)$ ne dépend pas du nombre r choisi. On devrait l'appeler la "constante d'Euler de f" pour la raison qu'elle apparaît d'abord chez lui (notation C ou γ) dans le cas où $f(x) = 1/x$.

Dans ce cas particulier et d'autres cas analogues de fonctions qui sont définies pour $x > 0$ mais infinies en $x = 0$, il faut toutefois modifier les formules, i.e. considérer la somme $f(1)+\ldots+f(n)$. Cela revient à appliquer la formule initiale à la fonction $f(x+1)$ ou, ce qui revient au même, à remplacer la limite 0 par 1 dans les dérivées et intégrales. Pour $f(x) = 1/x$, les dérivées en $x = 1$ se calculent facilement et le reste est $O\left(n^{-2r}\right)$ puisque la fonction que l'on intègre est $O\left(x^{-2r-1}\right)$. En remplaçant r par $r+1$, la formule (3) s'écrit alors dans ce cas

$$(18.5) \quad 1 + 1/2 + \ldots + 1/n =$$
$$= \log n + C + 1/2n - 1/12n^2 + 1/120n^4 -$$
$$- 1/252n^6 + 1/240n^8 - 1/132n^{10} + 691/32760n^{12} -$$
$$- 1/12n^{14} + \ldots - b_{2r}/2r.n^{2r} + O\left(1/n^{2r+2}\right).$$

On voit donc que la somme $1 + 1/2 + \ldots + 1/n = s_n$ est approximativement égale à $\log n$, l'erreur commise étant approximativement égale à la constante d'Euler

$$C = \gamma = 0,577 \ 215 \ 664\ldots.$$

Mais (5) est beaucoup plus précis. Par exemple, dans la formule la plus simple

$$(18.6) \qquad s_n = \log n + C + 1/2n + \int_n^{+\infty} x^{-2} B_1^*(x)dx,$$

on a $|B_1^*(x)| \le \frac{1}{2}$ puisque $B_1^*(x) = B_1(x) = x - \frac{1}{2}$ entre 0 et 1. L'intégrale figurant dans (6) est donc comprise entre $-1/2n$ et $1/2n$, de sorte qu'en lui ajoutant le terme $1/2n$ de la formule on obtient un résultat compris entre 0 et $1/n$. Autrement dit, on a

$$(18.7) \qquad s_n = \log n + C + \theta_n/n \qquad \text{avec } 0 \le \theta_n \le 1.$$

Pour $n = 10^6$, on trouve donc $s_n = 6.\log 10 + C$ à 10^{-6} près; comme 10 est compris entre e^2 et e^3, son log est compris entre 2 et 3, ce qui montre que s_n est compris entre 12 et 19; résultat certes imprécis mais qui vient d'être obtenu en moins de temps probablement qu'il n'en faudrait à une machine pour calculer un million de termes de la série harmonique avec douze décimales exactes de façon à obtenir le résultat à 10^{-6} près.

Pour améliorer cette grossière estimation, il faut connaître

$$\log 10 = 2,302 \ 585 \ 092,$$

résultat généreusement fourni, en beaucoup mieux, par les Fondateurs, d'où l'on tire $s_n = 14,392 \ 726\ldots$ Le même raisonnement montre qu'en calculant la somme des 10^{100} premiers termes de la série harmonique, on trouve un résultat égal, à une unité près, à 100. log 10 ∼ 230. On trouvera dans Hairer et Wanner, II.10, outre des résultats numériques très précis, la reproduction p. 167 d'une lettre d'Euler à Johann Bernoulli, datant de 1740, en latin et d'une écriture impeccable, où le premier informe le second de ses résultats numériques.

On peut déduire de là un développement en *produit infini de la fonction* Γ. Nous avons vu en effet [Chap. V, equ. (23.6)] que l'on a

$$(18.8) \qquad \Gamma(s) = \lim n! n^s / s(s+1) \dots (s+n)$$

pour $\mathrm{Re}(s) > 0$. L'inverse du second membre s'écrit encore

$$(18.9) \qquad s.\lim(1+s)(1+s/2)\dots(1+s/n)n^{-s};$$

or $n^{-s} = e^{-s.\log n}$ et $\log n = (1 + 1/2 + \dots + 1/n) - C + o(1)$ d'après (6); on a donc

$$n^{-s} \sim e^{-s(1+1/2+\dots+1/n-C)} = e^{Cs}e^{-s}e^{-s/2}\dots e^{-s/n},$$

d'où

$$(9) = se^{Cs}.\lim \prod_{p=1}^{n}(1+s/p)e^{-s/p}.$$

Mais, pour p grand,

$$(1+s/p)e^{-s/p} = (1+s/p)\left(1 - s/p + O\left(1/p^2\right)\right) = 1 + O\left(1/p^2\right)$$

est, pour $\mathrm{Re}(s) > 0$ et même pour tout $s \in \mathbb{C}$, le terme général d'un produit infini absolument convergent (Chap. IV, n° 17, théorème 13), produit dont la valeur est $\neq 0$ pour tout $s \neq -1, -2, \dots$ En revenant à (8), on en conclut que, pour $\mathrm{Re}(s) > 0$, la fonction Γ est partout $\neq 0$ et donnée par

$$(18.10) \qquad 1/\Gamma(s) = se^{Cs} \prod_{1}^{\infty}(1+s/n)e^{-s/n}$$

où $C = \gamma$ est la constante d'Euler, résultat célèbre dû à celui-ci.

Cette formule est en réalité valable quel que soit $s \in \mathbb{C}$. Tout d'abord, il est clair qu'en inversant les calculs qui nous ont fait passer de (10) à (8), on a

$$(18.11) \qquad se^{Cs} \prod_{1}^{\infty}(1+s/n)e^{-s/n} = \lim s(s+1)\dots(s+n)/n^s n!$$

quel que soit $s \in \mathbb{C}$, avec existence de la limite dans tout $\mathbb{C}$ et non pas seulement pour $\mathrm{Re}(s) > 0$. Mais si l'on désigne le second membre de (11) par $f(s)$, on a, quel que soit $s \in \mathbb{C}$,

$$sf(s+1) = \lim s(s+1)\dots(s+n+1)/n^{s+1}n! = f(s)$$

puisque $n^{s+1}n! \sim (n+1)^s/(n+1)!$ comme on le voit immédiatement. Or nous savons (Chap. V, n° 22, exemple 1) que $\Gamma(s+1) = s\Gamma(s)$ pour $\mathrm{Re}(s) > 0$. Les deux membres de cette formule étant holomorphes *et donc analytiques* – en mathématiques, on peut se livrer à des escroqueries à condition de prévenir les victimes – dans $\mathbb{C}$ privé des entiers négatifs (Chap. V, n° 25, exemple 5), celle-ci est valable sans restriction (principe du prolongement analytique : Chap. II, n° 20). Considérons alors le produit $g(s) = f(s)\Gamma(s)$. Nous savons que $g(s) = 1$ pour $\mathrm{Re}(s) > 0$ d'après (10) et que $g(s+1) = g(s)$ quel que soit s non entier négatif. Il s'ensuit évidemment que $g(s) = 1$ partout, cqfd.

En combinant (10) et (11), on trouve donc aussi que

$$(18.12) \qquad 1/\Gamma(s) = \lim s(s+1)\dots(s+n)/n^s n!$$

quel que soit $s \in \mathbb{C}$. Par suite,

$$
\begin{aligned}
1/\Gamma(s)\Gamma(1-s) &= \\
&= \lim s(s+1)(s+2)\dots(s+n)(1-s)(2-s)\dots(n+1-s)/n(n!)^2 = \\
&= s.\lim \left(1^2 - s^2\right)\left(2^2 - s^2\right)\dots\left(n^2 - s^2\right)(n+1-s)/n(n!)^2 = \\
&= s.\lim \left(1 - s^2\right)\left(1 - s^2/2^2\right)\dots\left(1 - s^2/n^2\right)
\end{aligned}
$$

puisque $(n+1-s)/n$ tend vers 1. D'où

$$1/\Gamma(s)\Gamma(1-s) = s\prod\left(1 - s^2/n^2\right) = \frac{1}{\pi}\sin\pi s$$

[Chap. IV, equ. (18.16)], formule due à Euler et qu'on écrit aussi

$$(18.13) \qquad \Gamma(s)\Gamma(1-s) = \pi/\sin\pi s.$$

Il y a toutes sortes d'autres façons d'établir ces propriétés de la fonction gamma, qui en possède bien d'autres.

Parmi les fonctions dont les dérivées sont intégrables à l'infini figure $f(x) = \log x$, pour laquelle

$$f^{(r)}(x) = (-1)^{r-1}(r-1)!x^{-r}.$$

La formule (18.3) s'applique évidemment pour $r > 1$ et donnne immédiatement

$$(18.14) \qquad \log(n!) = n\log n - n + 1 + \frac{1}{2}\log n + C(f) + $$
$$+ \sum b_{2p}/2p(2p-1)n^{2p-1} + \rho_r(n);$$

les trois premiers termes s'obtiennent en calculant l'intégrale de $\log x$ de 1 à n (primitive : $x.\log x - x$) et $\rho_r(n) = O\left(1/n^{2r-1}\right)$ puisque l'on a $f^{(2r)}(x) = O\left(x^{-2r}\right)$ à l'infini; cela suppose $r \geq 1$ faute de quoi l'intégrale fournissant le reste serait divergente.

Plutôt que de détailler à nouveau le développement, bornons-nous à en déduire, pour $r = 2$, la *formule de Stirling*. On obtient dans ce cas

$$(18.15) \qquad \log(n!) - n\log n + n - \frac{1}{2}\log n - c = 1/12n + O\left(1/n^3\right)$$

où $c = 1 + C(f)$. Le premier membre est le log de

$$u_n = n!e^{n-c}/n^{n+\frac{1}{2}}$$

et comme $\log u_n$ tend vers 0, on voit que u_n tend vers 1, d'où

$$(18.16) \qquad\qquad n! \sim e^c n^n e^{-n} \sqrt{n}.$$

Alors qu'on ne dispose d'aucune information sur la constante d'Euler γ relative à la série harmonique – on ignore notamment si elle est algébrique ou transcendante –, on peut, ici, calculer

$$(18.17) \qquad c = \log\sqrt{2\pi}, \qquad \text{d'où } n! \sim \sqrt{2\pi n}(n/e)^n,$$

mais il faut reconnaître que la méthode n'est pas particulièrement transparente. On part pour cela de la formule de Wallis (Chap. V, n° 17)

$$\begin{aligned} \pi/2 \;&=\; \lim \frac{2^2 4^2 \ldots (2n)^2}{1^2 3^2 \ldots (2n-1)^2(2n+1)} = \\ &=\; \lim \frac{2^4 4^4 \ldots (2n)^4}{1^2 2^2 3^2 \ldots (2n)^2(2n+1)} = \lim \frac{2^{4n}(n!)^4}{\left((2n)!\right)^2 (2n+1)} \end{aligned}$$

et on écrit que $(2n!)^2 \sim (2n)^{2n+\frac{1}{2}} e^{-2n+c}$ d'après (16). Il vient alors

$$\pi/2 \sim \frac{2^{4n} n^{4n+2} e^{-4n+4c}}{(2n)^{4n+1}e^{-4n+2c}(2n+1)} = \frac{ne^{2c}}{2(2n+1)} \sim e^{2c}/4,$$

d'où $e^{2c} = 2\pi$ et la formule (17) de Stirling.

19 – Prolongement analytique de la fonction zêta

Dans la formule d'Euler-Maclaurin, choisissons $f(x) = 1/x^s$ avec $\text{Re}(s) > 1$, de sorte que la série

$$(19.1) \qquad\qquad \zeta(s) = \sum 1/n^s = \sum f(n)$$

converge. Puisqu'on a ici

$$(19.2) \qquad f^{(r)}(x) = (-1)^r s(s+1)\ldots(s+r-1)/x^{s+r},$$

(16.4) s' écrit

$$(19.3) \quad f(1) + \ldots + f(n) = \int_1^n x^{-s}dx + \frac{1}{2}(1 + n^{-s}) +$$

$$+ \sum_{p=1}^r b_{2p}s(s+1)\ldots(s+2p-2)\left(n^{-s-2p+1} - 1\right)/(2p)! + \rho_r(n)$$

avec un reste

$$\rho_r(n) = \frac{s(s+1)\ldots(s+2r-1)}{(2r)!} \int_1^n B^*_{2r}(x)x^{-s-2r}dx.$$

Quand n augmente indéfiniment, le premier membre tend vers $\zeta(s)$, la première intégrale du second membre tend vers $1/(s-1)$ puisque $\mathrm{Re}(s) > 1$, les termes contenant une puissance de n tendent vers 0, et l'intégrale figurant dans le reste converge. En multipliant tout par $s - 1$, on trouve donc, à la limite,

$$\zeta(s) = \frac{1}{s-1} + \frac{1}{2} - \sum_{p=1}^r b_{2p}s(s+1)\ldots(s+2p-2)/(2p)! + \sigma_r(s)$$

ou, en explicitant les premiers termes,

$$(19.4) \quad \begin{aligned} \zeta(s) &= \frac{1}{s-1} + \frac{1}{2} + s/6.2! - s(s+1)(s+2)/30.4! + \\ &\quad + s(s+1)(s+2)(s+3)(s+4)/42.6! + \ldots \\ &\quad + b_{2r}s(s+1)\ldots(s+2r-2)/(2r)! + \sigma_r(s) \end{aligned}$$

où l'on a posé

$$(19.5) \quad \sigma_r(s) = \frac{s(s+1)\ldots(s+2r-1)}{(2r)!} \int_1^{+\infty} B_{2r}{}^*(x)x^{-s-r}dx.$$

Ces formules supposent $\mathrm{Re}(s) > 1$, mais l'intégrale (5) converge pour $\mathrm{Re}(s) > 1-r$, et les autres termes de (4) sont des polynômes en s. On peut donc utiliser (4) pour *définir* $\zeta(s)$ dans le demi-plan $\mathrm{Re}(s) > 1 - r$, mis à part le point $s = 1$; et comme r est un entier > 0 arbitraire, on obtient ainsi une définition de la fonction zêta valable dans tout le plan complexe privé du point $s = 1$.

L'intérêt de ces calculs est de fournir dans $\mathbb{C}-\{1\}$ une fonction *holomorphe* égale à $\zeta(s)$ dans le demi-plan $\mathrm{Re}(s) > 1$ où la série converge; il suffit pour le voir de raisonner sur l'intégrale (5) comme on l'a fait au Chap. V, n° 25 pour la fonction $\Gamma(s)$: puisque la fonction de Bernoulli est bornée sur $\mathbb{R}$, la fonction qu'on intègre, holomorphe en s, est, dans tout demi-plan $\mathrm{Re}(s) + r > 1 + \varepsilon$, dominée à un facteur constant près par la fonction $x^{-1-\varepsilon}$, intégrable dans $[1, +\infty]$; le théorème 24 bis du Chap. V, n° 25 fournit alors le résultat.

En fait, la fonction ζ est même (sic) analytique. Ne disposant pas encore de la théorie générale de Cauchy-Weierstrass, nous devons, pour le montrer, utiliser une méthode artisanale. On écrit que

$$x^{-s} = \exp(-s.\log x) = \sum (-1)^n s^n \log^n x/n!,$$

on porte ce résultat dans l'intégrale (5) et on l'intègre terme à terme en se réservant de justifier ensuite cette opération. On trouve visiblement la série

$$(19.6) \quad \sum a_n s^n/n! \quad \text{où} \quad a_n = (-1)^n \int_1^{+\infty} B_{2r}^*(x) \log^n x.x^{-r} dx.$$

Posant $M = \sup |B_{2r}^*(x)|$, on a alors

$$(19.7) \qquad |a_n| \le M \int_1^{+\infty} \log^n x.x^{-r} dx$$

et comme il faut, à tout le moins, s'assurer que le rayon de convergence de la série entière (6) ne se réduit pas à 0, il faut évaluer l'intégrale (7). Sa convergence est claire pour $r > 1$ puisque $\log^n x$ est, à l'infini, $O(x^\alpha)$ pour tout $\alpha > 0$. Le changement de variable $x = e^u$ ramène cette intégrale à $\int u^n e^{(1-r)u} du$ où l'on intègre maintenant de 0 à $+\infty$. Un second changement de variable $(r-1)u = v$ nous ramène à

$$(r-1)^{-n-1} \int_0^{+\infty} v^n e^{-v} dv = (r-1)^{-n-1} \Gamma(n+1) = (r-1)^{-n-1} n!$$

d'après le Chap. V, n° 22, exemple 1. L'inégalité (7) s'écrit alors

$$|a_n| \le Mn!/(r-1)^{n+1}.$$

La série (6) est donc majorée à un facteur constant près par la série de terme général $|s|^n/(r-1)^n$, laquelle converge pour $|s| < r-1$.

L'intégration terme à terme effectuée pour obtenir (6) se justifie grâce au théorème 20 du Chap. V, n° 23. D'une part, la série que l'on intègre, de terme général

$$u_n(x) = (-1)^n B_{2r}^*(x) \log^n x.x^{-r} s^n/n!,$$

converge normalement sur tout compact de $[1, +\infty[$ i.e. sur tout intervalle $[1, b]$ avec $b < +\infty$, car en posant $M = \sup |B_{2r}^*(x)|$ on a, dans cet intervalle,

$$|u_n(x)| \le M \log^n b.|s|^n/n!,$$

terme général d'une série convergente indépendante de $x \in [1, b]$. D'autre part, on a

$$\sum |u_n(x)| \le M.\exp(|s|.\log x)x^{-r} = Mx^{|s|-r} = p(x)$$

fonction intégrable sur $[1, +\infty[$ puisque, pour faire converger la série entière (6), on a déjà dû supposer $|s| < r-1$ et donc $|s| - r < -1$. Le calcul formel effectué plus haut est donc justifié.

L'intégrale (5) est donc bien une fonction analytique de s dans le disque $|s| < r-1$. Il en est donc de même d'après (4) de la fonction $(s-1)\zeta(s)$. Mais comme r est un entier que l'on peut choisir arbitrairement grand, il s'ensuit que $(s-1)\zeta(s)$ est analytique dans $\mathbb{C}$ tout entier, cqfd.

Nous avons donc démontré que *la fonction* $(s-1)\zeta(s)$ *est la restriction au demi-plan* $\mathrm{Re}(s) > 1$ *d'une fonction analytique dans* $\mathbb{C}$ *tout entier.* Celle-ci est unique en vertu du principe du prolongement analytique du Chap. II, n° 20. On verra plus tard qu'il existe une relation simple entre $\zeta(s)$ et $\zeta(1-s)$.

La formule (19.4), valable pour tout $s \neq 1$, s'applique notamment si s est un entier ≤ 0. Le reste (5) est alors nul si l'on choisit r convenablement et l'on trouve une valeur *rationnelle* pour $\zeta(s)$. On peut la calculer pour les petites valeurs de r :

$$
\begin{aligned}
\zeta(0) &= -1/2, & (r = 1) \\
\zeta(-1) &= -1/2 + 1/2 - 1/6.2! = -1/12, & (r = 1) \\
\zeta(-2) &= -1/3 + 1/2 - 2/6.2! = 0 & (r = 2) \\
\zeta(-3) &= -1/4 + 1/2 - 3/6.2! + 3.2/30.4! = 1/120, & (r = 2),
\end{aligned}
$$

etc. En fait, on a

$$
\zeta(1 - 2r) = -b_{2r}/2r, \qquad \zeta(-2r) = 0
$$

quel que soit $r \geq 1$ comme on le verra au Chap. XII par d'autres méthodes.

VII – Analyse Harmonique
et Fonctions Holomorphes

§*1. L'analyse sur le cercle unité* – §*2. Théorèmes élémentaires sur les séries de Fourier* – §*3. La méthode de Dirichlet* – §*4. Fonctions analytiques et holomorphes* – §*5. Fonctions harmoniques et séries de Fourier* – §*6. Des séries aux intégrales de Fourier*

1 – La formule intégrale de Cauchy pour un cercle

Il n'est pas conforme aux traditions de traiter simultanément les séries de Fourier et la théorie des fonctions analytiques. Il existe pourtant des relations étroites entre les deux théories. Si

$$f(z) = \sum a_n z^n$$

est une série entière de rayon de convergence $R > 0$, la fonction

$$(1.1) \qquad f\left(re^{2\pi it}\right) = \sum a_n r^n e^{2\pi int}$$

qui, pour $0 \leq r < R$, représente f sur le cercle $|z| = r$ est une série trigonométrique absolument convergente de période 1. Il en résulte [Chap. V, equ. (5.13)] que l'on a

$$(1.2) \qquad \int_0^1 f\left(re^{2\pi it}\right) e^{-2\pi int} dt = \begin{cases} a_n r^n & \text{pour } n \geq 0, \\ 0 & \text{pour } n < 0. \end{cases}$$

L'intégrale (2) est nulle pour $n < 0$ puisque la série (2) ne fait intervenir que des exposants n positifs; cela montre, en passant, que la fonction $t \mapsto f\left(re^{2\pi it}\right)$ est fort loin d'être la fonction périodique la plus générale.

Comme on l'a vu au Chap. V, il résulte de là que, pour $|z| < r$, on a

$$(1.3) \qquad f(z) = \int_0^1 \frac{re^{2\pi it}}{re^{2\pi it} - z} \, f\left(re^{2\pi it}\right) dt.$$

Si l'on effectue dans (3) le changement de variable $\zeta = re^{2\pi it}$ (a priori interdit car à valeurs complexes) et si l'on calcule à la Leibniz, on a $d\zeta = 2\pi i r e^{2\pi it} dt$, ce qui permet d'écrire la formule obtenue sous la forme de Cauchy

$$(1.4) \qquad \int_{|\zeta|=r} f(\zeta)\frac{d\zeta}{\zeta - z} = \begin{cases} 2\pi i f(z) & \text{pour } |z| < r \\ 0 & \text{pour } |z| > r \end{cases}$$

où l'on intègre le long de la circonférence $|\zeta| = r$ orientée traditionnellement; il s'agit là d'un cas particulier d'une formule beaucoup plus générale – on intègre sur des courbes fermées quelconques[1] –, obtenue par Cauchy beaucoup plus tard que (4), et qui ne peut s'obtenir par des calculs du genre précédent. Mais (4) montre néanmoins que, dans le disque $|z| < r < R$, *on peut calculer f à l'aide de ses valeurs sur la circonférence $|z| = r$* grâce à une formule explicite des plus simples.

Pourquoi, dans (4), trouve-t-on 0 pour $|z| > r$? Parce que, pour $|z| > r$ et en posant $u = e^{2\pi i t}$, on doit écrire que

$$(1.5) \qquad \frac{ru}{ru - z} = -\frac{ru/z}{1 - ru/z} = -\sum(ru/z)^{n+1}$$

afin d'obtenir une série convergente. On peut alors à nouveau intégrer terme à terme dans (3), d'où

$$(1.6) \qquad \int_0^1 \frac{re^{2\pi i t}}{re^{2\pi i t} - z}f\left(re^{2\pi i t}\right)dt = -\sum(r/z)^{n+1}\int_0^1 f\left(re^{2\pi i t}\right)e^{2\pi(n+1)it}dt,$$

ce qui fait apparaître les coefficients d'indice < 0 de la série de Fourier représentant $f\left(re^{2\pi i t}\right)$; or ils sont nuls d'après (2).

Si par exemple $f(z) = z^n$ avec $n \in \mathbb{N}$, on trouve

$$(1.7) \qquad 2\pi i z^n = \int_{|\zeta|=r} \frac{\zeta^n d\zeta}{\zeta - r} \quad \text{pour } |z| < r$$

(et 0 pour $|z| > r$) ou, en explicitant et en posant $a = z/r$,

---

[1] Soit $t \mapsto \gamma(t) = (x(t), y(t))$ une application dérivable d'un intervalle compact I dans $\mathbb{C}$, d'où une "courbe", trajectoire du point $\gamma(t)$. Si $f(z)$ est une fonction continue de z définie dans un ouvert contenant la courbe, on pose

$$\int_\gamma f(z)dz = \int_I f\left[\gamma(t)\right]\gamma'(t)dt$$

et plus généralement

$$\int_\gamma u(x,y)dx + v(x,y)dy = \int_I \left\{u\left[\gamma(t)\right]x'(t) + v\left[\gamma(t)\right]y'(t)\right\}dt$$

si u et v sont continues au voisinage de $\gamma(I)$. La formule (4) correspond au cas où $\gamma(t) = re^{2\pi i t}$. Si $s = \theta(t)$ est une application de classe C^1 de I sur un intervalle J, l'intégrale $\int f(z)dz$ ne change pas si l'on remplace $t \mapsto \gamma(t)$ par $s \mapsto \gamma\left[\theta(s)\right]$ en raison de la formule générale de changement de variable : on a $\int \varphi\left[\theta(t)\right]\theta'(t)dt = \int \varphi(s)ds$, où les intégrales sont étendues à I et J respectivement. Voir le vol. III.

$$(1.8) \qquad a^n = \int_0^1 \frac{e^{2\pi i(n+1)t}}{e^{2\pi it} - a} \, dt \quad \text{pour } |a| < 1, \ n \in \mathbb{N}.$$

On peut aller plus loin et calculer tout aussi simplement les dérivées

$$(1.9) \qquad f^{(k)}(z) = \sum n(n-1) \ldots (n-k+1) a_n z^{n-k}$$

de f. On procède de la même façon, mais en utilisant cette fois, au lieu de la formule $\sum q^n = 1/(1-q)$, la relation

$$(1.10) \qquad \sum n(n-1) \ldots (n-k+1) q^{n-k} = k!/(1-q)^{k+1}$$

qui s'en déduit par dérivation (Chap. II, équ. (19.14)); on porte les a_n donnés par (2) dans (9), d'où

$$f^{(k)}(z) =$$
$$= \sum n(n-1) \ldots (n-k+1) z^{n-k} r^{-n} \int f\left(re^{2\pi it}\right) e^{-2\pi int} dt =$$
$$= \sum n(n-1) \ldots (n-k+1) \int \left(z/re^{2\pi it}\right)^{n-k} \left(re^{2\pi it}\right)^{-k} f\left(re^{2\pi it}\right) dt$$

où l'on intègre sur $[0, 1]$; on vérifie comme pour $k = 0$ que l'on peut intégrer la série terme à terme, d'où, en utilisant (10),

$$f^{(k)}(z) = k! \int \left(1 - z/re^{2\pi it}\right)^{-k-1} \left(re^{2\pi it}\right)^{-k} f\left(re^{2\pi it}\right) dt,$$

i.e.

$$(1.11) \qquad f^{(k)}(z) = k! \int_0^1 \frac{re^{2\pi it}}{\left(re^{2\pi it} - z\right)^{k+1}} \, f\left(re^{2\pi it}\right) dt$$

ou encore, à la Leibniz,

$$(1.11') \qquad 2\pi i f^{(k)}(z) = k! \int_{|\zeta|=r} f(\zeta) \frac{d\zeta}{(\zeta - z)^{k+1}} \quad \text{pour } |z| < r.$$

(11') se déduit formellement de (4) en dérivant k fois par rapport à z le facteur $1/(\zeta - z)$ figurant dans l'intégrale (4). En fait, le théorème 9 du Chap. V, n° 9 (dérivation sous le signe $\int$) permettrait de justifier a priori cette opération à partir de (6) sans calculs intermédiaires puisque dériver une fonction analytique par rapport à z revient à la dériver par rapport à $x = Re(z)$.

Ce qui précède suppose la fonction f *analytique*; que se passe-t-il si elle est seulement *holomorphe*, i.e. C^1 au sens réel dans un disque $|z| < R$ et solution de l'équation de Cauchy

$$(1.12) \qquad D_2 f = i D_1 f \quad ?$$

Comme on désire montrer que f est en fait analytique, il s'impose de renverser la procédure, i.e. d'introduire, pour $r < R$, les coefficients de Fourier

$$(1.13) \qquad a_n(r) = \int_0^1 f\left(re^{2\pi it}\right) e^{-2\pi int} dt$$

et de montrer que
(i) ils sont de la forme

$$(1.14) \qquad a_n(r) = a_n r^n$$

avec des coefficients numériques a_n indépendants de r,
(ii) on a $a_n = 0$ pour $n < 0$,
(iii) on a

$$(1.15) \qquad f\left(re^{2\pi it}\right) = \sum a_n(r) e^{2\pi int}$$

quels que soient $t \in \mathbb{R}$ et $r < \mathbb{R}$. En portant (14) dans (15), on trouvera une développement en série *entière* de $f(z)$ en raison de (ii).

Nous pourrions établir dès maintenant les points (i) et (ii), le premier en utilisant (12), le second en observant que, d'après (13), la fonction $a_n(r)$ doit rester bornée lorsque r tend vers 0. Le point (iii), par contre, suppose connu le fait que la série de Fourier d'une fonction de classe C^1 est absolument convergente et représente la fonction donnée. Ces points seront justifiés plus loin.

Tout cela montre que les débuts de la théorie des fonctions analytiques ou holomorphes reposent sur celle des séries de Fourier ou peuvent s'en déduire. Nous verrons qu'inversement, on peut utiliser la formule de Cauchy pour obtenir les premiers théorèmes sur les séries de Fourier.

On ne trouvera dans ce chapitre que les propriétés des fonctions holomorphes qui peuvent se déduire de la théorie des séries de Fourier. Tout ce qui repose sur les intégrales étendues à des courbes quelconques (théorie de Cauchy) sera exposé dans le volume III.

§1. L'analyse sur le cercle unité

2 – Fonctions et mesures sur le cercle unité

Ce § a pour objet de poser un certain nombre de définitions et notations qui nous serviront constamment et d'éclaircir un certain nombre de questions préliminaires.

Nous adopterons la notation $\mathbb{T}$ ("tore" à une dimension) pour désigner l'ensemble des nombres complexes u tels que $|u| = 1$; d'autres auteurs le notent $\mathbb{U}$ (groupe "unitaire" à une variable), sans parler de ceux qui préfèrent le noter $\mathbb{R}/\mathbb{Z}$... La théorie des séries de Fourier a pour but de développer des fonctions "arbitraires" définies sur $\mathbb{T}$ en séries dont le terme général est proportionnel à $e^{2\pi int} = u^n$ si l'on pose $u = e^{2\pi it}$. On notera que si, pour un $n \in \mathbb{Z}$, on pose

$$(2.1) \qquad \chi(u) = u^n \quad \text{pour tout } u \in \mathbb{T},$$

on obtient sur $\mathbb{T}$ une fonction continue telle que

$$(2.2) \qquad \chi(uv) = \chi(u)\chi(v) \quad \text{quels que soient } u, v \in \mathbb{T}.$$

On verra un peu plus loin que cette équation n'a pas d'autres solutions que les fonctions $u \mapsto u^n$, et c'est cette remarque qui est à l'origine des généralisations contemporaines de la théorie.

(i) *Comment éliminer les facteurs* 2π

Autant que faire se peut, je n'ai ni l'intention d'ennuyer le lecteur avec les facteurs 2π et les exponentielles qui encombrent inutilement ce genre de mathématiques, ni celle de les infliger à mes deux dactylos. J'utiliserai donc les notations

$$(2.3) \qquad \mathbf{e}(t) = e^{2\pi it}, \qquad \mathbf{e}_n(t) = e^{2\pi int} = \mathbf{e}(nt) = \mathbf{e}(t)^n$$

où les facteurs 2π, relégués dans les exponentielles, sont invisibles et peuvent faire l'objet de "macros" que l'on dactylographie globalement.

On conseille vivement au lecteur de relire le n° 14 du Chap. IV sur les exponentielles imaginaires puisqu'il nous servira constamment. Les exponentielles (1) sont de période 1 et l'on ne considérera dans la suite que des fonctions de période 1 : une fonction f de période T se transforme en une fonction de période 1 en considérant $t \mapsto f(Tt)$ au lieu de $f(t)$. Les utilisateurs ont d'excellentes raisons de traîner après eux des cohortes de fonctions $\cos(2\pi nt/T)$, mais nous n'en avons aucune ici.

(ii) *Fonctions sur* $\mathbb{T}$ *et fonctions périodiques*

A toute fonction f sur $\mathbb{T}$ correspond, sur $\mathbb{R}$, une fonction $t \mapsto f[\mathbf{e}(t)]$ de période 1. Inversement, toute fonction $f(t)$ de période 1 sur $\mathbb{R}$ peut être considérée comme une fonction sur le cercle unité $\mathbb{T}$: on pose

(2.4) $f(u) = f(t)$ si $u = \mathbf{e}(t)$,   d'où $f(t) = f[\mathbf{e}(t)]$;

puisque $f(t+1) = f(t)$, il n'y a aucune ambiguïté, t étant déterminé modulo un entier par la connaissance de u. C'est un abus de notation puisqu'une fonction sur $\mathbb{R}$ n'est pas, à strictement parler, une fonction sur $\mathbb{T}$; mais il est indispensable de se placer aux deux points de vue, et utiliser des notations différentes pour deux fonctions qui se correspondent "canoniquement" par (4) rendrait le texte illisible.

Cette correspondance entre fonctions définies sur des ensembles différents préserve la continuité. Comme l'application $t \mapsto \mathbf{e}(t)$ de $\mathbb{R}$ sur $\mathbb{T}$ est continue, la continuité de f en un point de $\mathbb{T}$ implique trivialement sa continuité aux points correspondants de $\mathbb{R}$. D'autre part, bien que l'application $t \mapsto \mathbf{e}(t)$ ne soit pas bijective *globalement*, elle applique bijectivement tout intervalle compact $I \subset \mathbb{R}$ de longueur *strictement* < 1 sur un arc de cercle fermé $K \subset \mathbb{T}$. Restreinte à I, l'application $t \mapsto \mathbf{e}(t)$ possède donc une application réciproque $K \to I$ tout aussi continue (Chap. III, n° 9). L'application $t \mapsto \mathbf{e}(t)$ transforme donc inversement toute fonction continue sur I en une fonction continue sur K. Cela revient à dire qu'une fonction définie sur le cercle $|u| = 1$ est continue si et seulement si c'est une fonction continue de l'angle polaire ou argument du point u, ce qu'une figure rendrait évident. Le §4 du Chap. IV sur les branches uniformes de la "fonction" $\mathcal{A}rg\, z$ montre aussi qu'au voisinage de tout point $u_0 \in \mathbb{T}$ ou même dans $\mathbb{T}$ *privé d'un point*, par exemple dans $\mathbb{T} - \{1\}$, mais non dans $\mathbb{T}$ tout entier, on peut choisir t de telle sorte qu'il soit fonction continue de $u = \mathbf{e}(t)$.

(iii) *Caractérisation des exponentielles*

La correspondance (4) permet de montrer que l'équation fonctionnelle (2) n'a pas d'autres solutions continues que les fonctions (1). On note pour commencer que, pour toute solution continue de (2), on a

$$|\chi(u)| = 1 \quad \text{pour tout } u \in \mathbb{T};$$

cela tient au fait que, muni de la multiplication ordinaire et de la topologie des nombres complexes, $\mathbb{T}$ est un "groupe compact" : la fonction continue χ étant bornée sur le compact $\mathbb{T}$, il en est de même, pour tout $u \in \mathbb{T}$, de la famille des nombres $\chi(u^n) = \chi(u)^n$ pour $n \in \mathbb{Z}$; il reste alors à montrer que les seuls nombres complexes z tels que

$$\sup_{n \in \mathbb{Z}} |z^n| < +\infty$$

sont ceux de module 1, ce qui est clair. Puisque (2) implique $\chi\left(u^{-1}\right) = \chi(u)^{-1}$, il s'ensuit que toute solution continue de (2) vérifie aussi

(2.5) $\chi\left(u^{-1}\right) = \overline{\chi(u)}$

et plus généralement

(2.6) $$\chi\left(uv^{-1}\right) = \chi(u)\overline{\chi(v)}$$

quels que soient $u, v \in \mathbb{T}$.

D'autre part, la fonction continue $\chi(x) = \chi(\mathbf{e}(x)) = \chi\left(e^{2\pi i x}\right)$ dans $\mathbb{R}$ vérifie l'équation fonctionnelle

$$\chi(x + y) = \chi(x)\chi(y)$$

du Chap. IV, n° 13. Nous avons alors montré que toute solution de celle-ci est de la forme

(2.7) $$\chi(x) = \exp(cx)$$

avec une constante $c \in \mathbb{C}$, *à condition* de savoir que la fonction χ possède une dérivée à l'origine.

Mais, en fait, *la continuité suffit*, et implique beaucoup plus que la dérivabilité à l'origine. Pour le voir, on choisit sur $\mathbb{R}$ une fonction $\varphi \in \mathcal{D}(\mathbb{R})$ et, comme au Chap. V, n° 27, on régularise χ à l'aide du produit de convolution

(2.8) $$\chi \star \varphi(x) = \int_{\mathbb{R}} \chi(x - y)\varphi(y)dy = \int_{\mathbb{R}} \chi(x)\chi(y)^{-1}\varphi(y)dy = c.\chi(x);$$

la constante $c = \int \chi(y)^{-1}\varphi(y)dy$ peut être supposée non nulle puisque, si $\chi \star \varphi$ était nulle quelle que soit $\varphi \in \mathcal{D}(\mathbb{R})$, il en serait de même de la fonction χ (Chap. V, n° 27, théorème 26). Or la fonction $\chi \star \varphi$ est C^∞ pour toute $\varphi \in \mathcal{D}(\mathbb{R})$. Il en est donc de même de χ.

On peut alors appliquer le résultat du Chap. IV, n° 13 et écrire (7). Mais dans le cas qui nous occupe, on a $|\chi(x)| = 1$ pour tout $x \in \mathbb{R}$. Posant $c = a + ib$ avec a et b réels, on a $|\exp(cx)| = \exp(ax)$ pour $x \in \mathbb{R}$, d'où $a = 0$ et $\chi(x) = \exp(ibx)$ avec b réel. Pour que le résultat soit de période 1, il faut et il suffit que $\exp(ib) = 1$, i.e. que $b = 2\pi n$ avec un $n \in \mathbb{Z}$. On trouve donc finalement $\chi(x) = \exp(2\pi i n x)$, d'où $\chi(u) = u^n$, cqfd.

Il nous arrivera par la suite d'appeler *caractère* de $\mathbb{T}$ toute fonction de la forme $u \mapsto u^n = \chi(u)$. Cette terminologie provient de la théorie des groupes commutatifs, où l'on considère systématiquement, sur le groupe G donné, les solutions de l'équation fonctionnelle (2). Si l'on suppose G commutatif et fini – cas le plus simple car relevant uniquement de l'algèbre –, toute fonction sur G est, et d'une seule façon, combinaison linéaire de caractères de G, lesquels sont en nombre égal à $\text{Card}(G)$; c'est la version la plus simple de la transformation de Fourier, bien que très postérieure à Fourier lui-même (encore que Dirichlet ait utilisé cette idée pour le groupe $\mathbb{Z}/n\mathbb{Z}$ dans la démonstration de son théorème de la progression arithmétique). La suite aux Chap. XI, §7.

(iv) *Valeur moyenne d'une fonction sur un cercle*

Dans la théorie des fonctions analytiques, on considère fréquemment la valeur moyenne d'une fonction sur un cercle et, dans celle des fonctions périodiques, sur un intervalle d'une période. Il n'y a aucune différence entre ces deux façons d'intégrer.

Tout d'abord, sur un cercle $|z| = r$, une fonction de z, analytique ou pas, peut, comme on l'a vu, se transformer en une fonction de période 1 en posant

$$(2.9) \qquad z = r\mathbf{e}(t) = re^{2\pi it}$$

ou en une fonction de période 2π en posant $z = re^{it}$. Sa *valeur moyenne* le long du cercle $|z| = r$ est, par définition, le nombre que nous noterons

$$(2.10) \qquad \int_{\mathbb{T}} f(ru)dm(u) = \int_0^1 f(r\mathbf{e}(t))dt = \frac{1}{2\pi} \int_0^{2\pi} f(re^{it})dt$$

où $\mathbb{T}$, rappelons-le, désigne le cercle unité $|u| = 1$ du plan complexe. On posera plus généralement

$$(2.11) \qquad m(f) = \int_{\mathbb{T}} f(u)dm(u) = \int_0^1 f(\mathbf{e}(t))dt = \frac{1}{2\pi} \int_0^{2\pi} f(e^{it})dt$$

pour toute fonction f "raisonnable" sur $\mathbb{T}$, par exemple réglée[2]. On utilisera constamment les normes

$$\|f\| = \|f\|_{\mathbb{T}} = \sup |f(u)|, \qquad \|f\|_1 = \int_{\mathbb{T}} |f(u)|dm(u),$$

$$\|f\|_2 = \left(\int_{\mathbb{T}} |f(u)|^2 \, dm(u) \right)^{1/2}$$

comme dans $\mathbb{R}$.

On peut en fait, dans (11), intégrer sur n'importe quel intervalle de longueur 1, car on a

$$(2.12) \qquad \int_0^1 f(t)dt = \int_a^{a+1} f(t)dt = \int_a^{a+1} f(b+t)dt$$

quels que soient $a, b \in \mathbb{R}$ pour toute fonction f de période 1 sur $\mathbb{R}$ (Chap. V, fin du n° 2).

Au reste, même dans le cas des fonctions de période T quelconque sur $\mathbb{R}$, les formules ne font jamais intervenir que les valeurs moyennes des fonctions sur un intervalle d'une période; il est commode de les noter, ici encore,

$$(2.13) \qquad m(f) = \int_0^1 f(t)dt = \frac{1}{2\pi} \int_0^{2\pi} = \frac{1}{T} \int_0^T = \oint,$$

[2] Cela signifie, au choix, que la fonction périodique correspondante est réglée, i.e. possède en tout point de $\mathbb{R}$ des valeurs limites à gauche et à droite, ou que la fonction donnée sur $\mathbb{T}$ jouit de la même propriété, les valeurs limites en un point de $\mathbb{T}$ étant définies de façon évidente. Le théorème de BL étant valable pour le compact $\mathbb{T}$, il reviendrait au même d'exiger que, pour tout $r > 0$, il existe une partition de $\mathbb{T}$ en un nombre fini d'arcs de cercles, de nature quelconque, sur chacun desquels la fonction donnée est constante à r près. On peut aussi définir, à l'aide de telles partitions, la notion de fonction étagée sur $\mathbb{T}$ et, d'une manière générale, transposer à $\mathbb{T}$ les raisonnements du Chap. V, n° 7.

selon que l'on étudie des fonctions de période $1, 2\pi$ ou T; le signe $\oint$ dispense d'écrire les limites d'intégration puisque, par définition, il désigne la valeur moyenne sur une période (ou même sur plusieurs périodes) de la fonction que l'on intègre. En fait, et sauf mention expresse du contraire, toutes les intégrales en dt seront, dans la suite de ce chapitre, §6 exclu, étendues à un intervalle quelconque de longueur 1.

Comme on l'a vu au Chap. V, n° 5 que le lecteur est invité à relire, les formules essentielles de la théorie des séries de Fourier absolument convergentes (calcul des coefficients et du produit scalaire) tiennent aux "relations d'orthogonalité" des exponentielles, relation (5.2) du Chap. V. Avec les notations que nous venons d'introduire, elles s'écrivent

$$\int \mathbf{e}_p(u)\overline{\mathbf{e}_q(u)}dm(u) = \left\{ \begin{array}{ll} 1 & \text{si} \quad p = q, \\ 0 & \text{si} \quad p \neq q. \end{array} \right.$$

Le produit scalaire $(f \mid g)$ de deux fonctions périodiques introduit au Chap. V, équ. (5,4), s'écrit maintenant

$$(f \mid g) = \int f(u)\overline{g(u)}dm(u) = m(f\bar{g}).$$

Les relations d'orthogonalité signifient donc que, si χ et χ' sont deux caractères de $\mathbb{T}$, on a $(\chi \mid \chi') = 1$ ou 0 selon que χ et χ' sont égaux ou différents.

(v) *Mesures sur* $\mathbb{T}$

La notation $dm(u)$ dans (11) indique que l'on intègre par rapport à une mesure sur $\mathbb{T}$. Nous avons défini cette notion au Chap. V, n° 30 dans le cas d'un ensemble compact $X \subset \mathbb{C}$: on considère l'espace vectoriel $C^0(X)$ ou $L(X)$ des fonctions numériques définies et continues sur X, muni de la norme

$$(2.14) \qquad \qquad \|f\|_X = \sup_{x \in X} |f(x)|$$

de la convergence uniforme sur X; une mesure sur X est alors, par définition, une application μ de $C^0(X)$ dans $\mathbb{C}$ qui est *linéaire* et *continue*, i.e. satisfait à une inégalité

$$(2.15) \qquad \qquad |\mu(f)| \leq M(\mu) \|f\|_X$$

permettant de passer à la limite sous le signe $\int$ lorsqu'on intègre par rapport à μ une suite uniformément convergente de fonctions $f_n \in C^0(X)$. Une mesure est dite positive si l'on a $\mu(f) \geq 0$ pour toute fonction $f \geq 0$. Il est clair que la formule (11) définit une telle mesure sur $\mathbb{T}$.

Dans le cas de la mesure m, tout ce que nous avons dit au Chap. V se transpose immédiatement à l'intégration sur $\mathbb{T}$, à commencer par la notion de fonction intégrable (Chap. V, n° 2); il en serait de même pour une mesure μ quelconque si nous avions défini les fonctions intégrables dans ce cas. La bonne théorie des séries de Fourier utilise l'intégrale de Lebesgue – pour m ou toute autre mesure sur $\mathbb{T}$ – et en a constitué, historiquement, l'une des premières justifications ou motivations. Afin de rester à un niveau élémentaire, nous nous bornerons dans ce chapitre, sauf exceptions, à considérer des fonctions réglées, voire continues lorsque nous intégrerons par rapport à une mesure quelconque : il est inutile de se compliquer l'existence pour exploiter à plein les possibilités de l'intégrale de Riemann par des méthodes périmées et compliquées, alors qu'on pourrait obtenir plus facilement des résultats beaucoup plus complets à l'aide de l'intégrale de Lebesgue (principe de Dieudonné).

On peut aussi définir sur $\mathbb{T}$ des distributions au sens de Schwartz comme on le verra au n° 9.

(vi) *Invariance de la mesure m sur $\mathbb{T}$*

Pour la mesure m définie sur $\mathbb{T}$ par (11), on a

$$(2.16) \qquad \int f(au)dm(u) = \int f(u)dm(u) \quad \text{pour tout } a \in \mathbb{T};$$

c'est l'analogue de l'invariance par translation

$$(2.17) \qquad \int f(x+a)dx = \int f(x)dx$$

de la mesure de Lebesgue dans $\mathbb{R}$ et de la propriété analogue

$$\iint f(x+a, y+b)dxdy = \iint f(x,y)dxdy$$

dans $\mathbb{R}^2$: les applications $u \mapsto au$, où $|a| = 1$ (géométriquement : les rotations autour de l'origine), jouent le même rôle dans $\mathbb{T}$ que les translations $x \mapsto a+x$ dans $\mathbb{R}$ ou $(x,y) \mapsto (x+a, y+b)$ dans $\mathbb{R}^2$. Le lecteur sachant ce qu'est un groupe (additif dans le cas de $\mathbb{R}$ ou $\mathbb{R}^2$, multiplicatif dans le cas de $\mathbb{T}$) comprendra. Sur le groupe multiplicatif $\mathbb{R}^*$ des nombres réels non nuls, la mesure invariante est $dx/|x|$ comme on le voit en effectuant le changement de variable $x \mapsto ax$ avec $a \in \mathbb{R}^*$.

Pour démontrer (16), il suffit de se ramener à (12) en posant $u = \mathbf{e}(t)$ et $a = \mathbf{e}(\alpha)$ avec $\alpha \in \mathbb{R}$.

On peut montrer que, parmi les mesures sur $\mathbb{T}$, la mesure m est la seule qui vérifie (16) et attribue la valeur 1 à l'intégrale de la fonction constante 1. Pour cette raison, on appelle m la *mesure invariante* sur $\mathbb{T}$. La relation (17) caractérise de même la mesure de Lebesgue à un facteur constant près. La mesure m est aussi invariante par symétrie, i.e. vérifie

$$(2.18) \qquad \int f\left(u^{-1}\right) dm(u) = \int f(u)dm(u)$$

quelle que soit f. Cela résulte de la propriété correspondante de la mesure de Lebesgue sur $\mathbb{R}$: le changement de variable $t \mapsto -t$ remplace l'intégrale de

$f(t)$ sur un intervalle d'une période par l'intégrale de $f(-t)$ sur l'intervalle symétrique, donc encore sur un intervalle d'une période. On a aussi $\int f(-t)dt = \int f(t)dt$ lorsqu'on intègre sur $\mathbb{R}$ tout entier.

Enfin, nous aurons besoin d'intégrales doubles, par exemple à propos du produit de convolution sur $\mathbb{T}$. Au Chap. V, n° 30, nous avons montré que si I et J sont des intervalles compacts dans $\mathbb{R}$ et $f(x, y)$ une fonction définie et continue dans le rectangle $I \times J$, on a

$$(2.19) \qquad \int d\mu(x) \int f(x, y)d\nu(y) = \int d\nu(y) \int f(x, y)d\mu(x)$$

quelles que soient les mesures μ et ν sur I et J, la valeur commune des deux membres étant par définition l'intégrale double $\iint f(x, y)d\mu(x)d\nu(y)$ étendue à $I \times J$. Comme, dans le cas de la mesure invariante, l'intégration sur $\mathbb{T}$ se ramène à une intégration sur $[0, 1]$, il est clair que, pour toute fonction $f(u, v)$ définie et continue[3] sur $\mathbb{T} \times \mathbb{T}$, on aura

$$(2.19') \qquad \int_{\mathbb{T}} dm(u) \int_{\mathbb{T}} f(u, v)dm(v) = \int_{\mathbb{T}} dm(v) \int_{\mathbb{T}} f(u, v)dm(u),$$

la valeur commune étant notée $\iint f(u, v)dm(u)dm(v)$. Dans le cas général[4] de deux mesures quelconques, il faudrait, pour établir (19) sur $\mathbb{T}$, utiliser comme au Chap. V, n° 30 des partitions de l'unité sur $\mathbb{T}$ afin de montrer que *toute fonction continue sur $\mathbb{T} \times \mathbb{T}$ est limite uniforme de sommes finies de fonctions du type $g(u)h(v)$*, avec g et h continues sur $\mathbb{T}$; les démonstrations sont les mêmes qu'au Chap. V : on remplace les intervalles de $\mathbb{R}$ par des arcs de cercle. Vous pouvez même, si vous le jugez utile, utiliser la figure du Chap. V, n° 30, à condition de ne pas oublier que, lorsqu'on travaille dans $\mathbb{T}$, le graphe d'une fonction se dessine sur le produit cartésien $\mathbb{T} \times \mathbb{R}$, i.e. la surface du cylindre vertical de $\mathbb{R}^3$ ayant $\mathbb{T}$ pour base.

---

[3] Une fonction f définie sur $\mathbb{T} \times \mathbb{T}$ est continue en un point (a, b) de $\mathbb{T} \times \mathbb{T}$ si, quel que soit $r > 0$, il existe un $r' > 0$ tel que

$$\{|u - a| < r' \ \& \ |b - v| < r'\} \Longrightarrow |f(a, b) - f(u, v)| < r.$$

C'est la notion générale de continuité dans un espace métrique si l'on définit la distance de deux éléments de $\mathbb{T} \times \mathbb{T}$ par $d[(u', v'), (u'', v'')] = |u' - u''| + |v' - v''|$ comme dans l'Appendice au Chap. III. La définition se ramène à la continuité dans $\mathbb{R} \times \mathbb{R}$ en considérant la fonction $f[\mathbf{e}(s), \mathbf{e}(t)]$, qui est périodique en s et t.

[4] En dépit des apparences, une mesure μ sur $\mathbb{T}$ n'est pas une mesure sur $I = [0, 1]$, car $C^0(\mathbb{T})$ s'identifie au sous-espace vectoriel de $C^0(I)$ formé des fonctions telles que $f(0) = f(1)$. Mais toute fonction continue f sur I s'écrit $f(t) = f_0(t) + c(f)t$, avec f_0 "périodique" et $c(f) = f(1) - f(0)$. Si μ est une forme linéaire continue sur les fonctions périodiques, on peut alors l'étendre à $C^0(I)$ en posant $\mu(f) = \mu(f_0) + \gamma[f(1) - f(0)]$, où γ est une constante. On pourrait lever l'ambiguïté en convenant de choisir $\gamma = 0$, mais la méthode est quelque peu artificielle.

3 – Coefficients de Fourier

Les *coefficients de Fourier* d'une fonction réglée $f(t)$ de période 1 seront notés

$$(3.1) \qquad \hat{f}(n) = \oint f(t)\overline{e_n(t)}dt = \int_a^{a+1} f(t)e^{-2\pi i n t}dt;$$

il est parfois utile d'utiliser une notation telle que $a_n(f)$. Dans la version "fonctions sur $\mathbb{T}$ ", la formule devient

$$(3.1') \qquad \hat{f}(n) = \int_{\mathbb{T}} f(u)u^{-n}dm(u) \qquad (n \in \mathbb{Z})$$

où m est la mesure invariante définie plus haut. Si l'on utilise la notation $\chi(u)$ pour désigner n'importe quel caractère $u \mapsto u^n$ de $\mathbb{T}$, on peut poser

$$(3.1'') \qquad \hat{f}(\chi) = \int \overline{\chi(u)}f(u)dm(u) = (f \mid \chi),$$

produit scalaire des fonctions f et χ.

La première relation que l'on peut établir est l'inégalité triviale mais utile

$$(3.2) \qquad |\hat{f}(n)| \leq \int |f(u)|dm(u) = \|f\|_1 \leq \|f\|_{\mathbb{T}}.$$

En fait, nous montrerons bientôt beaucoup plus : la série $\sum |\hat{f}(n)|^2$ converge, de sorte que $\hat{f}(n)$ tend vers 0 lorsque $|n|$ augmente indéfiniment (n° 7).

On peut plus généralement définir les coefficients de Fourier d'une mesure μ quelconque sur $\mathbb{T}$ par

$$(3.1''') \qquad \hat{\mu}(n) = \int u^{-n}d\mu(u) \quad \text{ou} \quad \hat{\mu}(\chi) = \int \overline{\chi(u)}d\mu(u).$$

La compatibilité avec (1') s'obtient en associant à toute fonction réglée[5] f la mesure $f(u)dm(u)$ de densité f par rapport à la mesure invariante m.

Si par exemple μ est la mesure de Dirac au point[6] $u = 1$ de $\mathbb{T}$, donnée par $\mu(f) = f(1)$, on a

$$(3.3) \qquad \hat{\mu}(n) = 1 \quad \text{pour tout } n \in \mathbb{Z},$$

ce qui montre que, contrairement à ceux d'une fonction, les coefficients de Fourier d'une mesure n'ont aucune raison de tendre vers 0 à l'infini. Dans ce cas, on peut seulement dire que la fonction $\hat{\mu}$ est bornée sur $\mathbb{Z}$

---

[5] Il suffirait en fait que f soit absolument intégrable sur $\mathbb{T}$ (i.e. sur $[0,1]$ par exemple) au sens du Chap. V, n° 22, ce qui permet d'étendre à ce cas la définition (1) des coefficients de Fourier.

[6] Ne pas confondre avec la mesure de Dirac sur $\mathbb{R}$. Celle-ci est une forme linéaire sur $C^0(\mathbb{R})$ alors que nous nous intéressons ici à des formes linéaires sur $C^0(\mathbb{T})$. Pour cette raison, nous résisterons à la tentation de noter encore δ la mesure de Dirac au point $u = 1$ de $\mathbb{T}$.

puisque l'existence d'une majoration[7] $|\mu(f)| \leq M.\|f\|$ implique évidemment $|\hat{\mu}(n)| \leq M$ pour tout n.

La notation[8] $\hat{f}(n)$ a pour but de mettre en évidence le fait que la théorie des séries de Fourier consiste à associer à toute fonction f sur le groupe multiplicatif compact $\mathbb{T}$ ou, ce qui revient au même, à toute fonction périodique sur $\mathbb{R}$, une fonction $\hat{f}$ sur le groupe additif discret $\mathbb{Z}$, sa *transformée de Fourier*[9]. Inversement, on peut associer à toute fonction g sur $\mathbb{Z}$ qui tend assez rapidement vers 0 à l'infini une fonction $\hat{g}$ sur $\mathbb{T}$, à savoir la série de Fourier

$$(3.4) \qquad \hat{g}(u) = \sum g(n)u^n$$

dont les coefficients sont les valeurs de la fonction donnée sur $\mathbb{Z}$; c'est l'essence du sujet comme l'ont montré ses généralisations contemporaines. Sur le groupe additif $\mathbb{R}$, la transformation de Fourier associe à toute fonction f absolument intégrable une fonction

$$(3.5) \qquad \hat{f}(y) = \int_{\mathbb{R}} f(x)\overline{\mathbf{e}(xy)}dx = \int_{\mathbb{R}} e^{-2\pi i x y} f(x)dx$$

définie sur le même groupe additif $\mathbb{R}$; cela rentre aussi dans le même cadre général, de même que la transformation de Fourier dans $\mathbb{R}^n$ ou que la théorie des séries de Fourier multiples pour les fonctions périodiques de plusieurs variables réelles, etc.

Le premier problème fondamental de la théorie est de décider si toute fonction "raisonnable" f sur $\mathbb{T}$, ou périodique sur $\mathbb{R}$, est représentée par sa *série de Fourier*, i.e. si l'on a

$$(3.6) \qquad f(u) = \sum \hat{f}(n)u^n \quad \text{ou} \quad f(t) = \sum \hat{f}(n)\mathbf{e}_n(t).$$

C'est le cas, on le verra, si f est C^1. Lorsqu'on ne sait pas si la série de Fourier d'une fonction f converge et représente f, il est prudent de se borner à écrire quelque chose comme

$$(3.6') \qquad f(u) \approx \sum \hat{f}(n)u^n \quad \text{ou} \quad f(t) \approx \sum \hat{f}(n)\mathbf{e}_n(t)$$

afin d'éviter des confusions . . .

---

[7] On écrira presque toujours $\|f\|$ au lieu de $\|f\|_{\mathbb{T}}$.

[8] Elle a été introduite par André Weil, *L'intégration dans les groupes topologiques et ses applications* (Hermann, 1940) dans le cadre de la version la plus générale de l'analyse harmonique dans les groupes topologiques commutatifs, inventée indépendamment à la même époque, par de meilleures méthodes, par l'école soviétique (D. A. Raïkov) et, autrement, par H. Cartan et R. Godement, *Théorie de la dualité et analyse harmonique dans les groupes abéliens* [= commutatifs] *localement compacts* (Ann. Ecole Norm. Sup., 64 (1947)), qui expose tout le sujet en vingt pages. Voir le chap. XI.

[9] Dans la théorie classique, on ne parle de "transformation de Fourier" que dans le cas de $\mathbb{R}$. Mais cette notion s'applique dans n'importe quel groupe localement compact commutatif (ou même non commutatif, mais c'est autrement plus compliqué).

Noter que, dans (4), on somme sur tous les entiers rationnels et non pas sur $\mathbb{N}$. Comme on a

$$(3.7) \qquad \mathbf{e}_n(t) = \cos(2\pi nt) + i\sin(2\pi nt),$$

la série (4) peut toujours se mettre (grouper les termes d'indices n et $-n$) sous la forme trigonométrique traditionnelle

$$(3.8) \qquad a_0 + \sum_1^\infty b_n \cos(2\pi nt) + c_n \sin(2\pi nt)$$

ou, si les b_n et c_n sont réels,

$$\sum I_n \cos[2\pi n(t - \omega_n)]$$

avec des "déphasages" ω_n et des "intensités" $I_n \geq 0$ pour $n > 0$, mais l'utilisation de cette écriture complique les calculs; les formules

$$(3.9) \qquad \mathbf{e}_n(x+y) = \mathbf{e}_n(x)\mathbf{e}_n(y), \quad \overline{\mathbf{e}_n(t)} = \mathbf{e}_n(t)^{-1} = \mathbf{e}_{-n}(t),$$
$$\mathbf{e}_p(t)\mathbf{e}_q(t) = \mathbf{e}_{p+q}(t)$$

sont plus simples que les formules trigonométriques analogues et se prêtent à des généralisations en théorie des groupes[10].

Comme on l'a déjà dit ailleurs, il faut toutefois observer que, la série (4) étant étendue à $\mathbb{Z}$ et non pas à $\mathbb{N}$, elle ne peut, en tant que telle, avoir de sens que si elle converge *en vrac*, i.e. si l'on a

$$(3.10) \qquad \sum \left| \hat{f}(n) \right| < +\infty.$$

C'est le cas des fonctions $f \in C^1(\mathbb{T})$ comme on le verra au n° 9, mais (10) a toutes les chances d'être faux dès qu'on cherche à étudier des fonctions plus générales. Dans ce cas, on donne un sens à la série en posant, par définition,

---

[10] Si G est un groupe commutatif muni d'une topologie localement compacte, on appelle caractère de G toute application continue $\chi : G \longrightarrow \mathbb{T}$ telle que $\chi(uv) = \chi(u)\chi(v)$. Il est évident que si χ' et χ'' sont deux caractères, il en est de même de la fonction produit $\chi(u) = \chi'(u)\chi''(u)$; muni de cette multiplication, l'ensemble des caractères de G devient un groupe; en le munissant de la topologie de la convergence compacte, on obtient un nouveau groupe commutatif localement compact, le "dual" $\hat{G}$ de G. Comme il existe toujours sur G une mesure positive $dm(u)$ invariante par les translations $u \mapsto uv$, on peut associer à toute fonction f sur G décroissant assez vite à l'infini une "transformée de Fourier" $\hat{f}(\chi) = \int \overline{\chi(u)} f(u) dm(u)$. On peut alors choisir une mesure positive invariante $dm(\chi)$ sur $\hat{G}$ de telle sorte que l'on ait inversement $f(u) = \int \chi(u) \hat{f}(\chi) dm(\chi)$ moyennant des hypothèses raisonnables sur f. Dans le cas où $G = \mathbb{T}$, les caractères sont les $\mathbf{e}_n(t)$, d'où $\hat{G} = \mathbb{Z}$, et la dernière formule (9) montre que la "multiplication" dans $\hat{G}$ n'est autre que l'addition dans $\mathbb{Z}$.

$$(3.11) \qquad \sum_{\mathbb{Z}} \hat{f}(n)\mathbf{e}_n(t) = \lim_{N \to +\infty} \sum_{-N}^{N} \hat{f}(n)\mathbf{e}_n(t) = \lim f_N(t),$$

ce qui augmente considérablement les chances de convergence et revient, en fait, à considérer la série traditionnelle (8) et ses sommes partielles usuelles $f_N(t)$. Ce sont des polynômes trigonométriques puisque les coefficients non nuls intervenant dans f_N sont en nombre fini. Si l'on savait que, pour toute fonction f continue sur $\mathbb{T}$, les f_N convergent uniformément sur $\mathbb{T}$ vers f, on obtiendrait le théorème d'approximation de Weierstrass du Chap. V, n° 28 pour les fonctions périodiques. Il n'en est malheureusement pas ainsi, même si l'on n'exige que la convergence simple; pour obtenir une convergence uniforme lorsque f est continue, il suffit de substituer aux f_N leurs moyennes arithmétiques $(f_1 + \ldots + f_N)/N$ comme on le verra (théorème de Fejér), ce qui fournira une démonstration – il y en a d'autres – du théorème d'approximation.

D'une manière générale, et comme on l'a déjà dit ailleurs, il s'impose d'inviter le lecteur à faire preuve de la plus extrême prudence dès que l'on sort du cadre des fonctions C^1 : la plupart des énoncés que l'on croit évidents sont faux et, lorsqu'ils sont exacts, ne sont jamais évidents. C'est l'un des charmes de la théorie pour ceux qu'elle attire et la raison pour laquelle elle a joué un si grand rôle dans le développement de l'analyse pendant tout le XIX$^\text{e}$ siècle et une bonne partie du suivant : lorsqu'on ne comprend pas, on tente de comprendre et cela mène souvent plus loin qu'on ne l'imaginait. L'un des premiers pièges de la théorie consiste à croire que si une *série trigonométrique*

$$a_0 + \sum b_n \cos 2\pi nt + c_n \sin 2\pi nt,$$

avec des coefficients arbitrairement donnés, converge quel que soit t, alors c'est nécessairement la série de Fourier de sa somme. Faux : tout en étant une limite simple de fonctions continues et donc "mesurable" au sens de Lebesgue, la somme de la série peut ne pas être intégrable. Les premiers théorèmes démontrés par Cantor en 1870 disent que, pour une série trigonométrique,

(i) les coefficients b_n et c_n tendent vers 0 si le terme général $b_n \cos(2\pi nt) + c_n \sin(2\pi nt)$ tend vers 0 en tous les points d'un intervalle I de longueur non nulle, donc si la série converge dans I,

(ii) si la série converge vers 0 pour tout $t \in \mathbb{R}$, alors tous les coefficients sont nuls ("évident", mais essayez de le démontrer ...).

C'est en essayant d'affaiblir l'hypothèse de l'énoncé (ii), i.e. en tentant de caractériser les ensembles $E \subset [0, 1]$ tels que

$$f(t) = 0 \quad \text{pour tout } t \in E \Longrightarrow a_n = b_n = 0$$

("ensembles d'unicité"), que Cantor a été conduit à construire dans $\mathbb{R}$ des ensembles de plus en plus baroques, puis à sa théorie des nombres transfinis. Ne pas confondre, comme nous l'avons déjà dit quelque part, avec les trivialités naïves du Chap. I, lesquelles n'auraient pas risqué de le conduire au bord de la folie même s'il y était peut-être un peu prédisposé. Ce genre de question continue à faire l'objet de nombreuses recherches[11]; la plupart des mathématiciens et a fortiori les utilisateurs se contentent de résultats beaucoup moins subtils mais d'utilisation universelle.

4 – Produit de convolution dans $\mathbb{T}$

L'invariance de la mesure m par translation conduit à des formules utiles. Par exemple, le premier membre de la formule (2.19') ne change pas si l'on y remplace $f(u, v)$ par $f(u, av)$ pour un $a \in \mathbb{T}$ indépendant de v; en particulier, on peut, pour chaque u, remplacer v par uv, ou $u^{-1}v$, puisque u est une variable indépendante de v, d'où les formules

$$(*) \qquad \iint f(u,v)dm(u)dm(v) \;=\; \iint f\left(u, u^{-1}v\right) dm(u)dm(v),$$

$$(**) \qquad \iint f(u,v)dm(u)dm(v) \;=\; \iint f\left(uv, v^{-1}\right) dm(u)dm(v) \;:$$

on intègre d'abord par rapport à u, on effectue le changement de variable $u \mapsto uv^{-1}$, puis on intègre par rapport à v, enfin on remplace v par v^{-1}. Résultat analogue dans $\mathbb{R}$: si $f(x, y)$ est, pour simplifier, continue et à support compact dans $\mathbb{R}^2$, on a

$$\iint f(x,y)dxdy = \iint f(x+y, -y)dxdy$$

car

$$\iint f(x,y)dxdy =$$

$$= \int dy \int f(x,y)dx = \int dy \int f(x-y,y)dx \quad (\text{par } x \longmapsto x-y)$$

$$= \int dx \int f(x-y,y)dy = \int dx \int f(x+y,-y)dy \quad (\text{par } y \longmapsto -y)$$

$$= \iint f(x+y,-y)dxdy.$$

La mesure invariante permet, comme dans $\mathbb{R}$ (Chap. V, n° 27), de définir le *produit de convolution*[12]

---

[11] Voir par exemple J-P. Kahane et R. Salem, *Ensembles parfaits et séries trigonométriques* (Paris, Hermann, nouvelle éd. 1987) et J.-P. Kahane et P. G. Lemarié-Rieusset, *Séries de Fourier et ondelettes* (Paris, Cassini, 1997), non encore paru au moment où j'écris ces lignes.

[12] Une notation telle que $f \star g(u)$ désigne la valeur au point u de la fonction $f \star g$ et remplace l'écriture $(f \star g)(u)$.

$$(4.1) f \star g(u) = \int f\left(uv^{-1}\right) g(v)dm(v) = \int f(w)g\left(uw^{-1}\right) dm(w) = g \star f(u)$$

de deux fonctions réglées sur $\mathbb{T}$ ou, en version "fonctions périodiques sur $\mathbb{R}$",

$$(4.1')\qquad f \star g(t) = \oint f(t-s)g(s)ds = \oint g(t-s)f(s)ds,$$

où l'on intègre sur une période. L'égalité des deux intégrales dans (1) s'obtient à l'aide du changement de variable $v \mapsto uv^{-1} = w$ (ou $s \mapsto t - s$), composé d'une translation $v \mapsto uv$ suivie d'une symétrie $v \longrightarrow v^{-1}$; voir (∗). Une façon commode de simplifier les calculs théoriques sur les séries de Fourier consiste à remarquer que, si χ est un caractère de $\mathbb{T}$, le produit de convolution

$$(4.2)\qquad f \star \chi(u) = \int \chi\left(uv^{-1}\right) f(v)dm(v) =$$
$$= \chi(u) \int \overline{\chi(v)} f(v)dm(v) = \hat{f}(\chi)\chi(u)$$

est le terme général de la série de Fourier de f. La relation (3.6) peut donc, lorsqu'elle est vraie, s'écrire

$$(4.3)\qquad f(t) = \sum f \star \mathbf{e}_n(t) \quad \text{ou} \quad f(u) = \sum f \star \chi(u)$$

où, dans le second cas, on somme sur tous les caractères de $\mathbb{T}$. Symboliquement, on peut aussi l'écrire $f = \sum f \star \mathbf{e}_n = \sum f \star \chi$, ce qui présente l'avantage de ne pas présumer du mode de convergence que l'on choisit : convergence simple, convergence uniforme, convergence en moyenne, etc. C'est précisément dans le choix du mode de convergence rendant (3) exacte que réside toute la théorie des séries de Fourier; (3) est toujours exacte *au sens des distributions* comme on le verra, mais la convergence d'une suite ou série de distributions est, en pratique, ce que l'on a inventé de plus faible de Newton à nos jours. (Paradoxalement, c'est ce qui fait l'intérêt des distributions : tout ce qui converge en un sens raisonnable, ou ne converge pas, converge au sens des distributions).

Le produit de convolution possède des propriétés analogues[13] à celles qu'on a obtenues au Chap. II, n° 18, exemple 3 pour les fonctions définies sur $\mathbb{Z}$; mais les démonstrations sont moins faciles. On se bornera à considérer des fonctions *réglées* et donc bornées; aller plus loin nécessiterait un recours à l'intégrale de Lebesgue et sera exposé au Chap. IV, n° 25 dans le cadre général de la théorie des groupes – car c'est de théorie des groupes qu'il s'agit, comme le cas du produit de convolution sur $\mathbb{Z}$ l'a déjà montré.

Tout d'abord l'inégalité $|f(uv^{-1})g(v)| \leq \|f\|.|g(v)|$, valable quels que soient u et v, montre que l'on a toujours

---

[13] mis à part l'existence d'un élément unité : ce serait une fonction $e(u)$ telle que l'on ait la relation $\int f\left(uv^{-1}\right) e(v)dv = f(u)$ quelle que soit f; le seul candidat est la "fonction" de Dirac, qui est une mesure et non pas une fonction ...

$$(4.4) \qquad \|f * g\| \le \|f\| . \|g\|_1 \le \|f\| . \|g\|.$$

On va déduire de là que *la fonction $f * g$ est continue*. Si f est continue, cela résulte directement du Chap. V, n° 9 [théorème 9, (i)] puisqu'on intègre la fonction continue $f(uv^{-1})$ par rapport à la mesure $g(v)dm(v)$. Dans le cas général, il existe une suite (f_n) de fonctions continues (voir plus loin le lemme du n° 8) telle que $\lim \|f - f_n\|_1 = 0$; on a alors d'après (4)

$$\|f * g - f_n * g\| \le \|g\| . \|f - f_n\|_1,$$

de sorte que $f * g$ est limite uniforme des fonctions continues $f_n * g$, d'où le résultat.

Etablissons maintenant les relations

$$(4.5) \qquad f * (g + h) = f * g + f * h, \quad f * (g * h) = (f * g) * h$$

pour f, g, h réglées. La première est évidente. Pour obtenir la formule d'associativité, considérons d'abord une intégrale de la forme

$$(4.6) \qquad \iint \varphi(uv) f(u) g(v) dm(u) dm(v)$$

où φ est continue et où f et g sont réglées. Le théorème 10 du Chap. V, n° 9 et l'invariance de la mesure montrent qu'elle est égale à

$$\int g(v) dm(v) \int \varphi(uv) f(u) dm(u) = \int g(v) dm(v) \int \varphi(z) f(zv^{-1}) dm(z)$$

$$= \int \varphi(z) dm(z) \int f(zv^{-1}) g(v) dm(v);$$

d'où la relation

$$(4.7) \qquad \iint \varphi(uv) f(u) g(v) dm(u) dm(v) = \int \varphi(z) . f * g(z) dm(z).$$

Ceci fait, considérons l'intégrale triple

$$(4.8) \qquad I(\varphi) = \iiint \varphi(uvw) f(u) g(v) h(w) dm(u) dm(v) dm(w)$$

où f, g et h sont réglées. Le théorème 10 du Chap. V, n° 9, évidemment valable pour des intégrales multiples, montre que l'on a d'une part

$$I(\varphi) \quad = \quad \int h(w) dm(w) \iint \varphi(uvw) f(u) g(v) dm(u) dm(v)$$

$$= \quad \int h(w) dm(w) \int \varphi(xw) f * g(x) dm(x) \text{ d'après (7)}$$

$$= \quad \iint \varphi(xw) . f * g(x) . h(w) dm(x) dm(w) = \int \varphi(z) . (f * g) * h(z) dm(z)$$

en appliquant à nouveau (7) aux fonctions $f * g$ et h.

Mais on peut aussi calculer autrement $I(\varphi)$:

$$\begin{aligned}
I(\varphi) &= \int f(u)dm(u) \iint \varphi(uvw)g(v)h(w)dm(v)dm(w) \\
&= \int f(u)dm(u) \int \varphi(ux).g * h(x)dm(x) \text{ d'après (7)} \\
&= \iint \varphi(ux)f(u)g * h(x)dm(u)dm(x) \\
&= \int \varphi(z).f * (g * h)(z)dm(z)
\end{aligned}$$

en appliquant maintenant (7) à f et $g*h$. En comparant les résultats, on voit donc que la fonction $F = f * (g * h) - (f * g) * h$ vérifie $\int \varphi(z)F(z)dm(z) = 0$ quelle que soit φ continue sur $\mathbb{T}$. Or F elle-même est continue. On peut donc choisir pour φ la fonction conjuguée de F, d'où $\int |F(z)|^2 dm(z) = 0$ et $F = 0$ (Chap. V, n° 7, théorème 7), ce qui démontre l'associativité pour des fonctions réglées, à défaut de le démontrer pour les vraies fonctions intégrables de l'Appendice au Chap. V.

A côté de la formule (4), relative à la norme uniforme, on a aussi la relation

$$(4.9) \qquad \|f * g\|_1 \leq \|f\|_1 \|g\|_1.$$

En remplaçant f et g par leurs valeurs absolues, on ne change pas le second membre et on augmente le premier puisque

$$|f * g(u)| \leq \int |f(uv^{-1}|.|g(v)|dm(v) = |f| * |g|(u);$$

il suffit donc de prouver (8) pour f et g *positives*. La relation (6) appliquée pour $\varphi = 1$ montre que l'on a

$$\|f * g\|_1 = \|f\|_1 \|g\|_1$$

dans ce cas, cqfd.

La série de Fourier d'un produit de convolution se calcule fort simplement grâce à la formule

$$(4.10) \qquad \widehat{f \star g}(n) = \hat{f}(n)\hat{g}(n).$$

Pour le voir, on applique l'associativité du produit de convolution :

$$\begin{aligned}
\widehat{f \star g}(n)\mathbf{e}_n &= (f \star g) \star \mathbf{e}_n = f \star (g \star \mathbf{e}_n) = \\
&= f \star (\hat{g}(n)\mathbf{e}_n) = \hat{g}(n)f \star \mathbf{e}_n = \hat{g}(n)\hat{f}(n)\mathbf{e}_n.
\end{aligned}$$

Pour la transformation de Fourier inverse, qui part d'une fonction $f(n)$ dans $L^1(\mathbb{Z})$, i.e. telle que $\sum |f(n)| < +\infty$, et aboutit à une fonction

$$(4.11) \qquad \hat{f}(u) = \sum f(n)u^n$$

sur $\mathbb{T}$, on a de même, pour le produit de convolution dans $\mathbb{Z}$,

$$
\begin{aligned}
\widehat{f \star g}(u) &= \sum f \star g(n)u^n = \sum f(p)g(n-p)u^n = \sum f(p)g(q)u^{p+q} = \\
&= \sum f(p)g(q)u^p u^q = \sum f(p)u^p \sum g(q)u^q = \hat{f}(u)\hat{g}(u).
\end{aligned}
$$

La transformation de Fourier échange donc produits de convolution et produits ordinaires.

Ce dernier résultat est particulièrement évident lorsqu'on se place dans le cadre des mesures. Soient μ et ν deux mesures sur $\mathbb{T}$ et calculons le produit

$$
(4.12) \qquad
\begin{aligned}
\hat{\mu}(\chi)\hat{\nu}(\chi) &= \int \overline{\chi(u)}d\mu(u)\int \overline{\chi(v)}d\nu(v) = \\
&= \iint \overline{\chi(u)\chi(v)}d\mu(u)d\nu(v) = \\
&= \iint \overline{\chi(uv)}d\mu(u)d\nu(v)
\end{aligned}
$$

de leurs transformées de Fourier. Cela nous conduit à considérer plus généralement l'application

$$
(4.13) \qquad \lambda : f \longmapsto \iint f(uv)d\mu(u)d\nu(v)
$$

de $C^0(\mathbb{T})$ dans $\mathbb{C}$; c'est évidemment une forme linéaire sur $C^0(\mathbb{T})$, et elle est continue :

$$
|\lambda(f)| \leq \left| \int d\mu(v)\left| \int f(uv)d\nu(u) \right| \right| \leq M(\mu)M(\nu)\|f\|.
$$

Par suite, λ est encore une mesure qu'on appelle le *produit de convolution des mesures* μ et ν, notation $\lambda = \mu \star \nu$. Evidemment λ est positive si μ et ν le sont. Avec ces conventions, la formule (12) s'écrit

$$
(4.14) \qquad \hat{\mu}(\chi)\hat{\nu}(\chi) = \hat{\lambda}(\chi) \qquad \text{où } \lambda = \mu \star \nu.
$$

On retrouve (10) en considérant les mesures $d\mu(u) = f(u)dm(u)$ et $d\nu(u) = g(u)dm(u)$, comme le lecteur le vérifiera facilement. (7) montre d'ailleurs que l'on a $d\lambda(u) = f * g(u)dm(u)$ dans ce cas.

Il n'existe pas de formule simple analogue à (1) pour définir ou calculer le produit de convolution de deux mesures; la simplicité de la définition (13) montre une fois de plus l'avantage qu'il y a à définir les mesures comme des formes linéaires sur les fonctions continues et non à partir d'une fonction d'ensembles.

5 – Suites de Dirac dans $\mathbb{T}$

Comme dans $\mathbb{R}$, le produit de convolution est lié aux *suites de Dirac* sur $\mathbb{T}$, formées de fonctions réglées $\varphi_n(u)$ telles que l'on ait

$$(5.1) \qquad f(1) = \lim \int f(u)\varphi_n(u)dm(u)$$

pour toute fonction réglée f continue au point $u = 1$.

Les conditions à leur imposer sont les mêmes qu'au Chap. V, n° 27. La première est que l'on ait

$$(D\ 1) \qquad \int \varphi_n(u)dm(u) = 1 \quad \text{pour tout } n;$$

on a alors $f(1) = \int f(1)\varphi_n(u)dm(u)$, d'où

$$(5.2) \qquad \left| \int f(u)\varphi_n(u)dm(u) - f(1) \right| \leq \int |f(u) - f(1)|.|\varphi_n(u)|dm(u).$$

Donnons-nous un $r > 0$ et, au second membre de (2), distinguons les contributions des arcs $|u - 1| < \delta$ et $|u - 1| > \delta$ de $\mathbb{T}$ pour un $\delta > 0$ provisoirement quelconque. Puisque f est continue à l'origine, on peut, pour r donné, choisir δ de telle sorte que

$$(5.3) \qquad |u - 1| < \delta \Longrightarrow |f(u) - f(1)| < r.$$

Si l'on suppose que

$$(D\ 2) \qquad \sup \int |\varphi_n(u)|\, dm(u) = M < +\infty,$$

la contribution de ce "petit" arc à l'intégrale totale est $\leq Mr$. Sur le "grand" arc $|u - 1| > \delta$, on a $|f(u) - f(1)| \leq 2\|f\|$ puisque f est bornée; l'intégrale correspondante est donc, au facteur $2\|f\|$ près, majorée par celle de $|\varphi_n(u)|$. Supposons alors que, quels que soient r et δ, il existe un entier $N(\delta, r)$ tel que

$$n > N(\delta, r) \Longrightarrow \int_{|u-1|>\delta} |\varphi_n(u)|\, dm(u) < r,$$

autrement dit que

$$(D\ 3) \qquad \lim_{n \to \infty} \int_{|u-1|>\delta} |\varphi_n(u)|\, dm(u) = 0 \quad \text{pour tout } \delta > 0.$$

Les raisonnements précédents montrent alors que, pour tout r et tout δ vérifiant (3), on aura

$$(5.4) \qquad \int |f(u) - f(1)|.|\varphi_n(u)|\, dm(u) \leq (M + 2\|f\|)r$$

pour tout $n > N(\delta, r)$, d'où (1).

Les conditions (D 1), (D 2) et (D 3) peuvent donc servir de *définition* aux suites de Dirac sur $\mathbb{T}$.

Le cas le plus fréquent est celui où les φ_n sont toutes positives; (D 1) implique alors (D 2) avec $M = 1$. Pour réaliser (D 3), le plus simple est de supposer que, pour tout $\delta > 0$, les fonctions φ_n convergent *uniformément* vers 0 sur l'arc $|u - 1| \geq \delta$ de $\mathbb{T}$, autrement dit que l'on a

$$(5.5) \qquad \lim \varphi_n(u) = 0 \quad \text{uniformément sur tout compact } K \subset \mathbb{T} - \{1\}$$

puisque les points d'un compact de $\mathbb{T}$ ne contenant pas le point $u = 1$ restent "au large" de celui-ci.

Si l'on applique (1) à la fonction $u \mapsto f\left(vu^{-1}\right)$ pour un $v \in \mathbb{T}$ donné, on obtient plus généralement la formule

$$(5.6) \qquad f(v) = \lim \int f\left(vu^{-1}\right) \varphi_n(u) dm(u) = \lim f \star \varphi_n(v),$$

à condition de supposer f continue au point v.

Dans la pratique, on a besoin d'un résultat plus précis.

Lemme. *Si f est continue sur un arc* ouvert J *de $\mathbb{T}$, on a*

$$(5.7) \qquad\qquad\qquad f(v) = \lim f \star \varphi_n(v)$$

uniformément sur tout compact $K \subset J$ *pour toute suite de Dirac sur $\mathbb{T}$.*

En raisonnant sur la fonction $u \mapsto f\left(vu^{-1}\right)$, la relation (4) montre que, si f est continue au point v, on a

$$(5.8) \qquad\qquad |f \star \varphi_n(v) - f(v)| \leq (M + 2\|f\|)r$$

pour n grand; mais pour obtenir un résultat de convergence uniforme sur K, il faut trouver un entier N tel que (8) soit, pour $n > N$, valable pour tous les $v \in K$ à la fois. Or, pour r et v donnés, l'entier N dépend uniquement, comme on l'a vu, du choix d'un δ tel que l'on ait

$$(5.9) \qquad\qquad \left|f\left(vu^{-1}\right) - f(v)\right| < r \quad \text{pour } |u - 1| < \delta.$$

Tout revient donc à montrer que, quel que soit r, il existe un δ vérifiant (9) pour tous les $v \in K$ à la fois. Comme vu^{-1} est "voisin" de v pour u "voisin" de 1, il s'agit manifestement là d'une propriété de continuité uniforme de f.

Supposons donc f continue sur l'arc ouvert J de $\mathbb{T}$ et soit K un arc compact contenu dans J (figure 1). Comme $\mathbb{T} - J$ et K sont des compacts disjoints, la distance $d(\mathbb{T} - J, K) = d$ est strictement positive. Comme on a

$$\left|vu^{-1} - v\right| = |v - vu| = |1 - u|$$

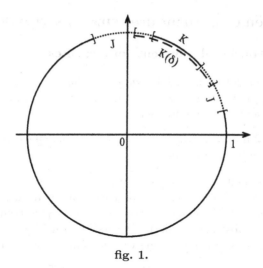

fig. 1.

pour tout $u \in \mathbb{T}$, on voit que

$$(v \in K) \quad \& \quad (|u - 1| < d) \Longrightarrow vu^{-1} \in J.$$

Pour tout $\delta < d$, l'ensemble $K(\delta) \supset K$ des points vu^{-1} avec $v \in K$ et $|u - 1| \leq \delta$ est donc contenu dans J; il est de plus compact comme K et l'arc $|u - 1| \leq \delta$ de $\mathbb{T}$ (utiliser BW ou, plus élémentairement, définir les arcs de $\mathbb{T}$ par des inégalités portant sur les angles polaires de leurs points). Mais puisque f est continue dans J, elle est uniformément continue dans $K(\delta)$. On voit donc que, pour $r > 0$ donné, il existe un $\delta > 0$ tel que (8) soit vérifié pour tous les $v \in K$, cqfd.

On laisse au lecteur le soin de vérifier, comme au Chap. V, n° 27, que si les φ_n sont indéfiniment dérivables, il en est de même des fonctions $f \star \varphi_n$. Cela résulte de toute façon du théorème standard de dérivation sous le signe $\int$ (Chap. V, n° 9).

§2. Théorèmes élémentaires sur les séries de Fourier

6 – Séries de Fourier absolument convergentes

Presque tous les résultats à la fois *simples et importants* de la théorie des séries de Fourier, notamment tous ceux qui peuvent se généraliser, peuvent se déduire d'un seul énoncé fondamental :

Théorème 1 (Weierstrass). *Toute fonction périodique continue est limite uniforme de polynômes trigonométriques.*

Au lieu de le démontrer dès maintenant, nous allons, dans ce §, montrer comment on peut l'utiliser; nous en donnerons plus loin une démonstration "élémentaire" (n° 12, théorème 8 et n° 23), donc plus compliquée que le théorème général "abstrait" de Stone-Weierstrass du Chap. V, n° 28.

La conséquence la plus immédiate du théorème 1 est la suivante :

Théorème 2. *Si f est une fonction continue sur $\mathbb{T}$ telle que $\sum |\hat{f}(n)| < +\infty$, on a*

$$f(u) = \sum \hat{f}(n)u^n \quad \text{pour tout } u \in \mathbb{T}.$$

Désignons en effet par $g(u)$ le second membre. C'est la somme d'une série de Fourier absolument convergente, d'où résulte (Chap. V, n° 5) que $\hat{g}(n) = \hat{f}(n)$ pour tout n. Posant $f = g + h$, on voit donc que tous les coefficients de Fourier de la fonction h sont nuls.

La relation $\hat{h}(n) = 0$ pour tout n signifie que, relativement au produit scalaire standard

$$(f \mid g) = \int f(u)\overline{g(u)}dm(u)$$

de deux fonctions sur $\mathbb{T}$, la fonction h est "orthogonale" à tous les caractères $u \mapsto u^n$ de $\mathbb{T}$: $(h \mid \chi) = 0$. Elle est donc aussi orthogonale à toute combinaison linéaire d'un nombre fini de telles fonctions, i.e. à tout polynôme trigonométrique p.

Or h est continue comme f (par hypothèse) et comme g (comme somme d'une série normalement convergente de fonctions continues). D'après le théorème 1, il existe donc une suite (p_n) de polynômes trigonométriques qui converge vers h uniformément sur $\mathbb{T}$. Comme les fonctions $h(u)\overline{p_n(u)}$ convergent vers $|h(u)|^2$ uniformément sur $\mathbb{T}$, on en déduit que

$$\int |h(u)|^2 dm(u) = \lim \int h(u)\overline{p_n(u)}dm(u) = \lim(h \mid p_n) = 0.$$

La fonction $|h(u)|^2$ étant continue et positive, on a $h = 0$ (Chap. V, n° 2), d'où $f = g$, cqfd.

Voici une conséquence facile du théorème 2 : *pour qu'une fonction continue f soit représentée par une série de Fourier absolument convergente, il faut et il suffit que $\sum |\hat{f}(n)| < +\infty$. La condition est suffisante d'après le* théorème 2. Nous savons d'autre part (Chap. V, n° 5) que si une fonction f, nécessairement continue, est somme d'une série de Fourier absolument convergente, les coefficients de celle-ci sont nécessairement les nombres $\hat{f}(n)$; la seule et unique série qui représente f est donc alors *la* série de Fourier de f.

Le théorème de Cantor mentionné plus haut montre beaucoup plus : deux séries trigonométriques distinctes (i.e. n'ayant pas les mêmes coefficients) et partout convergentes (absolument *ou non*) ne peuvent pas avoir la même somme.

7 – Calculs hilbertiens

Désignons par $\mathcal{H}$ l'espace vectoriel complexe (de dimension infinie) des fonctions réglées sur $\mathbb{T}$ et munissons-le du produit scalaire habituel

$$(7.1) \qquad (f \mid g) = \int f(u)\overline{g(u)}dm(u).$$

Il possède les mêmes propriétés qu'au Chap. V, n° 3 : c'est une fonction linéaire de f pour g donnée, on a

$$(7.2) \qquad (g \mid f) = \overline{(f \mid g)}$$

enfin on a

$$(7.3) \qquad (f \mid f) = \int |f(u)|^2 dm(u) \geq 0$$

quelle que soit f. Comme au Chap. V et, plus généralement, comme dans tout espace pré-hilbertien (Appendice au Chap. III), il vérifie donc aussi l'inégalité de Cauchy-Schwarz

$$(7.4) \qquad |(f \mid g)|^2 \leq (f \mid f)(g \mid g).$$

On en déduit que l'expression

$$(7.5) \qquad \|f\|_2 = (f \mid f)^{1/2} = \left(\int |f(u)|^2 dm(u) \right)^{1/2}$$

possède les propriétés

$$(7.6) \qquad \|\lambda f\|_2 = |\lambda|.\|f\|_2, \qquad \|f + g\|_2 \leq \|f\|_2 + \|g\|_2,$$

d'une "norme" sur l'espace vectoriel $\mathcal{H}$ des fonctions réglées sur $\mathbb{T}$, à ceci près que la relation $\|f\|_2 = 0$ montre seulement que l'ensemble $\{f(u) \neq 0\}$ est dénombrable (Chap. V, n° 7, théorème 7) et non pas que $f = 0$. Cela n'a aucune importance puisque deux fonctions réglées qui sont égales en dehors d'un ensemble dénombrable ont les mêmes intégrales et donc les mêmes séries de Fourier.

Comme dans le cas de la norme de la convergence uniforme, la seconde relation (6) montre que l'expression

$$d_2(f, g) = \|f - g\|_2 = \left(\int |f(u) - g(u)|^2 \, dm(u) \right)^{1/2}$$

est une "distance" entre f et g (distance en moyenne quadratique).

Cela fait, on dit que deux fonctions f et g sont *orthogonales* si $(f \mid g) = 0$, notion dont nous déjà fait usage plus haut. On a alors la relation de Pythagore

$$(7.7) \qquad \|f + g\|_2^2 = \|f\|_2^2 + \|g\|_2^2$$

puisque $(f + g \mid f + g) = (f \mid f) + (f \mid g) + (g \mid f) + (g \mid g)$. Elle s'étend à une somme finie de fonctions f_i deux à deux orthogonales : on a en effet

$$\left(\sum f_i \mid \sum f_i \right) = \sum (f_i \mid f_j) = \sum (f_i \mid f_i) \quad \text{si } (f_i \mid f_j) = 0 \text{ pour } i \neq j.$$

En particulier, on a $(\mathbf{e}_p \mid \mathbf{e}_q) = 0$ ou 1, d'où

$$(7.8) \qquad \left(\sum a_p \mathbf{e}_p \mid \sum b_q \mathbf{e}_q \right) = \sum a_p \overline{b_p}$$

pour peu qu'il s'agisse de sommes finies, i.e. de polynômes trigonométriques.

Avec ces définitions, les coefficients de Fourier d'une fonction f sont, comme on l'a déjà vu, donnés par $\hat{f}(n) = (f \mid \mathbf{e}_n)$ où $\mathbf{e}_n$ est la fonction exponentielle $\mathbf{e}_n(t)$, en version $\mathbb{R}$, ou u^n, en version $\mathbb{T}$. Si l'on considère la somme partielle

$$(7.9) \qquad f_N = \sum_{|n| \leq N} \hat{f}(n) \mathbf{e}_n$$

de la série de Fourier de f, on a $(f_N \mid \mathbf{e}_n) = \hat{f}(n) = (f, \mathbf{e}_n)$ pour $|n| \leq N$ d'après (8), et donc $(f - f_N \mid \mathbf{e}_n) = 0$. La fonction $f - f_N$ étant orthogonale aux exponentielles $\mathbf{e}_n$ telles que $|n| \leq N$ l'est aussi à toute combinaison linéaire de celles-ci et en particulier à la fonction f_N elle-même. Comme $f = (f - f_N) + f_N$, le théorème de Pythagore montre alors que

$$(7.10) \qquad (f \mid f) = (f_N \mid f_N) + (f - f_N \mid f - f_N) \geq (f_N \mid f_N).$$

Mais d'après (8) on a

$$(7.11) \qquad (f_N \mid f_N) = \sum_{|n| \leq N} \left| \hat{f}(n) \right|^2.$$

Les sommes partielles de la série à termes positifs $\sum \left| \hat{f}(n) \right|^2$ sont donc bornées supérieurement par $(f \mid f)$; par suite, celle-ci converge et l'on a

$$(7.12) \qquad \sum \left| \hat{f}(n) \right|^2 \leq (f \mid f) = \int |f(u)|^2 dm(u) = \int |f(t)|^2 dt$$

pour toute fonction réglée sur $\mathbb{T}$.

Ces calculs, qui généralisent ce que l'on fait traditionnellement dans $\mathbb{R}^3$ à partir des "vecteurs unité" d'un système de coordonnées rectangulaires, sont valables dans tout espace pré-hilbertien. Si par exemple vous avez sur un intervalle compact $I \subset \mathbb{R}$ une suite de fonctions continues $P_n(t)$ – ce sont souvent, dans la pratique, des polynômes ou des solutions d'équations différentielles – vérifiant $\int P_k(t)\overline{P_h(t)}dt = 0$ ou 1 selon que $k \neq h$ ou $k = h$ et si, pour toute fonction continue f dans I, vous posez

$$(7.13) \qquad c_n(f) = \int_I f(t)\overline{P_n(t)}dt,$$

alors vous obtenez l'inégalité $\sum |c_n(f)|^2 \leq \int |f(t)|^2 dt$. Dans les bons cas, on espère bien – l'espoir fait vivre – obtenir non seulement l'égalité mais même un développement

$$(7.14) \qquad f(t) = \sum c_n(f)P_n(t)$$

en série convergente. Les séries de Fourier furent, historiquement, le premier cas qui se soit présenté et ont bien entendu inspiré les nombreuses généralisations ultérieures dont nous venons de décrire les plus simples.

8 – L'égalité de Parseval-Bessel

L'inégalité (7.12) est en réalité une *égalité* comme on l'a vu au Chap. V, n° 5 dans le cas simple des séries de Fourier absolument convergentes. Nous allons maintenant le démontrer pour toute fonction réglée à l'aide du théorème d'approximation de Weierstrass.

D'après (7.10) et (7.11), tout revient à prouver que $\|f - f_N\|_2$ tend vers 0, i.e. que

$$(8.1) \qquad \lim_{N \to \infty} \int_0^1 \left| f(t) - \sum_{|n| \leq N} \hat{f}(n)\mathbf{e}_n(t) \right|^2 dt = 0,$$

mais écrire explicitement des intégrales de ce genre serait la meilleure méthode pour ne rien comprendre à la démonstration et faire inutilement travailler le logiciel de M. Knuth.

Dans l'espace vectoriel complexe $\mathcal{H}$ du n° précédent, soit $\mathcal{H}_N$ l'ensemble des polynômes trigonométriques s'exprimant uniquement à l'aide des $\mathbf{e}_n$, $|n| \leq N$, autrement dit, le sous-espace vectoriel engendré par ces $2N + 1$ fonctions; il contient f_N. Comme $f - f_N$ est orthogonale aux $\mathbf{e}_n \in \mathcal{H}_N$, elle est orthogonale à tout $p \in \mathcal{H}_N$ comme on l'a vu plus haut. Ecrivant que $f - p = (f - f_N) + (f_N - p)$ et observant que $f_N - p \in \mathcal{H}_N$, on a donc

$$(8.2) \quad \begin{aligned} (f - p \mid f - p) &= (f - f_N \mid f - f_N) + (f_N - p \mid f_N - p) \\ &\geq (f - f_N \mid f - f_N) \end{aligned}$$

quel que soit $p \in \mathcal{H}_N$. Autrement dit, f_N *est le point du sous-espace vectoriel $\mathcal{H}_N$ situé à la distance minimum de f*, ce qui est raisonnable (figure 2) puisque c'est la "projection orthogonale" de f sur $\mathcal{H}_N$.

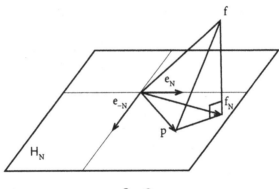

fig. 2.

Il s'ensuit que, pour établir (1), il suffit de prouver que, pour tout $r > 0$, il existe *un*, article indéfini, polynôme trigonométrique p tel que

$$(8.3) \qquad\qquad (f - p \mid f - p) < r^2;$$

un tel polynôme p appartient en effet à tous les $\mathcal{H}_N$ d'indice assez grand, de sorte qu'on aura alors, d'après (7.10),

$$(8.4) \quad 0 \leq (f \mid f) - (f_N \mid f_N) = (f - f_N \mid f - f_N) \leq (f - p \mid f - p) < r^2$$

pour N grand, ce qui établira l'égalité de Parseval-Bessel.

La relation (3) est un théorème d'approximation par les polynômes trigonométriques; mais au lieu de mesurer la "distance" entre deux fonctions f et g à l'aide de la norme de la convergence uniforme – ce qui est voué à l'échec si f n'est pas continue –, on la mesure à l'aide de la fonction $\|f - g\|_2$ qui conduit à la *convergence en moyenne quadratique,* tandis qu'en utilisant la distance

$$\|f - g\|_1 = \int |f(u) - g(u)| dm(u)$$

on obtiendrait la *convergence en moyenne* (Chap. V, fin du n° 4), beaucoup moins facilement manipulable que la précédente dans ce contexte.

Revenons à la démonstration de (3). Il n'y a pas de problème si f est continue : Weierstrass nous fournit un polynôme trigonométrique p tel que l'on ait $|f(u) - p(u)| < r$ quel que soit u, ce qui est incomparablement meilleur que (3). Dans le cas général, tout revient donc à montrer que f peut être approchée en moyenne quadratique par des fonctions *continues* g, car si l'on a $\|f - g\|_2 < r$ et $\|g - p\|_2 < r$, il s'ensuit que $\|f - p\|_2 < 2r$. Pour le faire, il suffit d'un résultat général qui aurait aussi bien pu être obtenu dès la définition des fonctions intégrables au Chap. V :

Lemme. *Soit f une fonction réglée sur un intervalle compact $I \subset \mathbb{R}$ (resp. sur $\mathbb{T}$). Alors, pour tout $r > 0$, il existe une fonction continue g sur I (resp. $\mathbb{T}$) telle que l'on ait $\|f - g\|_2 < r$, ou $\|f - g\|_1 < r$.*

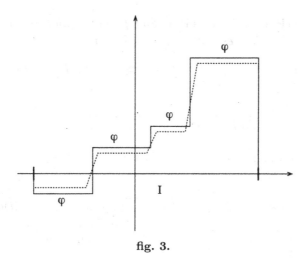

fig. 3.

On peut supposer $I = [0, 1]$. Il existe sur I une fonction étagée φ telle que l'on ait

$$|f(t) - \varphi(t)| \leq r$$

quel que soit $t \in I$, d'où

$$\|f - \varphi\|_1 \leq r$$

et la même inégalité pour l'autre norme. Il suffit donc d'établir le lemme pour la fonction étagée φ. La figure 3 montre la méthode : on remplace φ par une fonction continue linéaire par morceaux et égale à φ sauf au voisinage des discontinuités de φ; si l'on pose $M = \sup |\varphi(t)|$ et si φ possède n discontinuités dans $[0, 1]$, on peut choisir les n intervalles dans lesquels on la modifie de telle sorte que leurs longueurs soient inférieures à r/Mn; la contribution d'un tel intervalle à l'intégrale de $|f - \varphi|$ est alors inférieure à la longueur r/Mn de celui-ci multipliée par le maximum de $|f - \varphi|$ dans cet intervalle, donc à $Mr/Mn = r/n$, d'où, pour les n intervalles qui contribuent effectivement au calcul de l'intégrale de $|f - \varphi|$, une contribution totale $\leq r$. Pour l'approximation en moyenne quadratique, on choisit des intervalles de longueur $< r^2/M^2n^2$. Le cas des fonctions périodiques se traite de même en raisonnant sur $\mathbb{T}$ au lieu de I.

[Démonstration artificielle d'un résultat trop restrictif. Dans la théorie de Lebesgue modèle Bourbaki, une fonction intégrable (resp. de carré intégrable) est, quasiment par définition, limite en moyenne (resp. en moyenne quadratique) de fonctions continues. Il n'y a plus rien à démontrer, sauf peut-être l'intégrabilité des fonctions réglées, "résultat" dont la démonstration occupe trois lignes et qui, à ce niveau, n'intéresse plus personne].

Quoi qu'il en soit, ces procédés périmés fournissent un résultat fondamental même s'il est, ici encore, trop restrictif :

Théorème 3 (Parseval-Bessel[14]). *Soit f une fonction réglée périodique. Alors la série $\sum |\hat{f}(n)|^2$ est convergente et l'on a*

(8.5) $$\sum |\hat{f}(n)|^2 = \|f\|_2^2 = \int |f(u)|^2 dm(u) = \oint |f(t)|^2 dt,$$

(8.5') $$\lim_{N \to \infty} \int_0^1 \left| f(t) - \sum_{|n| \leq N} \hat{f}(n)\mathbf{e}_n(t) \right|^2 dt = 0.$$

Corollaire. *Soient f et g deux fonctions périodiques réglées. Alors la série $\sum \hat{f}(n)\overline{\hat{g}(n)}$ converge absolument et l'on a*

(8.6) $$\sum \hat{f}(n)\overline{\hat{g}(n)} = (f \mid g) = \int f(u)\overline{g(u)}dm(u) = \oint f(t)\overline{g(t)}dt.$$

La démonstration consiste à utiliser l'identité algébrique

(8.7) $$4(f \mid g) = (f + g \mid f + g) - (f - g \mid f - g) + \\ + i(f + ig \mid f + ig) - i(f - ig \mid f - ig)$$

qui résulte formellement – calculer mécaniquement en développant les carrés sans écrire d'intégrales – du fait que le produit scalaire $(f \mid g)$ est, pour g donné, fonction linéaire de f et vérifie $(g \mid f) = \overline{(f \mid g)}$; la relation (7) généralise l'identité

(8.8) $$4u\bar{v} = |u + v|^2 - |u - v|^2 + i|u + iv|^2 - i|u - iv|^2$$

entre nombres complexes. Ceci fait, on applique Parseval-Bessel aux fonctions $f + g$, $f - g$, $f + ig$ et $f - ig$ figurant dans (7), et on applique (8) à $u = \hat{f}(n)$ et $v = \hat{g}(n)$. On constate alors que la série $\sum \hat{f}(n)\overline{\hat{g}(n)}$ est une combinaison linéaire de quatre séries absolument convergentes, donc converge absolument et que sa somme est bien le produit scalaire (f, g).

---

[14] Cette égalité a été publiée par M.-A. Parseval (1755–1836) en 1805 dans les Mémoires de l'Académie des Sciences; Parseval considère deux séries de la forme $P(t) = \sum a_n t^n$ et $Q(t) = \sum b_n t^{-n}$ (sommations sur $\mathbb{N}$), remarque, aux notations près, que $P(t)Q(t) = \sum c_n t^n$ (sommation sur $\mathbb{Z}$) avec $c_0 = \sum a_n b_n$ et considère alors comme allant de soi que

$$\sum a_n b_n = \frac{1}{\pi} \int_0^\pi \left[P\left(e^{iu}\right) Q\left(e^{iu}\right) + P\left(e^{-iu}\right) Q\left(e^{-iu}\right) \right] du;$$

il s'agit donc d'un simple calcul formel. L'astronome Friedrich Whilhelm Bessel (1784–1846), ultra célèbre par ses travaux de mécanique céleste, publia l'inégalité $\sum \left| \hat{f}(n) \right|^2 < \|f\|^2$ dans un mémoire de 1828 sur les phénomènes périodiques où il utilise le développement en série de Fourier sans référence à sa démonstration ou aux problèmes de convergence. I. Grattan-Guinness, *Joseph Fourier 1768–1830* (MIT Press, 1972), pp. 240 et 376. C'est vers la fin du siècle, avec l'apparition des premiers travaux sur les espaces hilbertiens "fonctionnels", que le théorème sera correctement démontré et son importance mise en lumière.

Autre corollaire, supposons que la série de Fourier d'une fonction *réglée* f converge absolument, i.e. que

$$\sum \left| \hat{f}(n) \right| < +\infty$$

et soit g la somme de celle-ci. D'après le n° 5 du Chap. V, on a nécessairement $\hat{g}(n) = \hat{f}(n)$, ce qui suggère que $g = f$ "à peu de choses près"; c'est ce qu'au théorème 2 on a démontré exactement en supposant f *continue*.

Dans le cas général, considérons à nouveau la fonction $h = f - g$. Elle est réglée et ses coefficients de Fourier $\hat{h}(n) = \hat{f}(n) - \hat{g}(n)$ sont tous nuls. Parseval-Bessel montre alors que $\int |h(t)|^2 dt = 0$ et donc que $h(t) = 0$ sauf peut-être en un ensemble dénombrable D de points (Chap. V, n° 7, théorème 7). La fonction g étant continue comme somme d'une série normalement convergente de fonctions continues, cela signifie qu'en modifiant f au besoin sur une partie dénombrable D de $\mathbb{T}$, on peut la supposer continue; elle est alors égale à g, donc partout égale à sa série de Fourier.

Exercice – On considère sur un intervalle compact I une suite de polynômes $P_n(t)$ vérifiant $\int P_k(t)\overline{P_h(t)}dt = 0$ ou 1 et tels que $d°(P_n) = n$ pour tout n. Montrer que toute fonction continue f sur I est limite uniforme de combinaisons linéaires (finies) des P_n et en déduire que l'on a $\int |f(t)|^2 dt = \sum |c_n(f)|^2$ [notation (7.13)].

Les résultats précédents montrent que si l'on associe à chaque f sa transformée de Fourier $\hat{f} : n \mapsto \hat{f}(n)$, on obtient *une application linéaire de $\mathcal{H}$ dans $L^2(\mathbb{Z})$ qui conserve les produits scalaires*. Le lecteur qui désirerait comprendre la différence d'efficacité entre les intégrales dites de Riemann et celles de Lebesgue pourra se poser la question de savoir si cette application est surjective. Réponse négative chez Riemann, positive chez Lebesgue, dont la théorie trouva là l'un de ses premiers grands succès.

Pour comprendre le problème, partons d'une fonction $c(n)$ dans $L^2(\mathbb{Z})$; il s'agit de trouver une $f \in \mathcal{H}$ telle que $\hat{f}(n) = c(n)$ pour tout n. Si f existe, on a

$$(8.9) \qquad f_N(u) = \sum_{|n| \leq N} c(n)u^n \quad \text{et} \quad \lim \|f - f_N\|_2 = 0.$$

Or les f_N forment une *suite de Cauchy* dans $\mathcal{H}$, car pour $p < q$ on a d'après (7.8)

$$(8.10) \qquad \|f_p - f_q\|_2^2 = \sum_{p < |n| \leq q} |c(n)|^2,$$

résultat arbitrairement petit pour p grand puisque $\sum |c(n)|^2 < +\infty$. La question posée est donc de décider si la convergence en moyenne quadratique est, dans $\mathcal{H}$, garantie par le critère de Cauchy, autrement dit : $\mathcal{H}$ est-il un espace *complet* au sens de l'Appendice au Chap. III? Réponse négative en théorie de Riemann, positive (théorème de Riesz-Fischer) en théorie de Lebesgue où l'on considère des fonctions "de carré intégrable" beaucoup plus générales. C'est l'une des nombreuses raisons qui montrent que l'on ne pourra probablement jamais dépasser la théorie actuelle de l'intégration – celle de Lebesgue – ou, pour être plus prudent, qu'il n'est pas utile de chercher à le faire si l'on ne s'intéresse pas à des mathématiques ultra fines et ultra spécialisées comme l'ont fait quelques successeurs de Baire.

A défaut de grands résultats "modernes", i.e. n'ayant pas plus d'un siècle, on peut toujours revenir à Euler et Fourier.

Exemple 1 (Fourier). Considérons la fonction périodique égale à t pour $|t| < \frac{1}{2}$; peu importent ses valeurs aux extrémités. En intégrant par parties, on a, pour $n \neq 0$,

$$\hat{f}(n) = \int_{-\frac{1}{2}}^{\frac{1}{2}} t\overline{e_n(t)}dt = \frac{t\overline{e_n(t)}}{-2\pi in}\bigg|_{-\frac{1}{2}}^{\frac{1}{2}} + \frac{1}{2\pi in} \int_{-\frac{1}{2}}^{\frac{1}{2}} \overline{e_n(t)}dt;$$

l'intégrale est nulle puisque e_n est orthogonale à e_0; comme $e_n(t) = (-1)^n$ pour $t = \pm\frac{1}{2}$, il vient

$$\hat{f}(0) = 0, \quad \hat{f}(n) = (-1)^{n+1}/2\pi in.$$

L'intégrale de t^2 étant égale à $1/12$, on trouve la relation

$$\sum 1/4\pi^2 n^2 = 1/12$$

où la somme est étendue à tous les $n \in \mathbb{Z}$ non nuls. D'où à nouveau la relation $\sum 1/n^2 = \pi^2/6$.

Exemple 2. Considérons la fonction de période 1 telle que

$$f(t) = e^{2\pi izt} \qquad \text{pour } |t| < \frac{1}{2},$$

où z est un nombre complexe non entier puisqu'autrement l'intérêt du problème disparaîtrait. On a

$$\hat{f}(n) = \int_{-\frac{1}{2}}^{\frac{1}{2}} e^{2\pi i(z-n)t}dt = \frac{e^{2\pi i(z-n)t}}{2\pi i(z-n)}\bigg|_{-\frac{1}{2}}^{\frac{1}{2}}$$

en vertu du fait que, pour tout $\lambda \in \mathbb{C}$, la dérivée de $e^{\lambda t}$ est $\lambda e^{\lambda t}$ (Chap. IV, n° 10, évident puisque $e^{\lambda t} = \sum \lambda^n t^n/n!$). D'où

(8.11) $$\hat{f}(n) = (-1)^n \sin \pi z/\pi(z - n).$$

En considérant maintenant la fonction $g(t) = \overline{f(-t)}$, on a, en passant à l'interprétation $\mathbb{T}$ et en tenant compte de la symétrie de la mesure invariante,

$$(8.12) \qquad \hat{g}(n) \;\; = \;\; \int \overline{f(u^{-1})}u^{-n}dm(u) = \int \overline{f(u)}u^{n}dm(u) =$$
$$= \;\; \int \overline{f(u)u^{-n}}dm(u) = \overline{\hat{f}(n)}.$$

Le corollaire ci-dessus montre donc – résultat général bien sûr – que

$$(8.13) \qquad\qquad \sum \hat{f}(n)^{2} = \oint f(t)f(-t)dt.$$

Dans le cas qui nous occupe, on a $f(t)f(-t) = 1$ quel que soit t, d'où, d'après (11), l'identité

$$1 = \sum \frac{\sin^{2}\pi z}{\pi^{2}(z-n)^{2}} \; ,$$

ou, en remplaçant z par z/π ,

$$(8.14) \qquad\qquad \frac{1}{\sin^{2}z} = \sum_{\mathbb{Z}} \frac{1}{(z-n\pi)^{2}}.$$

Nous avions déjà obtenu cette formule au Chap. II, n° 21 en dérivant formellement le développement de $\cot z$ en série de fractions rationnelles, puis au Chap. III, n° 17, exemple 4 par des raisonnements plus orthodoxes.

Dans son mémoire sur la propagation de la chaleur, Fourier calcule des développements analogues; il considère par exemple la fonction de période π (et non pas 2π) égale à $\sin x$ (ou à $\cos x$) entre 0 et π et la développe en tant que fonction de période 2π. Il considère aussi la fonction de période 2π égale à $\cos x$ entre $-\pi/2$ et $\pi/2$ et nulle entre $\pi/2$ et $3\pi/2$, etc. Ces exemples sont particulièrement audacieux pour l'époque puisqu'ils lui fournissent une série de la forme $\sum a_{n}\cos nx$ dont la somme est égale à $\cos x$ dans le premier intervalle et à 0 dans le second, i.e. une série de fonctions analytiques dont la somme n'est pas analytique[15]; Lagrange, qui a pourtant rencontré des séries "de Fourier" en 1759 à propos du problème des cordes vibrantes mais les a rejetées à cause de leur périodicité et qui a tenté de fonder toute l'analyse sur les séries entières, critique vivement le mémoire de Fourier. Le lecteur trouvera facilement les coefficients des formules et aura intérêt à tracer les graphes de ces fonctions bizarres, comme le fait Fourier lui-même.

---

[15] encore que le problème des cordes vibrantes ait déjà suggéré ce genre de phénomène à d'Alembert, Euler et Daniel Bernoulli, qui n'insistèrent pas (et se disputèrent à ce sujet). On trouve le texte de Fourier, des explications et une biographie du préfet de l'Isère, position qu'il occupe lorsqu'il écrit son mémoire, dans I. Grattan-Guinness, *Joseph Fourier 1768–1830* (MIT Press, 1972).

9 – Séries de Fourier des fonctions dérivables

Dans toute la suite, nous noterons $C^p(\mathbb{T})$ l'ensemble des fonctions périodiques de classe C^p; on posera $\mathcal{D}(\mathbb{T}) = C^\infty(\mathbb{T})$ comme dans $\mathbb{R}$. Comme nous allons le voir, le théorème 2 s'applique toujours aux fonctions de $C^1(\mathbb{T})$. Faisons d'abord quelques remarques sur la formule d'intégration par parties.

Elle est particulièrement simple dans le cas de deux fonctions périodiques f et g de classe C^1 dans $\mathbb{R}$. Lorsqu'on intègre $fg' + f'g$ sur un intervalle $[a, a+1]$ dans $\mathbb{R}$, le terme $f(a+1)g(a+1) - f(a)g(a)$ est en effet nul puisque f et g sont périodiques. En notant d'une manière générale $f'(u)$ la fonction qui, sur $\mathbb{T}$, correspond par $f'(e(t)) = f'(t)$ à la fonction périodique[16] $f'(t)$ sur $\mathbb{R}$, on a donc

$$(9.1) \qquad \int f'(u)g(u)dm(u) = - \int f(u)g'(u)dm(u)$$

ou, en version $\mathbb{R}$,

$$(9.2) \qquad \oint f'(t)g(t)dt = - \oint f(t)g'(t)dt.$$

Ce résultat s'étend aux fonctions périodiques qui sont des primitives de fonctions réglées, mais cela demande quelques explications. Périodique ou non, une fonction f est, sur $\mathbb{R}$, une primitive d'une fonction réglée f' si (i) f est *continue*, (ii) f admet en chaque point $t \in \mathbb{R}$ des dérivées à droite et à gauche égales aux limites $f'(t+)$ et $f'(t-)$ de f'; la dérivée f' est donc périodique si f l'est. Le théorème 12 bis du Chap. V, n° 13, i.e. le TF, s'appliquant aux primitives de fonctions réglées, on a en particulier

$$f(1) - f(0) = \oint f'(t)dt,$$

de sorte que *la valeur moyenne de f' est nulle si f est périodique*. La formule (2) reste valable parce que, si f et g sont des primitives *périodiques* de fonctions réglées f' et g' nécessairement périodiques, la fonction fg est visiblement une primitive périodique de $f'g + fg'$; puisque fg est périodique, l'intégrale de $f'g + fg'$ sur une période est nulle comme on vient de le voir, d'où (2).

Il ne faut pas croire qu'une fonction périodique réglée f admette toujours une primitive *périodique*. Si en effet – seule possibilité à une constante additive près – on pose

$$F(t) = \int_0^t f(x)dx$$

comme au Chap. V, n° 13, il est clair que F est périodique si et seulement si la valeur moyenne de f est nulle : écrire que $F(1) = F(0)$. On pourrait adopter

---

[16] On a $f'(u) = 2\pi i. \lim[f(uv) - f(u)]/(v - 1)$ lorsque $v \in \mathbb{T}$ tend vers 1.

la formule précédente pour $t \in [0,1[$ et définir F dans $\mathbb{R}$ par périodicité, mais alors on aurait

$$F(1-) - F(1+) = F(1-) - F(0+) = \lim[F(1-\varepsilon) - F(\varepsilon)] = \int_0^1 f(t)dt,$$

d'où une discontinuité pour $t = 1$ et plus généralement pour $t \in \mathbb{Z}$; n'étant pas continue, F ne serait donc pas une primitive de f. Dans un cas de ce genre, il faut ajouter au second membre de (2.20') un terme égal à la différence $f(1-)g(1-) - f(0+)g(0+)$; source notoire d'erreurs[17] de calcul ...

Ceci acquis, considérons une fonction $f \in C^1(\mathbb{T})$ et notons $Df = f'$ sa dérivée, fonction périodique continue. Une intégration par parties montre alors, d'après (2) que l'on a

$$\int_0^1 Df(t)e^{-2\pi i n t}dt = 2\pi i n \int_0^1 f(t)e^{-2\pi i n t}dt$$

i.e.

$$(9.3) \qquad\qquad \widehat{Df}(n) = 2\pi i n \hat{f}(n).$$

Ce calcul vaut encore si f est une primitive périodique d'une fonction réglée périodique, comme on l'a vu plus haut. Il ne s'applique pas à l'exemple 1 du n° précédent, car la fonction périodique égale à t dans $[-\frac{1}{2}, \frac{1}{2}[$, n'étant pas partout continue, n'est pas une primitive dans $\mathbb{R}$.

Or nous savons que la série $\sum \left|\widehat{Df}(n)\right|^2$ converge puisque Df est réglée; il en est de même de la série $\sum 1/n^2$. La série $\sum \left|\widehat{Df}(n)/n\right|$ est donc absolument convergente (inégalité de Cauchy-Schwarz pour les séries). Mais $\widehat{Df}(n)/n = \hat{f}(n)$ à un facteur constant près. Par suite :

Théorème 4. *Soit f une fonction périodique continue, primitive d'une fonction réglée sur $\mathbb{R}$ (par exemple, une fonction périodique de classe C^1 dans $\mathbb{R}$); alors la série de Fourier de f est absolument convergente et l'on a*

$$f(t) = \sum \hat{f}(n)\mathbf{e}_n(t)$$

quel que soit $t \in \mathbb{R}$.

---

[17] Faire attention au fait que les $f \in C^p(\mathbb{T})$ doivent être de classe C^p dans $\mathbb{R}$ et non pas seulement dans un intervalle d'une période tel que $[0,1]$, puisque cette dernière propriété est compatible avec l'existence de discontinuités en 0 et 1 pour les dérivées de la fonction périodique considérée. Pour qu'une fonction f de classe C^p dans $[0,1]$ puisse se prolonger en une fonction périodique de classes C^p dans $\mathbb{R}$, il faut et il suffit que l'on ait $f^{(k)}(0) = f^{(k)}(1)$ pour tout $k \leq p$.

Si f est de classe C^2, on peut itérer (3) et obtenir

$$\widehat{D^2 f}(n) = (2\pi i n)^2 \, \hat{f}(n),$$

et ainsi de suite.

L'inégalité de Parseval-Bessel montre alors que, si $f \in C^p(\mathbb{T})$, on a

$$(9.4) \qquad \sum \left| n^p \hat{f}(n) \right|^2 < +\infty$$

et a fortiori

$$(9.5) \qquad \hat{f}(n) = o(1/n^p).$$

On peut se demander si, inversement, ces propriétés caractérisent les coefficients de Fourier des fonctions de classe C^p; la réponse est négative : pour $p = 1$, la relation (4) est vérifiée par toute primitive d'une fonction réglée, ce qui autorise beaucoup de discontinuités de la dérivée. Mais il est utile d'y regarder de plus près.

Tout d'abord, (3) montre que si f est une primitive périodique d'une fonction réglée Df, la série de Fourier

$$(9.6) \qquad \sum \widehat{Df}(n)\mathbf{e}_n(t) \approx \sum 2\pi i n \hat{f}(n)\mathbf{e}_n(t)$$

de Df s'obtient *comme si* l'on pouvait dériver terme à terme celle de f bien que le théorème général de dérivation terme à terme (Chap. III, n° 17, théorème 19 et exemple 2) ne s'applique pas nécessairement ici : les discontinuités de Df peuvent interdire à sa série de Fourier de converger uniformément ou même simplement (d'où le signe $\approx$).

Si toutefois, pour une fonction périodique réglée f donnée, le second membre de (6) converge absolument, i.e. si $\sum |n\hat{f}(n)| < +\infty$, condition plus restrictive que $\hat{f}(n) = o(1/n)$, on a a fortiori $\sum |\hat{f}(n)| < +\infty$; on peut donc, comme on l'a vu au n° 8, supposer que

$$f(t) = \sum \hat{f}(n)\mathbf{e}_n(t)$$

partout; comme la série dérivée converge uniformément, on en conclut que f est dérivable et que $Df(t) = \sum 2\pi i n \hat{f}(n)\mathbf{e}_n(t)$, fonction continue : la fonction f est donc de classe C^1. Plus généralement, si les coefficients de Fourier d'une fonction f vérifient $\sum |n^p \hat{f}(n)| < +\infty$, la fonction est de classe C^p : itérer le raisonnement.

Le cas où $p = \infty$, i.e. des fonctions $f \in \mathcal{D}(\mathbb{T})$, est plus simple. Si f est C^∞, auquel cas (5) s'applique quel que soit p aux coefficients de Fourier de toutes les dérivées successives de f, on peut dériver terme à terme ad libitum la série de Fourier de f et obtenir des séries qui sont toutes normalement convergentes et représentent les dérivées successives de f; noter que, sauf celle de f, elles n'ont pas de terme constant. Si, inversement, on se donne des coefficients $c(n)$ vérifiant (5) quel que soit p et si l'on pose $f(t) = \sum c(n)\mathbf{e}_n(t)$, série absolument convergente et donc série de Fourier de f, il est clair que les produits $n^r c(n)$ vérifient encore (5) quel que soit r et que la série obtenue en dérivant formellement r fois la série $\sum c(n)\mathbf{e}_n(t)$ converge normalement; le théorème standard de dérivation terme à terme (Chap. III, n° 17, théorème 19) s'applique donc à la série $\sum c(n)\mathbf{e}_n(t)$: f est une fonction C^∞ dont les $c(n)$ sont les coefficients de Fourier. En conclusion :

Théorème 5. *Soit $c(n)$ une fonction numérique sur $\mathbb{Z}$. Pour qu'il existe une fonction $f \in C^\infty(\mathbb{T})$ telle que $\hat{f}(n) = c(n)$ pour tout n, il faut et il suffit que l'on ait $c(n) = O(1/n^p)$ pour tout $p \in \mathbb{N}$. On peut alors dériver terme à terme un nombre arbitraire de fois la série de Fourier de f.*

Une fonction c sur $\mathbb{Z}$ vérifiant (5) pour *tout* p est dite *à décroissance rapide*.

10 – Distributions sur $\mathbb{T}$

L'identification des fonctions sur $\mathbb{T}$ aux fonctions de période 1 sur $\mathbb{R}$ nous a permis de définir de façon évidente des espaces $C^p(\mathbb{T})$ pour tout $p \in \mathbb{N}$ et $\mathcal{D}(\mathbb{T}) = C^\infty(\mathbb{T})$. Comme dans l'espace $\mathcal{D}(\mathbb{R})$ de Schwartz (Chap. V, n° 34), on peut définir dans $\mathcal{D}(\mathbb{T})$ des normes

$$(10.1) \qquad N_k(\varphi) = \|\varphi\| + \|D\varphi\| + \ldots + \|D^k\varphi\|$$

et des distances

$$(10.1') \qquad d_k(\varphi, \psi) = N_k(\varphi - \psi),$$

où $\|\varphi\| = \sup |\varphi(u)|$ désigne la norme de la convergence uniforme sur $\mathbb{T}$ (ou, en termes de fonctions périodiques, sur $\mathbb{R}$) et où les $D^r\varphi = \varphi^{(r)}$ sont les dérivées successives, encore périodiques, de la fonction φ. A ces normes est associée une notion de convergence : une suite $\varphi_n \in \mathcal{D}(\mathbb{T})$ converge vers une $\varphi \in \mathcal{D}(\mathbb{T})$ si $\lim d_k(\varphi, \varphi_n) = 0$ pour tout k, autrement dit si, pour tout $r > 0$, on a $\lim D^r\varphi_n = D^r\varphi$ uniformément sur $\mathbb{T}$. C'est le mode de convergence qui permet de dériver terme à terme ad libitum la suite donnée pour calculer les dérivées de la limite.

Cela dit, une *distribution* dans $\mathbb{T}$ est, comme dans $\mathbb{R}$, une application linéaire $T : \mathcal{D}(\mathbb{T}) \to \mathbb{C}$ qui est continue au sens suivant : il existe un $k \in \mathbb{N}$ et une constante $M \geq 0$ tels que l'on ait

$$(10.2) \qquad |T(\varphi)| \leq M.N_k(\varphi) \qquad \text{pour toute } \varphi \in \mathcal{D}(\mathbb{T}),$$

i.e. $|T(\varphi) - T(\psi)| \leq M.d_k(\varphi, \psi)$. Le plus petit entier k possible s'appelle l'*ordre* de T. On a alors $\lim T(\varphi_n) = T(\varphi)$ si les $\varphi_n \in \mathcal{D}(\mathbb{T})$ convergent uniformément vers une $\varphi \in \mathcal{D}(\mathbb{T})$ ainsi que toutes leurs dérivées successives d'ordre $\leq k$: les autres n'interviennent pas.

Les exemples donnés au Chap. V, n° 34 dans le cas de $\mathbb{R}$ se transposent facilement ici à condition de ne pas tenter d'intégrer des fonctions périodiques sur $\mathbb{R}$ tout entier, une intégrale de ce genre étant évidemment divergente. En particulier, toute fonction f intégrable sur $\mathbb{T}$ définit une distribution $T_f : \varphi \mapsto \int \varphi(u)f(u)dm(u)$, et toute mesure μ sur $\mathbb{T}$ une distribution $T_\mu : \varphi \mapsto \int \varphi(u)d\mu(u)$. Ces distributions sont d'ordre 0. Une distribution telle que $\varphi \mapsto \int \varphi^{(r)}(u)f(u)dm(u)$ est d'ordre r; on verra plus loin qu'à une constante additive près[18], toute distribution sur $\mathbb{T}$ est de ce type.

Il serait commode d'utiliser pour les distributions la notation $T(\varphi) = \int \varphi(u)dT(u)$ de Leibniz; la définition de la *dérivée*

$$(10.3) \qquad\qquad T'(\varphi) = -T(\varphi')$$

d'une distribution s'écrirait alors

$$(10.4) \qquad\qquad \int \varphi(u)dT'(u) = -\int \varphi'(u)dT(u)$$

comme la formule d'intégration par parties (9.2) dont elle dérive directement. Censurée par Schwartz, cette notation n'est pas entrée dans les moeurs; nous l'utiliserons à l'occasion.

Comme dans le cas des fonctions et des mesures sur $\mathbb{T}$, on peut associer à toute distribution T sur le tore des *coefficients de Fourier*

$$(10.5) \qquad\qquad \hat{T}(n) = \int u^{-n}dT(u) = T(\mathbf{e}_{-n}).$$

Or le fait que la série de Fourier d'une fonction $\varphi \in \mathcal{D}(\mathbb{T})$ converge uniformément ainsi que toutes les séries dérivées signifie évidemment que *la série $\varphi = \sum \hat{\varphi}(n)\mathbf{e}_n$ converge au sens de l'espace $\mathcal{D}(\mathbb{T})$* : on a

$$(10.6) \qquad\qquad \lim_{N \to \infty} d_k(\varphi, \varphi_N) = 0 \quad \text{pour tout } k \in \mathbb{N}$$

où, comme toujours, les φ_N sont les sommes partielles de la série de Fourier de φ et où les distances d_k, données par (1'), définissent la convergence dans $\mathcal{D}(\mathbb{T})$.

On peut donc "intégrer" terme à terme la série de Fourier de φ par rapport à n'importe quelle distribution T sur le tore. Comme la valeur de T sur la fonction $\mathbf{e}_n$ n'est autre, par définition, que le coefficient de Fourier $\hat{T}(-n)$ de T, on trouve donc

$$(10.7) \qquad T(\varphi) = \sum \hat{T}(-n)\hat{\varphi}(n) \quad \text{pour toute } \varphi \in \mathcal{D}(\mathbb{T}).$$

Cette relation ressemblerait davantage à Parseval-Bessel si on l'écrivait sous la forme

---

[18] Une constante c est aussi la *fonction* constante $u \mapsto c$, donc est aussi une *distribution*, à savoir $\varphi \mapsto c \int \varphi(u)dm(u) = c.m(\varphi)$.

$$\int \overline{\varphi(u)} dT(u) = \sum \overline{\hat{\varphi}(n)} \hat{T}(n).$$

On peut encore l'interpréter comme un *développement de T en série de Fourier*. Associons en effet une distribution T_f à toute fonction raisonnable f sur $\mathbb{T}$ en posant $T_f(\varphi) = \int \varphi(u) f(u) dm(u)$. Notons en particulier $\mathbb{E}_n$ la distribution associée à la fonction $t \mapsto \mathbf{e}_n(t)$ ou $u \mapsto u^n$, d'où

$$\mathbb{E}_n(\varphi) = \hat{\varphi}(-n) \quad \text{pour toute } \varphi \in \mathcal{D}(\mathbb{T}).$$

La formule (7) s'écrit alors

$$(10.8) \qquad T(\varphi) = \sum \hat{T}(n) \mathbb{E}_n(\varphi) \quad \text{pour toute } \varphi \in \mathcal{D}(\mathbb{T})$$

ou, symboliquement, sous la forme

$$T = \sum \hat{T}(n) \mathbb{E}_n;$$

cette écriture prend un sens si l'on définit la somme d'une série $\sum T_n$ de distributions comme étant la distribution T telle que

$$T(\varphi) = \sum T_n(\varphi)$$

pour toute $\varphi \in \mathcal{D}(\mathbb{T})$, ce qui suppose au minimum (et, en fait, exactement[19]) que le second membre converge pour toute $\varphi \in \mathcal{D}(\mathbb{T})$.

Choisissons par exemple $T = T_f$ où f est une fonction réglée sur $\mathbb{T}$, d'où $\hat{T}(n) = \hat{f}(n)$. Pour toute $\varphi \in \mathcal{D}(\mathbb{T})$, on a alors, d'après Parseval-Bessel,

$$
\begin{aligned}
T_f(\bar{\varphi}) &= \int f(u) \overline{\varphi(u)} dm(u) = \sum \hat{f}(n) \overline{\hat{\varphi}(n)} = \sum \int \hat{f}(n) u^n \overline{\varphi(u)} dm(u) = \\
&= \lim_{N \to \infty} \int \sum_{|n|<N} \ldots = \lim \int f_N(u) \overline{\varphi(u)} dm(u)
\end{aligned}
$$

où les f_N sont les sommes partielles de la série de Fourier de f. Au point de vue distribution, cela s'écrit

$$(10.9) \qquad T_f(\varphi) = \lim T_{f_N}(\varphi) \quad \text{i.e.} \quad T_f = \lim T_{f_N};$$

autrement dit, *en tant que distribution*, la fonction f est la limite des sommes partielles de sa série de Fourier. Cela ne signifie pas que celles-ci convergent vers f au sens usuel! C'est l'un des tours de prestidigitation que permet la théorie des distributions . . .

Noter d'autre part que la dérivée $T' = DT$ d'une distribution T a pour coefficients de Fourier les nombres

---

[19] Si une série $\sum T_n(\varphi)$ converge quelle que soit $\varphi \in \mathcal{D}(\mathbb{T})$, alors $T(\varphi) = \sum T_n(\varphi)$ est encore une distribution, i.e. vérifie une majoration de la forme $|T(\varphi)| \leq M.N_k(\varphi)$. La démonstration s'obtient sans le moindre calcul à l'aide de théorèmes généraux d'analyse fonctionnelle.

(10.10) $\widehat{DT}(n) = DT(\mathbf{e}_{-n}) = -T(\mathbf{e}'_{-n}) = -T(-2\pi in\mathbf{e}_{-n}) = 2\pi in\hat{T}(n);$

en d'autres termes, autre tour de passe-passe, *la formule (9.3) est valable pour toute distribution sur $\mathbb{T}$.*

Peut-on caractériser les fonctions $n \mapsto c(n)$ sur $\mathbb{Z}$ qui sont les coefficients de Fourier d'une distribution? Si T est une distribution, on a par définition une inégalité de la forme

(10.11) $$|T(\varphi)| \le M.N_k(\varphi),$$

valable pour toute $\varphi \in \mathcal{D}(\mathbb{T})$. Mais si $\varphi(t) = \mathbf{e}_n(t)$, on a, à des facteurs $2\pi i$ près, $D\varphi(t) = n\mathbf{e}_n(t)$, $D_2\varphi(t) = n^2\mathbf{e}_n(t)$, etc. et donc

$$N_k(\varphi) = 1 + |2\pi n| + |2\pi n|^2 + \ldots + |2\pi n|^k,$$

expression $\sim |2\pi n|^k$ pour $|n|$ grand (ordre de grandeur d'un polynôme à l'infini). On en conclut à l'existence d'un entier k tel que l'on ait

(10.12) $$\hat{T}(n) = O(|n|^k) \qquad \text{pour } |n| \text{ grand.}$$

Inversement, toute fonction $c(n)$ vérifiant $c(n) = O(n^k)$ pour *un* entier $k \in \mathbb{N}$, définit une distribution par la formule

(10.13) $$T(\varphi) = \sum c(-n)\hat{\varphi}(n).$$

Tout d'abord, la série converge puisque le produit d'une fonction à croissance lente par une fonction à décroissance rapide est évidemment à décroissance rapide. On a $T(\mathbf{e}_n) = c(n)$ puisque les coefficients de Fourier de $\mathbf{e}_n$ sont tous nuls sauf le n-ième (relations d'orthogonalité). Reste à montrer la continuité, au sens de $\mathcal{D}(\mathbb{T})$, de la forme linéaire $\varphi \mapsto T(\varphi)$.

Tout d'abord, on a

(10.14) $$\widehat{D^r\varphi}(n) = (2\pi in)^r\hat{\varphi}(n)$$

quel que soit r pour toute $\varphi \in \mathcal{D}(\mathbb{T})$ et donc

(10.15) $$\sum |(2\pi in)^r\hat{\varphi}(n)|^2 = \int |D^r\varphi(u)|^2 \, dm(u) \le \|D^r\varphi\|^2$$

puisque la valeur moyenne moyenne d'une fonction est majorée par sa norme uniforme. Ecrivons alors (13) sous la forme

(10.16) $$T(\varphi) = c(0)\hat{\varphi}(0) + \sum \frac{c(-n)}{(2\pi in)^r}(2\pi in)^r\hat{\varphi}(n)$$

avec $r = k + 1$ et posons

$$u_n = c(-n)/(2\pi in)^r, \qquad v_n = (2\pi in)^r\hat{\varphi}(n).$$

D'après (12), on a $u_n = O(1/n)$ et donc $\sum |u_n|^2 < +\infty$. La relation (14) et Parseval-Bessel montrent que l'on a aussi $\sum |v_n|^2 = \|D^r\varphi\|_2^2 < +\infty$. L'inégalité de Cauchy-Schwarz montre alors que

$$\left|\sum u_n \bar{v}_n\right| \le M.\|D^r\varphi\|_2 \le M.\|D^r\varphi\|$$

où $M^2 = \sum |u_n|^2$ ne dépend que de T. Puisque $r = k+1$, on a donc finalement une majoration

(10.17) $$|T(\varphi)| \le |c(0)|.|\hat{\varphi}(0)| + M\|D^{k+1}\varphi\|,$$

ce qui montre que T est bien une distribution. En conclusion :

Théorème 6. *Soit* $n \mapsto c(n)$ *une fonction numérique sur* $\mathbb{Z}$. *Pour qu'il existe une distribution* T *sur* $\mathbb{T}$ *telle que* $\hat{T}(n) = c(n)$ *pour tout* n, *il faut et il suffit qu'il existe un* $k \in \mathbb{N}$ *tel que* $c(n) = O(n^k)$.

On dit alors que la fonction $c(n)$ est *à croissance lente* ou est *tempérée*.

Exemple. Considérons avec Fourier la série

$$\sin t - \sin(2t)/2 + \sin(3t)/3 - \ldots;$$

Fourier calcule ses sommes partielles en les dérivant comme on l'a fait au Chap. V, n° 16 pour les signaux carrés, ce qui, pour $|t| < \pi$, les met sous la forme

$$t/2 - \frac{1}{2}\int_0^t \frac{\cos(N + \frac{1}{2})}{\cos x/2}\,dx;$$

une intégration par parties montre que l'intégrale tend vers 0, d'où

$$t/2 = \sin t - \sin(2t)/2 + \sin(3t)/3 - \ldots \qquad \text{pour } |t| < \pi.$$

Lorsque Fourier présente son premier manuscrit à l'Académie, Lagrange émet des objections; par exemple, il écrit la formule précédente sous la forme

(*) $$\frac{1}{2}(\pi - t) = \sin t + \sin(2t)/2 + \sin(3t)/3 + \ldots,$$

la dérive pour obtenir

$$-\frac{1}{2} = \cos t + \cos 2t + \cos 3t + \ldots,$$

puis intègre le résultat entre 0 et t, d'où

$$-t/2 = \sin t + \sin(2t)/2 + \sin(3t)/3 + \ldots$$

et une superbe contradiction! Fourier répond que la formule dont Lagrange est parti n'est valable que pour $0 < t < 2\pi$ et qu'en conséquence il n'a pas le droit d'intégrer la série dérivée[20] à partir de $t = 0$.

---

[20] Voir Grattan-Guinness, *Joseph Fourier 1768–1830*, p. 172.

Il aurait pu commencer par observer qu'il n'est pas non plus très catholique de dériver la série initiale terme à terme puisque la série $\sum \cos nt$ est évidemment divergente quel que soit t; comme c'est ce qu'il fait lui-même constamment, Fourier n'utilise pas cet argument ...

En fait, la série $(*)$ converge *au sens des distributions* d'après le théorème 6; on peut facilement en calculer la somme.

Pour se ramener à des fonctions de période 1, il faut remplacer t par $2\pi t$, de sorte qu'en faisant passer le premier membre dans le second, la relation $(*)$ signifie que la distribution T telle que $\hat{T}(n) = \frac{1}{2}$ pour tout $n \in \mathbb{Z}$ est nulle; si tel était le cas, (7) montrerait que l'on a $\sum \hat{\varphi}(n) = 0$ pour toute $\varphi \in \mathcal{D}(\mathbb{T})$; or la série de Fourier de φ pour $u = 1$ montre qu'on a en fait $\sum \hat{\varphi}(n) = \varphi(1)$. Cela signifie qu'en tant que distribution, le second membre de $(*)$ est l'application $\frac{1}{2}(\delta - 1)$, où δ est la mesure de Dirac en $u = 1$. On en conclut que (i) la formule $(*)$ n'a pas de sens en analyse classique, (ii) elle en a un au sens des distributions, mais elle est alors fausse et doit, correctement, s'interpréter de la façon suivante : on a

$$\sum_{1}^{\infty} \oint \varphi(t) \cos nt\, dt = \frac{1}{2}\varphi(0) - \frac{1}{2} \oint \varphi(t)\, dt$$

pour toute fonction φ de période 2π et C^∞, résultat équivalent à $\varphi(0) = \sum_{\mathbb{Z}} \hat{\varphi}(n)$. La présence du terme additionnel $\frac{1}{2}\varphi(0)$ s'explique fort bien; la série $(*)$ a en effet été obtenue en dérivant une série dont la somme, égale à $\frac{1}{2}(\pi - t)$ pour $0 < t < 2\pi$, est discontinue en $t = 0$ (ou, en version $\mathbb{T}$, en $u = 1$); la distribution obtenue en la dérivant doit donc comporter une mesure de Dirac à l'origine comme dans le cas de la fonction égale à 1 pour $t > 0$ et à 0 pour $t < 0$ (Chap. V, n° 35, exemple 2). On notera en passant que si l'on considérait des distributions sur $\mathbb{R}$ et non sur $\mathbb{T}$, la dérivée de la fonction $\sum \sin(nt)/n$ comporterait une mesure de Dirac en chaque multiple de 2π.

Une méthode pour ôter tout leur mystère aux distributions consiste à considérer leurs primitives successives. Une *primitive S d'une distribution T* doit, par définition, vérifier la relation $S' = T$, i.e.

$$S(D\varphi) = -T(\varphi)$$

pour toute $\varphi \in \mathcal{D}(\mathbb{T})$. D'après (10), on a donc, si S existe, $\hat{T}(0) = 0$ et

$$(10.18) \qquad\qquad \hat{S}(n) = \hat{T}(n)/2\pi in$$

pour $n \neq 0$. La suite $\hat{T}(n)/n$ étant à croissance lente, S existe donc si et seulement si

$$(10.19) \qquad\qquad \hat{T}(0) = T(\mathbf{e}_0) = \int dT(u) = 0,$$

"intégrale" de la fonction constante 1 par rapport à T. Dans ce cas, S est unique à une constante additive près, à savoir le terme $\hat{S}(0)$ de sa série de Fourier; si on le choisit nul, on obtient une primitive standard de T, qu'il est naturel de noter $D^{-1}T$ ou $T^{(-1)}$; on a donc alors

$$(10.20) \qquad \widehat{D^{-1}T}(0) = 0, \quad \widehat{D^{-1}T}(n) = \hat{T}(n)/2\pi i n \quad \text{pour } n \neq 0.$$

Lorsque $\hat{T}(0) \neq 0$, on peut appliquer le raisonnement aux termes d'indice non nul de la série de Fourier de T, d'où une distribution S telle que $T = \hat{T}(0) + S'$, i.e. telle que

$$(10.21) \qquad T(\varphi) = \hat{T}(0)m(\varphi) - S(D\varphi)$$

pour toute $\varphi \in \mathcal{D}(\mathbb{T})$; on peut, ici encore, exiger $\hat{S}(0) = 0$ pour standardiser S.

L'intérêt de cette opération est qu'en l'appliquant à répétition à une distribution T telle que $\hat{T}(0) = 0$, i.e. "orthogonale" aux fonctions constantes, on augmente les chances de convergence *au sens usuel* de la série de Fourier de T puisqu'on divise ses coefficients par des puissances de n. Comme ceux-ci sont à croissance lente, il est clair qu'en choisissant un entier r assez grand, les coefficients de Fourier de la primitive d'ordre r de T forment une série absolument convergente, autrement dit sont ceux d'une fonction continue f. Cela signifie que T est la dérivée d'ordre r, au sens des distributions, de la fonction f ou encore que toute distribution sur $\mathbb{T}$ est donnée par une formule

$$(10.22) \qquad T(\varphi) = (-1)^r \int \varphi^{(r)}(u)f(u)dm(u) + c \int \varphi(u)dm(u)$$

où $c = \hat{T}(0)$ est une constante. La notion de distribution sur le tore n'est donc guère plus générale, malgré les apparences, que celle de fonction au sens usuel : on intègre des dérivées.

On a dit[21] au n° 7 que dans la théorie moderne de l'intégration, toute fonction $c \in L^2(\mathbb{Z})$ est la transformée de Fourier d'une fonction "de carré intégrable" sur $\mathbb{T}$. A défaut de pouvoir le prouver maintenant, on peut noter que, d'après le théorème 6, il existe une distribution T telle que $\hat{T}(n) = c(n)$; elle est donnée par la formule (13). En fait, celle-ci a même un sens pour toute fonction f réglée puisqu'alors la série $\sum |\hat{f}(n)|^2$ converge, donc aussi $\sum c(-n)\hat{f}(n)$; si l'on pose encore

$$(10.23) \qquad T(f) = \sum c(-n)\hat{f}(n)$$

dans ce cas, l'inégalité de Cauchy-Schwarz pour les séries montre que l'on a alors

$$|T(f)|^2 = \left| \sum c(-n)\hat{f}(n) \right|^2 \leq M^2 \|f\|_2^2$$

---

[21] Cet alinea n'a pas d'incidence sur la suite.

où $M^2 = \sum |c(n)|^2$. On a donc une majoration de la forme

$$(10.24) \qquad\qquad |T(f)| \leq M\|f\|_2 \leq M\|f\|$$

pour toute fonction réglée sur $\mathbb{T}$, et en particulier pour toute fonction continue, ce qui montre que la distribution T est une *mesure* sur $\mathbb{T}$. En fait, T est définie par une mesure de la forme $g(u)dm(u)$ où g est la fonction de carré intégrable (à la Lebesgue) sur $\mathbb{T}$ telle que $\hat{g}(n) = c(n)$ pour tout n, et (24) n'est autre que l'extension à ces fonctions de l'inégalité de Cauchy-Schwarz du Chap. V, n° 2.

§3. La méthode de Dirichlet

11 – Le théorème de Dirichlet

Lorsque Dirichlet, au début des années 1820, découvre les travaux de Fourier, il cherche à les justifier par des méthodes rigoureuses. Fourier ayant découvert, après des dizaines de pages d'invraisemblables calculs, la formule générale que nous écrivons maintenant

$$(11.1) \qquad \hat{f}(n) = \int f(u)u^{-n}dm(u)$$

et Dirichlet ayant entendu dire par Cauchy que la somme d'une série est la limite de ses sommes partielles, il commence par calculer celles d'une série de Fourier (nous simplifions un peu le calcul à l'aide de produits de convolution) :

$$(11.2) \qquad f_N = \sum_{|n| \leq N} f \star e_n = f \star \left(\sum_{|n| \leq N} e_n \right) = f \star D_N$$

où

$$(11.3) \qquad D_N(u) = \sum_{|n| \leq N} u^n \;=\; u^{-N} + u^{-N+1} + \ldots + u^N =$$

$$= \frac{u^{-N} - u^{N+1}}{1 - u} \quad \text{pour } u \neq 1.$$

Il vient donc

$$(11.4) \qquad f_N(u) = f \star D_N(u) = \int_{\mathbb{T}} f\left(uv^{-1}\right) \frac{v^{N+1} - v^{-N}}{v - 1}\, dm(v)$$

En posant $v = e(t)$, on a

$$(11.5) \quad D_N(v) \;=\; \frac{e((N+1)t) - e(-Nt)}{e(t) - 1} =$$

$$= \frac{e\left(\left(N + \tfrac{1}{2}\right)t\right) - e\left(-\left(N + \tfrac{1}{2}\right)t\right)}{e(t/2) - e(-t/2)} = \frac{\sin(2N+1)\pi t}{\sin \pi t}$$

comme on le voit en multipliant les deux termes de la fraction par $e(-t/2) = e^{-\pi it}$ et en utilisant les formules d'Euler. Le calcul suppose évidemment $v \neq 1$, i.e. $t \notin \mathbb{Z}$; la valeur $D_N(1) = 2N + 1$ résulte de la définition (3). En passant au langage des fonctions périodiques, les sommes partielles $f_N(t)$ sont donc encore données par

$$(11.6) \quad f_N(s) = \oint f(s-t)D_N(t)dt = \oint f(s-t)\frac{\sin(2N+1)\pi t}{\sin \pi t}\, dt.$$

Comme il s'agit des produits de convolution sur $\mathbb{T}$ de f par la suite des fonctions D_N et comme on aimerait bien que le résultat tende vers $f(t)$

lorsque N augmente indéfiniment, il s'impose, à première vue, d'utiliser la méthode des suites de Dirac exposée au n° 5. La condition

$$\int D_N(u)dm(u) = \oint D_N(s)ds = 1,$$

est vérifiée car cette valeur moyenne est le coefficient de Fourier d'indice 0 du polynôme trigonométrique D_N. Mais les D_N changent de plus en plus souvent de signe lorsque N augmente; il n'est donc pas évident (ni même exact) que l'intégrale de $|D_N(u)|$ reste bornée lorsque N augmente. Enfin, si l'on se place dans un arc $|u - 1| > \delta$ de $\mathbb{T}$, on a $|D_N(u)| \leq \left|1 - u^{2N+1}\right|/\delta$ d'après (3), ce qui ne suffit pas à faire tendre $D_N(u)$ vers 0. Bref, mauvaise idée.

Au reste, si les D_N formaient une suite de Dirac, la série de Fourier de toute fonction continue convergerait uniformément vers celle-ci d'après le lemme du n° 5 : ce serait le Paradis. Sur la Terre, tout en convergeant "presque partout" au sens de la mesure de Lebesgue[22] (résultat célèbre et fort difficile de Lars Carleson, 1966), elle peut fort bien diverger pour des valeurs de u formant un ensemble non dénombrable[23]. Autrement dit, la méthode ne fonctionne pas parce que le résultat auquel elle conduirait est faux.

Né et mort (1805–1859) trop tôt pour avoir entendu parler de Lebesgue, Dirac, Carleson et même du théorème d'approximation de Weierstrass, Dirichlet ne se pose pas ces questions et, tenant compte de (4) – et en réalité de (5) – calcule la différence

$$(11.7) \qquad f_N(u) - f(u) = \int \left[f(uv^{-1}) - f(u)\right] D_N(v)dm(v)$$

ou, en remplaçant v par v^{-1} puisque D_N est symétrique,

---

[22] On a défini au Chap. V, n° 11 la mesure (de Lebesgue) d'un ouvert U contenu dans un intervalle compact; le n° 31, où l'on a défini l'intégrale d'une fonction sci positive sur $\mathbb{R}$, permettrait de même de définir la mesure d'un ouvert quelconque $U \subset \mathbb{R}$. Cela étant, une partie N de $\mathbb{R}$ est dite *de mesure nulle* si, pour tout $r > 0$, il existe un ouvert U tel que $N \subset U$, $m(U) < r$. En choisissant des r de la forme $1/n$, cela signifie aussi que N est contenu dans l'intersection d'une suite décroissante d'ouverts U_n dont les mesures tendent vers 0. Ceci posé, une propriété – la convergence d'une série de fonctions par exemple – est dite *vraie presque partout* si l'ensemble des x où elle est fausse est de mesure nulle. Voir l'Appendice au Chap. V.

[23] Le premier exemple est de l'Allemand P. du Bois-Reymond : "Avant 1873, c'était bien la conviction générale, entre autres de Lejeune Dirichlet, de Riemann, de Weierstrass, que cette série converge toujours vers la limite $f(x)$ quand $f(x)$ est continue. Eh bien, à force d'essayer de trouver une démonstration pour ce théorème, je parvins à trouver un raisonnement qui prouve le contraire". Lettre de 1883 au Français G. Halphen (Dugac, p. 62). En 1926, le Soviétique A. N. Kolmogoroff a produit une fonction intégrable (mais non de *carré* intégrable) au sens de Lebesgue dont la série de Fourier *diverge partout*. Newton aurait probablement dit qu'on ne rencontre pas de telles fonctions dans la Nature.

$$(11.8) \qquad f_N(u) - f(u) = \int \frac{f(uv) - f(u)}{v - 1} \left(v^{N+1} - v^{-N} \right) dm(v)$$

Le second membre de (8) ressemble à la différence entre les coefficients de Fourier d'indices $-N - 1$ et N de la fonction

$$(11.9) \qquad g_u(v) = [f(uv) - f(u)]/(v - 1);$$

mais cette fonction, aussi réglée que f pour $v \neq 1$, n'a a priori aucun sens pour $v = 1$; son intégrale peut fort bien diverger au voisinage de ce point, ce qui interdit de parler de ses coefficients de Fourier; l'intégrale (8) n'a de sens qu'en raison du fait qu'elle fait intervenir le quotient $\left(v^{N+1} - v^{-N} \right) / (v - 1)$, polynôme trigonométrique partout continu.

Puisque $v - 1 = \mathbf{e}(t) - 1 \sim 2\pi it$ lorsque t tend vers 0, i.e. lorsque v tend vers 1, on a toutefois

$$(11.10) \qquad \lim[f(uv) - f(u)]/(v - 1) = f'(s)/2\pi i$$

si cette dérivée existe au point $u = \mathbf{e}(s)$ considéré. La fonction g_u possède alors des valeurs limites à gauche et à droite en *tout* point $v \in \mathbb{T}$, donc est réglée dans $\mathbb{T}$ tout entier. Dans ce cas, il est légitime d'écrire que

$$(11.11) \qquad f_N(u) - f(u) = \widehat{g_u}(-N - 1) - \hat{g}_u(N)$$

et pour montrer que le premier membre tend vers 0, il suffit de savoir que les coefficients de Fourier d'une fonction réglée tendent vers 0 à l'infini, ce que *l'inégalité* de Parseval-Bessel rend évident sans recours au théorème de Weierstrass. Donc :

Théorème 7. *Soit f une fonction périodique réglée. On a*

$$(11.12) \qquad f(u) = \sum \hat{f}(n)u^n = \lim_{N \to +\infty} \sum_{|n| \leq N} \hat{f}(n)u^n$$

en tout point $u \in \mathbb{T}$ où f est dérivable.

Corollaire (Riemann). *Le comportement dans un intervalle ouvert de la série de Fourier d'une fonction périodique réglée f ne dépend que du comportement de f dans cet intervalle.*

Si en effet $f = g$ dans un intervalle ouvert U, la fonction $f - g$ admet en tout point de U une dérivée. Sa série de Fourier converge donc vers 0 en tout $t \in U$. Cela signifie que, pour tout $t \in U$, deux cas seulement sont possibles : (i) les séries de Fourier de f et g en t sont simultanément divergentes, (ii) elles sont simultanément convergentes et ont la même somme. Autre traduction : si deux fonctions périodiques réglées f et g sont égales dans un intervalle de centre t, leurs séries de Fourier en t sont soit simultanément divergentes, soit simultanément convergentes avec la même somme au voisinage de t.

Dirichlet va en fait un peu plus loin que le théorème 1, car la somme de la série des signaux carrés, pour ne mentionner qu'elle, n'est pas dérivable au sens strict aux points où elle est discontinue; elle y possède seulement des dérivées à droite et à gauche; il faut donc modifier les calculs précédents. Or la symétrie de la fonction D_N montre que son intégrale étendue à $\left[-\frac{1}{2}, 0\right]$ ou à $\left[0, \frac{1}{2}\right]$ est égale à $\frac{1}{2}$; cela permet de remplacer (7), ou sa version sur $\mathbb{R}$, par

$$(11.13) \qquad f_N(s) - \frac{1}{2}[f(s+) + f(s-)] =$$
$$= \int_0^{1/2} [f(s+t) - f(s+)]D_N(t)dt$$
$$+ \int_0^{1/2} [f(s-t) - f(s-)]D_N(t)dt.$$

Dans la première figure le quotient

$$[f(s+t) - f(s+)]/\sin \pi t.$$

Si f possède au point s une dérivée à droite (définition évidente), ce quotient tend vers une limite lorsque $t > 0$ tend vers 0; pour $0 \leq t \leq \frac{1}{2}$, ce quotient possède donc, comme f, des valeurs limites à droite et à gauche; la première intégrale est donc, comme dans (11), la valeur en N de la transformée de Fourier d'une fonction périodique réglée nulle dans $\left]\frac{1}{2}, 1\right[$, donc tend vers 0 lorsque N augmente. Même raisonnement pour la seconde intégrale. D'où un résultat simple, qui a été raffiné de beaucoup de façons (voir par exemple A. Zygmund, *Trigonometrical Series*, Cambridge UP, 1969) :

Théorème 7 bis (Dirichlet, 1829). *Soit f une fonction périodique réglée et f_N la somme partielle d'ordre N de sa série de Fourier. On a*

$$(11.14) \qquad \lim f_N(s) = \frac{1}{2}[f(s+) + f(s-)]$$

en tout point où f possède des dérivées à droite et à gauche.

Le résultat précédent, que Dirichlet démontre pour des fonctions monotones par morceaux, s'applique notamment au cas où f est une primitive périodique d'une fonction réglée; f est alors continue et possède en chaque point des dérivées à gauche et à droite. Il s'ensuit que la série de Fourier de f converge partout vers f, mais le théorème 4 va plus loin : la série est absolument convergente.

Exemple 1. Développement de $\cot z$ *en série de fractions rationnelles.* Considérons sur $\mathbb{R}$ la fonction de période 1 donnée par

$$(11.15) \qquad f(t) = \cos 2\pi zt \qquad \text{pour } |t| < \frac{1}{2},$$

où $z \in \mathbb{C}$ n'est pas un entier rationnel puisqu'autrement il n'y aurait pas de problème. Comme on a $f\left(-\frac{1}{2}\right) = f\left(\frac{1}{2}\right)$, la fonction périodique qui prolonge f à tout $\mathbb{R}$ est partout continue et il est clair qu'elle vérifie les hypothèses du théorème 1 bis. On a

$$
\begin{aligned}
\hat{f}(n) &= \int_{-\frac{1}{2}}^{\frac{1}{2}} \cos 2\pi z t . e^{-2\pi i n t} dt = \frac{1}{2} \int_{-\frac{1}{2}}^{\frac{1}{2}} \left[e^{2\pi i (z-n) t} + e^{-2\pi i (z+n) t} \right] dt = \\
&= \frac{1}{2} \left. \frac{e^{2\pi i (z-n) t}}{2\pi i (z-n)} + \frac{e^{-2\pi i (z+n) t}}{-2\pi i (z+n)} \right|_{-\frac{1}{2}}^{\frac{1}{2}} = (-1)^n \frac{z . \sin \pi z}{\pi (z^2 - n^2)}
\end{aligned}
$$

comme on le voit en utilisant les formules d'Euler. On a donc

$$(11.16) \qquad \pi . \cos 2\pi z t = \sum (-1)^n \frac{z . \sin \pi z}{z^2 - n^2} e^{2\pi i n t} \quad \text{pour } |t| \leq \frac{1}{2},$$

série de Fourier absolument convergente. En particulier, pour $t = \frac{1}{2}$,

$$(11.17) \qquad \cot \pi z = z \sum \frac{1}{z^2 - n^2} = \frac{1}{z} + 2z \sum_{n=1}^{\infty} \frac{1}{z^2 - n^2}.$$

C'est la formule d'Euler que nous avons déjà rencontrée plusieurs fois et établie au Chap. IV, n° 18, en utilisant le produit infini du sinus. La méthode que nous venons d'exposer – l'essentiel s'en trouve chez Fourier – en est sûrement la plus simple démonstration.

Pour $t = 0$, (16) fournit le développement

$$(11.18) \qquad \frac{\pi}{\sin \pi z} = \frac{1}{z} + 2z \sum_{n \geq 1} \frac{(-1)^n}{z^2 - n^2}.$$

Exemple 2. Polynômes de Bernoulli. Rappelons (Chap. VI, n° 12) que les polynômes de Bernoulli sont définis par les relations de récurrence

$$(11.19) \qquad B_0(x) = 1, \qquad B_k'(x) = k B_{k-1}(x)$$

et par la condition

$$(11.20) \qquad B_k(0) = B_k(1) \qquad \text{pour } k \geq 2.$$

L'inventeur ne connaissait pas les séries de Fourier, mais la condition (20) est exactement ce qu'il faut pour transformer les B_k, pour $k \geq 2$, en fonctions périodiques continues B_k^* en posant

$$(11.21) \qquad B_k^*(t) = B_k(t) \qquad \text{pour } 0 \leq t \leq 1$$

comme nous l'avons fait au Chap. VI à propos de la formule d'Euler-Maclaurin. Les hypothèses des théorèmes de Dirichlet sont évidemment vérifiées. Adoptant pour une fois la notation $a_n(f) = \hat{f}(n)$, nous avons, en intégrant par parties et en supposant $k \geq 2$, $n \neq 0$,

$$a_n\left(B_k^*\right) = \int_0^1 B_k(t)\mathbf{e}_{-n}(t)dt = \frac{1}{2\pi in}\int_0^1 B_k'(t)\mathbf{e}_{-n}(t)dt;$$

(19) montre alors que

(11.22) $a_n\left(B_k^*\right) = ka_n\left(B_{k-1}^*\right)/2\pi in$ $(k \geq 2,\ n \neq 0)$.

En écrivant cette relation pour $k - 1, k - 2, \dots, 2$ on obtient

(11.23) $a_n\left(B_k^*\right) = k!a_n\left(B_1^*\right)/(2\pi in)^{k-1}$.

Comme $B_1(t) = t - \frac{1}{2}$ et comme une constante a tous ses coefficients de Fourier nuls pour $n \neq 0$, on a

$$a_n\left(B_1^*\right) = \int_0^1 t\mathbf{e}_{-n}(t)dt = -\left.\frac{t\mathbf{e}_{-n}(t)}{2\pi in}\right|_0^1 + \frac{1}{2\pi in}\int_0^1 \mathbf{e}_n(t)dt;$$

la dernière intégrale est nulle et il reste

(11.24) $a_n\left(B_1^*\right) = -1/2\pi in$,

d'où finalement

(11.25) $a_n\left(B_k^*\right) = -k!/(2\pi in)^k$ pour $k \geq 1,\ n \neq 0$.

Pour $n = 0$, on a $(k + 1)a_0\left(B_k^*\right) = \oint B_{k+1}'(t)dt = 0$ d'après (20) si $k \geq 1$, et $a_0\left(B_0^*\right) = 1$ trivialement.

La formule (25) montre que la série de Fourier est absolument convergente pour $k \geq 2$, d'où

(11.26) $\sum \mathbf{e}_n(t)/(2\pi in)^k = -B_k(t)/k!$ pour $k \geq 2,\ 0 \leq t \leq 1$,

la somme étant étendue à tous les $n \in \mathbb{Z}$ non nuls. Pour $k = 2$ par exemple, on trouve

$$\sum_1^\infty \cos(2\pi nt)/\pi^2 n^2 = t^2 - t + 1/6 \qquad (0 \leq t \leq 1).$$

Pour $t = 0$, le premier membre de (26) se réduit à $\sum 1/(2\pi in)^k$, donc est nul pour k impair; pour $k = 2p$, $p \geq 1$, on trouve par contre

(11.27) $\sum 1/n^{2p} = (-1)^{p+1}(2\pi)^{2p}b_{2p}/(2p)!$

où $b_k = B_k(0)$ (Chap. VI, (13.7)). On n'oubliera pas que le premier membre est deux fois la somme de la série d'Euler.

Pour $k = 1$, la fonction B_1^*, égale à $t - \frac{1}{2}$ pour $0 < t < 1$, est discontinue aux points $t \in \mathbb{Z}$. En groupant les termes en n et $-n$ de sa série de Fourier, on retrouve

(11.28) $\dfrac{1}{2} - t = \displaystyle\sum_{n=1}^\infty \sin(2\pi nt)/\pi n$ pour $0 < t < 1$,

la série étant nulle pour $t = 0$ ou 1 comme on peut le vérifier sans invoquer Dirichlet. Pour $t = \frac{1}{4}$, on obtient la série de Leibniz pour $\pi/4$.

12 – Le théorème de Fejér

Nous avons observé au n° précédent que les noyaux de Dirichlet ne constituent pas une suite de Dirac au sens du n° 5. A la fin du XIXᵉ siècle, l'Italien Cesàro a l'idée de rendre convergentes des suites divergentes (u_n) en considérant les moyennes arithmétiques

$$(12.1) \qquad v_n = (u_1 + \ldots + u_n)/n.$$

Si vous appliquez cela à la suite $1, 0, 1, 0, \ldots$, vous constatez qu'elle "converge" alors vers $\frac{1}{2}$. La méthode ne fonctionne pas toujours, même si on l'itère – toute suite qui tend vers $+\infty$ refuse le procédé –, mais il est rassurant de constater du moins que, si la suite converge vers u au sens usuel, elle converge aussi vers u au sens de Cesàro : si en effet on a $|u - u_n| < r$ pour $n > p$ et si l'on écrit que

$$v_n = (u_1 + \ldots + u_p)/n + (u_{p+1} + \ldots + u_n)/n,$$

le premier quotient est, pour p donné, $< r$ pour n grand; en remplaçant dans le second chaque u_k par u, on commet une erreur majorée par $(n-p)r/n < r$, d'où une erreur totale $< 2r$ pour n grand, cqfd.

On peut aussi l'appliquer à une série $\sum u_n$ en remplaçant ses sommes partielles standard $s_n = u_1 + \ldots + u_n$ par leurs moyennes

$$(12.2) \qquad \sigma_n = (s_1 + \ldots + s_n)/n.$$

Cela permet de rendre convergentes des séries qui ne l'étaient pas; on retrouve par exemple la formule

$$1 - 1 + 1 - 1 + 1 - \ldots = \frac{1}{2},$$

conformément aux anticipations quelque peu prématurées de Jakob Bernoulli (Chap. II, n° 7). Le sujet a fait l'objet de nombreuses recherches, mais c'est de l'analyse "fine" rarement utilisée.

Si l'on reprend la formule de Dirichlet

$$f_N(t) = \oint f(t - x)D_N(x)dx = f \star D_N(t)$$

pour le calcul des sommes partielles de la série de Fourier d'une fonction f, il est clair que les moyennes arithmétiques de celles-ci sont les fonctions $f \star F_N$ où la fonction

$$(12.3) \qquad F_N = (D_0 + \ldots + D_{N-1})/N$$

a été introduite par le Hongrois L. Fejér (1880–1959).

Contrairement aux D_N, les fonctions de Fejér forment une suite de Dirac sur le cercle unité $\mathbb{T}$. Pour le voir, il faut les calculer. Posant $q = e^{\pi it}$, on a d'après (10.5)

$$D_k(t) = \left(q^{2k+1} - q^{-2k-1} \right) / \left(q - q^{-1} \right),$$

d'où, en sommant de 0 à $N - 1$,

$$
\begin{aligned}
N \left(q - q^{-1} \right) F_N(t) &= \\
&= \left(q + q^3 + \ldots + q^{2N-1} \right) - \left(q^{-1} + q^{-3} + \ldots + q^{-2N+1} \right) = \\
&= q \left(q^{2N} - 1 \right) / \left(q^2 - 1 \right) - q^{-1} \left(q^{-2N} - 1 \right) / \left(q^{-2} - 1 \right) = \\
&= \left(q^{2N} - 2 + q^{-2N} \right) / \left(q - q^{-1} \right)
\end{aligned}
$$

et finalement

(12.4)
$$F_N(t) = \frac{\left(q^N - q^{-N} \right)^2}{N \left(q - q^{-1} \right)^2} = \frac{\sin^2 \pi N t}{N \sin^2 \pi t},$$

pour $t \neq 0$, avec $F_N(0) = N$ pour cause de continuité ou d'après (3).

Pour montrer que les F_N constituent, sur $\mathbb{T}$, une suite de Dirac, il suffit alors de montrer que les F_N sont positives (évident), que leurs intégrales sur $\mathbb{T}$ sont égales à 1 (évident car c'est le cas des D_k, donc de leurs moyennes arithmétiques) et enfin que, quels que soient $r > 0$ et $\delta > 0$, la contribution de l'arc $|u - 1| > \delta$ de $\mathbb{T}$ à l'intégrale de F_N est $< r$ pour N grand ou, ce qui revient au même, que l'on a

(12.5)
$$\int_{\delta \leq |t| \leq 1/2} F_N(t) dt < r \qquad \text{pour } N \text{ grand.}$$

Mais dans ce domaine d'intégration, on a d'après (4)

(12.6)
$$F_N(t) \leq 1/N \sin^2 \pi \delta,$$

de sorte que les F_N convergent uniformément vers 0 dans $|u - 1| \geq \delta$ quel que soit $\delta > 0$, cqfd.

Théorème 8 (Fejér). *Pour toute fonction périodique réglée f, les moyennes arithmétiques des sommes partielles de la série de Fourier de f convergent vers $\frac{1}{2}[f(t+) + f(t-)]$ quel que soit t. Si f est continue dans un intervalle ouvert J, la convergence vers $f(t)$ est uniforme sur tout compact $K \subset J$.*

La seconde assertion résulte du lemme du n° 5.

Pour établir la première, on écrit comme en (11.13) que

(12.7) $f \star F_N(t) - \dfrac{1}{2}[f(t+) + f(t-)] =$

$$= \int [f(t + s) - f(t+)] F_N(s) ds + \int [f(t - s) - f(t-)] F_N(s) ds,$$

les intégrales étant étendues à $(0, \frac{1}{2})$, et on raisonne comme au n° 5.

On notera en passant qu'en supposant f continue partout, on obtient une démonstration du théorème d'approximation de Weierstrass du n° 6 (sans l'avoir utilisé préalablement ...).

Corollaire. *Soit f une fonction périodique réglée. On a*

$$(12.8) \qquad \lim_{N\to\infty} \sum_{-N}^{N} \hat{f}(n)\mathbf{e}_n(t) = \frac{1}{2}[f(t+) + f(t-)]$$

en tout point où la série de Fourier de f converge.

Car les sommes partielles $f_N(t)$, si elles convergent, convergent vers la même limite que leurs moyennes arithmétiques, lesquelles convergent toujours vers le second membre de (8). Le corollaire ne prétend pas que la relation (8) soit vraie quels que soient t et f.

13 – Séries de Fourier uniformément convergentes

Le théorème de Dirichlet montre la convergence *simple* de la série de Fourier d'une fonction périodique réglée en tous les points où celle-ci possède des dérivées à droite et à gauche. Dans le cas des signaux carrés, nous avons montré à l'aide de calculs ad hoc (Chap. III, n° 11) qu'en fait la série converge *uniformément* sur tout intervalle compact ne contenant pas de discontinuités de f. On peut raffiner la démonstration du théorème 7 de façon à couvrir ce cas et beaucoup d'autres, par exemple la série (11.28).

Les raisonnements qui suivent étant quelque peu subtils, le lecteur est invité à les considérer plutôt comme un exercice.

Théorème 9. *Soient f une fonction réglée sur $\mathbb{T}$ et J un arc ouvert dans lequel f est une primitive d'une fonction réglée (par exemple, est de classe C^1). Alors la série de Fourier de f converge vers f uniformément sur tout arc compact $K \subset J$.*

La démonstration que nous allons détailler fait appel à des techniques d'usage courant en analyse fonctionnelle et peut se décomposer en plusieurs parties.

(i) Considérons à nouveau la fonction

$$(*) \qquad g_u(v) = [f(uv) - f(u)]/(v - 1)$$

utilisée pour démontrer le théorème de Dirichlet. Comme on l'a vu alors, g_u est réglée dans $\mathbb{T}$ si f admet en u des dérivées à droite et à gauche, donc, dans les hypothèses du théorème 9, pour tout $u \in J$. On a bien alors

$$f_N(u) - f(u) = \widehat{g_u}(-N - 1) - \widehat{g_u}(N)$$

et le théorème revient à montrer que, lorsque $n \to +\infty$, *les fonctions*

$$u \mapsto \widehat{g_u}(n) = G_n(u)$$

convergent vers 0 uniformément sur tout compact K de J, i.e. que, pour tout $r > 0$, il existe un N tel que

(13.1) $(u \in K)$ & $(|n| > N) \Longrightarrow |\widehat{g_u}(n)| < r.$

(ii) Considérons l'espace vectoriel[24] $L^1(\mathbb{T})$ des fonctions réglées sur $\mathbb{T}$, muni de la norme $\|f\|_1 = \int |f(v)|dm(v)$. On a $g_u \in L^1(\mathbb{T})$ pour tout $u \in J$, et la majoration la plus simple des coefficients de Fourier d'une fonction intégrable montre que l'on a

(13.2) $|G_n(u') - G_n(u'')| = |\widehat{g_{u'}}(n) - \widehat{g_{u''}}(n)| \leq \|g_{u'} - g_{u''}\|_1$

quels que soient u' et $u'' \in J$.

Supposons démontré que l'application $u \mapsto g_u$ de J dans $L^1(\mathbb{T})$ est continue, i.e. que pour tout $u \in J$ et tout $r > 0$, il existe un $r' > 0$ tel que

(13.3) $(u' \in J)$ & $(|u' - u| < r') \Longrightarrow \|g_{u'} - g_u\|_1 < r.$

La relation (2) montre alors que

(13.4) $(u' \in J)$ & $(|u' - u| < r') \Longrightarrow |G_n(u') - G_n(u)| < r$ pour tout n.

Cela signifie exactement que les fonctions G_n sont *équicontinues* dans J (Chap. III, n° 5). Le fait que les $G_n(u)$ convergent vers 0 uniformément sur tout compact $K \subset J$ résultera alors du lemme général suivant :

Lemme. *Si une suite de fonctions f_n définies et équicontinues dans un compact K converge simplement dans K, elle converge uniformément dans K.*

Soit en effet f la limite des f_n et choisissons un $r > 0$. Pour tout $a \in K$, il existe dans K une boule ouverte $B(a)$ de centre a telle que

$$x \in B(a) \Longrightarrow |f_n(x) - f_n(a)| \leq r \quad \text{pour tout } n;$$

c'est la définition de l'équicontinuité. L'inégalité est encore valable pour f par passage à la limite, donc entraîne la continuité de f; comme $|f_n(a) - f(a)| \leq r$ pour n grand, on en déduit que, pour n grand, on a

$$|f(x) - f_n(x)| \leq 3r$$

pour tout $x \in B(a)$. Mais puisque K est compact, on peut (Borel-Lebesgue) le recouvrir à l'aide d'un nombre fini de boules $B(a_i)$. L'inégalité ci-dessus est alors, pour n grand, valable dans toutes ces boules, donc dans K, cqfd.

(iii) Pour démontrer la continuité de l'application $u \mapsto g_u$ de J dans $L^1(\mathbb{T})$, considérons d'abord, dans cette partie de la démonstration, le numérateur $f(uv) - f(u)$ de (∗). C'est la différence entre, d'une part, la fonction f_u : $v \mapsto f(uv)$ obtenue en "translatant" la fonction f, d'autre part la fonction

---

[24] L'authentique espace L^1 de la théorie de Lebesgue contient bien d'autres fonctions, mais comme il contient à tout le moins les fonctions réglées c'est bien de lui qu'il s'agit ici.

constante $c_u : v \mapsto f(u)$. Comme on a $\|c_{u'} - c_{u''}\|_1 = |f(u') - f(u'')|$, il est clair que $u \mapsto c_u$ est une application continue de J dans $L^1(\mathbb{T})$.

Quant à $u \mapsto f_u$, c'est une application continue de $\mathbb{T}$ (et non pas seulement de J) dans $L^1(\mathbb{T})$. C'est évident si f est continue dans $\mathbb{T}$, car f étant alors uniformément continue dans $\mathbb{T}$, on a $|f(u'v) - f(u''v)| \leq r$ pour tout $v \in \mathbb{T}$, donc aussi $\|f_{u'} - f_{u''}\|_1 \leq r$, dès que $|u' - u''| < r'$. Dans le cas général, choisissons, grâce au lemme du n° 8, une fonction $\varphi \in C^0(\mathbb{T})$ telle que $\int |f(v) - \varphi(v)|dm(v) = \|f - \varphi\|_1 < r$. Puisque l'on intègre par rapport à la mesure *invariante*, on a encore $\|f_u - \varphi_u\|_1 < r$ pour tout $u \in \mathbb{T}$. Si donc l'on choisit des $\varphi \in C^0(\mathbb{T})$ qui convergent vers f dans $L^1(\mathbb{T})$, les applications $u \mapsto \varphi_u$ correspondantes de $\mathbb{T}$ dans $L^1(\mathbb{T})$ convergent vers $u \mapsto f_u$ *uniformément* dans $\mathbb{T}$. Une limite uniforme de fonctions continues à valeurs dans n'importe quel espace métrique étant encore continue, le résultat cherché s'ensuit.

Nous voyons donc que le numérateur de la formule (∗), considéré comme fonction de $u \in J$ à valeurs dans $L^1(\mathbb{T})$, est continu.

(iv) Il faut maintenant tenir compte du dénominateur $v - 1$ et, pour cela, utiliser les hypothèses de l'énoncé. Nous allons d'abord faire la démonstration dans le cas où $f = 0$ dans J; on montrera ensuite que le cas général s'y ramène.

Comme les compacts K et $\mathbb{T} - J$ sont disjoints, leur distance d est > 0. Puisque $|uv - u| = |v - 1|$, on voit que

$$(13.5) \qquad (u \in K) \ \& \ (|v - 1| < d) \implies uv \in J$$
$$\implies f(uv) = f(u) = 0.$$

Lorsqu'on se restreint aux $u \in K$, les fonctions de v figurant au numérateur de la formule (∗) sont donc toutes nulles dans l'arc $|v - 1| < d$ de $\mathbb{T}$. Posons alors

$$(13.6) \qquad h(v) = (v - 1)^{-1} \ \text{ si } |v - 1| > d, \ h(v) = 0 \text{ sinon.}$$

La formule définissant g_u montre que, pour $u \in K$, on a

$$(13.7) \qquad g_u(v) = h(v)\,[f_u(v) - c_u(v)] \quad \text{pour tout } v \in \mathbb{T}.$$

C'est en effet la définition de g_u dans l'arc $|v - 1| > d$ et, d'après (5), se réduit à l'identité $0 = 0$ dans l'arc $|v - 1| < d$.

Or on a $|h(v)| < 1/d$ quel que soit $v \in \mathbb{T}$ d'après (6). La relation (7) montrant que l'on a $g_u = h\,(f_u - c_u)$ pour $u \in K$ (et non pour tout $u \in \mathbb{T}$) et l'application $u \mapsto f_u - c_u$ de $\mathbb{T}$ dans $L^1(\mathbb{T})$ étant continue d'après le point (iii), il reste donc à montrer que la multiplication par la fonction h, *bornée* et indépendante de u, préserve la continuité. Ce n'est pas plus difficile que dans le cadre des fonctions à valeurs complexes : il suffit d'écrire que, quelles que soient $f', f'' \in L^1(\mathbb{T})$, on a

$$\|hf' - hf''\|_1 = \int |h(v)|.|f'(v) - f''(v)|dm(v) \leq \|h\|.\|f' - f''\|_1$$

où $\|h\| = \sup |h(v)|$ comme toujours. Comme, pour $u', u'' \in K$ assez voisins, la distance de $f' = f_{u'} - c_{u'}$ à $f'' = f_{u''} - c_{u''}$ est arbitrairement petite, il en est de même de la distance de $g_{u'}$ à $g_{u''}$, ce qui prouve le théorème dans le cas où $f = 0$ dans J.

(v) Reste à passer au cas général. L'arc K étant compact et l'arc J ouvert, la distance d de K au compact $\mathbb{T} - J$ est > 0, de sorte que l'arc ouvert J' de $\mathbb{T}$ défini par $d(u, K) < d/2$ vérifie $K \subset J' \subset J$. En modifiant le graphe de f en dehors de J', on construit une fonction g qui, dans $\mathbb{T}$ tout entier, est une primitive d'une fonction réglée et qui, dans J', coïncide avec f. Comme $f - g$ est nulle dans J', sa série de Fourier converge uniformément vers 0 dans K d'après ce que nous savons déjà. Or la série de Fourier de g converge vers g uniformément dans $\mathbb{T}$ (n° 9, théorème 4) et donc vers f uniformément dans K. La relation $f = (f - g) + g$ achève alors la démonstration.

§4. Fonctions analytiques et holomorphes

Au Chap. II, n° 19, que le lecteur est fortement invité à revoir, nous avons dit qu'une fonction f définie dans un ouvert U de $\mathbb{C}$ est *analytique* dans U si, pour tout $a \in U$, il existe une série entière en $z - a$ qui, dans un disque suffisamment petit de centre a, converge vers $f(z)$. Elle représente en fait $f(z)$ dans le plus grand disque $D \subset U$ où elle converge, car la somme de cette série entière est analytique dans son disque de convergence (Chap. II, n° 19, théorème 14) et comme elle est égale à f au voisinage du centre de D, elle est égale à f partout dans D en vertu du principe du prolongement analytique (Chap. II, n° 20); le même raisonnement montre que la seule et unique série entière représentant f au voisinage de a est la série de Taylor de f en a. Nous savons qu'elle converge, mais nous ne savons pas encore jusqu'où elle converge ...

Nous avons aussi montré que, si la fonction f est analytique, elle possède en chaque point $a \in U$ une dérivée

$$(*) \qquad f'(a) = \lim [f(a + h) - f(a)]/h$$

au sens complexe; celle-ci s'obtient aussi en dérivant terme à terme la série entière représentant f au voisinage de a. L'existence de la limite $(*)$ montre qu'en tant que fonction des variables réelles $x = \mathrm{Re}(z)$ et $y = \mathrm{Im}(z)$, la fonction f possède des dérivées partielles vérifiant la formule de Cauchy

$$(**) \qquad D_2 f = i D_1 f,$$

la valeur commune des deux membres n'étant autre que f'. Nous avons d'autre part montré (Chap. III, n° 20, corollaire du théorème 21) que, réciproquement, toute fonction *holomorphe*, i.e. possédant dans un ouvert U des dérivées partielles continues vérifiant $(**)$, possède une dérivée complexe $(*)$ et que sa différentielle peut s'écrire sous la forme

$$(***) \qquad df = f'(z)dz = f'(z)(dx + idy).$$

Nous allons démontrer dans le n° suivant, par une méthode utilisant les séries de Fourier, qu'une fonction holomorphe est nécessairement analytique, après quoi les termes "analytique" et "holomorphe" deviendront synonymes conformément à ce qu'on a plusieurs fois annoncé dans les chapitres antérieurs. On exposera ensuite les conséquences les plus simples de ce résultat, sans chercher à entrer dans le détail d'une théorie à laquelle des centaines de mathématiciens ont, depuis Cauchy, apporté leur pierre, du grain de sable à l'Empire State Building; en 650 pages très condensées, les deux volumes de Remmert n'examinent quasiment pas les fonctions elliptiques et pas du tout les fonctions modulaires et automorphes, les surfaces de Riemann, les équations différentielles analytiques, les fonctions spéciales, etc., sans parler des généralisations à plusieurs variables.

14 – Analyticité des fonctions holomorphes

Ces préliminaires rappelés, considérons une fonction $f(z)$ définie et holomorphe dans un disque ouvert $D : |z| < R$. Nous voudrions montrer qu'elle est représentée dans tout ce disque par une série entière

$$(14.1) \qquad f(z) = \sum a_n z^n.$$

Comme on l'a vu au n° 1 de ce chapitre ou au Chap. V, n° 5, cela revient essentiellement à montrer que la fonction

$$(14.2) \qquad a_n(r) = \int f(ru)u^{-n}dm(u)$$

est, pour tout $n \in \mathbb{Z}$, proportionnelle à r^n et ce en utilisant uniquement la condition de Cauchy ou, ce qui revient au même, l'existence et la continuité de $f'(z)$.

Ecrivons pour cela

$$(14.3) \qquad a_n(r) = \int_0^1 f[r\mathbf{e}(t)]\mathbf{e}_{-n}(t)dt$$

et calculons la dérivée de $a_n(r)$. Nous devons effectuer une dérivation sous le signe $\int$, opération examinée au Chap. V, n° 9, théorème 9 : elle est permise si la fonction de r et t que l'on intègre possède une dérivée partielle par rapport à r et si celle-ci est fonction continue du couple (r, t). Le facteur $\mathbf{e}_{-n}(t)$ ne pose pas de problème. Le facteur $f[r\mathbf{e}(t)]$ non plus : f est C^1 et, pour t donné, l'application $r \mapsto r\mathbf{e}(t)$ est aussi dérivable qu'on peut le désirer. La relation générale (21.2) du Chap. III, n° 21, à savoir que

$$(14.4) \qquad \frac{d}{dr}f[g(r)] = f'[g(r)]g'(r),$$

valable si f est holomorphe et si g est une fonction C^1 de la variable réelle r, montre alors que, dans notre cas,

$$(14.5) \qquad \frac{d}{dr}f[r\mathbf{e}(t)] = f'[r\mathbf{e}(t)]\frac{d}{dr}r\mathbf{e}(t) = f'[r\mathbf{e}(t)]\mathbf{e}(t)$$

est une fonction continue du couple (r, t). On a donc

$$(14.6) \qquad \frac{d}{dr}a_n(r) = \int_0^1 f'[r\mathbf{e}(t)]\mathbf{e}(t)\mathbf{e}_{-n}(t)dt.$$

Comme d'autre part on a, par le même raisonnement,

$$(14.7) \qquad \frac{d}{dt}f[r\mathbf{e}(t)] = f'[r\mathbf{e}(t)]\frac{d}{dt}r\mathbf{e}(t) = 2\pi ir f'[r\mathbf{e}(t)]\mathbf{e}(t),$$

(6) s'écrit encore

$$2\pi i r \frac{d}{dr} a_n(r) = \int_0^1 \mathbf{e}_{-n}(t) \frac{d}{dt} f[r\mathbf{e}(t)].dt.$$

Une intégration par parties donne alors

$$2\pi i r \frac{d}{dr} a_n(r) = \mathbf{e}_{-n}(t) f[r\mathbf{e}(t)] \Big|_0^1 + 2\pi i n \int_0^1 \mathbf{e}_{-n}(t) f[r\mathbf{e}(t)] dt$$

puisque $-2\pi i n \mathbf{e}_{-n}(t) = \mathbf{e}'_{-n}(t)$. Dans la relation précédente, la partie toute intégrée est nulle pour cause de périodicité et l'intégrale du second membre n'est autre que $a_n(r)$. D'où la relation

(14.8)
$$ra'_n(r) = na_n(r)$$

valable pour $0 \leq r < R$.

C'est là une équation différentielle particulièrement banale. En posant $b_n(r) = a_n(r)r^{-n}$ pour $r > 0$ et en appliquant la formule de dérivation d'un produit, on constate que $b'_n(r) = 0$; la fonction $b_n(r)$ est donc constante, d'où

(14.9)
$$a_n(r) = a_n r^n$$

avec un coefficient a_n indépendant de r.

Pour $r \leq \rho < R$, on a d'après (2)

(14.10)
$$|a_n r^n| \leq \sup_{|z| \leq \rho} |f(z)| = M_f(\rho).$$

Pour $n < 0$, r^n augmente indéfiniment lorsque r tend vers 0; (10) montre alors que l'on a

(14.11)
$$a_n = 0 \qquad \text{pour } n < 0,$$

de sorte que la série de Fourier $\sum a_n(r)u^n$ de $f(ru)$ se réduit à la série *entière* $\sum a_n z^n$ pour $z = ru$. Comme, d'autre part, la fonction $u \mapsto f(ru)$ est de classe C^1 sur $\mathbb{T}$, sa série de Fourier converge absolument et représente partout la fonction en question.

En particulier, la série entière $\sum a_n z^n$ converge pour $|z| < R$. On peut du reste le voir sans invoquer le théorème 8 : choisir un ρ tel que $|z| < \rho < R$, poser $|z| = q\rho$ avec $q < 1$, et écrire que

(14.12)
$$|a_n z^n| = |a_n \rho^n| q^n \leq M_f(\rho)q^n.$$

En conclusion :

Théorème 10 (Cauchy, 1831). *Soit f une fonction holomorphe dans un ouvert U de $\mathbb{C}$. Alors f est analytique dans U et, pour tout $a \in U$, la série de Taylor de f en a converge et représente f dans le plus grand disque ouvert de centre a contenu dans U.*

Il suffit, dans les raisonnements précédents, de remplacer le disque $|z| < R$ par le plus grand disque $|z - a| < R$ en question ou, si l'on préfère, de considérer la fonction $f(a+z)$. Or la seule série entière susceptible de représenter f au voisinage de a est la série de Taylor de f en a comme nous le savons (Chap. II, n° 20). D'où le théorème.

Si vous croyez que Cauchy a tout compris immédiatement, vous êtes dans l'erreur. Il connaissait parfaitement les séries et intégrales de Fourier depuis 1815 et avait obtenu en 1822, par une toute autre méthode, la formule intégrale pour un cercle pour des fonctions holomorphes (i.e. vérifiant son EDP). Or il suffit de quelques lignes de calculs bêtes pour passer de là au théorème 10 (voir le n° 21). Freudenthal, excellent mathématicien hollandais qui a sérieusement examiné les oeuvres de Cauchy, émet dans sa notice du DSB l'hypothèse qu'il oubliait ses propres résultats. Ses activités politiques, religieuses et sociales occupaient probablement trop de place dans sa vie[25]

$\ldots$

15 – Le principe du maximum

Soit f une fonction holomorphe dans un ouvert $U \subset \mathbb{C}$ et reprenons la formule de Cauchy (14.2), qui s'écrit encore, pour $n = 0$,

$$(15.1) \qquad f(a) = \int f(a + ru)dm(u)$$

pour tout $a \in U$, où l'on intègre par rapport à la mesure invariante de $\mathbb{T}$ et où r est assez petit pour que U contienne le disque fermé $|z - a| \leq r$. Elle implique

$$(15.2) \qquad |f(a)| \leq \sup |f(a + ru)|.$$

Supposons alors que f possède en a un *maximum local*, i.e. qu'il existe un $r > 0$ tel que l'on ait

---

[25] Sur Cauchy, voir aussi, de Bruno Belhoste, *Cauchy, un mathématicien légitimiste au XIXe siècle* (Paris, Belin, 1985) et *Augustin-Louis Cauchy. A Biography* (Springer, 1991), dont les indications mathématiques ne remplacent pas la notice de Freudenthal. Le livre de C. A. Valson, *La vie et les oeuvres du Baron Cauchy* (1868) mérite d'être lu comme exemple particulièrement comique d'hagiographie à visées édifiantes, mais est difficile à trouver; il fut immédiatement démoli par Joseph Bertrand (Bull. de la Soc. Math. de France, 1, 1870) qui, tout en insistant sur l'importance des découvertes de Cauchy, rappela son irrésistible besoin de publier (plus de 750 articles), fréquemment plusieurs fois, des résultats incorrects, incomplets ou qu'il avait trouvés le jour même avant son petit déjeuner, comme on dirait de nos jours. Le Cours d'analyse de 1821 a été récemment réédité en fac-similé par les éditions Ellipses; sa lecture peut être un exercice fort utile (détectez les erreurs de raisonnement). Sur l'enseignement à Polytechnique, voir Bruno Belhoste, Amy Dahan Dalmedico et Antoine Picon, *La formation polytechnicienne 1794–1994* (Dunod, 1994), recueil d'articles pour la plupart fort intéressants par une vingtaine d'historiens.

(15.3) $|f(z)| \leq |f(a)|$ pour tout z tel que $|z - a| \leq r$.

En appliquant Parseval-Bessel à la série de Fourier

$$f(a + ru) = \sum c_n r^n u^n,$$

on obtient d'après (3)

$$\sum |c_n|^2 r^{2n} = \int |f(a + ru)|^2 \, dm(u) \leq |f(a)|^2 = |c_0|^2,$$

d'où $c_n = 0$ pour tout $n \geq 1$. La série entière de f au point a se réduit donc à son terme constant, de sorte qu'il existe un disque de centre a dans lequel f est constante.

Or, au Chap. II, n° 20, nous avons démontré un *principe du prolongement analytique* disant que si, dans un ouvert U *connexe*, deux fonctions analytiques coïncident au voisinage d'un point particulier de U, elles coïncident dans U tout entier. Si en particulier une fonction holomorphe dans U est constante au voisinage d'un point particulier de U, elle est constante dans U. Conclusion :

Théorème 11. *Soit f une fonction holomorphe dans un ouvert connexe U. Alors f est constante si elle possède en un point de U soit un maximum local, soit un minimum local non nul.*

Le cas d'un minimum local se ramène au précédent en considérant la fonction $1/f$: elle est définie et holomorphe au voisinage du minimum local et y possède un maximum local; $1/f$ est donc constante dans un disque, de sorte que f est constante dans U.

L'hypothèse de connexité est essentielle : si U se compose par exemple de deux disques ouverts disjoints D' et D'', le comportement de f dans D'' n'a rien à voir avec son comportement dans D'; f peut être égale à 1 dans D' et à e^z dans D''.

Un ouvert connexe s'appelle généralement un *domaine*; on utilise le plus souvent la lettre G (en allemand, domaine = Gebiet) pour noter les ouverts connexes.

Corollaire 1. *Soient G un domaine borné dans $\mathbb{C}$, K son adhérence, $F = K - G$ sa frontière et f une fonction définie et continue dans K et holomorphe dans G. On a*

(15.4) $$\|f\|_G = \|f\|_K = \|f\|_F.$$

Comme G est borné, K est borné et fermé, donc compact. La fonction continue $|f(z)|$ atteint donc son maximum en un point $a \in K$. Si $a \in G$, le théorème 11 montre que f est constante dans G, donc dans K, et le corollaire est clair. Si f n'est pas constante, le maximum de $|f(z)|$ est donc atteint sur F, d'où $\|f\|_K = \|f\|_F$. Mais comme f est continue dans K, sa valeur en un point de F est limite de valeurs prises en des points de G, d'où $\|f\|_F \leq \|f\|_G \leq \|f\|_K$ puisque $G \subset K$, cqfd.

Corollaire 2. *Soient G un domaine borné et (f_n) une suite de fonctions définies et continues dans l'adhérence K de G et holomorphes dans G. Supposons que les f_n convergent uniformément sur la frontière F de G vers une fonction limite. Alors les f_n convergent uniformément dans K et la fonction limite est holomorphe dans G.*

Considérons en effet les fonctions $f_{pq} = f_p - f_q$. Le critère de Cauchy pour la convergence uniforme montre que, pour tout $r > 0$, on a $\|f_{pq}\|_F \leq r$ pour p et q grands et donc (corollaire 1) $\|f_{pq}\|_K \leq r$. Les f_p convergent donc uniformément dans K, donc dans G, et il reste à appliquer le théorème 17, que l'on trouvera plus loin (n° 19).

Corollaire 3 (lemme de H. A. Schwarz). *Soit f une fonction holomorphe et bornée dans un disque $|z| < R$ et possédant à l'origine un zéro d'ordre p. On a alors*
$$|f(z)| \leq M \, |z/R|^p \quad \text{où } M = \sup |f(z)|.$$

On a $f(z) = z^p g(z)$ où g est, comme f, la somme d'une série entière dans $|z| < R$. La relation $|z^p g(z)| \leq M$ montre que l'on a $|g(z)| \leq M/r^p$ pour $|z| = r < R$, donc aussi, d'après le principe du maximum, pour $|z| < r$. En faisant tendre r vers R, on en déduit que
$$|g(z)| \leq M/R^p, \qquad \text{d'où } |f(z)| \leq M|z|^p/R^p$$

pour tout z, cqfd.

Le théorème 11 peut s'étendre partiellement à des domaines non bornés, mais c'est plus difficile et constitue plutôt un exercice :

Théorème 12. *Soient G un domaine de $\mathbb{C}$ et f une fonction définie, continue et bornée dans l'adhérence de G et holomorphe dans G. Alors*

$$(15.5) \qquad \qquad \|f\|_G = \|f\|_F$$

où $F = \bar{G} - G$ est la frontière de G.

Le cas où G est borné ayant déjà été traité, supposons G non borné. Considérons d'abord le cas plus simple où f tend vers 0 à l'infini, i.e. où, pour tout $\varepsilon > 0$, on a $|f(z)| < \varepsilon$ pour tout $z \in \bar{G}$ de module assez grand. Puisque f est continue dans $\bar{G}$, l'inégalité $|f(z)| \geq \varepsilon$ définit alors une partie fermée K de $\bar{G}$; comme $|f(z)| < \varepsilon$ pour $|z|$ grand, K est borné, donc compact. Il y a donc un $a \in K$ où la fonction $|f(z)|$ atteint son maximum relativement à K. Pour tout $z \in \bar{G}$, on a alors $|f(z)| \leq |f(a)|$ soit trivialement si $z \in K$, soit parce que $|f(z)| < \varepsilon$ si $z \notin K$. Le théorème 11 montre alors que $a \in \bar{G} - G$ (cqfd), sauf si f est constante, auquel cas il n'y a rien à démontrer.

Passons maintenant au cas général d'une fonction bornée dans G mais ne tendant pas nécessairement vers 0 à l'infini et supposons par exemple $|f(z)| \leq 1$ sur la frontière F de G; il s'agit alors de montrer que l'on a aussi $|f(z)| \leq 1$ dans tout G.

Supposons $|f(a)| > 1$ pour un $a \in G$ et considérons un disque fermé $D : |z - a| \leq r$ contenu dans G. Le théorème 11 montre que le maximum M de $|f|$ sur la frontière de D est > 1. Considérons alors dans le domaine $H = G - D$ les fonctions

$$(15.6) \qquad f_n(z) = rf(z)^n/M^n(z - a).$$

Comme f est bornée dans G, l'introduction d'un dénominateur $z - a$ montre que les f_n tendent vers 0 à l'infini dans H. On est donc dans le cas particulier examiné au début. Or la frontière de H est évidemment la réunion de la frontière F de G et de celle du disque D. Sur F, on a par hypothèse $|f(z)| \leq 1$, et comme M et $|(z - a)/r|$ sont >1, on a $|f_n(z)| \leq 1$ sur F. On a le même résultat sur la frontière de D puisqu'alors $|f(z)| \leq M$ et $|z - a| = r$. On voit donc que la fonction $|f_n(z)|$ est ≤ 1 sur la frontière de H, et comme elle tend vers 0 à l'infini on en conclut que l'on a $|f_n(z)| \leq 1$ dans H. L'exposant n figurant dans (6) étant arbitraire, cela exige $|f(z)/M| \leq 1$ dans H. Cette relation étant aussi vérifiée dans D, elle l'est donc partout dans G, cqfd.

L'hypothèse que la fonction f est bornée dans G et non pas seulement sur sa frontière est essentielle dans ce qui précède. Tout cela a été prodigieusement raffiné.

16 – Fonctions analytiques dans une couronne. Points singuliers. Fonctions méromorphes

Les raisonnements du n° 14 s'appliquent en fait à une fonction définie dans une couronne circulaire $C : R_1 < |z| < R_2$ et en particulier dans un disque privé de son centre si $R_1 = 0$. Pour tout cercle $|z| = r$ contenu dans C, les coefficients de Fourier de la fonction $f(ru)$ sont encore de la forme $a_n r^n$, mais le raisonnement montrant que $a_n = 0$ pour $n < 0$ ne s'applique plus puisque, même dans le cas où $R_1 = 0$, la fonction, par exemple $1/z$, n'a aucune raison d'être bornée au voisinage de 0. Il n'en demeure pas moins que la série de Fourier de $f(ru)$, à savoir

$$(16.1) \qquad \sum a_n r^n u^n = \sum a_n z^n \quad \text{avec} \quad a_n r^n = \int f(ru)u^{-n} dm(u),$$

où cette fois la sommation est étendue à $\mathbb{Z}$, converge absolument et représente f dans C d'après le théorème 4 du n° 9. Ici encore, on peut voir directement la convergence. Choisissons en effet des nombres r_1 et r_2 tels que $R_1 < r_1 < |z| < r_2 < R_2$ (inégalités strictes) et soit M la norme uniforme de f dans la couronne compacte C' limitée par les cercles de rayons r_1 et r_2. On a $|a_n z^n| \leq M$ d'après (1) puisque $|f(ru)| \leq M$, d'où

$$(16.2) \qquad |a_n z^n| = \begin{cases} |a_n r_2^n| \cdot |z/r_2|^n < M |z/r_2|^n & \text{pour} \quad n \geq 0, \\ |a_n r_1^n| \cdot |z/r_1|^n < M |z/r_1|^n & \text{pour} \quad n \leq 0; \end{cases}$$

comme $|z/r_2| < 1$, la première inégalité prouve la convergence absolue de la partie "positive" de la série (1) et comme $|z/r_1| > 1$, la seconde prouve celle de sa partie "négative".

La série (1) converge même normalement dans C' et donc sur tout compact[26] $K \subset C$. Dans C', on a en effet

$$|a_n z^n| \leq \begin{cases} |a_n r_1^n| & \text{si} \quad n \geq 0 \\ |a_n r_2^n| & \text{si} \quad n < 0; \end{cases}$$

or nous savons maintenant que la série $\sum a_n z^n$ converge absolument dans C, donc pour $z = r_1$ ou r_2; d'où, dans C', une majoration par une série *convergente* indépendante de z. En conclusion :

Théorème 13 (Laurent). *Soit f une fonction holomorphe dans une couronne circulaire $C : R_1 < |z| < R_2$. On a alors un développement en série*

$$(16.3) \qquad f(z) = \sum_{n \in \mathbb{Z}} a_n z^n \quad \text{avec} \quad a_n = r^{-n} \int_{\mathbb{T}} f(ru) u^{-n} dm(u),$$

la série convergeant normalement sur tout compact $K \subset C$.

Un développement de ce type est appelé une *série de Laurent*; c'est la somme d'une série entière en z et d'une série entière en $1/z$. La première converge au minimum pour $|z| < R_2$ et la seconde pour $|z| > R_1$ puisqu'une série entière converge nécessairement dans un disque. Cela permet d'écrire que, dans C, on a une décomposition $f(z) = g(z) + h(z)$ de f en une fonction g holomorphe pour $|z| < R_2$ et une fonction h holomorphe pour $|z| > R_1$.

On peut écrire (16.3) à la Leibniz comme la formule de Cauchy du n° 1. Posant $\zeta = ru$, on a $a_n = \int f(\zeta) \zeta^{-n} dm(u)$; mais pour $u = \mathbf{e}(t)$ on a $d\zeta = 2\pi i r \mathbf{e}(t) dt = 2\pi i \zeta dm(u)$. D'où

$$2\pi i a_n = \int f(\zeta) \zeta^{-n-1} d\zeta,$$

l'intégrale "curviligne" étant prise le long de n'importe quel cercle $t \mapsto r\mathbf{e}(t)$ contenu dans C. La théorie de Cauchy éclaircira ce point et, en particulier, expliquera pourquoi le résultat est indépendant du cercle $|\zeta| = r$ choisi.

Le théorème 13 sert principalement à étudier le comportement d'une fonction holomorphe au voisinage d'un *point singulier isolé a*, i.e. d'une fonction définie et holomorphe au voisinage de a, sauf au point a lui-même. On a alors un développement en série $f(z) = \sum c_n (z - a)^n$, d'où la distinction entre les *pôles*, où la série ne comporte qu'un nombre fini de termes non nuls de

---

[26] Un tel compact est contenu dans C' si l'on choisit convenablement les rayons r_1 et r_2 : la fonction continue réelle $z \mapsto |z|$ atteint dans K son minimum et son maximum, lesquels sont *strictement* compris entre les rayons de C puisque les cercles limites de C, qui ne font pas partie de C, ne rencontrent pas K.

degré < 0 – le degré minimum, changé de signe, est appelé l'*ordre* du pôle en question –, et les *points singuliers essentiels* où elle en comporte une infinité, cas par exemple de la fonction $\exp(1/z) = \sum z^{-n}/n!$ en $z = 0$. Il est aussi utile de définir l'*ordre* d'un *zéro* a de f, i.e. d'un point où $f(a) = 0$: c'est le degré du premier terme non nul de la série entière de f en a.

Cela conduit à la notion fondamentale de fonction *méromorphe* dans un ouvert U : c'est une fonction f définie et analytique dans $U - D$, où D est une partie *discrète* de U (i.e. telle que, pour tout $a \in D$, il existe un disque de centre a ne contenant aucun autre point de D que a), et n'ayant aux points de D que des singularités polaires. C'est par exemple le cas des fonctions elliptiques du Chap. II, n° 23 et, en fait, la "bonne" définition des fonctions elliptiques, car il y en a beaucoup d'autres que les séries d'Eisenstein, consiste à leur imposer uniquement d'être à la fois *doublement périodiques et méromorphes dans* $\mathbb{C}$, comme Liouville l'a découvert (n° 18). On remarquera que, si D' est l'ensemble des zéros de f dans U, la réunion $D \cup D'$ est encore une partie discrète de U. Cela résulte du fait que, si a est un zéro ou un pôle de f en a, on a $f(z) = (z - a)^p g(z)$, où g est une série entière dont le terme constant n'est pas nul, donc telle que $g(a) \neq 0$; dans un disque assez petit de centre a, on a encore $g(z) \neq 0$ puisque g est continue, de sorte qu'au voisinage de a la fonction f ne peut avoir d'autre zéro ou pôle que le point a lui-même. Par contre, les zéros ou pôles d'une fonction possédant en a un point singulier essentiel peuvent fort bien s'accumuler vers a : les zéros de $\sin(1/z)$ convergent vers 0.

On peut effectuer sur les fonctions méromorphes dans un ouvert donné U les opérations algébriques usuelles : somme, produit, quotient; on obtient encore des fonctions méromorphes dans U comme on va le voir.

Le cas d'une somme $f + g$ est évident : si f et g ont des pôles aux points de deux parties discrètes D et D' de U, la fonction $f + g$ est holomorphe en dehors de $D \cup D'$ et il est clair qu'en un point de $D \cup D'$ elle possède tout au plus un pôle; "tout au plus" car les parties polaires des séries de Laurent de f et g en un pôle commun peuvent se neutraliser. Pour fg, holomorphe en dehors de $D \cup D'$, on observe qu'en un point $a \in D \cup D'$ on a des relations

$$f(z) = f_1(z)/(z - a)^p, \qquad g(z) = g_1(z)/(z - a)^q$$

où f_1 et g_1 sont holomorphes au voisinage de a et non nulles en a. Il est alors clair que fg possède en a tout au plus un pôle d'ordre $p + q$. Il peut naturellement arriver qu'un pôle de f soit neutralisé par un zéro de g.

Le cas du quotient f/g se ramène, comme toujours, à celui de l'inverse $1/g(z)$ d'une fonction méromorphe. Au voisinage d'un pôle a de g, on a $g(z) = g_1(z)/(z - a)^q$ où $g_1(z)$ est une série entière telle que $g_1(a) \neq 0$. La fonction g_1 possède une inverse $1/g_1(z)$ holomorphe au voisinage de a; la formule $1/g(z) = (z - a)^q/g_1(z)$ montre alors que le pôle a d'ordre q s'est transformé en un zéro d'ordre q de $1/g(z)$. En un point a où g est holomorphe, on a $g(z) = (z - a)^q g_1(z)$ où g_1 est une série entière non nulle en a, dont l'inverse est donc holomorphe au voisinage de a, d'où visiblement un pôle d'ordre q pour $1/g(z)$ si g possède en a un zéro d'ordre q. On voit finalement que $1/g(z)$ est holomorphe en dehors des zéros de g, lesquels sont des pôles de $1/g$, les pôles de g fournissant par contre les zéros de $1/g$. Comme les zéros de g forment un ensemble discret dans U, la fonction $1/g$ est donc bien méromorphe dans U.

Les séries de Laurent se manipulent comme les séries entières. Le domaine de convergence d'une telle série $f(z) = \sum a_n z^n$ est nécessairement une couronne circulaire C puisque c'est la somme d'une série entière en z et d'une série entière en $1/z$ qui convergent respectivement pour $|z| < R_2$ et $|1/z| < R_1$. La formule de multiplication

$$\sum a_n z^n \sum b_n z^n = c_n z^n \qquad \text{avec } c_n = \sum a_p b_{n-p}$$

valable pour les séries entières s'applique encore, à condition de se placer dans une couronne où les deux séries convergent : elles convergent alors absolument, donc en vrac, de sorte qu'en les multipliant terme à terme on obtient une série double $\sum a_p b_q z^{p+q}$ qui converge en vrac (Chap. II, n° 22) et dans laquelle on peut donc effectuer des groupements de termes arbitraires (Chap. II, n° 18, théorème 13 : associativité), par exemple en fonction de la valeur de $p + q$.

On peut aussi dériver terme à terme une série de Laurent; le plus simple pour le voir est d'écrire que $f(z) = g(z) + h(1/z)$ où g et h sont des séries entières, d'où

$$f'(z) = g'(z) - h'(1/z)/z^2$$

d'après la règle de dérivation des fonctions analytiques composées (Chap. II, n° 22, théorème 17); $g'(z)$ s'obtient comme nous le savons en dérivant terme à terme la partie "positive" de la série $\sum a_n z^n$; comme on a $h(z) = \sum_{n \geq 0} a_{-n} z^n$ et donc $h'(z) = \sum_{n \geq 0} n a_{-n} z^{n-1}$, il vient

$$h'(1/z)/z^2 = \sum_{n \geq 0} n a_{-n} z^{-n+1-2} = \sum_{n \geq 0} n a_{-n} z^{-n-1} = -\sum_{n \leq 0} n a_n z^{n-1}$$

et finalement

$$f'(z) = \sum_{n \geq 0} n a_n z^{n-1} + \sum_{n \leq 0} n a_n z^{n-1} = \sum n a_n z^{n-1}$$

comme on l'espérait, la série de Laurent de f' convergeant dans la même couronne C que celle de f. *On remarque l'absence dans le résultat d'un terme en $1/z$.*

Une différence essentielle avec les séries entières apparaît alors lorsqu'on cherche une *primitive* de f, i.e. une fonction holomorphe F telle que $F'(z) = f(z)$ dans C. La fonction F est, comme f, représentée par une série de Laurent et nous venons de voir que sa série dérivée ne contient pas de terme en $1/z$.

Le problème n'a donc pas de solution si la série $f(z)$ en contient un. Le problème analogue en variable réelle a, au XVIIe siècle, défié les efforts de plusieurs mathématiciens avant Newton et Mercator, et Newton lui-même, avec son emploi systématique des séries de Laurent comportant un nombre fini de termes de degré négatif, est fort discret à ce sujet. Mis à part, donc, ce "détail" sur lequel se fonde tout le "calcul des résidus" de Cauchy, l'existence de la primitive lorsque $a_{-1} = 0$ est aussi évidente que dans le cas des séries entières : on pose $F(z) = \sum a_n z^{n+1}/(n+1)$. Les arguments utilisés pour les séries entières au Chap. II, n° 19 ou, ce qui revient au même, le fait que dans le domaine C de convergence de la série, les a_n d'indice positif et ceux d'indice négatif sont majorés par des progressions géométriques, montrent que ces opérations – dérivation ou "intégration" terme à terme – conduisent à des séries convergeant dans la même couronne que la série initiale.

Dans le cas où f comporte un terme en $1/z$, on peut encore considérer la fonction $F(z) = \sum a_n z^{n+1}/(n+1)$, où l'on oublie le terme d'indice $n = -1$; à défaut de $f = F'$, on obtient la relation

$$(16.4) \qquad\qquad f(z) = F'(z) + a_{-1}/z.$$

Le coefficient a_{-1}, obstruction radicale à l'existence d'une primitive de f dans la couronne C, s'appelle le résidu de f; plus généralement, si l'on considère une fonction f holomorphe au voisinage d'un point c de $\mathbb{C}$ sauf en ce point lui-même, lequel est donc un point singulier isolé de f, le *résidu de f en c* est par définition le coefficient a_{-1} de $1/(z-c)$ dans le développement de f en série de Laurent $\sum a_n(z-c)^n$ autour du point c; on le note $\mathrm{Res}_c(f)$ ou $\mathrm{Res}(f,c)$. La formule (3) appliquée pour $n = -1$ montre que

$$(16.5) \quad \mathrm{Res}_c(f) = \int f(c+ru)ru\,dm(u) = \int_0^1 f\left(c+re^{2\pi it}\right) re^{2\pi it}\, dt$$

ou, à la Leibniz,

$$(16.6) \qquad\qquad \mathrm{Res}_c(f) = \frac{1}{2\pi i} \int_{|z-c|=r} f(z)dz$$

avec une intégrale étendue au cercle $|z - c| = r$ comme plus haut; il faut naturellement choisir r assez petit pour que, mis à part le point c, la fonction f soit holomorphe au-delà du disque fermé $|z - c| \leq r$.

Les raisonnements précédents montrent plus généralement que si f est une fonction méromorphe dans un ouvert U, l'existence d'une primitive F de f dans U suppose que l'on ait $\mathrm{Res}_a(f) = 0$ en tout pôle a de f. Cette condition nécessaire *n'est pas suffisante, même si f est holomorphe*, sauf dans des ouverts très particuliers ("simplement connexes", i.e. homéomorphes[27] à un disque). L'étude de cette question suppose la théorie complète de Cauchy,

---

[27] Deux espaces métriques ou topologiques X et Y sont dits *homéomorphes* s'il existe une bijection $X \longrightarrow Y$ continue ainsi que l'application réciproque.

i.e. l'usage des intégrales curvilignes que nous développerons dans la suite de ce traité.

Pour en revenir à la fonction $1/z$, on pourrait prétendre qu'elle admet pour primitive la fonction

$$(16.7) \qquad \mathcal{L}\text{og } z = \log|z| + i \arg z = \frac{1}{2} \log\left(x^2 + y^2\right) + i \arctan y/x$$

du Chap. IV, n° 14 et 21; mais, dans $\mathbb{C}^*$, celle-ci est tout sauf une fonction au sens strict du terme comme nous le savons à cause du même problème pour $\arg z$. Il existe des ouverts U dans lesquels la fonction $1/z$ admet une primitive, à savoir ceux dans lesquels la pseudo-fonction $\mathcal{L}\text{og } z$ se décompose en branches uniformes : nous savons en effet [Chap. IV, §4, section (v)] que, si L est une telle branche, on a

$$L(z) = L(a) + \sum (1 - z/a)^n/n$$

au voisinage de tout point $a \in U$, de sorte que L est analytique et que $L'(z) = 1/z$ dans U; la fonction L est donc une primitive de $1/z$ dans U. Si, réciproquement, $1/z$ possède une primitive $f(z)$ dans un ouvert connexe $U \subset \mathbb{C}^*$, on a $\left(e^f\right)' = f'e^f$, de sorte que la fonction $g = e^f$ vérifie $zg' - g = 0$ ou $(g/z)' = 0$; puisque U est connexe, on a $g(z) = cz$ pour une constante c que l'on peut supposer égale à 1 en ajoutant à f une constante convenable. Par suite, f est une branche uniforme du $\mathcal{L}\text{og}$ dans U. Trouver une primitive de $1/z$ dans U revient donc exactement à construire dans U une branche uniforme du $\mathcal{L}\text{og}$. Un disque "pointé" (i.e. privé de son centre) de centre 0 est le type même des ouverts pour lesquels le problème n'a pas de solution.

Un problème analogue se pose lorsqu'on veut définir les puissances non entières d'un nombre complexe, i.e. la "fonction" $z \mapsto z^s$ où s est un nombre complexe quelconque. Compte tenu de la formule $a^s = e^{s \cdot \log a}$ du Chap. IV, valable pour a réel > 0, il serait naturel de définir

$$(16.8) \qquad\qquad z^s = e^{s \cdot \mathcal{L}\text{og } z},$$

mais l'ambiguïté du $\mathcal{L}\text{og}$ se propage alors au premier membre. Si toutefois l'on se limite à un ouvert U dans lequel la correspondance multiforme $\mathcal{L}\text{og}$ se décompose en branches uniformes, le choix d'une telle branche L fournit une fonction holomorphe $e^{s \cdot L(z)}$ qui est, à son tour, une "branche uniforme de la fonction multiforme z^s"; celle-ci est unique à un facteur constant près de la forme $e^{2k\pi is}$. Si par exemple $U = \mathbb{C} - \mathbb{R}_-$, auquel cas on a le droit de choisir

$$(16.9) \qquad\qquad L(z) = \log|z| + i \cdot \arg z \qquad \text{avec } |\arg z| < \pi$$

comme on l'a vu au Chap. IV, §4, on trouve

$$(16.10) \qquad\qquad z^s = |z|^s e^{is \cdot \arg(z)}$$

où $|z|^s = \exp(s.\log|z|)$ est l'expression définie sans ambiguïté au Chap. IV, n° 14 et où l'argument est choisi comme ci-dessus. Si par exemple $s = \frac{1}{2}$, on obtient ainsi deux branches uniformes, opposées, de $z^{1/2}$. Ce type de problème intervient fréquemment dans le calcul des résidus à la Cauchy.

17 – Fonctions holomorphes périodiques

La méthode utilisée au n° 14 pour obtenir le développement en série entière d'une fonction holomorphe s'applique également aux séries de Fourier des fonctions holomorphes périodiques.

Une fonction f définie et holomorphe dans un ouvert U admet dans U une période $a \neq 0$ si l'on a $f(z+a) = f(z)$ quel que soit $z \in U$. Cela suppose évidemment que $z \in U$ implique $z + a \in U$. En considérant la fonction $f(az)$, on se ramène au cas où $a = 1$. On a alors $f(x + 1, y) = f(x, y)$ quel que soit $x + iy = z \in U$, ce qui suggère un développement en série de Fourier par rapport à x. La seule situation raisonnable est celle où U est une bande horizontale

$$(17.1) \qquad\qquad a < \operatorname{Im}(z) < b$$

de largeur finie ou non, de sorte que, pour tout $y \in]a, b[$, la fonction $x \mapsto f(x, y) = f(x + iy)$ est définie sur tout $\mathbb{R}$, périodique et C^∞ puisque f est analytique. On a donc un développement beaucoup plus qu'absolument convergent

$$(17.2) \qquad\qquad f(x + iy) = \sum a_n(y)\mathbf{e}_n(x)$$

avec

$$(17.3) \qquad\qquad a_n(y) = \oint f(x + iy)e^{-2\pi inx}dx,$$

valeur moyenne sur une période. D'où encore

$$(17.4) \qquad\qquad a_n(y)e^{2\pi ny} = \oint f(z)e^{-2\pi inz}dx.$$

Nous allons voir que cette intégrale est indépendante de y.

Comme la fonction

$$g(z) = f(z)e^{-2\pi inz}$$

est tout aussi holomorphe et périodique que f, il suffit de faire la démonstration pour $n = 0$, i.e. de montrer que $a_0(y) = \oint f(x + iy)dx$ est une constante.

Le théorème de dérivation sous le signe $\int$ (Chap. V, n° 9, théorème 9) s'applique évidemment à la fonction $f(x, y)$. On a donc, en utilisant l'équation différentielle de Cauchy,

$$a_0'(y) = \oint D_2 f(x, y)dx = i \oint D_1 f(x, y)dx;$$

d'après le TF, cette intégrale est la variation de la fonction $x \mapsto f(x,y)$ sur un intervalle d'une période. Par suite, $a'_0(y) = 0$, cqfd[28].

On a donc $a_n(y) = a_n e^{-2\pi ny}$ avec une constante a_n, ce qui met (3) sous la forme beaucoup plus sympathique

$$(17.5) \quad f(z) = \sum a_n e^{2\pi inz} \quad \text{avec} \quad a_n = \oint f(x+iy)e^{-2\pi inz}dx.$$

On peut dériver la série terme à terme puisque dériver par rapport à z revient à dériver par rapport à x, ce que permet la théorie des séries de Fourier dans le cas de fonctions C^∞ (n° 9, théorème 5).

La série converge normalement dans toute bande *fermée* $c \leq \mathrm{Im}(z) \leq d$ contenue dans U, i.e. telle que $a < c \leq d < b$. Dans une telle bande, on a en effet $\left|e^{2\pi inz}\right| = e^{-2\pi ny} \leq e^{-2\pi nc} + e^{-2\pi nd}$ puisque la fonction monotone $e^{-2\pi ny}$ est, dans $[c,d]$, comprise entre ses valeurs en c et d. Le terme général de (5) est donc, dans la bande fermée considérée, majoré par $|a_n|e^{-2\pi nc} + |a_n|e^{-2\pi nd}$; mais comme (5) converge absolument pour $a < \mathrm{Im}(z) < b$ et donc pour $\mathrm{Im}(z) = c$ ou d, les deux séries $\sum |a_n|e^{-2\pi nc}$ et $\sum |a_n|e^{-2\pi nd}$ convergent, donc aussi leur somme. On obtient ainsi, dans la bande fermée $c \leq \mathrm{Im}(z) \leq d$, une série indépendante de z qui domine la série (5) : d'où la convergence normale. En conclusion :

Théorème 14 (Liouville). *Soit f une fonction holomorphe et de période 1 dans une bande ouverte $B : a < \mathrm{Im}(z) < b$. On a alors un développement en série*

$$f(z) = \sum a_n e^{2\pi inz}$$

qui converge normalement dans toute bande fermée $B' \subset B$. Les coefficients a_n sont donnés par la relation

$$a_n = \oint f(z)e^{-2\pi inz}dx = \int_c^{c+1} f(x+iy)e^{-2\pi in(x+iy)}dx$$

quels que soient $y \in \,]a,b[$ et $c \in \mathbb{R}$. On peut dériver terme à terme un nombre arbitraire de fois la série de Fourier de f.

Inversement, si une *série de Fourier complexe*, i.e. de la forme (5), converge absolument dans une bande $a < \mathrm{Im}(z) < b$, le raisonnement précédent montre que la série converge normalement dans toute bande fermée (et donc dans tout compact) contenue dans la bande ouverte donnée. Le théorème 17 ci-dessous montre alors que la somme de la série est analytique.

---

[28] La plupart des auteurs utilisent inutilement l'intégrale de Cauchy sur un contour rectangulaire pour obtenir ce résultat quasi trivial; la méthode adoptée ici s'étend aux solutions périodiques de beaucoup d'autres équations aux dérivées partielles que $D_1 f = iD_2 f$, et en fait Fourier lui-même, Poisson, Liouville, etc. l'ont appliquée aux EDP de la physique connues à leur époque – propagation de la chaleur, équation des ondes, etc. – dont les solutions ne sont pas des fonctions holomorphes de (x,y). Exercice : trouver la forme générale des solutions périodiques en t de l'équation $f''_{tt} - f''_{xx} = cf$, où c est une constante.

18 – Les théorèmes de Liouville et de d'Alembert-Gauss

Nous pouvons maintenant établir le théorème de Liouville auquel nous avons fait allusion à propos de l'équation différentielle de la fonction $\wp$ de Weierstrass (Chap. II, fin du n° 23). Dans son énoncé, une *fonction entière* est, par définition, une fonction holomorphe dans $\mathbb{C}$ tout entier : un polynôme, une fonction exponentielle, $\exp(\exp(\exp(\sin z)))$, etc.

Théorème 15 (Liouville). *Soit f une fonction entière telle que l'on ait*

$$(18.1) \qquad f(z) = O(z^p) \qquad \text{quand} \quad |z| \longrightarrow +\infty,$$

où p est un entier ≥ 0. Alors f est un polynôme de degré $\leq p$. En particulier, une fonction entière bornée est constante.

D'après le théorème 10 on a un développement $f(z) = \sum a_n z^n$ valable quel que soit z. La relation (14.10) montre alors que, pour tout n, on a

$$(18.2) \qquad |a_n|\, r^n \leq M_f(r)$$

où $M_f(r)$ est la borne supérieure de $|f(z)|$ sur la circonférence $|z| = r$ ou, ce qui revient au même d'après le principe du maximum, dans le disque $|z| \leq r$. Supposons alors $|f(z)| \leq M|z|^p$ pour tout z assez grand. Il vient

$$|a_n| \leq M/r^{p-n} \qquad \text{pour } r \text{ grand,}$$

d'où $a_n = 0$ pour tout $n > p$ puisqu'alors le second membre tend vers 0 à l'infini, cqfd.

L'une des applications les plus célèbres et les plus simples du théorème 13 est une démonstration (Gauss en a trouvé quatre) par le même Liouville du miraculeux[29]

Théorème 16 (d'Alembert-Gauss). *Toute équation algébrique de degré ≥ 1 possède au moins une racine complexe.*

Pour le voir, on considère la fonction $f(z) = 1/p(z)$ où p est un polynôme ne s'annulant jamais. Comme $p(z)$ est analytique dans $\mathbb{C}$, il en est de même de f (Chap. II, n° 22, théorème 17 – on pourrait aussi invoquer l'holomorphie, plus facile à prouver pour $1/p$). Or, à l'infini, $p(z)$ est équivalent à son terme de plus haut degré, soit az^r, de sorte que l'on a

$$f(z) \sim 1/az^r = O(z^{-r}).$$

---

[29] Les nombres complexes ont été inventés pour calculer les racines d'équations du troisième degré à l'aide de formules impliquant des racines carrées de nombres négatifs. Le caractère "miraculeux" du théorème de d'Alembert-Gauss est qu'il permet d'attribuer des racines à des équations de n'importe quel degré et ceci alors que, pour $n > 4$, personne n'a jamais découvert ou ne découvrira jamais des "formules" algébriques simples ou compliquées pour calculer les racines d'une équation générale de degré n.

Comme $r \geq 0$, f est bornée à l'infini, donc est constante d'après Liouville, impossible si p est de degré > 0.

Le théorème de Liouville permet de compléter la démonstration (Chap. III, n° 23) de l'équation différentielle

$$\wp'(z)^2 = 4\wp(z)^3 - 20a_2\wp(z) - 28a_4$$

de la fonction $\wp$ de Weierstrass. Comme nous l'avons dit alors, il est évident, si l'on calcule à la Newton, que la différence $f(z)$ entre les deux membres est une fonction doublement périodique analytique au voisinage de $z = 0$; elle l'est donc dans $\mathbb{C}$ tout entier puisqu'elle ne saurait avoir d'autres singularités que celles de la fonction $\wp$, à savoir les périodes ω; autrement dit, f est une fonction entière. Mais, de même que la fonction $\sin x$ prend sur $\mathbb{R}$ toutes ses valeurs dans $[0, 2\pi]$ en raison de sa périodicité, de même une fonction doublement périodique ne prend pas d'autres valeurs dans $\mathbb{C}$ que dans le parallélogramme construit sur les périodes fondamentales ω' et ω'', i.e. dans l'ensemble *compact* des

$$z = u'\omega' + u''\omega'' \qquad \text{avec} \quad u', u'' \in [0, 1].$$

Etant continue, une fonction elliptique entière est bornée dans un tel parallélogramme, donc dans tout $\mathbb{C}$, donc constante d'après Liouville. Il reste alors à constater que, dans le cas qui nous occupe, la fonction f est nulle pour $z = 0$, ce que le développemment en série de la fonction $\wp$ de Weierstrass rend évident.

En fait, c'est à propos des fonctions elliptiques que Liouville a inventé son théorème en 1843–44 et il est instructif de suivre l'évolution de ses idées sur ce point[30] puisqu'elles se développent suivant une logique opposée à celle, maintenant classique, que nous venons d'exposer.

Liouville prouve d'abord, en utilisant une idée d'Hermite, qu'une fonction non constante ne peut avoir deux périodes α et β réelles dont le rapport est non rationnel. On écrit pour cela (dans nos notations) que $f(t) = \sum a_n \mathbf{e}(nt/\alpha)$ et l'on constate, en remplaçant t par $t+\beta$, que $a_n = a_n \mathbf{e}(n\beta/\alpha)$; si $\beta/\alpha \notin \mathbb{Q}$, l'exponentielle est $\neq 1$ quel que soit $n \neq 0$, cqfd. Le résultat avait déjà été prouvé autrement par Jacobi et Liouville estime d'abord que sa démonstration revient à "chercher midi à quatorze heures".

Mais il a alors l'idée d'utiliser la même méthode pour montrer a priori que si une fonction doublement périodique, avec des périodes dont le rapport n'est pas réel, "ne devient pas infinie", i.e. est holomorphe partout dans $\mathbb{C}$, alors elle est constante. En dépit des 40.000 pages de notes de Liouville – n'ayant pour la plupart donné lieu à aucune publication de son vivant ou plus tard et déposées à l'Académie des sciences –, on ne sait pas vraiment comment il

---

[30] Voir Jesper Lützen, *Joseph Liouville 1809–1882, Master of Pure and Applied Mathematics* (Springer, 1990, 884 p.), chap. XIII.

a procédé. Toutefois, Lützen a retrouvé une note où Liouville écrit que si une "fonction de $x + \sqrt{-1}y$" admet une période imaginaire $\omega = a + \sqrt{-1}b$, alors elle est développable en une série de Fourier de la forme (dans nos notations)

$$(18.3) \qquad f(z) = \sum a_n \mathbf{e}_n(z/\omega)$$

où $\mathbf{e}_n(z) = \exp(2\pi i n z)$: c'est le théorème 14. Supposons en effet $\omega = 1$ pour simplifier; Liouville écrit comme nous que $f(x + iy) = \sum a_n(y)\mathbf{e}_n(x)$; il en déduit que, pour $h \in \mathbb{R}$, on a

$$f(x + h + iy) = \sum a_n(y)\mathbf{e}_n(h)\mathbf{e}_n(x),$$

donc que

$$a_n(y)\mathbf{e}_n(x) = \oint f(x + h + iy)\mathbf{e}_n(h)dh$$

et par suite que le premier membre "est une fonction de $x + iy$", donc doit être de la forme $a_n \mathbf{e}_n(x + iy)$ avec des a_n constants.

Liouville ne fait aucune allusion à l'holomorphie ou à l'analyticité de $f(z)$; pour lui, en 1844, ce qui compte est que f soit une "fonction de $x + \sqrt{-1}y$", ce qui signifie peut-être qu'il existe une expression algébrique ou analytique de $f(z)$ ne faisant intervenir que z. En fait, on le voit utiliser dans une autre note de la même époque l'équation de Cauchy $f'_x = -if'_y$ et la formule standard

$$a_n(y) = \oint f(x + iy)\mathbf{e}_n(x)dx$$

pour établir une équation différentielle vérifiée par les $a_n(y)$ et en déduire qu'ils sont proportionnels à $\exp(-2\pi n y)$, ce qui fournit directement (3) comme nous l'avons vu au n° précédent.

Lützen ne nous dit pas comment Liouville déduit de (3) qu'une fonction doublement périodique partout holomorphe est constante, mais c'était sûrement aussi évident pour lui que pour nous : si f admet les périodes 1 et ω (non réelle), cas auquel on peut toujours se ramener, on doit avoir

$$\sum a_n \mathbf{e}_n(z) = \sum a_n \mathbf{e}_n(\omega)\mathbf{e}_n(z)$$

et donc $a_n = a_n \mathbf{e}_n(\omega)$, d'où $a_n = 0$ pour $n \neq 0$ puisque la relation $\mathbf{e}_n(\omega) = 1$ supposerait $\omega \in \mathbb{Z}$.

Pour passer au théorème relatif aux fonctions entières quelconques, Liouville *utilise* la théorie des fonctions elliptiques. Si f est une fonction entière bornée et si φ est une fonction elliptique (en l'occurence l'une des fonctions de Jacobi), alors la fonction composée $f[\varphi(z)]$ est encore elliptique et, étant bornée, ne saurait avoir de pôles. C'est donc une constante, ainsi par conséquent que f (si l'on sait que φ prend toutes les valeurs complexes possibles[31]). Ce raisonnement tient dans une note de quatre lignes que Lützen reproduit p. 543 de son livre, la démonstration se réduisant à un "Par conséquent, &c."

Liouville annonce ses idées sur les fonctions elliptiques à l'Académie[32] en décembre 1844 et s'attire immédiatement une offensive de Cauchy à la séance suivante; celui-ci rappelle qu'un an auparavant il a montré comment sa théorie des résidus permettait de reconstruire très facilement (?) la théorie de Jacobi; qu'en 1843 il a annoncé que si une fonction $f(z)$ "possède toujours une valeur unique et déterminée, si, de plus, elle se réduit à une certaine constante pour toutes les valeurs infinies de z [ce qui, apparemment, signifie que $f(z)$ tend vers une limite lorsque $|z| \to +\infty$], alors elle se réduira à cette même constante quand la variable z prend une valeur finie arbitraire"; enfin, appliquant ce résultat à $[f(z)-f(a)]/(z-a)$ pour un a fixé, fonction qui tend vers 0 à l'infini si f est bornée et qui, en $z = a$, reste "continue" puisque f est dérivable, il en déduit la forme générale du théorème de Liouville : *Si une fonction $f(z)$ de la variable réelle ou imaginaire z reste toujours continue* [ce qui, dans le langage de Cauchy, signifie probablement : est partout dérivable au sens complexe], *et par conséquent toujours finie, elle se réduit à une simple constante*". Nous sommes ainsi ramenés aux querelles de priorité dont il a déjà été question (Chap. III, n° 10), exercice fort répandu en France à l'époque et dont Cauchy est probablement le champion historique toutes catégories. Lützen pense que Liouville connaissait le résultat avant Cauchy, mais même si tel est le cas il n'en reste pas moins que c'est la date de publication qui

---

[31] En retranchant au besoin une constante, il suffit de montrer qu'une fonction elliptique φ possède toujours des zéros. Mais si ce n'était pas le cas, la fonction elliptique $1/\varphi$ serait partout holomorphe, y compris aux pôles de φ, donc constante.

[32] où il est entré en 1838 après une bagarre dont Lützen nous offre un compte-rendu particulièrement édifiant. Les deux cents premières pages de son livre, qui parlent abondamment de la situation sociale des mathématiciens en France à cette époque, abondent en incidents de ce genre et pourraient illustrer le proverbe africain selon lequel deux (et a fortiori quinze) crocodiles mâles ne peuvent pas coexister dans le même marigot. Les scientifiques les plus célèbres pouvaient à cette époque cumuler trois postes fort bien rénumérés (de l'ordre de 6.000 F par an, un répétiteur à l'X ou dans une autre école se contentant de 100 à 150 F par mois) : Sorbonne, Collège de France, Polytechnique, CNAM, Bureau des Longitudes, etc. On imagine la compétition. Le système réduisait considérablement les chances des scientifiques n'ayant pas encore acquis une grande notoriété d'obtenir un poste convenable et, de ce fait, était fortement critiqué. Au surplus, quand le polytechnicien Liouville, après avoir démissionné du Corps des Ponts et Chaussées, se retrouve dans cette situation après avoir dû, au début, enseigner près de quarante heures par semaine dans des établissements secondaires publics ou privés et à l'X, il constate qu'il n'a plus le temps de faire de la recherche ... Pour un autre exemple, très différent, voir Maurice Crossland, *Gay-Lussac : Scientist and Bourgeois* (Cambridge UP, 1978, trad. *Gay-Lussac, savant et bourgeois*, Belin).

compte et non pas les manuscrits qu'un historien découvre un siècle et demi plus tard. La situation n'est donc pas particulièrement claire ...

Cette tendance de Liouville à ne pas publier lui vaudra des ennuis à propos, ici encore, des fonctions elliptiques (i.e. méromorphes et possédant deux périodes de rapport non réel). Il démontre à leur sujet, entre 1844 et 1847, des théorèmes qui sont devenus le point de départ des modes d'exposition ultérieurs; ils consistent essentiellement à *caractériser les fonctions elliptiques à l'aide de leurs pôles et de leurs zéros* en éliminant les calculs traditionnels sur les intégrales elliptiques et les séries de Jacobi; tout repose sur l'inexistence de fonctions elliptiques partout holomorphes. Exemple : soient f et g deux fonctions elliptiques et supposons que chacune d'elles possède des zéros simples et des pôles simples exactement aux mêmes points; alors f/g est partout holomorphe et elliptique, donc constante.

Liouville ne publie pas ces résultats mais les expose en privé à deux jeunes Allemands, Carl Wilhelm Borchardt et Ferdinand Joachimsthal; de retour en Allemagne, le premier met ses notes au propre et en adresse des copies à Liouville et aux deux amis de celui-ci, Jacobi et Dirichlet. Ses idées sont donc connues outre-Rhin; Borchardt les publiera en 1880 dans la principale revue allemande lorsqu'il en prendra la direction. En 1851, élu au Collège de France, Liouville, qui tient quand même à sa priorité face à Cauchy, consacre au sujet une année – au Collège, elles ne sont pas très longues ... – devant un auditoire réduit où figurent Charles Briot et Jean Bouquet, des suppôts de Cauchy qui publieront en 1859 une *Théorie des fonctions doublement périodiques*, premier exposé d'ensemble des théories de Cauchy et de Liouville; celles-ci avaient été complétées ailleurs depuis 1844, notamment par Hermite, premier utilisateur des idées de Cauchy. Mais Liouville n'a pas publié et, après Briot et Bouquet, y renonce. Dans ses vieux jours, il exprimera son ressentiment à leur égard[33], «*vile thieves but highly dignified Jesuits. Elected as thieves by the* Académie!!!!», souligné dans le texte. En 1876, Liouville étant élu membre étranger de l'académie de Berlin, Weierstrass rétablira énergiquement la vérité en rappelant que tout était déjà dans les notes de Borchardt et que Briot et Bouquet auraient pu mentionner qu'ils devaient *tout* à Liouville. Mais personne, Weierstrass inclusivement, n'a jamais compris pourquoi celui-ci n'avait pas publié; il avait eu quinze ans pour le faire avant Briot et Bouquet.

Cauchy n'a pas non plus découvert la série de Laurent, et bien qu'il découvre l'équation (1.3) du n° 1 de ce chapitre dès 1825 pour des fonctions

---

[33] Lützen, p. 201. Ne connaissant pas le texte original, je préfère m'en tenir à l'anglais de Lützen. On aura compris que Liouville était républicain et laïc. Il fut député de Toul à la première Assemblée nationale élue après la révolution de 1848. Son ami Dirichlet dira de son côté à la même époque que tout mathématicien se doit d'être un démocrate, probablement parce qu'il n'est ni nécessaire ni suffisant d'avoir hérité d'un titre ou d'une fortune pour pouvoir faire des mathématiques. (Il n'est même pas toujours recommandé d'avoir hérité des mathématiques de son père ou, soyons politiquement correct, de sa mère).

holomorphes – sans utiliser les séries de Fourier qu'il était pourtant assez bien placé pour connaître –, il semble oublier le résultat et c'est seulement en 1831–32 et plus probablement en 1840–41 qu'il découvre l'analyticité de ses fonctions comme on l'a dit plus haut, ses idées commençant à être à peu près claires vers 1850. Comme l'écrit Hans Freudenthal dans son excellente biographie du DSB, *"he would have missed much more if others had cared about matters so general and so simple as those which occupied Cauchy"*. Ses travaux confus, répétitifs, utilisant des démonstrations incorrectes ou absurdement compliquées, produisent néanmoins, au bout du compte, une formidable branche de l'analyse et une méthode géniale pour obtenir des intégrales que personne avant lui ne savait calculer. Il est curieux qu'ils n'aient pas davantage attiré l'attention de ses contemporains, notamment d'Allemands comme Gauss[34] ou Jacobi qui, à la même époque, manipulaient à longueur d'année (mais peut être sans y attacher d'importance puisqu'ils rencontraient rarement autre chose) des fonctions analytiques, à commencer par les fonctions elliptiques; Cauchy fournira en 1846, grâce à ses méthodes, la première explication non miraculeuse de leur double périodicité, obtenue par Abel et Jacobi à l'aide de formules d'addition compliquées d'abord établies en variables réelles. Ce sont Riemann (1851) et surtout Weierstrass et ses élèves qui placeront ensuite la théorie sur des bases solides. Les travaux de Riemann sur les fonctions algébriques[35], extraordinaire mélange de topologie, de géométrie algébrique et d'analyse complexe, étaient en effet tellement en avance sur l'époque qu'il fallut largement cinquante ans pour que l'on commence à les comprendre, puis à les généraliser, sans jamais parvenir à les banaliser. Dans l'intervalle, les théories de Cauchy, que le livre de Briot et Bouquet diffuse en Allemagne, et de Weierstrass prospèrent prodigieusement; Remmert note que l'édition allemande d'un livre de l'Italien G. Vivanti cite 672 titres avant 1904. Si prodigieusement que, dans la France d'avant 1940 pour ne mentionner que ce cas, elle monopolise l'attention d'un grand nombre de mathématiciens aux dépens des branches nouvelles qui s'élaborent ailleurs, y compris de la théorie beaucoup plus difficile des fonctions holomorphes de plusieurs variables d'où sont sortis après 1950, notamment en France (H. Cartan et J.-P. Serre) et en Allemagne (H. Behnke, H. Grauert, R. Remmert et K. Stein), les progrès de beaucoup les plus spectaculaires; mais il y faudra des méthodes totalement différentes – variétés différentiables, topologie algébrique, analyse fonctionelle, etc. – et des idées entièrement nouvelles, le

---

[34] En fait, il semble que Gauss ait découvert avant Cauchy certains des résultats de celui-ci, mais sans les publier conformément à son habitude.

[35] Une fonction $\zeta = f(z)$ est dite algébrique si l'on a une relation $P(z, \zeta) = 0$, où P est un polynôme donné à coefficients complexes. La première difficulté est que, pour z donné, l'équation fournit plusieurs valeurs possibles pour ζ. Il ne s'agit donc pas de fonctions sur $\mathbb{C}$ au sens strict du terme, mais de "fonctions multiformes" au sens du Chap. IV, §4 ou de correspondances au sens du Chap. I dont les graphes sont les "surfaces de Riemann" du Chap. X.

passage d'une à plusieurs variables complexes étant excessivement loin de se réduire à une simple généralisation.

Puisque l'on vient de parler de Liouville dans un chapitre traitant notamment des séries de Fourier, il faut noter sa découverte, avec le Genevois Charles Sturm, d'une formidable généralisation de l'analyse harmonique; elle consiste à remplacer les exponentielles par les "fonctions propres" d'un opérateur différentiel, vérifiant des "conditions aux limites" données.

Dans la théorie de Sturm-Liouville, on considère sur l'intervalle compact $I = [0,1]$ une équation différentielle de la forme

$$(18.4) \qquad -x''(t) + q(t)x(t) = 0$$

où q est une fonction donnée, *réelle* et continue dans I. Posant $Lx = -x''+qx$ (cf. la notation Dx pour la fonction dérivée x'), on appelle *fonctions propres* de L les solutions non nulles de l'équation

$$(18.5) \qquad Lx(t) = \lambda x(t)$$

où $\lambda = \mu^2$ est une constante donnée; cf les vecteurs propres d'une matrice ou d'un opérateur linéaire dans $\mathbb{R}^n$. Si, cas banal, $Lx = -x''$, on trouve les fonctions $a.\exp(i\mu x) + b.\exp(-i\mu x)$ où a et b sont des constantes arbitraires. Le problème consiste alors à étudier les solutions de (5) qui vérifient les *conditions aux limites*

$$(18.6) \qquad x'(0) - ux(0) = x'(1) + vx(1) = 0$$

où u et v sont des constantes *réelles* données. Les nombres λ pour lesquels (5) et (6) ont une solution $x \neq 0$ sont maintenant appelés les *valeurs propres* du "problème aux limites". Tout cela sort, chez Sturm et Liouville, de l'EDP de propagation de la chaleur dont Fourier a déjà tiré ses séries.

Une première remarque à faire (Sturm) est que si $x \neq 0$, la valeur propre λ est réelle. En calculant le produit scalaire de Lx et de x sur I, on a en effet, en style télégraphique,

$$(Lx \mid x) = \int qx\bar{x} - \int x''\bar{x} = \int q|x|^2 - \left[x'(1)\overline{x(1)} - x'(0)\overline{x(0)}\right] + \int x'\bar{x}' =$$
$$= \int q|x|^2 + \int |x'|^2 + u|x(0)|^2 + v|x'(1)|^2,$$

résultat réel puisque u, v et $q(t)$ sont réels. Mais comme $Lx = \lambda x$, le premier membre se réduit à $\lambda \int |x|^2$, d'où $\lambda \in \mathbb{R}$ et même $\lambda > 0$ si la fonction q est à valeurs positives ainsi que u et v (hypothèse justifiée par la physique). Mêmes calculs pour montrer, en algèbre, que les valeurs propres d'une matrice hermitienne sont réelles.

Un second problème est de montrer qu'abstraction faite des conditions (6), l'équation (5) possède toujours des solutions, et même une solution pour laquelle les conditions initiales

$$(18.7) \qquad\qquad x(0) = a, \qquad x'(0) = b$$

sont données. En remplaçant $q(t)$ par $q(t) - \lambda$ on se ramène à l'équation $x'' = qx$. Liouville remarque alors, nous dit Lützen (Chap. X, p. 447), que si l'on considère les équations différentielles

$$(18.8) \qquad\qquad x_0'' = 0, \qquad x_1'' = qx_0, \qquad x_2'' = qx_1, \ldots,$$

alors la fonction

$$(18.9) \qquad\qquad x(t) = x_0(t) + x_1(t) + x_2(t) + \ldots$$

vérifie manifestement l'équation $x'' = qx$: dériver la série terme à terme; Liouville ne se préoccupe pas, tout au moins au début, de justifier cette opération : Weierstrass (1815–1897) ne sévit pas encore dans les années 1830 et l'on peut, malgré Cauchy, ou à cause de Cauchy et de ses erreurs, calculer quasiment comme le faisait Euler. Si l'on impose les conditions

$$(18.10) \qquad x_0(t) = a + bt, \qquad x_n(0) = x_n'(0) = 0 \quad \text{pour } n > 1,$$

il est clair que la série (9) vérifie (7). Mais d'après le TF les conditions (10) imposent, pour $n \geq 1$, la relation

$$(18.11) \quad x_n(t) = \int_0^t x_n'(t)dt = \int_0^t dt \int_0^t x_n''(t)dt = \int_0^t dt \int_0^t q(t)x_{n-1}(t)dt$$

où, comme Liouville, nous avons violé l'interdiction de désigner par une seule et même lettre des variables fantômes et une variable libre. D'où une impressionnante formule, écrite de façon entièrement explicite chez Liouville,

$$(18.12) \quad x = x_0 + \iint qx_0 + \iint q \iint qx_0 + \iint q \iint q \iint qx_0 + \ldots$$

où, pour la valeur t de la variable, les intégrales[36] sont prises entre 0 et t. Il faut quand même prouver que cette série converge, ce que Liouville fait de façon parfaitement correcte en séparant (12) en deux séries correspondant respectivement à $x_0(t) = a$ et à $x_0(t) = bt$; en modernisant son langage et en posant $M = \sup|q(t)| = \|q\|$, on a[37], pour $x_0(t) = a$,

$$|x_1(t)| \leq M \int dt \int |x_0(t)|\, dt = |a| Mt^{[2]},$$

$$|x_2(t)| \leq M \int dt \int |x_1(t)|\, dt \leq |a| M^2 t^{[4]},$$

---

[36] Si l'on désigne par P l'opérateur qui, à toute fonction continue sur $[0,1]$, associe celle de ses primitives qui s'annule en 0, la relation (12) signifie que

$$x = x_0 + P^2 qx_0 + P^2 q P^2 qx_0 + P^2 q P^2 q P^2 qx_0 + \ldots,$$

où $P^2 = P \circ P$ et où chaque opérateur P^2 s'applique à tout ce qui le suit.

[37] L'opérateur P transforme la fonction $t^{[n]}$ en $t^{[n+1]}$.

et plus généralement $|x_n(t)| \leq |a| M^n t^{[2n]}$, d'où la convergence; le calcul est similaire pour $x_0(t) = bt$. Nous avons utilisé des calculs analogues au Chap. VI, n° 10, pour montrer à l'aide de la *méthode des approximations successives* l'existence de solutions de l'équation de Bessel, laquelle rentre dans le schéma de Liouville à ceci près qu'on s'y place sur l'intervalle $]0, +\infty[$ avec une fonction q singulière à l'origine. Ces calculs de Liouville montrent que c'est à lui, et non à Emile Picard (1890), que l'on doit attribuer l'invention de cette méthode comme Lützen le note à juste titre; Cauchy a un peu plus tôt une autre méthode et adoptera à son tour les approximations successives pour majorer les solutions, sinon pour en prouver l'existence.

Ceci fait, il faut revenir aux conditions aux limites (6) qui imposent aux solutions des restrictions drastiques. Les premiers résultats fondamentaux sont de Sturm et reposent sur des raisonnements extrêmement ingénieux; en supposant u, v et $q > 0$ et donc $\lambda > 0$ et μ réel, il démontre que le problème (5), (6) possède une infinité dénombrable de valeurs propres $\lambda_1 < \lambda_2 < \dots$ [il compare pour cela les solutions de $x'' = (q - \lambda)x$ à celles, trigonométriques, de l'équation $x'' = -n(\lambda)^2 x$ où la constante $n(\lambda)$ vérifie $n(\lambda) < \lambda - q(x)$ pour tout x], qu'à chaque valeur propre λ_n correspond, à un facteur constant près, exactement une fonction propre $u_n(t)$ que l'on peut supposer réelle, que celles-ci sont orthogonales sur l'intervalle I, i.e. que $\int u_p u_q = 0$, enfin que u_n possède n zéros qui s'entrelacent avec les $n - 1$ zéros de u_{n-1}. Liouville, lui, obtient une évaluation asymptotique des λ_n et, surtout, montre que les u_n permettent de développer des fonctions arbitraires en séries "de Fourier"

$$f(t) = \sum c_n(f) u_n(t) \qquad \text{avec} \quad c_n = (f \mid u_n) / (u_n \mid u_n)^{1/2},$$

le dénominateur ayant pour but d'attribuer au "vecteur" u_n la longueur 1 comme aux fonctions $\mathbf{e}_n(t)$ de la théorie de Fourier.

Tout cela, que Sturm et Liouville inventent (et même publient ...) dans les années 1830–1840, a un demi-siècle d'avance sur l'époque. La question sera reprise à partir de 1880–1890; on rectifie les démonstrations; on étend la méthode à des intervalles non compacts (exemple : équation de Bessel du Chap. VI), ce qui est sensiblement plus difficile et fait apparaître des développements en *intégrales* "de Fourier" portant sur les fonctions propres; on se place dans le cadre de la théorie des équations intégrales – elles apparaissent déjà chez Liouville – puis des espaces de Hilbert, etc. Cette théorie a donné lieu à des développements fort remarquables y compris très récemment (*scattering*, équation de Korteweg-de Vries). L'école soviétique, particulièrement B. M. Levitan, a énormément travaillé le sujet depuis largement un demi-siècle[38].

---

[38] Pour un résumé remarquablement clair de l'état de la question, voir les articles "Sturm-Liouville" dans l'encyclopédie soviétique des mathématiques (*Encyclopaedia of Mathematics*, Reidel, 10 vol., 1988–1994, l'édition soviétique étant de 1977–1985) où l'on peut, plus généralement, s'informer sur quasiment toute question de mathématiques et trouver une bibliographie du sujet (complétée par les

Exemple. Supposons $q = 0$, cas en apparence trivial. (5) s'écrit $x'' + \mu^2 x = 0$, d'où $x(t) = ae^{i\mu t} + be^{-i\mu t}$. Les relations (6) s'écrivent

$$i\mu(a - b) - u(a + b) = i\mu \left(ae^{i\mu} - be^{-i\mu}\right) + v \left(ae^{i\mu} + be^{-i\mu}\right) = 0,$$

d'où deux équations linéaires et homogènes pour déterminer a et b à un facteur constant près. On ne peut avoir $(a, b) \neq (0, 0)$ que si le déterminant

$$\begin{vmatrix} i\mu - u, & -i\mu - u \\ (i\mu + v)e^{i\mu} & (-i\mu + v)e^{-i\mu} \end{vmatrix} = (i\mu - u)(v - i\mu)e^{-i\mu} + (u + i\mu)(v + i\mu)e^{i\mu}$$

est nul; en posant $z = (i\mu - u)(v - i\mu)$, cela s'écrit

$$e^{2i\mu} = z/\bar{z} = z^2/|z|^2 \quad \text{ou} \quad e^{i\mu} = \pm z/|z|.$$

Ce résultat est de module 1, de sorte que μ est réel. En séparant les parties réelles et imaginaires on voit que μ doit vérifier la relation

$$\cos \mu = \pm \left(\mu^2 - uv\right) / \left(\mu^2 + u^2\right)^{1/2} \left(\mu^2 + v^2\right)^{1/2},$$

équation "transcendante", comme on dit à l'époque, dont les racines sont les valeurs propres cherchées. Pour μ grand, le second membre tend en croissant vers 1, de sorte que l'on peut obtenir un développement asymptotique des racines de l'équation par la méthode du Chap. VI, n° 7, exercice facile; il est plus difficile de prouver "à la main" que les fonctions propres permettent de développer en série des fonctions arbitraires, disons C^1. Pour $u = v = 0$, i.e. pour les conditions aux limites $x'(0) = x'(1) = 0$, on trouve $a = b$ et $\cos \mu = \pm 1$, donc $\mu = \pi n$; les fonctions propres sont les $\cos \pi n t$ et l'on retrouve les séries de Fourier proprement dites.

19 – Limites de fonctions holomorphes

L'un des aspects les plus remarquables de la théorie des fonctions holomorphes est que, lorsqu'une suite de telles fonctions converge d'une façon un tant soit peu raisonnable (la convergence au sens de la théorie des distributions suffit), alors (i) la fonction limite est holomorphe, (ii) les suites dérivées convergent, (iii) les dérivées successives de la limite sont les limites des dérivées successives de la suite donnée; c'est le Paradis. Comme les fonctions holomorphes sont analytiques et donc C^∞ en tant que fonctions de x et y, c'est le théorème 23 du Chap. III, n° 22 qui va nous servir à condition de prouver le point (ii) – convergence des dérivées – qui permet de l'appliquer comme on l'a vu alors puisque la condition de Cauchy $f'_x = if'_y$ passe trivialement à la limite.

La démonstration repose sur un lemme qu'il est utile d'isoler :

---

traducteurs américains). Détail amusant : l'article "cryptologie" est entièrement dû aux traducteurs américains; les rédacteurs soviétiques l'avaient oublié. Ils oublient aussi de citer des collègues mal vus ...

Lemme. *Soient r et R deux nombres tels que $0 \leq r < R < +\infty$ et k un entier positif. Il existe une constante $M_k(r, R)$ telle que, pour toute fonction f continue dans $|z| \leq R$ et holomorphe dans $|z| < R$, on ait*

$$(19.1) \qquad \sup_{|z| \leq r} \left| f^{(k)}(z) \right| \leq M_k(r, R). \sup_{|z| \leq R} |f(z)|.$$

On a montré en effet au n° 1 [passer à la limite dans (1.11) quand $r \to R$] que les dérivées de f sont données par

$$(19.2) \qquad f^{(k)}(z) = k! \int_{\mathbb{T}} f(Ru) \frac{Ru}{(Ru - z)^{k+1}} dm(u) \quad \text{pour } |z| < R.$$

Pour $|z| \leq r$, on a $|Ru - z| \geq R - r$, d'où

$$\left| Ru/\left(Ru - z\right)^{k+1} \right| \leq R/\left(R - r\right)^{k+1}.$$

En portant dans (2), on obtient immédiatement (1) avec $M_k(r, R) = k!R/(R - r)^{k+1}$, cqfd. (On pourrait, au second membre de (1), remplacer le sup étendu aux $|z| \leq R$ par un sup étendu à $|z| = R$, mais ces sup sont les mêmes d'après le principe du maximum).

Si l'on note D et D' des disques *fermés* concentriques de centre a quelconque et de rayons R et $r < R$ et si l'on considère une fonction f continue dans D et holomorphe à l'intérieur, le lemme ci-dessus, appliqué à la fonction $f(a + z)$, montre que pour tout k il existe une constante $M_k(D', D)$ *indépendante de f* telle que l'on ait

$$(19.1') \qquad \left\| f^{(k)} \right\|_{D'} \leq M_k(D', D) \|f\|_D.$$

Ce point crucial établi, supposons que l'on ait dans un ouvert U de $\mathbb{C}$ une suite de fonctions analytiques $f_n(z)$ qui convergent vers une limite $f(z)$ uniformément sur tout compact $K \subset U$. Pour tout $a \in U$, choisissons des disques fermés $D \subset U$ et $D' \subset D$ de centre a comme ci-dessus et appliquons (1') aux différences $f_p - f_q$ dont Cauchy nous a montré l'utilité. Son critère de convergence nous dit que le second membre de (1') est $< \varepsilon$ pour p et q assez grands puisque les f_n convergent uniformément sur le compact D. Il en est donc de même du premier. Par suite, les $f_n^{(k)}$ convergent uniformément dans D', i.e. au voisinage de a. Cela signifie que les $f_n^{(k)}$ convergent uniformément sur tout compact $K \subset U$ puisque ce mode de convergence est une propriété de nature locale (Chap. V, n° 6, corollaire 2 de Borel-Lebesgue).

On peut alors revenir aux raisonnements généraux du Chap. III, n° 22 : comme les dérivées partielles successives des f_n sont, à des puissances de i près, identiques aux dérivées $f_n^{(k)}$ au sens complexe, la fonction limite est C^∞ et ses dérivées partielles, étant les limites de celles des f_n, vérifient comme celles-ci la condition de Cauchy $D_2 f = iD_1 f$. La fonction limite f est donc holomorphe dans U et l'on a $f^{(k)}(z) = \lim f_n^{(k)}(z)$ pour tout k. D'où finalement le célèbre

Théorème 17 (Weierstrass). *Soit (f_n) une suite de fonctions holomorphes dans un ouvert U de $\mathbb{C}$. Supposons que (i) $\lim f_n(z) = f(z)$ existe pour tout $z \in U$, (ii) la convergence soit uniforme au voisinage de tout point de U. Alors la fonction limite est holomorphe dans U et, pour tout $k \in \mathbb{N}$, la suite des dérivées $f_n^{(k)}(z)$ converge vers $f^{(k)}(z)$ uniformément sur tout compact $K \subset U$.*

Bien évidemment, on pourrait énoncer le théorème 15 en termes de séries de fonctions analytiques[39]. Si en particulier une telle série converge normalement au voisinage de tout point de U, sa somme est holomorphe, se dérive terme à terme, etc.

Exemple 1. C'est le cas de la fonction $\zeta(s) = \sum 1/n^s$ de Riemann dans l'ouvert $\mathrm{Re}(s) > 1$ où la série converge. Pour tout $\sigma > 1$, la série converge normalement dans le demi-plan $\mathrm{Re}(s) \geq \sigma$ puisqu'alors $|1/n^s| \leq 1/n^\sigma$. La fonction est donc holomorphe dans $\mathrm{Re}(s) > \sigma$ pour tout $\sigma > 1$, donc en fait dans $\mathrm{Re}(s) > 1$, et sa dérivée est donnée par $\zeta'(s) = -\sum \log n/n^s$. Rappelons (Chap. VI, n° 19) qu'en fait la fonction ζ peut se prolonger analytiquement à $\mathbb{C} - \{1\}$, le point $s = 1$ en étant un pôle simple.

Exemple 2. La série

$$\pi.\cot \pi z = 1/z + 2z \sum 1/(z^2 - n^2)$$

converge normalement sur tout compact $K \subset \mathbb{C} - \mathbb{Z}$ comme on le sait depuis longtemps, donc est holomorphe dans $\mathbb{C} - \mathbb{Z}$, et la seule raison pour laquelle elle ne converge pas normalement au voisinage d'un point $n \in \mathbb{Z}$ tient au terme $2z/(z^2 - n^2) = 1/(z-n) + 1/(z+n)$: la série obtenue en supprimant le terme $1/(z-n)$ converge sans problème au voisinage de n. Autrement dit, au voisinage de chaque $n \in \mathbb{Z}$, la fonction est somme du terme polaire $1/(z-n)$ et d'une fonction holomorphe au voisinage de n. Elle n'a donc en n qu'un pôle simple; c'est une fonction méromorphe dans tout $\mathbb{C}$.

Exemple 3. Considérons de même les fonctions elliptiques à la Weierstrass du Chap. II, n° 23, sommes des séries $\sum(z - \omega)^{-k}$ étendues aux périodes ($k > 3$) ou, pour $k = 2$, la série modifiée $\wp(z)$. Nous avons montré qu'elles sont analytiques en prouvant par un calcul artisanal que, dans tout disque $|z| < R$, elles sont la somme des termes, en nombre fini, correspondant aux périodes situées dans ce disque et d'une série entière calculée explicitement. Le théorème précédent fournit le résultat sans aucun calcul puisqu'abstraction

---

[39] La démonstration originale de Weierstrass (1841) concerne en fait les séries de séries entières et n'utilise pas la formule intégrale de Cauchy du n° 1; elle repose sur une démonstration directe et élémentaire de l'inégalité (19.1), ce qui lui permet, dans une série convergente de fonctions analytiques, d'utiliser son théorème sur les séries doubles. La démonstration actuelle est dûe à Paul Painlevé (1887); voir Remmert, *Funktionentheorie 1*, Chap. 8, §§3 et 4, qui expose en une page la démonstration de (19.1) par Weierstrass, aussi simple qu'ingénieuse.

faite des termes exceptionnels en question, les séries $\sum (z - \omega)^{-k}$ convergent normalement dans le disque $|z| < R$ comme on l'a vu alors. Les fonctions obtenues sont donc holomorphes dans $\mathbb{C}$ privé des périodes. Au voisinage d'une période, ces fonctions sont somme d'une fonction holomorphe au voisinage de ω et du terme $1/(z-\omega)^k$ de la série, d'où un pôle d'ordre k en chaque point du réseau. Les fonctions de Weierstrass sont donc méromorphes dans $\mathbb{C}$ et l'on peut les dériver terme à terme, ce qui confirme, mais *sans calcul*, le fait que les séries $\sum (z - \omega)^{-k}$ sont, pour $k > 2$, les dérivées successives de $\wp(z)$ à des facteurs constants près évidents.

Exemple 4. Une série de Fourier $\sum a_n \mathbf{e}_n(z)$ qui converge dans une bande $a < \mathrm{Im}(z) < b$ et donc normalement dans toute bande fermée plus petite a pour somme une fonction holomorphe.

20 – Produits infinis de fonctions holomorphes

Le théorème 17 a un analogue, également dû à Weierstrass, pour les produits infinis :

Théorème 18. *Soit $(u_n(z))$ une suite de fonctions holomorphes dans un domaine G et supposons la série $\sum u_n(z)$ normalement convergente sur tout compact $K \subset G$. Alors la fonction*

$$p(z) = \prod (1 + u_n(z)) = \lim (1 + u_1(z)) \ldots (1 + u_n(z))$$

est holomorphe dans G, ses zéros sont ceux des fonctions $1 + u_n(z)$ et l'on a

$$(20.1) \qquad p'(z)/p(z) = \sum \frac{u_n'(z)}{1 + u_n(z)}$$

en tout point où $p(z) \neq 0$.

Notons d'abord que, pour tout compact $K \subset G$, la série $\sum \|u_n\|_K$ est convergente par définition de la convergence normale (Chap. III, n° 8). On a donc $\|u_n\|_K < \frac{1}{2}$ pour n grand, de sorte que les facteurs $1+u_n(z)$ susceptibles de s'annuler quelque part dans K sont en nombre fini; un tel facteur ne peut du reste posséder qu'un nombre fini de zéros dans K, faute de quoi Bolzano-Weierstrass permettrait de construire une suite de zéros deux à deux distincts convergeant vers un point de K, donc de G, et le principe des zéros isolés (Chap. II, fin du n° 19 et n° 20) montrerait, puisque G est connexe, que $1 + u_n(z)$ est identiquement nul, cas que l'on peut raisonnablement exclure des considérations qui suivent. Mis à part ces facteurs dont le produit est holomorphe dans G, la fonction p est un produit infini dont tous les termes sont $\neq 0$ quel que soit $z \in K$; puisque $\sum |u_n(z)| < +\infty$, ce produit est absolument convergent et non nul (Chap. IV, n° 17, théorème 13 dont nous allons de toute façon devoir reproduire la démonstration).

Posons $p_n(z) = (1 + u_1(z)) \ldots (1 + u_n(z))$ et restons dans K en oubliant de tenir compte des facteurs, en nombre fini, qui s'annulent dans K. On a

$$(20.2) \quad \log |p_n(z)| = \log |1 + u_1(z)| + \ldots + \log |1 + u_n(z)| \leq$$
$$\leq |u_1(z)| + \ldots + |u_n(z)| \leq \|u_1\|_K + \ldots + \|u_n\|_K .$$

La série $\sum \|u_n\|_K$ étant convergente, il existe une constante $M(K)$ finie telle que $|p_n(z)| \leq M(K)$ pour tout $z \in K$. Comme on a $p_{n+1} - p_n = p_n u_{n+1}$, il vient $|p_{n+1}(z) - p_n(z)| \leq M(K) |u_{n+1}(z)|$ pour tout $z \in K$, d'où

$$\|p_{n+1} - p_n\|_K \leq M(K) \|u_{n+1}\|_K .$$

La série $\sum p_{n+1}(z) - p_n(z)$ converge donc normalement dans K comme celle des $u_n(z)$. On en déduit que la suite des $p_n(z)$ converge uniformément sur tout compact $K \subset G$, donc que $p(z) = \lim p_n(z)$ est holomorphe dans G comme les p_n d'après le théorème 17; les facteurs "oubliés" du produit ne changent rien à la conclusion puisqu'ils sont holomorphes et en nombre fini au voisinage de tout point de G.

Reste à prouver (1), généralisation de la règle

$$(fg)'/fg = f'/f + g'/g$$

de "dérivation logarithmique" d'un produit. En un point où $p(z) \neq 0$, on a d'après celle-ci $p_n'(z)/p_n(z) = \sum_{k \leq n} u_k'(z)/(1 + u_k(z))$. Mais le théorème 17 nous assure que $\lim p_n'(z) = p'(z)$, et comme $p_n(z)$ tend vers $p(z) \neq 0$, on en déduit que $p'(z)/p(z)$ est la limite des sommes partielles de la série (1).

En fait, celle-ci converge normalement sur tout compact $K \subset G$. Il suffit, comme toujours, de le montrer au voisinage de tout $a \in G$. Considérons pour cela un disque compact $D : |z - a| \leq R$ contenu dans G et un disque $D' : |z - a| \leq r < R$ contenu dans l'intérieur du premier. Le lemme du n° 19 fournit une majoration $\|u_n'\|_{D'} \leq M \|u_n\|_D$ avec une constante M indépendante de n. On a d'autre part $\|u_n\|_D < \frac{1}{2}$ pour n grand comme on l'a vu plus haut et donc $\|1 + u_n\|_D > \frac{1}{2}$. La norme uniforme sur D' du terme général de la série (1) est donc majorée pour n grand par $2M \|u_n\|_D$, d'où la convergence normale de (1) dans D', et donc sur tout compact $K \subset U$, cqfd.

Exemple 1. Considérons (Chap. IV, n° 20) la formule d'Euler

$$P(z) = \prod_{n \geq 1} (1 - z^n)^{-1} = \sum_{n \geq 0} p(n) z^n$$

qui intervient dans la théorie des partitions. Le théorème 18 montre que le produit $\prod (1 - z^n)$ est holomorphe dans le disque $D : |z| < 1$ et ne s'y annule jamais; le premier membre est donc aussi holomorphe dans D, d'où l'existence d'un développement en série entière dans D. Comme on a $p(n) \geq 1$ (c'est le moins que l'on puisse en dire ...), le rayon de convergence est égal à 1.

La fonction $P(z)$ est un exemple d'un phénomène curieux : il n'est pas possible de "prolonger analytiquement" la fonction P au-delà de D : si une fonction analytique définie dans un domaine $G \supset D$ coïncide avec P dans D, alors $G = D$. On peut le comprendre en observant que $P(z)$ ne semble tendre vers aucune limite lorsque z tend vers une racine quelconque de l'unité puisqu'alors une infinité de facteurs du produit deviennent infinis, mais ce n'est pas une démonstration ...

Exemple 2. Soit q une constante complexe telle que $|q| < 1$ et considérons le produit infini

$$(20.3) \qquad f(z) = \prod (1 + q^n z),$$

où le produit est étendu à tous les $n \geq 1$. Comme $\sum |q^n| < +\infty$, le théorème de Weierstrass s'applique, le résultat étant une fonction entière de z. Il est clair que l'on a $f(z) = (1 + qz)f(qz)$, de sorte que la série entière $f(z) = \sum a_n z^n$ qui représente f dans tout le plan vérifie

$$\sum a_n z^n = (1 + qz) \sum a_n q^n z^n;$$

on en déduit que $a_n = q^n a_n + q^n a_{n-1}$, i.e. que

$$(1 - q^n)\, a_n = q^n a_{n-1}.$$

Comme $a_0 = f(0) = 1$, il vient

$$a_n = q^{1+2+\ldots+n}/(1-q)\ldots(1-q^n),$$

d'où l'identité

$$(20.4) \quad \prod_{n=1}^{\infty} (1 + q^n z) = 1 + \sum_{n=1}^{\infty} \frac{q^{n(n+1)/2}}{(1-q)\ldots(1-q^n)}\, z^n \qquad (|q| < 1,\ z \in \mathbb{C}).$$

Exercice : montrer que l'on a

$$(20.5) \qquad \prod_{n=0}^{\infty} (1 + q^n z)^{-1} = \sum_{n=0}^{\infty} \frac{(-1)^n z^n}{(1-q)\ldots(1-q^n)}$$

pour $|q| < 1$, $|z| < 1$. Que se passe-t-il pour $|z| > 1$?

Exemple 3. Considérons le produit infini

$$(20.6) \qquad f(z) = z \prod (1 - z^2/n^2)$$

étendu aux $n \geq 1$. Il satisfait aux hypothèses du théorème, avec $G = \mathbb{C}$, donc représente une fonction entière ayant des zéros simples aux $n \in \mathbb{Z}$ et non nulle ailleurs. Le théorème 18 montre que

$$(20.7)\ \ f'(z)/f(z) = 1/z + \sum 2z/\left(z^2 - n^2\right) = \pi.\cot \pi z = (\sin \pi z)'/\sin \pi z.$$

Dans l'ouvert connexe $\mathbb{C} - \mathbb{Z}$ où elle est définie, la fonction holomorphe $f(z)/\sin \pi z$ a donc une dérivée nulle, donc est constante; comme $f(z)/z$ et $\sin \pi z/z$ tendent respectivement vers 1 et π quand z tend vers 0, cette constante est égale à $1/\pi$. D'où

$$(20.8) \qquad \sin \pi z = \pi z \prod \left(1 - z^2/n^2\right) .$$

Cette démonstration du produit infini d'Euler met en évidence le caractère fantaisiste de ses considérations sur les "équations algébriques de degré infini" (Chap. II, fin du n° 21). Comme on l'a dit, le produit infini (6) est une fonction entière dont les seuls zéros sont les $n \in \mathbb{Z}$; au voisinage d'un tel point, $f(z)$ est le produit de $1 - z/n$ par un produit infini qui ne s'annule plus en n, de sorte que les $n \in \mathbb{Z}$ sont des zéros simples de f. Comme il est clair que $z = n$ est de même un zéro simple de la fonction $\sin \pi z$ (évident pour $n = 0$, donc pour n quelconque par périodicité), on en déduit que $\sin \pi z = g(z)f(z)$ où g est une fonction partout holomorphe (donc analytique) n'ayant dans $\mathbb{C}$ aucun zéro. Pour une telle fonction, le quotient $g'(z)/g(z)$ est encore une fonction entière, donc une série entière partout convergente, donc possède dans $\mathbb{C}$ une primitive $h(z)$ telle que $h'(z) = g'(z)/g(z)$ comme nous le savons (Chap. II, n° 19). Il s'ensuit que

$$\left(ge^{-h}\right)' = g'e^{-h} - gh'e^{-h} = 0,$$

de sorte que $g(z) = ce^{h(z)}$ où c est une constante que l'on peut supposer égale à 1 en ajoutant une constante convenable à h. Le raisonnement d'Euler, rectifié, prouve donc que l'on a une relation de la forme

$$(20.9) \qquad \sin \pi z = e^{h(z)} z \prod \left(1 - z^2/n^2\right)$$

avec une fonction entière h sur laquelle le raisonnement précédent ne fournit aucune information . . .

En fait, Weierstrass a inventé et ses successeurs ont raffiné toute une théorie permettant de représenter toute fonction entière f par un produit infini mettant ses zéros en évidence, mais c'est beaucoup moins simple que les idées d'Euler. La première idée est d'ordonner les zéros a_n de f en une suite[40] telle que $|a_n| \leq |a_{n+1}|$, puis de considérer le produit infini $\prod (1 - z/a_n)$. Celui-ci possède alors exactement les mêmes zéros que f, avec les mêmes ordres de multiplicité, d'où $f(z) = g(z) \prod (1 - z/a_n)$ où g est une fonction entière sans zéros, donc de la forme $e^{h(z)}$. C'est le merveilleux raisonnement d'Euler (à ceci près que chez lui on oublie le facteur g).

---

[40] L'ensemble des zéros est dénombrable car, d'après le principe des zéros isolés, il ne peut en exister qu'un nombre fini dans le disque $|z| < p$ quel que soit $p \in \mathbb{N}$. Dans ce qui suit, on suppose que chaque zéro figure autant de fois parmi les a_n que son ordre de multiplicité.

Mais il faudrait d'abord vérifier la convergence du produit infini! Evidente dans le cas de la fonction sinus si l'on groupe les facteurs symétriques, elle peut être parfaitement *fausse* dans le cas d'une fonction entière arbitraire[41].

L'idée de Weierstrass est alors de multiplier chaque facteur $1 - z/a_n$ par une fonction aussi simple que possible, ne s'annulant jamais pour ne pas ajouter de zéros parasites au produit, et rendant le produit infini convergent. La technique est fort astucieuse. Tout d'abord, il est clair que, pour z donné, z/a_n tend vers 0, donc est en module < 1 pour n grand. Considérons d'une manière générale $1 - z$ pour $|z| < 1$. On a

$$1 - z = \exp\left(-z - z^2/2 - z^3/3 - \ldots\right)$$

[Chap. IV, (13.14)], d'où, pour tout p,

$$1 - z = \exp\left(z + \ldots + z^p/p\right)^{-1} \exp\left[-z^{p+1}/(p+1) - \ldots\right]$$

et donc

$$(20.10)\quad E_p(z) := (1-z)\exp\left(z + \ldots + z^p/p\right) = \exp\left[-z^{p+1}/(p+1) - \ldots\right].$$

Le facteur $\exp\left(z + \ldots + z^p/p\right)$ ne s'annule jamais et tend vers 1 lorsque z tend vers 0, de même que $E_p(z)$. En fait, on a même

$$(20.11)\qquad\qquad |1 - E_p(z)| \leq |z|^{p+1}\qquad \text{pour } |z| \leq 1.$$

La fonction $1 - E_p(z)$ est en effet nulle à l'origine et holomorphe dans tout $\mathbb{C}$; sa dérivée

$$(20.12)\quad -E_p'(z) = z^p \exp\left(z + \ldots + z^p/p\right) = z^p \sum_{n=0}^{\infty}\left(z + \ldots + z^p/p\right)^{[n]}$$

(exercice!) est une série entière partout convergente à coefficients tous positifs et dont le terme de plus bas degré est z^p; celle de $1 - E_p(z)$ commence donc par un terme en z^{p+1}. Le lemme de Schwarz montre alors que l'on a $|1 - E_p(z)| \leq M|z|^{p+1}$ où M est le maximum de $|1 - E_p(z)|$ sur le cercle $|z| = 1$; mais comme les coefficients de la série entière de $1 - E_p(z)$ sont, comme ceux de sa dérivée, tous positifs, son maximum sur $|z| = 1$ est atteint pour $z = 1$ et donc égal à 1 d'après (10); d'où (11).

Ce point acquis, revenons à la fonction entière $f(z)$ et à ses zéros a_n. La fonction $E_p(z/a_n) = (1 - z/a_n)\exp(\ldots)$ possède en a_n un zéro simple et est $\neq 0$ ailleurs. On peut donc tenter de comparer $f(z)$ avec le produit infini

$$(20.13)\qquad\qquad h(z) = \prod E_{p_n}\left(1 - z/a_n\right)$$

---

[41] Considérer la fonction $\sin(\pi z^2)$. Ses zéros sont les z tels que $z^2 \in \mathbb{Z}$, donc les points de la forme $n^{1/2}$ ou $in^{1/2}$, et le produit infini est divergent comme la série $\sum 1/|n|^{1/2}$.

où les p_n sont choisis pour rendre le produit absolument convergent. Comme il s'écrit $\prod [1 + u_n(z)]$ avec

$$|u_n(z)| \leq |z/a_n|^{p_n+1}$$

d'après (11), et comme, pour tout compact $K \subset \mathbb{C}$, on a $|z/a_n| \leq \frac{1}{2}$ pour tout $z \in K$ si n est assez grand (les $|a_n|$ augmentent indéfiniment puisque les zéros d'une fonction entière sont isolés dans $\mathbb{C}$), on peut toujours choisir les p_n pour rendre la série $\sum u_n(z)$ normalement convergente sur tout compact; au pire, on choisit $p_n = n - 1$ pour tout n.

Ceci fait, on a, comme dans le cas de la fonction $\sin \pi z$, une relation

$$(20.14) \qquad f(z) = e^{g(z)} \prod E_{p_n} (1 - z/a_n)$$

avec une fonction entière $g(z)$ dont, a priori, on ne sait rien.

Il va de soi que le choix $p_n = n - 1$ n'est pas toujours le meilleur possible comme le montre le cas de la fonction sinus, et que, par ailleurs, il serait utile de déterminer plus précisément la fonction $g(z)$. Il y a des théorèmes applicables à des fonctions ne croissant pas trop vite à l'infini. Entrer dans ce sujet difficile qui a intéressé de (trop) nombreux spécialistes dépasserait sans doute les capacités de la plupart de nos lecteurs et, encore plus sûrement, les nôtres.

Exemple 4 (produit infini de la fonction gamma). Considérons la fonction

$$(20.15) \qquad \Gamma(s) = \int_0^{+\infty} e^{-x} x^{s-1} dx$$

d'Euler. Nous en connaissons déjà quelques propriétés importantes :

(i) l'intégrale converge absolument si et seulement si $\text{Re}(s) > 0$ (Chap. V, n° 22, exemple 1) et vérifie $\Gamma(s + 1) = s\Gamma(s)$ ainsi que

$$(20.16) \qquad s\Gamma(s) = \lim n^s/(1 + s)(1 + s/2) \ldots (1 + s/n);$$

(ii) la fonction Γ est holomorphe pour $\text{Re}(s) > 0$ et peut se prolonger holomorphiquement à $G = \mathbb{C} - \{0, -1, -2, \ldots\}$ (Chap. V, n° 25, exemple 5); au Chap. V, nous ne savions pas encore que "holomorphe" et "analytique" sont des termes synonymes, mais nous le savons maintenant; ceci montre en passant que les diverses méthodes que nous avons utilisées pour prolonger analytiquement la fonction Γ à G fournissent la même fonction;

(iii) on peut (Chap. VI, n° 18) transformer (16) en un développement en produit infini

$$(20.17) \qquad 1/s\Gamma(s) = e^{\gamma s} \prod (1 + s/n) e^{-s/n}$$

qui converge absolument pour tout $s \in \mathbb{C}$.

Si l'on sait seulement que (17) est valable pour $\operatorname{Re}(s) > 0$, il est facile de lever cette restriction; tout revient à montrer que le théorème 18 s'applique dans $\mathbb{C}$: le principe du prolongement analytique fera le reste. Remmert, *Funktionentheorie 2*, p. 31, en donne ce qui est sûrement la démonstration la plus simple. On part de l'identité

$$1 - (1-w)e^w = w^2\left[(1-1/2!) + (1/2! - 1/3!)w + (1/3! - 1/4!)w^2 + \ldots\right]$$

et l'on remarque que les coefficients des w^n sont tous > 0; pour $|w| < 1$, on a donc

$$|1 - (1-w)e^w| < |w|^2 \sum \left[(1/p! - 1/(p+1)!)\right] = |w|^2.$$

Mais si l'on met le terme général du produit (17) sous la forme $1 - u_n(s)$, on a $u_n(s) = 1 - (1-w)e^w$ pour $w = -s/n$; par suite

$$|u_n(s)| \le |s/n|^2 \qquad \text{pour } n \ge |s|.$$

Dans un disque $|s| \le R$, on a donc $|u_n(s)| \le R^2/n^2$ pour $n > R$, d'où la convergence normale de $\sum u_n(s)$ dans $|s| < R$, cqfd.

Exemple 5. Plaçons-nous en théorie des fonctions elliptiques avec un réseau L de périodes (Chap. II, n° 23) et considérons, avec Weierstrass, le produit infini $\prod(1 - z/\omega)$ étendu aux périodes $\omega \in L$. Evidemment il ne converge pas puisque la convergence de $\sum 1/|\omega|^k$ suppose $k \ge 3$ pour k entier (ou $k > 2$ pour k réel). Mais on a

$$
\begin{aligned}
1 - z/\omega &= \exp\left(-z/\omega - z^2/2\omega^2 - \ldots\right) = \\
&= \exp\left(-z/\omega - z^2/2\omega^2\right)\exp\left(-z^3/3\omega^3 - \ldots\right)
\end{aligned}
$$

avec $\left|1 - \exp\left(-z^3/3\omega^3 - \ldots\right)\right| \le M\left|z^3/3\omega^3\right|$ pour $|z/\omega| < 1$ d'après (11); pour $|z| \le R$, cette condition est vérifiée pour $|\omega| > R$, d'où une majoration en $MR^3/3\,|\omega|^3$ qui assure la convergence normale dans le disque considéré. On en conclut que le produit infini (aucun rapport avec la fonction ζ de Riemann)

$$(20.18) \qquad \zeta_L(z) = z\prod_{\omega \ne 0}(1 - z/\omega)e^{z/\omega + z^2/2\omega^2}$$

converge normalement sur tout compact de $\mathbb{C} - L$ et même au voisinage de tout $\omega \in L$ à condition d'isoler le terme $1 - z/\omega$. On trouve donc une fonction entière possédant des zéros simples aux $\omega \in L$ et non nulle ailleurs.

En lui appliquant la formule de dérivation, on obtient une nouvelle fonction bizarre

$$(20.19) \quad \sigma_L(z) = \zeta_L'(z)/\zeta_L(z) = 1/z + \sum\left[1/(z - \omega) + 1/\omega + z/\omega^2\right]$$

et, en dérivant encore une fois,

$$(20.20) \qquad -\sigma'_L(z) = 1/z^2 + \sum \left[1/(z-\omega)^2 - 1/\omega^2 \right] = \wp_L(z),$$

la fonction $\wp$ gothique cursif du même Weierstrass associée au réseau L. La beauté de ces calculs est qu'ils sont, en apparence, purement formels et, en réalité, que tout converge parce que le théorème 17, évidemment applicable à la convergence en vrac, justifie tout à partir du moment où l'on sait que le produit infini (18) converge.

La relation $\sigma'_L(z) = -\wp_L(z)$ montre que la dérivée de la fonction σ_L ne change pas si l'on ajoute une période à z; on a donc une relation de la forme

$$\sigma_L(z+\omega) = \sigma_L(z) + c(\omega)$$

avec une constante $c(\omega)$ vérifiant évidemment

$$c(\omega' + \omega'') = c(\omega') + c(\omega''),$$

d'où $c(n_1\omega_1 + n_2\omega_2) = n_1 c(\omega_1) + n_2 c(\omega_2)$, ce qui permet le calcul si l'on connaît $c(\omega)$ pour deux périodes formant une base[42] de L. Nous pourrions continuer – l'essentiel de la théorie des fonctions elliptiques peut s'exposer sans presque utiliser d'autres outils que ceux du présent § –, mais il vaut mieux remettre à plus tard ces explorations (Chap. XII, §3).

---

[42] i.e. deux périodes ω_1 et ω_2 telle que toute autre en soit une combinaison linéaire à coefficients entiers.

§5. Fonctions harmoniques et séries de Fourier

21 – Fonctions analytiques définies par une intégrale de Cauchy

Le calcul qui, au n° 1, nous a permis de représenter une série entière convergeant dans un disque $|z| < R$ par une intégrale sur un cercle de centre 0 et de rayon $r < R$ peut s'inverser et se généraliser : toute fonction f raisonnable définie sur le cercle $|z| = r$ permet, grâce à la formule intégrale de Cauchy, de définir une fonction P_f, sa *transformée de Poisson* (Siméon Denis, 1781–1840, concurrent moins brillant de Fourier et Cauchy auquel on doit cependant plusieurs idées importantes), définie et analytique pour $|z| \neq r$. L'étude de cette fonction, outre qu'elle constitue un excellent exercice, permet de démontrer à nouveau le théorème d'approximation de Weierstrass et, ce qui est plus important, d'établir les principales propriétés des fonctions "harmoniques" qui sont, localement tout au moins, les parties réelles de fonctions holomorphes et réciproquement.

Pour simplifier les formules, nous supposerons $r = 1$ dans ce qui suit. Il suffirait de remplacer $f(u)$ par $f(ru)$ pour obtenir le cas général.

Pour une fonction périodique réglée f, la fonction P_f est donnée par

$$(21.1) \qquad P_f(z) = \frac{1}{2\pi i} \int_{|\zeta|=1} f(\zeta) \frac{d\zeta}{\zeta - z} = \int_{\mathbb{T}} \frac{u}{u - z} f(u) dm(u);$$

on a introduit un facteur $2\pi i$ afin de retrouver pour P_f la fonction $f(z)$ si l'on choisit pour $f(u)$ la restriction à $\mathbb{T}$ d'une série entière comme dans le cas de la formule (1.4) de Cauchy. Rappelons comment, dans (1), on passe de la notation de Leibniz complexe à l'intégrale en u : on pose $\zeta = u = \mathbf{e}(t)$, d'où $d\zeta = 2\pi i \mathbf{e}(t) dt = 2\pi i u dm(u)$.

On peut généraliser encore plus et remplacer l'expression $f(u) dm(u)$ par une mesure μ sur $\mathbb{T}$, d'où la transformée de Poisson

$$(21.2) \qquad P_\mu(z) = \int \frac{u}{u - z} d\mu(u)$$

de μ. Si par exemple μ est la mesure de Dirac au point $u = 1$, on obtient $P_\mu(z) = 1/(1 - z)$. On pourrait utiliser la même formule pour définir celle d'une distribution sur $\mathbb{T}$ puisque la fonction $u \mapsto u/(u - z)$ est indéfiniment dérivable sur le cercle. On va voir que toutes ces fonctions sont analytiques pour $|z| \neq 1$.

Pour $|z| < 1$, on a en effet, comme au n° 1,

$$u/(u - z) = 1/\left(1 - u^{-1}z\right) = \sum z^n/u^n$$

avec une série de fonctions de u qui converge normalement, donc uniformément, dans l'intervalle d'intégration. On peut donc l'intégrer terme à terme par définition d'une mesure, i.e. grâce à la majoration

$$(21.3) \qquad \left| \int f(u) d\mu(u) \right| \leq M(\mu) \|f\|$$

valable pour toute fonction f définie et continue sur le cercle. Cela fait, on trouve visiblement

$$(21.4) \quad P_\mu(z) = \sum_{n \geq 0} a_n z^n \quad \text{où} \quad a_n = \int u^{-n} d\mu(u) = \hat{\mu}(n) \quad (|z| < 1)$$

d'après la définition $(3.1''')$ des coefficients de Fourier d'une mesure ou distribution sur $\mathbb{T}$. La série obtenue converge absolument pour $|z| < 1$: comme $|u| = 1$, on a $|a_n| \leq M(\mu)$ d'après (3), et le résultat s'ensuit puisque $|z| < 1$. Autrement dit, f est analytique dans le disque $|z| < 1$.

Le lecteur aurait tort de se laisser impressionner par ces vastes généralisations : il s'agit de trivialités, i.e. d'assertions résultant directement des définitions, à ne pas confondre avec des théorèmes exigeant des démonstrations plus ou moins longues et difficiles.

Exercice : montrer que, pour z donné avec $|z| < 1$, la série $\sum z^n/u^n$ converge dans l'espace $\mathcal{D}(\mathbb{T})$ ou, ce qui revient au même, que la série $\sum z^n \mathbf{e}_n(t)$ (sommation sur les $n \geq 0$) et toutes celles que l'on obtient en la dérivant terme à terme ad libitum par rapport à t convergent uniformément sur $\mathbb{R}$. En déduire que (4) s'applique à toute distribution sur $\mathbb{T}$.

Pour $|z| > 1$, il faut au contraire développer suivant les puissances de u/z, i.e. utiliser la formule

$$u/(u-z) = -u/z \left(1 - uz^{-1}\right) = -\sum u^{n+1}/z^{n+1},$$

d'où

$$(21.5) \quad P_\mu(z) = \sum_{n > 0} b_n/z^n \quad \text{où} \quad b_n = -\int u^n d\mu(u) = -\hat{\mu}(-n) \quad (|z| > 1).$$

On trouve donc dans l'ouvert $|z| > 1$ une fonction analytique de $1/z$, donc aussi de z. Elle n'a généralement aucun rapport avec la fonction P_μ obtenue pour $|z| < 1$; si par exemple on part, comme au n° 1, de la mesure $d\mu(u) = f(u)dm(u)$ où f est une série entière convergeant absolument sur $\mathbb{T}$, la fonction (4) est identique à f mais (5) est identiquement nulle d'après les formules (1.4). Quoi qu'il en soit, on a finalement

$$(21.6) \qquad P_\mu(z) = \begin{cases} \sum_{n \geq 0} \hat{\mu}(n) z^n & \text{pour} \quad |z| < 1, \\ -\sum_{n < 0} \hat{\mu}(n) z^n & \text{pour} \quad |z| > 1. \end{cases}$$

Dans le cas le plus important, celui de la formule (1), les formules (6) s'écrivent

$$(21.7) \quad P_f(z) = \int_\mathbb{T} \frac{u}{u-z} f(u) du = \begin{cases} \sum_{n \geq 0} \hat{f}(n) z^n & \text{pour} \quad |z| < 1 \\ -\sum_{n < 0} \hat{f}(n) z^n & \text{pour} \quad |z| > 1 \end{cases}$$

puisque les coefficients de Fourier de la mesure $d\mu(u) = f(u)dm(u)$ associée à la fonction f sont ceux de f.

22 – La fonction de Poisson

Considérons sur le cercle unité $\mathbb{T} : |u| = 1$ une fonction continue $f(u)$, posons comme toujours $f(t) = f\left(e^{2\pi it}\right) = f(\mathbf{e}(t))$ et examinons la fonction

$$(22.1) \qquad P_f(z) = \oint \frac{\mathbf{e}(t)}{\mathbf{e}(t) - z} f(t)dt = \int \frac{u}{u - z} f(u)dm(u).$$

Comme on l'a vu plus haut, cette formule représente deux fonctions analytiques différentes dans les ouverts $|z| < 1$ et $|z| > 1$. C'est en comparant leur comportement au voisinage d'un point $u = \mathbf{e}(t)$ du cercle limite $\mathbb{T}$ que nous obtiendrons des résultats sur la série de Fourier de f.

Pour cela, on pose $z = ru$ avec $r \neq 1$ et on fait tendre r vers 1 soit par valeurs < 1, soit par valeurs > 1.

Si $r < 1$, on a, d'après (21.7),

$$(22.2) \qquad P_f(ru) = \sum_{n \geq 0} \hat{f}(n)r^n u^n.$$

Si r tend vers 1, on trouve donc "évidemment" que

$$(22.3) \qquad \lim_{r \to 1, \, r < 1} P_f(ru) = \sum_{n \geq 0} \hat{f}(n)u^n.$$

Ce passage à la limite n'est hélas pas toujours justifié; comme on a

$$\sup_{r < 1} \left| \hat{f}(n)r^n u^n \right| = \left| \hat{f}(n) \right|$$

puisque tous les exposants n qui interviennent sont positifs, la série (2), considérée pour u fixé comme une série de fonctions continues de r dans l'intervalle $[0, 1]$, sera normalement convergente si et seulement si l'on suppose que

$$(22.4) \qquad \sum_{n \geq 0} \left| \hat{f}(n) \right| < +\infty.$$

Le passage à la limite terme à terme est alors permis par le théorème 9 du Chap. III, n° 8 : la somme de la série est une fonction continue de r dans l'intervalle *fermé* $[0, 1]$, de sorte que sa valeur $\sum \hat{f}(n)u^n$ pour $r = 1$ est la limite de ses valeurs lorsque $r < 1$ tend vers 1.

Pour $z = r'u$ avec $r' > 1$, il faut partir de la formule

$$(22.5) \qquad P_f(r'u) = -\sum_{n < 0} \hat{f}(n)r'^n u^n.$$

Si l'on a

$$(22.6) \qquad \sum_{n<0} \left| \hat{f}(n) \right| < +\infty,$$

le raisonnement précédent s'applique encore puisque le fait que r' soit > 1 est compensé par la présence dans (5) d'exposants tous négatifs : la série (5) est dominée, dans l'intervalle *fermé* $r' \geq 1$, par la série convergente (6). On trouve donc

$$(22.7) \qquad \lim_{r' \to 1, \; r' > 1} P_f(r'u) = -\sum_{n<0} \hat{f}(n)u^n.$$

Si les hypothèses (5) et (7) sont vérifiées, i.e. si

$$(22.8) \qquad \sum_{\mathbb{Z}} |\hat{f}(n)| < +\infty,$$

on voit donc que la série de Fourier de f est donnée par

$$(22.9) \qquad \sum_{n \in \mathbb{Z}} \hat{f}(n)u^n = \lim_{r \to 1, \; r < 1} P_f(ru) - \lim_{r' \to 1, \; r' > 1} P_f(r'u).$$

Comme on espère que le premier membre a pour valeur $f(u) = f(t)$, il s'impose d'examiner de plus près le second. Nous allons voir que, si l'on choisit de faire varier r et r' de telle sorte que $r' = 1/r$, la différence $P_f(ru) - P_f(r'u)$ s'exprime par une intégrale très simple qui tend vers $f(u)$ si f est continue; si l'hypothèse (8) est vérifiée, on aura ainsi montré – sans utiliser les résultats du §2 – que f est la somme de sa série de Fourier.

Puisque $r' = 1/r$, on a $r'^n = r^{-n} = r^{|n|}$ pour $n < 0$. D'après (2) et (5), on a donc

$$(22.10) \qquad P_f(ru) - P_f(u/r) = \sum \hat{f}(n)r^{|n|}u^n =$$
$$= \sum r^{|n|}u^n \int v^{-n}f(v)dm(v) =$$
$$= \sum \int r^{|n|}u^n v^{-n} f(v)dm(v)$$

d'après la définition des coefficients de Fourier de f; on a noté v la variable d'intégration pour la distinguer de la variable libre u. La fonction f étant réglée – la supposer continue est inutile pour le moment – et la série $\sum r^{|n|}u^n v^{-n} = \sum r^{|n|} \left(uv^{-1}\right)^n$ étant, pour $r < 1$ et u donnés, normalement convergente sur le cercle $|v| = 1$, on peut permuter les signes $\int$ et $\sum$ dans (10); en posant

$$(22.11) \qquad H_f(z) = \sum \hat{f}(n)r^{|n|}u^n,$$

$$(22.11') \qquad P(z) = \sum r^{|n|}u^n \quad \text{pour } z = ru, \; r < 1,$$

(les séries sont étendues à $\mathbb{Z}$), on a donc

(22.12) $$H_f(z) = \int P\left(zv^{-1}\right) f(v) dm(v).$$

En posant $u = \mathbf{e}(s)$ et $v = \mathbf{e}(t)$, d'où $uv^{-1} = \mathbf{e}(t-s)$, on obtient encore

(22.13) $$H_f(ru) = \oint P[r\mathbf{e}(s-t)\,] f(t) dt.$$

Il s'agit dans ces changements de notations d'exercices de traduction permettant de passer du point de vue "fonctions périodiques sur $\mathbb{R}$" au point de vue "fonctions sur $\mathbb{T}$ ".

La formule (12) est un produit de convolution sur $\mathbb{T}$, analogue à celui qui, dans la méthode de Dirichlet du n° 11 ou dans celle de Fejér du n° 12, nous a permis d'obtenir des théorèmes de convergence pour les séries de Fourier. Il en est de même ici : les fonctions $v \mapsto P(zv)$ permettent, elles aussi, d'approcher f à l'aide de (12) ou (13) lorsque z tend vers 1.

Auparavant, calculons la fonction P. Pour $z = ru$, $r < 1$, on a

$$P(z) = \sum_{\mathbb{Z}} r^{|n|} u^n = 1 + \sum_{n>0} r^{|n|} u^n + \sum_{n>0} r^{|n|} \overline{u^n} =$$

$$= 1 + 2\mathrm{Re}\left(\frac{ru}{1-ru}\right) = 1 + 2\mathrm{Re}\left(\frac{z}{1-z}\right) = \mathrm{Re}\left(\frac{1+z}{1-z}\right),$$

ou encore

(22.14) $$P(z) = \frac{1 - |z|^2}{|1-z|^2} = \frac{1 - r^2}{1 - 2r\cos 2\pi s + r^2} \quad \text{pour} \quad z = r\mathbf{e}(s).$$

Cette formule met en évidence le comportement douteux de $P(z)$ lorsque z tend vers 1 et donc celui de $P(zv^{-1})$ lorsque z tend vers v. Elle montre par ailleurs que, pour toute fonction f *réelle* sur $\mathbb{T}$, la fonction

(22.15) $$H_f(z) = \int P\left(zv^{-1}\right) f(v) dm(v) = \int \mathrm{Re}\left(\frac{v+z}{v-z}\right) f(v) dm(v)$$

est la *partie réelle d'une fonction holomorphe* pour $|z| < 1$.

23 – Applications aux séries de Fourier

Supposons f réglée et revenons à la formule

(23.1) $$H_f(z) = \int P\left(zv^{-1}\right) f(v) dm(v).$$

Nous allons montrer que si f est continue en un point $u \in \mathbb{T}$, $H_f(z)$ tend vers $f(u)$ lorsque z tend vers u en restant dans le disque $D : |z| < 1$.

Il est plus commode de remplacer z par zu, de faire tendre z vers 1 et de partir de la relation

$$(23.2) \quad H_f(zu) = \int P\left(zuv^{-1}\right) f(v) dm(v) = \int P\left(zw^{-1}\right) f(uw) dm(w).$$

Pour appliquer la méthode des suites de Dirac (n° 5) aux fonctions $u \mapsto P(zu)$, il suffit de montrer qu'elles sont positives, d'intégrale totale égale à 1 et que, lorsque $z \to 1$, la fonction $P\left(zw^{-1}\right)$ converge vers 0 uniformément sur tout arc $J : |w - 1| > \delta$ de $\mathbb{T}$.

Que la fonction P soit positive est clair d'après (22.14). Pour établir la relation

$$(23.3) \quad \int P\left(zw^{-1}\right) dm(w) = \int P(zw) dm(w) = 1 \quad \text{pour } |z| < 1,$$

on observe que, pour $|z| < 1$, la fonction $w \mapsto P\left(zw^{-1}\right)$ est une série de Fourier absolument convergente comme le montre (22.11'); l'intégrale (3) est donc (Chap. V, n° 5) égale au terme $n = 0$ de la série, visiblement égal à 1.

Reste à vérifier la convergence uniforme sur l'arc J. Or on a

$$(23.4) \quad P\left(zw^{-1}\right) = \left(1 - |z|^2\right) / \left|1 - zw^{-1}\right|^2 = \left(1 - |z|^2\right) / |z - w|^2.$$

Comme la norme uniforme de $w \mapsto P\left(zw^{-1}\right)$ sur J est le produit de $1 - |z|^2$, qui tend vers 0 et ne dépend pas de w, et de la norme uniforme de $w \mapsto 1/|z - w|^2$, il suffit de montrer que celle-ci est, pour les z voisins de 1, majorée par une constante indépendante de z. Mais c'est évident puisque les relations $|w - 1| > \delta$ et $|z - 1| < \delta/2$ impliquent $|z - w| \geq \delta/2$ et donc $1/|z - w|^2 \leq 4/\delta^2$.

En résumé, les conditions (D 1), (D 2) et (D 3) imposées aux suites de Dirac au n° 5 sont bien vérifiées. Le fait que nos fonctions dépendent d'un paramètre complexe z qui tend vers 1 plutôt que d'un entier n qui augmente indéfiniment ne change évidemment rien aux démonstrations.

En tenant compte du fait que l'on peut aussi faire tendre z vers 1 sur l'axe réel, on obtient finalement l'énoncé suivant :

Théorème 19. *Soit f une fonction réglée sur $\mathbb{T}$. On a alors*

$$(23.5) \qquad f(u) = \lim_{\substack{z \to 1 \\ |z| < 1}} H_f(zu) = \lim_{\substack{r \to 1 \\ r < 1}} \sum_{\mathbb{Z}} r^{|n|} \hat{f}(n) u^n$$

en tout point $u \in \mathbb{T}$ où f est continue. Si f est continue dans un arc ouvert J de $\mathbb{T}$, la limite (5) est uniforme sur tout compact $K \subset J$ lorsque z ou r tend vers 1.

Traduction en langage de fonctions périodiques : on a

$$f(t) = \lim \sum r^{|n|} \hat{f}(n) \mathbf{e}_n(t)$$

en tout point $t \in \mathbb{R}$ où f est continue, et convergence uniforme sur $\mathbb{R}$ si f est continue partout. Insistons à nouveau sur le fait qu'on ne peut généralement pas passer à la limite terme à terme dans la série; si c'était possible comme le croyait Poisson, toute fonction continue serait la somme de sa série de Fourier, ce qui n'est pas le cas.

On retrouve ainsi immédiatement le théorème de Weierstrass : toute fonction f continue et périodique est limite uniforme de polynômes trigonométriques de même période. Le théorème précédent où l'on fera $J = \mathbb{T}$ montre en effet que $H_f(ru)$ converge uniformément sur $\mathbb{T}$ vers $f(u)$ lorsque $r < 1$ tend vers 1. Mais la série $H_f(ru) = \sum r^{|n|}\hat{f}(n)u^n$ est, pour $r < 1$ donné, normalement convergente dans $\mathbb{T}$ puisque $|\hat{f}(n)| \leq \|f\|$. Sa somme est donc limite uniforme sur $\mathbb{T}$ de ses sommes partielles, lesquelles sont des polynômes trigonométriques; autrement dit, on peut approcher uniformément f par des fonctions que l'on peut approcher uniformément par des polynômes trigonométriques. Cqfd.

On retrouve aussi le fait que, pour une fonction continue f de période 1 telle que

$$(23.6) \qquad \sum \left|\hat{f}(n)\right| < +\infty,$$

on a

$$(23.7) \qquad f(t) = \sum \hat{f}(n)\mathbf{e}_n(t) = \sum \hat{f}(n)e^{2\pi int}$$

quel que soit t. Le terme général de la série $\sum r^{|n|}\hat{f}(n)u^n$ est en effet majoré dans l'intervalle *fermé* $0 \leq r \leq 1$ par $|\hat{f}(n)|$. Comme série de fonctions continues de r pour u donné, cette série est donc normalement convergente dans cet intervalle. Sa somme est donc une fonction continue de r dans $[0, 1]$, donc tend vers sa valeur $\sum \hat{f}(n)u^n$ pour $r = 1$ lorsque $r < 1$ tend vers 1; mais elle tend aussi vers $f(t)$ d'après le théorème 19, cqfd.

On laisse au lecteur le soin d'étendre le théorème 19 au cas général d'une fonction réglée, i.e. de montrer que

$$(23.8) \qquad \lim H_f(zu) = \frac{1}{2}[f(u+) + f(u-)]$$

quel que soit u.

On peut aussi déduire l'égalité de Parseval-Bessel du théorème précédent, tout au moins dans le cas simple où f est continue. Puisque $H_f(ru)$ converge uniformément vers $f(u)$, il est clair que $|H_f(ru)|^2$ converge uniformément vers $|f(u)|^2$, d'où, en intégrant,

$$(23.9) \qquad \int |f(u)|^2 \, dm(u) = \lim \int |H_f(ru)|^2 \, dm(u).$$

Mais comme la série de Fourier $\sum \hat{f}(n)r^{|n|}u^n$ de $H_f(ru)$ est absolument convergente pour $r < 1$, le Chap. V, n° 5 montre, "sans rien savoir", que

$$(23.10) \qquad \int |H_f(ru)|^2 \, dm(u) = \sum r^{|2n|}|\hat{f}(n)|^2.$$

Quand $r < 1$ tend vers 1, les sommes partielles du second membre tendent vers celles de la série $\sum |\hat{f}(n)|^2$; or elles sont majorées par le premier membre de (10), qui tend vers le second membre de (9). On en conclut que les sommes partielles, et donc la somme totale, de la série $\sum |\hat{f}(n)|^2$ sont majorées par le premier membre de (9), d'où l'*inégalité* de Parseval-Bessel. Mais alors le second membre de (10), considéré comme une série de fonctions continues de r dans $[0,1]$, est dominé par la série convergente $\sum |\hat{f}(n)|^2$, donc converge normalement. On peut donc passer à la limite terme à terme (Chap. III, n° 8, théorème 9 ou n° 13, théorème 17), d'où l'*égalité* de Parseval-Bessel en utilisant (9).

Exercice – Pour f réglée, on a

$$\lim \int |H_f(ru) - f(u)|^2 \, dm(u) = 0$$

(utiliser Parseval-Bessel).

24 – Fonctions harmoniques

La méthode des séries de Fourier s'applique à une classe de fonctions étroitement liées aux fonctions holomorphes et qui, historiquement, proviennent de la physique mathématique (hydrodynamique, où d'Alembert écrit déjà les relations de Cauchy entre les dérivées partielles d'une fonction holomorphe sans avoir l'idée d'aller plus loin, potentiel newtonien, électrostatique, etc.) et se transforment ensuite, comme toujours en pareil cas, en une occasion pour les mathématiciens de dépasser de très loin les besoins des utilisateurs et de généraliser la situation. Ces fonctions sont aussi liées aux H_f que l'on vient d'étudier.

Soit $f(z) = P(x,y) + iQ(x,y)$ une fonction holomorphe dans un ouvert U. L'équation différentielle $f'_x = -if'_y$ de Cauchy s'écrit alors, en séparant les parties réelles et imaginaires, sous la forme

(24.1) $$P'_x = Q'_y, \qquad P'_y = -Q'_x,$$

ce qui, puisque $f' = f'_x = P'_x + iQ'_x$, montre en passant que l'on a

(24.2) $$f'(z) = P'_x - iP'_y = Q'_y + iQ'_x;$$

autrement dit, la connaissance de $P = \operatorname{Re}(f)$ ou de $Q = \operatorname{Im}(f)$ détermine f' et donc détermine f à une constante additive près. f étant analytique comme fonction de z et a fortiori C^∞ comme fonction des variables réelles x et y, il en est de même de P et Q, ce qui permet de dériver les relations (1). Un calcul trivial montre alors que l'on a

(24.3) $$\Delta P = P''_{xx} + P''_{yy} = 0, \qquad \Delta Q = 0,$$

où

(24.4) $\Delta = D_1^2 + D_2^2 = \partial^2/\partial x^2 + \partial^2/\partial y^2$

est l'*opérateur de Laplace* qui se généralise de façon évidente aux fonctions d'un nombre quelconque de variables. Une fonction[43] $H(x,y)$ de classe C^2 dans un ouvert U de $\mathbb{C}$ est dite *harmonique* dans U si elle vérifie la relation $\Delta H = 0$. On peut se demander si une telle fonction, en la supposant à valeurs réelles comme nous le ferons dans toute la suite de ce §, est la partie réelle d'une fonction holomorphe. Sans être strictement correcte, cette conjecture est exacte dans une large mesure (mais n'est d'aucune utilité pour étudier les fonctions harmoniques à plus de deux variables, lesquelles nécessitent des méthodes très différentes).

Si, en s'inspirant de (2), on associe à H la fonction

(24.5) $g = H'_x - iH'_y = D_1 H - iD_2 H,$

on voit que *l'équation de Laplace signifie que g est holomorphe*. Si nous pouvions trouver une fonction $f = P + iQ$ holomorphe dans C et telle que $f' = g$, on aurait $H'_x = P'_x$, $H'_y = P'_y$, donc $H = P$ à une constante additive près. H serait donc la partie réelle d'une fonction holomorphe dans U comme on l'espère.

Supposons d'abord, cas le plus simple, H harmonique dans un disque $D : |z| < R$. La fonction g est alors une série entière, donc possède une primitive $f(z) = \sum a_n z^n$ dans D (Chap. II, n° 19) dont H est, à une constante additive près, la partie réelle comme on vient de le voir. En posant $z = ru$ avec $|u| = 1$, on a donc

$$
\begin{aligned}
2H(ru) &= \sum_{n\geq 0} a_n r^n u^n + \sum_{n\geq 0} \overline{a_n r^n u^n} = \\
&= \sum_{n\geq 0} a_n r^n u^n + \sum_{n\geq 0} \overline{a_n} r^n u^{-n} = \\
&= \sum_{\mathbb{Z}} c_n r^{|n|} u^n
\end{aligned}
$$

avec $c_n = a_n$ si $n \geq 0$, $c_n = \overline{a_{-n}} = \overline{c_{-n}}$ si $n < 0$ et $c_0 = 2\mathrm{Re}(a_0)$. Comme $r^{|n|} u^n$ est égal à z^n pour $n > 0$ et à $\bar{z}^{|n|}$ pour $n < 0$, on obtient finalement le résultat suivant :

---

[43] L'emploi de la lettre U est traditionnel en physique. Les mathématiciens utilisent plutôt u, ce qui, dans notre cas, provoquerait des confusions avec la variable d'intégration sur le disque unité $\mathbb{T}$, cependant que l'emploi de la lettre U provoquerait des confusions avec les ouverts que nous notons généralement U. L'emploi de la lettre H ne présente pas ces risques et, après tout, n'est pas absurde s'agisssant de fonctions harmoniques …

Théorème 20. *Toute fonction H harmonique dans un disque $|z| < R$ y possède un développement en série de la forme*

$$(24.6) \quad H(z) = \sum c_n r^{|n|} u^n = c_0 + \sum_{n>0} [c_n(x + iy)^n + \overline{c_n}(x - iy)^n]$$

avec
$$(24.7) \qquad c_n r^{|n|} = \int H(ru)u^{-n} dm(u)$$

pour tout $r < R$ et tout $n \in \mathbb{Z}$.

Il n'y a pas plus de problème de convergence pour la série (6) que pour la série entière de f : elles convergent normalement dans tout disque de rayon $r < R$. Le terme général de la seconde série (6) est un polynôme homogène de degré n en x, y, évidemment harmonique puisque c'est la partie réelle de $c_n z^n$.

Corollaire ("théorème de la moyenne"). *Soit H une fonction harmonique dans un ouvert U de $\mathbb{C}$. Pour tout $a \in U$ et tout $r > 0$ tel que U contienne le disque fermé $|z - a| \le r$, on a*[44]

$$(24.8) \qquad H(a) = \int_{\mathbb{T}} H(a + ru)dm(u).$$

La raisonnement est moins facile – et le résultat moins exact ... – dans le cas où H est donnée dans une couronne circulaire C. Considérons la série de Laurent $\sum b_n z^n$ de la fonction (5). Abstraction faite de son terme en $1/z$, elle possède comme on l'a vu à la fin du n° 16 une pseudo primitive

$$(24.9) \qquad f(z) = \sum a_n z^n$$

telle que

$$(24.10) \qquad g(z) = f'(z) + b_{-1}/z.$$

Nous allons d'abord montrer que le résidu b_{-1} est *réel*[45].

On a en effet d'après (5)

$$b_{-1} = \oint g(r\mathbf{e}(t))r\mathbf{e}(t)dt =$$
$$= \oint r\left[H'_x(r\mathbf{e}(t)) - iH'_y(r\mathbf{e}(t))\right](\cos 2\pi t + i\sin 2\pi t)dt,$$

---

[44] On peut montrer que les fonctions harmoniques dans un ouvert U de $\mathbb{C}$ sont *caractérisées* par le fait que leur valeur au centre d'un disque $D \subset U$ est égale à leur valeur moyenne sur la frontière de D. Il n'est pas même nécessaire de les supposer dérivables.

[45] La fonction $g = U'_x - iU'_y$ n'est pas une fonction holomorphe quelconque; ses parties réelle et imaginaire P et Q doivent pouvoir se mettre sous la forme $P = U'_x$, $Q = U'_y$, ce qui n'est pas toujours le cas.

d'où

$$\text{Im}\,(b_{-1}) = \oint \left[H'_x(re(t))r \sin 2\pi t - H'_y(re(t))r \cos 2\pi t \right] dt.$$

Puisque $re(t)$ a pour coordonnées $r\cos(2\pi t)$ et $r\sin(2\pi t)$, la formule de dérivation des fonctions composées montre que

$$\frac{d}{dt} H(re(t)) = -2\pi \left[H'_x(re(t))r \sin 2\pi t - H'_y(re(t))r \cos 2\pi t \right] ;$$

par suite, $\text{Im}\,(b_{-1})$ est, au facteur -2π près, la variation entre 0 et 1 de la fonction $t \mapsto H(re(t))$, variation nulle pour raison de périodicité. Le résidu b_{-1} est donc bien réel.

Posons alors $f = P + iQ$ avec P et Q réelles. Il vient

$$H'_x - iH'_y = g(z) = P'_x - iP'_y + b_{-1}/(x + iy)$$

d'après (10), d'où

$$\begin{aligned}
H'_x &= P'_x + b_{-1}x/(x^2 + y^2), \\
H'_y &= P'_y + b_{-1}y/(x^2 + y^2)
\end{aligned}$$

puisque b_{-1} est réel. La fonction $R = H - P$ vérifie donc les relations

$$\begin{aligned}
R'_x &= b_{-1}x/(x^2 + y^2), \\
R'_y &= b_{-1}y/(x^2 + y^2).
\end{aligned}$$

Or la fonction

$$L(x,y) = \log|z| = \log r = \frac{1}{2} \log \left(x^2 + y^2 \right),$$

à ne pas confondre avec le prétendu $\mathcal{L}og$ du nombre complexe z, a pour dérivées partielles

$$L'_x = x/(x^2 + y^2), \qquad L'_y = y/(x^2 + y^2).$$

La fonction $R - b_{-1}L$ a donc des dérivées partielles nulles, donc est constante, d'où résulte que

(24.11) $$H(x,y) = P(x,y) + b_{-1} \log r + Cte.$$

Comme on a $f(z) = P(x,y) + iQ(x,y) = \sum a_n z^n$, on trouve

$$\begin{aligned}
H(z) &= b \log r + c + \frac{1}{2} \sum \left(a_n z^n + \overline{a_n z^n} \right) = \\
&= b \log r + c + \frac{1}{2} \sum \left[a_n(x + iy)^n + \overline{a_n}(x - iy)^n \right]
\end{aligned}$$

avec des constantes réelles b et c et une sommation sur tous les $n \in \mathbb{Z}$ non nuls. Le développement

$$(24.12) \qquad H(ru) = b \log r + c + \frac{1}{2} \sum_{n \neq 0} \left(a_n r^n + \overline{a_{-n}} r^{-n} \right) u^n$$

se déduit de là et fournit la forme générale des coefficients de Fourier de la fonction $H(re(t))$. On pourrait mettre le tout sous la forme

$$(24.13) \quad H(re(t)) = b. \log r + c + \sum_{n \geq 1} [b_n(r) \cos 2\pi n t + c_n(r) \sin 2\pi n t]$$

où les coefficients $b_n(r)$ et $c_n(r)$ sont des combinaisons linéaires à coefficients réels de r^n et r^{-n}.

Exercice. En utilisant l'équation $\Delta H = 0$, montrer directement que la série de Fourier de $u \mapsto H(ru)$ a la forme (13). (Raisonner comme au n° 14).

Le fait que $\log r$ et les puissances négatives de r disparaissent lorsque H est harmonique dans un disque tient à la continuité de H au voisinage de l'origine : les coefficients de Fourier de $H(re(t))$ doivent rester bornés lorsque r tend vers 0.

L'une des conséquences de ces calculs est que, dans une couronne circulaire, une fonction harmonique n'est pas toujours la partie réelle d'une fonction holomorphe. Ce n'est le cas que si l'on a $b = 0$ dans le développement (13); le calcul direct des coefficients de Fourier de $H(ru)$ montre que l'on a

$$(24.14) \qquad b \log r + c = \int H(ru) dm(u) = \oint H\left(re^{2\pi it}\right) dt,$$

valeur moyenne de H sur le cercle $|z| = r$. On peut expliquer l'intervention de la fonction $\log r$ en remarquant que c'est la partie réelle de la "fonction" $\mathcal{L}og\, z = \log r + i \arg z$, laquelle serait holomorphe pour $z \neq 0$ si l'on pouvait oublier l'ambiguïté inhérente à la définition de l'argument; cette ambiguïté étant imaginaire pure, la partie réelle $\log r$ est, elle, une fonction au sens strict – et elle est harmonique. Vous pouvez le vérifier en calculant directement son laplacien.

25 – Limites de fonctions harmoniques

On a vu en (24.8) que si une fonction H est harmonique dans un disque ouvert de rayon R, sa valeur au centre de celui-ci est égale à sa valeur moyenne sur tout cercle concentrique de rayon $r < R$. On en déduit que *le théorème du maximum* (théorème 11 du n° 15) *et son corollaire sont valables pour les fonctions harmoniques*; les démonstrations sont strictement les mêmes. En particulier, si une fonction continue dans l'adhérence K d'un domaine borné G et harmonique dans G est nulle sur la frontière F de G, elle est identiquement nulle puisque $\|H\|_G = \|H\|_F$.

Si une fonction H est harmonique dans un disque $|z| < R$ de rayon $R > 1$ et si l'on pose $f(u) = H(u)$ sur $\mathbb{T}$, le développement en série

$$H(z) = \sum c_n r^{|n|} u^n \quad \text{avec} \quad c_n r^{|n|} = \int H(ru)u^{-n}dm(u)$$

du théorème 20, valable pour $r < R$, l'est en particulier pour $r = 1$ et montre que $c_n = \hat{f}(n)$. On a donc

$$H(z) = H_f(z) \qquad \text{pour } |z| < 1.$$

Dans le cas d'un rayon R quelconque, on peut, pour $r < R$, appliquer ce résultat à la fonction $z \mapsto H(rz)$, harmonique dans le disque de rayon $R/r > 1$. D'où

$$H(rz) = \int \frac{1 - |z|^2}{|z - u|^2} \, H(ru)dm(u) \qquad (|z| < 1),$$

ou, en remplaçant z par z/r,

$$(25.1) \qquad H(z) = \int_{\mathbb{T}} \frac{r^2 - |z|^2}{|z - ru|^2} \, H(ru)dm(u) \qquad \text{pour } |z| < r.$$

C'est l'analogue pour les fonctions harmoniques de la formule intégrale de Cauchy du n° 1; l'existence d'une telle formule est peu surprenante puisque, dans un disque, une fonction harmonique est la partie réelle d'une fonction holomorphe.

Le théorème de Weierstrass sur les suites uniformément convergentes de fonctions holomorphes s'applique aussi aux fonctions harmoniques, mais demande quelques préliminaires.

Tout d'abord, la formule (24.6), i.e.

$$(25.2) \qquad H(x, y) = c_0 + \sum_{n > 0} \left[c_n (x + iy)^n + \overline{c_n} (x - iy)^n \right],$$

montre qu'*une fonction harmonique est de classe C^∞*; peu surprenant encore puisque, localement, c'est la partie réelle d'une fonction analytique. Au reste, si l'on dérive par rapport à x ou y le terme général de la série (2), on en multiplie les coefficients d'ordre n par n ou $\pm in$; à un facteur près de module 1, cela revient donc à remplacer les deux séries entières en $x + iy = z$ et $x - iy = \bar{z}$ figurant dans (24.6) par leurs séries dérivées; les séries résultantes, et plus généralement celles qu'on obtient en dérivant terme à terme ad libitum par rapport à x et y, convergent donc exactement dans les mêmes conditions que (2). Le théorème 20 du Chap. III, n° 17 montrerait alors, s'il en était besoin, que H est indéfiniment dérivable et que ses dérivées partielles d'ordre quelconque se calculent en dérivant terme à terme la série (2) par rapport à x et y. (Le fait qu'il s'agisse de fonctions de deux variables n'a aucune importance : la variable par rapport à laquelle on ne dérive pas joue le rôle d'une constante).

On en déduit, après un petit calcul, que la dérivée partielle

$$D_1^p D_2^q H = H^{(p,q)}$$

est donnée par

$$H^{(p,q)}(x,y) =$$
$$= \sum n(n-1)\ldots(n-p-q+1)\left[i^q c_n(x+iy)^{n-p-q} + (-i)^q \overline{c_n}(x-iy)^{n-p-q}\right]$$

où l'on somme sur les $n \geq p+q$. En particulier,

$$H^{(p,q)}(0,0) = (p+q)!\left[i^q c_{p+q} + i^q \overline{c_{p+q}}\right] = 2(p+q)!\,\mathrm{Re}\,(i^q c_{p+q})\,.$$

Comme $c_n r^n = \int H(ru)u^{-n}dm(u)$ pour $n \geq 0$, il vient

$$(25.3) \quad H^{(p,q)}(0,0) = (p+q)!r^{-p-q}\int H(ru)\left[i^q u^{-p-q} + (-i)^q u^{p+q}\right]dm(u)$$

et par suite

$$(25.4) \qquad \left|H^{(p,q)}(0,0)\right| \leq 2\frac{(p+q)!}{r^{p+q}}\sup_{|u|=1}|H(ru)|.$$

De là va résulter l'analogue du théorème de convergence de Weierstrass :

Théorème 21. *Soient G un ouvert de $\mathbb{C}$ et (H_n) une suite de fonctions harmoniques dans G qui converge uniformément sur tout compact $K \subset G$ vers une fonction limite H. Alors H est harmonique et, quels que soient p et q, les dérivées partielles $H_n^{(p,q)}$ convergent uniformément sur tout compact de G vers la dérivée partielle $H^{(p,q)}$ de H.*

Nous savons grâce à Borel-Lebesgue (Chap. V, n° 6) que la convergence uniforme sur tout compact est une propriété de caractère local : pour la vérifier pour tout compact $K \subset G$, il suffit de montrer que, pour tout $a \in G$, elle est vérifiée dans *un* disque fermé de centre a.

Choisissons alors un $R > 0$ tel que le disque $D : |z-a| \leq R$ soit contenu dans G et posons $r = R/2$. Pour tout z tel que $|z-a| \leq r$, le disque fermé de centre z et de rayon r est contenu dans D. D'après (4), on a, pour toute fonction harmonique U dans G,

$$U^{(p,q)}(z) \leq 2(p+q)!r^{-p-q}\sup_{|u|=1}|U(z+ru)|;$$

mais pour $|z-a| \leq r$, tous les points $z+ru$ sont dans le grand disque D, d'où trivialement

$$\sup_{|u|=1}|U(z+ru)| \leq \|U\|_D\,,$$

et par suite

$$U^{(p,q)}(z) \leq 2(p+q)!r^{-p-q}.\|U\|_D \quad \text{pour } |z-a| \leq r.$$

Appliquons maintenant ce résultat général aux fonctions $U = H_m - H_n$. Comme les H_n convergent uniformément sur tout compact de G et en particulier sur D, on a $\|H_m - H_n\|_D \leq \varepsilon$ pour m et n grands. L'inégalité précédente montre alors que, pour m et n grands, on a

$$\left| H_m^{(p,q)}(z) - H_n^{(p,q)}(z) \right| \le 2(p+q)! r^{-p-q} \varepsilon$$

en tous les points du disque $|z - a| \le r$.

D'après le critère de Cauchy, les dérivées partielles $H_n^{(p,q)}$ convergent donc uniformément dans ce disque et plus généralement, puisque $a \in G$ est arbitraire, dans tout compact $K \subset G$. Il s'ensuit que la fonction H est C^∞ comme les H_n et que les $H_n^{(p,q)}$ convergent vers $H^{(p,q)}$ quels que soient p et q. Cela permet de passer à la limite dans l'équation de Laplace $\Delta H_n = 0$, de sorte que H est encore harmonique, cqfd.

Si le domaine G est borné et si les H_n sont continues dans l'adhérence K de G, le théorème du maximum montre que, si les H_n convergent uniformément sur la frontière $F = K - G$ de G, elles convergent uniformément dans G :

$$\|H_m - H_n\|_G = \|H_m - H_n\|_F .$$

Le théorème précédent s'applique donc dans ce cas (mais ne pas croire que les dérivées partielles convergent uniformément dans G tout entier : elles ne convergent uniformément que dans tout compact contenu dans G).

26 – Le problème de Dirichlet pour un disque

Comme on l'a vu au n° précédent, si une fonction H est définie et harmonique dans un disque de rayon $R > 1$ et si l'on pose $f(u) = H(u)$ pour $u \in \mathbb{T}$, on a $H(z) = H_f(z)$ pour $|z| < 1$. Dans ce cas, le théorème 21 perd son intérêt : la série (24.6) converge normalement dans $|z| \le r$ pour tout $r < R$, donc pour des valeurs de $r > 1$, de sorte que le passage à la limite lorsque $r < 1$ tend vers 1 résulte de la continuité de H dans le disque fermé $|z| \le 1$, et même au-delà.

La situation devient plus intéressante si, étant donnée une fonction réglée f réelle quelconque sur $\mathbb{T}$, on lui associe la fonction

$$(26.1) \qquad H_f(z) = \sum \hat{f}(n) r^{|n|} \mathbf{e}_n(t) = \sum \hat{f}(n) r^{|n|} u^n =$$
$$= \int P\left(zu^{-1}\right) f(u) dm(u),$$

définie a priori pour $|z| < 1$. Comme f est réelle, on a $\hat{f}(-n) = \overline{\hat{f}(n)}$ et la fonction (1) est, au facteur $\frac{1}{2}$ près, la partie réelle de la série entière $\sum_{n \ge 0} \hat{f}(n) z^n$ et est donc harmonique; voir d'ailleurs (22.15).

Si f est continue, nous savons (théorème 19) que $H_f(z)$ tend vers $f(u)$ lorsque z converge (non nécessairement le long d'un rayon) vers un $u \in \mathbb{T}$ en restant dans le disque $|z| < 1$. Cela signifie que la fonction égale à $H_f(z)$ pour $|z| < 1$ et à f sur $\mathbb{T}$ est continue dans le disque fermé $|z| \le 1$. On l'a démontré en utilisant le fait que les fonctions $u \mapsto P(zu)$ possèdent les propriétés d'une suite de Dirac lorsque $|z| < 1$ tend vers 1. Ce résultat nous a fourni une seconde démonstration du théorème d'approximation de Weierstrass.

Si l'on admettait celui-ci, on pourrait donner une démonstration plus simple du théorème 19. Comme en effet la fonction $u \mapsto P\left(zu^{-1}\right)$ est positive et d'intégrale 1 sur $\mathbb{T}$, la formule (1) montre que $|H_f(z)| \leq \|f\|$, d'où la relation

$$(26.2) \qquad \qquad \|H_f\|_D \leq \|f\|$$

entre les normes uniformes de f dans $\mathbb{T}$ et de H_f dans le disque ouvert $D : |z| < 1$; ce n'est autre que le principe du maximum pour la fonction harmonique H_f, à ceci près que l'on ne sait pas encore (ou que l'on fait semblant de ne pas encore savoir) que H_f est la restriction au disque ouvert d'une fonction continue dans le disque fermé. Or f est limite uniforme dans $\mathbb{T}$ d'une suite de polynômes trigonométriques f_n, que l'on peut supposer réels si f l'est. Pour tout polynôme trigonométrique g, la série $H_g(z) = \sum \hat{g}(n) r^{|n|} u^n$ se réduit à une somme finie, donc est une fonction continue de $z = ru$ dans tout $\mathbb{C}$. Notons alors H_n la fonction harmonique correspondant à $g = f_n$; d'après (2), on a $\|H_p - H_q\|_D \leq \|f_p - f_q\|$ quels que soient p et q; mais comme $H_p - H_q$ est définie et continue dans le disque *fermé* $|z| \leq 1$ (et en fait dans $\mathbb{C}$), on a

$$\|H_p - H_q\|_D = \|f_p - f_q\|$$

où D est le disque fermé $|z| \leq 1$. Par conséquent (critère de Cauchy), les H_n convergent uniformément dans D et leur limite est continue dans celui-ci. Or elles convergent vers H_f dans le disque *ouvert* $|z| < 1$ puisque $\|H_f - H_n\|_D \leq \|f - f_n\|$ d'après (2), et vers f sur $\mathbb{T}$. D'où le résultat :

Théorème 22. *Soit f une fonction continue sur $\mathbb{T}$. Alors la fonction égale à*

$$(26.3) \qquad \qquad H_f(z) = \int_{\mathbb{T}} \frac{1 - |z|^2}{|z - u|^2} f(u) dm(u)$$

pour $|z| < 1$ et à f sur $\mathbb{T}$ est continue dans le disque fermé $|z| \leq 1$ et harmonique dans le disque ouvert $|z| < 1$. C'est la seule fonction possédant ces propriétés.

L'unicité provient du théorème du maximum; voir le début du n° précédent.

Nous avons ainsi résolu un cas très particulier du *problème de Dirichlet* qui s'énonce approximativement comme suit : étant donnés dans $\mathbb{C}$ un domaine borné G dont la frontière est une courbe pas trop sauvage et, sur celle-ci, une fonction continue f, construire une fonction continue dans l'adhérence $\bar{G}$ de G, harmonique dans G et égale à f sur la frontière de G. Généralisé à des espaces euclidiens de dimension quelconque et à d'autres opérateurs différentiels que Δ, c'est l'un des problèmes de base de la théorie des équations aux dérivées partielles. Précisons que, même dans le cas classique du laplacien dans un ouvert de $\mathbb{C}$, le cas du disque ne reflète pas le niveau de difficulté du problème.

Notons par ailleurs qu'une fonction harmonique dans le disque ouvert $|z| < 1$ n'a en général aucune raison de pouvoir se prolonger en une fonction continue sur le disque fermé $|z| \leq 1$. Le contre-exemple le plus simple est fourni par la fonction $P(z) = \left(1 - |z|^2\right) / |z - 1|^2$ elle-même; elle est harmonique dans $\mathbb{C} - \{1\}$ mais ne tend vers aucune limite lorsque z tend vers 1. Un cas beaucoup plus compliqué s'obtient en partant d'une mesure ou même d'une distribution μ quelconque sur $\mathbb{T}$ et en considérant la fonction

$$(26.4) \qquad H_\mu(z) = \int_\mathbb{T} \frac{1 - |z|^2}{|z - u|^2} \, d\mu(u) = \sum \hat{\mu}(n) r^{|n|} u^n;$$

son comportement au voisinage du cercle unité peut être aussi étrange que celui d'une fonction holomorphe. Encore n'obtient-on pas ainsi les fonctions harmoniques $\sum c_n r^{|n|} u^n$ les plus générales, car on ne peut avoir $c_n = \hat{\mu}(n)$ pour une distribution μ que si les coefficients c_n sont à croissance lente (n° 10, théorème 6), ce qui n'a aucune raison d'être le cas même si la série converge pour $r < 1$. Contre exemple et exercice : $c_n = \exp\left(|n|^{1/2}\right)$ pour tout n.

§6. Des séries aux intégrales de Fourier

Dans ce §, le signe $\int$ désigne une intégrale étendue à $\mathbb{R}$, le signe $\oint$ désignant une intégrale étendue à un intervalle de longueur 1. On rappelle les notations

$$\mathbf{e}(x) = e^{2\pi i x}, \qquad \mathbf{e}_y(x) = \mathbf{e}(xy)$$

pour y réel.

27 – La formule sommatoire de Poisson

Rappelons aussi qu'étant donnée sur $\mathbb{R}$ une fonction réglée et absolument intégrable f, on définit la transformée de Fourier de f par la formule

$$(27.1) \qquad \hat{f}(y) = \int f(x)e^{-2\pi i x y}dx = \int \overline{\mathbf{e}(xy)}f(x)dx.$$

L'intégrale converge puisque l'exponentielle est de module 1.

Théorème 23. *La transformée de Fourier d'une fonction absolument intégrable est continue et tend vers 0 à l'infini.*

Supposons en effet que y reste dans un compact H de $\mathbb{R}$; la fonction $\mathbf{e}(xy)$ est continue dans $\mathbb{R} \times H$ et il existe une fonction $p(x)$ [à savoir 1] telle que l'on ait $|\mathbf{e}(xy)| \leq p(x)$ pour tout $y \in H$ et $\int p(x)|f(x)|dx < +\infty$. Il reste alors à appliquer le théorème 22 du Chap. V, n° 23 en y substituant $\mathbf{e}(xy)$ à $f(x, y)$ et f à μ. On pourrait évidemment raisonner directement : en intégrant sur $[-N, N]$ au lieu de $\mathbb{R}$, on commet *quel que soit* y une erreur $\leq r$ si N est assez grand; il suffit donc – limites uniformes de fonctions continues – de prouver la continuité de l'intégrale étendue à $K = [-N, N]$. Mais comme $(x, y) \mapsto \mathbf{e}(xy)$ est uniformément continue sur tout compact de $\mathbb{R}^2$, la fonction $x \mapsto \mathbf{e}(xy)$ converge vers $\mathbf{e}(xb)$ uniformément sur K lorsque y tend vers une limite b; on peut donc passer à la limite dans l'intégrale étendue à K.

Il est clair que f est bornée, avec

$$(27.2) \qquad \|\hat{f}\| = \sup|\hat{f}(y)| \leq \int |f(x)|dx = \|f\|_1\,.$$

Pour montrer que $\hat{f}$ tend vers 0 à l'infini, on procède du plus simple au cas général.

(i) Si f est la fonction caractéristique d'un intervalle compact $[a, b]$, on a

$$\hat{f}(y) = \int_a^b e^{-2\pi i x y}dx = \left.\frac{e^{-2\pi i x y}}{-2\pi i y}\right|_a^b$$

pour $y \neq 0$, d'où le résultat dans ce cas et donc si f est une fonction étagée nulle en dehors d'un intervalle compact.

(ii) Si f est nulle en dehors d'un intervalle compact K et intégrable sur K, il y a pour tout $r > 0$ une fonction étagée g nulle en dehors de K telle que $\int |f(x) - g(x)| dx \leq r$ comme le montre la définition même d'une intégrale (Chap. V, n° 2). On a alors $\left| \hat{f}(y) - \hat{g}(y) \right| \leq r$ pour tout y d'après (2); comme $|\hat{g}(y)| \leq r$ pour $|y|$ grand, on a $|\hat{f}(y)| \leq 2r$ pour $|y|$ grand, d'où à nouveau le résultat.

(iii) Dans le cas général, il existe pour tout $r > 0$ un intervalle compact K tel que la contribution de $\mathbb{R} - K$ à l'intégrale totale de $|f(x)|$ soit $\leq r$; en intégrant sur K dans (1), on commet donc une erreur $\leq r$ pour tout y, et comme l'intégrale sur K tend vers 0, on trouve encore $|\hat{f}(y)| \leq 2r$ pour $|y|$ grand, cqfd.

Comme on l'a déjà vu à propos de la fonction cot ou des fonctions elliptiques, la "méthode d'Eisenstein", comme l'appellent Weil et Remmert, pour construire des fonctions périodiques sur $\mathbb{R}$ consiste à partir de fonctions non périodiques $f(x)$ et à considérer la série

$$(27.3) \qquad F(x) = \sum f(x + n),$$

où l'on somme sur $\mathbb{Z}$. Si la série converge en vrac, i.e. absolument, le résultat est incontestablement périodique puisque changer x en $x + 1$ revient à la permutation $n \mapsto n + 1$ dans $\mathbb{Z}$. On peut alors tenter de développer le résultat en série de Fourier.

Si l'on calcule formellement en tenant compte de la périodicité des exponentielles, on a

$$(27.4) \quad \hat{F}(p) = \oint \overline{\mathbf{e}_p(x)} dx \sum f(x + n) = \oint dx \sum f(x + n) \overline{\mathbf{e}_p(x + n)}$$

$$= \sum \int_0^1 f(x + n) \overline{\mathbf{e}_p(x + n)} dx =$$

$$= \sum \int_n^{n+1} f(x) \overline{\mathbf{e}_p(x)} dx = \hat{f}(p).$$

où $\hat{f}$ est la transformée de Fourier de f. Et puisque "toute" fonction périodique est la somme de sa série de Fourier, nous trouvons finalement la *formule sommatoire de Poisson* (lequel ne l'a jamais écrite sous cette forme)

$$(27.5) \qquad \sum f(x + n) = \sum \hat{f}(n) \mathbf{e}_n(x),$$

en particulier, pour $x = 0$,

$$(27.6) \qquad \sum f(n) = \sum \hat{f}(n).$$

Tout cela est du calcul formel. Le premier problème est de justifier la permutation des signes $\int$ et $\sum$ effectuée pour obtenir (4). Le plus simple est de supposer tout d'abord que f est continue et que la série $\sum f(x + n)$

converge normalement sur $[0, 1]$, auquel cas il est clair qu'elle converge normalement sur tout compact par périodicité; la présence des facteurs $\mathbf{e}_p(x)$ ne change rien puisqu'ils sont de module 1. Si ces conditions sont remplies, F est continue et l'intégration terme à terme dans (4) est justifiée (Chap. V, n° 4, théorème 4). Moyennant ces hypothèses, la fonction f est de plus absolument intégrable sur $\mathbb{R}$ car l'intégrale de $|f(x)|$ sur $(-n, n)$, n-ième somme partielle de la série $\sum \int |f(x + p)| dx$, où l'on intègre sur $(0, 1)$, est pour tout n inférieure à la somme totale de cette série; la convergence de $\int |f(x)| dx$ résulte de là (Chap. V, n° 22, théorème 18). Le calcul formel est donc justifié. Reste à justifier la relation (5), qui exprime que F est partout égale à la somme de sa série de Fourier; il suffit pour cela de supposer que celle-ci est absolument convergente, i.e. que $\sum |\hat{f}(p)| < +\infty$; la convergence quel que soit x suffirait d'après Fejér, mais il vaut mieux, dans ce contexte, s'en tenir à un résultat simple :

Théorème 24. *Soit f une fonction définie et continue sur $\mathbb{R}$ telle que*

(i)   la série $\sum f(x + n)$ converge normalement sur tout compact,
(ii) $\sum |\hat{f}(n)| < +\infty$.

Alors f est absolument intégrable sur $\mathbb{R}$ et l'on a

$$(27.7) \qquad \sum f(x + n) = \sum \hat{f}(n) \mathbf{e}_n(x) \qquad pour\ tout\ x \in \mathbb{R}.$$

Dans la pratique, la convergence de la série $\sum f(x + n)$ s'obtient presque toujours en majorant $f(x)$ pour $|x|$ grand. Supposons par exemple

$$(27.8) \qquad f(x) = O\left(|x|^{-s}\right) \qquad \text{à l'infini, avec } s > 1.$$

La fonction continue $|x|^s f(x)$ étant bornée pour $|x|$ grand, i.e. en dehors d'un compact, est en fait bornée dans $\mathbb{R}$ puisque bornée sur tout compact; il en est de même de f, donc aussi de $(1 + |x|^s) f(x)$, de sorte qu'on a une majoration

$$|f(x)| \leq M/\left(1 + |x|^s\right) \qquad \text{pour tout } x,$$

avec une constante $M > 0$. Ceci montre que f est absolument intégrable sur $\mathbb{R}$ (Chap. V, n° 22). Si x reste dans $[0, 1]$, $|x+n|$ varie entre $|n|$ et $|n+1|$, donc est $> |n|$ ou $|n + 1|$ suivant le signe de n. La série $1/\left(1 + |n|^s\right)$ étant convergente puisque $s > 1$, la convergence normale de $\sum f(x + n)$ s'ensuit. Quant à la convergence de $\sum |\hat{f}(n)|$, elle est assurée, comme on le verra plus loin, si f est suffisamment dérivable, comme dans le cas des fonctions périodiques.

Le vrai problème, pour utiliser pratiquement la formule de Poisson ou plus généralement la transformation de Fourier, est qu'il faut calculer explicitement des transformées de Fourier. C'est parfois facile comme on le verra, mais la méthode bête – calculer une primitive de la fonction à intégrer – n'est en général d'aucune utilité parce que la primitive ne se ramène pas à des fonctions "élémentaires". Il faut donc trouver des méthodes pour calculer l'intégrale sur $\mathbb{R}$ (et non pas sur un intervalle quelconque) sans connaître la primitive; ce fut le plus grand succès du calcul des résidus de Cauchy que de permettre ce genre de calcul dans des cas jusqu'alors inconnus. On n'a rien trouvé de mieux depuis; on connaît de nombreuses formules fournissant les transformées de Fourier à l'aide de fonctions spéciales, la fonction Γ d'Euler par exemple, mais c'est presque toujours par la *méthode* de Cauchy qu'on les obtient (Chap. VIII, §3).

Exemple 1. Choisissons la fonction

$$f(t) = 1/(z+t)^s$$

où z est un paramètre complexe non réel et s un entier ≥ 2, avec par exemple $\mathrm{Im}(z) > 0$. Les considérations précédentes montrent que la série $\sum f(t+n)$ est normalement convergente sur tout compact, mais il reste à calculer, pour n réel non nécessairement entier, la transformée de Fourier

$$\hat{f}(n) = \int \exp(-2\pi i n t)\,(z+t)^{-s}\,dt$$

Chercher une primitive, par exemple en intégrant par parties, ramènerait, en plus compliqué, aux intégrales du type $e^x x^n dx$ du Chap. V, n° 15, exemple 2; elles se calculent immédiatement pour n entier > 0 mais, pour $n < 0$ et notamment pour $n = -2$, résistent à toute tentative de calcul explicite (et pas seulement parce que nous nous plaçons ici à un niveau trop élémentaire); la fonction gamma d'Euler n'aurait pas survécu si l'on avait pu calculer une primitive de $e^{-x} x^s$. Mais avec sa méthode des résidus, Cauchy a réussi à calculer d'une façon générale la transformée de Fourier d'une fonction rationnelle p/q n'ayant pas de pôle réel et décroissant assez vite à l'infini, i.e. telle que $d(q) > d(p) + 1$. On peut montrer par exemple que, pour s entier ≥ 2 (convergence !), on a

$$\int \exp(-2\pi i u t)\,(z+t)^{-s}\,dt = \begin{cases} (-2\pi i)^s u^{s-1} \exp(2\pi i u z)/(s-1)! & \text{si } u > 0, \\[2mm] 0 & \text{si } u \leq 0 \end{cases}$$

(27.9)

à condition que $\mathrm{Im}(z) > 0$. La formule sommatoire $\sum f(n) = \sum \hat{f}(n)$ s'écrit alors, dans ce cas,

(27.10) $$\sum_{\mathbb{Z}} \frac{1}{(z+n)^s} = \frac{(-2\pi i)^s}{(s-1)!} \sum_{n>0} n^{s-1} e^{2\pi i n z} \quad \text{pour } \mathrm{Im}(z) > 0.$$

Pour $s = 2$, cela s'écrit

(27.11) $$\sum_{\mathbb{Z}} 1/(z-n)^2 = -4\pi^2 \sum_{\mathbb{N}} n e^{2\pi i n z};$$

or nous savons (voir par exemple (8.14)) que, pour z non entier, le premier membre est égal à $\pi^2/\sin^2 \pi z$; pour $\mathrm{Im}(z) > 0$, on a $\left| e^{iz} \right| < 1$ et donc

$$1/\sin^2 z \;=\; -4/\left(e^{iz} - e^{-iz}\right)^2 = -4e^{2iz}/\left(1 - e^{2iz}\right)^2 =$$
$$=\; -4e^{2iz}\left(1 + 2e^{2iz} + 3e^{4iz} + \ldots\right)$$

en utilisant la série entière de $1/(1 - x)^2$. On retrouve ainsi (11) comme conséquence du développement de $1/\sin^2 z$ en série de fractions rationnelles et vice-versa. A partir de (11), on pourrait obtenir le cas général (10) en dérivant par rapport à z : le second membre de (11) est une série de fonctions holomorphes, de sorte que, pour légitimer les dérivations, il suffit, grâce à Weierstrass, de montrer que le second membre de (11) converge normalement sur tout compact du demi-plan $\mathrm{Im}(z) > 0$ dans lequel on se place; mais dans un tel compact, on a $\left|e^{2\pi i n z}\right| = e^{-2\pi n y}$ où $y = \mathrm{Im}(z)$ reste supérieur à un nombre m strictement positif, car la distance d'un *compact* à la frontière d'un *ouvert* le contenant est toujours > 0; comme $e^{-2\pi m} < 1$, la convergence normale est alors claire.

En fait, le calcul des résidus permet (vol. III) d'étendre la formule (9) et donc (10) – en y remplaçant $(s - 1)!$ par $\Gamma(s)$ – au cas d'un exposant complexe s vérifiant seulement la condition $\mathrm{Re}(s) > 1$ qui rend les séries (10) convergentes.

Exemple 2. Choisissons maintenant

(27.12) $$f(x) = e^{-t|x|}$$

où t est un paramètre > 0, de sorte que f est intégrable sur $\mathbb{R}$. On a

$$\hat{f}(y) = \int \exp(-t|x| - 2\pi i x y)\,dx;$$

sur chacun des intervalles $x < 0$ et $x > 0$ on doit intégrer une fonction de la forme e^{cx}, avec c complexe, et comme une telle fonction a pour primitive e^{cx}/c le calcul est immédiat et fournit le résultat :

(27.13) $$\hat{f}(y) = 2t/\left(t^2 + 4\pi^2 y^2\right).$$

Des majorations simples montrent que le théorème 24 s'applique ici, d'où

$$\sum e^{-|n|t} = 2t \sum 1/\left(t^2 + 4\pi^2 n^2\right),$$

formule ressemblant fort au développement de $\coth t$ en série de fractions rationnelles ...

Exercice. Etendre ces calculs au cas où t est complexe, avec $\mathrm{Re}(t) > 0$ (utiliser le théorème 24 bis du Chap. V, n° 25).

28 – La fonction thêta de Jacobi

Une autre application plus spectaculaire du théorème 24 repose sur le calcul de la transformée de Fourier de la fonction $f(x) = \exp(-\pi x^2)$. Nous l'avons déjà rencontrée au Chap. V, n° 25, exemple 2 et montré alors, en dérivant sous le signe $\int$, que

$$\hat{f}(y) = cf(y) \qquad \text{où} \quad c = \hat{f}(0) = \int \exp(-\pi x^2)dx.$$

Si l'on montre que le théorème 24 et en particulier (27.6) s'applique à f, on aura $c\sum f(n) = \sum f(n)$ et donc $c = 1$ puisque les $f(n)$ sont tous > 0.

Or la fonction $\exp(-\pi x^2)$ décroît à l'infini plus vite que toute puissance négative de x, donc vérifie la condition (27.8). Comme, pour la même raison, la série $\sum \hat{f}(n)$ converge absolument, le théorème 24 s'applique donc bien. Il fournit en outre l'identité

$$(28.1) \qquad \sum \exp\left[-\pi(x+n)^2\right] = \sum \exp(-\pi n^2)\mathbf{e}_n(x),$$

valable pour tout $x \in \mathbb{R}$.

On peut généraliser en remplaçant la fonction $f(t) = \exp(-\pi t^2)$ par

$$(28.2) \qquad\qquad f(t,z) = e^{\pi i z t^2}$$

où $z = x + iy$ est un paramètre complexe. On a

$$|f(t,z)| = \exp\left(-\pi y t^2\right) = q^{t^2} \qquad \text{où} \quad q = e^{-\pi y};$$

cette expression est > 1 si $y < 0$, de sorte qu'alors $\sum |f(n,z)|$ n'a aucune chance de converger; si par contre $y > 0$, on a $q < 1$ de sorte que, pour z donné, $|f(t,z)|$ tend vers 0 à l'infini plus rapidement que t^{-N} quel que soit $N > 0$ (Chap. IV, n° 5), d'où la convergence normale sur tout compact de $\sum f(t+n,z)$. Il reste à calculer la transformée de Fourier

$$(28.3) \qquad \hat{f}(u,z) = \int \exp\left(\pi i z t^2 - 2\pi i u t\right) dt = \int g(t,z)dt.$$

Supposons d'abord $z = iy$ imaginaire pur, d'où $izt^2 = -yt^2$. Le changement de variable $t \mapsto y^{-1/2}t$ donne

$$\hat{f}(u,iy) = \int \exp\left(-\pi t^2 - 2\pi i u y^{-1/2}t\right) y^{-1/2}dt,$$

ce qui nous ramène à la transformée de Fourier de $\exp(-\pi t^2)$ pour la valeur $uy^{-1/2}$; on a donc

$$(28.4) \qquad \hat{f}(u,iy) = y^{-1/2}\exp\left(-\pi u^2/y\right) \quad \text{pour } y > 0.$$

Dans le cas général, la fonction $g(t,z)$ sous le signe $\int$ dans (3) est, pour t donné, holomorphe dans le demi-plan $U : \text{Im}(z) > 0$; le résultat le sera donc vraisemblablement aussi. Pour le confirmer, nous trouvons fort heureusement au Chap. V, n° 25, un théorème 24 bis qui suppose remplies les hypothèses suivantes : (i) l'intégrale (3) converge absolument : évident; (ii) la dérivée complexe $g'(t, z) = \pi i t^2 g(t, z)$ par rapport à z est fonction continue de (t, z) : évident; (iii) pour tout compact $H \subset U$, il existe sur $\mathbb{R}$ une fonction intégrable $p_H(t)$ telle que $|g'(t, z)| \leq p_H(t)$ quels que soient $t \in \mathbb{R}$ et $z \in H$: demande une démonstration. Mais comme le compact H est contenu dans le demi-plan ouvert $\operatorname{Im}(z) > 0$, il existe (voir plus haut) un nombre $m > 0$ tel que $\operatorname{Im}(z) \geq m$ pour tout $z \in H$; on a alors

$$|g'(t, z)| = \pi t^2 |g(t, z)| = \pi t^2 \exp\left(-\pi y t^2\right) \leq \pi t^2 \exp\left(-\pi m t^2\right) = p_H(t),$$

fonction intégrable sur $\mathbb{R}$ parce qu'à l'infini la fonction $\exp(-\pi m t^2)$ est $O(t^{-2N})$ quel que soit $N > 0$; on se contenterait de beaucoup moins.

La fonction (3) est donc holomorphe dans le demi-plan U : $\operatorname{Im}(z) > 0$. Puisqu'on sait la calculer pour $z = iy$ imaginaire pur, on obtiendra le cas général en construisant dans $\operatorname{Im}(z) > 0$ la seule et unique (principe du prolongement analytique) fonction holomorphe qui, sur l'axe imaginaire, se réduit à (4). Or on a

$$(28.5) \qquad \hat{f}(u, z) = (z/i)^{-1/2} \exp\left(-\pi i u^2 / z\right)$$

pour z imaginaire pur, en convenant que $(z/i)^{-1/2}$ est réel *positif* pour $z = iy$. Le facteur $\exp\left(-\pi i u^2 / z\right)$ étant holomorphe dans $\mathbb{C}^*$, tout revient à trouver une fonction *holomorphe* dans le demi-plan U qui, pour $z = iy$, se réduise à $y^{-1/2}$; mais, à un détail près, c'est ce que nous avons fait à la fin du n° 16. Pour $z \in U$, le rapport $z/i = \zeta$ est en effet dans le demi-plan $\operatorname{Re}(\zeta) > 0$ contenu dans $\mathbb{C} - \mathbb{R}_-$; dans celui-ci, on peut définir une branche uniforme, i.e. holomorphe, de la "fonction multiforme" $\zeta^{-1/2}$ en posant

$$\zeta^{-1/2} = |\zeta|^{-1/2} e^{-i/2 \arg(\zeta)} \qquad \text{avec } |\arg(\zeta)| < \pi.$$

Comme le point $z = i$ correspond à $\zeta = 1$ où $\arg(\zeta) = 0$, la fonction holomorphe que nous cherchons est donc donnée par la formule

$$(28.6) \qquad (z/i)^{-1/2} = |z|^{-1/2} e^{-i/2 \arg(z/i)} \qquad \text{avec } |\arg(z/i)| < \pi$$

dans le demi-plan $\operatorname{Im}(z) > 0$ qui nous intéresse (et même dans $\mathbb{C}$ privé du demi-axe imaginaire négatif). Cela revient à choisir

$$\arg(z/i) = \arg(z) - \pi/2 \qquad \text{avec } 0 < \arg(z) < \pi,$$

choix bien naturel : on a $\arg(i) = \pi/2 + 2k\pi$ et la translation $-\pi/2$ fait passer de l'intervalle $]0, \pi[$ à l'intervalle $]-\pi/2, \pi/2[$.

Ce point éclairci, la formule sommatoire de Poisson nous donne

$$(28.7) \quad \sum \exp\left[\pi i z (t + n)^2\right] = (z/i)^{-1/2} \sum \exp\left(-\pi i n^2 / z + 2\pi i n t\right).$$

En introduisant la fonction

$$(28.8) \qquad \theta(z) = \sum \exp(\pi i n^2 z), \qquad \text{Im}(z) > 0$$

de Jacobi (ou, pour z imaginaire pur, de Poisson), (7) se réduit, pour $t = 0$, à

$$(28.9) \qquad \theta(-1/z) = (z/i)^{1/2} \theta(z);$$

noter, détail à retenir, que

$$\text{Im}(z) > 0 \implies \text{Im}(-1/z) > 0.$$

Ces formules font partie des "étranges identités" du Chap. IV. En remplaçant z par $-1/z$, on peut encore écrire (7) sous la forme

$$(28.10) \quad \sum \exp\left(\pi i n^2 z + 2\pi i n t\right) = (z/i)^{1/2} \sum \exp\left[-\pi i (t+n)^2/z\right].$$

Or, en posant $q = \exp(\pi i z)$, d'où $|q| = \exp(-\pi y) < 1$, et[46] $x = \mathbf{e}(t)$, le premier membre n'est autre que la série

$$\sum q^{n^2} x^n$$

dont nous avons écrit, au Chap. IV, equ. (20.14), le curieux développement en produit infini. Avec ces notations, on a de même

$$(28.11) \quad \theta(z) = \sum q^{n^2} = 1 + 2q + 2q^4 + 2q^9 + \dots \qquad \left(q = e^{\pi i z}\right).$$

La série (8) se trouve déjà plus ou moins dans la *Théorie analytique de la chaleur* de Fourier, lequel n'y attribue pas d'importance. La relation (9) est publiée par Poisson en 1823. Jacobi et Abel étudient systématiquement des séries du genre (7) à partir de 1825 par des méthodes purement algébriques; Abel est mort trop tôt pour les exploiter, mais Jacobi en a tiré une telle masse de formules et de résultats, notamment en théorie des fonctions elliptiques, que son nom y est resté attaché.

Le rapport avec la théorie de la propagation de la chaleur est immédiat. Dans un anneau circulaire, l'évolution de la température est régie par l'équation aux dérivées partielles $f'_t = f''_{xx}$ à un coefficient numérique > 0 près qui dépend des constantes physiques; t est le temps et x l'angle polaire. L'idée de Fourier est de chercher des solutions de la forme $f(x,t) = g(x)h(t)$, d'où $g(x)h'(t) = g''(x)h(t)$ et par suite $h'(t) = \lambda h(t)$, $g''(x) = \lambda g(x)$ où λ est une constante. Mais g doit être de période 2π, d'où $g(x) = a\cos nx + b\sin nx$ et $\lambda = -n^2$, de sorte que $h(t) = c.\exp\left(-n^2 t\right)$, où a, b et c sont des constantes (Fourier élimine les fonctions $\exp(+n^2 t)$ pour des raisons physiques

---

[46] Ce x n'est pas la partie réelle de z; on choisit cette notation pour se ramener à celles du Chap. IV, n° 20.

évidentes). Fourier postule alors que la solution générale de son équation est une somme

$$(28.12) \qquad f(x,t) = \sum \exp\left(-n^2 t\right) \left(a_n \cos nx + b_n \sin nx\right)$$

de fonctions "décomposables" de ce type, méthode applicable à toutes sortes d'autres problèmes, notamment en physique classique ou quantique. On peut alors calculer $f(x,t)$ si l'on peut développer l'état initial $f(x,0)$ du système en une série de la forme

$$f(x,0) = \sum a_n \cos nx + b_n \sin nx;$$

c'est ce problème qui conduit Fourier à développer toute fonction périodique en série trigonométrique.

La fonction

$$(28.13) \qquad \theta(x,t) \;=\; \sum \exp\left(-\pi n^2 t + 2\pi i n x\right) = $$
$$= \; 1 + 2 \sum \exp\left(-\pi n^2 t\right) \cos 2\pi n x$$

vérifie l'équation

$$\theta''_{xx} = 4\pi^2 \theta'_t$$

et rentre donc dans le cadre étudié par Fourier; en fait, on sait maintenant qu'elle domine le problème, car si l'on écrit (12) sous la forme

$$f(x,t) = \sum c_n \exp\left(-\pi n^2 t\right) \mathbf{e}_n(x),$$

sommation sur $\mathbb{Z}$, un calcul immédiat[47] montre que l'on a

$$(28.14) \qquad f(x,t) = \oint \theta(x-y,t) f(y) dy \quad \text{pour } t > 0,$$

où $f(y) = f(y,0)$ est la répartition des températures à l'instant initial.

Pour la fonction de Jacobi, la donnée initiale

$$\theta(x,0) = \sum \exp(2\pi i n x) = \sum \mathbf{e}_n(x)$$

n'est pas une vraie fonction; c'est la mesure de Dirac en $x = 0$. Physiquement, la température initiale est $+\infty$ en $x = 0$ et 0 ailleurs. Cela n'aurait peut-être pas fait reculer Dirac, mais Fourier ne va pas jusqu'à envisager cette version du *Big Bang* correspondant à ce qui passerait si l'on mettait à feu une pièce d'artillerie dont le canon, courbe, serait un tore parfait.

---

[47] Utiliser la formule générale pour calculer les coefficients de Fourier d'un produit de convolution.

29 – Formules fondamentales de la transformation de Fourier

La formule sommatoire de Poisson permet de passer très rapidement de la théorie des séries à celle des intégrales de Fourier. Les démonstrations qui suivent sont extraites de N. Vilenkin, *Fonctions spéciales et représentations de groupes* (Moscou, 1965, trad. française Dunod), qui les attribue à I. M. Gel'fand, 1960, mathématicien soviétique ayant inventé suffisamment d'idées originales depuis les années 1930 pour qu'on lui fasse crédit. Igor Sakharov nous dit dans ses *Mémoires* que, pendant les années 1950, Gel'fand dirigeait à l'université de Moscou une équipe de mathématiciens chargés des calculs nécessaires au programme thermonucléaire soviétique. Longtemps empêché de quitter le territoire national, il est maintenant professeur à l'université Rutgers, New Jersey, et voyage beaucoup . . . . On a publié beaucoup d'autres démonstrations de Fourier et Cauchy à nos jours, mais celle-ci a peu de chance d'être jamais améliorée en raison de son absence totale de calculs explicites[48]; c'est la grande différence avec toutes les démonstrations classiques.

On part d'une fonction f vérifiant les hypothèses suivantes :

(H 1) *f est continue,*
(H 2) *la série $\sum f(x + n)$ converge normalement sur tout compact;*

il s'ensuit, comme on l'a vu, que f est bornée et absolument intégrable sur $\mathbb{R}$. Posons

$$(29.1) \qquad f_y(x) = f(x)\mathbf{e}(yx) = f(x)\mathbf{e}_y(x).$$

Les facteurs exponentiels étant de module 1, la série $\sum f_y(x + n)$ converge normalement sur tout compact pour tout y; d'autre part, la transformée de Fourier de la fonction f_y est

$$(29.2) \qquad \widehat{f_y}(t) = \int f(x)\mathbf{e}(yx)\mathbf{e}(-tx)dx = \hat{f}(t - y).$$

Si donc l'on suppose que

$$(29.3) \qquad \sum |\hat{f}(n - y)| < +\infty,$$

la formule sommatoire de Poisson s'applique à f_y et montre que

---

[48] En fait, c'est de la théorie des groupes topologiques : on a un groupe commutatif localement compact $G = \mathbb{R}$, un sous-discret $\Gamma = \mathbb{Z}$ tel que le groupe quotient $G/\Gamma = K = \mathbb{T}$ soit compact, et il s'agit de passer de l'analyse harmonique sur K (séries de Fourier) à l'analyse harmonique sur G (intégrales de Fourier). C'est ce qu'André Weil avait fait en 1940, dans le cas général, dans un livre que nous avons déjà cité et qui peut avoir inspiré Gel'fand, lequel, à la même époque, inventait le sujet à Moscou avec D. A. Raïkov par des méthodes d'analyse fonctionnelle ne faisant aucune hypothèse sur la structure de G.

$$(29.4) \qquad \sum f(x+n)\mathbf{e}_y(x+n) = \sum \hat{f}(n-y)\mathbf{e}(nx).$$

Or $\sum f(x+n)\mathbf{e}_y(x+n) = \mathbf{e}_y(x)\sum f(x+n)\mathbf{e}_y(n)$; comme on a d'une manière générale $\mathbf{e}_y(x) = \mathbf{e}_x(y)$, (4) conduit alors à

$$(29.5) \qquad \sum f(x+n)\mathbf{e}_n(y) = \sum \hat{f}(n-y)\mathbf{e}_x(n-y).$$

Pour x donné, notons $F_x(y)$ la valeur commune des deux membres. D'après (H 2), le premier membre de (5) est une série de Fourier absolument convergente en y. Les coefficients $f(x+n)$ s'obtiennent donc par intégration (Chap. V, n° 5). D'où, pour $n = 0$,

$$f(x) = \int_0^1 F_x(y)dy = \int_0^1 dy \sum \hat{f}(n-y)\mathbf{e}_x(n-y).$$

Renforçons maintenant l'hypothèse (3) en supposant

(H 3) *la série $\sum \hat{f}(y+n)$ converge normalement sur tout compact*;

il en est alors de même de la série qu'on intègre, d'où

$$
\begin{aligned}
f(x) &= \sum \oint f(n-y)\mathbf{e}_x(n-y)dy = \\
&= \sum \oint f(n+y)\mathbf{e}_x(n+y)dy,
\end{aligned}
$$

ce qui n'est autre que la *formule d'inversion de Fourier*

$$(29.6) \qquad f(x) = \int \hat{f}(y)\mathbf{e}(xy)dy = \int \hat{f}(y)e^{2\pi ixy}dy$$

où l'on intègre sur $\mathbb{R}$. On peut encore l'écrire

$$(29.6') \qquad \widehat{\hat{f}}(x) = f(-x).$$

Appliquons maintenant l'égalité de Parseval-Bessel à (5), considéré comme série de Fourier en y. On trouve la relation

$$
\begin{aligned}
(29.7) \qquad \sum |f(x+n)|^2 &= \oint dy \left| \sum \hat{f}(n-y)e^{2\pi ix(n-y)} \right|^2 \\
&= \oint dy \left| \sum \hat{f}(n-y)e^{2\pi inx} \right|^2
\end{aligned}
$$

puisque $e^{2\pi ixy}$, de module 1, est en facteur dans la série du second membre; la série au premier membre est convergente d'après Parseval-Bessel, mais puisque f est bornée, on a

$$(29.8) \qquad |f(x+n)|^2 \le \|f\| \cdot |f(x+n)|;$$

la série (7) converge donc normalement sur tout compact d'après (H 2) et sa somme est continue.

Intégrons-la alors par rapport à x sur $(0,1)$; on trouve évidemment $\int |f(x)|^2\,dx$, intégrale convergente en raison de (8) et de la convergence de $\int |f(x)|dx$. Au second membre, la fonction $\sum \hat{f}(n-y)\mathbf{e}_n(x)$ est continue en (y,x), car si une série convergente $\sum v(n)$ domine la série $\sum |\hat{f}(n-y)|$ dans $I = [0,1]$, elle domine la série considérée dans $I \times \mathbb{R}$. On peut donc permuter l'ordre des intégrations (Chap. V, n° 9, théorème 10), ce qui fournit l'intégrale double

$$\int_0^1 dy \int_0^1 dx \left| \sum \hat{f}(n-y)\mathbf{e}_n(x) \right|^2.$$

Mais l'intégrale en dx porte, pour y donné, sur le carré d'une série de Fourier absolument convergente en x. Elle se calcule donc à l'aide de Parseval-Bessel (le Chap. V, n° 5 y suffirait), i.e. est égale à $\sum |\hat{f}(n-y)|^2$. En intégrant par rapport à y et en comparant au résultat précédent, on obtient finalement la *formule de Plancherel*

$$(29.9) \qquad \int |f(x)|^2 dx = \int |\hat{f}(y)|^2 dy;$$

c'est l'analogue de Parseval-Bessel pour les intégrales de Fourier. En conclusion :

Théorème 25. *Soit f une fonction continue sur $\mathbb{R}$ telle que les séries $\sum f(x+n)$ et $\sum \hat{f}(y+n)$ convergent normalement sur tout compact. Alors on a*

$$f(x) = \int \hat{f}(y)\mathbf{e}(xy)dy, \qquad \int |f(x)|^2 dx = \int |\hat{f}(y)|^2 dy,$$

les trois intégrales étant absolument convergentes.

Plus généralement, si deux fonctions f et g vérifient les hypothèses du théorème, on a

$$(29.10) \qquad \int f(x)\overline{g(x)}dx = \int \hat{f}(y)\overline{\hat{g}(y)}dy;$$

on passe du cas $f = g$ au cas général comme on l'a fait pour les séries de Fourier, i.e. en appliquant la formule de Plancherel aux fonctions $f+g$, $f-g$, $f + ig$ et $f - ig$.

Exemple. Compte-tenu de l'exemple 2 du n° 27, on a

$$\int \frac{2te^{2\pi ixy}}{t^2 + 4\pi^2 y^2} dy = e^{-t|x|} \qquad \text{pour tout } t > 0.$$

Cette formule ne dit essentiellement rien de plus que

$$\int \frac{e^{ixy} dy}{x^2 + 1} = \pi e^{-|x|}.$$

Le calcul des résidus de Cauchy fournirait directement cette formule. Tenter de l'établir "sans rien savoir" est sans espoir, sauf bien sûr pour $x = 0$, seul cas où la primitive se calcule.

Exercice (autre démonstration de la formule d'inversion) – Soit f une fonction continue sur $\mathbb{R}$ vérifiant

$$f(x) = O\left(1/|x|^a\right), \qquad \hat{f}(y) = O\left(1/|y|^b\right)$$

à l'infini, avec des constantes $a, b > 1$, de sorte que f et $\hat{f}$ sont absolument intégrables. (i) Montrer que la formule sommatoire de Poisson s'applique à f [utiliser le théorème 2 du n° 6]. (ii) Montrer que, pour tout $T > 0$, on a

$$\sum f(x + nT) = \frac{1}{T} \sum \hat{f}(n/T) e^{2\pi i n x/T}.$$

(iii) Montrer que, lorsque $T \to +\infty$, le premier membre tend vers $f(x)$ et le second vers $\int \hat{f}(y) \mathbf{e}(xy) dy$.

30 – Extensions de la formule d'inversion

On peut aussi écrire (29.10) sous la forme souvent commode

(30.1) $$\int f(x)\hat{g}(x)dx = \int \hat{f}(y)g(y)dy;$$

il suffit, dans (29.10), de remplacer $g(x)$ par $\overline{\hat{g}(x)}$ et de constater qu'alors $\hat{g}(y)$ est remplacé par $g(y)$. La relation (1) est en fait évidente directement si l'on calcule formellement :

(30.2) $$\int f(x)\hat{g}(x)dx =$$
$$= \int f(x)dx \int g(y)\overline{\mathbf{e}(xy)}dy = \iint f(x)g(y)\overline{\mathbf{e}(xy)}dxdy =$$
$$= \int g(y)dy \int f(x)\overline{\mathbf{e}(xy)}dx = \int \hat{f}(y)g(y)dy.$$

Mais il faudrait justifier la permutation des intégrations. En théorie de Lebesgue, il suffit de supposer que $h(x, y) = f(x)g(y)\overline{\mathbf{e}(xy)}$ est intégrable sur $\mathbb{R}^2$, i.e. que f et g sont intégrables puisque $\mathbf{e}(xy)$ est continue et bornée; on applique alors à la fonction obtenue le théorème de Fubini (le vrai ...).

En théorie de Riemann, on peut obtenir un résultat plus restrictif mais néanmoins utile :

Lemme. *Soient f et g deux fonctions réglées absolument intégrables; on a alors $\int f(x)\hat{g}(x)dx = \int \hat{f}(y)g(y)dy$.*

Supposons d'abord f et g nulles en dehors d'intervalles compacts K et H et considérons dans K et H les mesures $d\mu(x) = f(x)dx$, $d\nu(y) = g(y)dy$ (Chap. V, n° 30, exemple 1). Comme la fonction $\mathbf{e}(xy)$ est continue dans $K \times H$, on a

$$\int d\mu(x) \int \overline{\mathbf{e}(xy)} d\nu(y) = \int d\nu(y) \int \overline{\mathbf{e}(xy)} d\mu(x)$$

(Chap. V, n° 30, théorème 30). Par définition de μ et ν, cette relation justifie le calcul formel (2). Le lemme est donc vrai dans les hypothèses que l'on vient de faire.

Dans le cas général, notons f_n et g_n les fonctions égales à f et g dans $[-n, n]$ et nulles ailleurs, d'où

$$(30.3) \qquad \int f_n(x)\widehat{g_n}(x)dx = \int \widehat{f_n}(y)g_n(y)dy.$$

Tout revient à montrer que l'on peut passer à la limite sous les signes d'intégration. Faisons-le pour le premier membre. Il suffit de montrer que $\|f_n\widehat{g_n} - f\hat{g}\|_1$ tend vers 0 puisque l'on a d'une manière générale $|\int f| \leq \int |f|$. Or on a, en omettant d'indiquer la variable x,

$$
\begin{aligned}
|f_n\widehat{g_n} - f\hat{g}| &\leq |f_n - f| \cdot |\widehat{g_n}| + |f| \cdot |\widehat{g_n} - \hat{g}| \\
&\leq |f_n - f| \cdot \|\widehat{g_n}\| + |f| \cdot \|\widehat{g_n} - \hat{g}\| \\
&\leq |f_n - f| \cdot \|g_n\|_1 + |f| \cdot \|g_n - g\|_1
\end{aligned}
$$

puisque

$$\|\hat{g}\| = \sup |\hat{g}(x)| = \sup \left| \int \overline{\mathbf{e}(xy)} g(y)dy \right| \leq \|g\|_1$$

pour toute fonction absolument intégrable sur $\mathbb{R}$. D'où, en intégrant sur $\mathbb{R}$,

$$(30.4) \qquad \|f_n\widehat{g_n} - f\hat{g}\|_1 \leq \|f_n - f\|_1 \cdot \|g_n\|_1 + \|f\|_1 \cdot \|g_n - g\|_1$$

Mais

$$\|f_n - f\|_1 = \int_{|x|>n} |f(x)|dx$$

tend vers 0 puisque f est absolument intégrable, de même que $\|g_n - g\|_1$; le facteur $\|f\|_1$ est indépendant de n et le facteur $\|g_n\|_1$ tend vers $\|g\|_1$ d'après l'inégalité du triangle. Le second membre de (4) tend donc bien vers 0, cqfd.

Choisissons par exemple pour g la fonction $e^{-t|x|}$ et pour f une fonction réglée absolument intégrable. D'après l'exemple 2 du n° 27, on trouve

$$(30.5) \qquad \int \frac{2t}{t^2 + 4\pi^2 x^2} f(x)dx = \int e^{-t|y|} \hat{f}(y)dy \qquad \text{tout } t > 0.$$

Si l'on pose

$$(30.6) \qquad u(x) = 2/(1 + 4\pi^2 x^2), \qquad u_n(x) = nu(nx),$$

la relation (5) s'écrit, pour $t = 1/n$, sous la forme

$$(30.7) \qquad \int nu(nx)f(x)dx = \int e^{-|y|/n}\hat{f}(y)dy.$$

La fonction u est continue (et même C^∞), positive et son intégrale totale est égale à 1 comme le montre un calcul élémentaire. Le lemme de Dirac du Chap. V, n° 27, version de l'exemple 1, montre donc que, si f est continue à l'origine et bornée dans $\mathbb{R}$, le premier membre de (7) tend vers $f(0)$. Au second membre, l'exponentielle converge vers 1 uniformément sur tout compact tout en restant constamment < 1; si la fonction $\hat{f}$ est absolument intégrable, le second membre de (7) tend donc vers l'intégrale de celle-ci (convergence dominée), d'où, à la limite,

$$(30.8) \qquad f(0) = \int \hat{f}(y)dy,$$

i.e. la formule d'inversion de Fourier pour $x = 0$.

En fait, il n'est pas nécessaire de supposer f bornée. Au Chap. V, n° 27, cette hypothèse a uniquement servi à montrer que, pour tout $\delta > 0$, l'intégrale $\int f(x)u_n(x)dx$ étendue à l'ensemble $|x| > \delta$ tend vers 0. Or il est clair qu'ici

$$|x| > \delta > 0 \Longrightarrow |u_n(x)| < 1/2n\delta^2 x^2,$$

de sorte que la fonction $x \mapsto u_n(x)$ converge uniformément vers 0 dans $|x| > \delta$; comme, ici, f est supposée absolument intégrable, on a donc

$$\lim \int_{|x|>\delta} f(x)u_n(x)dx = 0$$

même si f n'est pas bornée.

Pour obtenir la formule d'inversion en un point $a \in \mathbb{R}$ quelconque, on remplace $x \mapsto f(x)$ par $x \mapsto f(x+a)$. La transformée de Fourier devient

$$\int f(x+a)\overline{\mathbf{e}(xy)}dx = \int f(x)\overline{\mathbf{e}(xy - ay)}dx = \hat{f}(y)\mathbf{e}(ay)$$

et en appliquant (8) à la nouvelle fonction on obtient visiblement la formule d'inversion de Fourier au point a si f est continue en ce point. Par suite :

Théorème 26. *Soit f une fonction continue et absolument intégrable sur $\mathbb{R}$. Supposons $\hat{f}$ absolument intégrable. On a alors*

$$(30.9) \qquad f(x) = \int \hat{f}(y)\mathbf{e}(xy)dy \qquad \text{pour tout } x \in \mathbb{R}.$$

On notera que la démonstration n'utilise que les faits suivants : (i) la formule (2), que nous avons établie à l'aide d'un "Fubini du pauvre" *sans* utiliser le théorème 25, (ii) le calcul parfaitement élémentaire de la transformée de Fourier de $e^{-t|x|}$, d'où (5) directement, (iii) le fait, tout aussi élémentaire, que les fonctions $x \mapsto 2t/\left(t^2 + 4\pi^2 x^2\right)$ forment une suite de Dirac quand t tend vers 0.

Le lecteur observera sans doute que les fonctions du théorème 25 vérifient les hypothèses du théorème 26. Pourquoi, dès lors, énoncer un inutile théorème 25 alors que le théorème 26 nous fournit la formule d'inversion dans des hypothèses plus générales et sans passer par le théorème 25 ? La raison est simple : outre que le théorème 25 nous fournit aussi la formule de Plancherel, sa démonstration n'utilise, comme on l'a dit, *aucun* calcul explicite.

Si f n'est pas continue en 0, la relation $u_n(x) = u_n(-x)$ permet de raisonner comme on l'a fait à propos du théorème de Dirichlet pour les séries de Fourier : la limite est $\frac{1}{2}[f(0+) + f(0-)]$. La formule obtenue ressemblant à celle de Dirichlet, on peut conjecturer qu'elle est valable dans des hypothèses plus générales que l'intégrabité de $\hat{f}$. C'est un *exercice* intéressant, son utilité pour nous étant des plus réduites.

Si l'on s'inspire du cas des séries de Fourier, on remplace, dans la formule d'inversion pour $x = 0$, l'intégrale "totale", non absolument convergente, portant sur $\hat{f}$ par ses intégrales "partielles"

$$(30.10) \qquad s_N(0) = \int_{-N}^{N} \hat{f}(y)dy = \int_{-N}^{N} dy \int f(t)\mathbf{e}(yt)dt$$

et l'on permute les signes d'intégration; le lemme établi plus haut nous autorise à le faire si f est réglée et absolument intégrable : prendre pour $g(y)$ la fonction caractéristique de l'intervalle $(-N, N)$. Il vient alors

$$(30.11) \qquad s_N(0) = \int f(t)\frac{\mathbf{e}(Nt) - \mathbf{e}(-Nt)}{2\pi i t}\, dt = \int f(t)K_N(t)dt.$$

La fonction $K_N(t) = \sin(2\pi Nt)/\pi t$ n'est pas absolument intégrable, mais son intégrale sur $\mathbb{R}$ est convergente puisque $1/t$ est monotone et tend vers 0 à l'infini (Chap. V, n° 24, théorème 23; il n'y a pas de problème en $t = 0$ puisque la fonction y est continue). Posons

$$(30.12) \qquad\qquad\qquad \int K_N(t)dt = 2c;$$

il se révèlera que $c = \frac{1}{2}$, mais nous ne le savons pas a priori. Comme la fonction K_N est paire, on trouve, comme dans le cas des séries de Fourier, que

$$s_N(0) - c[f(0+) + f(0-)] \quad = \quad \int_0^{+\infty} \frac{f(t) - f(0+)}{\pi t} \, \sin(2\pi Nt)dt +$$

$$+ \int_{-\infty}^0 \frac{f(t) - f(0-)}{\pi t} \, \sin(2\pi Nt)dt.$$

Supposons alors que la fonction f admette en $t = 0$ des dérivées à droite et à gauche et posons

$$(30.13) \qquad g(t) = \begin{cases} [f(t) - f(0+)]/\pi t & \text{pour} \quad t > 0, \\ ? & \text{pour} \quad t = 0, \\ [f(t) - f(0-)]/\pi t & \text{pour} \quad t < 0, \end{cases}$$

le signe ? indiquant que la valeur attribuée à g en 0 n'a aucune importance. On obtient une fonction réglée dans $\mathbb{R}$ et l'on a

$$(30.14) \qquad s_N(0) - c[f(0+) + f(0-)] =$$
$$= \int g(t)\sin(2\pi Nt)dt = [\hat{g}(N) - \hat{g}(-N)]/2i.$$

Tout revient donc à montrer que $\hat{g}(y)$ tend vers 0 lorsque $|y|$ augmente indéfiniment.

Ce serait évident si g était absolument intégrable (n° 27, théorème 23), mais nous ne sommes pas dans ce cas. Le théorème 23 du Chap. V, n° 24 relatif aux intégrales de la forme $\int f(x)\sin(xy)dx$, où f est monotone et tend vers 0 à l'infini, va résoudre le problème.

On peut en effet décomposer l'intégrale figurant dans (14) en trois parties relatives aux intervalles $(-\infty, -1)$, $(-1, 1)$ et $(1, +\infty)$. L'intégrale étendue à $(-1, 1)$ est la transformée de Fourier d'une fonction réglée à support compact, donc tend vers 0 à l'infini (théorème 23). L'intégrale étendue à $(1, +\infty)$ s'écrit

$$\int_1^{+\infty} \frac{f(t)}{t} \, \sin(2\pi Nt)dt - f(0+) \int_1^{+\infty} \sin(2\pi Nt)dt/t;$$

ce calcul est légitime car $f(t)$ et a fortiori $f(t)/t$ sont absolument intégrables, cependant que la seconde intégrale converge; en fait, le théorème 23 du Chap. V, n° 24 montre même qu'elle tend vers 0. Il en est de même de la première comme transformée de Fourier d'une fonction absolument intégrable. On raisonnerait de même pour l'intervalle $(-\infty, 1)$.

L'intégrale figurant dans (14) tend donc vers 0 et l'on obtient le résultat suivant :

Théorème 27. *Soit f une fonction réglée absolument intégrable. On a*

$$(30.15) \qquad \lim_{N \to \infty} \int_{-N}^N \hat{f}(y)\mathbf{e}(xy)dy = \frac{1}{2}[f(x+) + f(x-)]$$

en tout point où f possède des dérivées à droite et à gauche.

Et pourquoi donc la constante inconnue c s'est-elle subrepticement transformée en $\frac{1}{2}$? Parce que, si l'on applique la formule à une fonction suffisamment accomodante, on sait déjà (théorème 25) que le second membre de (15) est égal à $f(x)$. La constante c n'a donc pas le choix ...

Ce petit résultat auxiliaire s'écrit encore

$$\int \sin(2\pi Nt)dt/t = \pi$$

ou, grâce à un changement de variable évident,

(30.16) $$\int_{-\infty}^{+\infty} \sin(t)dt/t = \pi,$$

formule célèbre dûe à Dirichlet. On ne vous conseille pas de tenter de l'établir en cherchant une primitive de $\sin(t)/t$.

31 – Transformation de Fourier et dérivation

Comme on l'a vu au Chap. V, n° 25, exemple 1, si une fonction réglée f sur $\mathbb{R}$ vérifie[49]

(31.1) $$\int |f(x)|dx < +\infty, \qquad \int |xf(x)|dx < +\infty,$$

sa transformée de Fourier est dérivable et l'on a

(31.2) $$\hat{f}'(y) = -2\pi i \int xf(x)\overline{\mathbf{e}(xy)}dx,$$

transformée de Fourier de $-2\pi ixf(x)$.

Pour formuler ce résultat de façon concentrée, il est utile d'introduire des "opérateurs" transformant les (ou certaines) fonctions sur $\mathbb{R}$ en d'autres fonctions sur $\mathbb{R}$:

(i) l'opérateur $M : f \mapsto Mf$ de multiplication par $-2\pi ix$;
(ii) l'opérateur $D : f \mapsto Df$ de dérivation;
(iii) l'opérateur $F : f \mapsto Ff = \hat{f}$ de transformation de Fourier.

La formule (2) s'écrit alors

(31.2') $$DFf = FMf \qquad \text{ou} \quad D \circ F = F \circ M,$$

le symbole $\circ$ désignant comme toujours la composition des applications. Il faut toutefois prendre garde au fait que (2') suppose Mf absolument intégrable.

On peut itérer le raisonnement aussi longtemps que les fonctions $M^k f$ sont intégrables. Comme la transformation de Fourier F échange M et D, on trouve évidemment la formule

---

[49] La seconde condition implique la première puisque f est intégrable sur tout compact et que, pour $|x|$ grand, on a $|f(x)| < |xf(x)|$.

(31.2") $$D^k F f = F M^k f$$

si $M^k f(x) = (-2\pi i x)^k f(x)$ est absolument intégrable. D'où un premier résultat :

Lemme 1. *Soit f une fonction réglée telle que $\int |x^p f(x)| dx < +\infty$. Alors $\hat{f}$ est de classe C^p et l'on a*

(31.3) $$D^k \hat{f}(y) = \int (-2\pi i x)^k f(x) e(xy) dx \quad \text{pour tout } k \le p.$$

Cas limite :

$$\hat{f} \text{ est } C^\infty \text{ si } \int |x^p f(x)| dx < +\infty \text{ pour tout } p.$$

Suposons maintenant que f soit de classe C^1 (ou, plus généralement, soit une primitive d'une fonction réglée) et que $\int |f'(x)| dx < \infty$. En intégrant par parties, on a, pour $y \ne 0$,

(31.4) $$\int_{-T}^{T} f(x) e^{-2\pi i x y} dx = f(x) \frac{e^{-2\pi i x y}}{-2\pi i y} \Big|_{-T}^{T} + \frac{1}{2\pi i y} \int_{-T}^{T} f'(x) e^{-2\pi i x y} dx.$$

Comme f' est intégrable sur $\mathbb{R}$, la fonction

$$f(x) = f(0) + \int_{0}^{x} f'(t) dt$$

tend vers une limite lorsque x tend vers $+\infty$ ou $-\infty$. Cette limite est nulle faute de quoi l'intégrale $\int |f(t)| dt$ serait évidemment divergente. On voit donc que, dans (4), la partie toute intégrée tend vers 0 lorsque $T \to +\infty$, et il reste

(31.5) $$\widehat{f'}(y) = 2\pi i y \hat{f}(y),$$

ce que l'on peut écrire sous la forme

(31.5') $$F D f = -M F f \quad \text{ou} \quad F \circ D = -M \circ F.$$

Si f est de classe C^p et si toutes ses dérivées sont absolument intégrables, on peut appliquer p fois le calcul et obtenir

(31.6) $$\widehat{f^{(p)}}(y) = (2\pi i y)^p \hat{f}(y), \quad \text{i.e.} \quad F D^p f = (-1)^p M^p F f.$$

Or le premier membre tend vers 0 à l'infini (théorème 23); par suite :

Lemme 2. *Si f est de classe C^p et si toutes ses dérivées sont absolument intégrables, on a*

(31.7) $$\hat{f}(y) = o\left(y^{-p}\right) \quad \text{quand} \quad |y| \longrightarrow +\infty.$$

Autrement dit : *la transformée de Fourier décroît d'autant plus rapidement que la fonction f possède davantage de dérivées intégrables.*

Le cas idéal est celui où f est indéfiniment dérivable, avec des dérivées vérifiant

$$(31.8) \qquad f^{(p)}(x) = O\left(x^{-q}\right) \quad \text{quels que soient } p \text{ et } q;$$

on dit alors (L. Schwartz) que f est *indéfiniment dérivable à décroissance rapide*; l'ensemble de ces fonctions se note $\mathcal{S}(\mathbb{R})$ ou simplement $\mathcal{S}$. On n'oubliera pas que la condition de décroissance à l'infini s'applique non seulement à f, mais à toutes ses dérivées, raison pour laquelle Dieudonné (*Eléments d'analyse*, Chap. XXII, n° 16) préfère parler de *fonctions décli-nantes*. Si f est dans $\mathcal{S}$, il en est de même de la fonction $x^p f^{(q)}(x)$ quels que soient p et q, car en multipliant par une puissance de x une dérivée d'ordre quelconque de $x^p f^{(q)}(x)$, on obtient une combinaison linéaire d'un nombre fini de fonctions de la forme $x^k f^{(h)}(x)$, lesquelles sont $O\left(x^{-N}\right)$ quel que soit N d'après (8) pour $p = h$, $q = k + N$.

Théorème 28. *La transformation de Fourier applique bijectivement $\mathcal{S}$ dans $\mathcal{S}$.*

Il est clair que si $f \in \mathcal{S}$, on peut lui appliquer le lemme 1 quel que soit p, de sorte que $\hat{f}$ est C^∞. Comme $x^p f(x)$ est aussi dans $\mathcal{S}$, on peut appliquer le lemme 2 quel que soit p; par suite, $\hat{f}(y) = O\left(y^{-N}\right)$ quel que soit N. Mais les dérivées de $\hat{f}$ sont, à des facteurs constants près, les transformées de Fourier des fonctions $x^p f(x)$, lesquelles sont encore dans $\mathcal{S}$. Elles sont donc, elles aussi, $O\left(y^{-N}\right)$ à l'infini quel que soit N.

Par suite, $f \in \mathcal{S}$ implique $\hat{f} \in \mathcal{S}$. Mais comme $\widehat{\hat{f}}(x) = f(-x)$, la condition $\hat{f} \in \mathcal{S}$ implique inversement $f \in \mathcal{S}$. L'application est donc bijective, cqfd.

Un corollaire immédiat est que *la formule sommatoire de Poisson, la formule d'inversion de Fourier et la formule de Plancherel s'appliquent à toute $f \in \mathcal{S}$.*

Un autre résultat important et facile à établir dans $\mathcal{S}$ est la formule

$$(31.9) \qquad \widehat{f \star g} = \hat{f}\hat{g}$$

donnant la transformée de Fourier d'un produit de convolution

$$(31.10) \qquad f \star g(x) = g \star f(x) = \int f(x - y)g(y)dy,$$

analogue à la formule (4.10) pour les fonctions périodiques. En calculant formellement, on a

$$
\begin{aligned}
\hat{f}(z)\hat{g}(z) &= \int f(x)\overline{\mathbf{e}(xz)}dx \int g(y)\overline{\mathbf{e}(yz)}dy = \iint \overline{\mathbf{e}_z(x + y)}f(x)g(y)dxdy = \\
&= \int g(y)dy \int \overline{\mathbf{e}_z(x + y)}f(x)dx = \int g(y)dy \int \overline{\mathbf{e}_z(x)}f(x - y)dx = \\
&= \int \overline{\mathbf{e}_z(x)}dx \int g(y)f(x - y)dy = \int f \star g(x)\overline{\mathbf{e}_z(x)}dx,
\end{aligned}
$$

d'où le résultat. La permutation des intégrales superposées est justifiée par le théorème 25 du Chap. V, n° 26 puisque l'exponentielle est de module 1 et que les fonctions f et g sont absolument intégrables et bornées dans $\mathbb{R}$, de sorte que la fonction $\mathbf{e}_z(x + y)f(x)g(y)$ est, à des constantes près, dominée soit par $|f(x)|$, soit par $|g(y)|$.

La relation (9) est en fait valable dans des hypothèses beaucoup plus larges – il suffirait que f et g soient réglées et absolument intégrables, le cas où f et g sont continues à supports compacts étant particulièrement évident –, mais comme la théorie de l'intégration de Lebesgue la fournit très facilement dans un cas beaucoup plus général encore, il vaut mieux attendre d'en disposer.

Comme le produit ordinaire de deux fonctions de $\mathcal{S}$ est encore dans $\mathcal{S}$ (évident!), (9) et le théorème 28 montrent que

$$(31.11) \qquad (f \in \mathcal{S}) \ \& \ (g \in \mathcal{S}) \Longrightarrow f \star g \in \mathcal{S}.$$

Exercice : démontrer directement (11) à partir de (10).

Comme nous avons déjà donné trois démonstrations différentes de la formule d'inversion (théorème 25, exercice du n° 29 et théorème 26), autant en donner une quatrième, fondée sur l'idée, chère aux physiciens, qu'un "spectre continu" est le cas limite d'un "spectre discret" dont les "raies" se rapprochent de plus en plus les unes des autres, ce que Cavalieri, avec ses "indivisibles", n'aurait eu aucune peine à comprendre. La méthode repose sur un calcul formel simple, mais il faut le justifier, ce qui est moins facile.

On part d'une fonction réglée f définie sur $\mathbb{R}$ et, pour tout $T > 0$, on considère la fonction f_T de période T vérifiant

$$(31.11) \qquad f_T(x) = f(x) \quad \text{pour} \quad -T/2 < x \leq T/2.$$

On a "évidemment" un développement en série de Fourier

$$(31.12) \qquad f_T(x) = \sum a_n(T)\mathbf{e}_n(x/T)$$

avec

$$(31.13) \quad a_n(T) = \frac{1}{T} \int_{-T/2}^{T/2} f_T(x)\mathbf{e}_n(-x/T)dx = \frac{1}{T} \int_{-T/2}^{T/2} f(x)\mathbf{e}(-nx/T)dx.$$

Pour T grand, la dernière intégrale est "à peu près" égale à l'intégrale étendue à tout $\mathbb{R}$, i.e. à $\hat{f}(n/T)$, d'où "manifestement", pour $x = 0$ disons, la formule

$$(31.14) \qquad f(0) = \frac{1}{T} \sum \hat{f}(n/T).$$

Le second membre est "visiblement" la somme de Riemann que, pour calculer $\int \hat{f}(y)dy$, on obtiendrait en utilisant la subdivision de $\mathbb{R}$ par les points d'abscisses n/T. D'où, à la limite, $f(0) = \int \hat{f}(y)dy$ et, par translation, la formule d'inversion en un point quelconque. Le même calcul fournit aussi la formule de Plancherel. Le théorème de Parseval-Bessel appliqué à la série de Fourier de f_T montre en effet que l'on a

$$(31.15) \qquad \frac{1}{T} \int_{-T/2}^{T/2} |f_T(x)|^2 dx = \sum |a_n(T)|^2 \approx \frac{1}{T^2} \sum |\hat{f}(n/T)|^2,$$

le signe $\approx$ signifiant que le second membre est "à peu près" égal au troisième. Au premier membre, on peut remplacer f_T par f, d'où une intégrale qui tend vers $\int |f(x)|^2 dx$; si l'on multiplie le troisième membre par T pour éliminer le facteur $1/T$ du premier membre, on trouve à nouveau une somme de Riemann qui tend "évidemment" vers $\int |\hat{f}(y)|^2 dy$, "cqfd".

Tout cela est bien beau, mais il y a quelques lacunes à combler, ce qui explique pourquoi certains manuels pour "utilisateurs" se bornent au calcul formel et à la variante mathématique traditionnelle de l'argument d'autorité assorti d'un recours à l'intuition physique.

Si l'on se borne à examiner ce qui se passe pour $x = 0$, ce qui ne restreint pas la généralité, la relation (12) suppose que f_T, i.e. f, soit continue en ce point puisqu'autrement la formule d'inversion a peu de chances d'être exacte. Elle suppose aussi, ce qui est plus sérieux, que la série de Fourier converge. Le plus simple est de supposer f_T de classe C^1 dans $\mathbb{R}$, ce qui exige la même hypothèse sur f, mais même dans ce cas la définition (11) montre que f_T a toutes les chances d'être discontinue aux points $\pm T/2$. Un procédé commode pour éliminer la difficulté consiste à supposer f *à support compact* puisque, pour T assez grand, f est alors nulle au voisinage des extrémités de l'intervalle (11). Si tel est le cas, la seconde intégrale est en fait étendue à tout $\mathbb{R}$ pour T grand, d'où $a_n(T) = \hat{f}(n/T)/T$ directement et la formule (14) s'ensuit.

Il faut ensuite passer de la série $\sum \hat{f}(n/T)/T$ à l'intégrale de $\hat{f}$. Cela suppose au minimum que celle-ci converge. Comme f est à support compact, le lemme 2 ci-dessus montre que c'est le cas si f est C^2 puisqu'alors $\hat{f}(y) = O(1/y^2)$ à l'infini. Ceci fait, on peut considérer la série $\sum \hat{f}(n/T)/T$ comme l'intégrale sur $\mathbb{R}$ de la fonction φ_T égale à $\hat{f}(n/T)$ entre $(n-1)/T$ et n/T; lorsque T augmente, φ_T converge simplement (et même uniformément sur tout compact) vers $\hat{f}$ puisque $\hat{f}$ est continue. Comme on a une majoration globale $|\hat{f}(y)| \leq M/(1+y^2) = p(y)$, la même majoration s'applique à φ_T et comme la fonction positive p est intégrable sur $\mathbb{R}$, le théorème de convergence dominée montre que l'intégrale de φ_T tend vers celle de $\hat{f}$; on peut donc bien, dans (14), remplacer la série par $\int \hat{f}(y)dy$, d'où la formule d'inversion. Le calcul conduisant à la formule de Plancherel se justifie par des raisonnements analogues.

Les raisonnements nécessaires seraient sensiblement plus difficiles si l'on abandonnait l'hypothèse que $f(x)$ est nulle pour $|x|$ grand. Même si l'on fait l'hypothèse beaucoup trop forte que $f \in \mathcal{S}$, la difficulté dûe au fait que f_T présente des discontinuités isolées ne disparaît pas : la série de Fourier de f_T ne converge pas *absolument* et si l'on veut passer à (14) il faut évaluer avec précision la différence entre $a_n(T)$ et $\hat{f}(n/T)/T$, ce qui est facile puisque $\hat{f} \in \mathcal{S}$, puis passer à la limite terme à terme dans la série (12).

32 – Distributions tempérées

Lorsque Schwartz a inventé sa théorie des distributions (Chap. V, n° 34), il s'est immédiatement posé la question suivante : peut-on définir la transformée de Fourier d'une distribution T sur $\mathbb{R}$ comme on l'a fait sur $\mathbb{T}$? Or une distribution est une forme linéaire sur l'espace $\mathcal{D} = \mathcal{D}(\mathbb{R})$ des fonctions C^∞ à support compact, vérifiant certaines conditions de continuité; puisque les exponentielles ne sont pas à support compact, la formule standard n'a donc aucun sens sauf lorsque T est une mesure de Radon *bornée* μ (Chap. V, n° 31, exemple 1) sur $\mathbb{R}$; on peut en effet, dans ce cas, intégrer toute fonction continue *bornée* par rapport à μ (même méthode que pour la mesure dx : Chap. V, n° 22) et donc définir

$$\hat{\mu}(y) = \int \overline{\mathbf{e}(xy)} d\mu(x).$$

Dans le cas général, le problème aurait une réponse immédiate si l'on savait que $f \mapsto \hat{f}$ applique bijectivement $\mathcal{D}$ dans $\mathcal{D}$: on définirait $\hat{T}$ de façon à obtenir la distribution $\hat{f}(y)dy$ si $dT(x) = f(x)dx$, i.e. par la formule

$$(32.1) \qquad \int \varphi(y)d\hat{T}(y) = \int \hat{\varphi}(x)dT(x), \quad \text{i.e.} \quad \hat{T}(\varphi) = T(\hat{\varphi}),$$

directement inspirée de (30.1).

Hélas, *la transformée de Fourier d'une fonction à support compact n'est jamais à support compact*. On a en effet dans ce cas

$$\hat{f}(y) = \int f(x) \exp(-2\pi i xy) dx = \sum (-2\pi i y)^{[n]} \int x^n f(x) dx$$

puisque l'on intègre sur un compact K, par rapport à la mesure $f(x)dx$, une série normalement convergente sur K (Chap. V, n° 4). On peut même, dans ce cas, supposer y complexe, de sorte que $\hat{f}$ *est la restriction à $\mathbb{R}$ d'une fonction analytique dans* $\mathbb{C}$, i.e. d'une fonction entière. Le principe du prolongement analytique montre donc que, pour f réglée à support compact, $\hat{f}$ ne peut être à support compact (ou nulle sur un intervalle ouvert non vide) que si $\hat{f} = 0$, ce qui, pour $f \in \mathcal{D}$ (et même pour f continue : théorème 26), implique $f = 0$. La situation n'est donc pas celle que l'on a rencontrée à propos des séries de Fourier.

Pour trancher ce dilemme, Schwartz a dû introduire une classe particulière de distributions et, pour cela, substituer à $\mathcal{D}$ l'espace $\mathcal{S}$ muni d'une topologie convenable. Si en effet l'on désire définir la transformée de Fourier d'une distribution T par la formule (1) pour $\varphi \in \mathcal{D}$, il faut être en mesure de définir la valeur de T sur les transformées de Fourier des $\varphi \in \mathcal{D}$, i.e. sur des fonctions qui sont dans $\mathcal{S}$ mais non dans $\mathcal{D}$; supposant acquis ce point, il faudra encore vérifier que la forme linéaire $\varphi \mapsto T(\hat{\varphi})$ ainsi obtenue est continue. La solution est donc (i) de munir $\mathcal{S}$ d'une topologie rendant *continue* l'application $f \mapsto \hat{f}$ de $\mathcal{S}$ dans $\mathcal{S}$, (ii) de se borner aux distributions $T : \mathcal{D} \to \mathbb{C}$ qui acceptent de se prolonger en formes linéaires *continues* $\mathcal{S} \to \mathbb{C}$.

Considérons d'abord le premier problème. Pour toute $f \in \mathcal{S}$, les nombres

$$(32.2) \qquad N_{p,q}(f) = \sup \left| x^p f^{(q)}(x) \right|,$$

sont finis par définition. On a évidemment

$$N_{p,q}(f + g) \le N_{p,q}(f) + N_{p,q}(g)$$

et $N_{p,q}(cf) = |c| N_{p,q}(f)$ pour toute constante c; il est clair en outre qu'on ne peut avoir $N_{p,q}(f) = 0$ que si $f = 0$; chaque fonction $N_{p,q}$ est donc une *norme* sur l'espace vectoriel $\mathcal{S}$. Pour tout $r \in \mathbb{N}$, la fonction

$$(32.3) \qquad N_r(f) = \sum_{p,q \le r} N_{p,q}(f)$$

(aucun rapport avec les normes N_p de la théorie de l'intégration) possède encore les mêmes propriétés et l'on a $N_r \le N_{r+1}$. On définit alors une topologie dans $\mathcal{S}$ en appelant "boule de centre f" tout ensemble défini par une inégalité

$$N_r(f - g) < \rho$$

où $\rho > 0$ et $r \in \mathbb{N}$ sont choisis arbitrairement et en déclarant qu'une partie U de $\mathcal{S}$ est "ouverte" si, pour tout $f \in U$, l'ensemble U contient une boule de centre f (voir[50] l'Appendice au Chap. III, n° 8). La convergence dans $\mathcal{S}$ se traduit alors par la condition que

$$(32.4) \qquad \lim N_r(f - f_n) = 0 \qquad \text{pour tout } r;$$

il reviendrait au même d'exiger que, quels que soient p et q, on ait

$$(32.4') \qquad \lim x^p \left[f^{(q)}(x) - f_n^{(q)}(x) \right] = 0 \quad \text{uniformément dans } \mathbb{R}.$$

Ceci permet de parler de fonctions continues dans $\mathcal{S}$, par exemple d'applications continues de $\mathcal{S}$ dans $\mathcal{S}$. Si U est une telle application, notée $f \mapsto U(f)$ ou Uf selon les cas et les auteurs, il faut, pour exprimer la continuité de U en un "point" f_0 de $\mathcal{S}$, écrire que pour toute boule B de centre $g_0 = Uf_0$ il

---

[50] On pourrait aussi considérer les ensembles $N_{p,q}(f - g) < \rho$ sans rien changer à la topologie; l'usage des N_r est techniquement un peu plus facile. Noter d'autre part que, la famille des normes N_r ou $N_{p,q}$ étant dénombrable, on pourrait définir la topologie de $\mathcal{S}$ à l'aide d'une seule distance (Appendice au Chap. III, n° 8), de sorte qu'en fait $\mathcal{S}$ est un espace métrique, d'ailleurs complet (exercice !); mais ce n'est pas un espace de Banach : la topologie de $\mathcal{S}$ ne peut pas être définie par une seule norme.

existe une boule B' de centre f_0 telle que U applique B' dans B; autrement dit que, quels que soient $r \in \mathbb{N}$ et $\varepsilon > 0$, il existe un $r' \in \mathbb{N}$ et un $\varepsilon' > 0$ tels que

$$N_{r'}(f - f_0) < \varepsilon' \implies N_r(Uf - Uf_0) < \varepsilon.$$

Si U est linéaire, cas le plus fréquent, il suffit évidemment d'exprimer la continuité pour $f_0 = 0$. Si U est à valeurs dans $\mathbb{C}$, on remplace les inégalités $N_r(Uf - Uf_0) < \varepsilon$ par l'unique condition $|Uf - Uf_0| < \varepsilon$.

Exercice – Montrer que $f \mapsto f^2$ est une application continue de $\mathcal{S}$ dans $\mathcal{S}$.

Avec ces définitions, on voit immédiatement que la dérivation $D : f \mapsto f'$ est une application continue de $\mathcal{S}$ dans $\mathcal{S}$; on a en effet

$$N_{p,q}(f') = \sup \left| x^p f^{(q+1)}(x) \right| = N_{p,q+1}(f),$$

d'où l'inégalité

(32.5)
$$N_r(f') \le N_{r+1}(f)$$

qui fournit le résultat.

De même, l'opérateur M de multiplication par la fonction $-2\pi i x$ applique linéairement $\mathcal{S}$ dans $\mathcal{S}$ et est continu. Lorsqu'on remplace $f(x)$ par $xf(x)$, $f^{(q)}(x)$ est en effet remplacé par $xf^{(q)}(x) + qxf^{(q-1)}(x)$, d'où

$$\begin{aligned} N_{p,q}(Mf) &= 2\pi. \sup \left| x^{p+1} f^{(q)}(x) + qx^p f^{(q-1)}(x) \right| \le \\ &\le 2\pi N_{p+1,q}(f) + 2\pi q N_{p,q-1}(f), \end{aligned}$$

résultat fini – d'où $Mf \in \mathcal{S}$ – et impliquant une majoration

(32.6)
$$N_r(Mf) \le c_r N_{r+1}(f)$$

avec une constante c_r dont la valeur exacte importe peu, car (6) suffit à établir la continuité de M.

En tant qu'application de $\mathcal{S}$ dans $\mathcal{S}$, la transformation de Fourier F est, elle aussi, *continue* dans chaque sens. Pour le voir sans beaucoup calculer, remarquons d'abord que l'on a

$$N_{p,q}(f) = N_0 \left(M^p D^q f \right)$$

et donc $N_{p,q}(\hat{f}) = N_0 \left(M^p D^q F f \right) = N_0 \left(M^p F M^q f \right) = N_0 \left(F D^p M^q f \right)$ d'après les "formules de commutation" (31.2″) et (31.6). Or on a d'une manière générale

$$N_0(Ff) = \sup \left| \int f(x) \overline{\mathbf{e}(xy)} dx \right| \le \int |f(x)| dx = \|f\|_1;$$

comme la fonction $(x^2 + 1)f(x)$ est bornée par $N_2(f)$ d'après (3), on trouve

$$N_0(Ff) \le N_2(f) \int \left(x^2 + 1 \right)^{-1} dx,$$

avec une intégrale convergente dont la valeur exacte, $c = \pi$, importe peu. Il vient donc

$$N_{p,q}(\hat{f}) = N_0\left(FD^pM^qf\right) \leq cN_2\left(D^pM^qf\right);$$

en appliquant (5) p fois à la fonction M^qf, on trouve un résultat $\leq N_{p+2}\left(M^qf\right)$ à un facteur constant près, et en appliquant (6) q fois à f on obtient une relation de la forme $N_{p,q}(\hat{f}) \leq N_{p+q+2}(f)$ à un facteur constant près. Tenant compte de la définition (3) de N_r, il vient finalement

$$(32.7) \qquad N_r(\hat{f}) \leq c_r' N_{r+2}(f)$$

où c_r' est une nouvelle constante. Ceci prouve la continuité de la transformation de Fourier. Comme elle est bijective et quasiment identique à son application réciproque en vertu de la relation $\hat{\hat{f}}(x) = f(-x)$, on en conclut que la transformation de Fourier est une application bijective et bicontinue de $\mathcal{S}$ dans $\mathcal{S}$, autrement dit ce qu'en topologie on appelle un *homéomorphisme* (linéaire par surcroît) de $\mathcal{S}$ sur $\mathcal{S}$.

Avec leur recours systématique aux opérateurs D, M et F, ces calculs peuvent paraître un peu abstraits. Mais expliciter toutes les intégrales et dérivées qu'ils dissimulent serait encore moins attrayant.

Nous pouvons maintenant revenir à la théorie des distributions. Avec Schwartz, on appellera *distribution tempérée* sur $\mathbb{R}$ toute forme linéaire $T :$ $\mathcal{S} \to \mathbb{C}$ qui est *continue*. L'inégalité $|T(f)| < \varepsilon$ doit donc être vérifiée pour toute $f \in \mathcal{S}$ "assez voisine" de 0; cela signifie qu'il existe un $r \in \mathbb{N}$ et un $\delta > 0$ tels que

$$N_r(f) < \delta \Longrightarrow |T(f)| < \varepsilon.$$

La continuité s'exprime donc encore comme suit : *il existe un $r \in \mathbb{N}$ et une constante $M(T) \geq 0$ tels que l'on ait*

$$(32.8) \qquad |T(f)| \leq M(T).N_r(f) \qquad \text{pour toute } f \in \mathcal{S};$$

le raisonnement est le même que dans les espaces vectoriels normés de l'Appendice au Chap. III, n° 6.

Pour justifier la terminologie, nous devons montrer comment T définit une distribution au sens du Chap. V, n° 34. Comme $\mathcal{S}$ contient $\mathcal{D}$, il est clair que T définit une forme linéaire sur $\mathcal{D}$, mais il faut encore en prouver la continuité. Si l'on se place dans le sous-espace $\mathcal{D}(K)$ des $\varphi \in \mathcal{D}$ nulles en dehors d'un compact K de $\mathbb{R}$, on a

$$N_{p,q}(\varphi) = \sup\left|x^p\varphi^{(q)}(x)\right| < c(K)^p.\left\|\varphi^{(q)}\right\|$$

où $c(K)$ est la borne supérieure de $|x|$ sur K. On en déduit que

$$N_r(\varphi) \leq c_r(K)\left(\|\varphi\| + \ldots + \left\|\varphi^{(r)}\right\|\right) = c_r(K)\,\|\varphi\|^{(r)}$$

dans les notations du Chap. V, (34.3), avec encore une autre constante $c_r(K)$ dépendant uniquement de K et de r. L'inégalité (8) montre alors que la restriction de T au sous-espace $\mathcal{D}(K)$ satisfait à la condition de continuité $|T(\varphi)| \le M_K(T). \|\varphi\|^{(r)}$ exigée d'une distribution au Chap. V, (34.6).

Il est également nécessaire de montrer que deux distributions tempérées ne peuvent pas définir la même distribution sur $\mathcal{D}$ sans être identiques[51]. Par différence, il suffit de montrer que si l'on a $T(\varphi) = 0$ pour toute $\varphi \in \mathcal{D}$, alors on a aussi $T(f) = 0$ pour toute $f \in \mathcal{S}$. Comme T est une forme linéaire *continue* sur $\mathcal{S}$, il suffit d'exhiber une suite $f_n \in \mathcal{D}$ qui converge vers f dans $\mathcal{S}$, i.e. de montrer que $\mathcal{D}$ *est "partout dense" dans* $\mathcal{S}$, comme $\mathbb{Q}$ dans $\mathbb{R}$, comme les polynômes trigonométriques dans l'espace des fonctions continues sur $\mathbb{T}$, comme les polynômes usuels dans l'espace des fonctions continues sur un intervalle compact, etc.

Partons pour cela d'une fonction $\varphi \in \mathcal{D}$ égale à 1 pour $|x| < 1$, par exemple la fonction utilisée au Chap. V, n° 29 pour démontrer l'existence de fonctions C^∞ ayant des dérivées arbitrairement données en un point. Posons $\varphi_n(x) = \varphi(x/n)$, fonction égale à 1 pour $|x| < n$. Nous allons voir que, pour toute $f \in \mathcal{S}$, les $f_n(x) = \varphi_n(x)f(x)$, qui sont évidemment dans $\mathcal{D}$, répondent à la question, autrement dit que

$$(32.9) \qquad \lim N_r(f - f\varphi_n) = 0 \quad \text{pour tout } r \in \mathbb{N}.$$

Cela revient à dire que toutes les fonctions $M^p D^q(f - f\varphi_n)$ convergent vers 0 *uniformément dans* $\mathbb{R}$. Or on a, d'après Leibniz,

$$(32.10) \quad \begin{aligned} M^p D^q(f - f\varphi_n) &= M^p \left[D^q f - (D^q f.\varphi_n + \ldots + f.D^q\varphi_n) \right] \\ &= M^p (1 - \varphi_n) D^q f - M^p(\ldots) \end{aligned}$$

où les termes à l'intérieur du signe $(\ldots)$ contiennent des dérivées de φ_n, i.e. des fonctions de la forme $n^{-k}\varphi^{(k)}(x/n)$ avec $1 \le k \le q$. Une telle fonction est partout majorée en module par $n^{-k} \|D^k\varphi\|$, de sorte que la somme des termes considérés est, pour tout x, majorée en module par

$$\sum ? n^{-k} \|D^k\varphi\| . \left| D^{q-k} f(x) \right| ;$$

les signes ? désignent des coefficients binomiaux sans importance. Si l'on applique à ces termes l'opérateur M^p de multiplication par $(-2\pi ix)^p$, on obtient une fonction

$$\sum ? n^{-k} \|D^k\varphi\| . \left| x^p D^{q-k} f(x) \right|$$

avec d'autres coefficients ? indépendants de f et de n. En passant au sup pour $x \in \mathbb{R}$, on trouve un résultat inférieur à

$$\sum ? n^{-k} \|D^k\varphi\| . N_r(f)$$

---

où $r = p + q$. Comme on somme sur les $k \in [1, p]$ et comme $n^{-k} \leq 1/n$, le résultat final est, à un facteur constant près ne dépendant que de φ et de r, majoré par $N_r(f)/n$. Pour f donné, il est donc $O(1/n)$.

Reste à examiner le terme $M^p (1 - \varphi_n) D^q f$ de (10). Comme $\varphi_n(x) = 1$ pour $|x| < n$, ce terme est nul pour $|x| < n$. En négligeant les facteurs $-2\pi i$, sa norme uniforme sur $\mathbb{R}$ est donc en fait égale à

$$\sup_{|x| > n} |1 - \varphi_n(x)| \cdot |x^p D^q f(x)|.$$

On a d'abord $|1 - \varphi_n(x)| \leq 1 + \|\varphi\| = c$. Comme $f \in \mathcal{S}$, la fonction $|x^{p+1} D^q f(x)|$ tend vers 0 à l'infini, donc est bornée sur $\mathbb{R}$; on en déduit des majorations de la forme

$$|x^p D^q f(x)| \leq c_{pq}/|x|$$

valables pour tout $x \in \mathbb{R}$. Le sup pour $|x| > n$ est donc, lui aussi, $O(1/n)$.

En rassemblant les deux résultats obtenus, on voit que

$$\|M^p D^q (f - f\varphi_n)\| = O(1/n)$$

quels que soient p et q, ce qui prouve que $f = \lim f\varphi_n$ dans la topologie de $\mathcal{S}$, cqfd.

Ceci fait, il est immédiat de définir la *transformée de Fourier* $\hat{T} = FT$ d'une distribution T tempérée : on pose, dans la notation de Leibniz,

$$(32.11) \qquad \int f(y) d\hat{T}(y) = \int \hat{f}(x) dT(x)$$

ou, dans celle de l'inventeur,

$$(32.11') \qquad \hat{T}(f) = T(\hat{f}) \qquad \text{pour toute } f \in \mathcal{S}.$$

Puisque l'application $f \mapsto \hat{f}$ de $\mathcal{S}$ dans $\mathcal{S}$ est continue, il en est de même de $f \mapsto T(\hat{f})$, donc de $f \mapsto \hat{T}(f)$, de sorte qu'on obtient bien ainsi une distribution tempérée.

On peut aussi, comme au Chap. V, n° 35, définir la *dérivée* – encore tempérée – de T par

$$(32.12) \qquad T'(f) = -T(f') \qquad \text{pour toute } f \in \mathcal{S},$$

et itérer l'opération. Pour calculer la dérivée $D\hat{T}$ de $\hat{T}$, il faut écrire

$$D\hat{T}(f) = -\hat{T}(Df) = -T(FDf)$$

où F est la transformation de Fourier dans $\mathcal{S}$; mais (31.5') montre que $FDf = -MFf$; on a donc

$$(32.13) \qquad D\hat{T}(f) = T(MFf).$$

Posant $D\hat{T} = S$, cela s'écrit

$$\int f(x)dS(x) = \int (-2\pi i y)\hat{f}(y)dT(y) = -\int \hat{f}(y)2\pi i y dT(y).$$

On voit ainsi apparaître la distribution "de densité $-2\pi i y$ par rapport à $dT(y)$"; si T était de la forme $p(y)dy$ avec une fonction p raisonnable, on obtiendrait ainsi la distribution $-2\pi i y p(y)dy$. Il est donc naturel de noter MT la distribution $-2\pi i y dT(y)$, produit ordinaire de T par la fonction $-2\pi i y$; elle est encore donnée par[52]

(32.14) $MT(f) = T(Mf)$ pour toute $f \in \mathcal{S}$.

Cela fait, (13) s'écrit

(32.15) $DFT(f) = MT(Ff) = FMT(f)$

par définition de la transformée de Fourier FMT de MT. Autrement dit, la formule $DF = FM$ reste valable pour les distributions tempérées. On montrerait de même que $MFT = -FDT$: la transformation de Fourier échange les opérateurs de dérivation et de multiplication par $-2\pi i x$, qu'il s'agisse de fonctions ou de distributions.

Si par exemple f est une fonction réglée qui, à l'infini, est $O\left(|x|^N\right)$ pour un entier $N > 0$, la formule

$$T_f(\varphi) = \int \varphi(x)f(x)dx$$

a un sens pour toute $\varphi \in \mathcal{S}$ et définit une distribution tempérée; sa transformée de Fourier est, par définition, la transformée de Fourier de f; il va de soi que ce n'est généralement pas une fonction.

Prenons en particulier $f(x) = x^p$ avec $p \in \mathbb{N}$. On a alors

$$\widehat{T_f}(\varphi) = T_f(\hat{\varphi}) = \int \hat{\varphi}(y)y^p dy \quad \text{pour } \varphi \in \mathcal{S};$$

en multipliant par $(-2\pi i)^p$, on fait apparaître dans l'intégrale la fonction $M^p F\varphi = (-1)^p FD^p\varphi$. On a donc

$$(2\pi i)^p \widehat{T_f}(\varphi) = \int FD^p\varphi(y)dy.$$

---

[52] La formule n'a de sens que parce que la multiplication par $2\pi i y$ applique continûment $\mathcal{S}$ dans $\mathcal{S}$. On peut définir $p(y)dT(y)$ pour toute fonction p qui est C^∞ et telle que $f \mapsto pf$ applique $\mathcal{S}$ dans $\mathcal{S}$. Cela suppose que p *et* ses dérivées successives ne croissent pas plus vite à l'infini que des puissances de x ("fonctions tempérées") : le produit d'une fonction "à croissance lente" par une fonction "à décroissance rapide" est encore à décroissance rapide.

Mais comme $D^p \varphi$ est dans $\mathcal{S}$, on peut lui appliquer la formule d'inversion de Fourier, d'où

$$(2\pi i)^p \, \widehat{T_f}(\varphi) = D^p \varphi(0) = \delta \left(D^p \varphi \right),$$

où δ est la mesure de Dirac à l'origine, distribution évidemment tempérée. Compte tenu de la définition (12) de la dérivée d'une distribution, le résultat s'écrit

$$(-2\pi i)^p \, \widehat{T_f} = \delta^{(p)},$$

dérivée d'ordre p de la distribution δ. Pour $p = 0$, on voit que la transformée de Fourier de la fonction 1 est la mesure de Dirac à l'origine : c'est exactement ce que signifie la formule $f(0) = \int \hat{f}(y) dy$ valable pour $f \in \mathcal{S}$.

Notons pour conclure que tout cela se généralise aux fonctions de plusieurs variables. Voir par exemple l'excellent Chap. 3 de Michael E. Taylor, *Partial Differential Equations. Basic Theory* (Springer, 1996) ou l'exposé superconcentré de Lars Hörmander, *The Analysis of Linear Partial Differential Equations*, vol. 1 (Springer, 1983).

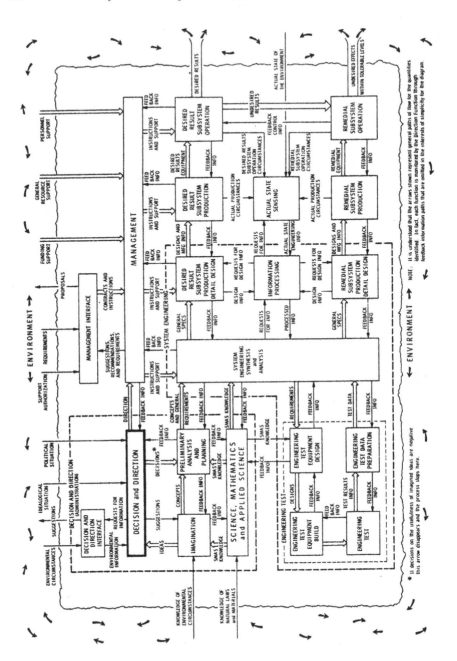

Extrait de C. Stark Draper, "Critical Systems and Technologies for the Future", in *International Cooperation in Space Operations and Exploration*, vol. 27, Science and Technology, 1971 (American Astronautical Society).

Postface[1]

Science, technologie, armement

Comment détourner un mineur

En 1950–1951, Edward Teller, qui cherchait depuis 1942 à découvrir le principe de la bombe H et va le trouver finalement au printemps 1951 grâce aux calculs et à une idée physique nouvelle du mathématicien Stanislas Ulam, estime que le laboratoire de Los Alamos où l'on développe ce genre d'engins ne montre pas suffisamment d'enthousiasme; on a même refusé de lui confier la direction du projet. Appuyé par Ernest Lawrence, il réclame et finalement obtient la création en 1952 à Livermore, près de Berkeley, d'un laboratoire concurrent. Lawrence, prix Nobel, avait inventé le cyclotron et la "Big Science" dans les années 1930; il avait, pendant la guerre, lancé et dirigé un procédé électromagnétique de séparation isotopique qui, pour un demi milliard de dollars (quatre à cinq milliards actuels), avait permis l'enrichissement final, à plus de 80 %, des 60 kg d'uranium de la très primitive bombe d'Hiroshima[2]; enfin il avait participé aux discussions de 1945 concernant l'utilisation des premières bombes atomiques disponibles, recommandé alors la poursuite d'un programme abondamment financé de recherche et de développement en physique nucléaire (théorie, applications militaires et civiles) et de production des armes[3] et, fin 1949, appuyé à fond le lancement du programme thermonucléaire. C'est cet organisateur hors pair et ultra influent que le CEA américain charge de lancer le nouveau centre de développement des "armes de génocide". Il faut un directeur à ce qu'on appelle aujourd'hui le Lawrence Livermore Laboratory et Lawrence choisit l'un

---

[1] Les textes en italiques ou en retrait sont soit des citations, soit des titres de publications.

[2] Graham T. Allison et autres, *Avoiding Nuclear Anarchy* (MIT Press, 1996), Appendix B, où l'on apprendra, en langage non technique, les principes de base des bombes A et H.

[3] Sur Teller, voir Barton J. Bernstein dans *Technology and Culture* (vol. 31, 1990, pp. 846–861). Sur le développement de la bombe H, Herbert York, *The Advisors. Oppenheimer, Teller, and the Superbomb* (Freeman, 1976), Stanislas Ulam, *Adventures of a Mathematician* (Scribners's, 1976) et surtout Richard Rhodes, *Dark Sun. The Making of the Hydrogen Bomb* (Simon & Schuster, 1995), chap. 23. Sur Lawrence avant la guerre, J. L. Heilbron & Robert Seidel, *Lawrence and his Laboratory 1929–1941* (U. of California Press, 1989). Sur Lawrence en 1945, Richard Rhodes, *The Making of the Atomic Bomb* (Simon & Schuster, 1988), p. 643, et Martin Sherwin, *A World Destroyed* (Knopf, 1975), appendice, p. 298.

de ses assistants, Herbert York qui, après quelques années à Livermore, sera à
la fin de la décennie à la tête de toute la recherche-développement[4] (R-D) militaire américaine. Obligé de diminuer ses activités pour raison de santé, York
se retranche dans une université californienne, participe à des négociations
et colloques sur le contrôle des armements et, à partir de 1970, écrit de nombreux articles et livres[5] sur la course aux armements dont l'absurdité et les
dangers lui apparaissent de plus en plus clairement.

En particulier, York publie en 1976 un petit livre sur les discussions qui, à
la suite de la première explosion atomique soviétique d'août 1949, eurent lieu
à la fin de l'année quant à l'opportunité de lancer un programme massif de
développement de la bombe H. Son livre reproduit en appendice l'intégralité
du rapport, maintenant public, dans lequel le General Advisory Committee[6],
comité consultatif de l'Atomic Energy Commission (AEC), le CEA américain,
déconseillait cette décision pour des raisons d'ordre pratique et éthique. Truman la prit quand même à la fin de janvier 1950 sous l'influence de quelques
dirigeants de l'AEC, de l'Etat-Major, des durs du Sénat et d'autres physiciens, dont Teller, von Neumann, Lawrence et Luis Alvarez, inventeur des
accélérateurs linéaires et futur prix Nobel qui avait observé l'explosion de
la bombe d'Hiroshima à bord d'un avion d'accompagnement. L'affaire Fuchs
révélant au début de février que le physicien ex-allemand a transmis aux
Soviétiques non seulement l'essentiel des données concernant la bombe A
mais aussi l'état des connaissances, à la date d'avril 1946, sur la future bombe
H – il a pris sur le sujet un brevet en commun avec von Neumann ! –, Truman ordonne la production de celle-ci en mars 1950 avant même qu'on en ait
découvert le principe.

---

[4] Expression désignant l'ensemble des activités de recherche scientifique et technique. On distingue la recherche de base ou fondamentale, sans but pratique,
la recherche appliquée, orientée vers la résolution de problèmes techniques, enfin le développement beaucoup plus coûteux : conception du schéma technique
détaillé, production et essais d'un prototype industrialisable. Les distinctions ne
sont pas toujours très claires.

[5] Particulièrement *Race to Oblivion* (Simon & Schuster, 1970), *The Advisors: Oppenheimer, Teller, and the Superbomb* (Freeman, 1976), *Making Weapons, Talk-
ing Peace* (Basic Books, 1988), ses mémoires.

[6] Le GAC, présidé par Oppenheimer, était composé de quelques scientifiques (L. A.
DuBridge, James B. Conant, E. Fermi, I. I. Rabi, Cyril Stanley Smyth), d'Oliver
E. Buckley, président des Bell Labs, le plus grand laboratoire de recherche industrielle du monde (AT&T) où l'on vient de découvrir les transistors, et de Hartley
Rowe, ingénieur et vice président de la United Fruit Co. qui, pendant la guerre,
avait notamment supervisé les activités industrielles de l'AEC. Au procès Oppenheimer, Rowe déclarera qu'il était radicalement opposé à la bombe H parce
que *I can't see why any people can go from one engine of destruction to another,
each of them a thousand times greater in potential destruction, and still retain
any normal perspective in regard to their relationships with other countries and
also in relationship with peace ... I don't like to see women and children killed
wholesale because the male element of the human race are so stupid that they
can't get out of war and keep out of war.*

York en profite pour nous révéler avec une rare franchise, p. 126 de *The Advisors*, les raisons qui, alors qu'il venait d'obtenir son doctorat, le poussèrent à participer au projet en 1950 après le déclenchement de la guerre de Corée, laquelle fit changer d'avis certains des principaux opposants au projet[7], notamment Fermi et Bethe. Il y avait d'abord *l'intensification de la guerre froide* sur laquelle, nous dit-il, Lawrence insistait constamment. Il y avait ensuite *le défi scientifique et technologique de l'expérience* elle-même : on n'a pas tous les jours l'occasion de libérer pour la première fois l'équivalent de dix millions de tonnes de TNT. Il y avait enfin

> ma découverte du fait que Teller, Bethe, Fermi, von Neumann, Wheeler, Gamow et d'autres étaient à Los Alamos et occupés à ce projet. Ils étaient parmi les plus grands hommes de la science contemporaine, ils étaient les héros légendaires mais vivants des jeunes physiciens comme moi et j'étais grandement attiré par l'occasion de travailler avec eux et de les connaître personnellement. En outre, je n'étais pas autorisé à consulter les comptes-rendus des délibérations du General Advisory Committee et je ne savais rien des arguments opposés à la superbombe, sauf ce que j'en apprenais de seconde main de Teller ou Lawrence qui, évidemment, considéraient ces arguments comme faux et idiots (foolish). J'ai vu pour la première fois le rapport du GAC en 1974, un quart de siècle plus tard !

En moins d'une page, ce texte vous explique comment, dans le milieu scientifique, on peut procéder à l'équivalent d'un détournement de mineur : l'ennemi menace, vous dit-on, le problème scientifique est passionnant, de grands hommes que vous admirez donnent l'exemple, les arguments d'autres grands hommes opposés au projet mais que vous ne connaissez pas personnellement sont "top secret", les grands hommes qui sont en train de vous

---

[7] Tout le monde, à l'Ouest, croyait ou prétendait à l'époque que la guerre de Corée (juin 1950–juillet 1953) serait suivie d'une opération analogue visant à unifier l'Allemagne. Pareille initiative aurait évidemment déclenché une Troisième guerre mondiale alors que l'URSS avait subi en 1941–1945 des pertes humaines et matérielles énormes dont elle était loin d'être relevée. En fait, personne, à l'Est, ne s'attendait à l'ampleur de la réaction américaine en Corée et c'est celle-ci puis l'intervention chinoise qui auraient fort bien pu transformer un conflit local en conflit généralisé, notamment si Truman avait accepté, comme le demandait le général MacArthur, de bombarder les bases militaires chinoises et soviétiques proches de la Corée. Ce fut l'une des initiatives les plus brillantes du "camp socialiste" : outre deux ou trois millions de Coréens morts pour rien et la première occasion pour les Américains d'envisager sérieusement un recours aux armes atomiques – quelques experts s'y rendent à la fin de 1950 pour examiner la possibilité d'y utiliser les nouvelles armes "tactiques" –, elle précipita le triplement du budget militaire américain (10 à 12 % du PNB au lieu de 4 %) préconisé depuis le printemps 1950 et donna le grand départ à une course aux armements beaucoup plus coûteuse pour l'URSS que pour les USA dont les capacités industrielles étaient, dans les domaines cruciaux, de quatre à dix fois celles de l'URSS d'après le célèbre rapport NSC-68 du *National Security Council* d'avril 1950.

séduire se gardent bien de vous éclairer honnêtement à ce sujet, enfin vous pourrez toujours consulter les documents officiels dans vingt-cinq ou trente ans[8] si vous êtes américain, dans soixante au moins si vous êtes français ou anglais et peut-être après la chûte du régime si vous êtes soviétique. Le projet auquel vous avez coopéré sera alors réalisé depuis belle lurette, ses justifications auront peut-être radicalement changé dans l'intervalle et, si vous n'êtes pas encore mort, vos commentaires à retardement[9] n'auront plus le moindre effet.

L'aventure de York, qui est loin d'être unique, constitue certes un cas extrêmement extrême; je la cite et en citerai d'autres parce que les cas extrêmes ont le mérite d'être extrêmement clairs. Dans la pratique courante, un scientifique ne peut guère apporter qu'un petit perfectionnement à l'une des nombreuses composantes d'un système d'armes. Cela ne pose pas de problèmes éthiques, stratégiques ou politiques aussi énormes et visibles que le développement de la bombe H; mais la tâche des confusionnistes, mystificateurs ou corrupteurs chargés de neutraliser vos objections n'en est que plus facile.

Plus simplement, on peut vous proposer un problème limité, étude théorique ou résolution numérique d'équations différentielles par exemple, sans en mentionner la finalité militaire; cela s'est vu – précisément à propos de la future bombe H – dès que le premier calculateur électronique américain, l'ENIAC d'Eckert et Mauchly, fut opérationnel[10] en novembre 1945. Le se-

---

[8] L'enregistrement magnétique des trois jours de discussion entre les participants a été, selon l'un d'eux, délibérément détruit peu de temps après. Jeremy Bernstein, *Physicist. A profile of Isidor Rabi* (The New Yorker, 20 octobre 1975), p. 72.

[9] York, *The Advisors*, montre que l'Amérique de l'époque, possédant déjà un stock considérable (298 à la fin de 1950 contre 5 en URSS selon Rhodes, *Dark Sun*) et rapidement croissant de bombes A – on quadruple les capacités de production au début des années 1950 –, aurait pu sans dommage pour sa sécurité attendre la première expérience thermonucléaire soviétique avant de lancer à fond son propre programme. C'est essentiellement ce que disait le rapport du GAC d'octobre 1949.

Dans ses *Mémoires* (Ed. du Seuil, 1990, trad. de l'édition américaine parue chez Knopf la même année), pp. 116–120 et particulièrement 118, Sakharov déclare que les membres du GAC étaient naïfs de croire qu'en s'abstenant de lancer le projet thermonucléaire, Truman aurait incité Staline à faire de même et que c'est Teller qui avait raison pour les USA, comme Sakharov lui-même pour l'URSS; bel exemple de solidarité qui n'empêche pas Sakharov de déplorer les catastrophiques conséquences potentielles de la course aux armements. En fait, les naïfs membres du GAC avaient recommandé d'intensifier au maximum les capacités de production ou de développement des bombes A – on atteindra 500 KT en 1952 –, du deuterium et du tritium, des bombes "dopées" dont la puissance approchera la mégatonne et des armes "tactiques" qui, en cas de bataille terrestre, auraient dévasté l'Europe; ils ne s'opposaient qu'au développement d'engins de puissance potentiellement illimitée.

[10] Voir Herman H. Goldstine, *The Computer from Pascal to von Neumann* (Princeton UP, 1972), p. 226 qui, désirant lui aussi mystifier ses lecteurs, parle d'un "calcul d'hydrodynamique" sans autre précision. Les Soviétiques furent informés

cret militaire ne peut que conduire à des situations de ce genre et, de toute façon, le directeur d'une équipe de recherche bénéficiant de contrats militaires ou autres n'est aucunement obligé d'en faire connaître la finalité à son personnel. Les Américains disent que leur pays est *a Paradise, full of rattlesnakes*; ce n'est pas le seul. On pourrait en dire autant des très nombreux domaines scientifiques qui, des mathématiques à l'océanographie, ont depuis 1945 obtenu, aux Etats-Unis et ailleurs, les faveurs des gouvernants en raison de leurs applications militaires directes ou potentielles.

Les mathématiques appliquées aux Etats-Unis

Dans le divertissant chapitre de ses mémoires qu'il consacre à son enseignement à l'Ecole polytechnique, Laurent Schwartz accuse, p. 355 et p. 173, les mathématiciens purs français et particulièrement les membres du groupe Bourbaki d'avoir fait preuve "d'ostracisme" à l'égard de leurs collègues appliqués. Il nous assène que *tout mathématicien doit se soucier des applications de ce qu'il fait* sans, apparemment, se rendre compte de l'ambiguïté de sa formule : se soucier peut aussi bien signifier choisir, refuser ou dénoncer, mais ce n'est manifestement pas ce que suggère Schwartz. Il ne nous fournit ni le moindre commencement de justification de son impératif catégorique, ni la moindre discussion des problèmes qu'il pourrait soulever, ni le moindre aperçu des applications, fort variées, des mathématiques; le fait que les mathématiques appliquées *connaissaient un puissant essor aux Etats-Unis et en URSS notamment* suffit apparemment à tout justifier sans qu'il soit nécessaire de faire comprendre au lecteur les raisons de ce curieux développement chez les deux leaders de la course aux armements.

Le développement des mathématiques appliquées aux USA[11] qui inspirait tant Laurent Schwartz n'est pas très difficile à expliquer. Il faut d'abord noter qu'avant la guerre, aux USA comme ailleurs, ce sont les mathématiques pures qui dominent dans les universités et que les utilisateurs n'ont en général aucun besoin de professionnels des mathématiques : les ingénieurs et scientifiques résolvent eux-mêmes leurs problèmes, General Electric et surtout les Bell Labs de AT&T, qui utilisent quelques diplômés en mathématiques, constituant les principales exceptions dans l'industrie. La situation commence à

---

par Fuchs avant les servants de l'ENIAC qui enfournaient des milliers de cartes perforées dans la machine. Plus comique encore, la méthode envisagée à l'époque aurait conduit les Soviétiques, comme les Américains, dans une voie sans issue. Voir Rhodes, *Dark Sun* et David Holloway, *Stalin and the Bomb. The Soviet Union and Atomic Energy 1939–1956* (Yale UP, 1994), pp. 310–11.

[11] Voir notamment Amy Dahan-Dalmedico, *L'essor des mathématiques appliquées aux Etats-Unis : l'impact de la seconde guerre mondiale* (Revue d'histoire des mathématiques, 2 (1996), pp. 149–213). Le cas de l'URSS est probablement fort semblable, voire même encore plus tourné vers l'armement, mais n'a, à ma connaissance, fait l'objet d'aucune étude un tant soit peu précise.

changer dans quelques centres grâce à des réfugiés européens soit, cas des Allemands, congédiés en raison de la religion de leurs grand'mères (Fritz Haber dixit) soit, cas des juifs hongrois, polonais, etc., préférant quitter l'Europe avant de passer sous la coupe des Nazis. Richard Courant, Kurt Friedrichs et Hans Lewy par exemple apportent à très petite échelle à la New York University la tradition fondée au début du siècle par Felix Klein à Göttingen (voir plus loin); il s'agit probablement moins de mathématiques appliquées au sens actuel que de celles, souvent fort "modernes", que l'on trouve dans les célèbres *Methoden der Mathematischen Physik* de Courant et Hilbert. En 1937 on crée au laboratoire de recherches balistiques du centre d'essais de l'armée à Aberdeen (Maryland) un comité scientifique (Goldstine, pp. 72–83) auquel participent von Neumann et von Kármán, ancien élève de Prandtl à Göttingen avant 1914, arrivé au CalTech en 1929 où il dirige un institut de mécanique des fluides et d'aérodynamique plus tard fort célèbre; von Kármán deviendra en 1944 le principal conseiller scientifique de l'Air Force et, à ce titre, annoncera dans un rapport célèbre le futur mariage des missiles et de la bombe atomique.

C'est la guerre qui fait fleurir les mathématiques appliquées dans toutes sortes de domaines et y convertit provisoirement la quasi totalité des mathématiciens disponibles : ondes de choc, *surface waves in water of variable depth*, calculs "hydrodynamiques" pour les bombes atomiques, dynamique des gaz, optimisation statistique des bombardements aériens, tir contre avions, recherche opérationnelle, etc. Certains mathématiciens de l'industrie commencent à dire (Thornton C. Fry, Bell Labs, 1941) que les mathématiques "pures" ou "supérieures" ne sont, après tout, que des branches des mathématiques appliquées qui n'ont pas encore trouvé un vaste champ d'applications *and hence have not as yet, so to speak, emerged from obscurity*[12]. On trouve dans les publications mathématiques standard des généralités passablement abstraites sur leurs applications pratiques, mais fort peu de détails précis et concrets. En attendant des historiens professionnels qui exploiteront les archives plutôt que des articles trop courts et trop flous dûs à des mathématiciens trop discrets ou trop occupés, la chance peut fournir des détails, parfois dans des sources que ceux-ci ne fréquentent pas. Les bombardements de 1945 sur les villes japonaises (et beaucoup plus tôt sur les villes allemandes) posent le problème de déterminer les proportions de bombes explosives et incendiaires susceptibles de maximiser les dégâts : les explosifs "ouvrent"

---

[12] Cela prend parfois longtemps. Il a fallu plus de trois siècles pour passer de l'obscur "petit" théorème de Fermat sur les nombres premiers à la cryptologie à clé publique. La relation d'Euler entre exponentielles complexes et fonctions trigonométriques (ca. 1730) apparaît en électrotechnique à la fin du XIXe siècle. Les espaces de Riemann sont inventés soixante ans, et le calcul tensoriel des Italiens trente ans, avant la Relativité générale. Les nombres et fonctions algébriques, les fonctions automorphes du siècle dernier n'ont pas encore, semble-t-il, "émergé de l'obscurité" bien que continuant à être l'objet de recherches très actives, mais tout espoir n'est pas perdu.

les maisons que l'on incendie ensuite globalement, l'énorme appel d'air créé par un brasier de plusieurs km^2 laissant peu d'espoir aux habitants qui tentent de fuir l'incendie. On fait alors appel, pour le Japon, aux services d'une équipe dirigée par un statisticien de Berkeley, Jerzy Neyman, qui applique à ce problème et à d'autres des méthodes qui le rendront célèbre après la guerre[13].

En 1943, Richard Courant, s'appuyant sur la méthode d'approximation qu'il a utilisée en 1928 avec Friedrichs et Lewy pour établir l'existence de solutions d'équations aux dérivées partielles, explique à Hans Bethe, chef de la physique théorique à Los Alamos, comment calculer numériquement le comportement d'une sphère de plutonium comprimée par une onde de choc convergente (Nagasaki); de cette technique fortement poussée par von Neumann sortira l'intérêt de celui-ci pour le premier calculateur électronique qu'il rencontrera l'année suivante, l'ENIAC; c'est pour ce calcul que l'on a déjà commandé en 1943 des machines IBM à cartes perforées incomparablement moins rapides. Au printemps 1945, von Neumann, au Target Committee chargé de choisir les objectifs des premières armes atomiques disponibles, calcule l'altitude à laquelle faire exploser les bombes d'Hiroshima et Nagasaki pour en optimiser les effets[14]. Il y eut sûrement beaucoup d'applications plus élégantes mais, encore une fois, les "détails" manquent dans la plupart des cas.

Et tant qu'à célébrer les mathématiques appliquées de cette époque, on pourrait aussi examiner ce qui se passait dans un pays que l'on oublie si souvent de citer : l'Allemagne qui, dans certains domaines, est fort en avance sur ses ennemis. L'arrivée au pouvoir des Nazis ouvre les vannes de la finance en aérodynamique : à Göttingen, l'effectif passe chez Prandtl de 80 à 700 personnes entre 1933 et 1939. Mais un autre effet du nazisme est de détériorer les mathématiques et la physique (entre autres) et pas seulement en expulsant les scientifiques juifs : l'effectif des étudiants diminue de 90 % à Göttingen en quelques années, l'idéologie au pouvoir leur offrant probablement des perspectives plus viriles, encore que d'aucuns propagent dans les lycées une image quasi-militaire des mathématiques : ordre et discipline, force de caractère et volonté. Comme en 1914, les scientifiques sont d'abord mobilisés comme tout le monde, de sorte que, aéronautique et balistique mises à part, la recherche

---

[13] A. Schaffer, *Wings of Judgment. American Bombing in World War II* (Oxford UP, 1986), p. 156 cite une lettre (janvier 1945) de Neyman au National Defense Research Committee (NDRC) : *You must be aware of the fact that the problem of IB-HE is very interesting to me and I would be delighted to continue the work on it for your group* (IB = incendiary bombs, HE = high explosives, i.e. bombes classiques). Neyman n'en aura pas moins des ennuis sérieux à cause de son opposition à la guerre du Vietnam : le Pentagone lui supprime ses contrats, ce qui scandalise la corporation.

[14] Voir N. Metropolis et E. C. Nelson, "Early Computing at Los Alamos" (*Annals of the History of Computing*, oct. 1982), l'introduction par Hans Bethe à S. Fernbach et A. Taub, eds, *Computers and their Role in Physical Sciences* (Gordon & Breach, 1970) et Sherwin, *A World Destroyed*, notamment pp. 228–231. Noter que la bombe de Nagasaki explosa à près d'un km du point prévu, ce qui, dans ce cas, relativise l'utilité des mathématiques appliquées.

militaire sérieuse ne commence guère avant l'hiver 1941–1942, lorsque le mythe de la *Blitzkrieg* est pour le moins ébréché. Au surplus, l'Allemagne nazie, conglomérat de féodalités administratives qui se font la guerre pour le pouvoir, manque d'une coordination centrale de la R-D à l'américaine, et le niveau intellectuel de ses dirigeants laisse à désirer ... On finit néanmoins par mobiliser à retardement, souvent à l'insistance des mathématiciens eux-mêmes, la plus grande partie de la corporation; dans ce domaine comme dans d'autres et comme aux USA ou en URSS, cela permet aussi de protéger les scientifiques des *hasards d'une balle turque* qui avaient tant indigné Ernest Rutherford lorsque l'un des principaux espoirs de la physique atomique britannique était mort aux Dardanelles en 1915. Le travail porte parfois sur des sujets assez généraux comme la première version, par Wilhelm Magnus, du futur recueil de formules sur les fonctions spéciales de Magnus et Oberhettinger, le traité d'Erich Kamke sur les équations différentielles ou celui de Lothar Collatz sur les calculs de valeurs propres. Il porte aussi parfois sur des problèmes beaucoup plus directement militaires comme l'aérodynamique supersonique des obus et missiles, les battements des ailes d'avions (wing flutter), les courbes de poursuite pour les projectiles téléguidés, ou la cryptologie. On y rencontre des mathématiciens fort connus, y compris des algébristes comme Helmut Hasse, Helmut Wielandt ou Hans Rohrbach qui se reconvertissent temporairement. Un ancien assistant de Courant à Göttingen, Alwin Walther, ayant créé avant la guerre à la Technische Hochschule de Darmstadt un "institut de mathématiques pratiques" (IPM), travaille notamment pour Peenemünde (von Braun) dès 1939; lorsque Hitler donne au V-2 la priorité en juillet 1943, Peenemünde se munit d'un service de mathématiques qui passe des contrats avec diverses universités et TH. L'IPM est pendant la guerre le principal centre de calcul pour la recherche militaire; on n'y utilise pas d'autre matériel que des machines arithmétiques standard de bureau et des calculatrices biologiques ayant terminé leurs études secondaires. Les trois machines à relais téléphoniques de Konrad Zuse trouvent quelques utilisations, mais la machine à tubes électroniques de Wilhelm Schreyer, collaborateur de Zuse, est rejetée par les autorités[15]. Le premier travail de Walther après la défaite sera de diriger pour les Alliés la rédaction de cinq rapports sur les mathématiques; il note la similitude entre les sujets traités en Allemagne et aux USA, *miraculously bearing witness to the autonomous life and power of mathematical ideas across all borders*. Courant est sans doute du même avis

---

[15] L'une des différences essentielles entre les militaires ou gouvernants allemands et américains est que les seconds, et non les premiers, sont disposés à prendre beaucoup de risques sur des projets à la limite des possibilités; le cas de l'ENIAC, financé par Aberdeen (500 000 dollars environ) en dépit de sa fiabilité a priori désespérée (18 000 tubes électroniques, 2 000 chez Schreyer), est typique. La surabondance des crédits facilite évidemment ce genre de décision.

puisqu'il invite Walther à s'établir aux USA; préférant reconstruire son pays et devenu "pacifiste", celui-ci décline cette alléchante perspective[16].

Aux Etats-Unis où nous revenons, un long rapport[17] sur les mathématiques appliquées déclare en 1956 que

> Let it also be said at the outset that, with very few exceptions, their organization does not antedate World War II and their continued existence is due to the intervention of the Federal Government. *Without the demands resulting from considerations of national security, applied mathematics in this country might be as dead as a doornail,*

souligné dans le texte. Selon le même rapport, les organes gouvernementaux – i.e., à cette époque, militaires de jure ou de facto, comme l'Atomic Energy Commission ou le NACA[18] – et les industries connexes sont quasiment seuls à utiliser des professionnels des mathématiques appliquées. En fait, les organisateurs de la R-D militaire pendant la guerre aux Etats-Unis n'avaient pas même prévu de faire appel à des mathématiciens; ce sont ceux-ci qui ont fait créer en 1942 un Applied Mathematics Panel à la disposition de tout le monde.

Un rapport de 1962 note qu'en 1960, sur 9249 "mathématiciens professionnels" employés dans l'industrie ou les services du gouvernement, les deux branches les plus militarisées de l'industrie – aéronautique et équipement électrique – en employaient 1961 et 1226, le Pentagone en employant environ deux mille autres[19].

En 1968 un autre rapport, sur les mathématiques en général celui-ci, recommande que les *mission-oriented agencies* – dans l'ordre : le Department of Defense (DOD), l'Atomic Energy Commisssion (AEC qui, entre autres "missions", invente et produit en série toutes les têtes nucléaires des armes américaines), la NASA et les NIH, National Institutes of Health – continuent à financer la recherche dans les domaines les plus utiles à leurs vocations et

---

[16] Pour ce qui précède, voir H. Mehrtens, "Mathematics and War: Germany, 1900–1945", dans Paul Forman et José M. Sánchez-Ron, eds., *National Military Establishments and the Advancement of Science and Technology* (Kluwer, 1996), pp. 87–134.

[17] *Report on a Survey of Training and Research in Applied Mathematics in the United States*, F. J. Weyl, Investigator (National Research Council/NSF, publié par la Society for Industrial and Applied Mathematics, 1956), notamment p. 31.

[18] *National Advisory Committee for Aeronautics*, fondé en 1915, organisme gouvernemental de recherche à la disposition de l'armée et de l'industrie. Il devient la NASA après le Spoutnik.

[19] *Employment in Professional Mathematical Work in Industry and Government* (NSF 62-12). Il ne faut sûrement pas prendre au pied de la lettre des estimations à une unité près et le rapport précise que 6 311 seulement de ces "mathématiciens" ont fait quelques années d'études dans le secteur des mathématiques, les autres provenant par exemple de l'*electrical engineering*. Les activités de R-D n'utilisent que la moitié des personnes considérées.

à soumettre leurs problèmes à la communauté [20]. La rédaction de ce rapport fut dirigée en pleine guerre du Vietnam par Lipman Bers, l'un des principaux opposants à celle-ci chez les mathématiciens. Il expliquera en 1976 dans les *Notices of the AMS* qu'il n'avait accepté ce travail qu'après avoir été assuré que la guerre serait terminée lorsqu'il serait publié; elle le sera cinq ans plus tard.

Un rapport de 1970, cité dans mes articles sur le "modèle scientifique américain", mentionne 876 mathématiciens (dont 166 docteurs) chez AT&T, 170 chez Boeing, 239 chez McDonnell Douglas, 147 chez Raytheon, 68 chez Sperry Rand, 287 chez TRW, 137 chez Westinghouse, etc. Toutes ces grandes entreprises de haute technologie produisent des matériels militaires, très majoritairement chez Boeing, McDonnell, Raytheon et TRW; AT&T, avec ses Bell Laboratories, produit du matériel de télécommunications civil – et, à ce titre, utilisait déjà des mathématiciens avant la guerre – mais participe aussi depuis le début des années 1950 à des projets militaires beaucoup plus sophistiqués (système SAGE de défense anti-aérienne du continent américain puis défense anti-missiles); Sperry est, depuis toujours, lié à la Marine à laquelle il fournit des instruments de navigation et, après sa fusion avec Remington-Rand en 1955, des quantités de systèmes informatiques (UNIVAC). Westinghouse construit notamment des réacteurs nucléaires civils basés sur le système PWR des propulseurs sous-marins que fournit la maison.

Il va de soi que ce qu'on appelle dans ce genre de contexte un "mathématicien" n'est pas l'équivalent d'un Euler ni même d'un universitaire; le travail sérieux est fréquemment confié à des universitaires travaillant sur contrat et c'est plutôt dans cette direction qu'il faudrait s'orienter pour estimer l'importance réelle des mathématiques non banales dans les applications militaires ou industrielles.

Les mathématiques appliquées et l'analyse numérique se sont progressivement répandues dans le secteur civil, mais leur degré de militarisation est toujours resté considérable aux USA si l'on s'en tient aux activités financées par Washington. Voici une table simplifiée[21] des sources de financement gouvernemental de la recherche (fondamentale et appliquée, développement exclu) dans le secteur *Mathematics and Computer Science*; elle couvre tous les organismes – université, industrie, centres gouvernementaux, etc. – où l'on fait des mathématiques ou de l'informatique (structure logique des machines, méthodes de stockage des données, programmation, etc.) :

---

[20] *The Mathematical Sciences: A Report* (Washington, National Academy of Science, 1968), pp. 20–21.

[21] Il ne faut pas attribuer aux statistiques ci-dessous, qui résultent de questionnaires soumis à des centaines d'organismes, une précision qu'elles n'ont pas; ce sont les tendances et les proportions approximatives qui comptent.

	1958	1962	1968	1974	1981	1987	1994
Total	40,4	68,9	119,3	127,4	279,0	759	1 242,3
DOD	36,4	38,5	79,2	70,2	147,5	453	593,2
NSF	1,4	7,3	18,4	23,7	61,6	124	238,5
NASA	0	17,2	3,7	1,9	4,0	70	25,7
AEC/DOE	1,9	4,1	5,8	5,6	14,7	38	201,8

Il s'agit de millions de dollars courants, à multiplier par des facteurs allant de 5 à 1,2 environ[22] pour les convertir en monnaie de 1997. Outre le DOD, la NASA et l'AEC – devenue depuis vingt ans le Department of Energy (DOE) couvrant un champ plus large –, la National Science Foundation (NSF) finance la recherche de base en distribuant des contrats; il y a aussi des contributions plus faibles d'autres départements (transports, commerce, santé, etc.). L'envol des crédits DOD entre 1981 et 1987 correspond à la période Reagan pendant laquelle le budget militaire augmente d'au moins 50 % en termes réels afin de donner à l'économie soviétique la poussée finale vers la faillite si l'on en croit Mrs Thatcher. Comme on le voit, le DOD fournit encore à peu près la moitié de tous les crédits fédéraux attribués à la recherche en mathématiques et informatique. L'Electrical Engineering (telecommunications, radar, composants électroniques, etc.) est le seul domaine où les crédits militaires de recherche soient proportionnellement plus importants qu'en mathématiques et informatique.

Si l'on considère uniquement la recherche appliquée en mathématiques et informatique, on obtient le tableau suivant :

	1965	1968	1974	1981	1987	1994
Total	56,5	66,6	78,1	138,5	464	738,7
DOD	43,0	44,2	53,2	88,2	344	446,6.

La NSF indique que, sur les 740 millions de dollars de 1994, 95 (resp. 566) vont aux mathématiques (resp. à l'informatique), le reste mélangeant les deux

---

[22] Les tables détaillées de la NSF indiquent qu'un dollar de 1987 vaut 27% (resp. 31%, 43%, 78%, 125%, 136%) d'un dollar de 1962 (resp. 1968, 1974, 1981, 1994, 1997). *Science and Engineering Indicators 1996*, table 4-1 qui permet la conversion année par année. La NSF publie des masses de statistiques généreusement distribuées; j'en reçois depuis plus de vingt ans. Ayant demandé trois nouvelles publications – deux kilos de papier environ – au printemps de 1997, je les ai reçues gratuitement en une dizaine de jours par avion. Vous pouvez aussi utiliser Internet (http://www.nsf.gov/sbe/srs/stats.htm pour les statistiques et http://www.nsf.gov pour les informations générales).

secteurs; les 446 millions du DOD fournissent de même 33 (resp. 381) millions, auxquels s'ajoutent 105 du DOE dont 1,7 (resp. 73) millions; les autres contributions sont beaucoup moins importantes.

On peut aussi noter que, parmi tous les secteurs scientifiques, celui qui nous occupe ici est le seul dont les crédits gouvernementaux, et en particulier militaires, de recherche appliquée continuent à croître. Bien que le total des crédits de la R-D militaire ait baissé depuis le sommet de l'époque Reagan (35 milliards en 1987 et 27 en 1996 en monnaie de 1987), ils ont d'autant plus de chances de rester à un niveau très élevé que le Pentagone s'est inventé une nouvelle mission bien avant la chûte de l'URSS : veiller à la "sécurité économique", et non pas seulement militaire, des Etats-Unis en développant des technologies à double emploi, par exemple dans le secteur explicitement mentionné de la simulation et de la modélisation qui concerne les mathématiques et l'informatique; *technological supremacy remains the overriding goal of U.S. defense S&T policy*[23] et à défaut de la guerre froide, la compétition internationale pour les ventes d'armes et de technologie, ainsi que la "dissuasion du fort au faible" rendue nécessaire précisément par celles-ci – voyez l'Irak –, stimuleront le progrès technique.

Ces crédits ne vont évidemment pas uniquement aux universités; celles-ci, en 1994, avaient perçu du gouvernement fédéral 196 millions en mathématiques et 453 en informatique, pour des dépenses totales – crédits spécifiquement attribués à des activités de recherche – de 278 et 659 millions dans ces secteurs, ce qui signifie que le gouvernement en finance les deux tiers environ. Pour la recherche de base en mathématiques (resp. informatique), on trouve des crédits fédéraux de 128 (resp. 193) millions, dont 40 (resp. 48) fournis par le DOD. Pour la recherche appliquée, le total est de 10 (resp. 168) millions de dollars dont 5 (resp. 150) fournis par le DOD et en quasi totalité par l'ARPA[24], ce qui représente près de 250 millions de crédits DOD sur un total de 659. Ce n'est plus la situation de 1958 où quasiment tous les crédits fédéraux spécifiquement alloués à la recherche étaient militaires, et les trois quarts des crédits militaires vont maintenant à l'informatique plutôt qu'aux mathématiques proprement dites. Mais ce n'est pas non plus le retour à l'innocence du Paradis avant la Chûte.

En fait, ces statistiques ne mesurent pas exactement l'influence militaire sur les mathématiques dans les universités. Les contrats de l'Office of Naval Research par exemple, fort substantiels entre 1947 et 1970, étaient excellents pour l'image de marque de l'agence et permettaient de garder à toutes fins utiles le contact avec la communauté; tous les mathématiciens de ma

---

[23] *Science and Engineering Indicators 1996*, p. 4–24, 33 et 34.

[24] *Federal Funds for Research and Development, Fiscal Years 1994, 1995, and 1996* (NSF 97-302), tables détaillées C-70 et C-78 et *Academic Science and Engineering: R&D Expenditures, Fiscal Year 1994* (NSF 96-308), tables B-3 et B-7. L'*Advanced Research Projects Agency*, retombée du Spoutnik, pilote et finance la recherche militaire à long terme. Le réseau Internet dérive directement du réseau Arpanet des années 1970.

génération savent que ces contrats sont allés entre autres à des gens faisant des recherches dans les secteurs les plus "modernes" des mathématiques pures. Ces domaines sont encore prépondérants jusqu'aux environs de 1970 – les attaques contre les mathématiques "abstraites" ou "modernes" n'ont pas davantage manqué aux USA qu'en France – à une époque où les crédits de la NSF étaient encore très faibles; ils servaient à financer une partie des salaires, à aider les étudiants faisant leurs thèses, à organiser des colloques, à inviter des étrangers, y compris peut-être le présent auteur, et assuraient la suprématie américaine dans ce domaine comme dans les autres; cette pratique, courante avant 1970, a beaucoup diminué après le vote par le Congrès américain d'un Mansfield Amendment interdisant au Pentagone de financer des recherches n'ayant pas d'intérêt militaire plus ou moins clair. Il ne faut pas pour autant oublier que l'Office of Naval Research ou l'ARPA ne fonctionnent pas à la manière de la philanthropique Fondation Rockefeller.

Les mathématiciens répondaient parfois qu'ils détournaient l'argent des militaires à des fins bénéfiques ou innocentes ou, comme le linguiste Noam Chomsky, que *le Pentagone est une vaste organisation dont la main droite ignore ce que fait la main gauche,* ou encore que le Congrès est trop stupide pour financer autrement les mathématiques. Ce type d'argument, qui permet de gagner sur les trois tableaux de la finance, de la vertu et du progrès des lumières, demanderait, me semble-t-il, à être vérifié. Ce n'est pas au spectateur de prouver qu'un contrat militaire implique son bénéficiaire; c'est à celui-ci, s'il le conteste, de faire la preuve du contraire.

Il faudrait aussi expliquer pourquoi, a contrario, le secteur bio-médical n'a proportionnellement jamais joui, à beaucoup près, des mêmes faveurs de la part du DOD : en 1968, 105 millions de crédits DOD sur 1 534 millions de crédits fédéraux de recherche, 265 millions sur 9,3 milliards en 1994. Il est financé depuis cinquante ans principalement par les National Institutes of Health, fortement encouragé par le Congrès et les électeurs, et aucun biologiste n'a jamais prétendu "détourner" les crédits des NIH, bien au contraire.

Jacobi et la naissance des mathématiques pures

La théorie de Schwartz n'a pas toujours fait l'unanimité. Avant le XIXe siècle, lorsque les sciences n'étaient pas encore aussi spécialisées qu'elles le sont devenues, les mathématiciens s'étaient certes pour la plupart intéressés à la mécanique, à l'astronomie et à la physique et parfois à des applications pratiques : navigation, géodésie, balistique, fortifications, etc. Quoique cette tendance ait toujours existé par la suite dans une partie de la profession, notamment parce que la physique pose des problèmes de plus en plus intéressants, une tendance nouvelle apparaît en Allemagne au début du XIXe siècle. Tous les mathématiciens connaissent au moins l'esprit de la célèbre lettre de 1830, en français, de Jacobi à Legendre :

Il est vrai que M. Fourier avait l'opinion que le but principal des mathématiques était l'utilité publique et l'explication des phénomènes naturels : mais un philosophe[25] comme lui aurait dû savoir que le but unique de la science, c'est l'honneur de l'esprit humain, et que sous ce titre, une question de nombres vaut autant qu'une question de système du monde.

Tous issus d'une Ecole polytechnique qui n'avait pas à son programme officiel "l'honneur de l'esprit humain", sauf à prétendre que le perfectionnement et l'usage de l'artillerie relèveraient de ce concept, la plupart des mathématiciens français, suivant l'exemple de Fourier, étaient fort occupés par les équations de la physique, probablement peu utiles pour l'artillerie de l'époque. Jacobi, lui, se passionnait pour la théorie des nombres et était en train de révolutionner celle des fonctions elliptiques, ce qui donnera lieu jusqu'à nos jours à une

---

[25] terme qui, à l'époque, désigne tous ceux qui cherchent à comprendre la nature. C'est aussi le sens qu'il a lorsque Newton intitule son grand traité de cosmologie "les principes mathématiques de la philosophie naturelle". La question de savoir si Fourier était un vrai "philosophe" n'est pas entièrement claire. Né à Auxerre en 1768 et orphelin à neuf ans, il est recommandé à l'évêque de la ville qui l'envoie à l'école militaire locale où il découvre les mathématiques et attire l'attention des inspecteurs de l'école, notamment de Legendre; ceux-ci voudraient l'envoyer à un collège parisien tenu par des bénédictins comme l'école militaire d'Auxerre, mais les bons pères le font entrer comme novice dans une abbaye en 1787. Il renonce à cette prometteuse carrière en 1789, revient enseigner à l'école d'Auxerre, entre à la société locale des Jacobins et, critiquant des officiels corrompus, est l'objet en 1794 d'un mandat d'arrêt avec guillotine à la clé; Robespierre refusant le pardon, Fourier est arrêté à Auxerre; la population le fait libérer mais on l'arrête une seconde fois et c'est la chûte de Robespierre qui le sauve. Fourier est alors accepté comme élève de l'Ecole normale qui vient d'ouvrir puis, après quelques mois, entre à Polytechnique où Monge le fait nommer assistant; on l'accuse maintenant d'être un partisan de Robespierre et ses collègues sont obligés d'intervenir pour le sauver une seconde ou troisième fois.

Choisi par Monge et Berthollet en 1798 pour faire partie de l'Institut d'Egypte, il accompagne Bonaparte et, pendant un temps, dirige de facto toutes les affaires civiles et négocie avec les potentats locaux, notamment pour faire libérer des esclaves que leur sex appeal recommande favorablement à quelques surmâles français. Bonaparte le nomme préfet de l'Isère en 1802, poste qu'il occupe jusqu'en 1814 et dans lequel il est chargé de veiller à l'exécution des décisions de son protecteur, d'ouvrir le courrier et de supprimer les publications des opposants, d'établir un fichier des personnalités, d'organiser les élections, de censurer le journal local *in order to keep both revolution and scandal from its columns* comme le dit Grattan-Guinness, *Joseph Fourier, 1768–1830* (MIT Press, 1972), etc. Il fait aussi construire la route de Grenoble à Briançon et assécher les marais de Bourgoin entre Grenoble et Lyon. Il convertit à l'égyptologie les frères Champollion et organise la rédaction et la publication de la *Description de l'Egypte* (21 volumes publiés entre 1809 et 1821). Il semble que Fourier n'ait pas particulièrement apprécié son travail de préfet, mais il n'en fut jamais déchargé et l'accomplit avec le plus grand sérieux. Malgré des manoeuvres acrobatiques en 1814–1815, il perd tout à la Restauration et se retrouve mathématicien.

très belle branche des mathématiques pures en dépit, et non pas à cause, de leur utilité pratique.

Enfant prodige qui, à l'université de Berlin, fait d'abord des études littéraires excessivement brillantes, Jacobi est à l'époque professeur à Koenigsberg où le ministre prussien compétent, influencé notamment par les éloges de Legendre, a dû l'imposer aux gens du cru qu'indisposait l'arrogance de Jacobi. Avec le physicien Franz Neumann et l'astronome Friedrich Bessel, Jacobi, influencé par ce qu'il a connu à Berlin en philologie, fonde à Koenigsberg le premier "séminaire" de mathématiques et physique destiné à des étudiants avancés; cette institution se répandra dans toutes les universités allemandes et y obtiendra un statut officiel : deux ou trois ans d'études, contact direct avec les professeurs, bourses, bibliothèques et laboratoires spécialisés, etc. Les Américains s'en inspireront après 1870 avec leurs graduate schools[26] et les Français après 1950, voire 1960 (troisièmes cycles).

Pour comprendre la déclaration de Jacobi à Legendre, il faut connaître l'idéologie qui se répand progressivement dans les universités allemandes; elle se situe aux antipodes de celle, s'il y en a une, qui prévaut dans les facultés françaises instituées par Napoléon[27]. Directement et strictement contrôlées par le pouvoir central, celles-ci, en lettres et en sciences, sont exclusivement vouées aux examens du Baccalauréat et à la préparation à l'agrégation de l'enseignement secondaire; les activités de recherche ne sont ni prévues, ni organisées, ni financées dans les universités que, dans les sciences mathématiques et physiques, Polytechnique prive beaucoup plus encore que de nos jours de presque tous les bons étudiants[28] : en 1877, il n'y a encore, dans les secteurs scientifiques, que 350 étudiants inscrits dans les facultés

---

[26] Le but recherché par l'université Columbia en créant une *Graduate Faculty of Pure Science* vers 1900 est *"the full establishment in America of the pursuit of science for its own sake, as a controlling university principle"*; c'est exactement l'idéologie universitaire allemande. Cité par Paul Forman, *Into Quantum Electronics: The Maser as "Gadget" of Cold-War America*, dans Paul Forman et José M. Sánchez-Ron, eds., *National Military Establishments and the Advancement of Science and Technology* (Kluwer, 1996), p. 267. Il existe une vaste littérature américaine sur le sujet.

[27] L'exposé d'Alain Renaut, *Les révolutions de l'université* (Calmann-Lévy, 1995), permet de comparer l'évolution des systèmes universitaires français, allemand et américain; dû à un philosophe manifestement fort compétent, il ne fournit à peu près pas d'indications sur les secteurs scientifiques et techniques sur lesquels existe une abondante littérature non française; voir mon article *Science et défense I* (Gazette des mathématiciens, 61, 1994, pp. 3–60). Alain Renaut note au passage que, dans la Sorbonne de 1995, dix neuf (19) professeurs de philosophie se partagent un (1) bureau; il serait difficile de prouver plus clairement le mépris des politiques français pour les disciplines "inutiles".

[28] Laurent Schwartz se plaint dans ses mémoires, p. 354, du fait que, dans les universités françaises actuelles, *l'absence de sélection* conduit *à une dégénérescence de plus en plus profonde, avant tout dans les premiers cycles*, ce qui ne l'empêche pas d'observer, p. 357, qu'une bonne partie des élèves hautement sélectionnés de l'X échoueraient aux examens universitaires de second cycle. En fait, le problème existe depuis fort longtemps et précisément en raison de l'existence de la sélection

françaises – il n'y a guère d'autres débouchés que ceux, encore très limités, de l'enseignement secondaire – et largement 250 polytechniciens par promotion. Comme environ 80 % des Polytechniciens vont dans l'armée entre 1871 et 1914, il n'y a pas lieu de déplorer cette ségrégation ...

Entre 1806 et 1818, en partie pour retrouver sur le plan intellectuel, en attendant mieux[29], le prestige qu'elle a perdu à Iéna et *régénérer, en réorganisant l'ensemble du système éducatif, les forces spirituelles d'un Etat affaibli matériellement* comme l'écrit Alain Renaut, la Prusse rénove complètement son système d'éducation secondaire et supérieur, crée à Berlin en 1810 et à Bonn en 1818 les premières universités modernes et réforme les anciennes : liberté pour les enseignants et étudiants de choisir les sujets qu'ils enseignent et les cours qu'ils suivent; libre passage d'une université à une autre pour les étudiants; pas de sélection à l'entrée, l'équivalent du Baccalauréat suffisant; pas d'examens internes, mais, à la sortie de l'université, des concours de recrutement aux professions, notamment à l'enseignement secondaire; préparation d'un doctorat pour ceux que la recherche attire; recrutement et avancement des enseignants en fonction de leurs capacités scientifiques[30]. Elaboré par les philosophes prussiens que tout le monde connaît et par des philologues, historiens et théologiens (protestants ...) qui créent la critique des textes, l'objectif des fondateurs est d'assurer aux étudiants une formation culturelle et intellectuelle par la *Wissenschaft* entendue comme l'ensemble des connaissances rationnelles dans tous les domaines de l'activité intellectuelle.

Mais à l'époque de Jacobi, le mot représente bien davantage les lettres et sciences sociales au sens français que les sciences proprement dites, réunies dans une même Faculté "de philosophie" et non pas séparées comme en France. Les mathématiques, bien qu'enseignées jusqu'alors à un niveau élémentaire et utilitaire, sont assez honorables puisque remontant aux Grecs, mais les sciences expérimentales sont généralement tenues en piètre estime par les littéraires qui dominent et n'y comprennent généralement rien, particulièrement à la chimie. Les scientifiques sont donc obligés d'insister sur le fait qu'en dépit de leurs éventuelles applications pratiques, leurs domaines d'activité ont, eux aussi, une valeur intellectuelle et peuvent, eux aussi, con-

---

négative opérée par le système parallèle des écoles d'ingénieurs, système dont la France a le monopole mondial.

[29] A savoir une armée fondée sur trois ans de service militaire obligatoire, cinq ans dans la réserve et plus longtemps dans la territoriale, à la tête de laquelle un Etat-Major Général a pour fonction, en temps de paix, d'élaborer de minutieux plans de guerre, le tout servi par une puissante industrie à partir de 1860 environ. La France adoptera le système après en avoir mesuré l'efficacité en 1870.

[30] Ce dernier point est en fait imposé par les ministres de l'Education jusqu'en 1848, lesquels nomment les professeurs en consultant des spécialistes, éventuellement français, et non l'ensemble de la faculté de philosophie; celle-ci est beaucoup plus sensible aux mérites pédagogiques et comportements individuels, voire aux relations personnelles et, au début, comporte beaucoup de représentants de l'ancien système.

tribuer à former les esprits des étudiants à l'usage de la raison. Soutenus par des gouvernants impressionnés par la science des Français et la technologie des Anglais, les scientifiques allemands finiront par avoir gain de cause et, à partir de 1850–1860, par disposer d'un prestige et de ressources que leurs homologues étrangers leur envieront. Mais c'était encore loin d'être le cas en 1830.

Ayant, à Berlin, absorbé la nouvelle idéologie chez le plus célèbre philologue de l'époque, Jacobi s'y tient après être passé aux mathématiques. Il va beaucoup plus loin que de l'écrire à Legendre; en 1842, invité à Manchester à l'occasion d'un congrès de l'association des scientifiques anglais, il écrit à son frère physicien : *j'ai eu le courage d'y proclamer que l'honneur de la science est de n'être d'aucune utilité*, ce qui, dit-il, provoqua d'énergiques dénégations dans son auditoire : la plupart des Anglais sont encore voués à la conception que Francis Bacon a élaborée au XVIIᵉ siècle, à savoir la domination de l'Homme sur la Nature ou, en pratique, la réalisation de toutes les possibilités techniques grâce à la compréhension des lois naturelles. Dans le même ordre d'idées, le chimiste allemand Liebig, qui connaît fort bien l'Angleterre, écrit à Faraday en 1844 que

> what struck me most in England was the perception that only those works which have a practical tendency awake attention and command respect, while the purely scientific works which possess far greater merit are almost unknown. And yet the latter are the proper and true source from which the others flow ... In Germany it is quite the contrary. Here in the eyes of scientific men, no value, or at least but a triffling one is placed on the practical results. The enrichment of Science is alone considered worthy of attention[31].

La théorie de Jacobi, qui coïncide chronologiquement avec l'apparition en Allemagne des universitaires pratiquant leur activité en raison de son seul intérêt intellectuel, ne peut donc se comprendre que dans le contexte de la professionnalisation de la science proprement dite, i.e. de son installation dans les universités en tant qu'activité intellectuelle autonome à part entière au même titre que la philosophie ou l'histoire. Ce que proclame Jacobi, c'est la dignité intellectuelle de la recherche scientifique en tant que telle et en

---

[31] Citation de Jacobi dans R. Steven Turner, *The Growth of Professorial Research in Prussia, 1818 to 1848. Causes and Context* (Historical Studies in Physical Sciences, 3, 1971, 137–182), notamment p. 152. Sur Bacon et l'Angleterre, Jacques Blamont, *Le chiffre et le songe. Histoire politique de la découverte* (Paris, Odile Jacob, 1993), chapitre "Atlantis". M. Blamont, professeur à l'université Paris 6 et académicien, est un spécialiste international fort connu de physique spatiale (aéronomie). Citation de Liebig dans Peter Alter, *The Reluctant Patron. Science and the State in Britain, 1850–1920* (Berg, 1987), p. 120, par un historien allemand qui développe abondamment le sujet. Liebig, qui ne néglige pas les applications pratiques de la chimie, notamment à l'agriculture, ajoute que le meilleur système serait de se tenir à égale distance des conceptions allemande et britannique.

particulier des mathématiques. Jacobi est à la fois l'anti-Bacon par excellence et l'héritier de la philosophie idéaliste allemande de son époque.

Fondé sur une vision philosophique de l'unité des connaissances, le système universitaire allemand ne vise ni à une simple professionalisation spécialisée ni à la diffusion de connaissances utiles dans la technique. Cette mission est réservée aux futures Technische Hochschulen, autres antithèses de Polytechnique sous beaucoup de rapports : on s'inspire de la pédagogie de l'Ecole initiale (théorie et travaux pratiques) mais on refuse la militarisation[32], le concours d'entrée et le cursus unique sans aller jusqu'au libéralisme universitaire. Créées à partir de 1825 à un niveau assez bas, elles conduiront à la fin du siècle à une dizaine d'institutions ayant un statut universitaire et comportant jusqu'à 40 % d'étudiants étrangers dans certains domaines. Les universités, de leur côté, accueilleront des quantités de futurs scientifiques américains, anglais, russes, japonais, etc. – pas de Français après 1870, apparemment – et jouiront dans les milieux scientifiques internationaux du même prestige que les TH chez les ingénieurs.

Il faudrait évidemment apporter quelques bémols à ce tableau. L'aspiration philosophique à l'unité des connaissances se révèlera rapidemment utopique et, à la fin du siècle, on introduira un examen après six semestres pour éviter les spécialisations excessives. A partir de 1870, des rapports avec l'industrie se développeront dans des branches comme la physique et surtout la chimie sans pour autant approcher ce que l'on voit dans les TH. Aux environs de 1900, le grand mathématicien et patriote Felix Klein, apôtre de ces relations, lancera à Göttingen une école de mathématiques et physique appliquées en y faisant nommer notamment Carl Runge, premier grand spécialiste d'analyse numérique, et le mécanicien Ludwig Prandtl qui se lance peu après dans la mécanique des fluides – voir Paul A. Hanle, *Bringing Aerodynamics to America* (MIT Press, 1982) et les mémoires de Theodor von Kármán, *The Wind and Beyond* (Little, Brown, 1967); grâce à des crédits massifs au cours de la Grande guerre et après 1933, Prandtl transformera Göttingen en le plus grand centre d'aérodynamique européen jusqu'en 1945; on est assez loin de Jacobi en dépit du goût initial de Klein pour les fonctions elliptiques et modulaires[33].

---

[32] Ce qui n'empêchera pas certaines TH de comporter des sections de techniques militaires.

[33] Klein écrit avec le physicien Arnold Sommerfeld une *Theorie des Kreisels* (gyroscope) en quatre volumes où il réussit à placer un chapitre rempli de fonctions elliptiques et de séries de Jacobi. Le vol. 4 développe les principales applications : stabilisation de la trajectoire des torpilles de Robert Whitehead, stabilisation d'un navire, compas gyroscopiques pour la marine, etc. Klein dirige aussi la rédaction d'une colossale *Enzyclopaedie* des mathématiques où les applications ne sont pas oubliées.

Jusqu'à la dernière guerre, il n'était en fait pas vraiment nécessaire de choisir entre mathématiques "pures" et "appliquées" à la résolution de problèmes techniques (à distinguer des applications à la physique théorique) : les secondes n'existaient guère en dehors de la mécanique des fluides. Celle-ci avait certes donné lieu depuis le XVIIIe siècle, comme d'autres domaines de la physique, à beaucoup d'études théoriques dues pour la plupart à de grands analystes, mais ils ne se préoccupaient généralement pas des applications techniques ni des questions numériques, abandonnées aux ingénieurs comme en hydrodynamique navale. C'est principalement le développement de l'aérodynamique qui donne à celles-ci une importance prépondérante bien qu'on ne dispose encore que de méthodes de calcul primitives – l'analyse numérique des équations aux dérivées partielles est beaucoup plus difficile que celle des équations à une variable en dépit des simplifications apportées par la théorie de la "couche limite" de Prandtl – et de machines arithmétiques qui ne le sont pas moins. Soutenue par une propagande fréquemment délirante, peuplée d'ingénieurs, de militaires et d'hommes d'affaires en général aussi conservateurs en politique qu'imaginatifs en matière de finances[34], l'aéronautique désirait des résultats concrets et non des théorèmes généraux sur les EDP; nous exposerons plus loin sa conception de la guerre. G.H. Hardy, p. 140 de son *Apology* de 1940 citée plus loin, estime les mathématiques de l'aérodynamique et de la balistique, sujet plus traditionnel, *repulsively ugly and intolerably dull*; cela peut passer pour un point de vue aristocratique, mais le fait est que l'aérodynamique attirait fort peu de vrais mathématiciens[35].

---

[34] Voir par exemple D.E.H. Edgerton, *England and the Aeroplane* (Macmillan, 1991), Emmanuel Chadeau, *De Blériot à Dassault. L'industrie aéronautique en France, 1900–1950* (Fayard, 1987), Jacob A. Vander Meulen, *The Politics of Aircraft. Building an American Military Industry* (UP of Kansas, 1991). Le cas de l'Allemagne est un peu différent : le Traité de Versailles lui interdit l'aviation militaire, qui devient prépondérante après 1933. En ce qui concerne l'influence militaire, on peut noter qu'en France le ministère de l'Air avait financé avant la guerre la création d'une demi-douzaine d'instituts universitaires de mécanique des fluides à Lille, Poitiers, Toulouse, Marseille, etc. et assurait le salaire du professeur de mécanique des fluides à Paris et peut-être ailleurs. Une chaire d'aéronautique avait été créée à la Faculté des Sciences de Paris peu avant 1914 grâce à un don de Basil Zaharoff, personnage célèbre et controversé chargé de négocier les exportations de Vickers, l'énorme entreprise d'armement britannique.

[35] Les calculs théoriques que l'on trouve avant 1940 chez Ludwig Prandtl, Theodor von Kármán ou G. I. Taylor relèvent le plus souvent de l'analyse la plus classique; l'aérodynamique est, avant la guerre, bien davantage une science expérimentale qu'une branche des mathématiques appliquées; en particulier, on ne trouve quasiment pas de mathématiques dans les 700 pages du traité de Schlichting, écrit en 1942 à Göttingen et publié aux USA en plusieurs éditions successives jusqu'en 1970 au moins; en France, à partir des années 1930 et jusqu'aux années 1960, les calculs d'ailes sont effectués par la méthode des "analogies rhéologiques" de Lucien Malavard et Joseph Pérès, laquelle remplace les "calculs" par des mesures de la distribution du courant électrique dans une cuve conductrice de forme convenable; voir l'exposé de Malavard au *Colloque sur l'Histoire de l'Informatique en France* (Grenoble, 1988) édité par Philippe Chatelin; la méthode a un grand

En France, Jean Leray fait sa thèse de mécanique des fluides sur la théorie de la turbulence qui commence à naître (Prandtl-von Kármán), mais les applications pratiques en sont probablement fort éloignées.

Il y avait aussi depuis longtemps l'inoffensive mécanique céleste qui posait des problèmes d'analyse classique beaucoup plus intéressants (perturbations et développements asymptotiques par exemple), voire extraordinairement difficiles, comme le problème des trois corps qui continue à inspirer des mathématiciens se souciant bien davantage de la topologie des trajectoires que de calculer numériquement celles-ci. Ce domaine voit un début de développement de l'analyse numérique : à l'université Columbia, à New York, l'astronome Wallace J. Eckert dispose dans les années 1930 de machines comptables à cartes perforées, don du fondateur de la compagnie IBM, pour intégrer directement les équations de Newton gouvernant le mouvement de la Lune sans passer par les calculs de perturbations traditionnels. C'est évidemment ce que l'on fait maintenant – avec des ordinateurs autrement plus puissants – pour guider les véhicules "cosmiques", comme les appellent les Russes.

Comme on l'a noté plus haut, dans presque toutes les branches des sciences ou des techniques, les scientifiques et ingénieurs résolvaient eux-mêmes leurs problèmes en n'utilisant dans l'immense majorité des cas que des mathématiques connues depuis longtemps : calcul différentiel et intégral classique, théorèmes élémentaires sur les séries de Fourier, les équations différentielles et les fonctions analytiques, fonctions spéciales à propos desquelles on avait aligné des milliers de formules. Tout cela était souvent utilisé sous la forme apprise dix ou quarante plus tôt sur les bancs des universités ou écoles; l'emploi en physique ou mécanique du "calcul vectoriel" intrinsèque, à bien plus forte raison de la version géométrique du calcul tensoriel exposée par Herman Weyl vingt cinq ans plus tôt ou des formes différentielles d'Elie Cartan, de préférence à des calculs en coordonnées, était encore quasi révolutionnaire dans ma jeunesse.

La grande exception était la physique de la relativité générale et de la mécanique quantique; elle utilisait et parfois retrouvait des mathématiques "modernes" (géométrie riemannienne, matrices, espaces de Hilbert, groupes finis ou groupes de Lie particuliers, etc.) et contribuait à les faire avancer – par des mathématiciens – et à les propager chez certains physiciens; les calculs numériques, prépondérants en aérodynamique, en étaient à peu près totalement absents, certainement pour les mathématiciens concernés par le sujet comme Elie Cartan, Herman Weyl ou Johann von Neumann dans sa jeunesse en dépit de ses dons de calculateur; déduire de l'équation de Schrödinger les raies spectrales expérimentalement connues de l'hélium, l'atome le plus simple après l'hydrogène, était à l'extrême limite des capacités de l'époque.

succès auprès des militaires et industriels. A l'heure actuelle, en dépit de tous les superordinateurs et des énormes progrès des mathématiques appliquées, il faut encore des milliers d'heures d'essais en soufflerie pour choisir la forme d'un Airbus ou d'un B-2.

Le sujet, au surplus, semblait totalement inoffensif et aurait facilement pu figurer sous la rubrique "honneur de l'esprit humain".

Il y avait aussi le calcul des probabilités avec son langage, ses problèmes propres et ses spécialistes; à l'époque de la guerre, c'était déjà dans une large mesure une branche des mathématiques pures exploitant, grâce notamment à l'école soviétique de Kolmogoroff, des inventions modernes comme la théorie de la mesure, la transformation de Fourier, l'analyse fonctionnelle, etc. Il y avait en France un grand spécialiste, Paul Lévy, mais il enseignait à l'X où l'on ne produisait plus depuis longtemps de mathématiciens, et la clarté de ses articles n'était pas de nature à lui attirer beaucoup de disciples à l'époque.

Après la guerre et surtout depuis une vingtaine d'années, l'analyse numérique et l'informatique, rendant possible la résolution numérique d'équations jusqu'alors quasiment intraitables, ont pris de l'extension au point de menacer les mathématiques "pures" d'une quasi marginalisation, et ce d'autant plus que les problèmes "appliqués", fréquemment suceptibles d'innombrables variantes dont l'étude exige peu d'imagination, peuvent conduire à beaucoup d'emplois dans les universités, les centres de recherche, l'industrie, la finance, etc. Il faut donc maintenant vraiment choisir. Mais même dans un domaine possédant autant d'applications que les équations aux dérivées partielles, on peut continuer à se placer au point de vue traditionnel; ce qui, avant la guerre, n'était guère qu'un chaos sans unité ni, bien souvent, sans rigueur, est devenu une magnifique théorie, remplie de résultats généraux difficiles à établir, où l'analyse numérique et les machines ne jouent aucun rôle, comme le montrent par exemple les livres de Lars Hörmander.

On ne va généralement plus, de nos jours, jusqu'à parler de l'honneur de l'esprit humain, encore qu'André Weil et Jean Dieudonné l'aient revendiqué; cette notion, philosophiquement assez obscure, est beaucoup trop romantique pour notre époque. On choisit les mathématiques, ou tout autre domaine, parce qu'on y réussit plus ou moins brillamment, que c'est ce que l'on sait le mieux faire, que l'on veut comprendre et résoudre des problèmes – comme Isidor Rabi l'a dit de sa première petite découverte en physique, *I rode the clouds for weeks* – et que l'on a l'ambition ou l'espoir de parvenir à un certain niveau de notoriété dans la profession, voire même, pour les *happy few*, à l'immortalité. On choisit les mathématiques pures plutôt qu'appliquées parce qu'on a l'impression que ce sont, comme dit Hardy, les "vraies" mathématiques – un paradis intellectuel où toute l'activité consiste à inventer, à organiser et à échanger des idées dont la valeur est décidée par des critères purement internes – et non pas un ensemble de méthodes de calcul, si sophistiquées soient-elles, dont la valeur est fondée sur des critères externes d'efficacité opérationnelle ou sur les besoins de la physique.

Le mathématicien pur ne peut espérer ni pouvoir, ni richesse, ni célébrité publique et c'est évidemment un aspect de la profession qui contribue à en écarter ceux qui ont des ambitions mondaines, comme on disait autrefois.

Mais il peut espérer jouir d'une liberté rarement disponible ailleurs; on peut, comme Stephen Smale, découvrir son meilleur théorème sur la plage de Rio. C'est souvent un attrait supplémentaire majeur de la profession et ce qui distingue les mathématiciens des expérimentaux, liés à leurs laboratoires, et a fortiori des ingénieurs. Ceux-ci bénéficient en outre d'une liberté d'expression généralement fort limitée, notamment dans la France du "devoir de réserve" imposé à ceux qui, dans l'administration publique ou les grandes entreprises, occupent des postes de responsabilité et pourraient être tentés de s'opposer publiquement à la politique officielle; fort heureusement, les idées subversives naissent rarement dans des cerveaux d'ingénieurs.

En échange de ces avantages relatifs, le mathématicien paie généralement sa dette à l'égard de la société en diffusant des mathématiques moins avancées mais fort utilisables auprès de milliers d'étudiants et de lecteurs qui en feront ce qu'ils voudront ou pourront : passée l'innocence de la jeunesse, on finit bien par apprendre que l'énorme développement mondial des mathématiques depuis 1945 n'est pas uniquement dû aux emplois créés de façon quasi mécanique par l'expansion des universités; particulièrement dans la France du CNRS, on s'oriente même depuis quelques décennies vers des postes permanents de chercheurs dispensés de la corvée subalterne consistant à enseigner des mathématiques standard à des étudiants ordinaires. On se demande comment Weierstrass pouvait faire des mathématiques avec ses amphis de deux cents étudiants, ou comment tant de très grands scientifiques américains peuvent faire de la recherche en enseignant la physique ou la biologie à des centaines d'étudiants débutants. Mépris ?

Pour certains vrais ou faux idéalistes – il en reste et pas seulement en mathématiques –, la "pureté" se situe moins dans la science que dans les motivations des scientifiques. Les expérimentaux ont inventé une "éthique de la connaissance" qui justifie a priori le progrès scientifique dans tous les domaines; à la société de s'en arranger[36], avec parfois l'aide de "comités d'éthique" comme on le voit en France depuis quelque temps en biologie (mais non en physique : il est bien connu que la physique ne pose pas de problèmes d'éthique). Le physicien Francis Perrin, caricaturant peut-être involontairement Jacobi, a par exemple déclaré dans l'éphémère revue *Sciences* de janvier 1971 que

---

[36] A un physicien qui lui reprochait de construire son ordinateur pour calculer la future bombe H, von Neumann aurait répondu que son but réel était de *révolutionner la société*. La "révolution" informatique ne reposait, à l'époque ou de nos jours, sur aucun programme politique ou philosophique rationnellement conçu et discuté; personne ne pouvait en prévoir les conséquences sociales, bonnes ou mauvaises. On pourrait en dire autant de toutes les grandes innovations techniques du passé : machine à vapeur, chemins de fer, électricité, automobile, aviation, etc. Elles ne révolutionnent pas la société, elles la bouleversent et l'obligent à s'adapter.

la plupart des scientifiques ... disent que la science doit se développer quelles que soient ses conséquences, que ce soit matériellement pour le bien ou pour le mal. C'est toujours pour le bien de l'esprit humain qui est la chose essentielle ... Nous estimons que la recherche est le devoir essentiel vis-à-vis de l'esprit humain, que c'est la forme la plus élevée de l'activité spirituelle de l'humanité,

ce qui, de la part d'un scientifique, témoigne d'une touchante modestie. Venant d'un homme qui, au printemps de 1939, déposa au CNRS un brevet secret de bombe atomique (à l'uranium naturel il est vrai, mais c'est l'intention qui compte) et qui, professeur au Collège de France, fut Haut commissaire du CEA pendant qu'on y développait, toujours en secret, des armes qu'il prétendait désapprouver tout en aidant volontiers les ingénieurs à résoudre leurs problèmes de physique et tout en poussant à la propulsion nucléaire pour les sous-marins, c'est là une position difficile à tenir. On s'y expose à ce qu'un historien américain de la physique contemporaine a appelé

the scientists' own false consciousness, which succeeded so well in what it was intended to do, to mislead others even as it blinded themselves[37].

Il est réconfortant de savoir qu'il se trouve toujours des jeunes gens brillants pour se lancer dans les mathématiques pures et, sans se compromettre au delà de l'irréductible minimum, pour en assumer les risques : ils sont loin d'être négligeables par ces temps de féroce compétition. Conseillons-leur quand même de ne pas se borner à ignorer, au sens français ou anglais, ce qui se passe à quinze mètres de leurs bureaux ni, comme tel bienheureux innocent, à s'émerveiller d'être payés pendant toute leur vie pour faire ce qui les amuse le plus au monde.

Des mathématiques inutiles aux sciences de l'armement

En fait, les partisans de Fourier ont souvent fait observer que les mathématiques "pour l'honneur de l'esprit humain" ont, qu'on le veuille ou non, d'innombrables applications scientifiques ou techniques immédiatement ou à terme, y compris les séries thêta et les travaux de mécanique analytique de Jacobi[38]; la revue dans laquelle il publiait – la seule au monde à l'époque à ne publier que des mathématiques – s'appelait et s'appelle encore le *Journal für die reine und angewandte Mathematik,* mathématiques pures et apliquées,

---

[37] Paul Forman, *"Behind quantum electronics: National security as basis for physical research in the United States, 1940–1960"* (*Historical Studies in Physical Sciences*, 18, 1987, pp. 149–229), p. 228. On trouvera beaucoup d'autres articles sur des sujets voisins dans cette revue.

[38] Voir l'article de Helmut Pulte dans *The Mathematical Intelligencer,* Summer 1997.

comme la revue française que Liouville fondera ensuite. Jacobi ne refusait pas par principe les applications des mathématiques à la physique, à la mécanique ou à l'astronomie – c'est essentiellement de cela qu'il s'agissait – lorsqu'elles conduisent à des problèmes mathématiques intéressants. Il disait que ni ces applications ni "l'utilité publique" des mathématiques n'en constituaient la justification. Au surplus, les applications de celles-ci ne posaient pas, à beaucoup près, les mêmes problèmes qu'aujourd'hui. On a dit que la première guerre mondiale avait été la guerre des chimistes et la seconde celle des physiciens; la troisième risque d'être en bonne partie celle des informaticiens et des mathématiciens appliqués.

Les cyniques qui se moquent de Jacobi n'apprécient pas davantage la célèbre déclaration attribuée à G. H. Hardy :

> This subject [Pure Mathematics] has no practical use; that is to say, it cannot be used for promoting directly the destruction of human life or for accentuating the present inequalities in the distribution of wealth.

Hardy lui-même s'est exprimé de façon un peu différente et, notant que sa déclaration date de 1915, la considère comme *a conscious rhetorical flourish, though one perhaps excusable at the time when it was written*[39]. On s'est naturellement, ici encore, empressé de ridiculiser Hardy, version Bernal : il suffit d'effacer le mot "directly" de sa déclaration. Rhétorique ou pas, ce n'est pas par hasard que Hardy oublie de mentionner d'autres usages concevables, par exemple la physique mathématique. Ce que Liebig a écrit à Faraday reste valable en 1914 à ceci près que la science pure ne domine plus totalement les activités des universitaires allemands et que, par contre, elle domine celles de quelques scientifiques britanniques, notamment en physique atomique expérimentale, secteur fort brillant avant et après la Grande Guerre mais ne coûtant quasiment rien. En fait, les scientifiques eux-mêmes, lorsqu'ils réclamaient davantage de moyens, se sont toujours sentis obligés de souligner son importance dans la compétition économique ou militaire en invoquant fréquemment l'exemple allemand avant 1914 et la guerre après 1918[40]. La

---

[39] Hardy cité sans référence p. 9 de J. D. Bernal, *The Social Function of Science* (Routledge, 1939 ou MIT Press, 1967). Dans *A Mathematician's Apology* (Cambridge UP, 1940 et constamment réédité depuis), p. 120, Hardy s'exprime comme suit, sans fournir lui non plus la référence à sa déclaration de 1915 : *a science is said to be useful if its development tends to accentuate the existing inequalities in the distribution of wealth, or more directly promotes the destruction of human life*. Hardy ne considère pas l'inutilité d'une science comme une qualité à encourager; il est au contraire tout à fait en faveur des applications susceptibles de contribuer *directly to the furtherance of human happiness or the relief of human suffering*; mais puisque la science *works for evil as well as for good (and particularly, of course, in time of war)*, il se réjouit de voir qu'il existe au moins un domaine – la théorie des nombres en l'occurence – que son absence d'utilité a maintenu *gentle and clean*.

[40] Voir par exemple Peter Alter, *The Reluctant Patron*, D.S.L. Cardwell, *The Organization of Science in England* (Heinemann, 1972) et l'exposé passablement

déclaration suivante, un sommet du genre, aurait très largement suffi à justifier Hardy bien avant 1915 :

> Every scientific advance is now, and will be in the future more and more, applied to war. It is no longer a question of an armed force with scientific corps; it is a question of an armed force scientific from top to bottom. Thank God the Navy has already found this out. Science will ultimately rule all the operations both of peace and war, and therefore the industrial and the fighting population must both have a common ground of education. Already it is not looking too far ahead to see that in a perfect State there will be a double use of each citizen – a peace use and a war use ... The barrack, if it still exists, and the workshop will be assimilated; the land unit, like the battleship, will become a school of applied science, self-contained, in which the officers will be the efficient teachers.

L'auteur de ces prophéties non entièrement fantaisistes[41] n'est pas un chantre stipendié de l'impérialisme britannique. Astronome célèbre pour avoir découvert en 1868 les raies de l'helium dans le spectre solaire, Sir Norman Lockyer (1836–1920) s'exprime en 1902 devant la British Association for the Advancement of Science qu'il préside; il publie son discours en 1903 dans *Nature*, la grande revue qu'il a fondée en 1869 et dirige jusqu'en 1918. Ici encore, on peut accuser Lockyer de se livrer à une autre sorte de rhétorique : son but est d'utiliser le modèle allemand pour convaincre les politiques de financer la recherche et de créer de nouvelles universités[42]. Il y a cependant tout lieu

---

cynique de D.E.H. Edgerton, "British Scientific Intellectuals and the Relations of Science, Technology, and War" dans Paul Forman et José M. Sánchez-Ron, *National Military Establishments dans the Advancement of Science and Technology* (Kluwer, 1996), par un auteur qui a une forte tendance à refuser la distinction entre science et technologie, pourtant classique : schématiquement, la science découvre des lois générales de la Nature alors que la technologie utilise à des fins pratiques la méthode d'expérimentation systématique et les lois inventées par les scientifiques.

[41] Principale erreur : toutes les nations avancées s'orientent maintenant vers des armées de métier précisément parce que le niveau technique et le coût unitaire des armements sont devenus trop élevés pour une armée de conscription. Cela épargnera aux simples civils d'aller se faire tuer sur les champs de bataille, mais non de servir de cibles aux professionnels de l'autre bord.

[42] Voir la citation p. 6 de l'article d'Edgerton, ainsi que Cardwell, p. 195 et Alter, pp. 91–97. On trouve d'autres discours à la BAAS dans George Basalla et autres, *Victorian Science* (Anchor Books, 1970). *It would excite great astonishment at the Treasury if we were to make the modest request that the great metropolis [Londres], with a population of four millions, should be put into as efficient academical position as the town of Strasburg, with 104,000 inhabitants, by receiving, as that town does, 43,000l. annually for academic instruction, and 700,000l. for university buildings* (Leon Playfair, 1885; il n'y avait pas d'université à Londres à cette date). Playfair note aussi les *gigantic efforts* de la France – 80 millions de francs, dont 13 millions pour le secteur scientifique – pour rattraper son retard ($£1 = 25$ francs). Le Second Empire avait agrandi les surfaces de 480 m^2 ...

de penser que Lockyer croyait à ce qu'il écrivait. Dans les faits, la Grande Guerre sera pour les scientifiques anglais (et pas seulement pour les Anglais) l'occasion d'affirmer énergiquement et publiquement leur compétence bien avant que le gouvernement n'y ait recours; ils en retireront quelques modestes bénéfices pour leur corporation en attendant la beaucoup plus fructueuse occasion suivante. Faite en 1940, la déclaration de Hardy aurait donc encore pu être à la fois une description férocement ironique de la réalité britannique et une énorme provocation à l'égard de ceux qui utilisaient les mathématiques et les sciences aux fins qu'il mentionne. L'importance des subventions à la recherche aéronautique ne contredit pas ce qui précède.

Le fait que certains cherchent à ridiculiser Hardy montre assez qu'ils sont bien conscients de la provocation. L'un de mes anciens condisciples à l'Ecole normale, Paul Germain, m'a fait observer un jour que le CEDOCAR[43] contient une section mathématique des plus honorables. L'ironie de ce collègue revenait à dire que même si vous ne voulez pas vous compromettre avec l'armement, l'armement vous exploitera si vos travaux sont utilisables. Il est de fait que tout travail scientifique publié est à la disposition de tous les utilisateurs potentiels, y compris du cartel de la drogue colombien s'il a des problèmes en agronomie, neurophysiologie, chimie organique et analytique, recherche opérationnelle, banques de données, cryptologie, traitement du signal, contrôle de tir, explosifs, etc. Ce n'est pas une raison suffisante pour l'aider à les résoudre ou le prier de subventionner des colloques internationaux sur le théorème de Fermat ou les récepteurs de la cocaïne. Au cours des guerres du XXe siècle, sans même utiliser les armes scientifiques maximum de la guerre froide et pour les raisons ou sous les prétextes les plus divers, la corporation politico-militaro-industrielle a tué directement ou non au bas mot une centaine de millions de personnes, en a estropié bien davantage et déplacé on ne sait combien de dizaines de millions[44]; les exploits des trafiquants d'héroïne relèvent de l'artisanat.

Germain, qui fut le premier mathématicien appliqué en France après 1945, a fait carrière dans la mécanique des fluides, les équations de Navier-Stokes et l'aérodynamique supersonique, ailes delta notamment dès 1950; technique favorite de Marcel Dassault[45] pour les avions de combat que son

---

[43] Enorme centre militaire de documentation technique à la disposition des ingénieurs et scientifiques français autorisés à le consulter. Il fait payer les photocopies en libre service 3,30 F la page contre 0,50 F au maximum dans n'importe quelle boutique du Quartier Latin, et 140 F pour *chaque* document emprunté contre zéro ailleurs, ceci sous prétexte que le Centre paie les documents qu'il acquiert.

[44] Si les manuels d'histoire des lycées vous ont ennuyé, lisez Eric Hobsbawn, *Age of Extremes. The Short Twentieth Century, 1914–1991* (Michael Joseph, 1994/Abacus, 1995), par un historien britannique de niveau maximum qui a vécu toute la période.

[45] C'est en proposant à l'armée de l'air un avion (à hélice) de "police coloniale", le MD 315 Flamant, que Marcel Dassault, déporté à Buchenwald pendant la guerre, acquiert en 1945–1947 le moyen de se relancer dans la production; vien-

entreprise est seule en France à produire, elle n'a, en un demi-siècle, jamais eu d'application civile sauf peut-être au Concorde, la plus grande catastrophe économique de l'histoire mondiale de l'aéronautique, et à ses semblables américain et soviétique plus ou moins mort-nés. M. Germain a, en 1962–1967, dirigé l'ONERA, l'organisme militaire de recherche aéronautique créé en 1946, et y dirigeait déjà un groupe de chercheurs en 1950; professeur à Poitiers où il organise un important centre de mécanique des fluides, puis à la Faculté des sciences de Paris (1959) et à Polytechnique (1977), il est secrétaire perpétuel de l'Académie des sciences depuis 1975.

Celle-ci décerne depuis 1954 un prix Lamb destiné à récompenser les auteurs de travaux d'intérêt militaire[46]; l'association Science et Défense mentionnée dans ma préface décerne un prix analogue. Au premier congrès de

---

nent ensuite le plan Marshall (l'Amérique l'aide en faisant cadeau à la France ou en envoyant à la ferraille ou en Israël les avions qu'elle lui achète sans en avoir besoin), l'OTAN, la "force de frappe" française et, surtout à partir de 1970, des exportations massives, principalement vers le Moyen-Orient. Voir Marie-Catherine Dubreil dans *La France face aux problèmes d'armement 1945–1950* (Centre d'études d'histoire de la défense, Ed. Complexe, 1996) et Emmanuel Chadeau, *L'industrie aéronautique en France 1900–1950. De Blériot à Dassault* (Fayard, 1987), dernier chapitre et p. 431. Selon Jean Doise et Maurice Vaïsse, *Politique étrangère de la France. Diplomatie et outil militaire, 1871–1991* (Ed. du Seuil, 1992), p. 522, le plan quinquennal (1951–1955) d'équipement militaire, qui prévoyait la fabrication de 1 050 chasseurs Ouragan (à réaction et ailes delta) principalement pour l'OTAN, fut mis au point par le chef d'état-major et le colonel Gallois. Représentant la France au groupe des plans nucléaires de l'OTAN, Gallois joua dans les années 1950 un rôle très important pour convertir les dirigeants français à l'arme atomique et élaborer la providentielle stratégie gaulliste de la "dissuasion du faible au fort". En 1958, alors que Dassault commençait à préparer les Mirage IV destinés à la mettre en oeuvre, Gallois entre chez le fournisseur pour un quart de siècle comme directeur commercial; cette position de juge et partie ne l'empêchera pas de continuer à propager abondamment ses idées sans presque jamais mentionner ses liens avec Dassault.

Tout cela mériterait davantage de clarté, que l'hagio-biographie de Claude Carlier, *Marcel Dassault. La légende d'un siècle* (Perrin, 1992) est loin de fournir; il faudra attendre l'ouverture des archives de l'entreprise . . .

Quant à la nécessité d'une "police coloniale" en 1945, elle est claire. Au début de mai 1945, la répression d'une révolte en Syrie fait un millier de morts; quelques jours plus tard, au lendemain même de la victoire de la "liberté" en Europe, la répression d'une révolte dans la région de Constantine fait, selon les sources françaises, entre cinq et vingt mille morts. On voit ensuite à la fin de 1946 le bombardement de Haïphong par la flotte française (cinq mille morts ?) puis la répression à Madagascar en 1947 avec à nouveau quelques dizaines de milliers de morts, et ainsi de suite jusqu'en 1962, après quoi viendra le maintien de l'ordre dans l'Afrique francophone décolonisée.

[46] Il est décerné par une commission composée d'académiciens habilités au secret militaire; l'Académie dans son ensemble se borne à entériner le choix de la commission. L'Académie décerne aussi depuis 1993 un prix Lazare Carnot financé par le ministère des Armées. Son premier titulaire, Pierre Raviart, professeur à Paris VI et à Polytechnique et mathématicien de l'école Lions, l'a obtenu pour ses travaux de mécanique des fluides.

celle-ci, tenu à l'Ecole polytechnique le 27 avril 1983 devant treize cents invités, c'est naturellement M. Germain qui fut chargé par le Président et les membres de l'Académie de *transmettre leurs félicitations à ceux qui ont pris l'initiative d'organiser cette manifestation.* Il nous dit que *tout le monde s'accorde*[47] *à reconnaître la nécessité de développer des liens entre la Recherche et la Défense,* que rechercher des contrats militaires doit être encouragé mais

> qu'il faut aller plus loin, qu'il convient de favoriser et de réaliser, sur des thèmes privilégiés tout au moins, une symbiose des recherches civiles et militaires. Et la méthode indiscutablement la meilleure pour assurer le transfert des connaissances et des savoir-faire est de rendre possible la "mobilité des personnels" et, bien sûr, au premier chef, la mobilité des enseignants et des chercheurs dépendant des secteurs civils et militaires.

Hardy aurait apprécié.

---

[47] Dans les deux pages qu'il consacre à célébrer l'évènement, *Le Monde* du 27 avril 1983 révèle à ceux qui l'ignoraient que *dans une discipline comme la physique des particules,* [on trouve] *autant de chercheurs réfractaires que de chercheurs favorables à une coopération avec les militaires. Il arrive même parfois que la DRET éprouve des difficultés à trouver des équipes dans certains domaines.* Le manque d'enthousiasme ou l'hostilité de la plupart des physiciens à l'égard de la bombe H française de 1968 est noté par Alain Peyrefitte dans *Le mal français* (Plon, 1976), p. 83, et par Jacques Chevallier, directeur des applications militaires au CEA, au colloque sur *L'aventure de la bombe* (Plon, 1985), p. 161. Dominique Mongin fait la même constatation à propos de la bombe A sous la IVe République.

En sens inverse, il faut noter qu'à côté des grandes réunions générales "Science et Défense" à Paris, de nombreuses réunions moins importantes sont organisées en province pendant toute l'année; le directeur adjoint de la DRET note en octobre 1987, dans la revue *La Recherche,* qu'elles ont déjà été suivies par 8 000 personnes dont environ 30 % d'universitaires et que la réserve à l'égard de la DRET a largement disparu dans les milieux scientifiques. Ceci n'aurait rien d'étonnant puisque, depuis 1981, la France a, sauf pendant quelques années, été gouvernée par des socialistes qui se sont empressés de faire la même politique militaire (parfois en pire, notamment en ce qui concerne les exportations) que leurs adversaires de droite; privée de tout support politique organisé, l'opposition à celle-ci se réduit alors nécessairement à des cas individuels que le "consensus" et la propagande médiatique n'impressionnent pas ...

Dans ce qui suit, on citera le journal *Le Monde* simplement LM.

Eloge de l'aéronautique[48]

Beaucoup de gens se demandent comment il est humainement possible que les Nazis aient massacré des millions de Juifs (et de non Juifs) lors de la dernière guerre; l'un des principaux historiens du sujet nous fournit une explication fort vraisemblable [49] :

> World War I was evidence of the massive brutalization of the twentieth century; it was a major new departure in the history of mankind. For the first time in history had such mass killings on such a scale taken place between civilized countries. The killing, mutilation and gas poisoning of millions of soldiers on both sides had broken taboos and decisively blunted moral sensitivities. Auschwitz cannot be explained without reference to World War I.

Il y a toutefois un autre point important que le texte de Bauer ne mentionne pas, à savoir l'intervention d'une nouvelle arme, l'aviation qui, tout en relevant à l'époque principalement de la technique, voire de l'artisanat, recevra du début de son existence à nos jours l'aide d'une communauté scientifique internationale de plus en plus importante – mécanique des fluides et aérodynamique notamment –, en attendant les experts en analyse numérique, informatique et électronique. Arrêtons-nous un moment devant cette belle technique.

Cette autre *major new departure* est prévue dès 1908 par Wells et autres romanciers pour lesquels ce n'est encore que de la science-fiction appuyée sur une vision pessimiste mais réaliste de la "civilisation" de l'époque. Elle l'est aussi par Clément Ader qui, lui, fait activement campagne pour la promouvoir concrètement; avec son "avion" explicitement militaire des années

---

[48] Principales références utilisées : Emmanuel Chadeau, *L'industrie aéronautique en France, 1900–1950, de Blériot à Dassault* (Fayard, 1987) et *Le rêve et la puissance. L'avion et son siècle* (Fayard, 1996); Williamson Murray, *Luftwaffe. Strategy for Defeat 1933–1945* (Grafton/Collins, 1988); H. Bruce Franklin, *War Stars. Superweapons and the American Imagination* (U. of North Carolina Presss, 1988); Max Hastings, *Bomber Command* (Michael Joseph, 1979/Pan Books, 1981); Michael Sherry, *The Rise of American Air Power: The Creation of Armageddon* (Yale UP, 1987); Patrick Facon, *Le bombardement stratégique* (Ed. du Rocher, 1996); Ronald Schaffer, *Wings of Judgment. American Bombing in World War II* (Oxford UP, 1985); Frederick M. Sallagar, *The Road to Total War* (Van Nostrand, 1969). Voir aussi l'exposé de Kenneth P. Werrell, *Blankets of Fire. U.S. Bombers over Japan during World War II* (Smithsonian Institution Press, 1996), remarquable par sa précision. Chadeau, *Le rêve ...*, propose à ses lecteurs une abondante bibliographie, mais son utilité est très faible puisqu'il ne la cite jamais dans son texte.

[49] Yehuda Bauer, *A History of the Holocaust* (Franklin Watts, 1982, pp. 58–59). Cité dans Eric Markusen and David Kopf, *The Holocaust and Strategic Bombing. Genocide and Total War in the Twentieth Century* (Westview Press, 1995), p. 30.

1890 – il pense déjà au maintien de l'ordre en Algérie –, il avait été le premier ingénieur de l'aéronautique à faire financer par les militaires (500.000 francs-or) un mirifique projet ultra secret, n'ayant de ce fait aucune influence sur les développements ultérieurs et n'aboutissant à rien, mais possédant une inestimable valeur patriotique[50]. La vérité que rétablit M. Carlier, historien généralement dithyrambique de l'aéronautique française, est qu'un jardinier du parc de l'hôtel des Rothschild a témoigné avoir vu un jour l'objet effectuer un vol de quelques dizaines de mètres à une altitude de quelques décimètres. Un ingénieur français, M. Lissarague, a récemment effectué des essais en soufflerie d'une maquette de l'avion n° 3 d'Ader et en a conclu qu'il lui manquait peu de chose pour pouvoir voler; mais il faut noter que les militaires désiraient un appareil capable d'emmener deux hommes à cinquante kilomètres, ce qui était légèrement utopique à l'époque. Ce sont les frères Wright – modestes mais astucieux et obstinés marchands et fabricants de bicyclettes américains utilisant leurs propres deniers et ayant lu tous les travaux scientifiques antérieurs – qui, à la Belle Epoque, en utilisant des solutions totalement différentes de celles d'Ader, ont fait démarrer la technique; ils proposèrent leurs machines aux gouvernements américain et européens pour leurs armées, bien sûr. Il ne faut quand même pas oublier les Français bien connus comme Ferber, un X qui se tue dans un accident comme beaucoup d'autres pionniers, Farman, Blériot, etc ... Ader avait compris la nécessité de munir le "gadget" d'ailes (de chauve souris), d'un moteur à vapeur très avancé, ce que quelques autres feront aussi, et d'hélices (surréalistes); mais on savait tout cela depuis longtemps, notamment grâce aux études théoriques et aux modèles réduits du mathématicien George Cayley; d'autres (Hiram Maxim et Langley par exemple) ont eu des idées analogues – et pas plus de succès – à la même époque qu'Ader; voir les livres de Chadeau. Ader publie en 1911 *L'aviation militaire* (réédité par le Service historique de l'armée de l'air, 1990) où apparaissent déjà les idées de base du bombardement stratégique.

En raison des capacités de 1914, les bombardements aériens de civils sont, au début, principalement le fait des Zeppelins dont Prandtl et von Kármán avaient étudié l'aérodynamique à Göttingen et dont les aviateurs français et anglais tentent, dès le début, de détruire les usines et hangars. Les problèmes éthiques que soulèvent d'éventuels bombardements contre des cités inspirent, en novembre 1914, le Grand Amiral von Tirpitz :

> Les Anglais ont maintenant la terreur des Zeppelins, peut-être non sans raison ... Je suis partisan de la "guerre au couteau", mais je ne suis pas en faveur des "atrocités" ... Les bombes isolées lancées par des machines volantes sont erronées; elles sont odieuses quand elles frappent et tuent des vieilles femmes, et l'on s'y habitue. Mais si l'on pouvait provoquer à Londres trente incendies, ce qui est odieux à petite échelle ferait place à quelque chose de magnifique et de puissant (Murray, p. 21).

---

[50] Claude Carlier, *L'affaire Clément Ader. La vérité rétablie* (Perrin, 1990).

En dépit des fortes réticences initiales de Guillaume II, petit-fils de la reine Victoria, les bombardements sont concentrés principalement sur Londres à partir de 1915 et "justifiés" par les effets du blocus sur la population allemande. Ils créent quelques paniques mais renforcent plutôt le moral de la population, sont d'une efficacité militaire nulle – il est difficile de détruire l'industrie britannique en déversant au total 200 tonnes de bombes tombant à côté des objectifs – et, enfin, sont d'un coût prohibitif en matériel et en hommes. A partir de 1917, des avions moins vulnérables, les Gothas, remplacent les Zeppelins et lâchent au total 74 tonnes de bombes. Tout cela fit peu de victimes – environ quinze cents en Grande-Bretagne, beaucoup moins ailleurs – relativement aux quelque dix millions de morts de la Grande Guerre ou aux hécatombes aériennes de la suivante.

Néanmoins, ces opérations incitèrent des "penseurs" militaires et politiques, et particulièrement des Britanniques dès 1917, à élaborer pour l'avenir la théorie du bombardement stratégique ou de l'*Air power*, ainsi nommée par analogie à la plus traditionnelle *Sea power*; la Royal Air Force indépendante sort de là en vue de lancer une campagne intensive de bombardements sur l'Allemagne en 1918–1919. Au cours des années qui suivent la guerre, le général italien Douhet (qui n'a pas appris à piloter mais déverse à jet continu sa propagande hystérique en faveur de la *guerre aérochimique*), l'historien militaire anglais Liddell Hart, le major anglais J.F.C. Fuller, le très entreprenant colonel américain Mitchell qui, peut-être inspiré par le grand tremblement de terre de Tokyo et les incendies qu'il provoqua en 1923, parle avec un tact exquis des *maisons de bois et de papier japonaises*[51], Hugh Trenchard, le chef de la RAF, et bien d'autres élaborent la stratégie de la guerre totale aérienne qui, pendant la guerre suivante, triomphera en Grande-Bretagne et aux USA, mais non en Allemagne ou en URSS.

Dès cette période apparaissent les idées essentielles : disloquer les industries clés de l'ennemi et en particulier l'armement, les transports et les centres de communications, et provoquer dans la population ennemie des réactions suffisamment fortes pour qu'elle impose la paix à son gouvernement; les crétins qui les élaborent ont pourtant vu l'inverse se produire à Londres, il est évident que cette stratégie exigerait des moyens matériels sans

---

[51] Trois semaines avant Pearl Harbor, le général Marshall, chef de l'armée de terre et de son aviation, déclarera à son tour qu'en cas d'attaque japonaise *les Forteresses Volantes seront immédiatement envoyées pour mettre en flammes les villes de papier japonaises*; deux jours après Pearl Harbor, un général dira que *la meilleure façon de compenser cette défaite initiale est peut-être de brûler Tokyo et Osaka*; Sherry, p. 109 et 116, qui observe ailleurs que l'attaque contre Pearl Harbor visait et frappa des objectifs strictement militaires. A propos du bombardement de Tokyo, M. Chadeau, *Le rêve et la puissance*, se borne à dire (p. 280) que *la plupart des maisons, faites de bois et de papier, s'enflamment comme des torches* sans référence à Mitchell; son lecteur peut donc croire qu'il s'agit d'une simple remarque en passant de l'auteur. Voir aussi Franklin, *War Stars*, chap. 5, notamment p. 98 : *These towns, built largely of wood and paper, form the greatest aerial targets the world has ever seen* (Mitchell, 1932).

aucun rapport avec ceux de l'époque et il se pourrait que l'adversaire dispose de défenses rendant le coût de l'opération prohibitif, voire même qu'il adopte la même stratégie avec des moyens plus puissants : détails secondaires. Trenchard précise qu'il faudrait

> frapper la partie la plus sensible de la population allemande – à savoir, la classe ouvrière (Murray, p. 25).

Quant à ce que signifierait concrètement une utilisation des bombardements stratégiques, elle est assez claire même avec les moyens encore fort limités de l'époque. Le 29 avril 1925, dans un discours à la Cambridge University Aeronautical Society, le même Trenchard, dont les disciples directs, notamment Arthur Harris, *The Butcher*, dirigeront les opérations au-dessus de l'Allemagne lors de la guerre suivante, se livre à une extraordinaire déclaration :

> I do not want you to think that I look upon Air as a blessing altogether. It may be more of a blessing for this Empire than for any other country in the world, but I feel that all the good it will do in civil life cannot balance the harm that may be done in war by it, and if I had the casting vote, I would say abolish the Air. I feel that it is an infinitely more harmful weapon of war than any other[52].

Pour Douhet, l'aviation rend caduque la traditionnelle distinction entre militaires et civils et transforme les agglomérations urbaines en objectifs légitimes :

> L'humanité et la civilisation peuvent détourner les yeux, mais c'est ce qui arrivera inévitablement. Et du reste la distinction entre combattants et non-combattants est démodée. Aujourd'hui, ce ne sont pas des armées mais des nations tout entières qui font la guerre; et tous les citoyens sont des belligérants et sont tous exposés aux dangers de la guerre.

En 1925, époque où la crainte d'une guerre entre la France et la Grande-Bretagne (!) est temporairement prise au sérieux, Liddell Hart, dans un livre curieusement intitulé *Paris, or the Future of War*, se livre à une intéressante comparaison (Hastings, p. 47) :

> Imaginez un instant que Londres, Manchester, Birmingham et une demi-douzaine d'autres grands centres soient simultanément attaqués, les districts commerçants et Fleet Street démolis, Whitehall transformé en amas de ruines, les quartiers pauvres affolés au point d'échapper à tout contrôle et de se lancer dans le pillage, les voies

---

[52] Cité par Philip Noel-Baker, *The Private Manufacture of Armaments* (1936, reprint Dover, 1972), p. 22. Il se trouvera en 1943 un sénateur américain pour déclarer que l'aviation est l'invention la plus catastrophique qui se soit abattue sur le genre humain.

ferrées coupées, les usines détruites. La volonté générale de résister ne disparaîtrait-elle pas, et à quoi servirait la fraction de la population encore déterminée sans organisation ni direction centralisée ?

Winston Churchill, la même année, a de curieuses prémonitions :

Ne pourrait-on trouver une bombe pas plus grosse qu'une orange et possédant le secret pouvoir de détruire tout un bloc d'immeubles – mieux, de faire sauter une ville d'un seul coup d'un seul en concentrant en elle la force de mille tonnes de cordite[53] ? Des explosifs, ne seraient-ce que ceux des types actuels, ne pourraient-ils être guidés automatiquement, grâce à la radio ou à d'autres rayons, en une procession ininterrompue de machines volantes, vers une cité hostile, un arsenal, un camp ou un entrepôt[54] ?

Non totalement naïf, le même auteur reconnaîtra toutefois en 1934 que

Londres est une formidable vache grasse [a tremendous fat cow], une précieuse vache grasse vouée à attirer les bêtes de proie (Sallagar, p. 13);

ce n'est pas, à beaucoup près, le seul génie de la stratégie et de la politique qui aura préconisé des méthodes dont il savait pertinemment qu'elles lui retomberaient littéralement sur la tête.

Ces idées, en Grande-Bretagne, sont renforcées par l'expérience de la Grande Guerre : on veut absolument éviter de recommencer la guerre de tranchées avec ses horreurs et son gaspillage insensé de vies humaines et de matériel; l'aviation stratégique, en raccourcissant la guerre, remplira ainsi une mission quasi philanthropique, même si les civils ennemis doivent en payer le prix.

Indépendamment des querelles inter-armes (aux USA, l'insolent Mitchell passe en conseil de guerre et est chassé de l'armée), l'Etat-Major anglais n'est toutefois pas toujours d'accord parce que la position géographique du pays le rend très vulnérable à cette stratégie. Celle-ci soulève au surplus des problèmes éthiques préoccupant le gouvernement de Sa Majesté et tout particulièrement les marins, un amiral remarquant, avec une louable prescience, que

le recours à des atrocités expressément répudiées dans le cas de la guerre sur mer semble être un principe fondamental de la guerre aérienne;

Trenchard répond que, éthique ou pas,

dans un combat pour la vie toutes les armes disponibles ont toujours été utilisées et le seront toujours. Tous les participants à la dernière

---

[53] La poudre utilisée par l'artillerie navale.

[54] cité par A. J. Pierre, *Nuclear Politics : The British Experience with an Independent Strategic Nuclear Force, 1939–1970* (Londres, 1972), p. 11.

guerre ont commencé à le faire, et ce qui a été fait le sera à nouveau (Sallagar, p. 12).

Il y a aussi bien sûr, dans la Grande-Bretagne d'avant 1939, des civils qui ne sont pas d'accord. Le *Times*, en 1933, estime que bombarder la capitale de l'ennemi constituerait *une banqueroute de l'art de gouverner*, Bernard Shaw, de son côté, notant que les grandes villes dépendent

> d'organes mécaniques centralisés comme de grands coeurs et artères d'acier qui pourraient être écrasés en une demi-heure par un *boy* dans un bombardier.

Il y a encore, le 10 novembre 1932, le célèbre discours du Premier Ministre Stanley Baldwin à la Chambre des Communes, discours qu'il serait difficile de ne pas citer en raison de son ton extraordinairement prophétique (substituez "missile" à "bombardier") :

> Je pense qu'il est bon pour l'homme de la rue de comprendre qu'il n'existe sur la terre aucune moyen de lui éviter d'être bom-bardé. Quoi qu'on puisse lui dire, le bombardier passera toujours. La seule défense est l'offense, ce qui signifie que vous devez tuer plus de femmes et d'enfants plus rapidement que l'ennemi si vous voulez vous sauver vous-même. Je ne mentionne cela ... que pour que les gens comprennent ce qui les attend lorsqu'arrivera la prochaine guerre.
>
> On ne peut s'empêcher de réfléchir au fait qu'après les centaines de millions d'années pendant lesquelles la race humaine a habité cette terre, c'est seulement au cours de notre génération que nous avons conquis la maîtrise de l'air. Je ne sais assurément pas ce que ressent la jeunesse du monde, mais les hommes plus âgés ne se réjouissent pas à l'idée qu'ayant conquis la maîtrise de l'air, nous allons souiller la terre depuis les airs comme nous avons souillé le sol durant toutes les années au cours desquelles l'humanité l'a occupé. C'est beaucoup plus une question pour les hommes jeunes que pour nous. Ce sont eux qui volent. (Hastings, p. 50).

Les aviateurs répondent que

> à l'âge des tueries industrialisées il est ridicule de tracer une ligne artificielle quelque part entre une fabrique de tanks et le front,

un propagandiste de l'*Air Power* expliquant (Hastings, p. 48–9) que, pour éviter les pertes humaines, il suffirait d'attaquer pendant la nuit

> les établissements qui ne sont occupés que pendant la journée, comme le sont beaucoup de grandes usines (sauf en temps de guerre, R.G.).

En 1928 un Vice-Marshal de la RAF avait déjà expliqué que tous les objectifs assignés à ses bombardiers sont militairement importants, autrement les pilotes, s'ils étaient capturés, seraient exposés à être traités en criminels de guerre (Hastings, p. 53),

hypothèse fort heureusement trop pessimiste comme l'avenir le montrera, sauf au Japon après mars 1945 au grand scandale des Américains.

Cette stratégie, qui convient parfaitement aux aviateurs et aux industriels de l'aviation, provoque évidemment partout beaucoup de discussions entre militaires jusqu'à la guerre suivante, notamment parce que ni les fantassins ni les marins ne veulent se laisser ravir leur part du budget en temps de paix et la gloire de la victoire en cas de guerre. Conscients de la vulnérabilité de Paris, les Français la refusent, les Allemands et surtout les Soviétiques donnant, de leur côté, la priorité au rôle de l'aviation dans les batailles terrestres.

Comme on le sait, la théorie fut appliquée à grande échelle par les Anglais et les Américains, tout d'abord par les premiers sous la forme de "bombardements de précision" contre des objectifs militaires, usines et voies ferrées notamment; mais en août 1941, un examen systématique des photographies révèle que le tiers seulement des appareils ayant "attaqué" leurs cibles et donc lâché leurs bombes sont parvenus à moins de cinq miles de celles-ci (et 10 % seulement au-dessus de la Ruhr), sans parler de ceux qui se perdent en route. Le remède choisi consiste alors à bombarder globalement les cités puisque, dans ce cas, les bombardements

> would at least kill, damage, frighten or interfere with Germans in Germany and the whole 100 per cent of the bomber organisation is doing useful work, and not merely 1 per cent of it[55].

Loin d'être négligeables, les bombardements allemands, effectués par des bimoteurs et ne durant guère plus de six mois, firent cinquante mille morts, mais les bombardements alliés en Allemagne et au Japon en firent vingt fois plus, avec des dizaines de villes rasées. Et même ailleurs : tout le centre du Havre, ma ville natale encerclée en septembre 1944 par les troupes alliées, fut nivelé[56] et incendié en deux heures par quelque 350 quadrimoteurs britanniques pour des raisons qui restent inconnues et incompréhensibles; 3.000 morts au moins; les Allemands et leurs défenses étaient à des kilomètres de là et furent ensuite l'objet, dans la même semaine, d'une demi-douzaine de raids aussi puissants. Le premier grand raid de nuit sur Tokyo, le 9 mars 1945, détruit 40 km² de quartiers d'habitation et tue 80.000 personnes *scorched and boiled and baked*

---

[55] cité par Sallagar, pp. 99–101.

[56] La jeunesse de 1997 ne se rend pas compte. Lorsqu'avec ma future femme je suis allé en reconnaissance au Havre pour y retrouver la maison de ses parents (qu'ils avaient dû évacuer deux ans auparavant car trop proche du port et de la plage), nous avons été dans l'impossibilité de découvrir le moindre objet familier qui aurait pu nous la faire repérer. Après avoir brûlé pendant plusieurs jours, le centre du Havre n'était plus qu'un champ de gravats à peu près horizontal, ne dépassant guère la hauteur d'un homme et dans lequel l'armée canadienne avait grossièrement déblayé quelques passages. Selon Patrick Facon, le centre du Havre reçut 1.800 tonnes d'explosifs et 30.000 bombes incendiaires.

to death comme le dira en 1956 le général LeMay[57] qui commandait les B-29; dans les avions secoués comme des feuilles mortes par les colonnes d'air sur-chauffé qui montent des brasiers, l'odeur de chair humaine grillée donne des nausées aux équipages, nous dit Sherry. Après Hiroshima et Nagasaki[58], le

---

[57] John Dower, *War Without Mercy. Race and Power in the Pacific War* (Random House, 1986), p. 41. LeMay s'est exprimé dans les mêmes termes dans une interview plus récente par un historien, ajoutant que si l'Amérique avait perdu la guerre c'est lui qui se serait trouvé au banc des accusés à la place des criminels de guerre japonais; on trouve beaucoup de citations de LeMay dans Rhodes, *Dark Sun*, qui, p. 347, estime à 2,5 millions les civils japonais tués par les bombardements mais, pour une fois, sans référence précise à sa source; les autres sources citent des chiffres inférieurs à 900.000. Pour comprendre concrètement ce qu'étaient les bombardements aériens, lire par exemple Hastings, exposé systématique sur les opérations britanniques, Martin Middlebrook, *The Battle of Hamburg. The Firestorm Raid* (Penguin Books, 1984) et autres titres analogues du même auteur, Sherry, Schaffer et Werrell. La théorie et son histoire peuvent se trouver en français dans Patrick Facon, *Le bombardement stratégique*, par un chercheur du Service historique de l'armée de l'air qui connaît la littérature mais omet les descriptions réalistes et nombre de citations fort révélatrices que mentionnent les historiens anglais ou américains; il omet notamment, comme Chadeau, la terrible déclaration de LeMay.

[58] On croit souvent que c'est la bombe atomique qui a forcé les Japonais à capituler. La question est fort controversée. En fait, le Japon d'août 1945 était totalement vaincu. Hiroshima et Nagasaki n'ont pas, sur le moment, davantage impressionné les militaires – ils n'y comprenaient rien – que, par exemple, le grand bombardement de Tokyo. Le gouvernement tentait depuis trois mois d'entrer en contact avec les Américains par l'intermédiaire des Soviétiques, peu coopératifs puisqu'ils étaient censés entrer dans la guerre trois mois après la victoire en Europe et espéraient bien s'emparer de la Mandchourie. La principale condition posée par les Japonais était le maintien de l'Empereur; les Américains le refusèrent pour l'accorder après la capitulation. Beaucoup d'experts pensent que le blocus naval du Japon, total à partir du printemps 1945 et privant le pays des matières premières et produits alimentaires indispensables, a davantage contribué à la capitulation que les bombardements. Enfin, l'invasion soviétique de la Mandchourie au lendemain d'Hiroshima et la défaite immédiate de l'armée japonaise attaquée firent autant d'effet que la bombe sur le gouvernement japonais.

D'un autre côté, les militaires japonais, y compris au niveau maximum, parlaient encore après Nagasaki d'un dernier combat contre l'invasion américaine prévue et auraient pu bloquer la capitulation : il aurait suffi à leurs représentants au Cabinet d'en démissionner. L'intervention de l'Empereur fut apparemment décisive et les Américains eux-mêmes furent fort surpris de la rapidité de la décision.

On croit souvent aussi que la bombe a "sauvé un million de vies américaines" en rendant inutile l'invasion prévue. La guerre du Pacifique a fait cent mille morts dans l'armée américaine et neuf cent mille dans l'armée japonaise; entre mars 1944 et avril 1945, le rapport des pertes est de 22/1 d'après le général Mac Arthur. Lors de la dernière grande bataille, la prise d'Okinawa, les Américains perdent en quatre-vingts jours 12 500 hommes et des navires attaqués par les avions-suicide, pertes considérées comme effroyables par le président Truman (on a souvent fait mieux en un seul jour pendant la Grande Guerre ou, pendant la seconde, sur le front de l'Est); mais les Japonais perdent de 90.000 à 120.000

général Arnold enverra encore 828 B-29 et 186 chasseurs d'accompagnement bombarder Tokyo le 14 août sans la moindre perte américaine, mis à part sans doute des amérissages forcés d'avions ralentis par le jet stream – ce sont les B-29 qui le découvrent – et manquant de carburant. Au total, une soixantaine de villes japonaises seront plus ou moins dévastées.

Seules, les deux puissances anglo-saxonnes engouffrèrent des sommes astronomiques dans ce type d'opérations[59], les seules susceptibles de frapper

---

militaires et largement autant de civils. Une invasion qui aurait coûté un million de vies américaines suppose donc que les Japonais auraient accepté de perdre (et les Américains de tuer) dix à quinze millions de personnes, plus les blessés; peu vraisemblable malgré les rodomontades de quelques militaires dérangés.

Truman lui-même a parlé d'abord de dizaines de milliers, puis de 200.000 morts et pour finir, dans ses notes pour ses mémoires, de 500.000 *casualties* – morts, blessés et disparus –, estimation "rectifiée" en autant de morts par ceux qui les ont effectivement rédigés. Le chiffre d'un million de vies américaines sauvées est cité en août 1945 par Churchill, à l'automne devant le Congrès par le chef du projet atomique, et en 1947 par le Secrétaire d'Etat Henry Stimson.

En fait, on sait maintenant que les plans américains pour l'invasion de Kyushu (novembre 1945) et si nécessaire de la plaine de Tokyo (printemps 1946) ne prévoyaient guère plus de quelques dizaines de milliers de morts dans chaque cas au cours des premiers mois d'opérations; le général MacArthur ne prévoyait pas, au printemps de 1945, des pertes sensiblement supérieures à celles des opérations précédentes. Cette question a provoqué une énorme polémique aux Etats-Unis lorsque le Musée de l'air et de l'espace de la Smithsonian Institution, désirant monter une grande exposition pour le cinquantième anniversaire d'Hiroshima, fit appel à des historiens qui, à coups de citations et d'extraits d'archives, démolirent la vision traditionnelle du sujet et particulièrement le mythe du million de vies sauvées. Les associations d'anciens combattants exercèrent sur le Sénat une pression telle que le directeur de la Smithsonian dût démissionner et que les citations, notamment celles de dangereux subversifs comme MacArthur et Eisenhower, dûrent disparaître. Le directeur démissionné a relaté l'affaire dans un livre extraordinaire, Martin Harwitt, *An Exhibit Denied. Lobbying the History of the Enola Gay* (Springer, New York, 1996), formidable plongée dans l'Amérique profonde. L'Enola Gay est l'avion qui lâcha la bombe et le titre fait allusion au fait que l'histoire du sujet a fait l'objet d'une campagne de *lobbying* auprès du Congrès ayant pour but de maintenir la version "politiquement correcte" traditionnelle. Pour une mise au point récente par un top expert, voir l'article de Barton J. Bernstein dans le n° du printemps 1995 de *Diplomatic History* (vol. 19, n° 2) et, pour une défense du point de vue traditionnel, D. M. Giangreco, "Casualty Projections for the U.S. Invasions of Japan, 1945–1946: Planning and Policy Implications" (*The Journal of Military History*, 61, July 1997, pp. 521–82).

[59] Le principal bénéficiaire en fut naturellement l'industrie aéronautique américaine. La production passe de 1.710 appareils en 1937 à 96.000 en 1944, absorbant environ 10% du PNB américain; l'emploi culmine à 1.350.000 personnes en 1943; la valeur des installations passe de 110 millions en 1939 à quatre milliards en 1944, financés à 90 % par le gouvernement, et le chiffre d'affaires de 150 millions à huit milliards, ou seize en comptant les sous-traitants. L'Amérique produit près de 40.000 quadrimoteurs, expérience qui, après la guerre, lui assure une suprématie totale dans le domaine des transports civils. Voir Herman O. Stekler, *The Structure and Performance of the Aerospace Industry* (U. of California Press, 1965). La production militaire s'effondre en 1945 et les avions civils

directement les territoires nationaux de l'ennemi pendant longtemps. La stratégie, dans le cas de l'Allemagne, se révèla très largement fausse sauf peut-être au cours des derniers mois de la guerre; elle immobilise certes des ressources – hommes, chasseurs, canons, etc. – qui auraient pu être affectés au front de l'Est par exemple,mais la production d'armements en général est largement quadruplée entre 1939 et 1944, elle est même multipliée par quatorze pour les moteurs d'avion. Au lieu de détruire le moral des citadins sinistrés comme prévu par d'éminents psychologues, les bombardements les solidarisent et sèment la haine des Anglo-Saxons comme le montre par exemple la synthèse de Pierre Ayçoberry, *La société allemande sous le IIIe Reich* (Ed. du Seuil, 1998). Fausse ou non et avant même d'être appliquée, a fortiori après l'avoir été, cette stratégie contribua elle aussi puissamment à "violer les tabous et à émousser de façon décisive les sensibilités". Elle justifiera après 1945, aux Etats-Unis d'abord, les stratégies nucléaires considérées comme la suite "normale" de ce que l'on a déjà "commencé" pendant la Seconde guerre mondiale ou même la Première : si vous trouvez normal de tuer 175 civils au hasard à Londres en 1917, pourquoi pas 40.000 à Hambourg en une nuit de juillet 1943 et un million en cinq minutes à Leningrad ou Detroit la prochaine fois ? Vous voyez une différence ?

C'est la bombe atomique qui, après 1945, sauve la stratégie de l'Air Power en réduisant de façon drastique le matériel nécessaire à la guerre totale : en théorie, un avion et une bombe, en attendant un missile, pour raser une ville. Avec la fin de la guerre, l'immense majorité des scientifiques rejoignent les universités où vont bientôt arriver les premiers contrats militaires. Mais pour certains, en URSS autant qu'aux USA bien entendu, la fin de la guerre n'est que celle du commencement. Dès la fin de 1944, le grand homme de l'aérodynamique américaine, von Kármán[60] – ancien élève et collègue de Ludwig Prandtl à Göttingen avant 1914, établi au California Institute of Technology depuis 1929 et maintenant principal conseiller scientifique du général Arnold qui commande l'Air Force –, s'attelle à la rédaction d'un rapport sur les progrès futurs de l'aéronautique militaire en s'aidant notamment d'une visite en Allemagne sur les talons de l'armée américaine[61]; on

---

qui, eux, ne disparaissent pas après une trentaine de missions, ne suffisent pas à faire vivre les entreprises; l'industrie est sauvée en 1947 par les programmes militaires et la course aux armements qui bat son plein par la suite. La production n'a, depuis, jamais cessé d'être en majorité militaire, jusqu'à 80 %, comme c'était déjà le cas partout avant la guerre.

[60] Ses fréquemment cyniques mémoires, *The Wind and Beyond*, couvrent tout le développement de l'aéronautique et de la mécanique des fluides pendant un demi-siècle. Von K ne fait *aucune* allusion aux opérations aériennes de la guerre; tout semble, pour lui, se ramener à des problèmes techniques propulsés par la situation politique et stratégique. Il a joué après 1945 un grand rôle en Europe (France y compris), notamment en y faisant créer l'AGARD, grand centre de recherche aéronautique de l'OTAN à la disposition des spécialistes européens.

[61] Von K visite notamment l'usine souterraine où les V-2 étaient fabriqués par la main d'oeuvre d'un camp de concentration voisin, *a perversion of science beyond*

s'y empare d'innombrables documents, notamment sur l'aérodynamique des ailes en flèche que von K fait adopter in extremis pour le futur bombardier hexaréacteur B-47. Le titre du premier des trente trois volumes du rapport (mars 1946), *Science: The Key to Air Supremacy*, parle de lui même. Il conduit immédiatement à la formation du Scientific Advisory Board permanent de l'Air Force placé sous l'autorité du chef de la R-D de celle-ci, à savoir, au début, le général LeMay. Dès mai 1945, le général Arnold expose sa vision, que Schaffer, p. 150, résume ainsi :

> a future air war waged with guided missiles and enormous planes carrying fifty-ton bombs. Aircraft would disseminate nerve gases, lethal fogs, and agents that destroyed lungs and eyes and burned skin and flesh "as surely and painfully as flame". A heavy gas, currently under development, would flow into underground shelters where, igniting in explosive blasts of flame, it would remove city after city from the face of the earth. Bacteriological weapons would spread epidemics so rapidly "that self-preservation might become the sole, frantic concern of millions". Nuclear devices would threaten the extinction of humanity. In the official air force view of future war, violence would only be limited by man's ability to conceive destructive intruments and the fear of retaliation.

Une semaine après Hiroshima, la presse américaine (et von K et Cie bien avant) prévoit le futur mariage d'amour des V-2 améliorés et de la bombe atomique, i.e. la libération prochaine du "monstre de Frankenstein" comme l'appelle Hanson Baldwin, le critique militaire du *New York Times*[62]. On en arrivera au point où, en 1960, le plan de guerre américain envisagera, en cas de conflit majeur avec l'URSS, d'exterminer en vingt-quatre heures quelques centaines de millions d'habitants du monde socialiste[63]; les armes et les plans de vol nécessaires à son exécution étaient disponibles, les équipages s'entraînaient en permanence et le président Eisenhower, tout en se refusant à toute provocation, n'a jamais fait mystère de son intention de recourir éventuellement au *Sunday punch* du général LeMay, devenu le chef du Strategic Air Command; il ne s'agit plus de terroriser les populations ennemies : il s'agit de les exterminer purement et simplement. Le fait que ces plans soient

---

anyone's nightmarish imagination (les académiciens parisiens qui ont plus tard honoré von Braun n'ont pas dû lire les mémoires de von K en dépit de ses relations locales). Il visite aussi Göttingen, épargnée par les bombardements, et rencontre son ancien maître Prandtl; une bombe perdue ayant démoli le toit de sa maison, il demande à von K : pourquoi justement moi ? Von K lui répond qu'il s'agit d'un accident. N'importe quel gavroche havrais lui aurait répondu que, si sa maison avait été touchée, cela prouvait mathématiquement qu'elle n'avait pas été visée ...

[62] Paut Boyer, *By the Bomb Early Light. American Thought and Culture at the Dawn of the Atomic Age* (U. of North Carolina Press, 1994), p. 9, et Franklin, *War Stars*, p. 156.

[63] Voir Daniel Ellsberg, *Secrets* (Viking, 2002), pp. 57–60.

restés des plans – on les a du reste quelque peu adoucis en visant les missiles ennemis avant la population – ne saurait faire oublier qu'ils habitaient les cerveaux de dirigeants politiques, de militaires, d'ingénieurs et de scientifiques parfaitement conscients et organisés et ayant, à la différence des Nazis, la réputation de gens civilisés et équilibrés; il ne s'agissait pas de scénarios de science fiction à la Wells. A en juger par ce qu'il pensait avant 1914 des potentialités de l'aéronautique et de la physique atomique, l'auteur de *The War in the Air* et de *The World Set Free* n'eût pas été surpris de ces développements.

On a noté plus haut les 500 000 francs soutirés par Clément Ader aux contribuables français. L'aéronautique américaine de la Grande Guerre extorque 600 millions de dollars aux taxpayers indigènes, mais ce sont les Français qui doivent équiper l'armée américaine en 1917–1918. Il y a aussi les 10 % du PNB américain de 1944. Il y a encore l'avion à propulsion nucléaire des années 1950, abandonné après 10^9 dollars (six fois plus en monnaie actuelle) dépensés pour un engin capable en théorie de tenir l'air indéfiniment mais dont les réacteurs et le blindage contre les radiations auraient été d'un poids tel que, selon l'un des critiques du projet, tout ce qu'il aurait pu faire eût été de laisser tomber ses réacteurs sur l'ennemi[64]. Il y a aussi un peu plus tard le B-70 supersonique : deux prototypes construits, l'un s'écrase au sol en 1966 après une collision avec un chasseur d'accompagnement, l'autre atterrit en 1969 au Musée de l'Air à Wright Field; $1,5 \cdot 10^9$ dollars. Mais avant de s'écraser il sert d'argument aux constructeurs du Concorde qui le voient déjà transformé en transport civil; $18 \cdot 10^9$ F de 1978 selon la Cour des Comptes, pour sept appareils vendus à Air-France moins de deux cents millions de francs l'unité. Le B-70 et le Concorde suscitent le supersonique civil américain; financé très exceptionnellement par le gouvernement[65] parce que le projet est jugé trop risqué par les constructeurs, il est abandonné lorsque le Congrès lui coupe les vivres[66]; 10^9 dollars de 1970. Les Soviétiques suivent avec leur

---

[64] Herbert York, *Race to Oblivion* (Simon & Schuster, 1970), Chap. 4.

[65] Il ne finance en principe que son propre matériel, i.e. l'aéronautique militaire. Celle-ci profite évidemment, mais en général de façon indirecte, au secteur civil, y compris par les profits que les constructeurs réalisent sur leurs ventes militaires. Les technocrates français qui accusent actuellement le gouvernement américain de financer l'aéronautique civile par l'intermédiaire de la NASA – elle sert les deux secteurs et, maintenant, coopère avec l'Aérospatiale sur un nouveau projet de SST – devraient examiner ce qui s'est passé en France depuis 1945, pour ne pas remonter plus haut. M. Chadeau, *Le rêve et la puissance*, p. 370, s'étonne que les contribuables américains aient accepté de financer l'expédition vers la Lune mais non le Supersonic Transport. La différence est que le projet Apollo n'était pas une entreprise commerciale; c'était un projet gouvernemental ayant une fantastique valeur symbolique.

[66] Certains prétendent que le Concorde a été "tué" par les Américains parce qu'ils ne savaient pas le faire; François de Closets a fourni la bonne réponse : ils étaient seulement capables d'aller sur la Lune. Comme le projet de supersonique civil (SST) américain, le Concorde a été un échec parce qu'il était économiquement

Tupolev; résultat analogue, facture inconnue. Et attendez celle du Rafale de Dassault. On pourrait multiplier les exemples. Les actuels B-2 "furtifs" coûtent deux milliards de dollars l'unité.

Dans l'art d'extorquer patriotiquement des sommes colossales aux contribuables éberlués, les gens de l'aéronautique sont les champions hors concours.

Sans parler, le cas échéant, des cadavres produits[67].

Mathématiques appliquées : appliquées à quoi ?

Ceux qui, sans autre forme de procès, nous intiment l'ordre de nous soucier des applications des mathématiques auraient donc, me semble-t-il, intérêt à préciser un peu leur pensée, compte-tenu du fait que les contrats de la DRET sont, depuis un quart de siècle, une quasi institution dans les centres français de mathématiques appliquées où l'on entretient souvent aussi des relations avec les centres de calcul des grandes entreprises de l'armement, notamment aéronautiques.

Outre le fait que les scientifiques ont le droit de ne pas se soucier des applications au sens où l'entend Schwartz, la question fondamentale est évidemment de savoir s'ils doivent s'intéresser à toutes les applications possibles ou s'il ne s'imposerait pas de procéder à des choix; l'imagerie médicale et

---

absurde relativement aux Boeing 747 et que les vols supersoniques prolongés étaient et restent interdits en dehors des océans. Les Américains ont "tué" leur SST en 1971; le Concorde a coûté deux à trois fois plus cher. Aucune compagnie aérienne ne l'a acheté en dépit de sa supériorité proclamée, sauf Air France et BOAC qui n'en ont acquis que le minimum imposé.

Le Concorde est un parfait exemple de ce qui peut arriver lorsqu'un lobby d'ingénieurs – en France, des X drogués de performances techniques, alliés à des politiciens accusant les contestataires d'être "vendus à l'Amérique" et soutenus par un dirigeant n'ayant pas les moyens de ses prétentions à la "grandeur" – prétend injecter dans le secteur civil des techniques militaires en espérant dépasser un compétiteur qui a produit cent fois plus d'avions qu'eux. Les Américains aussi délirent au début : de profondes études de marché prévoient que 500 à 800 SST et 200 à 400 Concorde seront en service en 1990 !

Sur la psychologie des acteurs, voir André Turcat, *Concorde, essais et batailles* (Paris, 1977), par un polytechnicien et pilote d'essais du Concorde devenu ensuite député gaulliste, et Henri Ziegler, *La grande aventure de Concorde* (Grasset, 1976), par un autre polytechnicien qui a dirigé à partir de 1968 l'Aérospatiale construisant l'avion avec British Aerospace. L'exposé fort ambigu d'Emmanuel Chadeau dans *Le rêve et la puissance*, Chap. XIV, *rêve d'ingénieur ... rêve de liberté ... rêve de perfection ... aventure mystique* (!), ne se compare pas à l'étude ultra documentée de Mel Horwitch, *Clipped Wings. The American SST Conflict* (MIT Press, 1982), que Chadeau ne cite pas.

[67] On me reprochera probablement de n'avoir pas mis en lumière les bienfaits de l'aéronautique civile. Outre qu'ils ne justifient pas les horreurs, il y a sur la Terre suffisamment de propagandistes pour que je me dispense d'en rajouter. Je n'ai pas non plus les moyens d'acheter des pages entières dans la presse parisienne pour proclamer en caractères d'affiche, comme l'Aérospatiale à propos du Concorde, *Nous avons su le faire !* (mais non le vendre, détail non mentionné dans le texte).

les armes nucléaires ne relèvent pas de la même conception de la civilisation[68] et les scientifiques auraient, me semble-t-il, intérêt à enregistrer cette distinction : elle n'est ni particulièrement subtile ni très nouvelle. Le complet silence sur ce point de L. Schwartz est d'autant plus remarquable que, quelques lignes avant ou après avoir demandé aux mathématiciens, p. 355, de se soucier des applications, il mentionne deux personnes (récemment décédées), Pierre Faurre et Jacques-Louis Lions, dont les activités peuvent illustrer les problèmes que posent les mathématiques appliquées.

Pour Laurent Schwartz, Pierre Faurre n'est que l'un de ses très bons anciens élèves et le nouveau président du conseil d'administration de Polytechnique; exact mais incomplet. Ancien major de l'X bien connu dans le milieu des mathématiciens appliqués, M. Faurre a commencé sa carrière en publiant dans une collection dirigée par M. Lions un livre, *Navigation inertielle optimale et filtrage statistique* (Dunod, 1971), rempli de mathématiques apprises notamment lors de séjours au département d'Electrical Engineering de Stanford et à l'IRIA en 1969–1972. Il entre ensuite comme secrétaire général à la SAGEM, entreprise qu'il dirige depuis une dizaine d'années. Tout en ayant depuis peu une production très majoritairement civile – entre 1982 et 1991, le secteur militaire représentait encore de 36 à 49 % de son chiffre d'affaires –, elle produit les merveilles de la mécanique de précision que sont les centrales inertielles[69], des appareils de conduite de tir automatique à stabilisa-

---

[68] On me fera observer que l'imagerie médicale est une retombée de la recherche militaire, usage des ultrasons dans la détection des sous-marins par exemple. La réponse à faire est qu'il eût probablement été beaucoup moins coûteux de la développer directement, comme beaucoup d'autres techniques dérivant de systèmes militaires incomparablement plus sophistiqués : identifier un sous-marin à travers vingt km d'eau grâce à sa signature accoustique est probablement plus difficile que de détecter un foetus chez une femme enceinte. Et que doit-on penser d'une "civilisation" qui serait incapable de résoudre le second problème sans résoudre le premier ?

L'utilité de la R-D militaire pour l'économie, considérée comme axiomatique jusqu'en 1970, est maintenant mise en doute par de nombreux économistes, y compris en France et même par des militaires. Voir par exemple l'article de Philippe Ricalens, contrôleur général des armées, dans la *Revue de défense nationale* d'avril 1992.

[69] La navigation inertielle permet à un mobile de se guider sans le secours d'aucun point de repère ou signal extérieur. Le principe – mais non la technique, qui a du reste beaucoup évolué – en est très simple : à l'aide d'une "plateforme" rendue absolument stable par des gyroscopes tournant autour de trois axes rectangulaires et auxquels sont liés des accéléromètres ultra-précis, on mesure à chaque instant l'accélération du véhicule – avion, missile, fusée, sous-marin, etc. – dans les trois directions; les données sont transmises à un calculateur qui intègre en temps réel les équations du mouvement, détermine la position exacte du véhicule et rectifie sa trajectoire en conséquence. Voir le curieux livre de Donald McKenzie, *Inventing Accuracy: A Historical Sociology of Nuclear Missile Guidance* (MIT Press, 1990). Pierre Faurre fournit quelques indications très abstraites dans sa contribution à Robert Dautray, ed., *Frontiers in Pure and Applied Mathematics* (North Holland, 1991, volume célébrant le soixantième anniversaire de J.-L.

tion gyroscopique couplés à un viseur laser pour le nouveau char Leclerc[70], des systèmes optroniques pour la Marine, du matériel de télécommunications militaires, participe avec Thomson et Electronique Serge Dassault à un "Calculateur militaire français" destiné à être installé sur le nouveau porte-avions nucléaire, sur les missiles de troisième génération et sur le Rafale de Dassault dont, en liaison avec une centrale inertielle, il contrôle le pilotage dans les situations limites, etc.

J.-L. Lions, normalien, est un brillant élève de Schwartz qui a pratiquement créé l'école française de mathématiques appliquées et d'analyse numérique; ses nombreux disciples se rencontrent maintenant dans tous les secteurs et, dans les universités, se montrent parfois quelque peu entreprenants si j'en crois mes jeunes collègues. Lions est d'abord professeur à Nancy puis à Paris à partir de 1963, date à laquelle, me dit une source fiable que je préfère ne pas citer, il est déjà en relations avec Robert Lattès, Robert Galley, Robert Dautray[71] et le CEA. Professeur à Polytechnique (1965–86)

Lions); exposé beaucoup plus précis de D. C. Hoag, du Draper Lab, pp. 19–106 dans B.T. Feld et autres, *Impact of New Technologies on the Arms Race. A Pugwash Monograph* (MIT Press, 1971).

Dérivée des instruments à suspension gyroscopique pour la marine et l'aviation et des systèmes de guidage des V-1 et V-2 allemands, la navigation inertielle a été développée après 1945 au MIT par Charles Stark Draper (1902–1987) sur des crédits en quasi totalité militaires (et NASA après 1960). Draper se proposait à l'automne 1945 de permettre à un avion de se diriger avec précision et de façon totalement autonome sur plusieurs milliers de km. Utilisée plus tard pour la cabine Apollo de la marche sur la Lune et, depuis 1970, dans l'aéronautique civile, la méthode, en 1945, était destinée aux futurs bombardiers stratégiques américains ne désirant pas avoir recours aux services des tours de contrôle soviétiques pour se diriger vers leurs objectifs éventuels. York, *Race to Oblivion*, note le rôle joué par Draper dans la réalisation des premiers missiles intercontinentaux américains, et Draper lui-même s'est abondamment exprimé, notamment lorsque son laboratoire a été, en 1969, la cible des étudiants de Cambridge révoltés contre la guerre du Vietnam; le MIT a dû s'en séparer administrativement par la suite.

[70] Sur les contributions des entreprises françaises à ce programme majeur d'armement, voir "Char Leclerc. 35 milliards pour l'industrie" (*L'usine nouvelle*, 15 mai 1986). Les commandes françaises initialement prévues (1 400 chars) ayant été considérablement réduites (650 en 1991), l'Arabie Saoudite, avec quelque 450 unités, a de bonnes chances d'être le principal client d'un projet dont l'intérêt pour la défense française est des plus douteux. L'essentiel de ce char "troisième génération" à la pointe du progrès étant fabriqué dans les arsenaux de l'Etat, le coût total prévu était beaucoup plus élevé que les 35 milliards mentionnés par la revue. L'avenir des arsenaux qui le fabriquent en dépendant directement, l'Etat a dû, depuis trois ans, fournir à GIAT-Industries des apports en capital d'un montant total de onze milliards, gracieusement fournis par les contribuables.

[71] Robert Lattès, contemporain de Lions à l'Ecole normale, passe deux ans (1956–1958) au département de physique mathématique et de calcul du CEA et est ensuite, en compagnie de deux majors de l'X, Jacques Lesourne et Robert Armand, l'un des dirigeants de la SEMA, société spécialisée en *management*, calcul économique, informatique, mathématiques appliquées, etc.; elle produit dès 1960

et, en 1973, élu au Collège de France et à l'Académie des Sciences qu'il préside actuellement, il a reçu de hautes distinctions internationales, par exemple un prix von Neumann[72] en 1986 et un grand prix du Japon en mathématiques appliquées en 1991. Il préside l'IRIA ou INRIA en 1980–84 et le Centre national d'études spatiales (CNES) en 1984–92; il fait ou a fait partie des conseils scientifiques de l'Electricité de France (EDF), du Gaz de France, de la compagnie des pétroles Elf, de la Météorologie nationale, de Péchiney et est

---

un modèle mathématique de l'usine de séparation isotopique de Pierrelatte et, en 1962, crée sous la direction de Lattès la Société d'informatique appliquée, dotée d'un ordinateur CDC 3 600 puis 6 600 qui aurait été utilisé par le CEA militaire pour contourner l'embargo américain. Lattès et ses deux collègues de la SEMA publient en 1970 un livre au titre ambigu, *Matière grise, année zéro*, à la gloire de l'informatique et du marketing, dont le style et l'idéologie made in USA sont typiques de la profession. R. Lattès entre ensuite à la Banque de Paris et des Pays-Bas qui a financé à 50 % le lancement de la SEMA en 1958. Voir l'exposé de J. Lesourne au *Deuxième Colloque sur l'Histoire de l'Informatique en France* (Paris, 1990), édité par Philippe Chatelin et Pierre Mounier-Kuhn. Robert Lattès a publié en 1967 deux livres de mathématiques plus ou moins appliquées, dont un en collaboration avec Lions.

Robert Galley, ancien élève de l'Ecole centrale, compagnon de route du général de Gaulle depuis 1940, est d'abord ingénieur dans le pétrole puis chargé des constructions du CEA de 1955 à 1966 (piles plutonigènes de Marcoule et usine de Pierrelatte); il est ensuite délégué à l'informatique et président du conseil d'administration de l'IRIA (Institut de recherche en informatique et automatique) créé en 1966 sous Alain Peyrefitte. Il fait ensuite au parti gaulliste une carrière politique au cours de laquelle il dirige la recherche, l'industrie, la défense, les postes et télécommunications, etc.

Robert Dautray – voir plus bas – est lui aussi, à la même époque, au CEA où il s'occupe de Pierrelatte et des propulseurs sous-marins en attendant la bombe H.

[72] Voir l'exposé, purement théorique comme presque tous ses livres et articles, qu'il a fait à cette occasion dans la *Siam Review* de 1986. A lire Lions, on pourrait croire qu'il n'existe aucune différence entre les mathématiques "pures" et "appliquées ", les éventuelles applications à des exemples concrets n'étant presque jamais explicitées.

depuis 1993 "Haut conseiller scientifique et spatial" chez Dassault[73], nous dit sa notice dans le *Who's Who in France* de 1996.

L'association Science et Défense que j'ai mentionnée dans ma préface dispose d'un prix destiné à récompenser chaque année les contributions scientifiques les plus éminentes à la défense du pays; le lauréat est choisi par un jury qui, dans les premiers temps, était présidé par Louis Néel, l'un de nos prix Nobel de physique, et comprenait, outre M. Lions, quatre universitaires fort connus, MM. Delcroix (physique des plasmas, directeur scientifique de la recherche militaire en 1965–77, directeur de l'Ecole supérieure d'électricité, autre pépinière de cerveaux pour l'armement), Hamburger (médecine), Malavard (voir plus loin) et Teillac (à l'époque haut-commissaire du CEA et organisateur de la physique des particules), ainsi que Claude Fréjacques, l'homme de l'uranium, de l'eau lourde (deuterium) et du tritium au CEA : les ingrédients de la bombe H. En 1985 par exemple, le prix a été décerné à un ingénieur du CEA pour ses travaux sur la physique des réactions thermonucléaires ainsi qu'à un chercheur du CNRS et à un ingénieur de la société Crouzet pour leurs travaux sur *la communication parlée appliquée à la commande des aéronefs*, problème qui, aux USA aussi, a été à l'origine des recherches sur la reconnaissance de la parole par les ordinateurs. Il semble difficile de faire partie d'un tel jury sans être habilité au secret militaire.

Au congrès international Mathématiques 2 000 (Ecole polytechnique, décembre 1987), M. Lions parle de la vague de fond de la modélisation mathématique qui ne fait que commencer et mentionne quelques programmes en cours – la navette Hermès et ses problèmes de rentrée dans l'atmosphère, le comportement structural des grandes stations spatiales, les robots flex-

---

[73] Où l'on a étudié un projet européen de navette spatiale, Hermès, finalement abandonné. Restent les jets privés pour VIP – ils ont du succès –, l'électronique militaire ou spatiale, le Mirage-2000 et le futur Rafale, construit en collaboration avec Thomson-CSF, Matra et la SNECMA et dont le prix de revient, pendant sa durée d'utilisation, serait de 155 milliards pour 330 appareils livrés à la France (LM du 8 juillet 1991, chiffres officiels, ou près du double selon certains économistes). Les exportations se heurtant à la concurrence américaine et russe, Dassault tente de négocier avec l'Irak un contrat de 22 milliards (LM du 2 juin 1989) alors que l'Irak fait déjà défaut sur des factures d'environ 25 milliards de francs qui devront être payées par les contribuables français, lesquels assurent en dernier ressort les exportateurs contre les mauvais payeurs (LM du 18 mars 1990); l'opération, cette fois, se heurte à l'opposition des Finances. Le 23 août 1990, l'invasion du Koweit décide *Le Monde* à dénoncer subitement ("Vingt ans d'irakophilie française") les relations et "retours d'épices" du Tout-Paris politique, industriel et culturel avec Saddam Hussein, maintenant exclu du marché au grand dam des industriels qui l'avaient abreuvé de matériels et qui, après la guerre du Golfe, tenteront de reconstituer un lobby pro-irakien. Voir Kenneth R. Timmerman, *The Death Lobby* (Houghton Mifflin, 1991, trad. *Le lobby de la mort. Comment l'Occident a armé l'Irak*, Calmann-Lévy, 1991), à lire avec les précautions critiques qu'imposent l'absence de toute documentation sérieuse et le style de l'ouvrage.

ibles, la thermoélasticité, la gestion des grands réseaux de distribution de
l'électricité, la météorologie dynamique, des études sur la combustion (automobile et propulseurs cryogéniques) –, ainsi que des problèmes qu'on ne peut
encore aborder : modélisation du coeur et des artères, du vol des oiseaux ou
de la nage des poissons. Il termine son exposé par un *théorème fondamental :
les banquiers doivent aider les mathématiciens*, car le degré de compétitivité
d'une entreprise industrielle dépend de la sophistication de ses logiciels de calcul, cqfd. A une question de ma part sur l'existence possible d'applications
militaires, Lions répond que la plus difficile et la seule sur laquelle il ait des informations concerne les avions "furtifs", i.e. la diffusion des ondes radar par
des revêtements absorbants et des formes aérodynamiques baroques. C'est
l'exemple type de la technique militaire totalement absurde dans le secteur
civil, où l'on désire rarement passer inaperçu lorsqu'on se dispose à atterrir.

Dans une interview au *Monde* du 8 mai 1991 à l'occasion de son prix du
Japon, on lui fait de même citer la modélisation de la forêt amazonienne,
le refroidissement d'une coulée d'acier, la forme optimale du nez d'un avion,
la conduite des centrales nucléaires, l'exploitation des champs de pétrole, la
climatologie, etc., mais aucun exemple explicitement militaire. Lions s'y livre
à un éloge très appuyé de von Neumann, présenté par l'auteur de l'article
comme *le père de la discipline, qui a si bien su sentir, à la fin des années
40, tout le bénéfice que l'on pouvait tirer des premières machines à calculer,
des premiers computers, pour décrire des systèmes aussi complexes que les
phénomènes météorologiques*. Il est exact que, comme ses amis de l'Air Force,
von Neumann s'intéressait à la météorologie – il évoquait même la possibilité
de modifier le climat –, mais il avait quelques autres activités[74] avant sa
mort prématurée en 1957. On nous dit seulement que, relativement à von
Neumann, M. Lions s'est borné à *rajouter un chapitre sur lequel* [von N] *ne
s'était pas engagé : le chapitre industriel*. Il est de fait que von Neumann ne
s'était engagé que dans le secteur gouvernemental, en dehors de conseils à
IBM qu'il persuada notamment de lancer en 1956 une machine à l'extrême
limite des possibilités, la Stretch; elle fut livrée d'abord à Los Alamos (puis
à la DAM du CEA français) et fut un échec commercial mais contribua à la
technique des célèbres IBM 360.

L'auteur du même article nous dit aussi qu'en 1956, aux Etats-Unis, M.
Lions a découvert les idées de von Neumann sur les mathématiques appliquées
et l'informatique grâce à Peter Lax, mathématicien fort connu dont *Le Monde*
ne nous dit strictement rien. Celui-ci, arrivé très jeune de Hongrie un peu
avant la guerre, a fait toute sa carrière universitaire à la New York University, l'un des premiers et principaux centres américains de mathématiques
appliquées (Courant Institute), créé par des réfugiés allemands un peu avant

---

[74] *This combination of scientific ability and practicality gave him a credibility with
military officers, engineers, industrialists, and scientists that no one else could
match. He was the clearly dominant advisory figure in nuclear missilery.* Herbert
York, *Race to Oblivion* (Simon & Schuster, 1970), p. 85, parlant du von Neumann
qu'il a connu dans les années 1950.

la guerre et propulsé après 1945 par l'Office of Naval Research (ONR) puis le CEA américain qui y crée un centre de calcul en 1954. Lax a fait partie du laboratoire de Los Alamos à la fin de la guerre puis en 1949–1950 et y réside ensuite chaque été jusqu'en 1958; à cette époque, financement de la physique lourde mis à part, quasiment toutes les activités de l'Atomic Energy Commission étaient concentrées sur des projets militaires : armes nucléaires à diversifier, réacteurs pour les sous-marins et l'aviation.

Comme Lions, Lax est l'un des apôtres des supercomputers à propos desquels il a organisé en 1982 une enquête américaine[75]. On s'y plaint abondamment du fait que les pauvres universités indigènes ne disposent pas encore des derniers modèles, que nombre de problèmes, en astrophysique par exemple, exigeraient des machines cent ou mille fois plus rapides encore, que le Japon va bientôt faire perdre à l'Amérique son avance dans ce domaine crucial pour le secteur prioritaire qu'est la défense, etc. On y apprend que, sur une liste d'une cinquantaine de machines de niveau maximum installées ou commandées dans le monde libre, les laboratoires de Los Alamos, Livermore et Sandia en consacrent onze aux armes nucléaires; quelques autres sont également vouées ici et là à des activités militaires ou fort proches de celles-ci (fusion nucléaire par confinement magnétique, aérodynamique, dynamique des gaz) et deux sont en service à la National Security Agency (cryptologie); la France de l'époque possède au total quatre machines, soit moins que Livermore ou Los Alamos. L'un des auteurs du rapport insiste, pp. 39–40, sur le fait que l'accélération des calculs numériques depuis 1945 est due non seulement au progrès des machines, mais davantage encore à celui des algorithmes inventés par les mathématiciens appliqués. Le rapport conduira à la création par la NSF de grands centres de calcul nationaux dans cinq universités et du réseau NSFnet, qui succède à l'Arpanet et précède Internet.

Lax a aussi publié suffisamment d'articles importants sur les EDP pour être considéré comme l'un des grands experts du sujet, y compris, avec R. S. Philips, un livre sur l'analyse spectrale des fonctions automorphes; on y trouve des démonstrations très élégantes de résultats (A. Selberg) déjà généralisés (R. Langlands) à des situations où ne s'applique pas la méthode de Lax et Philips, du reste largement anticipée par Ludwig Faddeev à Leningrad. Celle-ci est directement inspirée de la théorie du scattering inventée pour la physique des particules par Heisenberg pendant la guerre – aux USA, il aurait travaillé à temps plein sur la bombe au lieu de s'amuser - et devint par la suite une fort belle théorie mathématique abstraite à part entière; Lax et Philips l'ont exposée dans un livre excellent.

Peter Lax a des opinions[76] qui se rapportent à notre sujet, mais qu'en bon mathématicien il se borne à énoncer en quelques lignes en oubliant de

---

[75] *Large Scale Computing in Science and Engineering*, Report of the panel (pas d'éditeur). L'entreprise était subventionnée par le Department of Defense et la NSF, avec la coopération de la NASA et du Department of Energy.

[76] Dans D. Tarwater, ed., *American Mathematical Heritage : Algebra and Applied Mathematics* (Texas Tech. U., Math. Series, n° 13, 1973).

les développer. Il fait lui aussi l'éloge de von Neumann et cite les sujets qu'il a traités en omettant les armes nucléaires et les missiles. Bourbaki, selon lui, est

> an intellectual and educational movement organized with Gallic thoroughness, aimed at cutting the umbilical cord that tied mathematics to reality.

Les mathématiciens américains qui, aux environs de 1970, militaient contre la guerre du Vietnam, lui inspirent aussi un curieux commentaire :

> Mathematics always has attracted those who wish to escape from the real world. It is interesting to note that most members of the small group of mathematical activists who are exerting so much effort to involve the mathematical community in political problems specialize in branches of mathematics that are abstract, often esoteric, and completely unmotivated by problems of the real world.

Etant donné qu'ils s'occupaient des B-52 écrasant le Laos sous les bombes plutôt que des mathématiques des ondes de choc, les accuser de "fuir le monde réel" est assez comique.

Sans être sous administration militaire, l'IRIA ou INRIA[77] que J.-L. Lions a dirigé a vraisemblablement l'occasion de coopérer avec les institutions et industries de l'armement. Dans ses débuts, il eut le même directeur que la recherche-développement militaire (DRME, maintenant DRET), à savoir Lucien Malavard; d'abord ingénieur de l'aéronautique puis collaborateur avant et après la guerre de Joseph Pérès qui enseignait la mécanique rationnelle à Paris dans ma jeunesse, Malavard, grâce aux crédits militaires et aux contrats industriels, a fait une belle carrière dans l'aérodynamique et le calcul analogique. Un autre directeur de l'IRIA (1972–1980), André Danzin (X et Ecole supérieure d'électricité), membre d'innombrables conseils gouvernementaux ou privés, a fait la majeure partie de la sienne au groupe Thomson-CSF dont, en 1972, il était le numéro deux dans la hiérarchie. Vers 1976–1980, un groupe d'informaticiens français participe à l'élaboration d'un nouveau langage informatique, ADA (ex DOD-1), permettant d'unifier la programmation de tous les systèmes d'armes américains qui, avec leurs 450 langages différents, étaient affligés d'innombrables erreurs et coûtaient des milliards de

---

[77] L'IRIA, rebaptisé plus tard INRIA, a été créé en même temps que le "Plan calcul" en 1966 pour fonder une industrie française des ordinateurs indépendante des Etats-Unis; les incitations militaires y ont fortement contribué, notamment en raison de l'embargo américain sur les super-ordinateurs destinés à la division militaire du CEA qui cherchait à développer la bombe H; à cette époque, la doctrine française consistait à recourir d'emblée au nucléaire en cas de conflit même "classique" en Europe afin de forcer les Etats-Unis à s'engager totalement ...

dollars chaque année. Une compagnie s'appelant à l'époque CII-Honeywell-Bull – résultat d'un mariage temporaire entre une entreprise nationale issue du Plan Calcul[78], le Concorde de l'informatique toutes proportions gardées, et deux entreprises privées américaine et française beaucoup plus anciennes – avait été chargée, après compétition, d'organiser ce projet international dirigé par un major de l'X, Jean Ichbiah. L'IRIA ne semble pas avoir officiellement coopéré au projet et encore moins les militaires français, qui avaient leur propre "Langage en temps réel" (LTR), probablement conçu avec l'aide de l'IRIA, et tenaient à leur "indépendance" vis-à-vis de l'OTAN; le développement d'ADA les obligera par la suite à tempérer leur opposition, notamment pour continuer à exporter. Considéré néanmoins et à juste titre comme un grand succès de l'Informatique Française, ADA valut instantanément à M. Ichbiah, en Conseil des ministres, une haute distinction dans la Légion d'Honneur. C'est au Courant Institute de NYU que fut développé le premier compilateur ADA pour le gouvernement américain. Ces harmonies préétablies sont caractéristiques de ce genre de sujet.

En 1979–1980, un groupe de travail présidé par J.-L. Lions préconise la construction d'ordinateurs de très grande puissance destinés, problème récurrent, à libérer la France de sa dépendance à l'égard d'IBM, Cray et autres fabricants américains dont les exportations sont contrôlées par le State Department. Cela conduit au lancement en 1983 d'un projet Marisis, financé principalement par la recherche militaire. Le directeur de celle-ci, André Rousset (X, corps des Poudres, physique nucléaire et des particules) et le responsable du projet à la DRET expliquent que ces grands calculateurs parallèles, fabriqués en petit nombre, seront plus puissants que le Cray I. Le sort de ce projet n'est pas clair pour moi mais les usages prévus à l'époque le sont : dans l'ordre, l'aérodynamique, l'armement nucléaire, la détonique, l'hydrodynamique navale et "plus généralement" toute la recherche, de la physique nucléaire à l'inévitable météorologie[79]. Dans l'interview au *Monde* de 1991 citée plus haut, M. Lions rêve de superordinateurs capables de mille

---

[78] Sur les origines du Plan Calcul, voir les exposés de G. Ramunni dans *De Gaulle en son siècle*, vol. III (Plon, 1992), pp. 697–708 et au second *Colloque sur l'histoire de l'informatique en France* (Paris, 1990); le premier colloque (Grenoble, 1988) contient aussi des témoignages – parfois polémiques et contradictoires – d'anciens participants. Deux autres colloques ont eu lieu par la suite.

[79] *Sciences et Avenir*, août 1983. LM du 22 janvier 1983 notait le retard dans la livraison de deux Cray I, retard motivé par un grand projet de gazoduc eurosibérien ne plaisant pas aux Américains; le journal ne savait pas si Marisis coûtera 300 ou 800 millions. *Le Figaro* du 19 décembre 1984 parle de 600 millions, note que ce super-ordinateur *bleu, blanc et rouge* devrait être disponible en 1988, que l'ONERA, l'INRIA, les universités de Rennes et de Nice participent au projet avec la société Bull et que la direction de la recherche militaire *a lancé un appel à tous les chercheurs universitaires* pour qu'ils participent au développement des logiciels indispensables. LM du 26 avril 1988 écrit que la machine Marisis de la DGA et Bull est en cours d'essais et donne une liste de 21 super-ordinateurs installés en France, dont 18 Cray, parmi lesquels cinq machines dans les centres du CEA, une à l'ONERA, une au centre de calcul scientifique de l'armement à

milliards (et non plus de cent millions) d'opérations par seconde. S'ils deviennent périmés aussi rapidement que mon PC (douze mois au maximum), l'informatique "scientifique" a de beaux jours devant elle.

Vers les étoiles

Quant au CNES qu'a présidé M. Lions, il est instructif d'examiner les circonstances politiques dans lesquelles il fut créé à la fin de 1961.

Il faut d'abord observer qu'à la fin de la guerre, on ne perd pas plus de temps en France qu'ailleurs pour exploiter dans tous les domaines, à petite échelle évidemment, les techniques nazies[80]; les techniques n'ont pas d'odeur. Propulsion à réaction (avions et engins), aérodynamique, guidage inertiel, moteurs de chars, détonique, radar, électronique, étude de l'ionosphère en liaison avec la propagation des ondes radio, et fort probablement guerre chimique, domaine dans lequel on découvre les alléchants produits, Tabun, Sarin et Soman, auxquels le général Arnold a fait allusion. Plus de six mille techniciens allemands de tous les niveaux sont recrutés qui, pour la plupart, rentreront chez eux dans les années 1950. A la fin de 1946, dans le domaine qui concerne le futur CNES, on a déjà créé en France une Société civile d'études de la propulsion par réaction (SCEPR) – elle deviendra plus tard la Société européenne de propulsion (SEP) qui travaille pour les missiles et Ariane –, un Laboratoire de recherches balistiques et aérodynamiques (LRBA) à Vernon, et l'ONERA, *lieu de perdition pour les crédits publics* durant ses premières années[81]. Des spécialistes allemands fort éminents des tanks – Maybach pour les moteurs et la Zahnrad Fabrik pour les transmissions –, dont les usines du lac de Constance ont été détruites, viennent en France pour y construire en une dizaine d'années un tank de 50 tonnes très supérieur aux derniers blindés allemands de la guerre, voire même aux tanks américains et anglais contemporains; il est évidemment trop cher mais sa technologie se retrouvera dans

---

Rennes et une à l'Aérospatiale (SNIAS), ce qui relativise probablement l'intérêt de Marisis.

[80] Sur le sujet, voir l'exposé assez détaillé de Gérard Bossuat sur la période 1945–1963 au colloque *Histoire de l'armement en France 1914–1962* (Centre des hautes études de l'armement/Addim, 1994), ceux de François Bedeaux (blindés) et Jacques Villain (de la Société européenne de propulsion) dans les actes du colloque *La France face aux problèmes d'armement 1945–1950* (Bruxelles, Ed. Complexe, 1996), les *Mémoires sans concessions* d'Yves Rocard, l'exposé de Dominique Pestre dans Maurice Vaïsse, dir., *L'essort de la politique spatiale française dans le contexte international* (Gordon & Breach/Archives contemporaines, 1998, 123 pages pour £16 ou 160 F ...). L'exposé de Villain est dédié *En hommage à Helmut Habermann, Heinz Bringer, au Dr Otto Müller et à leurs compagnons de Peenemünde qui sont venus servir la France./ Mais aussi/ à la mémoire des 30 000 déportés du camp de Dora qui ont perdu la vie en produisant des V2.*

[81] Jacques Aben dans *La France face aux problèmes d'armement 1945–1950*, p. 90.

les AMX 30, diffusés notamment au Moyen-Orient et qui terminent actuellement leur existence. Deux douzaines de spécialistes apportent la technique
du guidage inertiel à la SFENA, Société française d'équipements pour la
navigation aérienne, sous un autre nom au début. L'ONERA récupère environ soixante-quinze Allemands; grâce à von Kármán, chargé de ratisser la
technique nazie pour le compte de l'aviation américaine et ami de Joseph
Pérès – le patron de Germain et Malavard –, l'ONERA obtient une soufflerie
hypersonique allemande qu'on déplace à Modane. Une centaine d'autres Allemands entrent à la SNECMA et y développent le moteur ATAR des premiers
Mystères à réaction de Dassault. Plus d'une centaine de collaborateurs de
von Braun travaillent à Vernon, ou pour Vernon dans la zone d'occupation
française; l'un d'eux, Heinz Bringer, sera le père du moteur Viking équipant
les deux premiers étages du lanceur Ariane. Dès 1946–47, le LRBA étudie des
fusées capables d'emporter des charges de 500 à 1 000 kg à des distances de
1 400 à 2 250 km ou même plus; on y renonce en 1948, probablement parce
qu'on ne dispose pas encore de l'explosif qui en justifierait le coût, et l'on
s'oriente vers des fusées-sondes inspirées des V-2.

Outre ces très considérables apports allemands initiaux, une coopération
internationale plus générale dans le domaine militaire se développe[82] dans
les années 1950. Pendant toute la période antérieure à 1962, la France a de
très ambitieux et fort coûteux programmes militaires mais gaspille dans des
guerres coloniales toutes perdues d'énormes ressources qu'il eût mieux valu
déployer contre les hordes soviétiques : cela n'aurait rien changé à la situation
en Europe et aurait sauvé des centaines de milliers de vies humaines avec le
même résultat final pour l'Empire français. On s'efforce donc d'obtenir l'aide
de l'Amérique et des Européens dans les domaines militaires : *char moyen,
véhicule blindé aérotransportable, avions de transport, de chasse et de bombardement, missiles de toute portée, radars, écoutes sous-marines*, nous dit
Soutou p. 140. On voit même les ministres de la défense français, allemand
et italien signer en novembre 1957 un protocole prévoyant une coopération
dans *les applications militaires de l'énergie nucléaire*, protocole justifié par
des doutes injustifiés sur la garantie nucléaire américaine[83] et par le désir des

---

[82] George-Henri Soutou, *L'alliance incertaine. Les rapports politico-stratégiques
franco-allemands, 1954–1996* (Fayard, 1996) et surtout les actes du colloque de
septembre 1997 sur *La IVe République face aux problèmes d'armement, 1950–
1958* (Addim, 1998).

[83] On croit en France dès 1955 (bombe H soviétique) que l'URSS va dépasser les
USA et que ceux-ci renonceront aux "représailles massives"; en juillet 1960, de
Gaulle croit que l'URSS sera très supérieure aux USA dès 1961 en matière de
missiles (Soutou, pp. 119 et 155). Il est de fait que l'équipe Kennedy remplace
la stratégie Eisenhower des représailles massives instantannées par une stratégie
plus "graduée", mais de là à laisser les Soviétiques envahir l'Europe s'ils en ont
envie ! En fait, la fonction réelle de ces doutes était fort probablement de justifier la politique nucléaire française, jugée indispensable à l'accession au rang de
"grande puissance", comme le montrent certaines réactions ridicules de Mendès-
France après les négociations de Genève ayant mis fin à la guerre d'Indochine,

Allemands de participer aux décisions d'emploi des armes tactiques (jusqu'à 100 KT ...) qu'ils voudraient, à choisir, faire exploser le plus à l'Est que possible; ce protocole, qui va beaucoup trop loin, ne sera pas adopté par le gouvernement français et la question sera réglée lorsqu'en 1958 les Américains confieront aux Allemands des armes tactiques sous double clé. On tente aussi, sans plus de succès, de faire participer l'Allemagne et l'Italie au financement de l'usine de Pierrelatte[84], laquelle absorbera quelque six fois le coût initialement prévu. Sous de Gaulle, qui cherche d'abord une aide américaine mais y renonce pour des motifs d'indépendance nationale (Soutou, pp. 132–136) – de Gaulle refuse évidemment les armes à double clé –, on voit à nouveau, entre 1960 et 1962, un plan Fouchet grâce auquel, *en matière militaire, une convergence de moyens (financiers, scientifiques, industriels, humains) pourrait permettre de constituter, sous l'égide de la France, un puissant ensemble européen de dissuasion qui relèverait l'instrument américain dont l'emploi n'est pas assuré* (cité par Soutou, p. 156); ce plan échoue aussi en raison de l'insistance trop visible de de Gaulle à réduire au minimum, voire à annuler, le rôle des Américains : les Allemands et Italiens ne veulent pas s'en passer même s'ils aspirent, eux aussi, à une certaine indépendance. Ces imbroglios diplomatiques, dans lesquels M. Soutou est héréditairement aussi à l'aise qu'un poisson dans l'eau – son père a dirigé la section Europe au Quai d'Orsay et le fils est un historien maximum –, sont trop complexes pour être résumés en quelques lignes[85].

L'arrivée des gaullistes au pouvoir à la suite d'un putsch de colonels colonialistes qu'ils ont encouragé en sous-main puis récupéré sous la menace d'une intervention de parachutistes à Paris – il n'y a là rien que de très naturel, on fait cela couramment dans toutes les vraies démocraties – a des conséquences énormes pour la politique française en matière scientifique et technique; comme l'écrit Dominique Pestre[86], *le rôle principal de de Gaulle est d'adapter les moyens aux espérances, les réalités aux rêves – de faire de facto de la sci-*

ou de Guy Mollet après le fiasco de Suez : qu'auraient-ils obtenu de plus avec des armes nucléaires ? C'est la puissance économique globale qui fait le poids international d'un pays, et à l'époque en question celle de la France était fort réduite. Ce ne sont pas les missiles soviétiques qui ont forcé les Anglais à "trahir" la France à Suez, c'est la fureur d'Eisenhower devant la stupidité d'une entreprise risquant d'embraser tout le Moyen-Orient, accompagnée de la vente massive de livres sterling par la Banque fédérale et Wall Street, opération dont les armes atomiques britanniques n'ont pas suffi à dissuader les auteurs ...

[84] On croit à l'époque en France que l'uranium 235 est indispensable à la bombe H; il y a même vers 1954 des militaires pour croire que le Pu est *rigoureusement inutilisable pour des explosifs* (*L'aventure de la bombe*, p. 79); ils n'avaient apparemment pas lu le célèbre rapport Smyth d'août 1945, pourtant traduit.

[85] Le livre à paraître de Maurice Vaïsse, *La grandeur. Politique étrangère du général de Gaulle 1958–1969*, fournira sûrement d'autres informations sur ces questions.

[86] Dans Michel Atten, dir., *Histoire, recherche, télécommunications* (CNET, DIF'POP, 1996), très intéressant colloque sur l'histoire du CNET avant 1965. J'utilise dans ce qui suit l'exposé détaillé de G. Ramunni sur la politique scientifique gaulliste dans *De Gaulle en son siècle* (vol. III, Plon, 1992).

ence [et de la technologie, et des industries "de pointe"] *une priorité financière et de placer le militaire au centre du tableau.* Dès juin 1958, le mathématicien Pierre Lelong, nommé conseiller scientifique de l'Elysée, des scientifiques comme le mathématicien André Lichnérowicz ou le biologiste Jacques Monod et des industriels comme Maurice Ponte, normalien et président de la CSF, qui militaient déjà en ce sens depuis le gouvernement Mendès-France de 1954, procurèrent aux gaullistes les idées dont ils manquaient pour rénover et réorganiser la recherche scientifique et technique et l'université, principalement son secteur scientifique. On crée dès 1958 un Comité interministériel de la recherche conseillé par un comité (CCRST) de douze "Sages" majoritairement universitaires au début, mais les polytechniciens des beaux quartiers[87], du secteur public ou privé, en fourniront ensuite environ la moitié des membres; MM. Lions et Dautray y entreront en 1971. La liaison entre le CCRST et les ministres est assurée par Pierre Piganiol, chimiste de l'Ecole normale passé en 1947 chez Saint-Gobain; il devient en 1959 le chef d'une Délégation générale à la recherche scientifique et technique (DGRST) civile englobant le CCRST. Le rôle principal de celle-ci est d'élaborer chaque année une "enveloppe-recherche" couvrant les budgets de toute la recherche (à quelques petites exceptions près : CEA, télécommunications et armée) et d'organiser des "actions concertées" financées sur un fonds spécial et visant à promouvoir la R-D dans des secteurs choisis; la biologie et la médecine ne sont pas oubliées et les militaires participent aux commissions qui les intéressent, électronique par exemple. Tout cela sera à l'origine de nombreuses structures scientifiques nouvelles ou rénovées (INSERM, INRA, IRIA, Océanographie, réforme du CNRS, relations avec l'université, etc.). C'est l'âge d'or de la "science française" – on construit à Paris, place Jussieu, l'un des chefs d'oeuvre de l'architecture universitaire mondiale – jusqu'à ce que le poids des grands programmes, nucléaire, espace, Concorde, informatique, oblige à des arbitrages à partir de 1965, comme le note Lelong dans *De Gaulle en son siècle*, p. 728.

Au début de 1960, Lelong, influencé par des entretiens avec Ponte et l'attaché scientifique de l'ambassade américaine, s'inquiète – how strange! – de l'absence d'une recherche militaire sérieuse et conseille une liaison organique avec la recherche civile en suggérant, pour commencer, que les militaires mettent sur pied un fichier des laboratoires; c'est là un type d'activité dans lequel ils disposent, comme la Police, d'une compétence supérieure. En avril 1961, à l'occasion d'une réorganisation du ministère des Armées, on crée la DMA (Délégation ministérielle à l'armement) qui coiffe tout, CEA mis à part, et devient immédiatement l'organe central du complexe militaro-

---

[87] En 1971 : Paris 16, Paris 17, Garches, Le Vésinet, Neuilly et Neuilly; en 1973 : Paris 17, Garches, Neuilly, Neuilly et Neuilly. Si la concentration des polytechniciens dans les quartiers et banlieues chics de l'ouest de Paris relevait du hasard – 350 à Neuilly en 1973 –, on serait obligé de croire au démon de Maxwell.

industriel français[88], ainsi qu'une Direction des recherches et moyens d'essais (DRME, aujourd'hui DRET) dont la vocation embrasse toutes les techniques militaires et les sciences connexes, ce qui *scelle la victoire définitive du modèle américain de développement scientifique en France*[89] comme le dit Pestre (même référence). Organisant, comme le CCRST et la DGRST, des réunions sur des problèmes scientifiques et/ou techniques d'avenir et distribuant des contrats aux chercheurs et à l'industrie, la DRME est dirigée par des civils : Lucien Malavard, mentionné plus haut, et Pierre Aigrain, déjà au CCRST. (La DRET qui lui succède est maintenant dirigée par des ingénieurs de l'armement).

Faisons un détour vers la carrière d'Aigrain; elle constitue, ici encore, un cas extrême mais par là même extrêmement clair de ce que l'on n'avait jamais vu avant la guerre en France ou ailleurs. D'abord élève à l'Ecole navale, Aigrain est envoyé aux USA pour y apprendre à piloter; lui trouvant des réflexes intellectuels trop rapides pour ce métier (Yves Rocard, *Mémoires*, p. 150), les Américains l'envoient suivre les cours de physique des solides du Carnegie Institute of Technology. Il y rencontre un jeune normalien, Claude Dugas, qui avait accompagné Rocard en 1945 dans ses explorations allemandes et qui, ayant traduit Frederick Seitz, *Solid State Physics*, avait été invité aux USA par l'auteur. Aigrain et Dugas rentrent en France en 1948 où le premier est d'abord assistant au Collège de France puis ingénieur au CEA jusqu'en 1952. Ils installent chez Rocard, à l'Ecole normale, le premier groupe français compétent en physique des solides; il se développera considérablement en recrutant quantité de normaliens. Dugas passe dès 1952 à la compagnie CSF, spécialisée à l'époque dans les radars, les tubes hyperfréquences et la télévision (procédé SECAM); le président de celle-ci, Maurice Ponte, ancien camarade de Rocard à l'Ecole normale, trouvant trop chers les brevets des Bell Labs sur les transistors, charge Dugas d'y fonder un laboratoire pour les développer[90]. Aigrain, lui, devient maître de conférences à

---

[88] Voir par exemple Edward A. Kolodziej, *Making and Marketing Arms. The French Experience* ... (Princeton UP, 1987), le brûlot de Pierre Marion (X 1939), *Le pouvoir sans visage* (Calmann-Levy, 1990), Christian Schmidt, *Penser la guerre, penser l'économie* (Odile Jacob, 1991), et Vincent Nouzille et Alexandra Schwartzbrod, *L'acrobate : Jean-Luc Lagardère ou les armes du pouvoir* (Ed. du Seuil, 1998), sur Matra, très journalistique.

[89] A un détail près : aux Etats-Unis l'examen des budgets des organisations gouvernementales donne lieu dans tous les domaines, y compris militaires, à de longues et nombreuses auditions d'experts, de technocrates et de dirigeants politiques et à de volumineux comptes-rendus verbatim (modulo censure des secrets militaires importants) et publics; avec la constitution gaulliste de loin la plus anti-parlementaire de tout le monde occidental, les citoyens français n'ont en pratique aucun autre moyen de savoir ce qui se passe que les bribes d'information que publie la presse ...

[90] Rocard, pp. 150–156. Inventés en 1947 par trois physiciens des Bell Labs qui se partagèrent un prix Nobel et destinés, dans l'esprit des dirigeants de AT&T, à se substituer à terme aux tubes dans le réseau téléphonique de la compagnie, les transistors intéressent d'abord les militaires : dans le civil, on ne jette pas à

Lille en attendant une chaire à Paris (1958), assure ensuite la direction scientifique de la DRME[91] en 1961–1965 comme on l'a dit, dirige l'Enseignement supérieur (1965–1967) puis la DGRST (1968–1973) et passe quatre ans (1974–1978) comme directeur général technique à la CSF, devenue filiale de Thomson (matériels grand public et armements terrestres). On lui confie en 1978 le secrétariat d'Etat à la Recherche scientifique, il se retrouve ensuite à nouveau directeur général technique de la Thomson-CSF (1981–1983) que le gouvernement socialiste vient de nationaliser[92] puis conseiller scientifique du président de celle-ci (1983–1992); il était encore récemment président du conseil d'administration de l'IRIA. La Thomson-CSF, qui emploie de nombreux anciens élèves de l'Ecole navale en raison de ses liaisons traditionnelles avec la Marine (radio et radar), est actuellement la sixième entreprise mondiale de l'armement et devrait passer de la seconde à la première place mondiale en électronique militaire grâce à sa reprivatisation accompagnée de fusions avec les branches correspondantes de Dassault et de l'Aérospatiale; elle profite de pratiquement tous les programmes d'armement puisqu'ils comportent toujours une très forte part d'électronique. En 1983, les marchés militaires, pour 60 % à l'exportation, représentaient 70 % de son chiffre d'affaires (Kolodziej, p. 204); en 1984, elle emporte, avec Matra et le Groupement industriel des armements terrestres (GIAT), un contrat de 35 milliards de francs pour installer un système mobile de défense aérienne à basse altitude de l'Arabie Saoudite (LM, 17 janvier 1984), pays à la pointe du progrès où l'on protège la vie des femmes en leur interdisant la conduite automobile, entre autres détails. Son système RITA de télécommunications mobiles pour l'armée française est adopté par l'armée américaine. Grâce à la cession de ses divisions civiles de télécommunications et de radiologie médicale, le chiffre d'affaires est à 94 % militaire en 1987, l'abondante trésorerie de la maison lui permettant de se lancer dans la finance (LM, 10 avril 1988) avec les risques afférents à ce type d'activité. Il y aurait beaucoup à dire sur cette entreprise qui commence à

---

la mer un investissement colossal pour exploiter immédiatement une découverte scientifique. Le gouvernement américain, percevant rapidement l'importance potentielle de celle-ci et étant engagé dans une procédure anti-trust contre AT&T, renonça à celle-ci en imposant entre autres conditions aux Bell Labs de vendre leurs brevets à un prix raisonnable (25 000 dollars). Les Bell Labs organisèrent en 1952–1953 des "écoles d'été" pour enseigner la nouvelle technique aux acheteurs. Le fondateur de Sony acheta les brevets pour en faire des radios portables, idée qui, à l'époque, provoqua l'hilarité des experts.

[91] Pour Laurent Schwartz, p. 327 de ses mémoires, M. Aigrain n'est qu'un *futur ministre et physicien très réputé*, description d'autant plus remarquable qu'à l'époque, 1964, du voyage manqué d'Aigrain à Moscou que mentionne Schwartz, il était à la DRME.

[92] La perspective de cette nationalisation inquiète d'abord les dirigeants de l'Arabie Saoudite : craignant une victoire de la gauche aux élections de 1977, le groupe Thomson avait fait entrer de "hauts dignitaires" du royaume dans le capital de la CSF afin de faire obstacle à une éventuelle nationalisation. Les Saoudiens furent rassurés en constatant en 1981 que les nouveaux ministres socialistes les plus "à gauche" étaient aussi les plus pro-arabes (LM, 14 juin 1981).

intéresser des historiens et dont l'influence sur la recherche, y compris universitaire, a été et reste considérable.

Pour en revenir aux missiles, on en est avant l'arrivée de de Gaulle à des projets déjà sérieux : un missile nucléaire tactique national puis un engin d'une portée de 1 500 miles avec une tête nucléaire américaine, destiné à priori à l'OTAN. Le président de la SEPR réorganisée, un ingénieur général de l'armement, va aux USA se renseigner sur les nouvelles fusées à poudre Polaris des premiers sous-marins nucléaires américains et, en septembre 1959, on crée la SEREB (Société pour l'étude et la réalisation d'engins balistiques), bureau d'études chargé d'organiser avec l'industrie le développement de cette technique et employant des ingénieurs de l'armement fort compétents. On espère une aide américaine, mais les USA n'accepteraient que de livrer des Polaris sous "double clé"; les Anglais les acceptent mais évidemment pas de Gaulle et, après le premier essai atomique en février 1960, on s'oriente vers la création de la "force de frappe" nationale que le Général désire de toute façon depuis le début. Selon un exposé de D. Pestre, c'est principalement un conflit entre le LRBA, chargé de développer rapidement un missile opérationnel à propulsion liquide[93] de 3 000 km de portée, et la SEREB qui poursuit son programme, qui conduit à la création de la Délégation ministérielle à l'armement (DMA), chargée de piloter ce projet majeur. En 1970, on créera la SNIAS (maintenant Aérospatiale) qui, mis à part Dassault (avions de combat), la SNECMA (moteurs), la SEP (propulseurs) et quelques entreprises moins importantes (Matra, SAGEM, etc.), absorbera tout le secteur industriel – avions de transport civils et militaires, missiles, hélicoptères, engins, etc. – et la SEREB.

En dehors du nucléaire militaire, sujet trop sensible, la coopération européenne et particulièrement avec l'Allemagne, autorisée à s'armer (sauf dans le nucléaire) depuis 1954, demeure néanmoins un objectif prioritaire pour de Gaulle :

> L'Europe, ça sert à quoi? Ça doit servir à ne se laisser dominer ni par les Américains, ni par les Russes. A six, nous devrions pouvoir arriver à faire aussi bien que chacun des deux super-grands. Et si la France s'arrange pour être la première des six, ce qui est à notre portée, elle pourra manier ce levier d'Archimède. Elle pourra entraîner les autres.

---

[93] Inconvénient : le missile doit demeurer plusieurs heures sur son pas de tir pendant qu'on le charge en carburant, ce qui donne à l'aviation ou aux missiles ennemis le temps de le détruire. Les missiles à poudre du Plateau d'Albion sont enterrés dans des silos et prêts à partir en quelques minutes s'ils ne sont pas préalablement détruits. Comme l'a remarqué un jour François Mitterand avec une profonde perspicacité, une attaque sur le Plateau d'Albion *signerait l'agression*. Il est de fait qu'à raison de deux explosions de quelques centaines de KT pour chacun des dix huit silos à détruire, elle aurait pour la Provence et au delà quelques conséquences sur lesquelles il serait difficile de fermer les yeux.

L'Europe, c'est le moyen pour la France de redevenir ce qu'elle a cessé d'être depuis Waterloo : la première au monde[94].

C'est dans cette atmosphère de militarisation de la technologie, de nationalisme à couper au couteau et de triomphalisme prématuré caractéristique du régime gaulliste que le CNES est créé en décembre 1961 pour organiser la recherche spatiale et la coopération européenne dans ce domaine[95]; en fait, le CCRST avait créé dès janvier 1959 un Comité Espace qui souligne dès le début le caractère très multidisciplinaire de la recherche spatiale et son intérêt politique (prestige international et défense, comme aux USA et en URSS); il avait suscité à l'Elysée un si vif intérêt que son contrôle, notamment celui de son budget qui devient rapidement considérable, échappera à ses créateurs désabusés, dont "l'enveloppe-recherche" se rétrécit à nouveau. A la différence du CEA, le rôle du CNES est avant tout de coordonner et de servir de maître d'oeuvre à des programmes réalisés ailleurs – expériences scientifiques, lanceurs, satellites, etc. Le caractère civil théorique du CNES n'est pas apparent dans le choix de la personne, le général Aubinière, qui l'anime pendant une dizaine d'années; de toute façon, les ingénieurs et les techniques sont, et pour cause, largement d'origine militaire; *le programme de recherches spatiales civiles n'est ... en réalité que la partie supérieure d'un iceberg dont les neuf dixièmes sont immergés dans les programmes militaires gérés par la D.M.A.*[96]. Le directeur scientifique et l'un des principaux initiateurs en est Jacques Blamont; le développement des satellites est dirigé par un physicien normalien, Jean-Pierre Causse, qui vient de passer sept ans aux Etats-Unis chez Schlumberger après avoir été, à l'Observatoire de Paris, élève de P. Lallemand, spécialiste de photoélectricité infrarouge – technique, et ce n'est pas la seule, qui intéresse au moins autant les militaires que les astrophysiciens.

La SEREB construit entre 1960 et 1967 des petites séries de fusées Agathe, Topaze, ... , Emeraude à deux étages et on lance en décembre 1961 un programme Diamant de fusées à trois étages dérivées de l'Emeraude. En mars 1963, le CNES recommande le lancement le plus tôt possible d'un satellite dont le succès, pense-t-on, embellirait grandement l'image de la science auprès du public; certains mauvais esprits du CCRST objectent que la recherche

---

[94] Alain Peyrefitte, *C'était de Gaulle* (Fayard, 1994), p. 158 ou Soutou, p. 131. Celui-ci voit dans cette extravagante déclaration privée d'août 1962 le *concept de base* de de Gaulle jusqu'en 1969, mais l'idée que la France pourrait être la première *en Europe* grâce à une coopération avec l'Allemagne, qui permettrait en même temps de contrôler celle-ci, fait partie du folklore politique français tout au long de l'après-guerre; le général de Gaulle n'était pas le seul à ne pas s'être consolé de Waterloo et autres succès. Les Allemands, eux, ont eu beaucoup de mal à se consoler de Iéna et de 1918. Ces pulsions nationalistes seraient comiques si elles avaient fait moins de victimes dans le passé.

[95] Détails dans Vaïsse, *L'essor de la politique spatiale française* ...

[96] Robert Gilpin, *La science et l'Etat en France* (Gallimard 1970, p. 227), trad. de *France in the Age of the Scientific State* (Princeton UP, 1968), par un politologue américain qui présente le premier tableau d'ensemble du sujet.

médicale serait au moins aussi efficace de ce point de vue, nous dit Ramunni. Financé par le CNES et la DMA et utilisant les fusées Diamant, le projet aboutit à une dizaine de satellites scientifiques[97] de 80 à 150 kg entre 1965 et 1975. En mai 1963, on lance la SEREB dans un programme beaucoup plus important, les missiles sol-sol et mer-sol de la force de frappe; ils seront mis en service à partir de 1971, avec des propulseurs à poudre et, au début, des centrales inertielles Kearfoot dont le State Department n'apprécie pas l'exportation; la SAGEM achète la licence.

Le CNES se lance rapidement dans des programmes civils européens qui conduisent à de très sérieux déboires : aucune fusée[98] ne fonctionne et les Britanniques se retirent pratiquement du projet à défaut d'avoir pu se retirer du Concorde comme ils le souhaitaient en 1965 ... On décide alors de lancer le programme Ariane européen, et principalement franco-allemand, que tout le monde connaît. Grâce au levier d'Archimède de la coopération européenne, Ariane redonnera vingt ans plus tard à la France la place – la première au monde – qu'elle a perdue depuis Waterloo dans le domaine limité des engins à réaction (Congreve), mais c'est principalement dû au fait que l'Amérique a fait l'erreur de trop miser sur sa navette spatiale et au désintérêt de son public pour l'espace depuis vingt ans. Comme elle attribue quand même des sommes astronomiques (18 milliards de dollars) à des programmes militaires ayant de très importants points communs avec tous les programmes civils, et 12 milliards à la NASA civile, alors que le budget européen total de l'espace est d'environ cinq milliards (chiffres de 1990), comme les Russes et même les Chinois sont encore capables de produire des fusées et comme les Japonais s'adjugent la première place dans le marché potentiellement encore plus important des stations au sol, sans parler de l'électronique embarquée, l'avenir n'est peut-être pas aussi brillant qu'on le souhaiterait[99].

---

[97] *Si le grand public a vu dans cette opération "Diamant" que la France devenait la troisième puissance spatiale, le général de Gaulle a apprécié dans les quatre lancements successifs réussis en quinze mois la maturité de notre industrie balistique et la crédibilité que ce succès apportait à la force de dissuasion.* Jacques Chevallier, directeur de la DAM du CEA, dans *L'aventure de la bombe. De Gaulle et la dissuasion nucléaire, 1958–1959* (Plon, 1985), p. 139. Ce volume présente les souvenirs – plus ou moins fiables ? – d'un certain nombre d'anciens participants, ingénieurs et politiques. Le lancement du premier satellite donne l'occasion au ministre des Armées, Pierre Messmer, de déclarer qu'*il n'y aurait pas eu de Diamant s'il n'y avait pas eu de programme militaire d'engins*; LM, 19 février 1966.

[98] Elles dérivent du *Blue Streak* militaire britannique, missile à carburant liquide (donc périmé aussitôt déployé ...) lui-même dérivé des Atlas américains. Le missile britannique constitue le premier étage de la fusée Europa, les second et troisième étant fabriqués par l'Allemagne et la France, un satellite par l'Italie, etc.

[99] Voir l'intéressante contribution de Marc Giget, *Enjeux économiques et industriels*, au rapport Loridant sur *les orientations de la politique spatiale française et européenne* (Assemblée nationale, annexe au procès-verbal de la séance du 18 décembre 1991). La valeur de la production spatiale civile française

En 1973, en même temps qu'on lance Ariane, on nomme au CNES un directeur adjoint chargé de se tenir au courant de toutes ses activités militairement utilisables (LM, 6 mars 1973) et la direction des lanceurs passe à un ingénieur de l'armement, Yves Sillard; il a construit et dirigé le centre de Kourou en Guyane depuis 1966 et sera directeur général du CNES en 1976; plus tard, à la tête de la DMA, M. Sillard, au congrès Science et Défense de 1990, demandera aux scientifiques de *préparer les armes de 2 010 ou 2 020* – ceci au moment où il devient clair que la "menace" soviétique est en train de s'effondrer et où tout le monde ignore ce qui la remplacera (Lybie ? Irak ? Lichtenstein ?). On note aussi très tôt une collaboration avec l'URSS et les USA dans le domaine des expériences scientifiques; J. Blamont se distingue suffisamment sur ce terrain pour recevoir la plus haute distinction de la NASA et faire partie du célèbre Jet Propulsion Lab du CalTech[100].

A l'heure actuelle, le CNES reste seul en mesure de lancer les satellites militaires français que d'aucuns réclamaient depuis longtemps. En 1977, le CNES lance le programme SPOT de satellites d'observation de la Terre, projet national auquel les Européens ont, au moins provisoirement, refusé de s'associer et qui, en dépit de son caractère civil, intéresse les militaires puisqu'ils n'ont encore rien d'équivalent (LM, 30 septembre 1977). Ceux-ci lancent en 1978 un programme Syracuse de télécommunications militaires qui utilisera à partir de 1984 les satellites civils Telecom I; un système de seconde génération, Syracuse-2 et un projet Helios pour l'observation sont lancés à partir de 1984, tout cela devant utiliser les fusées Ariane; en 1992, date à laquelle le premier Helios prévu n'est pas encore en orbite, on parle d'un Helios-2, d'un Helios-3 manoeuvrable pour 2008-2010, d'un Osiris d'observation radar pour 2002 et d'un Zenon d'écoute électronique (LM des 31 octobre 1991 et 26 juin 1992, ou rapport Boucheron sur la loi de programmation militaire 1992–1994); c'est, avec les dix à trente ans de retard canoniques, la panoplie américaine qui nous a fait défaut lors de la guerre froide – sans inconvénient majeur – et de la guerre du Golfe [101] où, pourtant, les images du satellite civil SPOT ont

---

passe de moins de deux milliards en 1980 à quatorze en 1990, dont 50 % de R-D à financement essentiellement public; Giget, p. 41. La prépondérance française dans ce programme (et dans d'autres) est assurée par une contribution financière supérieure à celles de ses autres partenaires et par le fait que le CNES est le maître d'oeuvre des aspects techniques du programme.

[100] Voir Jacques Blamont, *Vénus dévoilée* (Odile Jacob, 1987), sur la coopération franco-soviétique dans l'exploration spatiale. Lorsque LM du 15 février 1981 demande à M. Blamont pourquoi explorer les planètes, celui-ci fournit deux raisons : (1) *Pourquoi y aller ? Je répondrai parce que c'est là*, argument classique des alpinistes et des don Juan, (2) dans cent ans, *l'industrie sera essentiellement biologique ... cette activité sera infiniment plus dangereuse* que le nucléaire et on l'évacuera *hors des frontières*, de sorte que *la priorité numéro un dans le développement historique de l'homme, c'est l'exploration de Mars*. On a envie d'ajouter le "cqfd" final qui manque à une aussi convaincante démonstration.

[101] Jacques Blamont la réclame aussi : *L'effondrement de l'empire soviétique a rompu l'équilibre idéologique, politique, économique et militaire qui maintenait la paix* [lorsque "l'empire" était encore en vie, on disait qu'il la "menaçait", R. G.].

rendu quelques services même aux Américains. Elle arrivera après la bataille mais occupera les ingénieurs de la DGA, du CNES, de Thomson, Alcatel, Matra, Aérospatiale, Dassault et autres SAGEM.

En 1986, au cours d'un colloque sur l'espace et la défense présidé par Michel Debré, le premier ministre super-patriotique du général de Gaulle qui réclamait des satellites militaires depuis 1973, M. Lions rappelle que

> c'est après avoir acquis les compétences pour réaliser des grands programmes civils comme Ariane ou le satellite d'observation SPOT que l'on envisage aujourd'hui de réaliser des satellites militaires basés sur ces techniques,

ce qui suppose qu'on ne l'envisageait pas dès le début, et que

> les satellites de géodésie spatiale, mis au point pour mesurer la forme de notre globe[102] ... permettent d'envisager pour un futur proche des relevés d'une précision de l'ordre du centimètre. Il est clair qu'une telle possibilité apparaît précieuse pour nos systèmes de défense (*Le Figaro*, 26 mai 1986),

mais on aimerait en savoir davantage sur ce dernier point compte-tenu de la précision annoncée. Le fait que *Le Figaro* se soit borné à extraire ces deux passages d'un discours qui abordait probablement d'autres sujets est significatif. La situation des satellites militaires se clarifie par la suite : en février 1993, on attribue au CNES la responsabilité des programmes et études, financés par le ministère de la défense à raison de plusieurs milliards par an; le CNES, qui voit ainsi son budget fortement augmenter, passe alors sous la triple tutelle des ministères de la recherche, de l'industrie et de la défense (LM des 28 février, 10 mars et 15 avril 1993) en attendant sans doute, comme presque toujours dans ce pays, une nouvelle réorganisation.

Aujourd'hui nous sommes en état de guerre potentielle. Des conflits éclatent et éclateront un peu partout, et surtout à la périphérie de ... l'Europe. La menace est devenue multiforme, démultipliée par la prolifération balistique et nucléaire diffuse qui brouille les oppositions habituelles Est-Ouest, Nord-Sud ... L'Europe ... a besoin de créer des moyens spatiaux efficaces afin de posséder les systèmes de renseignement, de communication, d'écoute, de météorologie, de guidage et de navigation que la défense moderne exige du point de vue à la fois stratégique et tactique ... Il faudra célébrer un mariage à égalité entre des personnels d'origine soit civile, soit militaire. Jacques Blamont, *Vers de nouvelles frontières* (Le Monde, 23 juin 1993).

[102] afin de localiser avec précision les objectifs militaires (silos de missiles, aérodromes, centres de commandement, etc.) et non pour permettre aux géophysiciens de s'amuser, même s'ils en ont profité. On peut représenter numériquement la forme du globe en développant la fonction "altitude par rapport à la sphère terrestre idéale" en série de fonctions spéciales très simples, analogues aux séries de Fourier et déjà connues de Legendre.

On dispose d'autre part d'innombrables livres et articles montrant l'impulsion donnée par les organismes militaires allemands, américains et soviétiques (et français, quoique à une échelle évidemment plus réduite) aux missiles et satellites[103], sans parler du reste : comme un connaisseur, André Danzin, l'a écrit,

> on voit mal comment aéronautique, électronique, informatique et télécommunications auraient pu naître et croître sans les torrents d'argent consacrés aux armements et à l'espace[104].

En fait, l'espace sort tout autant de la défense, et d'abord de celle des Nazis comme Jacques Blamont l'écrit sans fard :

> L'inoubliable débarquement [sur la Lune] marque le sommet du XXe siècle, et il restera le symbole du triomphe de la science dans ce qu'elle a de plus sublime. C'est pourtant un fait que seul le crime allemand le rendit possible.

"De plus sublime" parce que

> le facteur principal du progrès scientifique n'est pas seulement l'appétit de connaître. Bien que les hommes vivent et meurent dans la confusion, l'homme est une force qui va : *quelque chose dans sa nature l'entraîne vers les étoiles,*

---

[103] Voir McDougall, *The Heavens and the Earth. A Political History of the Space Age* (Basic Books, 1985), exposé général très documenté et fort lisible de la période antérieure à 1970, Michael J. Neufeld, *The Rocket and the Reich. Peenemünde and the Coming of the Ballistic Missile Era* (Harvard UP, 1996), le dernier chapitre de Blamont, *Le chiffre et le songe*, écrit avant le livre de Neufeld mais qui fournit un bon résumé des activités allemandes, et David H. DeVorkin, *Science with a Vengeance. How the Military Created the US Space Sciences After World War II* (Springer-New York, 1992), sujet que M. Blamont ne traite pas bien qu'il soit depuis longtemps l'un des principaux experts mondiaux des "space sciences". Le livre d'Alain Dupas, *La lutte pour l'espace* (Seuil, 1977), reste utile. *L'Age des satellites* (Hachette, 1997), du même auteur, présente en style grand public quelques informations historiques et célèbre les merveilleuses applications passées ou futures des satellites. Sur l'histoire des satellites militaires américains, voir par exemple William E. Burrows, *Deep Black. Space Espionage and National Security* (Random House, 1986) et Paul Stares, *The Militarization of Space. U.S. Policy, 1945–84* (Cornell UP, 1985) sur les armes anti-satellites.

[104] LM du 28 février 1979, et voir mes trois articles "Aux sources du modèle scientifique américain" (*La Pensée*, n° 201, 203, 204, 1978–1979); M. Danzin aurait pu ajouter le nucléaire civil et d'autres technologies à sa liste.

Ce genre de déclaration revient à dire que, sans la guerre froide, l'économie de marché dont on nous vante les capacités innovantes n'aurait pas produit ces technologies. Au surplus, la guerre froide est une conséquence directe de la révolution de 1917 – l'Amérique ne reconnaît le régime soviétique qu'en 1933 – et de l'invasion de l'URSS qui, en permettant à l'URSS de dominer en retour l'Europe de l'Est jusqu'à Berlin et au-delà, a transformé un péril idéologique en "menace militaire". On pourrait donc prétendre que c'est à Lénine, Hitler, Staline et à l'anticommunisme viscéral des Américains, beaucoup plus qu'à l'économie de marché, que l'on doit les actuelles merveilles de la technique.

souligné dans le texte. Cela n'inquiète aucunement M. Blamont, qui ne se fait pourtant aucune illusion sur ce qu'il appelle *la créature la plus laide, la plus sale et la plus méchante de ce côté-ci de la Galaxie,* une créature qui aurait précisément comme destin de s'échapper de la Terre même si *une volonté qui le dépasse exige de l'homme des sacrifices humains*[105].

Indépendamment de ces considérations que les adorateurs aztèques du Soleil auraient plus facilement comprises que la plupart de nos contemporains adultes – lorsqu'en 1979 on interroge le public américain sur son choix des priorités scientifiques, il place la médecine en premier et l'exploration des planètes en treizième position (*Science Indicators* 1980), les sondages ultérieurs n'étant pas plus favorables –, on peut effectivement douter qu'en l'absence de la guerre et de la course aux armements, une entreprise privée ou publique aurait eu l'idée de se lancer dans l'espace "civil"; le programme aurait à tout le moins des décennies de retard[106]. L'intérêt, notamment politique, des satellites civils de communication, de météorologie, etc. a certes été perçu dès les années 1960, notamment par les grands trusts américains (Telstar, Comsat, Intelsat pour les communications); en 1962, le vice-président des Etats-Unis, Lyndon B. Johnson, qui après le Spoutnik de 1957 a mené au Sénat l'offensive pour les missiles et l'espace afin de discréditer les Républicains au pouvoir, déclare par exemple ceci :

> Advances in the realm of the rapid data transmission will permit the transmission in 2 weeks' time of every page in every book in the Library of Congress anywhere in the world. That means that scholars in the new nations of Africa and Asia no longer need yearn for libraries or source materials. They will have access to the world's greatest stores of knowledge within a matter of seconds[107].

---

[105] *Le chiffre et le songe*, pp. 895, 9, 896. Je trouve dans un article du même, "Un petit effort en faveur du sublime" (LM, 30 décembre 1972) une remarque hérétique : le budget de la force de dissuasion ou même celui des anciens combattants suffirait à financer un projet Apollo national. Même les Soviétiques ont décidé qu'arriver les seconds sur la Lune ne présentait aucun intérêt ...

[106] Edmund Beard, *Developing the ICBM. A Study in Bureaucratic Politics* (Cornell UP, 1976), p. 206, indique qu'aux USA les engagements de dépenses dans le secteur des missiles entre 1946 et 1960 s'élèvent à 36 milliards de dollars courants (soit au moins 200 milliards actuels), dont 13,6 pour les missiles sol-sol à portée intermédiaire ou intercontinentale et quelques milliards pour les missiles à poudre Polaris. La recherche-développement, à l'exclusion de la production encore très limitée à cette époque, représente au moins le tiers du total. Voir aussi Stephen I. Schwartz, *Atomic Audit* (Brookings, 1998), chap. 2, très détaillé.

Ceci dit, il y avait déjà bien avant 1939 aux Etats-Unis, en URSS et ailleurs des ingénieurs qui tentaient de construire de petites fusées (voir McDougall); on peut toujours imaginer que, dans un XXe siècle en paix, leurs projets auraient fini par être pris au sérieux – mais à quelle date ?

[107] Cité par Vernon Van Dyke, *Pride and Power. The Rationale of the Space Program* (U. of Illinois Press, 1964), p. 112, qui se demande quand cette manne céleste sera, pour commencer, disponible dans son Iowa; noter l'analogie entre la déclaration délirante de Johnson et la propagande actuelle en faveur d'Internet.

Mais l'intérêt militaire des satellites d'observation et de télécommunications a été perçu bien avant, dès 1945 (von Braun) et 1946 (Rand Corporation) pour les premiers; les militaires américains les utilisent à partir de 1960 et ont depuis longtemps leur propre réseau mondial. Au surplus, aux USA et en URSS, il fallait, pour lancer les satellites, utiliser les premiers missiles militaires (Thor, Atlas et Titan aux USA) développés dans les années 1950; on utilise encore leurs descendants directs, l'explosion d'un Titan-4 ayant fait perdre à la CIA un satellite de 800 millions de dollars et un missile de 200 millions (*International Herald Tribune* du 5 août 1993); et le budget militaire américain de l'espace est de plus en plus énorme comme on l'a dit. Tout cela, y compris la Lune, relevait donc beaucoup plus d'un *technological anticommunism*[108] américain (ou anti-capitalisme soviétique) que de l'aspiration faustienne de Jacques Blamont à expédier ses infortunés descendants vers les étoiles ou, pire encore, les trous noirs. Les scientifiques devraient lire les politologues; la recherche spatiale n'est pas seulement une entreprise de la communauté scientifique internationale pour obtenir des "torrents d'argent" à l'usage de ses chères études[109] ...

Exercice : en supposant que la Library of Congress possède dix millions de livres comportant en moyenne un million de caractères, calculer en bits par seconde la vitesse de transmission nécessaire à l'opération; il faudrait aussi, au préalable, numériser les dix millions de volumes. Le livre de Van Dyke et ceux de John Logsdon, *The Decision to Go to the Moon* (U. of Chicago Press, 1976) et Robert A. Divine, *The Sputnik Challenge* (Oxford UP, 1993), sont des mines de citations et commentaires sur les buts et motivations du programme spatial américain. On ne dispose pas encore d'une littérature aussi sérieuse sur les activités soviétiques.

[108] McDougall, p. 344, attribue cette expression à Stanley Hoffman, politologue de Harvard bien connu en France. Logsdon, *The Decision* ..., cite p. 118 le témoignage de Jerome Wiesner, futur président du MIT et principal conseiller scientifique de Kennedy, qui explique pourquoi les scientifiques furent à peine consultés sur le projet Apollo : *It was not an issue of scientific versus nonscientific issues; it was a use of technological means for political ends*, le problème étant, après le Spoutnik et le vol de Gagarine, de trouver un projet encore plus spectaculaire – on pense au dessalement de l'eau de mer – qui donnerait aux USA une bonne chance de battre les Soviétiques dans la course au prestige. Wiesner précise que le comité scientifique conseillant Kennedy (le PSAC) *would never accept this kind of expenditure on scientific grounds* parce que l'intérêt scientifique d'un vol habité vers la Lune était beaucoup trop faible. En fait, le PSAC estimait en mars 1958 qu'une expédition vers la Lune coûterait environ deux milliards de dollars – voir le rapport général sur l'espace dans les mémoires de James R. Killian, Jr., *Sputnik, Scientists, and Eisenhower* (MIT Press, 1977), appendice 4, par le conseiller scientifique d'Eisenhower et président du MIT à l'époque – mais cette estimation fut rapidement remplacée par des chiffres plus réalistes, le total final étant d'environ quarante milliards.

[109] Comme M. Blamont, les gens du PSAC, en 1958, placent en première ligne des justifications de la course à l'espace *the compelling urge of man to explore and to discover, the thrust of curiosity that leads men to try to go where no one has gone before* (ensuite : défense, prestige national et progrès scientifique). La technique de propagande consiste à attribuer à l'espèce humaine, *man*, des aspirations qui, en réalité, ne concernent qu'une infime fraction de celle-ci.

Enfin, le développement des missiles et donc de l'espace supposait non seulement les V-2 mais aussi et plus encore les armes nucléaires : gaspiller un engin d'au moins trente millions de dollars de 1960 pour expédier une tonne de TNT à huit mille kilomètres avec une erreur de deux km à l'arrivée eût été ridicule[110]. L'opération devenait rentable parce que le missile transportait une arme de quelques millions de dollars rasant tout dans un rayon de plusieurs km. Les satellites d'observation, de leur côté, sont nés avant tout pour repérer et surveiller les bombardiers et missiles adverses; le problème était particulièrement urgent dans l'Amérique du Spoutnik puisque les propagateurs du *missile gap* – militaires, CIA, journalistes "bien informés", politiciens de l'opposition démocrate, etc. – prévoyaient en 1958 jusqu'à cinq cents missiles soviétiques en 1960 et mille en 1961 (d'où sans doute les "prévisions" françaises notées plus haut); dans la réalité, il y en eut au grand maximum trente cinq en 1960, voire même seulement quatre selon des auteurs bien placés pour le savoir[111]. Les satellites américains, après les avions U-2, contribuèrent donc à discréditer les prévisions alarmistes de ceux qui voyaient déjà l'URSS se lancer dans un Pearl-Harbor atomique : ce fut leur contribution positive. Ils ont aussi servi à repérer quelques dizaines de milliers d'objectifs potentiels en URSS (et vice-versa); c'est leur autre face, avec le guidage des avions et missiles de croisière grâce au Global Positional System (GPS) qui permet aux bombardiers "furtifs" B-2 de se repérer à dix mètres près (et aux civils à cent mètres près). J'ai dit au début du Chap. II de cet ouvrage censé parler de mathématiques que ce qui distingue les mathématiciens des physiciens, c'est le désir de précision absolue des premiers; les militaires le partagent depuis longtemps même s'ils ne sont pas encore tout à fait capables de faire entrer un missile de croisière dans la salle de bains de Saddam Hussein à l'instant précis où celui-ci prend une douche.

---

[110] ce qui n'empêche pas l'équipe von Braun d'avoir étudié en 1944–45 un projet de "missile transatlantique" de ce genre. Voir l'article d'Emma Rothschild sur "l'économie de la dissuasion" dans Jean-Jacques Salomon, dir., *Science, guerre et paix* (Economica, 1989), notamment p. 109, où l'on trouvera des articles se rapportant directement aux problèmes évoqués ici.

[111] John Prados, *The Soviet Estimate* (Princeton UP, 1986), pp. 79 (ou Divine, p. 173) pour les prédictions et p. 187 pour la réalité. Après le Spoutnik, Khrouchtchev, au courant des craintes américaines grâce à un espion bien placé, en rajoutait en se vantant de produire des missiles à la chaîne "comme des saucisses". Le résultat de cette ingénieuse politique – on en a vu d'autres exemples aussi brillants des deux côtés – est que les Américains possèdent déjà 454 missiles intercontinentaux en 1963 et 834 en 1964, que les Soviétiques n'en ont que 91 en 1963, pour la plupart des SS-6 de type 1957, de fiabilité médiocre et très vulnérables car à carburant liquide, que les Américains les ont repérés grâce à leurs satellites et que les Soviétiques le savent. L'ascension américaine cesse en 1967 avec 1054 engins (les militaires en avaient demandé trois à dix fois plus), les Soviétiques s'en donnant 1527 en 1972. Mais comme on place ensuite sur les missiles trois, six ou quatorze têtes nucléaires, ces chiffres ne reflètent pas la réalité ultérieure.

Mathématiques appliquées et armes nucléaires

Il y a quelques années, J.-L. Lions a dirigé avec Robert Dautray la rédaction d'un grand traité d'*Analyse mathématique et calcul numérique pour les sciences et les techniques* (Masson, 2000 pages environ, ou Springer pour l'édition anglaise) auquel la plupart des mathématiciens appliqués français ont coopéré; on peut y apprendre, y compris en mathématiques "pures", des masses de mathématiques utilisables dans toutes sortes de domaines généralement non précisés. La carrière de M. Dautray est beaucoup plus instructive que celle de M. Lions.

Prévenons d'abord le lecteur que, si l'on n'est pas du sérail, ce qui est mon cas, on s'aventure sur un terrain fort mal éclairé. Dans l'enquête d'André Harris et Alain de Sédouy, *Juifs et Français* (Grasset, 1979), un neveu de M. Dautray, major de l'X comme son oncle, attribue à celui-ci, p. 233, l'idée que *s'il y a bien quelqu'un en France qui doit savoir faire une bombe A, c'est un juif,* énoncé ambigu qui demanderait quelques éclaircissements quant aux cibles éventuelles. Il remarque aussi, p. 235, que M. Dautray *ne tient pas de conférences de presse comme Oppenheimer.*

Le fait qu'après 1945 Oppenheimer s'exprimait en public et, fréquemment, pour le public prouve principalement son sens de la responsabilité à l'égard de ses concitoyens. Oppenheimer était un vrai scientifique ayant fait son éducation dans un milieu international parfaitement ouvert et influencé par la culture et les problèmes politiques de l'époque – crise du capitalisme, guerre d'Espagne, socialisme, nazisme, etc. Ses "conférences de presse" – dépositions publiques au Congrès, livres et articles, déclarations à son "procès" qui, sans être toutes à son avantage, n'en sont pas moins révélatrices –, tout cela constitue une source irremplaçable pour les historiens. Plût au Ciel que M. Dautray ait suivi son exemple au lieu de se borner, en bon polytechnicien, à dialoguer avec le pouvoir dans des commissions d'où rien ne filtre.

Fils de juifs polonais réfugiés en France avant 1939, M. Dautray[112] est sauvé par de braves paysans du Centre lorsque ses parents sont déportés à Auschwitz. Entré aux Arts et Métiers où on lui conseille de viser plus haut, il entre en 1949 à Polytechnique et en sort premier. Il débute au CEA en 1955, année où l'on crée en secret, d'abord sous un nom anodin, la Division des applications militaires (DAM) avec laquelle un seul physicien connu, Yves

---

[112] "Dautray" n'est pas son nom véritable. Voir ce qu'en dit Alain Peyrefitte, *Le mal français* (Plon, 1976), au chapitre des *Cerveaux d'Etat*, expression parfaitement justifiée mais dont M. Peyrefitte sait aussi bien que moi que, dans notre jeunesse commune à l'Ecole normale, elle était considérée comme passablement péjorative. Le colloque en hommage à M. Dautray sur *Les grands systèmes des sciences et de la technologie* (Masson, 1983), "coordonné" par Jules Horowitz (X-Mines, au CEA de 1946 à sa mort récente) et J.-L. Lions, commence par une "biographie" de M. Dautray par Horowitz dans laquelle, conformément aux lois du genre, on n'apprend strictement rien. Voir un autre éclairage sur cette *énigme entretenue par la rumeur vis-à-vis de laquelle il est totalement sourd* dans l'article du biologiste Pierre Douzou au colloque.

Rocard, accepte à l'époque de collaborer; celui-ci n'est pas un spécialiste mais a été membre pendant la guerre des services secrets du général de Gaulle (BCRA), comme l'administrateur général du CEA, Pierre Guillaumat, et un colonel Albert Buchalet qui passe du commandement d'une unité de parachutistes en Algérie (!) à celui de la DAM et fera une fort belle carrière dans l'industrie nucléaire après l'explosion atomique de 1960. Sans faire initialement partie de la DAM, Robert Dautray participe pendant une dizaine d'années à la construction du réacteur Pégase destiné à tester les éléments combustibles de la défunte filière graphite-gaz française, aux études sur le prototype de réacteur pour sous-marins[113], à la régulation de l'usine (Pierrelatte) de séparation isotopique de l'uranium pour l'armement – plusieurs milliers de compresseurs à synchroniser, mais il nous dit dans le colloque Lions cité plus loin qu'il suffit de savoir en synchroniser quelques dizaines puisque le problème mathématique est linéaire – et à la réalisation du réacteur de recherche franco-allemand de Grenoble permettant de produire des flux intenses de neutrons.

M. Dautray est nommé directeur scientifique à la DAM en 1967 et de celle-ci en 1971, puis de tout le CEA en 1991 pour, finalement, en devenir en 1993 le haut-commissaire en remplacement de M. Teillac, ce qui en fait le personnage n° 1 bis ou 2 du CEA; le n° 1, l'administrateur général, représente directement le gouvernement et, de nos jours, provient naturellement de l'Ecole nationale d'administration. Sa notice dans le *Who's Who* de 1996, qui ne mentionne pas son rôle à la DAM, nous dit que, comme Lions, il conseille diverses organisations : le CNES, l'EDF, Renault, l'Institut français du pétrole, l'ONERA, l'IRIA (et même Los Alamos, LM du 13 mars 1991). Il s'est aussi occupé des plasmas à haute température, i.e. de la fusion nucléaire contrôlée par confinement magnétique ou par confinement inertiel (laser Phébus de Limeil, le plus puissant d'Europe), domaine dont les Soviétiques et les Français du CEA commencent à s'occuper au début des années 1960 avant même les Américains, semble-t-il, et dont j'ignore ce qui sortira[114]; s'il s'agit de produire de l'énergie

---

[113] Comme les piles américaines de la guerre, la filière graphite-gaz présentait le double avantage de fonctionner à l'uranium naturel et de produire beaucoup de plutonium. Le premier prototype de réacteur pour sous-marins, basé sur ce système, dut être abandonné en raison de son encombrement prohibitif et fut remplacé par un réacteur de type PWR, filière inventée pour les sous-marins nucléaires américains. La filière "civile" graphite-gaz a ensuite été abandonnée sous la pression de l'Electricité de France, qui a préféré comme tout le monde le système PWR de Westinghouse.

[114] Le décret n° 80-247 du 3 avril 1980 (Journal officiel du 6 avril) soumet les recherches et publications dans ce domaine à une autorisation préalable du secrétariat général de la défense nationale et à un comité de contrôle présidé par le SGDN et comportant des représentants des ministères de la défense, des universités et de l'industrie. Dans un article sur *Les fournaises du laser Phébus* (LM, 25 février 1987), qui ne mentionne pas M. Dautray, on fait dire à M. Roger Baléras, actuel directeur de la DAM, que l'objectif de Phébus est de *s'approcher, par des expériences, de la réalité de certains phénomènes élémentaires pour confronter ensuite les enseignements recueillis avec les modèles développés par les*

civile, ce n'est pas encore pour demain. On construit actuellement dans le sud-ouest de la France une énorme installation de 240 faisceaux lasers et, à Vaujours, un accélérateur à rayons X destinés, eux aussi, à la simulation des explosions thermonucléaires; le problème mobilise certainement des modélisateurs mathématiques, informaticiens et experts en supercomputers puisque les essais sont devenus diplomatiquement quasi impossibles. Ce projet de 16 milliards de F (LM, 30 janvier 1996) a donné lieu à un accord "secret" de coopération avec les Américains, qui ont déjà une installation analogue à Livermore et disposent de beaucoup plus de données expérimentales que les Français; l'*International Herald Tribune* du 18 juin 1996 qui le révèle nous dit aussi que des échanges de ce genre entre la France et les USA ont eu lieu depuis le début des années 1970, notamment pour la mise au point des missiles à têtes multiples et, depuis 1985, pour assurer la sécurité et la fiabilité des armes stockées, lesquelles peuvent se détériorer en vieillissant. Ces relations franco-américaines ont déjà fait l'objet de quelques articles américains et français plus sérieux mais qui ne sont guère d'accord sur les faits, ce qui n'est pas surprenant.

Le principal objectif du projet est de mettre au point vers 2015 une nouvelle tête nucléaire durcie[115] et plus "furtive" pour les sous-marins, mais aussi, selon LM du 27 avril 1996 citant la DAM, de *préserver les compétences des physiciens* de celle-ci. Cet argument, fréquemment invoqué dans le secteur militaire depuis la fin de la guerre froide, explique l'invraisemblable série d'innovations sorties des laboratoires des deux camps. On ne peut en effet pas entretenir des équipes dans un bon laboratoire d'armement (ou de biologie moléculaire) sans qu'il en sorte constamment des innovations; aux USA, on explique même que celles-ci sont nécessaires pour maintenir le "moral" des techniciens, ce que tout scientifique peut comprendre :

le personnel du BSD [Ballistic Systems Division de l'Air Force] était composé d'ingénieurs constamment à l'affût de nouvelles technologies et de nouveaux modèles pour améliorer leurs produits. Leur moral et leur satisfaction personnelle reposent sur des innovations continuelles[116].

On n'arrêtera pas le développement des armements sans d'abord dissoudre ces laboratoires spécialisés; vaste programme, certes. Hubert Curien, physicien qui a présidé le CNES et beaucoup d'autres choses, m'a répondu un jour

---

physiciens qui travaillent sur les armes. Jacques Chevallier, *L'aventure de la bombe*, p. 131, confirme que dès le début des années 1960, on avait pour objectif *de futures applications à la physique des armes thermonucléaires.*

[115] Les défenses anti-missiles utilisent des explosions nucléaires en altitude, lesquelles dégagent des masses de rayonnements fort nuisibles et notamment des neutrons contre lesquels il faut protéger les armes transportées.

[116] Ted Greenwood, *Making the MIRV: A Study of Defense Policy Making* (Ballinger, 1975), p. 19. Les "MIRV" sont les missiles à têtes multiples guidées indépendamment.

qu'à ce compte il faudrait aussi dissoudre tous les laboratoires scientifiques. Mais une découverte scientifique – la nitroglycérine, le phosgène, le bacille de l'anthrax, la fission et la fusion nucléaires, le laser – ne s'est jamais transformée en une arme sans passer par l'intermédiaire de laboratoires publics ou privés spécialisés dans l'armement et employant des quantités d'ingénieurs sans états d'âme dont le moral, la satisfaction personnelle et la carrière reposent sur des innovations continuelles. Ce sont ces institutions qui transforment le progrès scientifique ou technique en progrès militaire; les scientifiques qui coopèrent ne pourraient rien sans elles.

M. Dautray a enseigné à l'Ecole polytechnique sans pour autant figurer dans les mémoires de Schwartz – c'est pourtant un académicien – et à l'Ecole nationale des techniques nucléaires; il a écrit un livre de *Méthodes probabilistes pour la physique* (Eyrolles, 1989) et, avec Jean-Pierre Watteau, un traité sur *La fusion thermonucléaire inertielle par laser* (Eyrolles, 1993). Sa notice dans le Who's Who mentionne aussi *Cinquante ans de nucléaire*, publié par l'Académie des sciences, exposé historique fort schématique de l'évolution des techniques du nucléaire ... *civil*.

Ce qui a rendu obscurément célèbre M. Dautray, c'est le rôle qu'Alain Peyrefitte, dans *Le mal français* (Plon, 1976), lui a attribué dans le développement de la bombe H. Les maigres "informations" dont on dispose à ce sujet dans le domaine public sont fort loin de concorder.

Si l'on en croit M. Peyrefitte, en 1966–1967, les chercheurs du CEA qui travaillaient sur la bombe *étaient devenus des fonctionnaires ... carrière garantie, chasses gardées, situations acquises*; les ingénieurs de l'armement manquaient *de la formation de chercheur et de la tournure d'esprit nécessaires pour réussir* – voyez les mémoires de Laurent Schwartz – et

> les grands choix de recherches étaient décidés, non en raison d'une meilleure connaissance de la physique, mais comme si "le plus ancien dans le grade le plus élevé" devait être le plus savant.

Pendant que ces chercheurs avancent péniblement vers la solution, M. Peyrefitte, soumis aux pressions du Général, cherche désespérément *l'homme de synthèse ... le cerveau neuf ... l'intelligence vierge* qui pourrait tout dénouer; mais l'auteur de *Rue d'Ulm*, où l'on célèbre les normaliens célèbres à l'exception des scientifiques, *connaît un peu l'histoire des sciences* et, tout en reconnaissant qu'il ne comprend rien aux sciences elles-mêmes, sait que

> la plupart des découvertes ont été faites, non par des spécialistes enfermés dans leur spécialité, mais par des intelligences fraîches, aptes à regarder par-dessus le mur du voisin et à prendre leurs distances par rapport aux idées prédominantes;

on imagine les réactions des polytechniciens aux intelligences défraîchies lorsqu'ils liront ces commentaires en 1976. Ses conseillers scientifiques lui présentent finalement Robert Dautray, *un cerveau exceptionnellement doué, qui* [pourrait] *assimiler rapidement toutes les disciplines nécessaires à la synthèse*. Celui-ci est nommé directeur scientifique à la DAM en 1967 par M. Peyrefitte, il se met à l'ouvrage, *une combinaison de phénomènes physiques, dans la panoplie de ceux qui pouvaient être envisagés, lui parut la bonne* et, *en quelques semaines, la synthèse était élaborée, les études à approfondir définies et lancées, tous les efforts concentrés sur ce procédé*. L'article[117] explose en août 1968 et procure au général de Gaulle *l'une de ses dernières joies*; on a celles que l'on mérite et Mai 68 avait été moins drôle.

Yves Rocard, dans ses *Mémoires sans concessions* mais non sans regrettables lacunes, critique lui aussi (pp. 265–266) les *structures hiérarchiques* et mentionne un jeune ingénieur qui aurait eu une *illumination* mais auquel ses chefs n'auraient pas donné accès à l'ordinateur nécessaire. Selon Rocard, les échecs cessèrent lorsqu'on chargea du projet le physicien Jacques Yvon, de l'Ecole normale comme lui, ayant conçu toutes les piles du CEA et qui *bouscula la hiérarchie qui s'était révélée incapable*. Sans citer aucun autre nom, Rocard évoque des carrières brisées et, comme toujours sybillin, ajoute :

> Il est à craindre que d'autres, plus malins, plus souples, mais peut-être aussi plus instruits, en aient profité pour grimper plus haut. Il reste grandement choquant qu'on ne connaisse même pas le nom de l'auteur réel de la bombe H de la France,

ce qui suppose l'existence et l'unicité de celui-ci. Rocard évoque aussi la publication, sous le pseudonyme de Gigi, d'un petit livre intitulé *La bombe H, c'est moi* et dénonçant des dénis de justice; il fut rapidement retiré de la circulation.

La version Peyrefitte – grâce à laquelle, comme l'écrira bêtement le *Figaro*[118] du 5 octobre 1993, M. Dautray est devenu le Teller et le Sakharov français qui a découvert en quelques mois le secret de la bombe H française – est peu crédible. Pour découvrir le "secret" en question, il a fallu à Teller, fanatique du sujet et physicien pour le moins honorablement doué, neuf ans (1942–1951) de réflexions menant d'abord à des impasses; il en a fallu sept (1947–1954) aux Soviétiques[119], dont largement quatre de concentration to-

---

[117] *You can be quite sure that any power that gets hold of the secret will try to make the article and this touches the existence of human society. This matter is out of relation to anything else that exists in the world, and I could not think of participating in any disclosure to third or fourth parties at the present time,* à savoir l'URSS ou la France. Winston Churchill à Anthony Eden, 25 mars 1945 (Sherwin, *A World Destroyed*, p. 108). Churchill ignore qu'un an plus tard la loi MacMahon interdira même aux Britanniques, jusqu'en 1958 dans leur cas, de recevoir une quelconque aide américaine sur le plan atomique militaire.

[118] Auquel M. Peyrefitte collabore régulièrement depuis longtemps. L'article, reproduit dans le livre de Billaud mentionné plus bas, nous dit aussi que M. Dautray est tellement préoccupé par sa sûreté personnelle qu'il a fait retirer sa notice du *Who's Who* (elle est réapparue depuis), qu'il s'est laissé pousser une moustache et s'est fait *couleur de muraille*, ce qui ne l'empêche pas de paraître dans des colloques fort publics.

[119] Voir David Holloway, *Stalin and the Bomb* (Yale UP, 1994), notamment le chap. 14. Noter que la fusion a été découverte en laboratoire en 1934 (Rutherford,

tale à Sakharov et autres (1950–1954), et autant aux Britanniques pendant les années 1950. L'exploit supposé de M. Dautray peut donc passer pour transcendental. Au surplus, seconde querelle de priorité, la version Peyrefitte et l'article du *Figaro* ont provoqué une violente réaction de l'un des co-auteurs de la bombe H française[120].

A partir de 1960 environ, nous dit Billaud (X, 1939), la DAM comporte trois sections : fission (bombe A), fusion (bombe H) et, bien sûr, mathématiques appliquées. Pendant plusieurs années, on s'y occupe beaucoup plus des armes atomiques que de la bombe H : de Gaulle veut disposer d'armes opérationnelles avant sa sortie de l'OTAN (1966) puisqu'autrement il ferait pitié[121]. En 1965, les ingénieurs de la DAM n'ont encore qu'une idée très floue de la bombe H; les calculs, très lourds, difficiles à exploiter et demandant beaucoup de main d'oeuvre[122], sont décevants et l'on croit qu'il faut utiliser de l'uranium 235 dans l'amorce atomique. On ne sait comment interpréter les informations dont on dispose sur les engins américains, boites noires fermées

---

Oliphant et Harteck) et que, quelques années plus tard, Hans Bethe l'utilisait pour expliquer l'énergie du Soleil.

[120] Pierre Billaud, *La véridique histoire de la bombe H française* (La Pensée Universelle, 1994), très mince opuscule de très petit format publié à compte d'auteur et épuisé. Je vais résumer sa thèse en lui en laissant la pleine responsabilité.

[121] La stratégie française repose sur l'hypothèse que, dans le cas d'une attaque soviétique classique en Europe, les Américains hésiteraient à attaquer directement l'URSS ou même à utiliser immédiatement leurs armes nucléaires tactiques sur le terrain. Les Français se serviraient alors des leurs pour transformer la guerre en conflit nucléaire; c'est la théorie du "détonateur", mentionnée par exemple dans Frédéric Bozo, *La France et l'OTAN* (IFRI/Masson, 1991, pp. 81, 103, 143, 154), dans Soutou ou dans Alain Peyrefitte, *De Gaulle m'a dit* (Fayard, 1997) où de Gaulle, en 1964, parle d'une *force de déclenchement et d'entraînement* et de *starter* plutôt que de détonateur (p. 49). Il n'est pas surprenant que les Américains, ne désirant pas se laisser "entraîner" malgré eux, montraient peu de goût pour les armes françaises. De Gaulle dit aussi (Peyrefitte, p. 64) que, dans sept ou huit ans, la France sera en mesure de tuer 80 millions de Soviétiques et que cela suffira à "dissuader" les Soviétiques – tout au moins s'ils croient de Gaulle ou ses successeurs capables d'assumer les conséquences d'une pareille folie, notamment au cas où les Soviétiques se borneraient à une guerre classique.

[122] Les calculs d'Ulam et Teller ont été effectués sur des machines comptables ou de bureau, voire même à la règle à calcul, et sur l'ENIAC de 1945; l'ordinateur de von Neumann est intervenu un an après la percée. Les calculs soviétiques, *menés au moyen de méthodes numériques, par des groupes mathématiques spéciaux et secrets de certains instituts de recherche de Moscou* (Sakharov, *Mémoires*, p. 178), *d'abord effectués au moyen de machines arithmétiques standard, devinrent une des principales applications des ordinateurs*; dirigés par Mstislav Keldych (p. 194), plus tard président de l'Académie des sciences de Moscou et mathématicien appliqué fort connu à l'époque, ils occupèrent une équipe de l'université de Moscou dirigée par I. M. Gelfand (p. 210). La DAM du CEA disposait à l'époque d'un ordinateur Stretch (IBM) qui, sans être au niveau des Control Data 6600, était néanmoins beaucoup plus puissant que la machine de von Neumann.

à clé : on sait seulement ce qui se passe lorsqu'on appuie sur les boutons (voir plus loin).

Après la première bombe A chinoise de 1964, le Général de Gaulle commence à s'impatienter et, à la DAM, un conflit avec le responsable des mathématiques appliquées qui a une idée et demande tous les moyens (le "jeune ingénieur" que mentionne Rocard ?) conduit à son remplacement par un normalien, Luc Dagens. On reprend tout à zéro à l'automne de 1965. Billaud trouve à la fin de l'année une *idée importante* dont il ne précise pas la nature[123], mais on n'y croit pas et Billaud y renonce pour le moment. En janvier 1966, de Gaulle et Peyrefitte visitent le CEA; Billaud, chef de la fusion, leur explique très prudemment qu'il espère expérimenter en 1967 ou 1968 et obtenir une arme opérationnelle quatre ans après. Le Général, qui ne peut attendre, *demande des têtes.* Billaud accepte de livrer la sienne un peu plus tard tout en restant conseiller de la division; cela vaudra au programme, dit-il, un an de retard. En juillet 1966, Jacques Yvon, dont Robert Dautray est l'un des collaborateurs, est nommé délégué à la DAM du Haut Commissaire à l'énergie atomique. On organise des réunions avec quelques scientifiques extérieurs à la DAM, mais ces Messieurs sont très occupés nous dit Billaud, qui l'est aussi.

Dagens propose alors une autre mystérieuse méthode qui ne saurait être la bonne en raison de son rendement très réduit. Billaud reprend ses idées à la fin de 1966 et, après *trois mois de travail à seize heures par jour, sept jours par semaine*, produit un volumineux rapport préconisant à nouveau la sienne. On en reconnaît l'intérêt mais non celui des schémas techniques qu'il propose pour la mettre en oeuvre. Entre alors en scène un autre acteur, Michel Carayol (X, 1954), qui trouve à son tour au début de 1967 une nouvelle idée sur laquelle, pour une fois, Billaud nous fournit quelque lueur :

> laisser "suinter" d'un engin à fission ... les rayons X thermiques dans une cavité en forme de doigt de gant avec un étage récepteur à son extrémité,

étage contenant évidemment les produits à fusionner; cela commence à ressembler aux idées qu'Ulam, Teller, Zeldovitch et Sakharov ont découvertes largement quinze ans plus tôt[124]. On ne croit guère non plus aux idées de

---

[123] Les Français ont une tendance comique à maintenir secrètes des informations que, dans beaucoup de cas, on trouve dans la littérature américaine. La technologie proprement dite reste évidemment secrète, mais les idées de base sont connues depuis longtemps. Voir la note suivante.

[124] L'idée que Billaud attribue à Carayol ressemble surtout à l'une de celles de Teller en octobre 1950, avant la percée du printemps 1951 : *Teller proposed to use the X-radiation to convey energy through a pipe – a radiation channel – to a small capsule of DT* [deuterium et tritium] *outside the fission system* (Rhodes, *Dark Sun*, p. 459). La méthode fournit effectivement une énergie de fusion (25 KT sur les 225 KT de l'engin expérimenté) mais ne saurait fournir les mégatonnes d'une vraie bombe H. La configuration d'un engin capable de fournir une énergie théoriquement illimitée est beaucoup moins simple; Rhodes, *Dark Sun*, chap.

Carayol. Mais un nouveau directeur de la fusion, Jean Viard (X, 1946), organise en septembre 1967 un séminaire dans un centre plus calme, Valduc, d'où sort un projet combinant les idées de Billaud, Carayol et Dagens; cette fois, cela *semble marcher tout seul* et l'on réalise effectivement, en août 1968, deux essais dont les puissances, 2,7 et 1,2 MT, sont, dit Billaud, conformes aux prévisions. La bombe H chinoise, elle, a explosé en 1967.

Et Dautray ? Billaud ne peut protester – secret militaire – contre la version Peyrefitte lorsqu'elle paraît, mais lorsqu'en 1993 *Le Figaro* présente M. Dautray comme le Teller et le Sakharov français en agrémentant cette assertion de commentaires sur les ingénieurs de la DAM qui avaient prétendûment échoué, M. Billaud demande une rectification au journal, lequel ne répond pas; surprenant. Il constate aussi que M. Dautray laisse passer l'article sans davantage réagir qu'au livre de M. Peyrefitte (encore que *Le Figaro* pourrait aussi avoir refusé de publier Dautray ...). Il décide alors de publier sa version des faits, dont j'ai appris l'existence par les hasards d'une conversation récente avec un physicien; on peut la consulter à la Bibliothèque nationale; malgré l'heure traditionnelle d'attente, c'est plus rapide que de se livrer à de la marche au hasard dans le maquis des lacunaires bibliothèques de la région parisienne[125], institutions que de redoutables cerbères, généralement en jupons, protègent contre les intrus : au moins, à la BN, il suffit d'un titre de "professeur des universités" pour être admis.

M. Billaud, donc, aurait tout appris à M. Dautray en quelques jours à son arrivée à la DAM à une date qu'il ne précise pas – mai 1967 au plus tard. Loin de "faire la synthèse" des idées des trois principaux auteurs – elle aurait été réalisée lors du séminaire de Viard qui se tient, semble-t-il, après l'arrivée de Dautray – ou d'apporter à l'époque une quelconque idée nouvelle, Dautray, selon Billaud, se chargea d'aller rendre compte régulièrement de l'avancement des travaux au Secrétaire d'Etat successeur de M. Peyrefitte et plus précisément aux deux conseillers scientifiques qu'il avait hérités de celui-ci; Billaud, c'est l'un des points très faibles de son récit, ne nous dit pas ce qui occupait M. Dautray entre ces visites. Celui-ci eut, selon Billaud, beaucoup de succès au Ministère : il comprend et enregistre tout très vite – c'est la moindre des qualités des majors de l'X compte tenu de leur mode de sélection – et possède *un talent remarquable pour présenter les questions scientifiques à des analphabètes*. M. Billaud pense que M. Dautray n'aurait cité aucun nom lors de ces comptes-rendus, de sorte qu'on lui aurait attribué d'office la paternité

24, décrit la première bombe H (non opérationnelle) américaine; Graham T. Allison, *Avoiding Nuclear Anarchy*, Appendix B, est plus précis. L'essentiel est déjà dans Howard Morland, *The Secret that Exploded* (Random House, 1982), par un journaliste ayant interrogé des dizaines de physiciens; le gouvernement américain tenta de le censurer – unique cas dans l'histoire des USA – mais fut lui-même censuré par la Cour Suprême.

[125] Faisons une exception en faveur de celle de la Fondation nationale des sciences politiques, remarquablement organisée et où l'on trouve notamment presque toute la littérature citée ici. Elle n'est toutefois ni ouverte à tous les publics ni à accès gratuit.

du résultat. Quant au récit du génial politicien qui a découvert le génial major de l'X qui a résolu en quelques semaines l'insurmontable problème de la bombe H, ce ne serait qu'une

> belle affabulation ... propre à mettre en valeur la "sûreté d'appré-ciation" de l'auteur dans des circonstances difficiles;

cette fois, cela ne manque pas de vraisemblance compte-tenu du ton général du *Mal Français*. Billaud précise qu'avant d'envoyer son livre à l'impression, Alain Peyrefitte communiqua in extremis au CEA ses réflexions sur les "cerveaux d'Etat", refusa d'en modifier le texte malgré les critiques qu'on lui en fit et se borna à y ajouter des notes qui ont *plutôt consolidé ... la fausseté fondamentale* de son récit.

Le plaidoyer de Billaud ne permet en aucune façon de connaître les parts respectives des participants dans le projet français : tout y est affirmé ou suggéré sans la moindre preuve ou référence vérifiable, mais la version Peyrefitte, en dépit de l'élégance supérieure de son style – les normaliens littéraires écrivent beaucoup mieux que le polytechnicien moyen, c'est leur métier – , n'est pas mieux documentée. Nous ne savons donc en fait pas vraiment si c'est à Dautray ou à Billaud, Carayol et Dagens – Peyrefitte accorde en tout et pour tout à ces trois *scientifiques de haut niveau* une note de cinq demi-lignes à la fin de son livre – que revient l'honneur[126] d'avoir réalisé l'horreur thermonucléaire française. Dans *L'aventure de la bombe*, p. 161, Jacques Chevallier explique que les ingénieurs ont

> un peu patiné, en attendant que des scientifiques de haut niveau comme M. Yvon, M. Dautry [sic] s'intéressent au problème. J'ajouterai cependant, pour relativiser ceci, que l'idée décisive pour parvenir à la bombe H a été trouvée par un ingénieur militaire qui était à l'époque détaché à la D.A.M. : M. Carayol.

[Avril 2003. Au séminaire de Valduc, qui n'avait pas adopté la solution Carayol, M. Dautray se serait borné à prendre d'abondantes notes. Or la Grande-Bretagne avait proposé à de Gaulle en 1963 un échange : secrets thermonucléaires contre entrée au Marché commun. Refusé à l'époque, il est accepté en 1967, et M. Dautray rédige une liste de questions techniques à poser à un expert, Sir William Cook, qui confirma la méthode Carayol. André Bendjebbar, *Histoire secrète de la bombe atomique française* (Le cherche midi éditeur, 2000), dernier chapitre. Cet auteur a aussi écrit une thèse de 600 pages qu'il ne cite pas.]

---

[126] Les trois ingénieurs, nous dit Billaud, furent d'abord honorés d'un déjeuner (!) avec Robert Galley, leur ministre de l'époque. Billaud reçut un peu plus tard la cravate de commandeur de la Légion d'Honneur des mains du général de Gaulle, distinction qu'il n'accordait pas à la légère, Carayol et Dagens étant, eux aussi, décorés par la suite. On créa pour Dautray en 1971 le poste de directeur scientifique de la DAM et il reçut le prix Lamb de l'Académie en 1974.

Il nous reste donc à attendre la version des historiens – s'ils ont accès aux documents et si ceux-ci ne sont ni tronqués ni truqués[127] – et les futurs *Mémoires sans lacunes* de M. Dautray, à la retraite depuis avril 1998.

Quoi qu'il en soit, il paraît clair qu'à partir de 1967 au plus tard, celui-ci (avec une discrète aide américaine ?) s'occupe intensivement des armes nucléaires : perfectionnements et miniaturisation de la bombe H, bombe à neutrons trois fois moins chère que les autres et non déployée bien que le CEA, l'armée et presque toute la classe politique la réclament pendant plusieurs années[128] à partir de 1977, armes des missiles à têtes multiples pour les sous-marins, arme nucléaire tactique Pluton de 250 km de portée qui inquiète bien davantage les Allemands que l'Armée rouge, etc.

Pour être objectif, il faudrait ajouter que M. Dautray n'a pas eu que des activités militaires. Il a par exemple récemment dirigé une étude de l'Académie des Sciences sur le réchauffement du climat, sujet d'actualité, par des méthodes informatiques. D'autres ont, il y a une quinzaine d'années, appliqué des méthodes analogues à ce qu'on a appelé l'hiver nucléaire : les conséquences climatiques d'un échange nucléaire massif.

Le sujet a été lancé en 1982 par *Ambio*, revue suédoise d'écologie scientifique (discipline inventée un siècle avant d'être vulgarisée) et a donné lieu à de nombreuses études dans les années suivantes. L'Académie des sciences de Washington, dans *The Effects on the Atmosphere of a Major Nuclear Ex-*

---

[127] Dans Alain Beltran et George Henri Soutou, dir., *Pierre Guillaumat. La passion des grands projets* (Paris, éd. Rive Droite, 1995), un journaliste non orthodoxe, Pierre Péan, qui expose les liens de Guillaumat avec les services secrets, rapporte ce que lui déclara celui-ci : *A chacun son métier. Aux journalistes de faire le leur. A moi de garder le secret sur ce que je fais. Et on a rien fait de mieux que de ne pas parler et de ne pas faire de papiers.* Cette tactique fort répandue permet aux émules de Guillaumat de reprocher trente ou quarante ans plus tard aux historiens qui utilisent les archives de ne pas comprendre ce qui s'est réellement passé, comme j'en ai été témoin à diverses reprises. A qui la faute ?

[128] *A l'heure où le gouvernement français se prépare à présenter aux Nations unies un plan de désarmement qui serait complet, général, progressif et contrôlé, le soin de ses techniciens à mettre au point – dans le secret de leurs laboratoires – des armes qui procureraient la mort la moins chère a de quoi indigner les plus endurcis*, écrit, dans LM du 6 octobre 1977, Jacques Isnard, spécialiste attitré des questions militaires qui n'a pas habitué ses lecteurs à des commentaires de cette nature. La bombe à neutrons (variante de la bombe H minimisant les effets classiques de l'explosion et maximisant le dégagement de neutrons) peut mettre hors de combat en cinq minutes et tuer en quelques heures ou quelques jours les occupants d'un tank; elle a été inventée vers 1960 par un physicien américain, Samuel Cohen, qui a dû faire campagne pendant vingt ans (y compris en France) avant de la faire adopter par le président Reagan. Les discussions dont elle a été l'objet illustrent à merveille la psychopathologie du nucléaire, par exemple dans Samuel T. Cohen et Marc Genestre, *Echec à la guerre. La bombe à neutrons* (Ed. Copernic, 1980). Le dilemme, pour le pouvoir politique, était que la bombe à neutrons est une arme du champ de bataille terrestre alors que la théologie officielle repose sur la dissuasion ("frappes de semonce" suivies d'une attaque anti-cités).

change (NAS Press, 1985), a étudié un scenario supposant des explosions d'une puissance totale de 6500 MT, dont 1000 sur des cités et autant sur des forêts. Les incendies urbains pourraient produire 150 millions de tonnes de fumées et les incendies de forêts environ 30. Ces fumées, bloquant en partie les rayons solaires pendant des semaines ou des mois, entraîneraient des chûtes de température drastiques (20 à 40 degrés selon certains calculs) sur de vastes régions de l'hémisphère nord, particulièrement en été. Les experts, y compris ceux du centre de calcul de l'Académie de Moscou en 1983 et des gens de Livermore utilisant parfois d'autres hypothèses, ne sont évidemment pas parvenus à des conclusions certaines : le problème est trop complexe. Le caractère catastrophique des conséquences sur le climat, la végétation, les cultures et les hommes d'un évènement de cette ampleur ne fait toutefois de doute pour personne : imaginez des tempêtes de neige à Paris au mois de juillet (la mer se refroidit moins vite que les terres émergées, d'où la neige) ou trente degrés au-dessous de la normale sur la majeure partie de la Sibérie et des Etats-Unis, sans parler des destructions et retombées radioactives. Il est intéressant de noter que ces études ont commencé une vingtaine d'années *après* la période à partir de laquelle le scenario de la NAS est devenu concevable.

Ondes de choc en retour

Indépendamment de ces amusantes querelles de priorité qui évoquent, en beaucoup plus ridicule, les rapports entre Ulam et Teller, il peut être utile de fournir au lecteur quelques lueurs sur les armes nucléaires et, pour commencer, sur les premières armes américaines[129] : l'équivalent de dix à quinze mégatonnes (MT) de TNT; un cratère d'un km de diamètre bordé par un talus de cinquante mètres de hauteur dans le cas d'une explosion au sol, mais en altitude c'est encore spectaculaire; une boule de feu de cinq à six km de diamètre, immobile pendant quinze secondes, dont la température, plusieurs milliers de degrés à la périphérie, suffit à provoquer des brûlures

---

[129] J. Carson Mark, *Global consequences of nuclear weaponry* (Annual Rev. of Nucl. Sci., 1976, vol. 26), par un expert de Los Alamos; voir aussi, dans Rhodes, *Dark Sun*, une curieuse photographie superposant la boule de feu et Manhattan. Le gros livre de Samuel Glasstone, *The Effects of Nuclear Weapons* (US Government Printing Office, plusieurs éditions), a été traduit en français il y a une trentaine d'années dans une édition "réservée aux services officiels" que j'ai découverte un jour dans le fichier de la Bibliothèque nationale; j'ai pu, non sans insister, en obtenir une copie d'un collègue bien placé – il dirigeait la DRME – et l'ai déposée à la bibliothèque Science et Société de Jussieu. L'édition américaine a toujours été en vente libre; même les Indiens ont, en 1952, publié une étude analogue. Les Soviétiques aussi ont traduit Glasstone pour les besoins de leurs experts : c'est le "livre noir américain" dont parle Sakharov à propos des tirs expérimentaux. Sur ce terrain, les citoyens français n'ont pas été mieux informés par leur gouvernement que les soviétiques.

du deuxième ou du troisième degré à dix ou quinze km de distance selon l'état de l'atmosphère; une onde de choc qui démolit tout dans le même périmètre suivie d'un appel d'air en retour provoquant des vents de plusieurs centaines de kmh; enfin des retombées radioactives qui, sous le vent, sont encore mortelles à des centaines de km comme des pêcheurs japonais ont eu l'occasion de s'en apercevoir.

On comprend l'enthousiasme des dirigeants des grandes puissances et de ceux qui veulent avoir l'air d'en être, ainsi que la fascination de certains physiciens et ingénieurs, pour des engins aussi merveilleux; mais il y a parfois des réactions psychologiques comme on l'avait déjà vu après Hiroshima aux Etats-Unis. Après la première explosion soviétique, le 22 novembre 1955, d'une vraie bombe H de 1,5 MT, le chef du projet, Kourtchatov, est tellement impressionné qu'en rentrant à Moscou il s'écrie, en russe probablement, *Anatolius! That was such a terrible, monstruous sight! That weapon must not be allowed ever to be used* (Holloway, p. 317), ce qui procède d'un sentiment fort louable bien qu'un peu tardif. Sakharov, placé à quelques dizaines de km de là et alors qu'il gèle, a l'impression qu'on a ouvert un four devant son visage (*Mémoires*, p. 217). Le soir de l'essai, au banquet présidé par le sous-ministre de la Défense – le maréchal Nedelin, commandant des missiles stratégiques, qui mourra avec quelques centaines de techniciens lorsqu'un engin explosera inopinément sur son pas de tir –, Sakharov dit à peu près la même chose que Kourtchatov et s'entend répondre, en termes fort vulgaires, que c'est un problème pour les politiques et non pour les scientifiques, ainsi priés de retourner à leurs tableaux noirs. Une mésaventure analogue lui arrivera en 1961 lorsqu'il suggèrera à Khrouchtchev de ne pas reprendre les essais (pp. 244–245).

Retourner à leurs tableaux noirs, c'est ce qu'ils font avec l'aide d'une équipe de mathématiciens de l'université de Moscou dirigée par I. M. Gelfand comme on l'a dit plus haut; cette équipe, nous dit Sakharov, joua un rôle essentiel dans la mise au point de l'engin de 1,5 MT de 1955. L'un des plus grands mathématiciens soviétiques, Gelfand fut, avec von Neumann et André Weil, l'un de ceux dont, à partir de 1944–1945, les travaux m'inspirèrent le plus; il s'agissait alors d'analyse fonctionnelle fort abstraite n'ayant aucun rapport avec la bombe H ou quoi que ce soit de ce genre; ce n'était pas à Paris que l'on pouvait apprendre ou deviner que von Neumann était totalement passé depuis plusieurs années aux mathématiques "appliquées" et encore moins que Gelfand, tout en continuant, lui, à publier des mathématiques standard, s'apprêtait à consacrer une partie de ses activités aux calculs de Sakharov (à supposer qu'il n'en ait pas fait d'autres auparavant, pour la bombe A par exemple) : c'est dans les années 1950 que, tout en calculant la bombe H, il écrit avec G. Shilov ses volumes sur la théorie des distributions de Schwartz, encore que sa production d'idées originales – il n'y en a guère dans ces exposés pédagogiques – se ralentisse curieusement pendant cette période. En fait, et tout en continuant à publier intensivement et presque toujours en collaboration dans des domaines variés, Gelfand aura, semble-t-il, dirigé pendant plusieurs dizaines d'années, à partir de 1951, une section de l'institut de mathématiques appliquées de l'Académie des sciences de Moscou; il s'intéresse notamment à la biologie mathématique après 1960 – cela, on le savait bien avant la publication des mémoires de Sakharov –, peut-être parce que l'un de ses fils est mort d'une leucémie. La chûte du régime lui permet ensuite, comme à beaucoup d'autres de ses collègues, de trouver un poste universitaire aux Etats-Unis et de voyager abondamment.

Le 30 octobre 1961, Sakharov, après une visite, donc, à notre éminent collègue Gelfand et à ses calculs (p. 247), fait exploser un engin de 57 MT, record du monde[130]; Khrouchtchev proclame ensuite qu'il a refusé une expérience de 100 MT qui aurait cassé trop de vitres. Mais Sakharov (p. 250) a une idée géniale : construire des engins sous-marins, suffisamment robustes pour résister aux mines, qui se dirigeraient sans équipage, sur plusieurs centaines de km, vers les côtes américaines où ils feraient exploser ses 100 MT devant des bases navales (par exemple Newark, près de New-York ?). Ayant communiqué son idée à un amiral et celui-ci lui ayant répondu que la Marine soviétique ne combattait pas de cette façon, Sakharov, quelque peu honteux, renonça à sa brillante idée[131]. Il étudie aussi un autre engin, à nouveau conçu sans demande militaire nous dit-il p. 251, et qui aurait tiré le maximum de la série expérimentée en 1961; le ministre dirigeant l'archipel atomique désapprouve ces initiatives en termes manquant d'élégance, sinon de réalisme :

> Les théoriciens inventent de nouveaux engins destinés à l'essai quand ils sont aux toilettes et ils proposent de les essayer avant même d'avoir eu le temps de reboutonner leur pantalon[132].

---

[130] Glenn Seaborg, *Kennedy, Khruschchev, and the Test Ban* (California UP, 1981), p. 112, pour la puissance de l'engin; Sakharov parle de "plusieurs milliers de fois Hiroshima", ce qui concorde. Seaborg, qui a isolé le plutonium (Berkeley, fin 1940) et en a obtenu un prix Nobel, est à l'époque président du CEA américain et négocie avec les Soviétiques l'arrêt des expériences atmosphériques.

[131] Au début de 1950, nous dit Rhodes, *Dark Sun*, p. 418 en se référant à un document de Los Alamos, Teller imagine une bombe de mille mégatonnes; intransportable par avion, on l'introduirait par la Volga (!) jusqu'au centre de l'URSS; l'explosion produirait un nuage radioactif mortel sur une surface de 40×400 miles englobant Moscou. Quelques jours après Hiroshima, certains évoquent déjà, en Amérique, la possibilité pour un pays ennemi d'introduire une bombe atomique à bord d'un inoffensif navire de commerce que l'on ferait sauter à New York. Les idées que l'on prête à l'ennemi sont souvent celles que l'on trouve dans son propre cerveau : c'est "l'effet miroir" bien connu des experts en stratégie.

[132] ... *it is the man in the laboratory, not the soldier or sailor or airman, who at the start proposes that for this or that reason it would be useful to improve an old or devise a new nuclear warhead; and if a new warhead, then a new missile ... The men in the nuclear weapons laboratories of both sides have succeeded in creating a world with an irrational foundation, on which a new set of political realities has in turn had to be built. They have become the alchemists of our times, working in secret ways that cannot be divulged, casting spells which embrace us all.* Solly

Néanmoins, Sakharov réussit à "bricoler" la charge nucléaire indispensable et à obtenir un essai parfaitement réussi avant d'aller visiter à l'hopital son père en train de mourir; celui-ci lui dit qu'il aurait mieux fait de se consacrer à la physique théorique qui le passionnait lorsqu'il était jeune; mais Sakharov nous a dit que ses hésitations initiales se terminèrent sur un coup de téléphone de Beria[133]. Ses idées et sa carrière changeront radicalement plusieurs années après ces évènements, notamment parce qu'il aura pris conscience des risques dûs aux retombées radioactives des essais et des dangers de la course aux armements, pourtant bien évidents dès le départ (Niels Bohr et rapport Franck, 1943–1945) et abondamment développés dans le *Bulletin of Atomic Scientists* : on le reçoit et on le lit dans l'archipel atomique, tout au moins au sommet, signe assez extraordinaire des privilèges dont jouissent les pensionnaires de celui-ci puisque le Bulletin n'a aucun intérêt scientifique : c'est de la politique, des discussions éthiques, des nouvelles, etc.

Seaborg note dans son livre que l'engin de 57 MT aurait fort bien pu développer 100 MT s'il avait été muni d'une enveloppe d'uranium naturel plutôt que de plomb, ce que Sakharov confirme en parlant, comme les Américains, d'une bombe "propre". Témoin méticuleux qui enregistre tout sans commentaires superflus, Seaborg relate, p. 127, un échange auquel il a assisté entre Harold Macmillan et Sir William Penney, son principal expert en la matière :

> The prime minister asked what a 100-megaton bomb would do to people. Penney replied that it would burn everyone in even the largest city.

On peut enfin noter que les premiers missiles intercontinentaux soviétiques réellement opérationnels, les SS-9 de 200 tonnes déployés à partir de 1965, étaient suffisamment lourds pour transporter une arme de 10 à 25 MT; les deux cents SS-9 peuvent avoir été destinés à détruire d'emblée la centaine de bunkers souterrains contrôlant chacun dix missiles américains (Prados, pp. 204–206). Cette hypothèse est vraisemblable car il existe aux USA fort peu d'autres objectifs nécessitant une telle puissance d'annihilation : une mégatonne dévasterait Paris. Mais elle semble stupide puisqu'il resterait suffisamment de missiles sur les sous-marins à la mer pour dévaster l'URSS. Les

---

Zuckerman, *Nuclear Illusion and Reality* (London, Collins, 1982), pp. 105–106, par un scientifique qui a été le principal conseiller de la Défense puis du gouvernement britannique. Voir, du même, *Scientists and War* (Hamish Hamilton, 1966) et ses deux volumes de mémoires, *From Apes to Warlords* et *Monkeys, Men and Missiles : An Autobiography, 1946–1988* (Norton). Les "apes" et "monkeys" font allusion au fait que Zuckermann était initialement un spécialiste du comportement animal, d'où, idée éminemment militaire, son recrutement pendant la guerre pour étudier les effets des bombardements sur les civils allemands.

[133] On aurait tort d'en déduire que les physiciens soviétiques du nucléaire furent contraints et forcés de participer. Sakharov et les survivants invoquent tous la "menace mortelle" que l'Amérique faisait planer sur leur pays. Pour les successeurs, les avantages matériels suffisaient à susciter les candidatures.

"experts" en stratégie répondent que les Soviétiques pourraient menacer les Américains de détruire leurs villes si les sous-marins entraient en action, de sorte qu'il ne resterait plus aux Américains qu'à choisir entre la destruction totale et la capitulation. Mais pareille stratégie suppose le départ simultané des deux cents missiles en question; ils seraient repérés par les satellites à infra-rouges, Washington alerterait les centres de contrôle et, après confirmation par les radars surveillant les approches du Canada, donnerait l'ordre de lancer les missiles américains avant l'arrivée des soviétiques. Pour éliminer ce scenario de *launch under attack* en cas de tension internationale maximum, il faudrait que les Américains tirent les premiers pour éliminer les missiles soviétiques et ne pas perdre les leurs. Mais alors il resterait les sous-marins soviétiques à la mer; back to case one. On est obligé d'en déduire que les SS-9 ne servaient à rien, non plus que leurs homologues américains. Mais puisque ces éminents logiciens étaient sûrement au courant d'un raisonnement aussi élémentaire, pourquoi donc ont-ils construit à grands frais des missiles inutiles ? La question que je viens de poser a naturellement trouvé d'innombrables réponses et même une "solution" : en vous munissant de mille missiles portant chacun six têtes de 150 KT dont le cercle d'erreur probable est de deux cents mètres, vous pouvez détruire mille silos ennemis en n'utilisant qu'un tiers de vos missiles; il vous en reste le double pour dissuader l'ennemi de faire donner ses sous-marins ou ses bombardiers. Mais si l'ennemi potentiel se munit des mêmes engins et tire le premier, on se retrouve au point de départ : *launch under attack* à la puissance dix. Il paraît que c'est sur de tels paradoxes que la paix reposait et continuera à reposer. On a écrit des mégatonnes de profonde métaphysique sur le sujet; le général (C.R.) Gallois a, en France, beaucoup publié. Ces raisonnements ont naturellement propulsé la course technologique à des hauteurs de plus en plus absurdes, mais aussi des plus propres à maintenir le "moral" des techniciens – et industriels – , lesquels, en l'absence de continuelles innovations, sombreraient dans une profonde mélancolie comme nous l'a dit Mr. Greenwood.

Je note d'autre part qu'à l'époque précise où M. Dautray arrive à la DAM, Pierre Sudreau – ancien résistant et déporté, ancien ministre du Général qu'il a abandonné en 1962 parce que la nouvelle Constitution lui donne des pouvoirs qu'il juge exorbitants – écrit le réquisitoire le plus violent qu'on ait jamais publié en France contre la stratégie anti-cités officielle; auprès de celle-ci, dit-il dans *L'enchaînement* (Plon, 1967), p. 209,

> les camps de concentration et la chambre à gaz font figure de procédés artisanaux,

ce qui rejoint la célèbre déclaration de Fermi et Rabi, fin octobre 1949, que York a reproduite vingt cinq ans plus tard dans *The Advisors* :

> Necessarily such a weapon goes far beyond any military objective and enters the range of very great natural catastrophes. By its very

nature it cannot be confined to a military objective[134] but becomes
a weapon which in practical effect is almost one of genocide.

It is clear that the use of such a weapon cannot be justified on
any ethical ground which gives a human being a certain individuality
and dignity even if he happens to be a resident of an enemy country.

Sudreau n'a évidemment pas plus d'effet que les sondages d'opinion publique
sur la politique gaulliste et les cerveaux d'Etat de la DAM; du moins posait-
il le problème tout en soulevant d'autres questions pertinentes, par exemple
l'extravagant pouvoir de vie et de mort sur la France (et les Français ...) que
la bombe donne au Président de la République – M. Mitterand, à l'époque
opposé aux armes nucléaires, l'a revendiqué lorsqu'il a, à son tour, dirigé la
France : l'article exerce une irrésistible fascination ... – et le détournement
à des fins improductives de capacités intellectuelles et de crédits publics qui
seraient mieux employés dans des secteurs plus utiles et plus rentables. Il
y a quelques années, un petit scandale a éclaté en France parce qu'on a
découvert dans un manuel d'histoire pour lycéens une comparaison, jugée
patriotiquement sacrilège, entre le coût d'un sous-marin nucléaire et celui
d'un hopital, d'une école, etc. Livrons donc aux censeurs le texte suivant :

Every gun that is made, every warship launched, every rocket fired
signifies, in the final sense, a theft from those who hunger and are
not fed, those who are cold and are not clothed. This world in arms
is not spending money alone. It is spending the sweat of its laborers,
the genius of its scientists, the hopes of its children. The cost of one
modern heavy bomber is this: a modern brick school in more than 30
cities. It is two electric power plants, each serving a town of 60,000
population. It is two fine, fully equipped hospitals. It is some 50
miles of concrete highway. We pay for a single fighter plane with a
half million bushels of wheat. We pay for a single destroyer with new
homes that could have housed more than 8 000 people.

---

[134] Fermi et Rabi pensent évidemment à des armes de plusieurs mégatonnes, les
seules envisagées à l'époque (fin 1949). On a depuis construit des milliers d'armes
de puissance inférieure (quelques dizaines ou centaines de KT), mais dix bombes
de 50 KT (Hiroshima = 14 KT) bien réparties – un seul missile y suffirait –
feraient environ un million de morts à Leningrad ou à Detroit, les deux villes
considérées par une enquête de l'*Office of Technology Assessment* du Congrès
américain. Les armes françaises n'ont de toute façon jamais visé d'objectifs militaires : il en faudrait quelques milliers pour que cette stratégie ait un sens, si
l'on ose ainsi s'exprimer.

Ce n'est pas un pacifiste[135] qui parle, c'est le président Eisenhower s'adressant le 16 avril 1953 à l'*American Society of Newspaper Editors* (McDougall, p. 114).

Alibis en chaîne

Mais revenons aux problèmes que les vraies applications militaires posent aux mathématiciens et plus généralement aux scientifiques. Les prétextes utilisés pour justifier les contrats militaires ou assimilés sont bien connus et fort divers.

Le plus banal est que l'on en tire des postes et des crédits de matériel, que la science en profite – c'est cela l'essentiel comme nous l'a dit Francis Perrin, et peu importe la couleur de l'argent – et qu'en les refusant on risque d'être dépassé par les concurrents qui les acceptent. C'est une éthique de l'irresponsabilité souvent difficile à contrer car, ainsi qu'on l'a dit au début de ce texte, les contrats militaires ne couvrent, dans la grande majorité des cas, que des fragments d'un système technique beaucoup plus vaste auquel vous vous bornez à apporter votre pierre; votre contribution ne va, par elle-même, rien révolutionner. L'ennui est que c'est presque toujours par l'accumulation de "petites" innovations que les systèmes d'armes progressent : les grandes révolutions techniques sont rares. S'il y a une centaine de gens pour apporter comme vous, chacun dans son domaine, leur pierre à l'édifice, la DRET, s'il s'agit de la France, est là pour assembler le tout.

Autre argument, les militaires ont souvent des problèmes particulièrement "pointus" à proposer, ils ont des vues à plus long terme que les civils et ils prennent plus facilement des décisions. C'est peu surprenant compte tenu des contraintes très différentes auxquelles sont soumises les innovations militaires et civiles. Dans le premier cas, la priorité va aux performances demandées par un seul et énorme client qui sait ce qu'il veut – du progrès technique –, qui paie l'essentiel de la R-D avant même la phase de production et qui n'hésite pas, pour des innovations majeures – les transistors et circuits intégrés sont des cas particulièrement flagrants –, à payer un prix que le marché civil n'accepterait jamais : la sécurité du pays l'exige[136]. Priorité, dans le second cas, aux besoins souvent peu connus d'un marché civil composé d'un très grand nombre d'acheteurs potentiels qui ne commencent à financer la R-D et l'industrialisation qu'après le début de la production et

---

[135] On a beaucoup utilisé ce terme pour tenter de discréditer les opposants aux armes nucléaires ("Les missiles à l'Est, les pacifistes à l'Ouest", F. Mitterand à Bonn). On pourrait aussi bien, à ce compte, qualifier de bellicistes ceux qui en sont partisans. Rappelons qu'un pacifiste est, par définition, opposé à tout recours à la violence entre Etats et non pas seulement aux armes nucléaires.

[136] Il existe aussi quelques domaines – l'énergie nucléaire en est un exemple – qui, tout en étant civils, présentent des caractéristiques très voisines du domaine militaire.

ne s'intéressent généralement qu'aux améliorations marginales : pendant des décennies, l'industrie automobile américaine dépense des millions de dollars pour améliorer la puissance de ses moteurs, argument de vente fort efficace, mais, aux environs de 1965, refuse d'en dépenser quatre cent mille en deux ans pour permettre à un gros laboratoire de mécanique des fluides du MIT désirant réduire ses contrats militaires de se lancer dans un étude scientifique de la combustion pour rendre les moteurs moins polluants. Le risque de voir une innovation technique aboutir à un échec commercial est très supérieur dans le second cas à ce qu'il est dans le premier : à la limite, le gouvernement renfloue Lockheed ou Matra et, de toute façon, répartit ses commandes entre les principaux producteurs[137]. Le résultat est que, dans certains domaines comme l'informatique ou l'aérodynamique, les scientifiques peuvent justifier leur collaboration avec les organismes militaires en expliquant qu'elle leur a toujours paru beaucoup plus commode qu'avec les organismes civils.

Participer à la "défense" de son pays est un devoir pour le scientifique. Ce très commode argument – ceux qui l'invoquent n'en retirent que des avantages – présente l'intérêt de mettre les contestataires dans une position difficile, particulièrement en période de péril national réel ou supposé. On ne peut y répondre qu'en se plaçant sur un plan supranational : l'argument vaut partout et non pas seulement pour votre pays. Il conduit au perfectionnement indéfini des armements comme on l'a vu depuis 1940 : les complexes scientifico-militaro-industriels de l'Ouest et de l'Est ont vécu en étroite symbiose pour leur plus grand profit commun. Ce n'est probablement pas dans l'intérêt à long terme de l'humanité dans son ensemble : quelles que soient ses justifications initiales, une arme ne peut être désinventée; à l'humanité de s'en accomoder si elle en est capable. Les scientifiques qui, en 1939, ont persuadé le gouvernement américain de lancer un projet atomique croyaient parer à un risque allemand symétrique; en fait, ils ont donné naissance à un monstre de Frankenstein qui s'est révélé inutile dans le contexte de la guerre, nonobstant Hiroshima et Nagasaki, et qui a immédiatement lancé la course aux armements Est-Ouest. Teller et Sakharov ont-ils eu *tous les deux* raison de munir leurs patries respectives d'armes thermonucléaires qui, dans chacun des deux cas, "menaçaient" l'autre et ses alliés et qui, en cas de guerre, auraient fait des centaines de millions de victimes ? Si les physiciens allemands avaient, par patriotisme, procuré la bombe A à Adolf Hitler, aurait-on dû les en féliciter ? Le "patriotisme" et la "défense" ont justifié toutes les horreurs du XXᵉ siècle, y compris, dans le "bon" camp, les "saturation bombings" des cités allemandes et japonaises ou la guerre du Vietnam par exemple, en vertu du principe selon lequel *if one can allege that one is*

---

[137] Jacques Gansler, *The Defense Industry* (MIT Press, 1980), par un membre de la corporation, analyse en détail les problèmes de l'industrie de l'armement américaine et les différences entre les secteurs civil et militaire. La situation française est plus simple étant donné le très petit nombre – fréquemment un seul – des fournisseurs possibles.

repelling or retaliating for an agression – after that everything goes[138]. À cela s'ajoutent les exportations qui, en France où le marché national est trop limité pour vraiment rentabiliser les fabrications – l'argent public finance le développement et l'industrialisation, les exportations produisent les profits –, représentent souvent la moitié de la production ou davantage. Ceux, scientifiques ou ingénieurs, qui ont aidé Dassault à perfectionner ses Mirage ont-ils apprécié le fait que c'est principalement à Saddam Hussein qu'ils ont servi ?

Pour s'extraire de cette mélasse éthique, certains scientifiques américains, particulièrement ceux du nucléaire, ont emprunté au sociologue allemand Max Weber, popularisé en France par Raymond Aron, une version de son "éthique de la responsabilité" :

> They have rejected equally the notion that the scientist's allegiance to higher ethical ends prohibits his service to the state in the realm of military research and the notion that the scientist ought to exclude his own ethical beliefs from this work. They have thus chosen to serve the state while at the same time assuming a responsibility to influence state policy along lines believed to be beneficial to mankind[139].

L'un des princes de la physique nucléaire américaine, Hans Bethe, venu d'Allemagne avant 1939 et directeur de la physique théorique à Los Alamos pendant la guerre, s'exprime par exemple comme suit en 1958 :

> In order to fulfill this function of contributing to the decision-making process [i.e. pour être en mesure de conseiller les hommes politiques], scientists (at least some of them) ... must be willing to work on weapons. They must do this also because our present struggle is (fortunately) not carried on in actual warfare which has become an absurdity, but in technical development for a potential war which nobody expects to come. The scientists must preserve the precarious balance of armament which would make it disastrous for either side to start a war. Only then can we argue for and embark on more constructive ventures like disarmament and international cooperation which may eventually lead to a more definitive peace[140].

---

[138] George Wald, "A Generation in Search of a Future", in *March 4. Scientists, Students, and Society* (MIT Press, 1970), où l'on trouvera les textes de deux douzaines d'interventions, par des scientifiques en général professeurs au MIT ou à Harvard et quelques étudiants "contestataires", lors d'une journée organisée le 4 mars 1969 sur les problèmes de la recherche militaire et de la reconversion civile des laboratoires. Wald (Harvard) est prix Nobel de biologie. Sur le laboratoire de mécanique des fluides mentionné ci-dessus, voir pp. 37–39 (R. F. Probstein).

[139] Robert Gilpin, *American Scientists and Nuclear Weapons Policy* (Princeton UP, 1962), p. 23. Noter le glissement dialectique de "l'État" à "l'humanité". Le livre de Gilpin est l'une des discussions les mieux documentées de ces problèmes.

[140] *Bull. of the Atomic Scientists*, décembre 1958, p. 428. Bethe lui-même avouera beaucoup plus tard ne pas savoir s'il a eu raison ou tort de participer au développement de la bombe H. Quant à la "paix plus définitive" qu'il espérait,

Tout compte fait, ce raisonnement revient à dire que pour être en mesure de modérer la course aux armements et de contribuer au désarmement final, tout scientifique responsable doit d'abord acquérir l'expérience technique indispensable et, pour ce faire, *must be willing to work on weapons* : mais on a alors, pour commencer, toutes les chances d'accélérer la course technologique qu'on se propose de faire cesser, autrement dit de se retrouver prisonnier d'un insoluble paradoxe. En outre, Bethe sait fort bien que les opinions des scientifiques ne sont pas unanimes; à une extrémité du spectre, il y a ceux qui refusent tout contact avec les armes nucléaires; à l'autre, *there are people who do exactly what the Government or the Air Force or the Atomic Energy Commission tells them to do. They try to invent the deadliest weapons possible and avoid thinking about the consequences. There are people who go beyond even this ... They fan the flames*[141].

Freeman Dyson, mathématicien anglais qui s'est converti à la physique théorique chez Hans Bethe à Cornell en 1947 et membre de l'Institute for Advanced Study de Princeton depuis 1948, s'est très abondamment exprimé dans des livres fort intéressants [142]; on y trouvera notamment une parfaite démolition de la stratégie aérienne britannique de la dernière guerre qu'il a vue de près, de nombreuses réflexions sur le rôle des scientifiques comme von Neumann ou Oppenheimer, des informations sur les "armes miracles" et "technical follies" américaines réelles (l'avion à propulsion nucléaire par exemple) ou imaginaires (ce qu'il appelle les gigaton bombs des années 1950 par exemple, qui seraient allées beaucoup plus loin que les 100 MT de Sakharov), l'exploration des planètes et, dans *Weapons and Hope*, une discussion approfondie de la stratégie nucléaire et du "pacifisme". Même si l'on n'accepte pas toujours les vues de Dyson, on trouve peu d'auteurs qui donnent autant à réfléchir, particulièrement dans son second volume.

J'extrais du premier, p. 143, le passage suivant :

> Somewhere between the gospel of nonviolence and the strategy of Mutual Assured Destruction there must be a middle ground ... which allows killing in self-defense but forbids the purposeless massacre of innocents ... The ground on which I will take my stand is a sharp moral distinction between ... offensive and defensive uses of all kinds of weapons ... Bombers are bad. Fighter airplanes and antiaircraft missiles are good. Tanks are bad. Antitank missiles are good. Submarines are bad. Antisubmarine technology is good. Nuclear weapons are bad. Radars and sonars are good. Intercontinental missiles are bad. Antiballistic missile systems are good.

---

elle est venue non d'un quelconque désarmement, mais, plus radicalement, du fait que l'un des deux camps a jetté l'éponge et choisi d'imploser plutôt que l'inverse.

[141] *Bull. of the Atomic Scientists*, juin 1962, pp. 25–28.

[142] *Disturbing the Universe* (Harper & Row, 1979, trad. *Les dérangeurs de l'univers*, Payot), *Weapons and Hope* (id, 1984), etc.

Dyson connaît bien évidemment les difficultés, qu'il expose fort honnêtement, inhérentes à de pareilles distinctions. Un radar peut servir à abattre un bombardier; il peut aussi permettre à celui-ci de repérer sa cible. Une arme nucléaire est mauvaise si elle tombe sur une cité; elle peut aussi servir à détruire un missile en vol vers une cité. Une protection anti-missile efficace peut mettre son possesseur à l'abri de représailles et, de ce fait, le lancer dans des aventures – c'est ce que les Soviétiques ont dit, initialement, de la Strategic Defense Initiative du président Reagan. Il est vrai que Dyson distingue entre les *usages* des armes et non, à proprement parler, entre les armes elles-mêmes : on pourrait, idéalement, réserver l'usage du radar à des missions défensives et n'en pas munir les bombardiers, mais sur la Terre c'est là une perspective des plus invraisemblable. Si donc l'on accepte ces distinctions entre "good" et "bad weapons" et si l'on en déduit qu'il est légitime de travailler sur les premiers en refusant les seconds, on risque de se retrouver à nouveau en pleine mélasse éthique. Il y a aussi des cas où la distinction est totalement impraticable : un calculateur militaire, fût-il français, un logiciel comme ADA, est-il "bon" ou "mauvais" alors qu'il peut servir à tout type d'armement ?

Enfin, il y a ceux qui ne semblent pas voir le problème. C'est ce que, dans un cas ici encore extrêmement extrême et donc extrêmement clair, nous explique un mathématicien de premier ordre, Stanislas Ulam[143], à propos de ses travaux sur la bombe H dans les années 1950, dans un texte d'anthologie :

> Contrary to those people who were violently against the bomb on political, moral or sociological grounds, I never had any questions about doing purely theoretical work[144]. I did not feel it was immoral

---

[143] *Adventures of a Mathematician*, p. 222.

[144] Le président Trumann avait, en janvier puis en mars 1950, ordonné le développement puis la production de la bombe H; de nouvelles installations de production des matières fissiles, plusieurs fois supérieures à celles de la guerre, étaient en construction; tout le monde savait ou pouvait bien se douter à Los Alamos, centre de développement des armes atomiques où Ulam travaillait depuis 1943, que l'engin, réclamé par les militaires, le Congrès et l'opinion publique, serait fabriqué aussitôt mis au point; développer une pareille arme sans la produire en quantités militaires, au risque de voir l'ennemi potentiel l'acquérir le premier, eût été inconcevable dans le climat de l'époque.

Comparez avec l'échange suivant entre Oppenheimer et le "procureur" Robb qui l'interroge à son procès à propos de ses premières recherches "purement théoriques" sur la bombe H pendant la guerre (Q = question, R = réponse) :
Q - . . . were you suffering from or deterred by any moral scruples or qualms about the development of this weapon ? R – Of course. Q – You were ? R – Of course. Q – But you still got on with the work, didn't you ? R – Yes, because this was a work of exploration. It was not the preparation of a weapon. Q – You mean it was just an academic excursion ? R – It was an attempt at finding out what things could be done. Q – But you were going to spend millions of dollars of the taxpayers' money on it, weren't you ? R – It goes on all the time. Q – Were you going to spend millions if not billions of dollars of the taxpayers' money just to find out for yourself

to try to calculate physical phenomena. Whether it was worthwhile strategically was an entirely different aspect of the problem – in fact the crux of a historical, political or sociological question of the gravest kind – and had little to do with the physical or technological problem itself. Even the simplest calculation in the purest mathematics can have terrible consequences. Whitout the invention of the infinitesimal calculus most of our technology would have been impossible. Should we say therefore that calculus is bad[145] ?

I felt that one should not initiate projects leading to possible horrible ends[146]. But once such possibilities exist, is it not better to examine whether they are real[147] ? An even greater conceit is to assume that if you yourself won't work on it, it can't be done at all ... The thermonuclear schemes were neither very original nor exceptional[148]. Sooner or later the Russians or others would investigate and built them ... That single bombs were able to destroy the largest cities could render all-out wars less probable than they were with the already existing A-bombs and their horrible destructive power[149].

[sic] satisfaction what was going on ? R – We spent no such sums. Q – Did you propose to spend any such sums for a mere academic excursion ? R – No. It is not an academic thing whether you can make a hydrogen bomb. It is a matter of life and death. *In the Matter of J. Robert Oppenheimer* (AEC, 1954 ou MIT Press, 1971), p. 235.

[145] Newton, Leibniz ou Euler n'ont jamais inventé l'analyse afin de contribuer au perfectionnement des armements, encore moins d'armes capables d'anéantir 500 000 personnes en une minute; le travail d'Ulam n'avait pas d'autre utilisation concevable. Il n'avait qu'un signe à faire pour obtenir à Harvard, Princeton ou Berkeley un excellent poste qui lui aurait permis, comme à tant d'autres, de faire des recherches inoffensives comme il le faisait avant la guerre.

[146] Mais Ulam nous dit p. 209 qu'après l'annonce par Truman de l'expérience atomique soviétique de la fin août 1949, au cours d'une discussion avec Teller et von Neumann, *the general question was "What now?" At once I said that work should be pushed on the "super"*, nom de code à l'époque de la future bombe H.

[147] C'est ce que fit par exemple Hans Bethe; bien que farouchement opposé au projet (voir son article avec Victor Weisskopf dans le *Bulletin of Atomic Scientists* de mars 1950), il retourna à Los Alamos après le début de la guerre de Corée dans l'espoir de montrer que la bombe H était physiquement impossible. (Il aurait aussi bien pu rester chez lui puisqu'en pareil cas ses collègues, avec ou sans lui, ne risquaient pas de la réaliser). Mais lorsqu'Ulam et Teller eurent prouvé le contraire, il jugea que l'Amérique devait l'avoir et l'avoir la première (procès Oppenheimer, p. 329). Oppenheimer se convertit aussi à la bombe après la *technically sweet* découverte d'Ulam-Teller. Il est difficile de ne pas en conclure que les convictions de ces gens manquaient quelque peu de solidité.

[148] Les avis divergent sur ce point. Fermi fut stupéfié, Bethe fut aussi impressionné par la découverte d'Ulam-Teller que par celle de la fission en 1939, et Ulam était bien placé pour connaître les difficultés du problème.

[149] A la fin des années 1940, le CEA américain a déjà des bombes A d'environ 500 kilotonnes (Hiroshima = 13,5 KT) en cours de développement avancé, mais elles

C'est l'alibi standard; personne, à part quelques vrais "faucons" du début des années 1950, n'a eu l'audace de proclamer qu'il fallait produire ce type d'armement pour s'en servir immédiatement; les militaires américains et soviétiques disaient à l'époque que les armes nucléaires "servent à empêcher la guerre et, si elle éclate, à la gagner" ou, comme ils l'ont dit plus tard plus prudemment, à "prévaloir" sur l'ennemi, i.e. à lui infliger des destructions dont il se relèvera vingt ans plus tard que leur propre camp (ce qui conduit à résoudre le système d'inéquations $x > y + 20$, $y > x + 20$). Mais la prévision d'Ulam ne pouvait être, en 1951, qu'une simple conjecture, et fort peu certaine. A cette époque en effet, la guerre préventive ou, à défaut, préemptive[150], que préconisaient plus ou moins ouvertement son ami von Neumann et le Weapons Systems Evaluation Group de l'Air Force que von N présidait, bien que rejetée au niveau de la Maison Blanche, donnait lieu à passablement de discussions publiques, sans oublier l'hystérie de la période McCarthy. Tout ce que l'on pouvait savoir en pleine guerre de Corée, alors que le général MacArthur avait été limogé non pour avoir poussé à l'emploi des armes atomiques mais pour l'avoir, contrairement aux ordres de Truman, évoqué dans une lettre à un membre du Congrès, c'était que le développement des armes thermonucléaires aurait des conséquences politiques et stratégiques énormes comme le reconnaît Ulam et que, ceci dit, l'avenir est la chose du monde la plus difficile à prévoir. Les homologues soviétiques d'Ulam, à la même époque, travaillaient dans une atmosphère de guerre, comme le dit Sakharov, pour protéger leur pays d'une attaque américaine qu'à tort ou à raison ils jugeaient fort possible, voire imminente[151].

---

consomment beaucoup plus de matière fissile (Pu ou U 235) que les bombes H dans lesquelles une explosion A de puissance minimale suffit à amorcer une réaction thermonucléaire gigantesque. David Lilienthal, à l'époque président de l'AEC, témoignera au procès Oppenheimer, p. 422, que *one such bomb* [A] *would take out all targets in the United States except perhaps two to five - most of the large cities of the United States, and two would take out any large city.* Les premières bombes H, destinées aux B-36, avaient une puissance de 11 mégatonnes.

[150] Guerre préventive : attaquer sans préavis l'ennemi potentiel en période de paix normale. Guerre préemptive : l'attaquer le premier en cas de tension internationale aigüe afin de détruire ses armes avant qu'elles ne s'envolent. Pendant les années 1950, époque où les deux camps ne possèdent que des avions exigeant des heures de vol avant d'atteindre leurs objectifs, la tentation de la préemption était extrêmement forte aux USA compte-tenu de l'énorme supériorité américaine en bombardiers et de l'absence de protection radar aux approches de l'URSS par le nord. C'était notamment la doctrine du général LeMay, commandant du *Strategic Air Command.*

[151] Les espions qui ont procuré aux Soviétiques des masses d'informations sur la bombe A américaine jugent tous, eux aussi, qu'ils ont protégé la paix en aidant ceux-ci à se doter le plus rapidement possible de la même arme. Si l'on admet la théorie de la dissuasion mutuelle, les vrais héros sont donc peut-être ceux qui en ont tiré les conséquences logiques ultimes en prenant d'autres risques que les pensionnaires de Los Alamos ou d'Arzamas.

D'innombrables inventeurs d'armes perfectionnées ont prétendu "tuer la guerre" en la rendant plus horrible : c'est le seul alibi décent que l'on puisse invoquer. C'est par exemple le cas de Richard Gatling, l'inventeur américain de la mitrailleuse à tubes multiples *qui sera aux armes individuelles ce que la moissonneuse de McCormick est à la faucille*; de Nobel avec sa ballistite, poudre à canon issue de la chimie organique dans les années 1880; de la plupart des pionniers de l'aéronautique, y compris par exemple Orville Wright avant la Grande Guerre et après[152] (*ce sera pour la prochaine fois*); de ceux qui ont participé au développement de la bombe atomique et lancent la théorie de la dissuasion dès l'automne de 1945; des inventeurs de la bombe à neutrons qui aura sur les blindés le même effet que la mitrailleuse de 1914 sur l'infanterie et est donc *une arme pour tuer la guerre*[153], en attendant sans doute les futures armes laser, etc. Pour le moment, la mort de la guerre n'est pas exactement au programme si l'on en croit les informations quotidiennes et les prévisions des experts en stratégie, reconvertis de l'Est-Ouest au Nord-Sud.

Si vous avez vingt ans en 1997, vous serez mieux en mesure d'en juger en 2047. Mais après vous, l'Histoire continuera à s'avancer masquée. L'humanité, fantastique machine à produire des cerveaux, produira dans tous les domaines des centaines d'Ulam et de Draper, de Sakharov et de Prandtl, de Dautray et de von Braun, de Korolev et de von Neumann. Elle continuera à produire des milliers de gens *prêts à tuer* pour s'emparer du pouvoir, le conserver, ou accroître les territoires qu'ils contrôlent. Les armes dites conventionnelles, i.e. non nucléaires, continueront à se perfectionner indéfiniment grâce aux efforts de centaines de milliers d'ingénieurs sans complexes ou dans l'incapacité, intellectuelle ou économique, de se reconvertir à des techniques civilisées. De nouvelles grandes puissances émergeront, d'autres couleront et des conflits se produiront, notamment si le nationalisme, en lequel de Gaulle voyait le moteur de l'histoire, les fanatismes religieux et le darwinisme économique du marché se répandent sur toute la planète : on l'appelle maintenant, curieusement, la *guerre économique mondiale*, par exemple, au colloque en l'honneur de M. Dautray, dans le très pédagogique dialogue entre celui-ci et Bernard Esambert. Auteur d'un récent ouvrage du même titre sur le sujet et d'un *Pompidou, capitaine d'industries* (Odile Jacob, 1994), M. Esambert, X-Mines fort attiré par les cabinets ministériels et la haute finance, avait déjà publié en 1977, dans la même veine, un livre intitulé *Le troisième conflit mondial.* Marx

---

[152] Joseph J. Corn, *The Winged Gospel: America's Romance with Aviation, 1909–1950* (Oxford UP, 1983) reproduit nombre de déclarations de ce type.

[153] Jacques Chevallier, à l'époque directeur des applications militaires au CEA, *Echos du CEA*, 1978, n° 1. La comparaison avec la mitrailleuse n'est pas très convaincante; celle-ci a peut-être "tué" les attaques frontales d'infanterie, mais sûrement pas la guerre ... Et si, comme le prétendent leurs partisans, les armes stratégiques rendent la guerre "impossible" par dissuasion mutuelle, pourquoi se préoccuper de détruire des blindés qui n'avanceront jamais ? (Réponse : parce que les armes stratégiques ne dissuadent, tout au plus, que de leur propre emploi).

rirait bien au spectacle de ces experts qui, à la guerre traditionnelle, celle où l'on meurt et où l'on tue, prétendent substituer une guerre économique où les nations et les individus se borneraient à s'enrichir ou à s'appauvrir sans violence aux dépens les uns des autres.

Qui vous dit que ces conflits resteront pacifiques et que les armes pour tuer la guerre ne s'abattront pas sur l'humanité comme elles l'ont toujours fait dans le passé ? Les seules armes dont on peut garantir qu'elles ne serviront jamais sont celles que l'on n'inventera jamais; tout le reste est de la conjecture. Pour s'extraire de la "mélasse éthique", le plus simple est ne pas s'y plonger pour commencer et, à défaut, de se battre et de résister, ce qui suppose un solide point d'ancrage éthique. Pour simpliste qu'il puisse paraître à première vue[154], le principe que George Wald a proclamé au MIT le 4 mars 1969 peut en tenir lieu :

Our business is with life, not death.

---

[154] Conseillons aux rieurs cyniques de lire Richard Preston, "The Bioweaponeers" (*The New Yorker*, 9 mars 1998), sur les armes biologiques soviétiques: variole, peste et anthrax (charbon) transportées par des missiles MIRV. L'article est une longue interview du scientifique en chef du projet soviétique (32.000 employés), Ken Alibek, passé aux USA en 1991, et de son homologue américain. Voir aussi et surtout Ken Alibek, *Biohazard* (Random House, 1999) ou *La guerre des germes* (Presses de la Cité) et Judith Miller, Stephen Engelberg & William Broad, *Germs. The Ultimate Weapon* (Simon & Schuster, 2001) par trois journalistes qui ont fait leur *homework*.

Index

Table des matières du volume I

Printing and Binding: Strauss GmbH, Mörlenbach